建筑工程施工工长系列手册

混凝土工工长手册

崔鹏 主编

中国建筑工业出版社

图书在版编目（CIP）数据

混凝土工工长手册/崔鹏主编．—北京：中国建筑工业出版社，2008
（建筑工程施工工长系列手册）
ISBN 978-7-112-10502-1

Ⅰ．混…　Ⅱ．崔…　Ⅲ．混凝土施工-技术手册
Ⅳ．TU755-62

中国版本图书馆 CIP 数据核字（2008）第 174792 号

建筑工程施工工长系列手册
混凝土工工长手册
崔鹏　主编
*
中国建筑工业出版社出版、发行（北京西郊百万庄）
各地新华书店、建筑书店经销
北京华艺制版公司制版
北京云浩印刷有限责任公司印刷
*
开本：850×1168 毫米　1/32　印张：21½　字数：620 千字
2009 年 7 月第一版　2009 年 7 月第一次印刷
印数：1—3000 册　定价：**46.00** 元
ISBN 978-7-112-10502-1
（17427）

本手册依据国家现行的规范、技术规程、行业标准，参考部分地方性的法律法规，从目前建筑行业混凝土工工长的实际需要出发，较为全面地介绍了混凝土工工长应知应会的基本知识、操作技能和管理方法。内容包括：基本知识、混凝土施工技术、混凝土质量控制与检验、工程量计算与工程结算、施工成本及索赔、施工管理。其中特别编入了如："混凝土工程量结算"、"工料分析"、"（劳务）分包合同管理"、"工程款支付担保制"、"粉尘及噪声控制"、"现场急救"、"信息技术的开发利用"、"混凝土施工新技术"、"班组管理"等内容新颖、实用性强的章节。

本手册可供混凝土工工长、施工技术员及相关专业大学师生阅读参考，也可作为工长岗位培训的学习教材。

* * *

责任编辑：郦锁林
责任设计：董建平
责任校对：梁珊珊　孟　楠

《建筑工程施工工长系列手册》编委会

出版说明

为适应现代化建筑施工的需求，全面提高建设行业技能人员的综合素质，依据建筑工程施工规范、规程、规定、标准及管理的要求，特组织有关专家编写了这套手册。该套手册具有实用性、先进性和可操作性的特点，充分体现了四新技术、新规范、新管理方法的应用。根据工长的岗位职责、技术交底、安全交底、质量验收、体系管理等方面的基本技能，充分考虑技术、质量、安全、进度、经济、合同、成本等具体工作内容及与工长相关的基础知识进行了综合性的编写。手册与现行法律法规、规范标准紧密结合，且图文并茂、文字深入浅出、通俗易懂，力求满足技术技能人员的实际应用。

本套手册包括：木工工长、钢筋工工长、砌筑工工长、抹灰工工长、混凝土工工长、架子工工长、装饰装修工长、防水工长、节能保温工长、管道工长、电气工长、通风空调工长、钢结构工长13个职业（岗位）的施工工长手册，是建筑工程施工工长们必备的工具书。

中国建筑工业出版社

2009年5月10日

前言

随着经济建设的快速增长，人民生活需求的不断提高，城乡建设得到了迅速发展。大量钢筋混凝土的高楼、大厦、桥梁、港口、水库、堤坝等，如雨后春笋般矗立在大地上。钢筋混凝土结构已成为各类建筑物与构筑物的主要结构形式，混凝土类似人体的肌肉与钢筋骨架共同工作，赋予了各类工程强健的体魄，使之具备了抗御自然灾害，承载着各种作用力，适应自然环境的能力，发挥着各种使用功能，为人类的生存发展作着贡献。

作为从事混凝土工程的操作者——混凝土工则起着特别重要的作用，同时随着混凝土结构形式的不断变化，新型混凝土材料的不断涌现，特殊混凝土的大量应用，对混凝土施工操作工艺、技术质量、耐久性能的要求也在日益提高。迫切需要指导混凝土工操作的工长，不断学习先进技术、掌握先进经验、不断提升自身素质，特别是涉及到建筑施工管理，如：技术、质量、经济、合同、进度、成本及法律法规、规范标准等方面内容，这已成为当前混凝土工长急需的知识与技术。就是按照这种要求，结合建筑施工实践和施工工长职责，编著本手册。

本手册由崔鹏（山东建大教育置业管理公司）任主编，吕剑（济南市土地储备中心）、张庆功（济南致远咨询公司）、吕雷（济南市村镇服务中心）、刘春喜（山东华盛建筑设计研究院）任副主编。参与编写的人员还有：济南建工总承包集团有限公司张希舜、李占国、苗宁、毛志强，济南同圆项目管理公司田汝明、高媛，济南同圆设计研究院：徐世忠，济南一建集团总公司王传林。

由于编写人员的水平有限，资料收集难以面面俱到，错误之处在所难免，恳请读者给予批评指正为盼。

目　录

1 基本知识

1.1 建筑识图

1.1.1 建筑工程施工图分类

由于专业分工不同，建筑工程施工图一般可分为建筑施工图、结构施工图和设备施工图。

1.1.1.1 建筑施工图

建筑施工图（建施）主要内容与作用，见表1-1。

建筑施工图（建施）主要内容与作用　　表1-1

名　称	主要内容与作用
总平面图	拟建建筑物周边情况：标高、长、宽、尺寸、层数等
平面图	建筑物平面布置：轴线、标高、柱、尺寸、剖切线位置及编号。平面节点详图或详图索引号，屋面平面布置及构筑物情况
立面图	建筑物各立面情况：外轮廓及主要结构和建筑构造部件的位置，装饰做法，构造节点详图或索引
剖面图	建筑物剖视位置内部情况：墙、柱、轴线主要结构和建筑构造部件、内外部尺寸、标高
详图及设计说明	一般包括建筑名称、建设地点、建设单位，建筑面积、建筑基底面积，工程等级，设计使用年限，建筑层数和高度，防火设计分类和耐火等级，屋面及地上室防水等级，抗震设防烈度等，以及能反映建筑规模的主要技术经济指标等。凡在平、立、剖面或文字说明中无法交待或交待不清的建筑物配件和建筑构造，可用详图表示

1.1.1.2　结构施工图

结构施工图（结施）主要内容与作用，见表1-2

结构施工图（结施）主要内容与作用　　表1-2

名　称	主要内容与作用
基础平面图（基础详图）	1. 定位轴线、基础构件（包括承台、基础梁等）的位置、尺寸、编号、标高。结构承重墙、地沟、地坑和已定设备基础的平面位置、尺寸、标高。提出沉降观测要求及测点布置 2. 若有桩基应绘出桩位平面布置，桩的类型和桩顶标高，入土深度，桩端持力层及进入持力层的深度或桩的施工要求，试桩要求，检测要求，注明单桩允许极限承载力值 3. 当采用人工复合地基时，应绘出复合地基的处理范围和深度，置换桩的平面布置及其材料和性能要求，构造详图，注明复合地基的承载能力、特征值及压缩模量等有关参数和检测要求 4. 基础平剖面及配筋、基础垫层、标注总尺寸、分尺寸、标高及定位尺寸等 5. 附加说明基础材料的品种、规格、性能、抗渗等级、垫层材料、杯口填充材料、钢筋保护层厚度及其他对施工的要求
结构平面图	一般建筑的结构平面图，均应有各层结构平面图及屋面结构平面图。本内容有： 1. 定位轴线及梁、柱、承重墙、抗震构造桩等定位尺寸，并注明其编号和楼层标高 2. 预制板的跨度方向、板号、数量及板底标高，标出预留洞大小及位置；预制梁、洞口过梁的位置和型号、梁底标高 3. 现浇板的板厚、板面标高、配筋、标高及局部剖面 4. 电梯间机房结构平面布置，梁板编号、板厚及配筋，预留洞大小与位置 5. 屋面结构平面布置，当结构找坡时，应标注屋面板的坡度，坡向。定位轴线、结构构件的位置及编号、支撑系统布置及编号等

续表

名　　称	主要内容与作用
钢筋混凝土构件详图	现浇构件： 1. 纵横剖面、长度、定位尺寸、标高及配筋，梁和板的支座；预应力筋定位图及锚固要求 2. 曲形梁或平面折线梁模板图及展开详图 3. 对构件受力有影响的预留洞、预埋件的位置、尺寸、标高、洞边配筋及预埋件等
节点构造详图	预制构件： 1. 构件模板尺寸、轴线关系、预留洞及预埋件位置、尺寸、编号必要的标高等；后张预应力构件的预留孔道的定位尺寸、张拉端、锚固端等 2. 配筋情况、钢筋形式、钢筋直径与间距，钢筋规格、位置、数量等 梁、柱与墙体锚拉的平、剖面；相互定位关系、构件代号、连接材料、附加钢筋的规格、型号、性能、数量，连接方法及对施工安装、后浇混凝土的有关要求等
钢结构图	1. 设计说明：设计依据、荷载资料、项目类别、工程概况、所用钢材牌号和质量等级（必要时提出物理、力学性能和化学成分要求）及连接件的型号、规格、焊缝质量等级、防腐及防火措施 2. 基础平面及详图表达钢柱与下部钢筋混凝土构件的连接构造 3. 结构平面（包括各层楼面、屋面）布置及定位关系，标高、构件的位置及编号，节点详图及索引等；檩条、墙梁、空间网架布置图和关键剖面图 4. 构件与节点：一般简单的钢梁、柱用统一详图和列表法表示，注明构件钢材牌号、尺寸、规格、加劲肋做法，连接节点详图，施工安装要求

续表

名　　称	主要内容与作用
结构设计总说明	1. 格构式梁、柱、支撑的平、立、剖面与定位尺寸、总尺寸、分尺寸，注明单构件型号、规格、组装节点和其他构件连接详图 2. 根据钢结构设计图编制组成结构构件的零件放大图，标准细部尺寸，材质要求，加工精度，工艺流程要求，焊缝质量等级及编号，和安装能力确定构件的分段和拼装节点
结构设计总说明	1. 本工程结构设计的主要依据 2. 设计标高所对应的绝对标高值；图纸中标高、尺寸的单位 3. 建筑结构的安全等级和设计使用年限，耐久性要求和砌体结构施工质量控制等级 4. 建筑场地类别，地基的液化等级，建筑抗震设防类别，抗震设防烈度和钢筋混凝土结构的抗震等级。人防工程的抗力等级 5. 地基有关情况，对不良地基的处理措施及技术要求，地基土的冰冻深度，地基基础的设计等级 6. 采用的设计荷载、包含风荷载、雪荷载、楼面允许使用荷载、特殊部位的最大使用荷载标准值 7. 所运用结构材料的品种、规格、性能及相应的产品标准，当为钢筋混凝土结构时，说明受力钢筋的保护层厚度、锚固长度、搭接长度、接长方法，预应力构件的种类、预留孔道做法、施工要求及锚具防腐措施等 8. 所采用的通用做法和标准图集；有特殊构件需作结构性能检验时，其检验方法与要求

1.1.2　识图基本方法

1.1.2.1　施工图编排顺序

一套建筑工程施工图往往有几十张，甚至几百张，为了便于看图与查找，往往需要把图纸按顺序编排。

1. 一般顺序：图纸目录、施工总说明、建筑施工图、结构施工图、设备施工图等。

2. 识图程序：

目录页→总图及说明→建筑图→结构图→设备图→形成记录→穿插对照→查出问题→熟悉设计意图→预定施工过程与方法，具体见表1-3。

3. 识图原则：

先建筑后结构，再设备；

先粗后细，先整体后详图；

先主项后次项，先概况后细节；

先大体后节点，先图纸后文字。

识图程序 **表1-3**

图纸名称	识图步骤
建筑施工图	建筑目录页→建筑施工说明及表格→建筑总平面图→建筑平面图→建筑立面图→建筑剖面图→建筑详图→形成记录
结构施工图	结构目录页→结构设计说明→基础结构图→楼层结构图→屋面结构图→构件详图→形成记录（平面整体设计图纸）

1.1.2.2 识图要点

识图要点，见表1-4。

识图要点 **表1-4**

内容	要点
看目录页	建筑类型，建筑面积，层数，建设设计勘察单位，图纸种类，编号及张数，设计人员姓名等
看数量	按照目录检查各类图纸是否齐全，编号与图名是否符合，标准图集的名称及数量等
看说明	建筑概况，设计依据，使用规范，技术要求，结构特点，施工要点及注意事项等
看总图	地理位置、高程、座标、朝向、周边环境、交通、风向等

续表

内　容	要　点
看建施图	1. 通过平面图了解建筑物的长度、宽度、轴线尺寸、开间大小，内部布局，楼层标高等 2. 通过立面图了解建筑物各外立面的造型，线条，檐口，门窗，散水等 3. 通过剖面图了解建筑物内部做法，标高，墙体结构，楼梯，装饰装修等 4. 通过样图更清楚了解构件及节点的详细情况如：尺寸、材料、做法等
看结施图	1. 结合建筑平面图来看基础结构图；结合楼层平面和立面，剖面图来看主体结构图，屋面结构图及结构详图。重点是：结构材料如混凝土标号，钢筋种类、规格，连接方式，材料性能，试验要求等 2. 基础：基础做法，钢筋布置，混凝土等级，保护层等 3. 主体：梁、板、柱（墙）的结构形式，截面尺寸，标高，轴线，配筋情况，技术要求等 4. 楼梯：楼梯梁，板做法及配筋情况等 特殊部位：如水池、上人孔、通风孔、车库等与全体建筑结构的关系及周边情况
做标注	看图时及时把问题标注在图纸上（用铅笔）对有疑问的地方及时与其他图纸相对照，特别重要或设计有特殊要求的部位做出明确标记
形成记录	将图纸上的疑问及矛盾或问题、建议按图号顺序做好记录，以备图纸会审时使用

1.1.3　平法（PIEM）设计识图

1.1.3.1　平法设计特点

《建筑结构施工图平面整体设计方法》（简称平法或PIEM）是把我国目前混凝土结构构件的尺寸和配筋，按照平法制图规则，直接注明在各类构件的结构平面布置图上或相应的图表中，再与平法标准构造详图相配合，构成一套新型完整的结构施工图，其特点是：

1. 本张图纸信息量大，内容集中，构件分类明确，非常有利于施工。图纸数量大量减少，约为同等结构传统设计的2/3左右。

2. 将设计与施工要求有机结合为一体，使设计与施工过程形成相辅相成的联带关系。

3. 节省识图时间，减轻施工人员负担。减少图纸翻查次数，提高图纸完好率。

4. 有利于促使施工管理规范化、标准化，为施工现代化管理与计算机应用创造条件。

5. 平法把结构设计分为创造性内容与重复性内容两部分，第一部分采用平面整体表示制图规则来完成表述；第二部分采用结构构件标准图来表述，如《混凝土结构施工图平面整体表示方法制图规则和构造详图》（03G101—1）所表述的就是现浇混凝土框架、剪力墙、框架剪力墙、框支剪力墙结构的标准图。

1.1.3.2 识图要点与步骤

1. 识图流程

熟悉平法设计→制图规则和标准构造详图→熟悉平法设计施工图→熟悉工程概况和说明→按建筑、结构、安装顺序相互对照识图→按结构层面或标准层逐层向上识图→熟悉各结构层面的设计内容→掌握上下结构层面的相互关系→穿插对照查找问题→施工单位内部预审→图纸会审→形成会审记录。

2. 识图要点

1）平法设计制图规则和构造详图，是平法设计的精髓。它是按照各类构件的平法制图规则，在按结构（标准层）绘制的平面布置图上直接表示各构件的尺寸、配筋和所选用的标准构造详图的重要依据。《混凝土结构施工图平面整体标识方法制图规则和构造详图》对现浇混凝土框架、剪力墙、框架剪力墙、框支剪力墙结构中的柱、梁、墙的表示方法、注写方式、配筋构造等作了详细的说明与标识，务必认真仔细地看懂并掌握。

2）平法设计施工图：运用平法制图规则而绘制的结构施工图，是设计人员创造性劳动成果，用图示或文字、符号表述设计意图与要求。它是根据具体工程的要求，结合国家规范标准而形成的设计图纸，务必充分熟悉、领会。

3）识图顺序：按结构层面由下而上进行。即按基础、柱、剪力墙、梁、板、楼梯及其他构件的顺序识图，这与施工顺序相吻合。改变了传统设计先框架、后梁板的做法，非常有利于施工。由于按照由下而上的结构层进行的平法设计，就需要施工人员必须将与本结构层相联系的上下结构层的关系做好理顺，包括连接承插、锚固等方面的方式和要求。

4）图纸审核：由于设计难免会出现失误或不符合规范、国家法律法规与施工要求的地方或施工人员对图纸存有疑问或误解。因此必须进行图纸审核，并形成会审记录。

1.1.4　常见图例和代号

1.1.4.1　建筑制图的表示方法

1. 图标及会签栏

图标（图1-1）标明工程的名称、图名、图别、图号、设计单位名称等内容。要查阅某张图纸时，可以从图纸的目录中查到所需查阅图纸的图号，然后根据图号查找所需的图纸。会签栏格式，见图1-2。

设计单位名称	工程名称	图号区
签字区	图名区	

图1-1　图标样式

（专业）	（姓名）	（日期）

图1-2　会签栏格式

2. 比例和图名

比例（图 1-3）一般书写在图名的右侧，字号应比图名字号小一号或两号。当一张图纸中的各图只用同一种比例时，可将比例号统一书写在图标中。

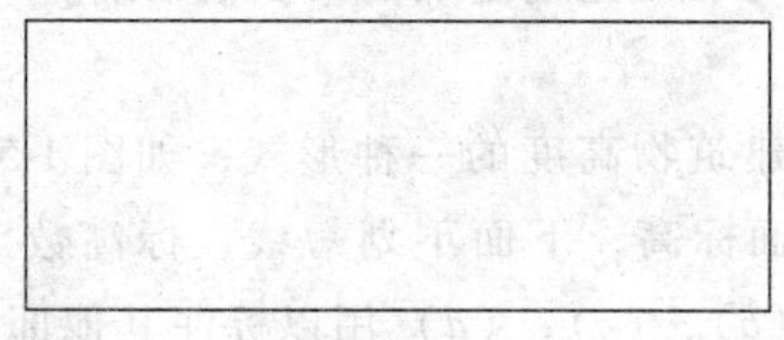

图 1-3 比例

3. 定位轴线及编号

定位轴线，在水平方向上用阿拉伯的数字表示，从左至右按顺序编写。竖向的编号采用大写拉丁字母，从下至上顺序编写。拉丁字母中的 I、O、Z 三个字母不得用于轴线编号，以免与阿拉伯数字 0、1、2 混淆。定位轴线及编号，见图 1-4。

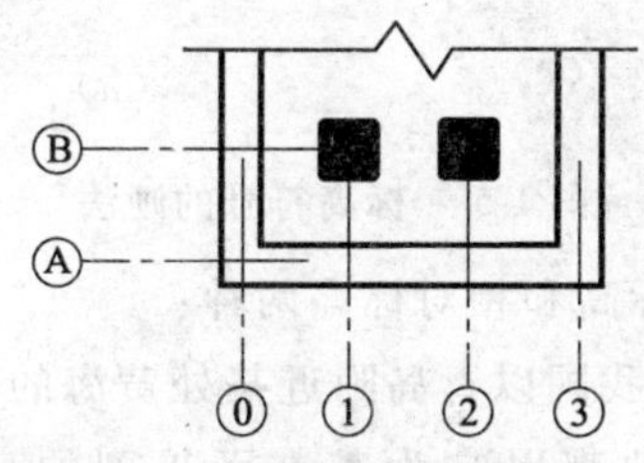

图 1-4 定位轴线及编号

两根轴线间的附加轴线，应用分母表示前一轴线的编号，分子表示附加轴线的编号，编号宜用阿拉伯数字顺序编写，如：

(1/2) 表示 2 号轴线之后附加的第一根轴线；

(3/C) 表示 C 号轴线之后附加的第三根轴线。

1 号轴线或 A 号轴线之前的附加轴线的分母应以 01 或 0A 表

示，如：

(1/01)表示1号轴线之前附加的第一根轴线；

(1/0A)表示A号轴线之前附加的第三根轴线。

4．标高

标高是标注建筑物高度的一种形式，如图1-5（*a*）表示建筑物室内地面及楼面标高，下面不划短线，标高数字注写在长横线的上方。图1-5（*b*）、（*c*）、（*d*）用以标注其他部位的标高，下面的短横线为需标注高度的界限，标高数字注写在长横线的上方或下方。标高数字以米（m）为单位，并注写到小数点后面第三位。

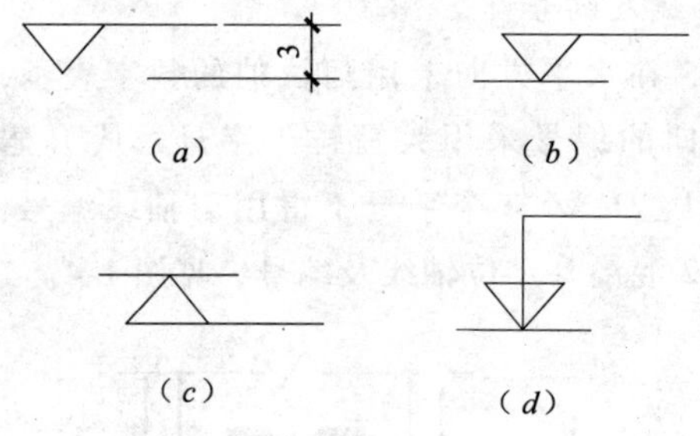

图1-5　标高符号的画法

标高分为绝对标高和相对标高两种：

1）绝对标高：我国以青岛附近某处黄海的平均海平面作为标高的零点，其他各地都以它为基准而得到的高度数值称为绝对标高。

2）相对标高：以建筑物室内底层主要地坪作为标高的零点，其他各部位以它为基准而得到的高度数值称为相对标高。

在施工总说明或总平面图中，一定要注明相对标高和绝对标高的关系。

5．索引符号与详图符号

索引符号与详图符号，见表1-5。

索引符号与详图符号 表1-5

名称	符号	说明
详图的索引标志	5/— 详图的编号；详图在本张图纸上 5/— 局部剖面详图的编号；剖面详图在本张图纸上	细实线单圆圈直径应为10mm 详图在本张图纸上
	5/4 详图的编号；详图所在图纸编号 5/4 局部剖面详图的编号；剖面详图所在的图纸编号	详图不在本张图纸上
	J103 5/4 标准详图编号；标准详图编号；详图所在的图纸编号	标准详图
详图的标志	5 详图的编号	粗实线单圆圈直径应为14mm 被索引的在本张图纸上
	5/2 详图的编号；被索引的图纸编号	被索引的不在本张图纸上

1.1.4.2 图例、构件代号

由于建筑平面图一般采用较小的比例，所以门窗等建筑配件用规定的图例表示，并注上相应的代号及编号，如门的代号为M；窗的代号为C。同一类型的门或窗，编号应相同，如M-1、M1和C-1、C1等，常用建筑配件图例见表1-6。

常用建筑配件图例　　　　表 1-6

名称	图例	名称	图例
墙体	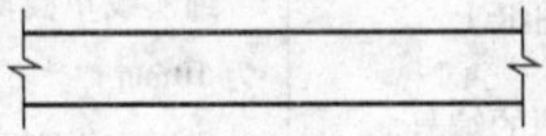		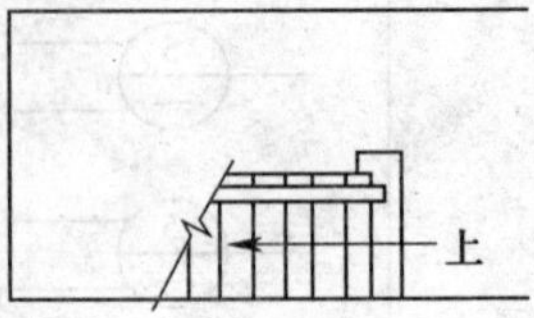 上
烟道	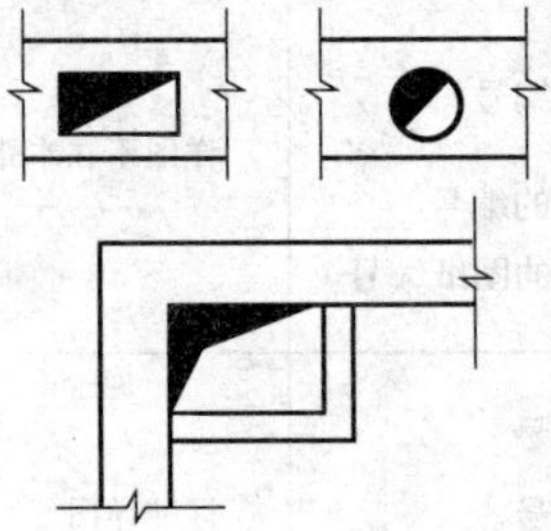	楼梯	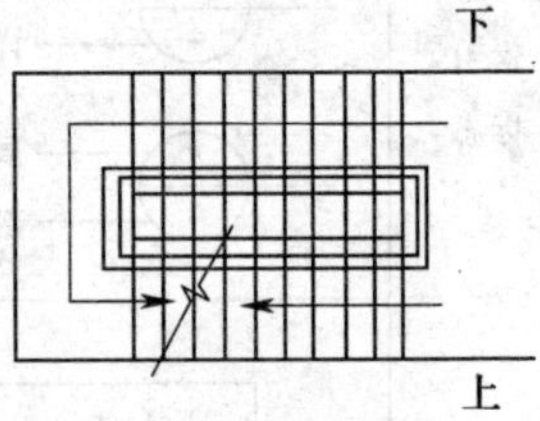 下 上
通风道	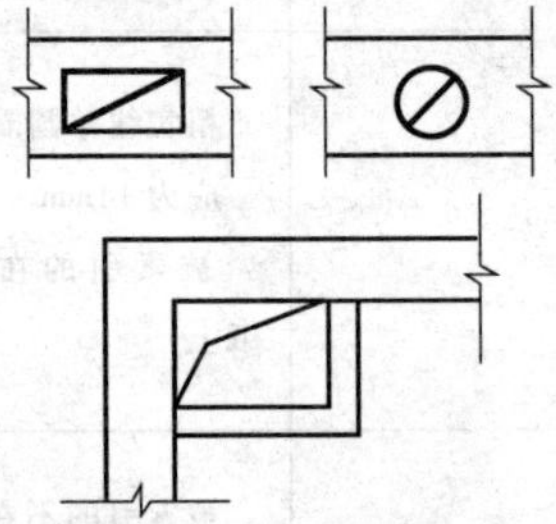		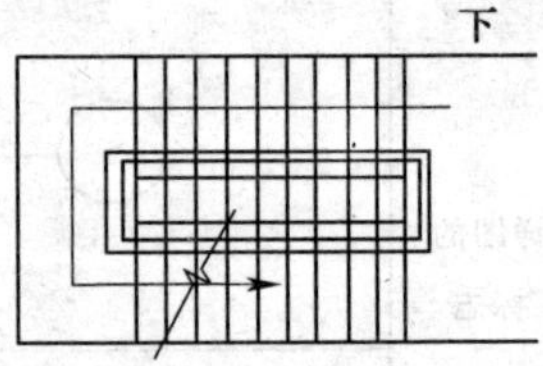 下
孔洞		检查孔	
坑槽		坡道	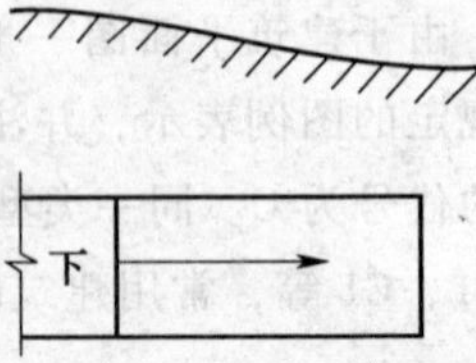 下

续表

名称	图例	名称	图例
单扇门	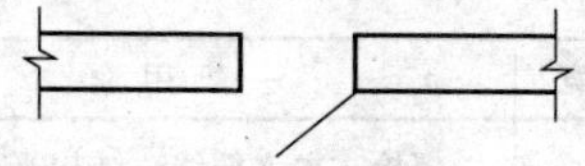	高窗	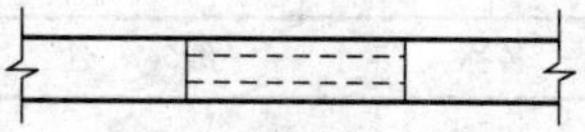
双扇门	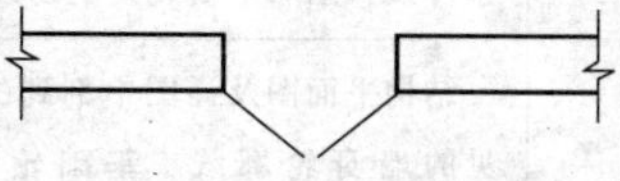	墙上预留洞或槽	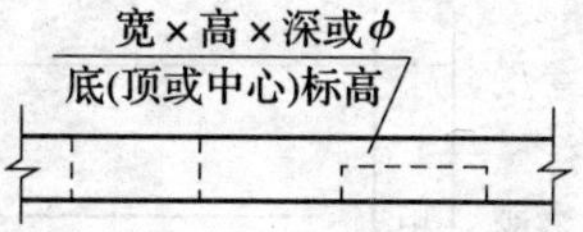 宽×高×深或ϕ 底(顶或中心)标高

门窗图例中，门的名称代号用 M 表示，剖面图以左为外，右为内；平面图则以下为外，上为内；立面图上开启方向线交角的一侧为安装合叶的一侧，实线为外开，虚线为内开；墙上预留洞或槽图例中，虚线表示未剖到。

在结构施工图中需要注明构件的名称，常采用代号表示。构件的代号通常以构件名称的汉语拼音第一个大写字母表示。表 1-7 是常用结构构件代号。

常用结构构件代号 **表 1-7**

序号	名称	代号	序号	名称	代号	序号	名称	代号
1	板	B	15	吊车梁	DL	29	基础	J
2	屋面板	WB	16	圈梁	QL	30	设备基础	SJ
3	空心板	KB	17	过梁	GL	31	桩	ZH
4	槽形板	CB	18	连系梁	LL	32	柱间支撑	ZC
5	折板	ZB	19	基础梁	JL	33	垂直支撑	CC
6	密肋板	MB	20	楼梯梁	TL	34	水平支撑	SC
7	楼梯板	TB	21	檩条	LT	35	梯	T
8	盖板或沟盖板	GB	22	屋架	WJ	36	雨篷	YP
9	挡雨板或檐板	YB	23	托架	TJ	37	阳台	YT
10	吊车梁安全走道板	DB	24	天窗架	CJ	38	梁垫	LD
11	墙板	QB	25	框架	KJ	39	预埋件	M
12	天沟板	TGB	26	刚架	GJ	40	天窗端壁	TD
13	梁	L	27	支架	ZJ	41	钢筋网	W
14	屋面梁	WL	28	柱	Z	42	钢筋骨架	G

1.1.4.3 钢筋混凝土图示方法及尺寸标注

1. 钢筋混凝土图示方法及尺寸标注，见表1-8。

钢筋混凝土图线表示方法及尺寸标注　　表1-8

名称		线性	线宽	一般用途
实线	粗	———	b	螺栓、主钢筋线，结构平面图中的单线结构构件线、钢、木支撑及系杆线，图名下横线及剖切线
	中	———	0.5b	结构平面图及详图中剖到的或可见的墙身轮廓线、基础轮廓线、钢、木结构轮廓线、箍筋线、板钢筋线
	细	———	0.25b	可见的钢筋混凝土构件轮廓线、尺寸线、标注引出线、标高符号、索引符号
虚线	粗	— — — —	b	不可见的钢筋、螺栓线，结构平面图中的不可见的单线结构构件线及钢、木支撑线
	中	— — — —	0.5b	结构平面图中的不可见构件、墙身轮廓线及钢、木构件轮廓线
	细	- - - - - -	0.25b	基础平面图中的管沟轮廓线、不可见的钢筋混凝土构件轮廓线
单点长断线	粗	—·—·—	b	柱间支撑、垂直支撑、设备基础轴心图中的中心线
	细	—·—·—	0.25b	定位轴线、对称线、中心线
虚线	粗	—··—··—	b	预应力钢筋线
	细	—··—··—	0.25b	原有结构轮廓线
折断线		—\/—	0.25b	断开界限
波浪线		～～～	0.25b	断开界限

2. 一般钢筋图例，见表1-9。

一般钢筋图例 **表1-9**

序号	名 称	图 例	说 明
1	钢筋横断面		
2	无弯钩的钢筋端部		下图表示钢筋长、短搭接重叠时，短钢筋的端部用45°斜画线表示
3	带半圆形弯钩的钢筋端部		
4	带直钩的钢筋端部		
5	带丝扣的钢筋端部	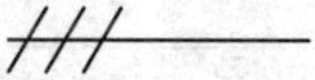	
6	无弯钩的钢筋搭接		
7	带半圆弯钩的钢筋搭接		
8	带直钩的钢筋搭接		
9	花篮螺丝钢筋搭接头	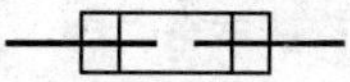	
10	机械连接的钢筋接头		用文字说明机械连接的方式（冷挤压或螺纹）

3. 钢筋画法，见表1-10。

钢筋画法　　表1-10

序号	说　明	图　例
1	在结构平面图中配置双层钢筋时，底层钢筋的弯钩应向上或向左，顶层钢筋的弯钩则向下或向右	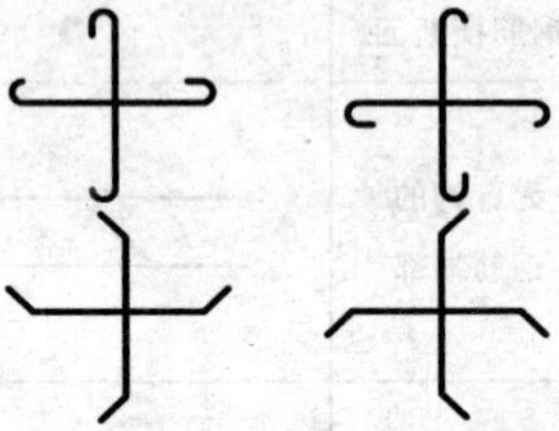 （底层）　（顶层）
2	钢筋混凝土墙体配双层钢筋时，在配筋立面图中，远面钢筋的弯钩应向上或向右（JM 近面；YM 远面）	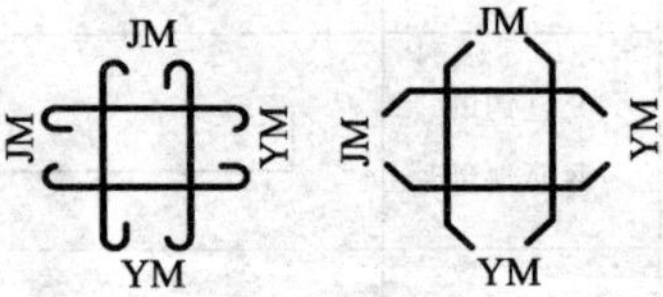 JM JM YM YM　JM JM YM YM
3	若在断面图中不能表达清楚的钢筋布置，应在断面图外增加钢筋大样图（如：钢筋混凝土墙、楼梯等）	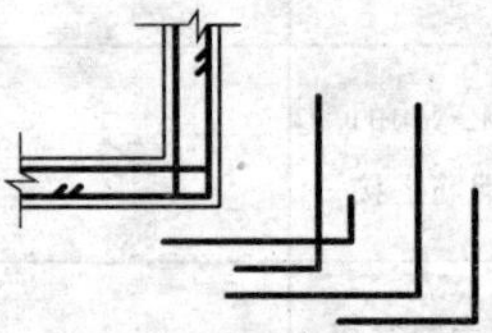
4	图中所表示的箍筋、环筋等若布置复杂时，可加画钢筋打样及说明	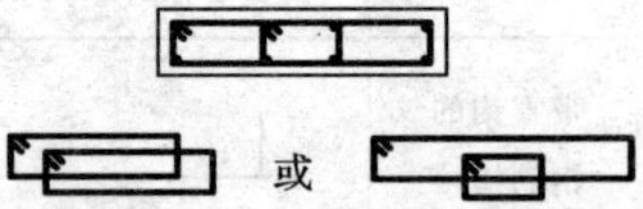 或
5	每组相同的钢筋、箍筋或环筋，可用一根粗实线表示，同时用一两端带斜短划线的横穿细线，表示其余钢筋及起止范围	

1.2 混凝土的特性与分类

1.2.1 混凝土的组成

混凝土是工程建设的主要材料之一。广义的混凝土是指由胶凝材料、细骨料（砂)、粗骨料（石）和水按适当比例配制的混合物，经硬化而成的人造石材。但目前建筑工程中使用最为广泛的还是普通混凝土。普通混凝土是由水泥、水、砂、石以及根据需要掺入各类外加剂与矿物掺合料组成的。

在普通混凝土中，砂、石起骨架作用，称为骨料，它们在混凝土中起填充作用和抵抗混凝土在凝结硬化过程中的收缩作用。水泥与水形成水泥浆，包裹在骨料表面并填充骨料间的空隙。在硬化前，水泥浆起润滑作用，赋予拌合物一定的和易性，便于施工；水泥浆硬化后，则将骨料胶结成一个坚实的整体，并具有一定的强度。

混凝土作为建筑材料之所以被广泛应用，是因为它具有许多其他材料所不能取代的优点。如：

1. 在凝结前具有良好的可塑性，因此可以用不同型式的模板浇制成各种形状和尺寸的构件或结构物。

2. 随着组成成分的改变，可使混凝土具有不同的物理力学性能，以满足工程需要。

3. 它与钢筋有良好的粘结力，能制作钢筋混凝土结构和构件。

4. 混凝土硬化后抗压强度高，耐久性、耐火性良好。

5. 在组成材料中，砂石等地方材料占80%以上，符合就地取材和经济的原则。

6. 同其他（钢材、玻璃、砖、瓦、塑料）材料相比还有三少的特点，即：能源消耗少、环境污染少、维修费用少。

但普通混凝土也存在一些缺点，如抗拉强度低，一般只有其抗压强度的1/10～1/20；自重大；浇筑成型受气候条件（温度、湿度、雨雪等）影响。

由于普通混凝土（以下简称混凝土）具有上述各种优点，随着建筑业的发展，对存在的缺点正在被逐步克服，其应用会更加广泛。从材料科学发展的观点看，今后混凝土技术发展的主攻方向还是轻质、快硬、高强、多功能。

1.2.2　混凝土的分类

混凝土的品种繁多，它们的性能和用途也各不相同，一般按以下四方面进行分类。

1. 按胶结材料分类

1）无机胶结材料混凝土：水泥混凝土、硅酸盐混凝土、石膏混凝土、水玻璃氟硅酸钠混凝土。

2）有机胶结材混凝土：沥青混凝土、硫磺混凝土、聚合物混凝土。

3）有机无机复合胶结材混凝土：聚合物水泥混凝土、聚合物浸渍混凝土。

2. 按表观密度分类

1）特重混凝土：表观密度大于2600kg/m^3。是用特别密实和特别重的骨料制成的，例如：重晶石混凝土、钢屑混凝土等。它们具有防辐射的性能，主要用作原子能工程的屏蔽材料。

2）重混凝土：表观密度为1900～2500kg/m^3。是用致密的天然砂、石作为骨料制成的，也称普通混凝土，主要用于各种承重结构。

3）轻混凝土：表观密度在500～1900kg/m^3。用火山灰渣、黏土陶粒和陶砂、粉煤灰陶粒和陶砂等轻骨料制成的轻骨料混凝土。表观密度在500kg/m^{3}以上的多孔混凝土，包括加气混凝土和泡沫混凝土、大孔混凝土，其组成中不加或少加细骨料。轻混凝土主要用作结构材料、结构绝热材料。

4）特轻混凝土：表观密度在500kg/m³以下（包括500kg/m³以下的多孔混凝土）用特轻骨料如：膨胀珍珠岩、膨胀蛭石、泡沫塑料等制成的轻骨料混凝土，主要用作保温隔热材料。

3．按用途和施工方法分类

主要有结构混凝土、防水混凝土、隔热混凝土、耐酸混凝土、装饰混凝土、纤维混凝土、防辐射混凝土、沥青混凝土、真空混凝土、离心混凝土、泵送混凝土、喷射混凝土、高强混凝土、高性能混凝土等。

4．按流动性分类

混凝土流动性按坍落度和维勃稠度划分为：干硬性混凝土、低流动性混凝土、塑性混凝土、流态混凝土。

1.2.3 混凝土的主要技术性能

1.2.3.1 混凝土拌合物主要性能

混凝土的各组成材料按一定比例搅拌而制得的未凝固的混合材料称为混凝土拌合物。对混凝土拌合物的要求，主要是使运输、浇筑、捣实和表面处理等施工过程易于进行，减少离析，保证良好的浇筑质量，进而为保证混凝土的强度和耐久性创造必要的条件。一般是以混凝土拌合物的和易性来判别拌合物质量的优劣。

1．和易性

混凝土拌合物的和易性是指混凝土在施工中是否易于操作，是否具有能使所浇筑的构件质量均匀、成型易于密实的性能。所谓和易性好，是指混凝土拌合物容易拌合，不易发生砂、石或水分离析现象，浇模时填满模板的各个角落，易于捣实，分布均匀，与钢筋粘结牢固，不易产生峰窝、麻面等不良现象。和易性是一项综合的技术性质，包括有流动性、黏聚性和保水性等三方面的涵义。

流动性是指混凝土拌合物在自重或施工机械振捣的作用下，能产生流动，并均匀密实地填满模板的性能。流动性的大小主要取决于单位用水量或水泥浆量的多少。单位用水量或水泥浆量多，混凝土拌合物的流动性越大，浇筑时容易填满模型。

黏聚性是指混凝土拌合物在施工过程中其组成材料之间有一定的黏聚力。在运输、浇筑、捣实过程中不致产生分层（混凝土拌合物出现层状分离现象），离析（混凝土拌合物内水泥、砂、石、水互相分离的现象），泌水（又称析水，从水泥浆中泌出部分拌合水的现象），而保持整体均匀的性质。

保水性是指混凝土拌合物在施工过程中，具有一定的保持水分不易析出的能力。混凝土拌合物在施工过程中，随着较重的骨料颗粒下沉而水的密度比骨料小，因此被迫逐渐上升到混凝土拌合物的表面，造成泌水。泌水会在混凝土内部形成泌水通道，使混凝土的密实性变差，降低混凝土的质量。由此可见，混凝土拌合物的流动性、黏聚性和保水性有其各自的内容，它们三者之间既互相联系，又存在着矛盾。例如，增加用水量可提高混凝土拌合物的流动性，但同时也增加了分层泌水的可能。因此，和易性就是这三方面性质在某种具体条件下矛盾统一的概念。

2. 和易性的测定方法

和易性的涵义比较复杂，难以用一种简单的测定方法来全面地表达，我国标准用坍落度和维勃稠度来测定混凝土拌合物的流动性，并辅以直观经验来评定黏聚性和保水性。

1）坍落度试验。将混凝土拌合物按规定方法分三次装入坍落度筒内，装满刮平后，将坍落度筒垂直向上提起，移到混凝土拌合物一侧，混凝土拌合物因自重将会产生坍落现象。然后测量出筒高与坍落后混凝土拌合物试体最高点之间的高度差，用 mm 表示，此值即为混凝土拌合物的坍落度值。混凝土拌合物坍落度的测定，见图 1-6。坍落度愈大，表示混凝土拌合物的流动性愈大。

图 1-6 混凝土拌合物坍落度值的测定

2）维勃稠度试验。干硬性混凝土的和易性用维勃稠度法评定。测定时，在坍落度筒中按规定方法装满混凝土拌合物，提起坍落度筒，在混凝土拌合物试体顶面放一透明圆盘，开启振动台，同时用秒表计时，到透明圆盘的底面完全为水泥浆所布满时，停止秒表并关闭振动台。此时可认为混凝土拌合物已密实，所读秒数称为维勃稠度。维勃稠度仪见图 1-7。

图 1-7 维勃稠度仪

3. 混凝土拌合物的初凝和终凝

1）初凝和终凝

一般而言，水泥从加水拌合后 45min～1h，水泥的凝胶开始凝结，这时简称初凝；至拌合后12h，水泥凝胶的形成大致终了，这段时间称为终凝，但这时所形成的水泥凝胶还处在软塑状态中，还需要等几小时以后，才能逐渐硬化，变成固体状态。一般把水泥拌合后由流动状态失去可塑性变为固体状态的这段时间称为“凝结过程”，而把以后逐渐产生强度的时间称为“硬化过程”。我国生产的普通水泥，一般初凝为1～3h，终凝为5～8h。

混凝土在初凝之前具有一定的流动性，在这段时间里宜进行运输、浇灌、捣固等工作。自初凝到终凝以前，它的流动性逐渐消失，如再经振动，则已凝结的胶体还能闭合，但自拌合后5h（即近于终凝时）～8h，它已丧失流动性，不具备强度，遇有损伤则不能自行闭合，所以不能承受外力，在这段时间内必须加强养护，保证其强度的稳定发展。

就内因而言，混凝土的初凝和终凝主要受到胶凝材料组分和外加剂的影响。胶凝材料的活性越大，如水泥中C_3A（铝酸三钙）含量高、水泥和矿渣细度大都可能使得初凝时间提前。外加剂，特别是速凝剂和缓凝剂的使用，在很大程度上可以控制混凝土的初凝和终凝。甚至有的缓凝剂可以无限期延缓混凝土的凝结时间，外加剂与水泥（或者其他胶凝材料）发生不相容情况，造成的混凝土事故之一就是混凝土的工作性迅速损失（凝结时间异常）。从外因而言，影响混凝土的凝结时间主要是温度。温度越高，凝结时间越提前。

2）判定

初凝和终凝的准确测定一直是一个比较困难的事情，最常用的方法之一是贯入阻力法，其他一些方法，如可以采用超声波或者电测法：在初凝和终凝前后，超声波在混凝土的传播速度会发生较大变化，据此判定初凝和终凝时间；同样，借助凝结前后混凝土的电导率（或者电阻率）的显著差异也可以对凝结时间进行判断。

施工现场可以根据经验对混凝土的初凝和终凝进行基本判断。以现浇楼板（楼盖）为例，混凝土浇筑完毕一段时间后人踩踏上去，如果可以站立，且有很明显的下陷，则可以判断为开始初凝；如果可以较稳的站立，且仅有脚印并无明显下陷，则可以判断为接近终凝；当混凝土成固态，踩踏无脚印，则可以判断为终凝，接近硬化。

4. 混凝土拌合物的离析和泌水

1）离析。拌合物的离析是指拌合因各组分分离而造成不均匀和失去连续性的现象。其形式有两种：一种是骨料从拌合物中分离；另一种是稀水泥浆从拌合物中淌出。离析的结果使混凝土拌合物均匀性变差，硬化后混凝土的整体性、强度和耐久性降低。

2）泌水。拌合物泌水是指拌合物在浇筑后到开始凝结期间，固体颗粒下沉水上升，并在混凝土表面析出水的现象。泌水将造成如下后果：

（1）块体上层水多，水灰比增大，质量必然低于下层拌合物；引起块体质量不均匀，易于形成裂缝，降低了混凝土的使用性能。

（2）部分泌水挟带细颗粒一直上升到混凝土顶面，再沉淀下来的细微物质称为乳皮，使顶面形成疏松层，降低了混凝土之间的粘结力。

（3）部分泌水停留在石子下面或绕过石子上升，形成连通的孔道，水分蒸发后，这些孔道成为外界水分浸入混凝土内部的捷径，降低了混凝土的抗渗性和耐久性。

（4）部分泌水停留在水平钢筋下表面。形成薄弱的间隙层，降低了钢筋与混凝土的粘结力。

（5）由于泌水和其他一些原因，使混凝土在终凝以前产生少量的“沉陷”。

总之，泌水作用对于混凝土的质量有很不利的影响。必须尽可能减小混凝土的泌水。通常采用掺加适量混合材、外加剂，尽可能降低混凝土水灰比等有效措施来提高混凝土的保水性，从而降低泌水现象。

5. 体积密度（表观密度）

单位体积的质量，称为混凝土的体积密度或表观密度。普通混凝土的体积密度（表观密度）为2300～2500kg/m^3。

6. 密实度

一定体积的混凝土中，其固体物质所充实的程度，称为混凝土的密实度。即固体物质的绝对体积与混凝土外形体积之比。根据28d龄期的混凝土密实度不同，混凝土可分成见表1-11的密实等级。

混凝土的密实度　　表1-11

等　级	密实度值
高密实度的混凝土	0.8～0.92
较高密实度的混凝土	0.84～0.86
普通密实度的混凝土	0.81～0.83
较低密实度的混凝土	0.78～0.8
低密实度的混凝土	0.75～0.77

混凝土的密实度几乎与混凝土的所有技术性能，例如强度、耐久、传热等有着极为密切的关系。但是，混凝土的密实度或孔隙率还不能完全说明混凝土的内部结构，因为它们不能体现混凝土中孔隙的特征，如孔隙大小、形状、分布及封闭程度，恰恰是孔隙的特征直接影响上述性能的因素。

1.2.3.2　硬化混凝土的主要技术性能

混凝土拌合物在一定的条件（温度、湿度）下，经物理化学等作用，随着时间推移逐渐硬化成坚实的块体称为硬化混凝土。硬化混凝土具有下列主要技术性能。

1. 混凝土的强度

混凝土的强度包括抗压强度、抗拉强度、抗弯强度、抗剪强度和与钢筋的粘结强度等。其中混凝土的抗压强度最大，抗拉强度最小，约为抗压强度的1/10～1/20。

1）混凝土的抗压强度和强度等级。混凝土的抗压强度是指标准试件在压力作用下直到破坏时单位面积所能承受的最大压力。根据国家标准《普通混凝土力学性能试验方法》（GB/T 50081—2002）规定，制作边长为150mm立方体试件，在标准条件（温度20±2℃，湿度大于95%）下，养护到28d龄期测得的抗压强度值为混凝土立方体抗压强度的标准值（单位MPa）。

测定混凝土立方体抗压强度，也可以按粗骨料最大粒径选用非标准尺寸的试件，但应将其抗压强度折算为标准试件抗压强度，即应乘以尺寸换算系数，见表1-12。

标准试件尺寸换算系数　　**表1-12**

骨料最大粒径（mm）	试件尺寸（mm）	换算系数
≤30	150×150×150	1.0
>30	100×100×100	0.95
≤70	200×200×200	1.05

为了正确进行设计和控制工程质量，根据混凝土立方体抗压强度标准值，将混凝土划分为不同的等级。混凝土强度等级采用符号C与立方体抗压强度标准值（$1N/mm^2=1MPa$）表示。例如：混凝土立方体抗压强度标准值$=30N/mm^2$（MPa）的混凝土，其强度等级表示为C30。

2）混凝土的轴心抗压强度。混凝土的轴心抗压强度是指用棱柱体（标准试件为150mm×150mm×300mm）试件测得的单位面积上所能承受的最大轴心压力。

确定混凝土的强度等级是采用立方体试件，但实际工程中，钢筋混凝土结构形式很少是立方体的，大部分是棱柱体形或圆柱体形。为了使测得的混凝土强度接近于混凝土结构的实际情况，在钢筋混凝土结构计算中，计算轴心受压构件（如柱子）时，都是采用混凝土的轴心抗压强度作为依据。

轴心抗压强度与立方体抗压强度之比约为0.7~0.8。轴心抗压、轴心抗拉强度标准值f_{ck}、f_{tk}及设计值f_c、f_t见表1-13、表1-14。

混凝土强度标准值（N/mm^2）　　**表1-13**

强度种类	混凝土强度等级						
	C15	C20	C25	C30	C35	C40	C45
f_{ck}	10.0	13.4	16.7	20.1	23.4	26.8	29.6
f_{tk}	1.27	1.54	1.78	2.01	2.20	2.39	2.51

续表

强度种类	混凝土强度等级						
	C50	C55	C60	C65	C70	C75	C80
f_{ck}	32.5	35.5	38.5	41.5	44.5	47.3	50.2
f_{tk}	2.64	2.74	2.85	2.93	2.99	3.05	3.11

混凝土强度设计值（N/mm²）　表 1-14

强度种类	混凝土强度等级						
	C15	C20	C25	C30	C35	C40	C45
f_c	7.2	9.6	11.9	14.3	16.7	19.1	21.1
f_t	0.91	1.10	1.27	1.43	1.57	1.71	1.8
强度种类	混凝土强度等级						
	C50	C55	C60	C65	C70	C75	C80
f_c	23.1	25.3	27.5	29.7	31.8	33.8	35.9
f_t	1.89	1.96	2.04	2.09	2.14	2.18	2.22

3）混凝土的抗拉强度。混凝土的轴心抗拉强度是指用立方体试块测得的单位面积上所能承受的最大轴向拉力。测试方法见图1-8。在立方体试块中心平面内用垫条施加两个方向相反均匀分布的压力，当压力增大到一定程度时，试块就沿此平面壁裂破坏，这时测得的强度就是劈裂抗拉强度。

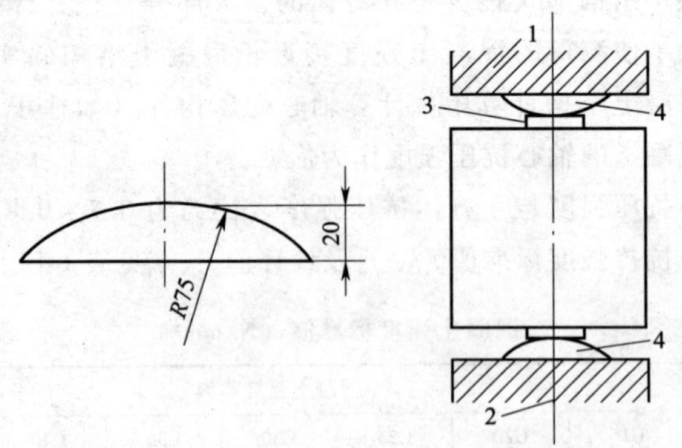

图 1-8　劈试验示意图

1—上压板；2—下压板；3—垫层；4—垫条

混凝土的抗拉强度只有抗压强度的1/10～1/20，并且随着混凝土强度等级的提高，比值有所降低，即当混凝土强度等级提高时，抗拉强度的增加不如抗压强度提高得快。

4）混凝土的抗折强度。混凝土的抗折强度是指混凝土受弯曲作用时所能承受的最大弯曲应力，也称弯曲抗拉强度。测试方法如图1-9所示。

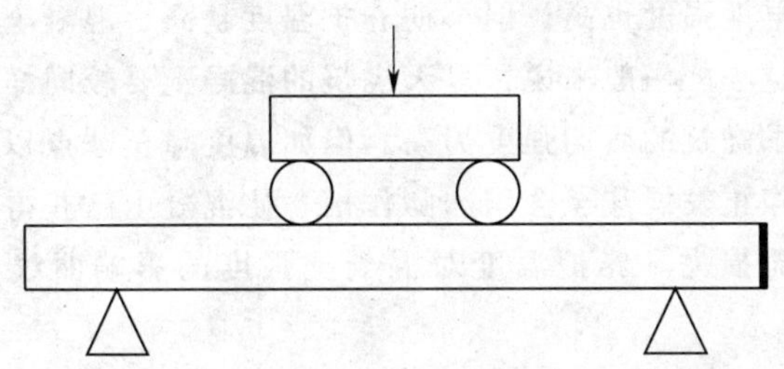

图1-9 混凝土的抗折强度示意图

抗折强度对受弯曲作用的机场跑道、公路路面十分重要。

2. 影响混凝土强度的因素

1）水泥强度等级与水灰比。水泥强度等级和水灰比是决定混凝土强度的最主要因素。在混凝土配合比相同的条件下，水泥强度等级越高，配制的混凝土强度越高。当用同一种水泥（品种及强度等级相同）时，混凝土的强度主要决定于水灰比。水灰比愈小，水泥石的强度愈高，与骨料粘结力愈大，混凝土的强度愈高。但是，如果水灰比太小，拌合物过于干稠，捣实困难，反而会导致混凝土强度降低。

2）骨料。骨料颗粒级配优良和质地坚硬能增加混凝土的强度和密实性。表面粗糙有棱角的碎石，提高了骨料与水泥砂浆之间的粘结力，也提高了混凝土强度。特别在强度等级较高的混凝土中，骨料对混凝土强度影响较大。一般在水灰比小于0.4时，碎石配制的混凝土强度比卵石混凝土强度高。但当水灰比大于0.65时，两者强度差异已不太显著，这是因为水灰比大时，决定混凝土强度的主要矛盾是水泥石强度，而不是骨料与水泥石的粘结强度。

混凝土中骨料与水泥重量的比例对混凝土强度的影响，在混凝土强度等级大于C35以上的混凝土中较为明显。在水灰比相同的条件下，混凝土的强度随骨料与水泥重量比的增大而提高。

3）养护的温度和湿度。为了获得质量良好的混凝土，成型后必须在适宜的温度和湿度环境中进行养护。通常养护温度高，混凝土的早期强度也高，但早期养护温度越高，混凝土后期强度的增进率越小。一般来说，夏天浇筑的混凝土要较同样的混凝土在春、秋季浇筑的后期强度为高。但如温度降至冰点以下，混凝土的强度停止发展甚至会因冰膨作用，使混凝土已获得的强度因受到破坏而损失。养护温度对混凝土强度的影响曲线如图1-10所示。

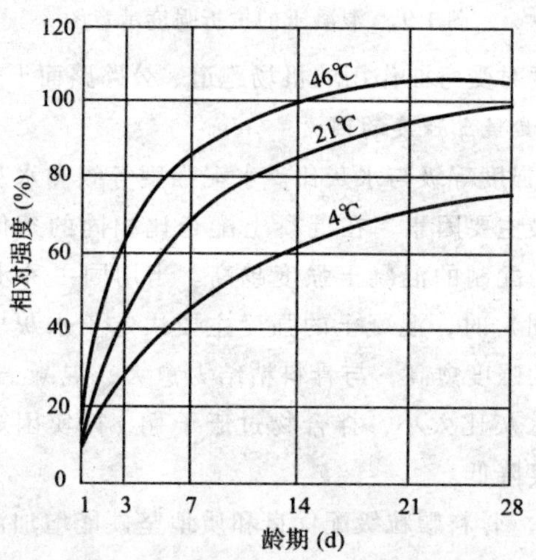

图1-10　养护温度对混凝土强度的影响

湿度对混凝土强度的发展有显著影响，因为水是水泥水化反应、混凝土强度增长的必要成分。如果湿度不够，水泥水化反应不能正常进行，甚至停止水化。这不仅严重降低混凝土强度，而且使混凝土结构疏松，形成干缩裂缝，增大了渗水性，从而影响混凝土的耐久性和构件的安全性。按规范规定，混凝土浇筑后，应在12h内加以覆盖和浇水；浇水养护的时间，对采用普通硅酸盐水泥和矿渣硅酸盐水泥拌制的混凝土，不得少于7d；对掺有缓凝型外加剂或有抗渗要求的混凝土，不得少于14d；混凝土的表面不便浇水或使用塑料布养护时，宜涂刷养护液等，防止混凝土内部水分蒸发。湿度对混凝土强度的影响曲线，见图1-11。

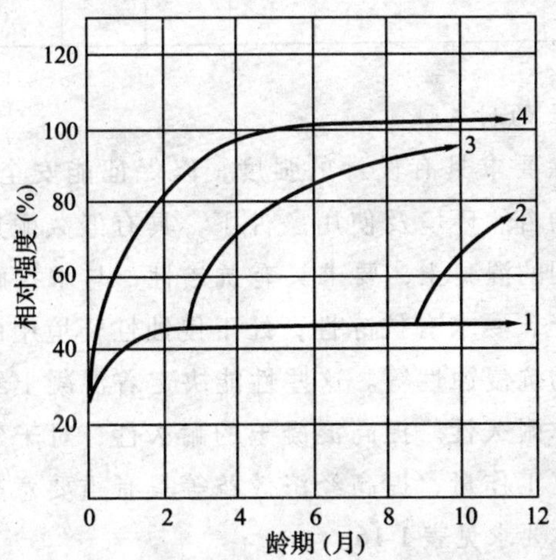

图1-11 湿度对混凝土强度的影响

1—空气中养护；2—九个月后水中养护；

3—三个月后水中养护；4—标准湿度下养护

4）成型方式。施工中浇捣混凝土时，必须充分密实，才能得到强度高的混凝土。同样的混凝土，机械振捣比人工捣固质量好，这是不言而喻的，但应根据流动性不同的拌合物施以相应的密实成型方式。因为，一般情况下，振捣时间愈长，振力愈大，混凝土愈密实，但对塑性、流态混凝土，振力过大或振捣时间过长，会使混凝土产生泌水离析现象，强度降低。

5）龄期。混凝土在正常养护条件下（保持适宜的环境温度和湿度），其强度将随龄期的增加而增长。3～14d内强度发展较快，

28d 时接近最大值，以后增长缓慢，但只要环境适宜，这种增长趋势可延续数十年，见表 1-15。

混凝土各龄期强度增长值　　表 1-15

龄期	7d	28d	3个月	6个月	1年	2年	5年	20年
混凝土 28 天抗压强度相对值	0.6～0.75	1.00	1.25	1.50	1.75	2.00	2.25	3.00

3. 混凝土的耐久性

混凝土除要求具有设计的强度，以保证能安全承受荷载外，还应在周围的自然环境及使用条件下，具有经久耐用的性能。例如受水压作用的混凝土，要求具有抗渗性；与水接触并遭受冰冻作用的混凝土，要求有抗冻性；处于侵蚀性环境中的混凝土，要求具有相应的抗侵蚀性等。这些性能决定着混凝土经久耐用的程度，所以统称耐久性。提高混凝土的耐久性，对于延长结构物寿命，减少修复工作量，提高经济效益等具有重要意义。结构混凝土耐久性基本要求见表 1-16。

结构混凝土耐久性基本要求　　表 1-16

环境类别		最大水灰比	最小水泥用量 (kg/m³)	最低混凝土强度等级	最大氯离子含量（%）	最大碱含量 (kg/m³)
一类		0.65	225	C20	1.0	不限制
二类	a	0.60	250	C25	0.3	3.0
	b	0.55	275	C30	0.2	3.0
三类		0.50	300	C30	0.1	3.0

注：1. 设计使用年限为 50 年。

2. 氯离子含量指占水泥用量的百分比。

3. 当掺入外加剂以提高耐久性时，可适当降低最小水泥用量。

4. 混凝土的抗渗性

抗渗性是指混凝土抵抗液体在压力作用下渗透的性能。例如，地下结构物、挡水结构、水塔、压力水管及水坝等，对混凝土都有抗渗性的要求。同时抗渗性又是混凝土的一项重要性质，它除关系到混凝土的档水作用外，还直接影响抗冻性和抗侵蚀性的强弱。当混凝土的抗渗性较差时，由于水分容易渗入内部，易于受到冰冻或侵蚀作用而破坏。混凝土的抗渗性用抗渗等级，采用符号P表示。混凝土的抗渗等级是以28d龄期的标准试件，在标准试验方法下所能承受最大的水压力来确定的。抗渗等级分为P6、P8、P10、P12等。相应表示混凝土能抵抗0.6、0.8、1.0、1.2MPa的水压力而且不渗漏。

5. 混凝土的抗冻性

混凝土的抗冻性是指混凝土在饱和水状态下能经受多次冻融循环而不破坏，同时也不严重降低强度的性能。寒冷地区，特别是在接触水又受冻的环境下的混凝土，要求具有一定的抗冻性。混凝土的抗冻性用抗冻等级，采用符号“F”表示。抗冻等级是以龄期28d的混凝土试块在吸水饱和后，承受反复冻融循环，以抗压强度下降不超过25%，而且重量损失不超过5%时所能承受的最大冻融循环次数来确定。混凝土的抗冻等级分为：F25、F50、F100、F150、F200、F250、F300。

6. 混凝土的抗化学侵蚀性

当混凝土所处的环境中含有侵蚀性介质，如硫酸盐侵蚀；淡水、酸性水、海水侵蚀；碱类侵蚀等，就要求混凝土具有抗侵蚀的能力。受侵蚀危害的混凝土，一般表现在水泥石中某些组份被溶解，生成了易溶于水的产物，以及生成的产物产生体积膨胀。提高混凝土的抗侵蚀能力主要是要合理选择水泥品种，提高混凝土的密实度等。

7. 混凝土的碳化

碳化作用是大气中的二气化碳在存在水的条件下与水泥水化产物氢氧化钙发生反应，生成碳酸钙和水，因氢氧化钙是碱性，而碳酸钙是中性，所以碳化又称中性化。碳化使混凝土产生收缩，甚至可能在混凝土表面生成明显的裂纹，最主要是碳化使混凝土的碱度降低，削弱对钢筋的保护作用，但碳化部分混凝土的密实度和强度有所增加。凡能提高混凝土密实度的各项措施，均可增强其抗碳化性能。对混凝土表面进行处理，也是一种有效的方法。

8. 提高混凝土耐久性的措施

混凝土所处的环境和使用条件不同，对其耐久性的要求也不相同，提高混凝土耐久性的措施有以下几个方面：

1）根据工程情况，合理选择水泥品种。

2）适当控制水灰比及水泥用量。水灰比大小是决定混凝土密实度的主要因素，它不但影响混凝土的强度，而且也严重影响其耐久性，所以必须严格控制。保证足够的水泥用量，同样可以起到提高混凝土密实度和耐久性的作用。

3）选用质量良好、技术条件合格的砂、石骨料，是保证混凝土耐久性的重要条件。

4）掺用引气减水剂，对提高混凝土的抗渗性和抗冻性有良好作用。

5）改善施工操作，保证施工质量。

9. 混凝土的变形特性

混凝土变形类型：弹性变形、徐变变形、温度变形、干燥收缩变形。

1）弹性变形

(1) 静力弹性模量见图 1-12 。其影响因素：粗骨料的弹性模量；混凝土强度。

(2) 混凝土动弹性模量。

2）徐变变形，见图 1-13。其变形特征：弹性变形→徐变变形→瞬间恢复的变形→徐变恢复→永久变形（也称残余变形）。

3）温度变形。温度胀缩系数约为：（10～14）$\times 10^{-6}$/℃，

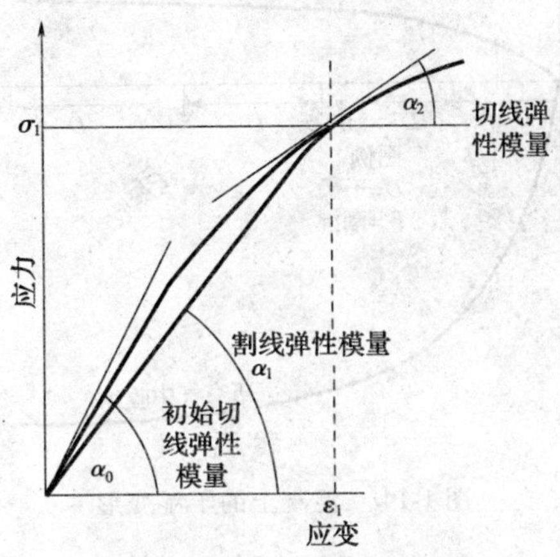

图 1-12　混凝土弹性模量分类

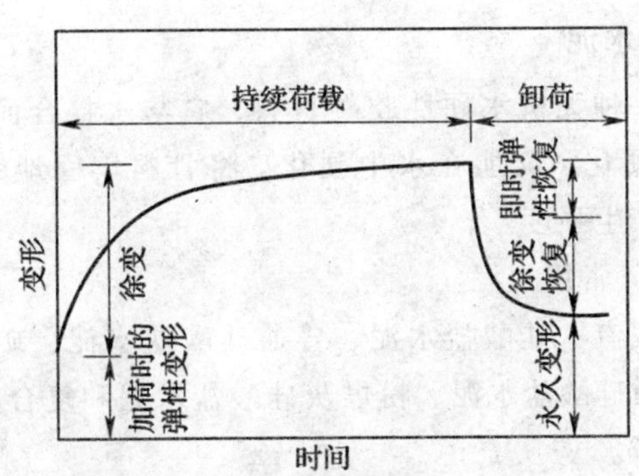

图 1-13　混凝土的徐变和恢复曲线

对大体积工程及温差较大季节施工混凝土结构工程有一定影响。

4）混凝土的干燥收缩变形，见图 1-14。其影响因素：水泥品种及用量、单位用水量、骨料用量、施工和养护条件。

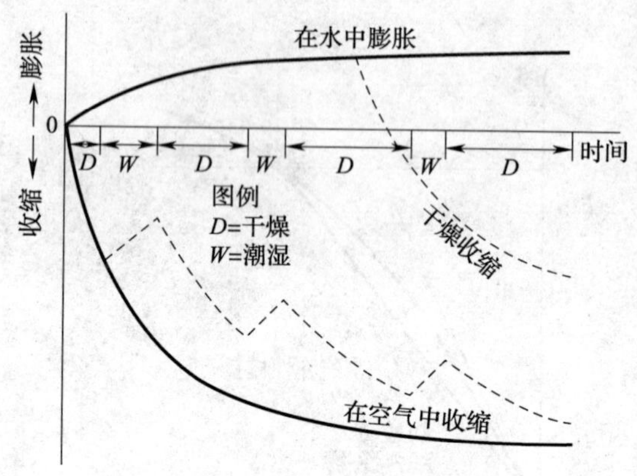

图 1-14　混凝土的干湿变形

1.3　普通混凝土的材料组成

1.3.1　水泥

水泥是一种无机水硬性胶凝材料，它与水拌合而成的浆体既能在空气中硬化，又能在水中硬化，将骨料牢固地黏聚在一起，形成整体，产生强度。

1.3.1.1　常用水泥

常用水泥有：硅酸盐水泥、普通硅酸盐水泥、矿渣硅酸盐水泥、火山灰质硅酸盐水泥、粉煤灰硅酸盐水泥和复合硅酸盐水泥，性能见表 1-17。

1.3.1.2　常用水泥的选用及各种水泥的适用范围

常用水泥的选用及各种水泥的适用范围见表 1-18 和表 1-19。

1.3.1.3　水泥的验收与保管

水泥进场时应对其品种、级别、包装或散装仓号、出厂日期等进行检查，并应对其强度、安定性及其他必要的性能指标进行复验，其质量必须符合现行国家标准《通用硅酸盐水泥》GB 175—2007等的规定。

常用水泥种类及性能 表 1-17

品种	代号	组分					特性	强度等级
		熟料+石膏	粒化高炉矿渣	火山灰质混合材料	粉煤灰	石灰石		
硅酸盐水泥	P·Ⅰ	100	—	—	—	—	早期强度及后期强度都较高，在低温下强度增长比其他种类的水泥快，抗冻、耐磨性都好，但水化热较高，抗腐蚀性较差	42.5、42.5R、52.5、52.5R、62.5、62.5R
硅酸盐水泥	P·Ⅱ	≥95	≤5	—	—	—	早期强度及后期强度都较高，在低温下强度增长比其他种类的水泥快，抗冻、耐磨性都好，但水化热较高，抗腐蚀性较差	42.5、42.5R、52.5、52.5R、62.5、62.5R
硅酸盐水泥	P·Ⅱ	≥95	—	—	—	≤5	早期强度及后期强度都较高，在低温下强度增长比其他种类的水泥快，抗冻、耐磨性都好，但水化热较高，抗腐蚀性较差	42.5、42.5R、52.5、52.5R、62.5、62.5R
普通硅酸盐水泥	P·O	≥80 且 <95	>5 且 ≤20[a]			—	除早期强度比硅酸盐水泥稍低，其他性能接近硅酸盐水泥	42.5、42.5R、52.5、52.5R
矿渣硅酸盐水泥	P·S·A	≥50 且 <80	>20 且 ≤50[b]	—	—	—	早期强度较低，在低温环境中强度增长较慢，但后期强度增长较快，水化热较低，抗硫酸盐侵蚀性较好，耐热性较好，低干缩变形较大，析水性较大，耐磨性较差	32.5、32.5R、42.5、42.5R、52.5、52.5R
矿渣硅酸盐水泥	P·S·B	≥30 且 <50	>50 且 ≤70[b]	—	—	—	早期强度较低，在低温环境中强度增长较慢，但后期强度增长较快，水化热较低，抗硫酸盐侵蚀性较好，耐热性较好，低干缩变形较大，析水性较大，耐磨性较差	32.5、32.5R、42.5、42.5R、52.5、52.5R
火山灰质硅酸盐水泥	P·P	≥60 且 <80	—	>20 且 ≤40[c]	—	—	早期强度较低，在低温环境中强度增长较慢，在高温潮湿环境中（如蒸汽养护）强度增长较快，水化热较低，抗硫酸盐侵蚀性较好，但干缩变形较大，析水性较大，耐磨性较差	32.5、32.5R、42.5、42.5R、52.5、52.5R

续表

品　种	代号	组　分					特　性	强度等级
		熟料+石膏	粒化高炉矿渣	火山灰质混合材料	粉煤灰	石灰石		
粉煤灰硅酸盐水泥	P·F	≥60且<80	—	—	>20且≤40[d]	—	早期强度较低，水化热比火山灰水泥还低，和易性好，抗腐蚀性好，干缩性也较小，但抗冻、耐磨性较差	32.5、32.5R、42.5、42.5R、52.5、52.5R
复合硅酸盐水泥	P·C	≥50且<80	>20且≤50[e]				介于普通水泥与火山灰水泥，矿渣水泥以及粉煤灰水泥性能之间，当复掺混合材料较少（小于20%）时，它的性能与普通水泥相似，随着混合材料复掺量的增加，性能也趋向所掺混合材料的水泥	32.5、32.5R、42.5、42.5R、52.5、52.5R

注：a 本组分材料为符合通用硅酸盐水泥标准（GB 175—2007）5.2.3 的活性混合材料，其中允许用不超过水泥质量8%且符合通用硅酸盐水泥标准（GB 175—2007）5.2.4 的非活性混合材料或不超过水泥质量5%且符合通用硅酸盐水泥标准（GB 175—2007）5.2.5 的窑灰代替。

b 本组分材料为符合 GB/T 203 或 GB/T 18046 的活性混合材料，其中允许用不超过水泥质量8%且符合通用硅酸盐水泥标准（GB 175—2007）第5.2.3 条的活性混合材料或符合通用硅酸盐水泥标准（GB 175—2007）第5.2.4 条的非活性混合材料或符合通用硅酸盐水泥标准（GB 175—2007）第5.2.5 条的窑灰中的任一种材料代替。

c 本组分材料为符合 GB/T 2847 的活性混合材料。

d 本组分材料为符合 GB/T 1596 的活性混合材料。

e 本组分材料为由两种（含）以上符合通用硅酸盐水泥标准（GB 175—2007）第5.2.3 条的活性混合材料或/和符合通用硅酸盐水泥标准（GB 175—2007）第5.2.4 条的非活性混合材料组成，其中允许用不超过水泥质量8%且符合通用硅酸盐水泥标准（GB 175—2007）第5.2.5 条的窑灰代替。掺矿渣时混合材料掺量不得与矿渣硅酸盐水泥重复。

各种水泥的适用范围 表 1-18

项次	水泥名称	水泥标准编号	基本用途	可用范围	不适用范围	使用注意事项
1	硅酸盐水泥	GB 175—2007	混凝土、钢筋混凝土和预应力混凝土的地上、地下和水中结构		受侵蚀水（海水、矿物水、工业废水等）及压力水作用的结构	使用加气剂可提高抗冻能力
2	普通硅酸盐水泥	GB 175—2007				
3	矿渣硅酸盐水泥	GB 175—2007	混凝土和钢筋混凝土的地上、地下和水中的结构以及抗硫酸盐侵蚀的结构		需早期发挥强度的结构	加强洒水养护，冬期施工注意保温
4	火山灰质硅酸盐水泥	GB 175—2007		高湿条件下的地上一般建筑	1. 受反复冻融及干湿循环作用的结构 2. 干燥环境中的结构	加强洒水养护，冬期施工注意保温
5	粉煤灰硅酸盐水泥	GB 175—2007	混凝土和钢筋混凝土的地上、地下和水中的结构；抗硫酸盐侵蚀的结构；大体积水工混凝土		需早期发挥强度的结构	加强洒水养护，冬期施工注意保温

续表

项次	水泥名称	水泥标准编号	基本用途	可用范围	不适用范围	使用注意事项
6	抗硫酸盐硅酸盐水泥	GB 748—1996	受硫酸盐水溶液侵蚀，反复冻融及干湿循环作用的混凝土及钢筋混凝土结构	受硫酸盐（SO_4^- 离子浓度在 2500mg/L 以下）水溶液侵蚀的混凝土及钢筋混凝土结构		配制混凝土的水灰比应小些
7	高抗硫酸盐水泥			受硫酸盐（SO_4^- 离子浓度在 2500～10000mg/L）水溶液侵蚀的混凝土及钢筋混凝土结构		严格控制水灰比
8	快硬硅酸盐水泥	GB 199—1990	要求快硬的混凝土、钢筋混凝土和预应力混凝土结构			
9	高强硅酸盐水泥		要求快硬、高强的混凝土、钢筋混凝土和预应力混凝土结构			1. 贮存过久，易风化变质 2. 需强烈搅拌，并最好采用预振和加压振捣

续表

项次	水泥名称	水泥标准编号	基本用途	可用范围	不适用范围	使用注意事项
10	矾土水泥（高铝水泥）	GB 201—2000	1. 耐热（<1300℃）混凝土 2. 抗腐蚀（如弱酸性腐蚀、硫酸盐、镁盐腐蚀）的混凝土和钢筋混凝土	1. 特殊需要的抢修抢建工程 2. 在 -5℃ 以上施工的工程	1. 蒸汽养护的混凝土 2. 连续浇筑的大体积混凝土 3. 与碱液接触的工程 4. 不宜制作薄壁构件	1. 后期强度有下降。混凝土应以最低强度稳定值作为设计强度 2. 不得与硅酸盐水泥、石灰及碱性物质混合 3. 未经试验不得使用外掺剂 4. 钢筋混凝土结构的钢筋保护层应加大 1～2cm 5. 在混凝土硬化过程中，环境温度不得超过 30℃
11	硅酸盐膨胀水泥	建标 55—61	1. 有抗渗性要求的混凝土及砂浆 2. 预制构件的接缝及接头 3. 浇灌地脚螺栓及修补加固		环境温度高于 40℃ 的结构	1. 加强早期养护，养护期不少于 14d 2. 易风化，贮存期不宜过长
12	石青矾土膨胀水泥	JC 56—68			1. 与碱性介质接触的结构 2. 环境温度高于 80℃ 的结构 3. 受反复冻融循环的结构	1. 不得在负温下施工 2. 不得与石灰及各种硅酸盐水泥混用 3. 贮存时严格防潮 4. 施工时养护期不少于 14d 5. 施工温度超过 30℃ 时，凝固时间显著缩短，应采取相应措施

续表

项次	水泥名称	水泥标准编号	基本用途	可用范围	不适用范围	使用注意事项
13	无收缩性不透水水泥	建标 58—61	喷射砂浆防水层		非潮湿环境中的结构	
14	石膏矿渣水泥	建标 31—61	1. 水中或潮湿环境中的混凝土结构 2. 地下、水中或井下的抗硫酸盐侵蚀的混凝土结构 3. 大体积混凝土		1. 受反复冻融作用的混凝土结构 2. 需早期发挥强度的结构 3. 钢筋混凝土结构	1. 不得与各种硅酸盐水泥混合使用 2. 加强养护，养护期至少 14～21d，在最初 7d 内不得受水浸泡或受水冲刷 3. 宜选用较小的坍落度（1～5cm），严格控制水灰比 4. 不宜在 10℃ 以下的温度中施工 5. 贮存期不宜过久

常用水泥的选用　　　表 1-19

混凝土工程特点或所处环境条件		优先选用	可以使用	不得使用
环境条件	在普通气候环境中的混凝土	普通硅酸盐水泥	矿渣硅酸盐水泥、火山灰质硅酸盐水泥、粉煤灰硅酸盐水泥	
	在干燥环境中的混凝土	普通硅酸盐水泥	矿渣硅酸盐水泥	火山灰质硅酸盐水泥、粉煤灰硅酸盐水泥
	在高湿度环境中或永远处在水下的混凝土	矿渣硅酸盐水泥	普通硅酸盐水泥、火山灰质硅酸盐水泥、粉煤灰硅酸盐水泥	
	严寒地区的露天混凝土、寒冷地区的处在水位升降范围内的混凝土	普通硅酸盐水泥	矿渣硅酸盐水泥	火山灰质硅酸盐水泥、粉煤灰硅酸盐水泥
	严寒地区处在水位升降范围内的混凝土	普通硅酸盐水泥		火山灰质硅酸盐水泥、粉煤灰硅酸盐水泥、矿渣硅酸盐水泥
	受侵蚀性环境水或侵蚀性气体作用的混凝土	根据侵蚀性介质的种类、浓度等具体条件按专门（或设计）规定选用		
	厚大体积的混凝土	粉煤灰硅酸盐水泥、矿渣硅酸盐水泥	普通硅酸盐水泥、火山灰质硅酸盐水泥	硅酸盐水泥、快硬硅酸盐水泥

续表

混凝土工程特点或所处环境条件		优先选用	可以使用	不得使用
工程特点	要求快硬的混凝土	快硬硅酸盐水泥、硅酸盐水泥	普通硅酸盐水泥	矿渣硅酸盐水泥、火山灰质硅酸盐水泥、粉煤灰硅酸盐水泥
	高强（大于C60）的混凝土	硅酸盐水泥	普通硅酸盐水泥、矿渣硅酸盐水泥	火山灰质硅酸盐水泥、粉煤灰硅酸盐水泥
	有抗渗性要求的混凝土	普通硅酸盐水泥、火山灰质硅酸盐水泥		不宜使用矿渣硅酸盐水泥
	有耐磨性要求的混凝土	硅酸盐水泥、普通硅酸盐水泥	矿渣硅酸盐水泥	火山灰质硅酸盐水泥、粉煤灰硅酸盐水泥

注：1. 蒸汽养护时用的水泥品种，宜根据具体条件通过试验确定。

2. 复合硅酸盐水泥选用应根据其混合材的比例确定。

当在使用中对水泥质量有怀疑或水泥出厂超过三个月（快硬硅酸盐水泥超过一个月）时，应进行复验，并按复验结果使用。

钢筋混凝土结构、预应力混凝土结构中，严禁使用含氯化物的水泥。

检查数量：按同一生产厂家、同一等级、同一品种、同一批号且连续进场的水泥，袋装不超过200t为一批，散装不超过500t为一批，每批抽样不少于一次。

检验方法：检查产品合格证、出厂检验报告和进场复验报告。为能及时得知水泥强度，可按《水泥强度快速检验方法》（JC/T 738—2004）预测水泥28d强度。

入库的水泥应按品种、强度等级、出厂日期分别堆放，并树立标志。做到先到先用，并防止混掺使用。

为了防止水泥受潮，现场仓库应尽量密闭。包装水泥存放时，应垫起离地约30cm，离墙亦应在30cm以上。堆放高度一般不要超过10包。临时露天暂存水泥也应用防雨篷布盖严，底板要垫高，并采取防潮措施。

水泥贮存时间不宜过长，以免结块降低强度。常用水泥在正常环境中存放三个月，强度将降低10%～20%；存放六个月，强度将降低15%～30%。为此，水泥存放时间按出厂日期起算，超过三个月应视为过期水泥，使用时必须重新检验确定其强度等级。

水泥不得和石灰石、石膏、白垩等粉状物料混放在一起。

1.3.2 砂

砂按其产源可分天然砂、人工砂。由自然条件作用而形成的，粒径在5mm以下的岩石颗粒，称为天然砂。天然砂可为河砂、湖砂、海砂和山砂。人工砂又分机制砂、混合砂。人工砂为经除土处理的机制砂、混合砂的统称。机制砂是由机械破碎、筛分制成的，粒径小于4.75mm的岩石颗粒，但不包括软质岩、风化岩石的颗粒。混合砂是由机制砂和天然砂混合制成的砂。按砂的粒径可分为粗砂、中砂、细砂和特细砂，目前是以细度模数来划分粗砂、中砂、细砂和特细砂，习惯上仍用公称粒径来区分，见表1-20。

砂的分类 **表1-20**

粗细程度	细度模数 μ_i	公称粒径（mm）
粗砂	3.7～3.1	5.0以上
中砂	3.0～2.3	3.5～5.0
细砂	2.2～1.6	2.5～3.5
特细砂	1.5～0.7	2.5～1.25

建设工程中对砂（及石子）的技术要求应符合《普通混凝土用砂、石质量及检验方法标准》（JGJ 52—2006）。

1.3.2.1　砂的技术要求

1. 颗粒级配

混凝土用砂按 630μm 筛孔的累计筛余量可分为三个级配区，见表 1-21。砂的颗粒级配应处于表中的任何一个区域内。

砂颗粒级配区　　表 1-21

公称粒径	级配区		
	Ⅰ区	Ⅱ区	Ⅲ区
	累计筛余（%）		
5.00	10～0	10～0	10～0
2.50	35～5	25～0	15～0
1.25	65～35	50～10	25～0
630μm	85～71	70～41	40～16
315μm	95～80	92～70	85～55
160μm	100～90	100～90	100～90

配制混凝土时宜优先选用Ⅱ区砂。Ⅱ区宜用于强度等级 C30～C60 及有抗冻、抗渗或其他要求的混凝土；Ⅰ区宜用于强度等级大于 C60 的混凝土；Ⅲ区宜用于强度等级小于 C30 的混凝土和建筑砂浆。对于泵送混凝土用砂，宜选用中砂。

2. 砂的质量要求（表 1-22）

砂的质量要求　　表 1-22

质量	项　目		质量指标
含泥量（按质量计%）	混凝土强度等级	≥C60	≤2.0
		C55～C30	≤3.0
		≤C25	≤5.0
泥块含量（按质量计%）		≥C60	≤0.5
		C55～C30	≤1.0
		≤C25	≤2.0

续表

<table>
<tr><th>质量</th><th colspan="2">项　目</th><th colspan="2">质量指标</th></tr>
<tr><td rowspan="4">人工砂或混合砂中石粉含量（按质量计%）</td><td rowspan="9">混凝土强度等级</td><td rowspan="2">≥C60</td><td>MB<1.4（合格）</td><td>≤5.0</td></tr>
<tr><td>MB≥1.4（不合格）</td><td>≤2.0</td></tr>
<tr><td rowspan="2">C55～C30</td><td>MB<1.4（合格）</td><td>≤7.0</td></tr>
<tr><td>MB≥1.4（不合格）</td><td>≤3.0</td></tr>
<tr><td rowspan="5">海砂中贝壳含量（按质量计%）</td><td rowspan="2">≤C25</td><td>MB<1.4（合格）</td><td>≤10.0</td></tr>
<tr><td>MB≥1.4（不合格）</td><td>≤5.0</td></tr>
<tr><td>≥C40</td><td colspan="2">≤3.0</td></tr>
<tr><td>C35～C30</td><td colspan="2">≤5.0</td></tr>
<tr><td>C25～C15</td><td colspan="2">≤8.0</td></tr>
<tr><td rowspan="4">有害物质限量</td><td colspan="2">云母含量（按重量计%）</td><td colspan="2">≤2.0</td></tr>
<tr><td colspan="2">轻物质含量（按重量计%）</td><td colspan="2">≤1.0</td></tr>
<tr><td colspan="2">硫化物及硫酸盐含量（折算成 SO_3 按重量计%）</td><td colspan="2">≤1.0</td></tr>
<tr><td colspan="2">有机物含量（用比色法试验）</td><td colspan="2">颜色不应深于标准色，如深于标准色，则应按水泥胶砂强度试验方法，进行强度对比试验，抗压强度比不应低于0.95</td></tr>
<tr><td rowspan="2">砂中氯离子的含量（以干砂的质量百分率计）</td><td colspan="2">钢筋混凝土用砂</td><td colspan="2">≤0.06</td></tr>
<tr><td colspan="2">预应力混凝土用砂</td><td colspan="2">≤0.02</td></tr>
</table>

续表

质量	项　目		质量指标	
坚固性	混凝土所处的环境条件	在严寒及寒冷地区室外使用并经常处于潮湿或干湿交替状态下的混凝土	循环后重量损失（%）	≤8
		其他条件下使用的混凝土		≤10

注：对于有抗冻、抗渗或其他特殊要求的小于或等于 C25 混凝土用砂，其含泥量不应大于 3.0%，泥块含量不应大于 1.0%。

1.3.2.2　砂的验收、运输和堆放

1. 验收

生产单位应按批对产品进行质量检验。在正常情况下，机械化集中生产的天然砂，以 400m^3 或 600t 为一批。人工分散生产的，以 200m^3 或 300t 为一检验批。不足上述规定者也以一批检验。每批至少应进行颗粒级配和含泥量检验。如为海砂，还应检验其氯盐含量。在发现砂的质量有明显变化时，应按其变化情况，随时进行取样检验。

砂产量比较大，而产品质量比较稳定时，可进行定期的检验。

砂的数量验收，可按重量或体积计算。测定重量可用汽车地量衡或船舶吃水线为依据。测定体积可按车皮或船的容积为依据。用其他小型工具运输时，可按量方确定。

2. 运输和堆放

砂在运输、装卸和堆放过程中，应防止离析和混入杂质，并应按产地、种类和规格分别堆放。

1.3.3　石子

普通混凝土所用的石子可分为碎石和卵石。由天然岩石或卵石经破碎、筛分而得的粒径大于 5mm 的岩石颗粒，称为碎石；由自然条件作用而形成的粒径大于 5mm 的岩石颗粒，称为卵石。

1.3.3.1　石子的技术要求

1. 颗粒级配

碎石和卵石的颗粒级配，应符合表 1-23 的要求。

碎石和卵石的颗粒级配范围 **表 1-23**

级配情况	公称粒径（mm）	累计筛余按重量计（%）方孔筛筛孔边长尺寸（mm）											
		2.36	4.75	9.5	16.0	19.0	26.5	31.5	37.5	53.0	63.0	75.0	90
连续粒级	5～10	95～100	80～100	0～15	0	—	—	—	—	—	—	—	—
	5～16	95～100	85～100	30～60	0～10	0	—	—	—	—	—	—	—
	5～20	95～100	90～100	40～80	—	0～10	0	—	—		—	—	—
	5～25	95～100	90～100	—	30～70	—	0～5	0	—		—	—	—
	5～31.5	95～100	90～100	70～90	—	15～45	—	0～5	0		—	—	—
	5～40	—	95～100	70～90	—	30～65	—	—	0～5	0	—	—	—
单粒级	10～20	—	95～100	85～100	—	0～15	0	—	—	—	—	—	—
	16～31.5	—	95～100	—	85～100	—	—	0～10	0	—	—	—	—
	20～40	—	—	95～100	—	80～100	—	—	0～10	0	—	—	—
	31.5～63	—	—	—	95～100	—	—	75～100	45～75	—	0～10	0	—
	40～80	—	—	—	—	95～100	—	—	70～100	—	30～60	0～10	0

注：公称粒级的上限为粒级的最大粒径。

2. 石子质量要求（表 1-24）

石子的质量要求　表 1-24

质量项目				质量指标（%）
针、片状颗粒含量，按质量计（%）	混凝土强度等级	≥C60		≤8
		C55～C30		≤15
		≤C25		≤25
含泥量按质量计（%）		≥C60		≤0.5
		C55～C30		≤1.0
		≤C25		≤2.0
泥块含量按质量计（%）		≥C60		≤0.2
		C55～C30		≤0.5
		≤C25		≤0.7
碎石压碎指标值（%）	混凝土强度等级	沉积岩	C60～C40	≤10
			≤C35	≤16
		变质岩或深成的火成岩	C60～C40	≤12
			≤C35	≤20
		喷出的火成岩	C60～C40	≤13
			≤C35	≤30
卵石压碎指标值（%）	混凝土强度等级		C60～C40	≤12
			≤C35	≤16
坚固性	混凝土所处的环境条件及其性能要求	在严寒及寒冷地区室外使用，并经常处于潮湿或干湿交替状态下的混凝土	5次循环后质量损失（%）	≤12
		在其他条件下使用的混凝土		≤8

续表

质量项目		质量指标（%）
有害物质限量	硫化物及硫酸盐含量（折算成 SO_3 按重量计%）	≤1.0
	卵石中有机质含量（用比色法试验）	颜色应不深于标准色。如深于标准色，则应配制成混凝土进行强度对比试验，抗压强度比应不低于0.95

注：1. 对于有抗冻、抗渗或其他特殊要求的混凝土，其所用碎石或卵石中含泥量不应大于1%，当碎石或卵石的含泥是非黏土质的石粉时，其含泥量可由表1-24的0.5%、1.0%、2.0%分别提高到1.0%、1.5%、3.0%。

2. 对有抗冻、抗渗或其他特殊要求的强度等级小于C30的混凝土，其所用碎石或卵石中泥块含量不应大于0.5%。

3. 沉积岩包括石灰岩、砂岩等；变质岩包括片麻岩、石英岩等；深成的火成岩包括花岗岩、正长岩、闪长岩和橄榄岩等；喷出的火成岩包括玄武岩和辉绿岩等。

1.3.3.2 石子的验收、运输和堆放

1. 验收

生产厂家和供货单位应提供产品合格证及质量检验报告。

使用单位在收货时应按同产地同规格分批验收。用大型工具（如火车、货船或汽车）运输的，以400m³或600t为一验收批，用小型工具（如马车、拖拉机等）运输的以200m³或300t为一验收批。不足上述者以一验收批论处。

每验收批至少应进行颗粒级配、含泥量、泥块含量及针、片状颗粒含量检验。对重要工程或特殊工程应根据工程要求增加检测项目。对其他指标的合格性有怀疑时应予检验。当质量比较稳定、进料量又较大时，可定期检验。

2. 运输和堆放

碎石或卵石在运输、装卸和堆放过程中，应防止颗粒离析和

混入杂质，并应按产地、种类和规格分别堆放。堆料高度不宜超过5m，但对单粒级或最大粒径不超过20mm的连续粒级，堆料高度可以增加到10m。

1.3.4 水

一般符合国家标准的生活饮用水，可直接用于拌制各种混凝土。地表水和地下水首次使用前，应按有关标准进行检验后方可使用。

在无法获得水源的情况下，可以用海水拌制素混凝土，但绝对不能用来拌制钢筋混凝土和预应力混凝土，有饰面要求的混凝土也不应用海水拌制。因海水中的硫酸根离子，会与水泥中的铝酸钙作用，生成一种结晶，使内部结构受到严重损害，另外海水中含有大量氯离子，会加速钢筋的锈蚀。

沼泽水也不能随便使用，因为沼泽水往往含有腐烂植物和动物的杂质，其化学成分复杂，用来拌混凝土，对混凝土质量影响很大。

混凝土生产厂及预拌（商品）混凝土厂搅拌设备的洗刷水，可用作拌合混凝土的部分用水。但要注意洗刷水所含水泥和外加剂品种对所拌合混凝土的影响，并且最终拌合水中氯化物、硫酸盐及硫化物的含量应满足表1-25的规定。

混凝土拌合用水中物质含量限值　　表1-25

项　目	预应力混凝土	钢筋混凝土	素混凝土
pH值	≥5.0	≥4.5	≥4.5
不溶物（mg/L）	≤2000	≤2000	≤5000
可溶物（mg/L）	≤2000	≤5000	≤10000
氯化物（以Cl^-计）（mg/L）	≤500	≤1000	≤3500
硫酸盐（以SO_4^{2-}计）（mg/L）	≤600	≤2000	≤2700
碱含量（mg/L）	≤1500	≤1500	≤1500

注：碱含量按$Na_2O+0.658K_2O$计算值来表示。采用非碱活性骨料时，可不检验碱含量。

1.3.5 矿物掺合料

矿物掺合料，指以氧化硅、氧化铝为主要成分，在混凝土中可以代替部分水泥、改善混凝土性能，且掺量不小于5%的具有火山灰活性的粉体材料。

矿物掺合料是混凝土的重要组成材料，它起着根本改变传统混凝土性能的作用。在高性能混凝土中加入较大量的磨细矿物掺合料，可以起到降低温度、改善工作性、增进后期强度、改善混凝土内部结构、提高耐久性、节约资源等作用。

1.3.5.1 粉煤灰

1. 品质指标

粉煤灰按其品质分为Ⅰ、Ⅱ、Ⅲ三个等级。其品质指标应满足表1-26的规定。这些指标适用于一般工业与民用建筑结构和构筑物中掺粉煤灰的混凝土和砂浆。

粉煤灰品质指标和分类 **表1-26**

序号	指标	粉煤灰级别		
		Ⅰ	Ⅱ	Ⅲ
1	细度（0.045mm方孔筛的筛余）不大于	12	20	45
2	烧失量（%）不大于	5	8	15
3	需水量比（%）不大于	95	105	115
4	三氧化硫（%）不大于	3	3	3
5	含水率（%）不大于	1	1	不规定

2. 粉煤灰验收

检验批以一昼夜连续供应200t相同等级的粉煤灰为一批，不足200t者按一批计。粉煤灰供应的数量按干灰（含水率<1%）的重量计算。取样的方法有以下两种：

1）散装灰取样：从不同的部位取10份试样，每份不小于

1kg，混合拌匀，按四分法缩取比试验所需量大一倍的试样（称为平均试样）。

2）袋装灰取样：从每批中任抽10袋，并从每袋中各取试样不少于1kg，再按与散装灰取样中的方法混合缩取平均试样。

3. 运输和贮存

粉煤灰散装运输时，必须采取措施，防止污染环境。干粉煤灰宜贮存在有顶盖的料仓中，湿粉煤灰可堆放在带有围墙的场地上。袋装粉煤灰的包装袋上应清楚标明“粉煤灰”及其厂名、等级、批号及包装日期。

4. 粉煤灰的应用

1）应用范围

Ⅰ级粉煤灰允许用于后张预应力钢筋混凝土构件及跨度小于6m的先张预应力钢筋混凝土构件。

Ⅱ级粉煤灰主要用于普通钢筋混凝土和轻骨料钢筋混凝土。经过专门试验，或与减水剂复合，也可当Ⅰ级粉煤灰使用。

Ⅲ级粉煤灰主要用于无筋混凝土和砂浆。经过专门试验，也可用于钢筋混凝土。

2）性能指标

用于地上工程的粉煤灰混凝土，其强度等级龄期定为28d。用于地下大体积混凝土工程的粉煤灰混凝土，其强度等级龄期可定为60d、90d。

粉煤灰混凝土的设计强度等级不得低于基准混凝土的设计强度等级。粉煤灰混凝土的标准强度、设计强度和弹性模量，与基准混凝土一样按有关规程、规范取值。

粉煤灰混凝土的收缩、徐变、抗渗等性能指标可采用相同强度等级基准混凝土的性能指标。

在含气量相同的条件下，粉煤灰混凝土的抗冻性指标也可采用相同强度等级基准混凝土的抗冻性指标。

粉煤灰混凝土的抗碳化性能在满足现有规程有关要求或同时掺入减水剂时，也可视为与基准混凝土基本相同。

1.3.5.2 磨细矿渣

1. 粒化高炉矿渣粉品质指标

粒化高炉矿渣粉品质指标应满足表1-27要求。

磨细矿渣技术要求 **表1-27**

<table>
<tr><th colspan="2">质量等级 / 试验项目</th><th>S105级</th><th>S95级</th><th>S75级</th></tr>
<tr><td colspan="2">密度（g/cm³）</td><td colspan="3">≥2.8</td></tr>
<tr><td colspan="2">比表面积（m²/kg）</td><td colspan="3">≥350</td></tr>
<tr><td rowspan="2">活性指数（%）</td><td>7d</td><td>≥95</td><td>≥75</td><td>55</td></tr>
<tr><td>28d</td><td>≥105</td><td>≥95</td><td>75</td></tr>
<tr><td colspan="2">流动度（%）</td><td>≥85</td><td>≥90</td><td>95</td></tr>
<tr><td colspan="2">含水量（%）</td><td colspan="3">≤1.0</td></tr>
<tr><td colspan="2">烧失量（%）</td><td colspan="3">≤3.0</td></tr>
</table>

注：1. 当掺加石膏或其他助磨剂应在报告中注明其种类及掺量。

2. S值为掺合料的活性指标，按照《用于水泥混合材的工业废渣活性试验方法》（GB/T 12957—2005）规定的活性评定方法进行。试验方法按《用于混凝土和砂浆中的粒化高炉矿渣粉》（GB/T 18046—2000）进行。

2. 磨细矿渣的应用

把水淬粒状高炉矿渣单独磨细到比表面积4000cm²/g以上，作为混凝土的掺合料使用，活性可以得到很好激发，混凝土多项性能得到改善和提高，成为配制高性能混凝土的重要技术途径之一。

混凝土中的矿渣粉越细，掺量越大，则拌合物越稠，往往需加粉煤灰复合掺入，黏稠问题可以得到缓解。考虑提高磨细矿渣粉对水泥的置换率，充分利用后期强度，不仅具有经济效果，还能降低水化热，对于大体积混凝土也是十分有益的。其次，掺磨细矿渣的高性能混凝土对抗海水侵蚀、抗硫酸盐侵蚀以及抑制碱骨料反应都是十分有效的。

1.3.6　混凝土外加剂

外加剂又称为附加剂、添加剂，是一种在混凝土、砂浆或水泥浆搅拌之前或搅拌中加入的，并能按要求改善混凝土、砂浆或水泥浆性能的材料。目前随着建筑业的不断发展，出现了许多新技术新工艺，对混凝土的技术性能提出了更高的要求，如大流动性、早强、高强、速凝、缓凝、低水化热、抗冻、抗渗、密实性、防水等性能，这些性能都可以借助外加剂来实现，外加剂已成为混凝上的第五成分。

1.3.6.1　基本规定

1．外加剂的选择

1）外加剂的品种应根据工程设计和施工要求选择，通过试验及技术经济比较确定。

2）外加剂掺入混凝土中，不得对人体产生危害，不得对环境产生污染。

3）不同品种外加剂复合使用，应注意其相容性及对混凝土性能的影响，使用前应进行试验，满足要求方可使用。

外加剂的掺量，应按其品种并根据使用要求、施工条件、混凝土原材料等因素通过试验确定。外加剂的掺量（按固体计算），应以水泥重量的百分率表示，称量误差不应超过规定计量的2%。掺用外加剂混凝土的制作和使用，还应符合国家现行的混凝土外加剂质量标准以及有关的标准、规范的规定。

2．外加剂的质量控制

选用的外加剂应有供货单位提供：产品说明书，出厂检验报告及合格证，掺外加剂混凝土性能检验报告。

外加剂运到工地（或混凝土搅拌站）必须立即取代表性样品进行检验，进货与工程试配时一致方可使用。若发现不一致时，应停止使用。

粉状外加剂应防止受潮结块，如有结块，经性能检验合格后，应粉碎至全部通过0.63mm筛后方可作用。液体外加剂应放置阴凉干燥处，防止日晒、受冻、污染、进水或蒸发。如有沉淀等现象，经性能检验合格后方可使用。

1.3.6.2 普通减水剂及高效减水剂

1. 普通减水剂

普通减水剂是在混凝土坍落度基本相同的条件下，能减少拌合用水量的外加剂。

普通减水剂按化学成分可分为木质素磺酸盐、多元醇系及复合物、高级多元醇、羧酸（盐）基、聚丙烯酸盐及其共聚物、聚氧乙烯醚及其衍生物6类。前两类是天然产品，资源丰富成本低，广泛作为普通减水剂使用。

1）适用范围

适用于各种现浇及预制（不经蒸养工艺）混凝土、钢筋混凝土及预应力混凝土；中低强度混凝土。适用于大模板施工、滑模施工及日最低气温+5℃以上混凝土施工。多用于大体积混凝土、热天施工混凝土、泵送混凝土、有轻度缓凝要求的混凝土。以小剂量与高效减水剂复合来增加后者的坍落度和扩展度，降低成本，提高效率。

2）应用技术要点

（1）普通减水剂适宜掺量0.2%~0.3%，随气温升高可适当增加，但不超过0.5%，计量误差不大于±5%。

（2）宜以溶液形式掺入，可与拌合水同时加入搅拌机内。

（3）混凝土从搅拌出机至浇筑入模的间隔时间宜为：气温20~30℃，间隔不超过1h；气温10~19℃，间隔不超过1.5h；气温5~9℃，间隔不超过2.0h。

（4）普通减水剂适用于日最低气温5℃以上的混凝土施工，低于5℃时应与早强剂复合使用。

（5）需经蒸汽养护的预制构件使用木质素减水剂时，掺量不宜大于0.05%，并且不宜采用腐植酸减水剂。

2. 高效减水剂

在混凝土坍落度基本相同的条件下，能大幅度减少拌合水量，显著提高混凝土各龄期强度的外加剂称为高效减水剂。

高效减水剂基本不改变混凝土凝结时间，掺量大时（超剂量掺入）稍有缓凝作用，提高混凝土的抗渗、抗冻及耐腐蚀性，增强耐久性。掺量过大则产生泌水。

常用的高效减水剂主要有萘系（萘磺酸盐甲醛缩合物）、三聚氰胺系（三聚氰胺磺酸盐甲醛缩合物）、多羧酸系（烯烃马来酸共聚物、多羧酸酯）、胺基磺酸系（芳香族胺基磺酸聚合物）。它们都具有较高的减水能力。

1）适用范围

适用于各类工业与民用建筑、水利、交通、港口、市政等工程建设中的预制和现浇钢筋混凝土、预应力钢筋混凝土工程。适用于高强、超高强、中等强度混凝土，早强、浅度抗冻、大流动混凝土。适宜作为各类复合型外加剂的减水组分。

2）应用技术要点

（1）高效减水剂的适宜掺量是：引气型如甲基萘系、稠环芳香族的蒽系等掺量为0.5%～1.0%水泥用量；非引气型如蜜胺树脂系、萘系减水剂掺量可在0.3%～5%之间选择，最佳掺量为0.7%～1.0%，在需经蒸养工艺的预制构件中应用，掺量应适当减少。

（2）高效减水剂以溶液方式掺入为宜，但溶液中的水分应从总用水量中扣除。

（3）最常用的推荐使用的方法是与拌合水一起加入（稍后于最初一部分拌合用水的加入）。

（4）高效减水剂除氨基磺酸类、接枝共聚物类以外，混凝土的坍落度损失都很大，30min可以损失30%～50%，使用中须加以注意。

1.3.6.3　早强剂

凡能缩短混凝土的凝结时间，提高早期强度的外加剂统称为早强剂，又称促凝剂。

1. 氯盐早强剂

常用的有氯化钠和氯化钙。在混凝土中掺入适量的氯盐，可促进混凝土早强，还可降低混凝土的冰点，可使混凝土在 -10 ~ -20℃的情况下不但不冻结，而且还能继续水化。但使钢筋生锈是氯盐早强剂的一大缺点。为弥补这一不足，施工时务必注意两点：一是限制氯盐的用量，二是加入亚硝酸钠阻锈剂。

2. 三乙醇胺

为无色或淡黄色透明的油状液体，易溶于水，呈碱性，对钢筋无锈蚀作用。三乙醇胺在水泥水化的过程中起“催化”作用，加速初凝。但掺量过多，则会失去早强效果。

3. 硫酸盐早强剂

常用的硫酸盐早强剂有结晶状态的硫酸钠（芒硝）和无水硫酸钠（元明粉）、硫代硫酸钠（海波）等。硫酸钠按质量好坏分为一、二、三等。预应力混凝土采用一等，普通混凝土可采用二、三等。

硫酸钠可以与三乙醇胺、氯盐、亚硝酸钠、石膏等复合成为具有早强效果很好的复合早强剂。常用早强剂掺量应符合表1-28的规定，复合早强剂、早强减水剂应符合表1-29规定。

早强剂掺量 **表1-28**

<table>
<tr><th colspan="2">混凝土种类及使用条件</th><th>早强剂品种</th><th>掺量（水泥重量%）</th></tr>
<tr><td colspan="2">预应力混凝土</td><td>1. 硫酸钠
2. 三乙醇胺</td><td>1
0.05</td></tr>
<tr><td rowspan="2">钢筋混凝土</td><td>干燥环境</td><td>1. 氯盐
2. 硫酸钠
3. 硫酸钠与缓凝减水剂复合使用
4. 三乙醇胺</td><td>1
2
3
0.05</td></tr>
<tr><td>潮湿环境</td><td>1. 硫酸钠
2. 三乙醇胺</td><td>1.5
0.05</td></tr>
<tr><td colspan="2">有饰面要求的混凝土</td><td>硫酸钠</td><td>1</td></tr>
<tr><td colspan="2">无筋混凝土</td><td>氯盐</td><td>2</td></tr>
</table>

常用复合早强剂、早强减水剂的组成和剂量　表 1-29

类型	外加剂组分	常用剂量（以水泥重量%计）
复合早强剂	三乙醇胺+氯化钠	(0.03~0.05)+0.5
	三乙醇胺+氯化钠+亚硝酸钠	0.05+(0.3~0.5)+(1~2)
	硫酸钠+亚硝酸钠+氯化钠+氯化钙	(1~1.5)+(1~3)+(0.3~0.5)+(0.3~0.5)
	硫酸钠+氯化钠	(0.5~1.5)+(0.3~0.5)
	硫酸钠+亚硝酸钠	(0.5~1.5)+1.0
	硫酸钠+三乙醇胺	(0.5~1.5)+0.05
	硫酸钠+二水石膏+三乙醇胺	(1~1.5)+2+0.05
	亚硝酸钠+二水石膏+三乙醇胺	1.0+2+0.05
早强减水剂	硫酸钠+萘系减水剂	(1~3)+(0.5~1.0)
	硫酸钠+木质素减水剂	(1~3)+(0.15~0.25)
	硫酸钠+糖钙减水剂	(1~3)+(0.05~0.12)

1.3.6.4　防冻剂

防冻剂是在规定温度下，能显著降低混凝土的冰点，使混凝土的液相不冻结或仅部分冻结，以保证水泥的水化作用，并在一定的时间内获得预期强度的外加剂。

1. 主要品种

1）无机盐类，见表 1-30。

防冻组分掺量　表 1-30

防冻剂类别	防冻组分掺量
氯盐类	氯盐掺量不得大于拌合水重量的 7%
氯盐阻锈类	总量不得大于拌合水重量的 15% 当氯盐掺量为水泥重量的 0.5%~1.5% 时，亚硝酸钠与氯盐之比应大于 1 当氯盐掺量为水泥重量的 1.5%~3% 时，亚硝酸钠与氯盐之比应大于 1.3

续表

防冻剂类别	防冻组分掺量
无氯盐类	总量不得大于拌合水重量的20%，其中亚硝酸钠、亚硝酸钙、硝酸钠、硝酸钙均不得大于水泥重量的8%，尿素不得大于水泥重量的4%，碳酸钾不得大于水泥重量的10%

2）有机化合物类，如以某些酸类为防冻组分的外加剂。

3）有机化合物与无机盐复合类。

4）复合型防冻剂：以防冻组分复合早强、引气、减水等组分的外加剂。

2. 适用范围

防冻剂适用于负温条件下施工的混凝土，并应符合下列规定：

1）氯盐类防冻剂可用于混凝土工程、钢筋混凝土工程，严禁用于预应力混凝土工程。

2）有机化合物类防冻剂可用于混凝土工程、钢筋混凝土工程及预应力混凝土工程。

3）有机化合物与无机盐复合防冻剂及复合型防冻剂可用于混凝土工程、钢筋混凝土工程及预应力混凝土工程。

4）含有硝铵、尿素等产生刺激性气味的防冻剂，不得用于办公、居住等建筑工程。

1.3.6.5 泵送剂

能改善混凝土拌合物泵送性能的外加剂称为泵送剂。泵送性，就是混凝土拌合物顺利通过输送管道，不阻塞、不离析、黏塑性良好的性能。

1. 主要品种与性能

常温下使用的泵送剂，经常由以下几种组分构成：

减水组分：木质素磺酸钙或木质素磺酸钠，与高效减水剂和高性能减水剂组合。

缓凝组分：掺入缓凝剂用以调节凝结时间，增加游离水含量，从而提高流动性。

增稠组分（亦称保水剂）：增稠组分多数是水溶性聚合物外加剂，其特性是在浓度低的情况下能使水的黏度大大增加。优良的增稠剂是水溶性聚合物中的水溶性树脂类外加剂和某些聚合物电解质。

2. 适用范围

适用于各种需要采用泵送工艺的混凝土。超缓凝泵送剂用于大体积混凝土，含防冻组分的泵送剂适用于冬期施工混凝土。

泵送混凝土是在泵压作用下，经管道实行垂直及水平输送的混凝土。与普通混凝土相同的是要求具有一定的强度和耐久性指标。不同的是必须有相应的流动性和稳定性。

可泵性与流动性是两个不同的概念，泵送剂的组分较流化剂要复杂得多。泵送混凝土是流态混凝土的一种，不是所有的流态混凝土都适合泵送。

1.3.6.6 膨胀剂

1. 主要品种

硫铝酸钙类；硫铝酸钙—氧化钙类；氧化钙类。

2. 适用范围（表 1-31）

膨胀剂的适用范围 **表 1-31**

用途	适用范围
补偿收缩混凝土	地下、水中、海水中、隧道等构筑物、大体积混凝土（除大坝外）。配筋路面和板、屋面与厕浴间防水、构件补强、渗漏修补、预应力钢筋混凝土、回填槽等
填充用膨胀混凝土	结构后浇缝、隧洞堵头、钢管与隧道之间的填充等
填充用膨胀砂浆	机械设备的底座灌浆、地脚螺栓的固定、梁柱接头、构件补强、加固
自应力混凝土	仅用于常温下使用的自应力钢筋混凝土压力管

1.3.6.7 引气剂及引气减水剂

引气剂是在混凝土搅拌过程中，能引入大量分布均匀的微小气泡，以减少混凝土拌合物泌水离析，改善和易性，并能显著提高硬化混凝土抗冻融耐久性的外加剂。兼有引气和减水作用的外加剂称为引气减水剂。

1. 主要品种及性能

引气剂主要品种有松香树脂类：如松香热聚物、松香皂等；烷基苯磺酸盐类：如烷基苯磺酸盐、烷基苯酚聚氧乙烯醚等；脂肪醇磺酸盐类：如脂肪醇聚氧乙烯醚、脂肪酸聚氧乙烯磺酸钠等；其他：如蛋白质盐、石油磺酸盐。

引气减水剂主要品种有：改性木质素磺酸盐类；烷基芳香基磺酸盐类：如萘磺酸盐甲醛缩合物；由各类引气剂与减水剂组成的复合剂。

引气剂及引气减水剂，可用于抗冻混凝土、防渗混凝土、抗硫酸盐混凝土、泌水严重的混凝土、贫混凝土、轻骨料混凝土以及对饰面有要求的混凝土。

引气剂不宜用于蒸养混凝土及预应力混凝土。

2. 应用技术要点

1）抗冻性要求高的混凝土，必须掺用引气剂或引气减水剂，其掺量应根据混凝土的含气量要求，通过试验加以确定。加引气剂及引气减水剂混凝土的含气量，不宜超过表1-32的规定。

掺引气剂或引气减水剂混凝土的含气量　　表1-32

粗骨料最大粒径（mm）	混凝土的含气量（%）	粗骨料最大粒径（mm）	混凝土的含气量（%）
10	7.0	40	4.5
15	6.0	50	4.0
20	5.5	80	3.5
25	5.0	100	3.0

2）引气剂及引气减水剂配制溶液时，必须充分溶解，若产生絮凝或沉淀现象，应加热使其溶化后方可使用。

3）引气剂可与减水剂、早强剂、缓凝剂、防冻剂一起复合使用，配制溶液时如产生絮凝或沉淀现象，应分别配制溶液并分别加入搅拌机内。

1.3.6.8　缓凝剂和缓凝减水剂

缓凝剂是一种能延缓混凝土凝结时间，并对混凝土后期强度发展没有不利影响的外加剂。兼有缓凝和减水作用的外加剂，称为缓凝减水剂。

1. 缓凝剂主要品种及性能

缓凝剂分为有机物和无机物两大类。许多有机缓凝剂兼有减水、塑化作用，两类性能不可能截然分开。

缓凝剂按材料成分可分为：

糖类及碳水化合物：葡萄糖、糖蜜、蔗糖、已糖酸钙等。

多元醇及其衍生物，如多元醇、胺类衍生物、纤维素、纤维素醚。

羧基羧酸类：酒石酸、乳酸、柠檬酸、酒石酸钾钠、水杨酸、醋酸等。

木质素磺酸盐类：有较强减水增强作用，而缓凝性能较温和，故一般列入普通减水剂。

无机盐类：硼酸盐、磷酸盐、氟硅酸钠、亚硫酸钠、硫酸亚铁、锌盐等。

缓凝减水剂主要有糖蜜减水剂、低聚糖减水剂等。

2. 应用技术要点

1）缓凝剂及缓凝减水剂可用于大体积混凝土、炎热气候条件下施工的混凝土，以及需较长时间停放或长距离运输的混凝土。

缓凝剂及缓凝减水剂不宜用于日最低气温5℃以下施工的混凝土，也不宜单独用于有早强要求的混凝土及蒸养混凝土。

柠檬酸、酒石酸钾钠等缓凝剂，不宜单独使用于水泥用量较低、水灰比较大的贫混凝土。

2）缓凝剂及缓凝减水剂的品种及常用掺量可按表1-33的规定采用，也可参照有关产品说明书。

缓凝剂及缓凝减水剂常用掺量 表 1-33

类别	掺量（占水泥重量%）	类别	掺量（占水泥重量%）
糖类	0.1～0.3	羧基羧酸盐类	0.03～0.1
木质素磺酸盐类	0.2～0.3	无机盐类	0.1～0.2

1.3.6.9 养护剂

用来代替洒水、铺湿砂、湿麻布对刚成型混凝土进行保持潮湿养护的外加剂称作养护剂。养护剂或称养护液在混凝土表面形成一层薄膜，防止水分蒸发，达到较长期养护的效果。尤其在工程构筑物的立面，无法用传统办法实现潮湿养护，喷刷养护剂就会起不可代替的作用。

常用的养护剂有氯偏、水玻璃、乙烯基二氧乙烯共聚物、沥青乳剂、过氯乙烯浮液等。养护剂的技术质量标准有待制定。

1.3.6.10 脱模剂

用于减小混凝土与模板黏着力，易于使二者脱离而不损坏混凝土或渗入混凝土内的外加剂是脱模剂。脱模剂主要用于大模板施工、滑模施工、预制构件成型模具等。

主要品种及性能，国内常用的脱模剂有下列几种：

1）海藻酸钠1.5kg，滑石粉20kg，洗衣粉1.5kg，水80kg，调制成白色脱模剂。常用于涂刷钢模。缺点是每涂一次不能多次使用，在冬期、雨期施工时，缺少防冻防雨的有效措施。

2）乳化机油（又名皂化石油）50%～55%，水（60～80℃）40%～45%，脂肪酸（油酸、硬脂酸或棕榈脂酸）1.5%～2.5%，石油产物（煤油或汽油）2.5%，磷酸（85%浓度）0.01%，苛性钾0.02%，搅拌至成为乳液为止。按乳液与水的重量比为1:5用于钢模，按1:5或1:10用于木模。

3）长效脱模剂

不饱和聚酯树脂、6101号环氧树脂、低沸水质有机硅等。

1.3.6.11　掺各种外加剂的混凝土性能指标

掺各种外加剂的混凝土性能指标见表1-34～表1-39。

掺各种外加剂的混凝土性能标准（1）　　表1-34

项目 \ 外加剂种类		缓凝剂	缓凝减水剂	缓凝高效减水剂	早强剂	早强减水剂
减水率（%）		—	≥8	≥18	—	≥8
含气量（%）		—	≤5.5	≤5.5	—	≤4.0
泌水率比（%）		≤100	≤100	≤100	≤100	≤100
凝结时间差（min）	初凝	≥+90	≥+90	≥+90	-90～+90	-90～+90
	终凝	—	—	—	-90～+90	-90～+90
抗压强度比（%）	1d	—	—	—	≥125	≥130
	3d	≥90	≥100	≥120	≥120	≥120
	7d	≥90	≥100	≥115	≥105	≥110
	28d	≥90	≥105	≥110	≥95	≥100
28d的收缩率（%）		≤135	≤135	≤135	≤135	≤135
抗冻性能（相对耐久性）		≥60（冻200）	≥60（冻200）	≥60（冻200）	≥60（冻200）	≥60（冻200）
对钢筋锈蚀作用		应说明对钢筋有无锈蚀危害				

掺各种外加剂的混凝土性能指标（2）　　表1-35

项目 \ 外加剂种类		普通减水剂	高效减水剂	引气型高效减水剂	引气剂	引气减水剂
减水率（%）		≥8	≥18	≥18	≥6	≥10
含气量（%）		≤4.0	≤4.0	≥30	≥3.0	≥3.0
泌水率比（%）		≤100	≤95	≤70	≤80	≤80
凝结时间差（min）	初凝	-90～+120	-90～+120	-90～+120	-90～+120	-90～+120
	终凝	-90～+120	-90～+120	-90～+120	-90～+120	-90～+120
抗压强度比（%）	1d	—	≥130	—	—	—
	3d	≥110	≥120	≥120	≥80	≥110
	7d	≥110	≥115	≥115	≥80	≥110
	28d	≥105	≥110	≥110	≥80	≥100

续表

项目 \ 外加剂种类	普通减水剂	高效减水剂	引气型高效减水剂	引气剂	引气减水剂
28d 的收缩率（%）	≤135	≤135	≤135	≤135	≤135
抗冻性能（相对耐久性）	≥60（冻 200）	≥60（冻 200）	≥60（冻 200）	≥60（冻 200）	≥60（冻 200）
对钢筋锈蚀作用	应说明对钢筋有无锈蚀危害				

掺防冻剂、泵送型防冻剂混凝土性能指标　　表 1-36

外加剂种类项目		防冻剂			泵送型防冻剂		
减水率（%）		≥8			≥8		
含气量（%）		≥2.0			≥2.0		
泌水率比（%）		≤100			≤100		
压力泌水率（%）		—			≤95		
坍落度保留值（mm）	30min	—			≥120		
	60min	—			≥100		
凝结时间差（min）	初凝	-120 ~ +120			-120 ~ +120		
	终凝	-120 ~ +120			-120 ~ +120		
抗压强度比（%）	规定温度（℃）	-5	-10	-15	-5	-10	-15
	R-7	≥20	≥12	≥10	≥20	≥12	≥10
	R28	≥90	≥90	≥85	≥90	≥90	≥85
	R7+28	≥90	≥85	≥80	≥90	≥85	≥80
	R7=56	≥100	≥100	≥100	≥100	≥100	≥100
28d 收缩率比（%）		≤120			≤120		
抗渗压力（或高度比）（%）		≥100（或≤100）			≥100（或≤100）		
抗冻性能	50 次冻融强度损失率（%）	≤100			≤100		
	相对耐久性③	≥60（冻 200）			≥60（冻 200）		
对钢筋锈蚀作用		应说明对钢筋有无锈蚀危害					

混凝土膨胀剂性能指标　　表 1-37

项目 \ 外加剂种类		混凝土膨胀剂
安定性		合格
细度	比表面积（m^2/kg）	≥250
	0.08mm 筛余（%）	≤12
	1.25mm 筛余（%）	≤0.5
限制膨胀率（%）	水中 7d	≥0.025
	水中 28d	≤0.10
	空气中 21d	≥0.00
抗压强度（MPa）	7d	≥25.0
	28d	≥45.0
抗折强度（MPa）	7d	≤4.5
	28d	≤6.5
总碱量（$Na_2O+0.658K_2O$）（%）		≤0.75
氧化镁含量（%）		≤5.0
抓离子含盘（%）		≤0.05
对钢筋锈蚀作用		应说明对钢筋有无锈蚀危害

掺防水剂类外加剂的混凝土性能指标　　表 1-38

项目 \ 外加剂种类		防　水　剂	泵送型防水剂
净浆安定性		合格	合格
泌水率比（%）		≤70	≤70
压力泌水率比（%）		—	≤95
坍落度保留值（mm）	30min	—	≥120
	60min	—	≥100
凝结时间差（min）	初凝	≥－90	≥－90
	终凝	—	—
抗压强度比（%）	3d	≥90	≥90
	7d	≥100	≥100
	28d	≥90	≥90
渗透高度比（%）		≤40	≤40
48h 吸水量（%）		≤75	≤75
抗冻性能（相对耐久性）		≥60（冻 200）	≥60（冻 200）
28d 收缩率比（%）		≤135	≤135
对钢筋锈蚀作用		应说明对钢筋有无锈蚀危害	

掺泵送剂混凝土的技术要求 表 1-39

项目 \ 外加剂种类		泵送剂
坍落度增加值（mm）		≥80
常压泌水率比（%）		≤100
含气量（%）		≤5.5
压力泌水率比（%）		≤95
坍落度保留值（mm）	30min	≥120
	60min	≥100
抗压强度比（%）	3d	≥85
	7d	≥85
	28d	≥85
28d 收缩率比（%）		≤135
抗冻性能（相对耐久性）		≥60（冻 200）
对钢筋锈蚀作用		应说明对钢筋有无锈蚀危害

1.4 混凝土施工常用的机械设备

由于现代建筑工程中，广泛采用钢筋混凝土结构，因而混凝土机械便成为建筑施工机械的重要组成部分。而且，随着建筑施工机械化程度的提高，混凝土施工机械在品种、规格、型号等方面均有很大的发展。目前混凝土施工机械已形成一个比较完善的系统，它所包括的主要机种分类如下：

混凝土机械：（1）称量设备；（2）搅拌机械，包括：自由落体式搅拌机和强制式搅拌机；（3）输送机械，包括：混凝土泵、输送车、混凝土泵车；（4）浇灌机械；（5）密实机械，包括：内部振动器、外部振动器、台式振动器；（6）成型机械。

1.4.1　称量设备

混凝土是由水泥、砂、石子和水等物料按一定比例配合并经搅拌而成的建筑材料。制备混凝土时，对各组成材料进行精确、高效地称量，不仅能提高制备混凝土的生产率，而且是生产符合规定要求的混凝土的可靠保证。因此，原材料的称量设备必须满足下述基本要求。

1. 称量的槽度或误差应符合混凝土施工技术规范的要求。称量装置的容许误差一般规定是：对水、水泥及其他水泥状物料(如粉煤灰、火山灰等)，为所需材料重量的±1%，粗、细骨料为±2%，外加剂为±1%。

2. 称量多种材料的每组称量装置，其工作循环延续时间要小于搅拌机的工作循环延续时间，若一组称量装置需为 n 台搅拌机配料，则其工作循环时间应小于搅拌机工作循环时间的 $1/n$。

3. 称量值调整方便，以适应制备多种强度等级混凝土的需要。

4. 结构简单、坚固耐用、操作方便、动作可靠。

目前，混凝土生产中所采用的称量方法主要是重量定量法，对水则多采用体积定量法。重量定量的称量装置主要有杠杆式、电子式和穿孔卡式三种；体积定量的配水装置有配水箱和自动水表等。

1.4.2　混凝土搅拌设备

1. 自落式搅拌机

这种搅拌机的搅拌鼓筒是垂直放置的。随着鼓筒的转动，混凝土拌合料在鼓筒内做自由落体式翻转搅拌，从而达到搅拌的目的。自落式搅拌机多用以搅拌塑性混凝土和低流动性混凝土。筒体和叶片磨损较小，易于清理，但动力消耗大，效率低。搅拌时间一般为90～120s/盘。

鉴于此类搅拌机对混凝土骨料有较大的磨损，从而影响混凝土质量，现已逐步被强制式搅拌机所取代。

2. 强制式搅拌机

强制式搅拌机的鼓筒筒内有若干组叶片，搅拌时叶片绕竖轴或卧轴旋转，将材料强行搅拌，直至搅拌均匀。这种搅拌机的搅拌作用强烈，适宜于搅拌干硬性混凝土和轻骨料混凝土，也可搅拌流动性混凝土，具有搅拌质量好、搅拌速度快、生产效率高、操作简便及安全等优点。但机件磨损严重，一般需用高强合金钢或其他耐磨材料做内衬，多用于集中搅拌站。

3. 搅拌机主要技术性能

常用混凝土搅拌机的主要技术性能见表1-40。

4. 搅拌机的使用与维护

1）安装：搅拌机应设置在平坦的位置，用方木垫起前后轮轴，使轮胎搁高架空，以免在开动时发生走动。固定式搅拌机要装在固定的机座或底架上。

2）检查：电源接通后，必须仔细检查，经2～3min空车试转认为合格后，方可使用。试运转时应校验拌筒转速是否合适，一般情况下，空车速度比重车（装料后）稍快2～3转，如相差较多，应调整动轮与传动轮的比例。

拌筒的旋转方向应符合箭头指示方向，如不符时，应更正电机接线。

检查传动离合器和制动器是否灵活可靠，钢丝绳有无损坏，轨道滑轮是否良好，周围有无障碍及各部位的润滑情况等。

3）保护：电动机应装设外壳或采用其他保护措施，防止水分和潮气浸入而损坏。电动机必须安装启动开关，速度由缓变快。

开机后，经常注意搅拌机各部件的运转是否正常。停机时，经常检查搅拌机叶片是否打弯，螺丝有否打落或松动。

当混凝土搅拌完毕或预计停歇1h以上时，除将余料出净外，应用石子和清水倒入拌筒内，开机转动5～10min，把粘在料筒上的砂浆冲洗干净后全部卸出。料筒内不得有积水，以免料筒和叶片生锈。同时还应清理搅拌筒外积灰，使机械保持清洁完好。下班后及停机不用时，将电动机保险丝取下，以策安全。

常用混凝土搅拌机的主要技术性能 **表 1-40**

项目 \ 型号		J1-250 自落式	JGZR350 自落式	JZC350 双锥 自落式	J1-400 自落式	J4-375 强制式	JD250 单卧轴 强制式	JS350 双卧轴 强制式	JD500 单卧轴 强制式	TQ500 强制式	JW500 涡桨 强制式	JW1000 涡桨 强制式	S4S1000 双卧轴 强制式
进料容量（L）		250	560	560	400	375	400	560	800	800	800	1600	1600
出料容量（L）		160	350	350	260	250	250	350	500	500	500	1000	1000
拌合时间（min）		2	2	2	2	1.2	1.5	2	2	1.5	1.5～2.0	1.5～3.0	3.0
平均搅拌能力（m^3/h）		3～5		12～14	6～12	12.5	12.5	17.5～21	25.30	20	20		60
拌筒尺寸（直径×长×宽）（mm）		1218×960	1447×1096	1560×1890	1447×1178	1700×500				2040×650	2042×646	3000×830	
拌筒转速（r/min）		18	17.4	14.5	18		30	35	26	28.5	28	20	36
电动机	kW	5.5		5.5	7.5	10	11	15	5.5	30	30	55	
	r/min	1440		1440	1450	1450	1460				980		
配水箱容量（L）		40			65					2020			
外形尺寸（mm）	长	2280	3500	3100	3700	4000	4340	4340	4580	2375	6150	3900	3852
	宽	2200	2600	2190	2800	1865	2850	2570	2700	2138	2950	3120	2385
	高	2400	3000	3040	3000	3120	4000	4070	4570	1650	4300	1800	2465
整机重量（kg）		1500	3200	2000	3500	2200	3300	3540	4200	3700	5185	7000	6500

注：估算搅拌机的产量，一般以出料系数表示，其数值为 0.55～0.72，通常取 0.66。

5. 故障排除

混凝土搅拌机常见故障及排除方法见表1-41和表1-42。

自落式搅拌机常见故障及排除方法　　表1-41

故　障	原　因	排除方法
推压上料手柄后料斗不起升或起升困难	1. 商合器制动带接合不良	1. 调整松紧撑触头螺栓，使制动带抱紧。消除制动带翘曲，使接合面不少于70%
	2. 制动带磨损	2. 更换制动带
	3. 制动带上有油污	3. 清洗油污并擦干
	4. 上料手柄与水平杆的连接螺栓松动、或拨叉紧固螺栓松动	4. 重新紧固
	5. 制动带脱落或松紧撑变形	5. 检修离合器
	6. 拨叉滑头脱落或磨坏	6. 补焊或换新滑头
拉动下降手柄时料斗不落	1. 离合器外制动带太紧	1. 调整制动带的间隙
	2. 料斗起升太高，超过180°，重心靠向内侧	2. 调整振动装置的触头螺栓高度，使其提早松开离合器
	3. 下降手柄不起作用	3. 紧固手柄螺栓
	4. 钢丝绳卷筒轴发生干磨	4. 清洗并加油
	5. 钢丝绳变形重迭而夹住	5. 整理或更换钢丝绳
搅拌筒运转不稳或振动	1. 托轮串位或不正	1. 检修、调整托轮位置
	2. 大齿圈和小齿轮啮合不良	2. 调整啮合情况
振动装置不起作用	1. 振动辊轮磨损过大，辊轮轴承磨损严重	1. 补焊辊轮或更换新辊轮，更换新轴承
	2. 搅拌筒上的三角楔铁磨平	2. 补焊楔铁
	3. 振动触头太低	3. 调高触头并紧固
量水器不上水	1. 水泵密封填料漏气	1. 旋紧压盖螺母，压紧石棉料
	2. 水泵不上水	2. 加满引水排除腔中空气，必要时检修叶轮
	3. 水泵转速太低	3. 调紧三角胶带
	4. 三通阀水孔堵塞	4. 检修三通阀

强制式搅拌机常见故障及排除方法　　表1-42

故　障	原　因	排除方法
搅拌时有碰撞声	拌铲或刮板松脱或翘曲致使和搅拌筒碰撞	紧固拌铲或刮板的连接螺栓，检修调整拌铲、刮板之间的间隙
运转中卸料门漏浆	1. 门封密不严 2. 门周围残存的粘结物过厚	1. 卸料底板下方的螺栓，使卸料门封闭严密 2. 消除残留的粘结物
上料斗运行不平稳	上料轨道翘曲不平料斗滚轮接触不良	检查并调整两条轨道，使轨道平直，轨面平行

1.4.3　混凝土输送机械

1. 推车

手推车是施工工地上普遍使用的水平运输工具，手推车具有小巧、轻便等特点，不但适用于一般的地面水平运输，还能在脚手架、施工栈道上使用；也可与塔吊、井、架等配合使用，解决垂直运输。

2. 动翻斗车

系用柴油机装配而成的翻斗车，功率7355W，最大行驶速度达35km/h。车前装有容量为400L、载重1000kg的翻斗。具有轻便灵活、结构简单、转弯半径小、速度快、能自动卸料、操作维护简便等特点，适用于短距离水平运输混凝土以及砂、石等散装材料。

3. 混凝土搅拌输送车

混凝土搅拌输送车是一种用于长距离输送混凝土的高效能机械，它是将运送混凝土的搅拌筒安装在汽车底盘上，而以混凝土搅拌站生产的混凝土拌合物灌装入搅拌筒内，直接运至施工现场，供浇筑作业需要。在运输途中，混凝土搅拌筒始终在不停地慢速转动，从而使筒内的混凝土拌合物可连续得到搅动，以保证混凝土通过长途运输后，仍不致产生离析现象。在运输距离很长时，也可将混凝土干料装入筒内，在运输途中加水搅拌，这样能减少由于长途运输而引起的混凝土坍落度损失。

目前常用的混凝土搅拌车及其性能见表1-43。

混凝土搅拌输送车技术参数参考表　　表 1-43

型号项目		JC－2 型	JBC－1.5C	JBC－1.5E	JBC－3T	MR45	MR45－T	MR60－S	TY－3000	TATRA	FV112 JML
拌筒容积（m^3）		5.7				8.9	8.9		5.7	10.25	8.9
搅动能力（m^3）		2	1.5	1.5	3～4.5	6	6	8	5.0	4.5	5.0
最大搅拌能力（m^3）						4.5	4.5	6			
拌筒尺寸（直径×长）（mm）									2020×2813		2100×3610
拌筒转速（r/min）	运行搅拌		2～4	2～4	2～3	2～4	2～5		2～4		8～12
	进出料搅拌		6～12	8～14	8～12	8～12	8～12		6～12		10～14
卸料时间（min）		1～2	1.3～2	1.1～2	3～5	3～5	3～5	3～6		3～5	2～5
最大行驶速度（km/h）			70			86		96		60	91
最小转弯半径（m）			9					7.8			7.2
爬坡能力（°）			20					26			26
外形尺寸（mm）	长	7400				7780	8615	8465	7440	8400	7900
	宽	2400				2490	2500	2480	2400	2500	2490
	高	3400				3730	3785	3940	3400	3500	3550
重量（t）		12.55				总量 24.64	14.4	19.2	9.5	总量 22	9.8

使用混凝土搅拌输送车必须注意的事项：

1）混凝土必须在最短的时间内均匀无离析地排出，出料干净、方便，能满足施工的要求，如与混凝土泵联合输送时，其排料速度应能相匹配。

2）从搅拌输送车运卸的混凝土中，分别取1/4和3/4处试样进行坍落度试验，两个试样的坍落度值之差不得超过3cm。

3）混凝土搅拌输送车在运送混凝土时，通常的搅动转速为2～4r/min整个输送过程中拌筒的总转数应控制在300转以内。

4）若混凝土搅拌输送车采用干料自行搅拌混凝土时，搅拌速度一般应为6～18r/min；搅拌应从混合料和水加入搅筒起，直至搅拌结束转数应控制在70～100转。

4. 混凝土提升机

混凝土提升机是供快速输送大量混凝土的垂直提升设备。它是由钢井架、混凝土提升斗、高速卷扬机等组成，其提升速度可达50～100m/min。当混凝土提升到施工楼层后，卸入楼面受料斗，再采用其他楼面水平运输工具（如手推车等）运送到施工部位浇筑。一般每台容量为$0.5m^3\times2$的双斗提升机，当其提升速度为75m/min，最高高度达120m，混凝土输送能力可达$20m^3/h$。因此对于混凝土浇筑量较大的工程，特别是高层建筑，是很经济适用的混凝土垂直运输机具。

5. 混凝土汽车泵或移动泵车

将液压活塞式混凝土泵固定安装在汽车底盘上，使用时开至需要施工的地点，进行混凝土泵送作业，称为混凝土汽车泵或移动泵车。一般情况下，此种泵车都附带装有全回转三段折叠臂架式的布料杆。整个泵车主要由混凝土推送机构、分配闸阀机构、料斗搅拌装置、悬臂布料装置、操作系统、清洗系统、传动系统、汽车底盘等部分组成。这种泵车使用方便，适用范围广，它既可以利用在工地配置装接的管道输送到较远、较高的混凝土浇筑部位，也可以发挥随车附带的布料杆的作用，把混凝土直接输送到需要浇筑的地点。

施工时，现场规划要合理布置混凝土泵车的安放位置。一般混凝土泵应尽量靠近浇筑地点，并要满足两台混凝土搅拌输送车能同时就位，使混凝土泵能不间断地得到混凝土供应，进行连续压送，以充分发挥混凝土泵的有效能力。

混凝土泵车的输送能力一般为 80m^3/h；在水平输送距离为 520m 和垂直输送高度为 110m 时，输送能力为 30m^3/h。混凝土汽车输送泵参考表，见表 1-44。

6. 固定式混凝土泵

固定式混凝土泵使用时，需用汽车将它拖带至施工地点，然后进行混凝土输送。这种形式的混凝土泵主要由混凝土推送机构、分配闸机构、料斗搅拌装置、操作系统、清洗系统等组成。它具有输送能力大、输送高度高等特点，一般最大水平输送距离为 250～600m，最大垂直输送高度为 150m，输送能力为 60m^3/h 左右，适用于高层建筑的混凝土输送。混凝土固定泵技术性能见表1-45。

7. 混凝土泵车布料杆

混凝土泵车布料杆，是在混凝土泵车上附装的既可伸缩也可曲折的混凝土布料装置。混凝土输送管道就设在布料杆内，末端是一段软管，用于混凝土浇筑时的布料工作。图 1-15 是一种三叠式布料杆混凝土浇筑范围示意图。这种装置的布料范围广，在一般情况下不需再行配管。

8. 独立式混凝土布料器（图 1-16）

独立式混凝土布料器是与混凝土泵配套工作的独立布料设备。在操作半径内，能比较灵活自如地浇筑混凝土。其工作半径一般为 10m 左右，最大的可达 40m。由于其自身较为轻便，能在

混凝土汽车输送泵参考表　　表 1-44

项次	项目	IPF-185B	DC-S115B	IPF-75B	PTF-75B2	A800B	NCP-9F8	BRF28.09	BRF36.09
1	形式	360°回转 三级Z型	360°回转 三级回折型	360°回转 三级Z型	360°回转 三级Z型	360°回转 三级回折型	360°回转 三级回折型	360°回转 三级Z型	360°回转 四级重叠型
2	最大输送量（m^3/h）	10~25	70	10~75	75	80	57	90	90
3	最大输送距离（m）（水平/垂直）	520/110	420/100	410/80	410/80	650/125	1000/150		
4	粗骨料最大尺寸（mm）	40	40	30（砾石40）	40	40	40	40	40
5	常用泵送压力（MPa）	4.71		3.87		13~18.5	20	7.5	7.5
6	混凝土坍落度允许范围（cm）	5~23	5~23	5~23	5~23	5~23	5~23	5~23	5~23
7	布料杆工作半径（m）	17.4	15.8	16.5	16.5	17.5		23.7	32.1
8	布料杆离地高度（m）	20.7	19.3	19.8	19.8	20.7		27.4	35.7
9	外形尺寸（长×宽×高）（mm）	9000×2485×3280	8840×4900×3400	9470×2450×3230				10910×7200×3850	10305×8500×3960
10	重量（t）		15.00	15.46	15.43	15.50	15~53	19.00	25.00

混凝土固定泵技术性能 **表 1-45**

项目＼型号	HJ－TSB9014	BSA2100HD	BSA140BD	PTF－650	ELBA－B5516E	DC－A800B
形式		卧式单动	卧式单动	卧式单动	卧式单动	卧式单动
最大液压泵压力（MPa）		28	32	21～10	20	13～18.5
输送能力（m^3/h）	80	97～150	85	4～60	10～45	15～80
理论输送压力（MPa）	70/110	80～130	65～97	36	93	44
骨粒最大粒径（mm）		40	40	40	40	40
输送距离水平/垂直（m）				350/80	100/130	440/125
混凝土坍落度（mm）		50～230	50～230	50～230	50～230	50～230
缸径、冲程长度（mm）	200、1400	200、2100	200、1400	180、1150	160、1500	205、1500
缸数		双缸活塞式	双缸活塞式	双缸活塞式	双缸活塞式	双缸活塞式
加料斗容量（m^3）	0.5	0.9	0.49	0.3	0.475	0.35
动力（功率kW/转速r/min）		97.50/2300	88.50/2300	41.25/2600	56.25/2960	127.50/2000
活塞冲程次数（次/min）		19.35	31.6		33	
重量（kg）	5250	5600	3400	6500	4420	15500

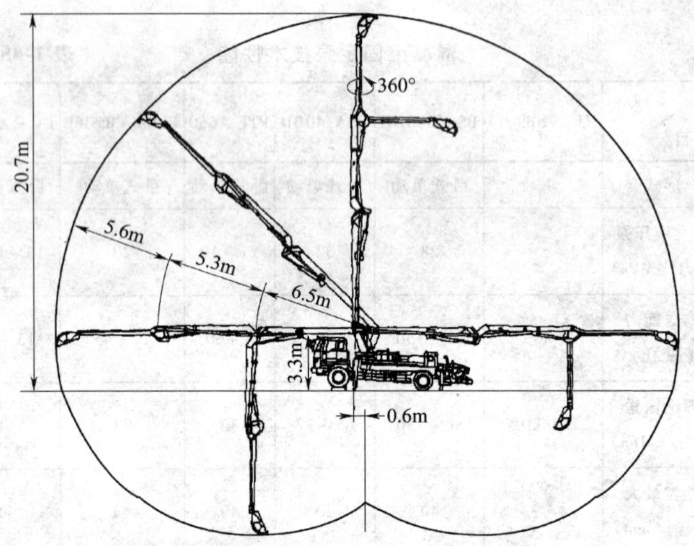

图 1-15　三折叠式布料杆浇筑范围

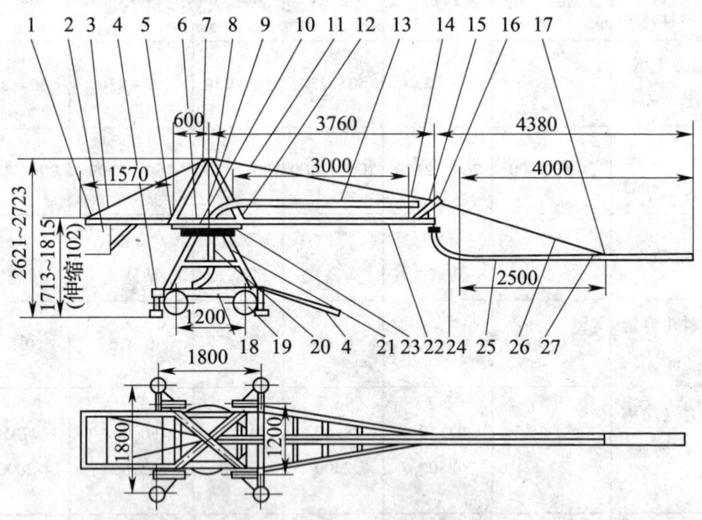

图 1-16　独立式混凝土布料器

1、7、8、15、16、27—卸甲轧头；2—平衡臂；3、11、26—钢丝绳；4—撑脚；5、12—螺栓、螺母、垫圈；6—上转盘；9—中转盘；10—上角撑；13、25—输送管；14—输送管轧头；17—夹子；18—底架；19—前后轮；20—高压管；21—下角撑；22—前臂；23—下转盘；24—弯管

施工楼层上灵活移动，所以，实际的浇筑范围较广，适用于高层建筑的楼层混凝土布料。

布料器的末端泵管的管端还都套装有4m长的橡胶软管，以有利于布料。

9. 混凝土浇筑斗

1）混凝土浇筑布料斗，见图1-17。

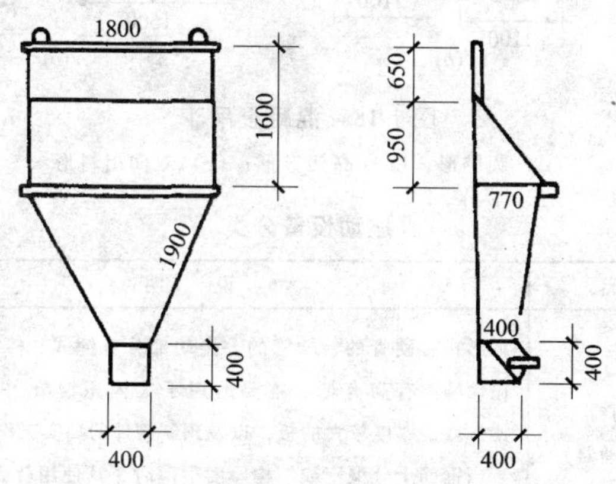

图1-17 混凝土浇筑布料斗

为混凝土水平与垂直运输的一种转运工具。混凝土装进浇筑斗内，由起重机吊送至浇筑地点直接布料。浇筑斗是用钢板拼焊成簸箕式，容量一般为$1m^3$。两边焊有耳环，便于挂钩起吊。上部开口，下部有门，门出口为40cm×40cm，采用自动闸门，以便打开和关闭。

2）混凝土吊斗

混凝土吊斗有圆锥形、高架方形、双向出料形等，见图1-18，斗容量$0.7\sim1.4m^3$。混凝土由搅拌机直接装入后，用起重机吊至浇筑地点。

1.4.4 混凝土振捣器

振动设备分类见表1-46~表1-48；故障的产生及排除，见表1-49。

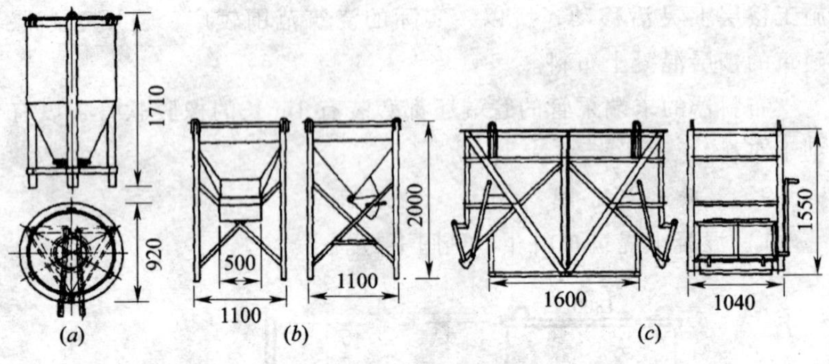

图 1-18　混凝土吊斗

(a) 圆锥形；(b) 高架方形；(c) 双向出料形

振动设备分类　　**表 1-46**

分类	说明
内部振动器（插入式振动器）	形式有硬管的、软管的。振动部分有锤式、棒式、片式等。振动频率有高有低。主要适用于大体积混凝土、基础、柱、梁、墙、厚度较大的板，以及预制构件的捣实工作 当钢筋十分稠密或结构厚度很薄时，其使用就会受到一定的限制
表面振动器（平板式振动器）	其工作部分是一钢制或木制平板，板上装一个带偏心块的电动振动器。振动力通过平板传递给混凝土，由于其振动作用深度较小，仅使用于表面积大而平整的结构物，如平板、地面、屋面等构件
外部振动器（附着式振动器）	这种振动器通常是利用螺栓或钳形夹具固定在模板外侧，不与混凝土直接接触，借助模板或其他物体将振动力传递到混凝土。由于振动作用不能深远，仅适用于振捣钢筋较密、厚度较小以及不宜使用插入式振动器的结构构件
振动台	由上部框架和下部支架、支承弹簧、电动机、齿轮同步器、振动子等组成。上部框架是振动台的台面，上面可固定放置模板，通过螺旋弹簧支承在下部的支架上，振动台只能作上下方向的定向振动，适用于混凝土预制构件的振捣

插入式振动器技术规格 表 1-47

项目		HZ-50A 行星式	HZ6X-30 行星式	HZ6P-70A 偏心块式	HZ6X-35 行星式	HZ6X-50 行星式	HZ-50 插入式	HZ6X-60 插入式	HZ6-50 插入式
振动棒	直径（mm）	53	33	71	35	50	50	62	50
	长度（mm）	529	413	400	468	500	500	470	500
	振动力（N）	4800～5800	2200		2500	5700	5800	9200	
	频率（次/min）	12500～14500	19000	6200	15800	14000	14000	14000	6000
	振幅（mm）	1.8～2.2	0.5	2～2.5	0.5	1.1	2.4	1.4	1.5～2.5
软轴软管	软管直径（mm）	13	10	13	10	13	12	13	13
	软管长度（m）	4	4	4	4	4	4	4	4
	软轴直径（mm）	外径 36 内径 20		36	外径 30	外径 40 内径 20	42	40	42
电动机	功率（kW）	1.1	1.1	2.2	1.1	1.1	1.1	1.1	1.5
	转速（r/min）	2850	2850	2850	2850	2850	2800		2860
总重（kg）		34	26.4	45	25	33	32.5	35.2	48

附着式及平板式振动器技术规格 表 1-48

项目	附着式								平板式	
	B－11A	HZ2－10	HZ2－11	HZ2－4	HZ2－5	HZ2－5A	H22－7	HZ2－20	PZ－50	N－7
电动机（kN）	1.1	1	1.5	0.5	1.1	1.5	1.5	2.2	0.5	
振动力（N）	4300	9000	1000	3700		4800	5700	18000	4700	
振幅（mm）		2	0		4300	2	1.5	3.5	2.8	
振动频率（次/min）	2840	2800	2850	2800	2850	2860	2800	2850	2850	
外形尺寸（mm）	395×212×228	410×325×245	390×325×246	365×210×218	425×210×220	410×210×240	420×280×260	450×270×290	600×400×280	
总重（kg）	27	57	57	23	27	28	38	65	36	

振动器故障及其产生原因和排除方法　表 1-49

故障现场	故障原因	排除方法
电动机定子过热，机体温度过高（超过额定温升）	1. 工作时间过久 2. 定子受潮，绝缘程度降低 3. 负荷过大 4. 电源电压过大，过低，时常变动及三相不平衡 5. 导线绝缘不良，电流流入地中 6. 线路接头不紧	1. 停止作业，让其冷却 2. 应立即干燥 3. 检查原因，调整负荷 4. 用电压表测定，并进行调整 5. 用绝缘布缠好损坏处 6. 重新接紧线头
电动机有强烈的钝声，同时发生转速降低，振动力减小	1. 定子磁铁松动 2. 一相保险丝断开或内部断裂	1. 应拆除检修 2. 更换保险丝和修理断线处
电动机线圈烧坏	1. 定子过热 2. 绝缘严重受潮 3. 相间短路，内部混线或接线错误	必须部分或全部重绕定子线圈
电动机或把手有电	1. 导线绝缘不良漏电，尤其在开关盒接头处 2. 定子的一相绝缘破坏	1. 用绝缘胶布包好破裂处 2. 应检修线圈
开关曾火花，开关保险丝易断	1. 线间短路或漏电 2. 绝缘受潮，绝缘强度降低 3. 负荷过大	1. 检查修理 2. 进行干燥 3. 调整负荷
电动线滚动轴承损坏，转子、定子相互摩擦	1. 轴承缺油或油质不好 2. 轴承磨损而致损失	更换滚动轴承

续表

故障现场	故障原因	排除方法
振动棒不振	1. 电动机转向反了 2. 单向离合器部分机体损坏 3. 软轴和机体振动子之间接头处没有连接好 4. 钢丝软轴扭断 5. 行星式振动子柔性铰损坏或滚子与滚道间有油污	1. 需改变接线（交换任意两相） 2. 检查单向离合器，必要时加以修理或更换零件 3. 将接头连接好 4. 重新用锡焊焊接或更换软轴 5. 检修柔性铰链和清除滚子与滚道间的油污，必要时更换橡胶油封
振动棒振动有困难	1. 电动机的电压与电源电压不符 2. 振动棒外壳磨坏，漏入灰浆 3. 振动棒顶盖未拧紧或磨坏而漏入灰浆，使滚动轴承损坏 4. 行星式振动子起振困难 5. 滚子与滚道间有油污 6. 软管衬簧和钢丝软轴之间摩擦太大	1. 调整电源电压 2. 更换振动棒外壳，清洗滚动轴承和加注润滑脂 3. 清洗或更换滚动轴承，更换或拧紧顶盖 4. 摇晃棒头或将捧头尖对地面轻轻一碰 5. 清洗油污，必要时更换油封 6. 修理钢丝软轴并使软轴与软管衬簧的长短相适应
胶皮套管破裂	1. 弯曲半径过小 2. 用力斜推振动棒或使用时间过久	割去一段，重新连接或更换新的软管
附着式振动器机体内有金属撞击声	振动子锁紧，螺栓松脱，振动子产生轴向位移	重新锁紧振动子，必要时更换锁紧螺栓

续表

故障现场	故障原因	排除方法
平板式振动器的底板振动有困难	1. 振动子的滚动轴承损坏 2. 三角皮带松弛	1. 更换滚动轴承 2. 调整或更换电动机机座的橡胶垫，调整或更换减振弹簧

1.4.5 混凝土喷射机

混凝土喷射机是将速凝混凝土喷向岩石或结构物表面，从而使结构物得到加强或保护。适用于地下构筑物的混凝土支护或喷锚支护。

1. 喷射机的分类

混凝土喷射机按喷射方法可分为干式或湿式两种。目前我国生产的都属干式，即混凝土在微潮（水灰比为0.1～0.2）状态下输送到喷嘴处加水喷出。按结构型式可分为缸罐式、螺旋式和转子式三种。

缸罐式喷射机输送距离远，工作可靠，结构简单，经济性好；缺点是不能连续供料，易造成堵管。

螺旋式喷射机主要靠螺旋外缘和筒壁间的混凝土拌合料作为密封层进行输送，因而耐压能力低，输送距离小，但结构简单，操作方便，适用于小型巷道的喷锚支护。

转子式喷射机具有生产能力大，输送距离远，出料连续稳定、上料高度低、操作方便，适合于机械化配套作业等优点，已成为国内外使用最广泛的喷射机。

2. 使用与操作

使用与操作，见表1-50。

混凝土喷射机使用与操作　　表1-50

使用条件	三相交流电源		660/380V
	入口处压缩空气	流量	≥8m³/min
		压力	≥0.4MPa

续表

使用条件	清洁中性水源　流量　≥20L/min 压力　≥0.2MPa
使用前准备	电路、气路、输料管路须安装正确，联结可靠 首次使用应向减速器加注 20 号机械油或齿轮油 清除料斗及转子料杯内杂物 点动电动机，检查转子转动方向应与指示牌方向一致，本产品转子转动为逆时针方向。 安装结合板，将结合板及转子衬板平面擦洗干净，将扇形结合板侧向压紧，其外径应与衬板外径吻合，不得偏心，然后向下平衡压紧 检查清扫板与衬板接触是否良好，可以通过压紧螺栓进行调节
混合料制取	砂、石应过筛，去除大块物料及杂物 将过筛后的砂、石用清水冲洗，湿润表面并去除泥土，放置 24h 按设计要求将混合料按比例（重量配合比一般为水泥：砂子：石子等于 1:2:1.5～2.5）配比，并拌合均匀 注：混合料含水率以 4%～5% 为佳，此时呈用手握紧能成团，松开后能散开状态。 预拌和的混合料应在 2h 内用完。
速凝剂添加	常用粉状水泥速凝剂。 速凝剂掺量根据其说明书中提供的掺量范围，一般为水泥重量的 3%～4%，要求初凝不大于 5min 速凝剂是由人工在混合料加入料斗时同时添加的
试送风	打开气路系统阀，让压气吹 2～3min 开机，此时应听到有节奏的“扑！扑！”余气泄放声。若无此现象，说明气路系统密封不良，应查明原因，调整后方能使用
喷射	喷射前先用清水喷射、冲洗受喷面，使其表面湿润 加料时应保持料斗内有 50% 的余料 喷咀轨迹为画圈呈螺旋形 喷咀与受喷面应保持垂直，距离在 500～1000mm 之间 喷边墙时，一次喷厚为 50～100mm；喷拱部时，一次喷厚为 50～70mm 两次喷厚间隔时间应大于 5min

续表

停机	先停止加料，待料斗及料杯内的混合料全部吹送干净，确认喷咀已无料喷出，停机，最后停风
加水量	喷射混凝土水灰比为0.42～0.5，由喷射手调节喷头水阀掌握 喷射混凝土应表面平整，呈湿润光滑、粘性好、无干斑及滑移流淌现象
输料管路	输料管路应沿输送方向直线敷设，若必须拐弯，其半径不小于2m 输料管路（含接头处）内径应与要求相同，不得小于50mm
操作注意事项	操作顺序为： 开始：送风——开机——加料 停止：停止加料——停机——停风 喷头不得随意放置，应一直有专人掌握 喷射时其压力在0.03MPa范围内摆动。当发现压力迅速升高，应停止加料，停机，停风。待查明原因并加以排除后再行开机 上、下座必须用楔销紧固后，才允许操作结合板和清扫板的压紧 清扫板处为非压风区，只需轻微压紧，达到清扫板与衬板保持良好接触即可 若发生堵管故障，应停机，停止加料，停风

3. 维护保养

1）每次工作完毕，必须完成以下工作：

（1）用压风吹净喷射机气路系统及输料管路中余料，清扫机体外部残留的余料及杂物。

（2）拆卸出料弯头和结合板，清除粘结料，并擦洗干净。

（3）取下筛网、料斗、拨料器、定量板、配料盘和给料轴（给料轴逆时针转动一定角度，然后往上抽），打开紧固楔销，将上座翻转100°，清除衬板，料杯和清扫板上的粘结料，并擦洗干净。然后按相反顺序复位固紧。

（4）卸下喷咀，清洗水环及水孔。

2）定期维护工作：

（1）机器正常使用一年，必须全面检修一次。

（2）机器应定期润滑。

2 混凝土施工技术

2.1 混凝土配合比设计

混凝土配合比设计是根据所选用原材料的性能和对混凝土的技术要求，通过计算、试配和调整等步骤，求出各项材料的组成比例，以便制得既经济又符合质量要求的混凝土。

2.1.1 混凝土配合比设计的基本要求

1. 硬化后的混凝土应满足工程结构设计或施工进度所要求的强度和其他有关力学性能。

2. 硬化后的混凝土必须满足耐久性要求，包括：抗渗性、抗冻性、密实性、抗侵蚀性、氯化物含量、碳化、碱—骨料反应等。

3. 混凝土拌合物在粗骨料粒径、和易性等方面应满足施工操作要求。

4. 应结合混凝土结构尺寸和使用部位进行考虑。如大体积混凝土配合比设计应选用水化热低、凝结时间长的水泥；粗骨料宜选用连续级配，细骨料宜选用中砂等。

5. 应在保证混凝土全面质量要求的前提下，尽量节约水泥，合理利用原材料，降低成本。

6. 更多地掺加工业废渣，更多地节约水泥熟料，减少环境污染。

7. 混凝土配合比设计应符合有关标准、规范的要求，如《普通混凝土配合比设计规程》（JGJ 55—2000）、《混凝土强度检验评定标准》（GBJ 107—87）、《预拌混凝土》（GB/T 14902—2003）、《混凝土结构工程施工质量验收规范》（GB 50204—2002）等。

2.1.2 普通混凝土配合比设计

2.1.2.1 设计的一般程序

1. 选定原材料品种、规格

根据混凝土结构设计要求的强度等级及混凝土耐久性（抗渗、抗冻、抗侵蚀等）、工程所处环境、结构断面尺寸、钢筋的疏密情况及钢筋间最小净距，以及搅拌、运输、振捣等施工生产工艺条件，选定适当原材料品种和规格。

2. 确定混凝土配制强度

根据设计要求的混凝土强度等级及本单位的混凝土生产质量水平，按照标准的有关规定，确定混凝土配制强度。

3. 设计计算

根据所用原材料的技术性能及对混凝土的技术要求进行设计计算，求得供试拌与检验和易性的初步配合比（或称初步计算配合比）。

4. 确定基准配合比

根据设计计算求得的配合比经过试拌、检验和易性及必要的调整，求得基准配合比。

5. 确定试验室配合比

根据基准配合比，再经过试排、成型试件、检验强度（如有耐久性等其他性能要求，还应进行相应的检验）及必要的调整，确定既满足设计和施工要求，又比较经济合理的可供生产的混凝土配合比。

6. 确定施工配合比

以试验室配合比为基础，根据现场砂、石含水状况对配合比进行调整，称为施工配合比。

2.1.2.2 配合比设计的方法

1. 原材料品种、规格的选定

1）水泥。水泥的品种主要有硅酸盐水泥、普通硅酸盐水泥、矿渣水泥、火山灰质水泥和粉煤灰水泥等，通常情况下，预拌混凝土宜选用强度等级不低于42.5的普通硅酸盐水泥或硅酸盐水泥。对于大体积混凝土等宜选用水化热较低的矿渣水泥。

2）砂。粗砂中粗颗粒较多，保水性差，细砂的黏聚性较差，同样强度等级的混凝土水泥用量较多，硬化后干缩较大。因此，预拌混凝土宜选用中砂。预拌混凝土不宜使用海砂，确实需要使用时，应对海砂进行淡化处理，严格控制氯离子含量。

3）石。预拌混凝土应采用连续级配粒径的碎石，碎石的最大粒径应符合泵送和结构要求。目前较多使用粒径为5～25mm和5～31.5mm的碎石。

4）掺合料。预拌混凝土应采用Ⅰ、Ⅱ级粉煤灰、高钙粉煤灰和矿渣微粉作为掺合料。

5）外加剂。为了降低混凝土用水量，提高混凝土强度，改善混凝土性能，外加剂在预拌混凝土中得到了广泛采用，尤其是减水剂的使用更为普遍。选用外加剂时，除了应正确选用外加剂种类外，还要进行必须的试验工作。

2. 混凝土配制强度的确定

混凝土配制强度（$f_{cu,0}$）。在实际施工中根据原材料质量和施工条件的不断变化而产生波动，为了使混凝土强度达到要求，必须让混凝土配制强度高于设计强度等级。可按式（2-1）计算：

$$f_{cu,0}=f_{cu,k}+1.645\sigma \tag{2-1}$$

式中　$f_{cu,0}$——混凝土配制强度（MPa）；

$f_{cu,k}$——设计要求的混凝土强度；

σ——混凝土强度标准差；

1.645σ——混凝土的强度保证率达95%时的概率度。

混凝土强度标准差应按下列规定确定：

1）当混凝土生产企业有近期内同一品种混凝土强度资料时，其混凝土强度标准差应按式（2-2）计算：

$$\sigma = \sqrt{\frac{\sum_{i=1}^{N} f_{cu,i}^{2} - N\mu_{f_{cu}}^{2}}{N-1}} \tag{2-2}$$

式中 $f_{cu,i}$——统计周期内同一品种混凝土第 i 组试件的强度值（N/mm^2）；

$\mu_{f_{cu}}$——统计周期内同一品种混凝土 N 组强度的平均值（N/mm^2）；

N——统计周期内同一品种混凝土试件的总组数。

混凝土强度标准差计算时，应该符合下列规定：

（1）统计周期内同一品种混凝土试件的总组数应不小于25 组。

（2）当混凝土强度等级为 C20 或 C25 时，其强度标准差计算值小于 2.5MPa 时，计算配制强度用的标准差应取不小于 2.5MPa；当混凝土强度等级等于或大于 C30，其强度标准差计算值小于 3.0MPa 时，计算配制强度用的标准差应取不小于 3.0MPa。

（3）当无统计资料计算混凝土强度标准差时，其值应按表 2-1 取用。

混凝土强度标准差 σ 值（MPa） **表 2-1**

混凝土强度等级	低于 C20	C20 ~ C35	高于 C35
σ	4.0	5.0	6.0

2）提高混凝土配制强度的几种情况

（1）当配制重要工程中的混凝土时，应适当提高配制强度，即取：$f_{cu,0} > f_{cu,k} + 1.645\sigma$

（2）当现场条件与试验室条件相差较大时，配制强度也应有所提高，配制强度提高的方法可将配制强度乘以大于 1.0 的系数予以调整。

（3）当混凝土强度的合格评定采用非统计方法时，也可按前述方法乘以大于 1.0 的系数。

3. 设计计算

1）混凝土水灰比（W/C）

（1）统计方法：

根据混凝土生产企业的经验和统计资料，按混凝土强度与水灰比关系曲线选定水灰比。

（2）计算方法：

当混凝土生产企业缺乏有关资料时，可按式（2-3）计算：

$$W/C = \alpha_a \cdot f_{ce}/(f_{cu,0} + \alpha_a \cdot \alpha_b \cdot f_{ce}) \tag{2-3}$$

式中　$f_{cu,0}$——混凝土配制强度（MPa）；

f_{ce}——水泥28d抗压强度实测值（MPa）；

α_a、α_b——回归系数。

注：1. 当无水泥28d抗压强度实测值时，f_{ce}可按式（2-4）计算：

$$f_{ce} = \gamma_c \cdot f_{ce,g} \tag{2-4}$$

式中　γ_c——水泥强度等级值的富余系数，可按实际统计资料确定；

$f_{ce,g}$——水泥强度等级值（MPa）。

2. f_{ce}值也可由3d强度或快测强度推定28d强度关系式推定得出。

3. 回归系数α_a、α_b应根据工程所使用的水泥、骨料通过试验由建立的水灰比与混凝土强度关系式决定。当不具备上述试验统计资料时，可按表2-2采用。

回归系数取用表　　**表 2-2**

系数 \ 石子	碎　石	卵　石
α_a	0.46	0.48
α_b	0.07	0.33

2）选定每立方米混凝土的用水量（m_{w0}）

（1）干硬性和塑性混凝土用水量的确定：

每立方米混凝土用水量的确定与成形工艺有关。常规成形工艺的干硬性混凝土或塑硬性混凝土用水量与粗骨料的品种、粒径及施工要求的混凝土拌合物有关。水灰比在0.4～0.8范围时，见表2-3、表2-4。

干硬性混凝土的用水量（kg/m^3） 表 2-3

拌合物稠度		卵石最大粒径（mm）			碎石最大粒径（mm）		
项目	指标	10	20	40	16	20	40
维勃稠度（s）	16~20	175	160	145	180	170	155
	11~15	180	165	150	185	175	160
	5~10	185	170	155	190	180	165

塑性混凝土的用水量（kg/m^3） 表 2-4

拌合物稠度		卵石最大粒径（mm）				碎石最大粒径（mm）			
项目	指标	10	20	31.5	40	16	20	31.5	40
坍落度（mm）	10~30	190	170	160	150	200	185	175	165
	35~50	200	180	170	160	210	195	185	175
	55~70	210	190	180	170	220	205	195	185
	75~90	215	195	185	175	230	215	205	195

注：1. 本表用水量系用中砂时的平均取值，采用细砂时，每立方米混凝土用水量可增加 5~10kg；采用粗砂时，则可减少 5~10kg；

2. 掺用各种外加剂或掺合料时，用水量应相应调整。

水灰比小于 0.40 的混凝土以及采用特殊成型工艺的混凝土用量应通过试验确定。

(2) 流动性和大流动性混凝土的用水量宜按下列步骤计算：

① 以表 2-4 中坍落度 90mm 的用水量为基础，按坍落度每增大 20mm 用水量增加 5kg，计算出未掺外加剂时的混凝土的用水量；

② 掺外剂时的混凝土用水量可按式（2-5）计算：

$$m_{wa} = m_{w0}(1-\beta) \tag{2-5}$$

式中 m_{wa}——掺外加剂混凝土每立方米混凝土的用水量（kg）；

m_{w0}——未掺外加剂混凝土每立方米混凝土的用水量（kg）；

β——外加剂的减水率（%），经试验确定。

3) 砂率（β_s）

混凝土拌合物应采用合理砂率，其含义是指在水泥用量及用水量一般的情况下，使混凝土拌合物具有最大流动性，且能保持黏聚性和保水性良好时的砂率值。当无历史资料可参考时，其应符合下列规定：

（1）坍落度为10～60mm的混凝土砂率，可根据粗骨料品种、粒径及水灰比按表2-5选取。

混凝土的砂率（%）　　表2-5

水灰比（W/C）	卵石最大粒径（mm）			碎石最大粒径（mm）		
	10	20	40	16	20	40
0.40	26～32	25～31	24～30	30～35	29～34	27～32
0.50	30～35	29～34	28～33	33～38	32～37	30～35
0.60	33～38	32～37	31～36	36～41	35～40	33～38
0.70	36～41	35～40	34～39	39～44	38～43	36～41

注：1. 本表数值系中砂的选用砂率，对细砂或粗砂，可相应地减少或增大砂率；
2. 一个单粒级粗骨料配制混凝土时，砂率应适当增大；
3. 对薄壁构件，砂率取偏大值；
4. 本表中的砂率系指砂与骨料总量的重量比。

（2）坍落度大于60mm的砂率，可经试验确定，也可在表2-5的基础上，按坍落度每增大20mm，砂率增大1%的幅度予以调整。

（3）坍落度小于10mm的混凝土，其砂率应经试验确定。

4）每立方米混凝土水泥用量（m_{c0}）

每立方米混凝土水泥用量（m_{c0}），可按式（2-6）计算：

$$m_{c0} = m_{w0}/(W/C) \tag{2-6}$$

为了保证混凝土的耐久性，计算出的水灰比和水泥用量，还必须符合表2-6中最大水灰比和最小水泥用量的规定。若计算水灰比值大于表2-6中的规定值，则采用表中规定的最大水灰比值；若计算出的最小水泥用量少于规定的最小水泥用量，则采用表中规定的最小水泥用量。

混凝土的最大水灰比和最小水泥用量　　表 2-6

<table>
<tr><th colspan="2" rowspan="2">环境条件</th><th rowspan="2">结构物类别</th><th colspan="3">最大水灰比</th><th colspan="3">最小水泥用量（kg）</th></tr>
<tr><th>素混凝土</th><th>钢筋混凝土</th><th>预应力混凝土</th><th>素混凝土</th><th>钢筋混凝土</th><th>预应力混凝土</th></tr>
<tr><td colspan="2">1. 干燥环境</td><td>正常的居住或办公用房屋内部件</td><td>不作规定</td><td>0.65</td><td>0.60</td><td>200</td><td>260</td><td>300</td></tr>
<tr><td rowspan="2">2. 潮湿环境</td><td>无冻害</td><td>高湿度的室内部件
室外部件
在非侵蚀性土和（或）水中的部件</td><td>0.70</td><td>0.60</td><td>0.60</td><td>225</td><td>280</td><td>300</td></tr>
<tr><td>有冻害</td><td>经受冻害的室外部件
在非侵蚀性土和（或）水中且冻害的部件</td><td>0.55</td><td>0.55</td><td>0.55</td><td>250</td><td>280</td><td>300</td></tr>
<tr><td colspan="2">3. 有冻害的除冰剂的潮湿环境</td><td>经受冻害和冰剂作用的室内和室外部件</td><td>0.50</td><td>0.50</td><td>0.50</td><td>300</td><td>300</td><td>300</td></tr>
</table>

注：1. 当用活性掺合料取代部分水泥时，表中的最大水灰比和最小水泥用量即为替换前的水灰比和水泥用量。

2. 配制 C15 级及以下等级的混凝土，可不受本表限制。

配制 C50 和 C60 高强混凝土所用的水泥量宜小于等于 $450kg/m^3$，水泥与掺合料的胶结材料总量宜小于 $550kg/m^3$。配制 C70 和 C80 高强混凝土所用的水泥用量宜小于等于 $500kg/m^3$，水泥与掺合料的胶结材料总量宜小于等于 $600kg/m^3$。

5）粗骨料和细骨料用量确定

粗骨料和细骨料用量的确定，应符合下列规定：

（1）当采用重量法时，应按下列公式计算：

$$m_{c0} + m_{g0} + m_{s0} + m_{w0} = m_{cp} \tag{2-7}$$

$$\beta_s = m_{s0}/m_{g0} + m_{s0} \times 100\% \qquad (2\text{-}8)$$

式中　m_{c0}——每立方米混凝土的水泥用量（kg）；

m_{g0}——每立方米混凝土的粗骨料用量（kg）；

m_{s0}——每立方米混凝土的细骨料用量（kg）；

m_{w0}——每立方米混凝土的用水量（kg）；

β_s——砂率（%）；

m_{cp}——每立方米混凝土拌合物的假定重量（kg），其值可取2350～2450kg。

（2）当采用体积法时，应按下列公式计算：

$$\beta_s = m_{s0}/m_{g0} + m_{s0} \times 100\% \qquad (2\text{-}9)$$

$$m_{c0}/\rho_c + m_{g0}/\rho_g + m_{s0}/\rho_s + m_{w0}/\rho_w + 0.01\alpha = 1 \qquad (2\text{-}10)$$

式中　ρ_c——水泥密度（kg/m^3），可取2900～3100kg/m^3；

ρ_g——粗骨料的堆密度（kg/m^3）；应按现行行业标准《普通混凝土用砂、石质量及检验方法标准》(JGJ 52—2006)；

ρ_s——细骨料的堆密度（kg/m^3）；应按现行行业标准《普通混凝土用砂、石质量及检验方法标准》(JGJ 52—2006)；

ρ_w——水的密度（kg/m^3），可取1000kg/m^3；

α——混凝土的含气量百分数，在不使用引气型外加剂时，α可取为1。

6）外加剂和掺合料的确定

外加剂和掺合料的掺量应通过试验确定，并应符合国家现行标准《混凝土外加剂应用技术规范》(GBJ 119)，《粉煤灰在混凝土和砂浆中应用技术规程》(JGJ 28)，《粉煤灰混凝土应用技术规程》(GBJ 146)，《用于水泥与混凝土中粒化高炉矿渣粉》(GB/T 18046) 等的规定。

7）引气剂掺量的确定

长期处于潮湿环境中的混凝土，应掺用引气剂或引气减水剂。引气剂的掺入量应根据混凝土的含气量并经试验确定，混凝土的最小含气量符合表2-7的规定；混凝含气量亦不宜超过7%。混凝土中的粗骨料和细骨料应作坚固性试验。

长期处于潮湿和严寒环境中混凝土的最小含气量 表 2-7

粗骨料最大粒径（mm）	最小含气量（%）
40	4.5
25	5.0
20	5.5

4. 混凝土基准配合比的确定

上述求得的各组成材料的用量是根据经验资料及经验公式计算所得，混凝土配合比必须经过试拌、检验和易性，然后进行必要的调整，最后将这个符合和易性要求的配合比作为混凝土基准配合比。其试配调整要求如下：

1）试配时应采用工程中实际使用的材料，按计算所得的配合比进行试拌。

2）混凝土的搅拌方法，应尽量与生产时使用的方法相同。试拌时每盘混凝土的最小搅拌量应符合表 2-8 的规定。若采用机械搅拌时，搅拌量应小于搅拌机额定搅拌量的 1/4。

3）测定混凝土拌合物的稠度（坍落度或维勃稠度），并检查拌合物的黏聚性及保水性。

4）如果试拌的拌合物的稠度不满足要求，或黏聚性及保水性不良时，则应在保持原计算的水灰比不变的条件下相应调整用水量或砂率。

5）如坍落度过小，可增加适量水泥浆。

6）如坍落度过大，可在保持砂率不变的条件下增加适量骨料。

7）如出现含砂不足，黏聚性及保水性不良时，可适当增大砂率，反之应减小砂率。

8）每次调整后须再试拌、检测，直到符合要求为止。

9）试配调整工作完成后，应测出混凝土拌合物的实际表观密度，并重新计算每立方米混凝土各项组成材料用量，得出和易性符合要求的供检验混凝土强度用的基准配合比。

5. 试验室配合比的确定

1）检验混凝土强度

经过试拌调整后的混凝土基准配合比，其和易性符合要求，但其水灰比是依据经验公式计算而得，其强度未必符合要求，所以还应检验混凝土的强度。

检验混凝土强度时至少应采用三个不同水灰比的配合比，其中一个为基准配合比，另外两个配合比的水灰比值应在基准配合比的基础上增加和减少0.05（如需同时确定为满足早龄期混凝土强度要求的配合比时，该值可取0.10），这两个配合比的用水量与基准配合比相同，但砂率可作适当调整。

2）检测拌合物质量

在制作这三个配合比的混凝土强度试件时，尚应检测拌合物的坍落度（或维勃稠度）、黏聚性、保水性及表观密度，并以此作为这一配合比的混凝土拌合物的性能参数。

3）混凝土配合比的确定

混凝土配合比可按下列两种方法确定：

(1) 根据试验结果，在三个配合比中选出一个既满足强度、和易性要求，且水泥用量较少的配合比作为混凝土配合比。

(2) 根据试验所得的混凝土强度，以强度为纵坐标、水灰比为横坐标，绘制出这三个配合比的强度与水灰比的关系曲线，据此关系曲线求出配制强度所对应的水灰比值，计算出混凝土配合比，其各种材料的用量：

① 用水量（m_w）应在基准配合比用水量的基础上，根据制作强度试件时测得的坍落度或维勃稠度进行调整确定；

② 水泥用量（m_c）应以用水量乘以选定出来的灰水比计算确定；

③ 粗骨料和细骨料用量（m_g和m_s）应在基准配合比的粗骨料和细骨料用量的基础上，按选定的灰水比进行调整后确定。

根据上述计算得出的混凝土配合比，还应根据实测的混凝土拌合物密度再作必要的校正，根据混凝土拌合物密度的实测值与计算值求得校正系数（δ）。

（1）计算混凝土的表观密度计算值 $\rho_{c,c}$：

$$\rho_{c,c} = m_c + m_g + m_s + m_w \tag{2-11}$$

（2）应按下式计算混凝土配合比较正系数 δ：

$$\delta = \rho_{c,t}/\rho_{c,c} \tag{2-12}$$

式中 $\rho_{c,c}$——混凝土表观密度计算值（kg/m^3）；

$\rho_{c,t}$——混凝土表观密度实测值（kg/m^3）。

当混凝土表观密度实测值之差的绝对值不超过计算值的 2% 时，上述试验得出的配合比即为确定的设计配合比；当二者之差超过 2% 时，应将配合比中每项材料用量均乘校正系数 δ，即为确定的设计配合比。

6. 施工配合比的确定

试验室配合比是以干燥材料为基准的，而实际施工中使用的材料，如砂、石都含有一定水分，并且经常变化，所以应按现场材料的实际含水情况对配合比进行修正。现假定工地用砂的含水率为 $a\%$，石子含水率为 $b\%$，将试验室配合比换算成施工配合比：

水泥 $$m_{c施} = \delta m_c \ (kg) \tag{2-13}$$

砂子 $$m_{s施} = \delta m_s \ (1 + a\%)\ (kg) \tag{2-14}$$

石子 $$m_{g施} = \delta m_g \ (1 + b\%)\ (kg) \tag{2-15}$$

水 $$m_{w施} = \delta m_w - \delta m_s \times a\% - \delta m_g b\% \tag{2-16}$$

2.1.3 普通混凝土配合比示例

【例】 某工程采用现浇钢筋混凝土梁。混凝土的设计强度等级为 C20，要求强度保证率 95%，施工要求坍落度为 30 ~ 50mm。原材料条件：水泥为 32.5 的矿渣硅酸盐水泥，密度 $3.1g/cm^3$；砂为中砂，级配合格，堆积密度 $2.60g/cm^3$；根据结构条件采用最大粒径为 40mm 的碎石，符合《混凝土结构工程施工质量验收规范》(GB 50204—2002)的规定，石子堆积密度 $2.65g/cm^3$；水为自来水。采用机械搅拌和振捣成形。

1. 配合比的初步计算

1）确定试配强度 $f_{cu,0}$

根据《混凝土结构工程施工质量验收规范》（GB 50204—2002），取 $\sigma = 5.0\text{MPa}$

$$f_{cu,0} = 20 + 1.645 \times 5.0 = 28.2\text{MPa}$$

2）确定水灰比 W/C。

若水泥实际统计富余系数 = 1.08，则 $f_{ce} = \gamma_c f_{ce,g} = 1.08 \times 32.5\text{MPa} = 35.1\text{MPa}$

$$\begin{aligned} W/C &= \alpha_a \cdot f_{ce} / (f_{cu,0} + \alpha_a \cdot \alpha_b \cdot f_{ce}) \\ &= 0.46 \times 35.1 / (28.2 + 0.46 \times 0.07 \times 35.1) \\ &= 0.55 \end{aligned}$$

查表 2-6，由于此钢筋混凝土梁不是高湿度且经受冻害中的结构，为正常的居住房屋构件，计算水灰比为 0.55。

3）确定单位用水量 m_{w0}

查表 2-4 得，对中砂，最大粒径为 40mm 的碎石混凝土，当所需坍落度为 30～50mm 时，混凝土的用水量可确定为 175kg/m³

4）计算水泥用量 m_{c0}

$$m_{w0} = 175\text{kg/m}^3, W/C = 0.55, m_{c0} = m_{w0}/(W/C) = 175/0.55 = 318\text{kg}$$

查表 2-6，对于正常居住房屋的钢筋混凝土的最小水泥用量为 260kg，故符合规定。

5）确定砂率 β_s

查表 2-5 得，对于砂率，最大粒径为 40mm 的碎石，当水灰比为 0.55 时，砂率值的选用范围，按插入法计算为 32%～36%，现取砂率 $\beta_s = 0.34$

6）计算砂、石用量 $m_{s,0}$、m_{g0}

用体积法计算，由式（2-9）、式（2-10）得

$$m_{s0}/m_{g0} + m_{s0} \times 100\% = 0.34$$

$$m_{c0}/3.1 + m_{w0}/1 + m_{s0}/2.60 + m_{g0}/2.65 + 10 \times 1 = 1000\text{L}$$

解此二式，求得 $m_{s0}=637\text{kg}$，$m_{g0}=1237\text{kg}$

该混凝土初计算配合比为：

$$m_{c0}:m_{s0}:m_{g0}=318:637:1237=1:2:3.89$$

$$m_{w0}/m_{c0}=0.55$$

2. 确定基准配合比

按照配合比计算 15L 混凝土拌合物所需材料的用量为：

水泥　0.015×318=4.77kg

砂子　0.015×637=9.56kg

石子　0.015×1237=18.56kg

水　0.015×175=2.62kg

搅拌均匀后做坍落度试验，测得坍落度为20mm，不符合设计要求。进行调整，增5%的水泥用量，即水泥用量增加到5.01kg，水用量增加到2.75kg，测定坍落度为30mm，黏聚性、保水性良好。试拌调整后的材料用量为：水泥5.01kg，水2.75kg，砂9.56kg，石子18.56kg。混凝土拌合物的实测表观密度为2410kg/m^3，拌制1m^3混凝土的用料量为：

水泥：　5.01/（5.01+9.56+18.56+2.75）×2410=337kg

砂：　9.56/（5.01+9.56+18.56+2.75）×2410=642kg

石子：　18.56/（5.01+9.56+18.56+2.75）×2410=1247kg

水：　2.75/（5.01+9.56+18.56+2.75）×2410=185kg

该混凝土基准配合比为　水泥：砂：碎石：水=337：642：1247：185。

3. 确定试验室配合比

配制三种不同水灰比的混凝土，并制作三组试件，一组水灰比为0.55，另外两组的水灰比分别为0.5及0.6。

试件经标准养护28d，进行强度试验，得出各配合比混凝土试件强度，分别为31.1MPa、26.9MPa、23.6MPa。

根据试验结果可算出配制28.2MPa相对应的水灰比为0.54。符合强度要求的配合比为：用水量、砂用量、石子用量与基准配合比相同；水泥用量为343kg。测出混凝土拌合物的堆积密度为

$\rho_{c,t}$为2380kg/m³，则校正系数$\delta = 2380/2417 = 0.985$。

所以试验室配合比为：　水泥 = 343 × 0.985 = 338kg

水 = 185 × 0.985 = 182kg

砂 = 642 × 0.985 = 632kg

石子 = 1247 × 0.985 = 1228kg

4. 确定施工配合比

若施工现场测砂的含水率为3%，石子含水率为1%，则施工配合比为：

水泥 = 338kg　砂子 = 632（1 + 3%）= 651kg

石子 = 1228（1 + 1%）= 1240kg

水 = 182 − 632 × 3% − 1228 × 1% = 151kg

2.2 混凝土的拌制与运输

2.2.1 混凝土的搅拌

采用商品混凝土时，应按要求提供混凝土配合比合格证，做好混凝土进场交货验收工作，并应每车测定混凝土的坍落度，做好记录。采用现场搅拌混凝土时，应符合下列规定：

1. 搅拌时间

搅拌时间是指从全部材料投入搅拌筒起，到开始卸料为止所经历的时间。掺加外加剂时，搅拌时间应适当延长。搅拌时间与搅拌质量密切相关。时间过短，混凝土的材料拌合不均匀，强度及和易性都将会下降；时间过长，不但降低搅拌的生产效率，同时会使不坚硬的粗骨料，在大容量搅拌机中因脱角、破碎等而影响混凝土的质量。通过充分搅拌，应使混凝土的各种组成材料混合均匀，颜色一致；高强度等级混凝土、干硬性混凝土更应严格执行。搅拌时间随搅拌机的类型及混凝土拌合料和易性的不同而异。要求在生产中，应根据混凝土拌合料要求的均匀性、混凝土强度增长的效果及生产效率几种因素，规定合适的搅拌时间，但混凝土搅拌的最短可按表2-8采用。

混凝土搅拌的最短时间（s） 表 2-8

混凝土坍落度（mm）	搅拌机类型	搅拌机容积（L）		
		小于 250	250～500	大于 500
小于及等于 30	自落式	90	120	150
	强制式	60	90	120
大于 30	自落式	90	90	120
	强制式	60	60	90

2. 混凝土搅拌要求

(1) 混凝土拌合物应搅拌均匀、颜色一致，具有良好的流动性、黏聚性和保水性，不泌水、不离析。

(2) 搅拌混凝土前，加水空转数分钟，将积水倒净，使拌筒充分润湿。搅拌第一盘时，考虑到筒壁上的砂浆损失，石子用量应按配合比规定减半。

(3) 搅拌好的混凝土要做到基本卸尽。在全部混凝土卸出之前不得再投入拌合料，更不得采取边出料边进料的方法。严格控制水灰比和坍落度，未经试验人员同意不得随意加减用水量。

(4) 在每次用搅拌机开拌之始，应注意监视与检测开拌初始的前二、三罐混凝土拌合物的和易性。如不符合要求时，应立即分析情况并处理，直至拌合物的和易性符合要求，方可持续生产。

(5) 当开始按新的配合比进行拌制或原材料有变化时，亦应注意开拌鉴定与检测工作。

(6) 在拌合掺有掺合料（如粉煤灰等）的混凝土时，宜先以部分水、水泥及掺合料在机内拌合后，再加入砂、石及剩余水，并适当延长拌合时间。

(7) 使用外加剂时，应注意检查核对外加剂品名、生产厂名、牌号等。使用时一般宜先将外加剂制成外加剂溶液，并预加入拌用水中。当采用粉状外加剂时，也可采用定量小包装外加剂另加载体的掺用方式。溶液中的水量，应包括在拌合用水量内。

（8）雨期施工期间要勤测粗细骨料的含水量，随时调整用水量和粗细骨料的用量。夏期施工时砂石材料尽可能加以遮盖，至少在使用前不受烈日曝晒，必要时可采用冷水淋洒，使其蒸发散热。冬期施工要防止砂石材料表面冻结，并应清除冰块。

（9）混凝土用量不大而又缺乏机械设备时，可用人工拌制。拌制一般应用铁板或包有白铁皮的木拌板上进行操作，如用木制拌板时，宜将表面刨光，镶拼严密，使不漏浆。拌合要先干拌均匀，再按规定用水量随加水随湿拌至颜色一致，达到石子与水泥浆无分离现象为准。当水灰比不变时，人工拌制要比机械搅拌多耗10%～15%的水泥。

3. 投料顺序

投料顺序应从提高搅拌质量，减少叶片、衬板的磨损，减少拌合物与搅拌筒的粘结，减少水泥飞扬，改善工作环境，提高混凝土强度，节约水泥等方面综合考虑确定。常用一次投料法、二次投料法和水泥裹砂法等。

（1）一次投料法。这是目前最普遍采用的方法。它是将砂、石、水泥和水一起同时加入搅拌筒中进行搅拌。为了减少水泥的飞扬和粘罐现象，对自落式搅拌机常采用的投料顺序是，先倒砂子（或石子），再倒水泥，然后倒入石子（或砂子），将水泥夹在砂、石之间，最后加水搅拌。

（2）二次投料法。又分为预拌水泥砂浆法和预拌水泥净浆法。预拌水泥砂浆法，是先将水泥、砂和水加入搅拌筒内进行充分搅拌，成为均匀的水泥砂浆后，再加入石子搅拌成均匀的混凝土。一般是用强制式搅拌机拌制水泥砂浆1～1.5min，然后再加入石子搅拌1～1.5min。

预拌水泥净浆法，是先将水泥和水充分搅拌成均匀的水泥净浆后，再加入砂和石子搅拌成混凝土。经试验表明，二次投料法搅拌的混凝土与一次投料法相比较，混凝土强度可提高约15%。在强度等级相同的情况下，可节约水泥15%～20%。

（3）水泥裹砂法。是在砂子表面造成一层水泥浆壳。主要采取两项工艺措施：一是对砂子的表面湿度进行处理，控制在一定范围内；二是进行两次加水搅拌。第一次加水搅拌称为造壳搅拌，就是先将处理过的砂子、水泥和部分水搅拌，使砂子周围形成黏着性很高的水泥糊包裹层。然后加入第二次水及石子，经搅拌，部分水泥浆便均匀地分散在已经被造壳的砂子及石子周围。

这种方法的关键在于控制砂子表面水率及第一次搅拌时的造壳用水量。砂子的表面水率控制在4%～6%，第一次搅拌加水为总加水量的20%～26%时，造壳混凝土的增强效果最佳。此外，与造壳搅拌时间也有密切关系。时间过短，不能形成均匀的低水灰比的水泥浆使之牢固地粘结在砂子表面，即不能形成水泥浆壳；时间过长，造壳效果并不十分明显，强度并无较大提高，而以45～75s为宜。

水泥裹砂法的混凝土与一次投料法相比较，强度可提高20%～30%，混凝土不易产生离析现象，泌水少，工作性好。

4. 材料配合比

混凝土施工配料是保证混凝土质量的重要环节之一，必须加以严格控制。施工配料时影响混凝土质量的因素主要有两方面：一是称量不准；二是未按砂、石骨料实际含水率的变化进行施工配合比的换算，这样必然会改变原理论配合比的水灰比、砂石比(含砂率)及浆骨比。混凝土原材料每盘称量的偏差应符合表2-9的规定。并于每工作班对原材料的计算情况进行不少于一次的复称。

原材料每盘称量的允许偏差　**表2-9**

材料名称	允许偏差	材料名称	允许偏差
水泥、掺合料	±2%	水、外加剂	±2%
粗、细骨料	±3%		

注：1. 各种衡器应定期校验，每次使用前应进行零点校准，保持计量准确。

2. 当遇雨天或含水率有显著变化时，应增加含水率检测次数，并及时调整水和骨料用量。

5. 泵送混凝土的拌制

泵送混凝土宜采用混凝土搅拌站供应的预拌混凝土，也可在现场设置搅拌站，供应泵送混凝土，但不得将用手工搅拌的混凝土进行泵送。

泵送混凝土的交货检验，应在交货地点，按现行标准《预拌混凝土》（GB 14902）的有关规定，进行交货检验；现场拌制的泵送混凝土供料检验，宜按现行标准《预拌混凝土》（GB 14902）的有关规定执行。

在寒冷地区冬期拌制泵送混凝土时，除应满足《混凝土泵送施工技术规程》（JGJ/T10）的规定外，尚应制定冬期施工措施。

6. 质量检查

（1）检查混凝土所用原材料的品种、规格和用量，每一个工作班至少两次。

（2）加强拌合物的质量检查，施工过程中应经常做混凝土拌合物的坍落度试验，每工作班至少两次，根据试验结果发现问题立即查明原因，及时纠正。同时还应注意观察混凝土的黏聚性和保水性，全面评定拌合物的和易性。

（3）在每个工作班内，混凝土配合比由于外界影响有变动时（如下雨或原材料有变化），应及时检查。混凝土的搅拌时间应随时检查。

（4）根据需要，如果应检查混凝土拌合物的其他质量指标时，检测结果也应符合各自的要求，如含气量、水灰比和水泥含量等。

2.2.2 混凝土的运输

1. 混凝土的运输工具

混凝土运输主要分水平运输、垂直运输和楼面运输三种情况。常用的水平运输工具有：手推车、机动翻斗车、自卸汽车、机车等；常用的垂直运输工具有：井架运输机、塔式起重机、混凝土泵车等；常用的楼面运输机具有：手推车、混凝土布料机、料斗等。应根据施工方法、工程特点、运距的长短及现有的运输设备，选择可满足施工要求的运输工具。在选用时应满足表2-10的要求。

常用的混凝土拌合物运输设备　表2-10

设备类型	容积范围（m^3）	运输距离（m）	通过宽度（m）	适用场合
单、双轮手推车	0.16~0.18	30~50	1.6~1.8	现场施工、露天预制厂
机动翻斗车	0.4	100~300	2.0~2.2	现场施工、露天预制厂
自卸汽车	2.4	500~2000	3.5~4.0	远距离、大用量的工地预制厂
电动运料车	0.5~2.0	30~50	1.6~2.0	成型车间及搅拌车间二层运输平台
混凝土吊斗	0.5~1.0	100~300	1.4~1.6	现场施工，露天预制厂

2. 混凝土的运输要求

1）混凝土应以最少的转载次数和最短的时间，从搅拌地点运至浇筑地点，应严格控制混凝土的运输时间（指混凝土从搅拌机卸出到浇筑完毕的延续时间），并符合表2-11的要求。

混凝土从搅拌机中卸出到浇筑完毕的延续时间　表2-11

气　温	延续时间（min）			
	采用搅拌车		其他运输设备	
	≤C30	>C30	≤C30	>C30
≤25℃	120	90	90	75
>25℃	90	60	60	45

注：掺有外加剂或采用快硬水泥时延续时间应通过试验确定。

2）混凝土运输过程中要保持混凝土的均匀性，防止混凝土漏浆、失水、离析或分层及产生初凝等现象，并能保证施工所必须的稠度。如混凝土运到浇筑地点有离析或分层现象时，必须在浇筑前进行二次拌合。

3）运输容器和管道必须严密，严防漏浆或吸水，产生混凝土坍落度变化，并应及时清理混凝土运输容器，防止混凝土的残渣和硬块混入拌合物混凝土中；容器和管道在冬、夏期都要有保温或隔热措施，混凝土拌合物运至浇筑地点时的温度，最高不宜超过35℃，最低不宜低于5℃。

4）泵送混凝土时必须保证混凝土泵连续工作，如果发生故障，停歇时间超过45min或混凝土出现离析现象，应立即用压力水或其他方法冲洗管内残留的混凝土。

5）场内输送道路应尽量平坦，以减少运输时的振荡，避免造成混凝土分层离析。同时还应考虑布置环形回路，施工高峰时宜设专人管理指挥，以免车辆互相拥挤阻塞。临时架设的桥道要牢固，桥板接头须平顺。

浇筑基础时，可采用单向输送主道和单向输送支道的布置方式；浇筑柱子时，可采用来回输送主道和盲肠支道的布置方式；浇筑楼板时，可采用来回输送主道和单向输送支管道结合的布置方式。对于大型混凝土工程，还必须加强现场指挥和调度。

6）混凝土搅拌输送车在运送混凝土时，通常的搅动转速为2～5r/min，整个输送过程中，搅拌筒的总转数应控制在300转以内。

7）混凝土搅拌输送车因途中混凝上失水，到工地需加水调整混凝土的坍落度时，则搅拌筒应以6～18r/min搅拌速度搅拌，并另外再转动至少30转。

2.3　混凝土的浇筑及养护

2.3.1　混凝土浇筑作业流程

混凝土浇筑就是将搅拌好的混凝土向模板内进行灌注并捣实的作业。在混凝土施工各工序中，浇筑这一环节，对混凝土内在质量和表面质量有举足轻重的关系，露筋、裂缝、孔洞、蜂窝、麻面、涨模的出现，无一不与浇筑这一工序有关。其合格的质量标准为：混凝土灌注捣实以后，模板内空间全部被填满，钢筋和埋设件的位置正确，新浇和原有混凝土接合良好，拆模后混凝土表面平整光洁，棱角完好，尺寸准确。

混凝土的浇筑有两个操作过程：入模和振捣，这两个操作过程产生了混凝土工种的基本操作技能。

混凝土的浇筑工作一般分为5个步骤进行：浇筑前的准备、浇筑、施工缝处理、捣实和收尾。混凝土浇筑是在安排好材料供应，平整好运输道路，装备好机具，检修好模板之后进行的。浇筑时，对于钢筋混凝土框架结构中的梁、板、柱等构件，一般按结构层次分层施工；对于平面面积较大的，分段进行浇筑。浇筑工作一般连续进行，如果不能一次连续浇筑完毕，则按规定在一定位置上，预留出施工缝。混凝土浇筑流程图见2-1。

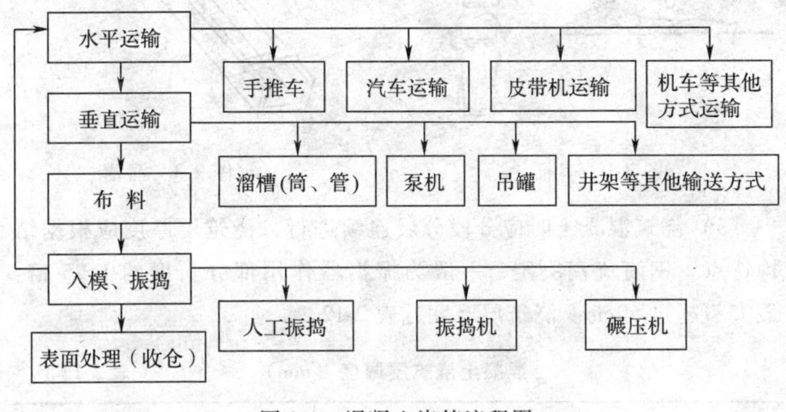

图2-1 混凝土浇筑流程图

2.3.2 混凝土浇筑的基本要求

1）在浇筑工序中，应控制混凝土的均匀性和密实性。混凝土拌合物运至浇筑地点后，应立即浇筑入模。在浇筑过程中，如发现混凝土拌合物的均匀性和稠度发生较大的变化，应及时处理。

2）在浇筑混凝土前，模板内的垃圾、木片、刨花、锯屑、泥土和钢筋上的油污、鳞落的铁皮等杂物，应清除干净。

3）木模板应浇水加以润湿，但不允许留有积水。湿润后，木模板中尚未胀密的缝隙应贴严，以防漏浆。

4）混凝土自吊斗口下落的自由倾落高度不得超过2m，浇筑高度如超过3m时必须采取措施，用串桶（图2-2）或溜槽（图2-3）等。

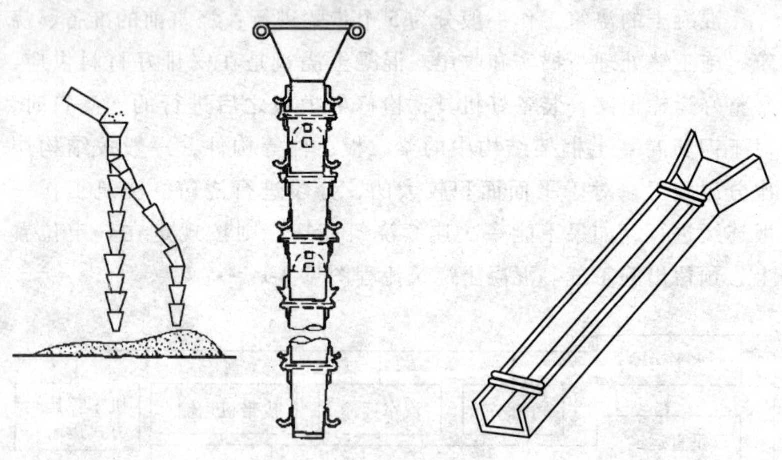

图2-2 串桶

图2-3 溜槽

5）浇筑混凝土时应分段分层连续进行，浇筑层厚度应根据结构特点、钢筋疏密决定，一般为振捣器作用部分长度的1.25倍，最大不超过50cm。浇筑层厚度见表2-12。

混凝土浇筑层厚度（mm） **表2-12**

捣实混凝土的方法		浇筑层的厚度
插入式振捣		振捣器作用部分长度的1.25倍
表面振动		200
人工捣固	在基础、无筋混凝土或配筋稀疏的结构中	250
	在梁、墙板、柱结构中	200
	在配筋密列的结构中	150
轻骨料混凝土	插入式振捣	300
	表面振动（振动时需加荷）	200

6）浇筑混凝土应连续进行。如必须间歇，其间歇时间应尽量缩短，并应在前层混凝土凝结之前，将次层混凝土浇筑完毕。间歇的最长时间应按所用水泥品种、气温及混凝土凝结条件确定，一般超过2h应按施工缝处理。混凝土运输、浇筑及间歇的全部时间不得超过表2-13的规定，当超过规定时间必须设置施工缝。

混凝土运输、浇筑和间隙的时间（min）　　表2-13

混凝土强度等级	气温（℃）	
	≤25	>25
≤C30	210	180
>C30	180	150

注：当混凝土中掺有促凝或缓凝型外加剂时，其允许时间应通过试验确定。

7）浇筑竖向结构混凝土前，底部应先填以50~100mm厚与混凝土成分相同的水泥砂浆。

8）梁和板应同时浇筑混凝土。较大尺寸的梁（梁的高度大于1m）、拱和类似的结构，可单独浇筑，但施工缝的设置应符合有关规定。

9）浇筑混凝土时应经常观察模板、钢筋、预留孔洞、预埋件和插筋等有无移动、变形或堵塞情况，发现问题应立即处理，并应在已浇筑的混凝土凝结前修正完好。

10）混凝土因沉降及干缩产生的非结构性的表面裂缝，应在混凝土终凝前予以修整。在浇筑连成整体的墙、柱、梁、板时，应在墙、柱浇筑至梁、板底口下方时停歇1~1.5h，待混凝土初步沉实后再继续浇筑，以防接缝处裂缝的产生。

11）已浇筑的混凝土的强度未达到1.2MPa之前，不得在其上踩或安装模板支架。

12）为防止混凝土料直接冲击模板，下料点距模板的边缘距离不得小于1.5m，且应分层对称下料；承重模板部位下料口不得过高，并均匀铺料。

13）使用插入式振捣器应快插慢拔，插点要均匀排列，逐点移动，顺序进行，不得遗漏，做到均匀振实。移动间距不大于振捣作用半径的1.5倍（一般为30~40cm）。振捣上一层时应插入下层5cm，以消除两层间的接缝。表面振动器（或称平板振动器）的移动间距，应保证振动器的平板覆盖已振实部分的边缘。

14）使用振捣器前，首先检查电线有无破裂漏电现象，使用中电缆不能乱绕，更不能拖动电缆移动振捣器，要注意电缆线勿被模板、钢筋露头等挂住，仓面有振捣机时，要防止电缆线被振捣机压坏。

15）使用平板振动器时（包括分缝振动器），要经常检查电动机脚座、机壳和振板是否完好，连接是否牢固，如有裂纹或松动，应立即停机进行修理。电机外壳要有接零保护，电源安有漏电保护器，电机外壳不得淋湿，并尽量少沾上泥浆。

16）使用软轴振捣器，使用前先看一下电动机倒、顺转，如遇倒转，应将电源接正后，再接软轴。使用中插入深度为棒长的3/4，以防损坏振捣棒与软管的接头，并经常检查电机（含变频机组）等情况，谨防漏电伤人。

17）各种振捣器的电缆线禁止蛮拉硬拽，以防拉断电缆线发生触电或发生作业人员重心失稳而摔倒（或坠落）。

18）泌水处理。将混凝土表面的泌水和浮浆及时收集并排出混凝土构件体外。

19）表面处理。混凝土浇至设计标高后随即用木刮尺刮平，待混凝土初凝前再用木抹子搓压平整。

2.3.3 混凝土振捣

混凝土浇筑入模板后，因内部骨料之间的摩擦力、水泥净浆的粘结力、拌合物与模板之间的摩擦力，使混凝土处于不稳定的平衡状态。其内部是疏松的，空洞与气泡含量占混凝土体积约5%~20%。而混凝土的强度、抗冻性、抗渗性及耐久性等一系列性能，都与混凝土的密实度有关。因此，必须采用适当的方法在混凝土初凝之前对其进行捣实，以保证其密实度。混凝土的振捣分为机械振捣与人工振捣两种。

1. 人工振捣

人工振捣一般只是在缺少振动机械和工程量很小的情况下才采用。人工振捣多采用流动性较大的塑性混凝土。人工浇筑混凝土时应注意布料均匀，浇筑层的厚度不宜超出表2-12的规定。为了保证浇筑质量，必须用捣棍捣实，或者用木锤轻轻敲击模板外侧，使混凝土尽快密实。捣实时，以1~2m的间距分别将捣棍插入模板内混凝土中，并随着混凝土浇筑面的上升而全面地把每个角落进行捣实。采用敲击方法时，混凝土每浇筑10cm厚度左右就敲击下部模板，使其充分沉实。对柱角处、柱侧面、钢筋密集处、主钢筋底部、模板阴角处以及施工缝接合处，应特别振捣。人工振捣工具，如图2-4所示。

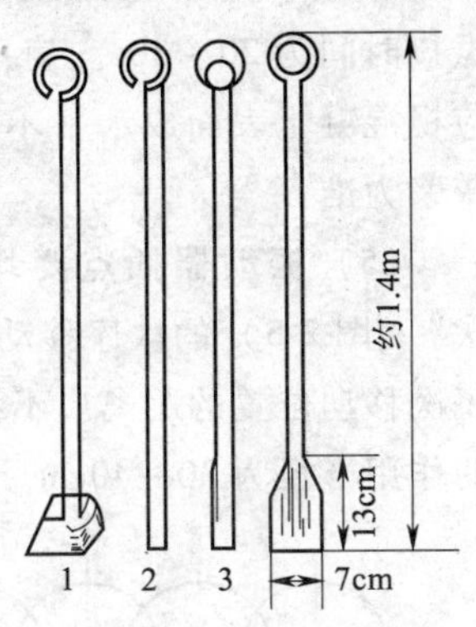

图2-4 人工振捣工具

1—捣固锤；2—捣固针；3—捣固铲

2. 机械振捣

1）内部振动器（振动棒）操作要点

（1）振动器的振捣方法有两种：一种是垂直振捣，即振动棒与混凝土表面垂直；一种是斜向振捣，即振动棒与混凝土表面成一定角度，为40°~45°。

（2）振动器的操作，要做到“快插慢拔”。快插是为了防止先将表面混凝土振实而与下面混凝土发生分层、离析现象；慢拔是为了使混凝土能填满振动棒抽出时所造成的空洞。对于硬性混凝土，有时还要在振动棒抽出的洞旁不远处，再将振动棒重新插入才能填满空洞。在振捣过程中，宜将振动棒上下略为抽动，以使上下振捣均匀。

（3）混凝土分层浇筑时，每层混凝土厚度应不超过振动棒长1.25倍。在振捣上一层时，应插入下层中5~10cm，以消除两层之间的接缝，同时在振捣上层混凝土时，要在下层混凝土初凝之前进行。

（4）每一插点要掌握好振捣时间，过短不易捣实，过长可能引起混凝土产生离析现象，对塑性混凝土尤其要注意。一般每点振捣时间为20～30s。使用高频振动器时，最短不应少于10s，但应视混凝土表面成水平不再显著下沉，不再出现气泡，表面泛出灰浆为准。

（5）振动器插点要均匀排列，可采用“行列式”或“交错式”（图2-5）的次序移动，不应混用，以免造成混乱而发生漏振。每次移动位置的距离应不大于振动棒作用半径1.5倍。一般振动棒的作用半径为30～40cm。

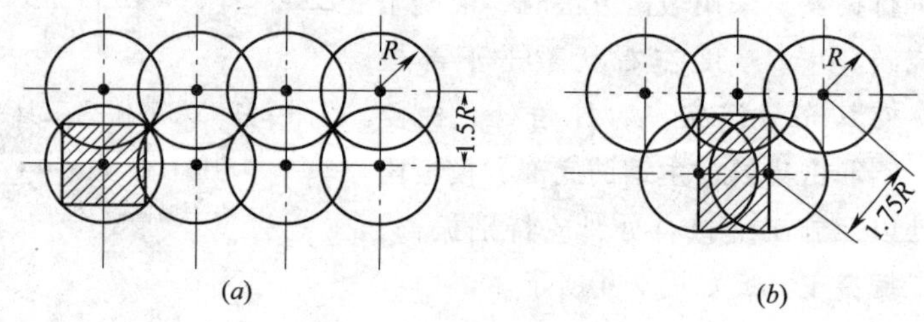

图2-5　振捣点的布置

（a）行列式；（b）交错式

R—振动棒有效作用半径

（6）振动器使用时，振捣器距离模板不应大于振捣器作用半径的0.7倍，并不宜紧靠模板振动，且应尽量避免碰撞钢筋、芯管、吊环、预埋件等。

2）表面振动器（平板式振动器）操作要点

（1）表面振动器在每一位置上应连续振动一定时间，正常情况下在25～40s，但以混凝土面均匀出现浆液为准。移动时应成排依次振动前进，前后位置和排与排间相互搭接应有3～5cm，防止漏振。

（2）表面振动器的有效作用深度，在无筋及单筋平板中为20cm，在双筋平板中约为12cm。

(3) 大面积混凝土地面，可采用两台振动器以同一方向安装在两条木杠上，通过木杠的振动使混凝土密实。

(4) 振动倾斜混凝土表面时，应由低处逐渐向高处移动，以保证混凝土振实。

3) 外部振动器（附着式振动器）操作要点

(1) 外部振动器的振动作用深度在25cm左右，如构件尺寸较厚时，需在构件两侧安设振动器同时进行振捣。

(2) 待混凝土入模后方可开动振动器，混凝土浇筑高度要高于振动器安装部位。当钢筋较密和构件断面较深较窄时，亦可采取边浇筑边振动的方法。

(3) 振动时间和有效作用，随结构形状、模板坚固程度、混凝土坍落度及振动器功率大小等各项因素而定。一般每隔1~1.5m距离设置一个振动器。当混凝土成一水平面不再出现气泡时，可停止振动。必要时应通过试验确定振动时间。

4) 振动台操作要点

(1) 当混凝土构件厚度小于20cm时，可将混凝土一次装满后振动，如厚度大于20cm则需分层浇筑，每层厚度不大于20cm或随浇随振。

(2) 振动时间要根据混凝土构件的形状、大小及振动能力而定，一般以混凝土表面成水平并出现均匀的水泥浆和不再冒气泡时，表示已振实。

2.3.4　整体结构的浇筑方法

2.3.4.1　基础浇筑

在地基上浇筑混凝土前，对地基应事先按设计标高和轴线进行校正，并应清除淤泥和杂物。同时注意排除开挖出来的水和开挖地点的流动水，以防冲刷新浇筑的混凝土。

1. 柱基础浇筑

1) 台阶式基础施工时（图2-6），可按台阶分层一次浇筑完毕（预制柱的高杯口基础的高台部分应另行分层），不允许留设施工缝。每层混凝土要一次卸足，顺序是先边角后中间，务使砂浆充满模板。

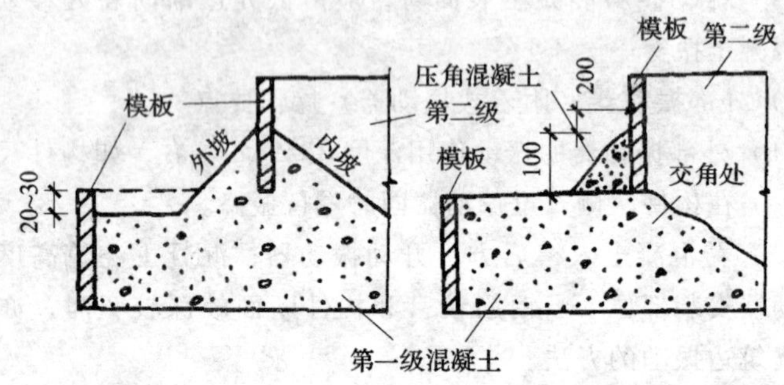

图 2-6　台阶式柱基础交角处混凝土浇筑方法示意图

2）浇筑台阶式柱基时，为防止垂直交角处可能出现吊脚（上层台阶与下口混凝土脱空）现象，可采取如下措施：

（1）在第一级混凝土捣固下沉 2～3cm 后暂不填平，继续浇筑第二级，先用铁锹沿第二级模板底圈做成内外坡，然后再分层浇筑，外圈边坡的混凝土于第二级振捣过程中自动摊平，待第二级混凝土浇筑后，再将第一级混凝土齐模板顶边拍实抹平；

（2）捣完第一级后拍平表面，在第二级模板外先压以 20cm × 10cm 的压角混凝土并加以捣实后，再继续浇筑第二级。待压角混凝土接近初凝时，将其铲平重新搅拌利用；

（3）如条件许可，宜采用柱基流水作业方式，即顺序先浇一排杯基第一级混凝土，再回转依次浇第二级。这样对已浇好的第一级将有一个下沉的时间，但必须保证每个柱基混凝土在初凝之前连续施工。

3）为保证杯形基础杯口底标高的正确性，宜先将杯口底混凝土振实并稍停片刻，再浇筑振捣杯口模四周的混凝土，振动时间尽可能缩短。同时还应特别注意杯口模板的位置，应在两侧对称浇筑，以免杯口模挤向一侧或由于混凝土泛起而使芯模上升。

4）高杯口基础，由于这一级台阶较高且配置钢筋较多，可采用后安装杯口模的方法，即当混凝土浇捣到接近杯口底时，再安杯口模板后继续浇捣。

5）锥式基础，应注意斜坡部位混凝土的捣固质量，在振捣器振捣完毕后，用人工将斜坡表面拍平，使其符合设计要求。

6）为提高杯口芯模周转利用率，可在混凝土初凝后终凝前将芯模拔出，并将杯壁划毛。

7）现浇柱下基础时，要特别注意连接钢筋的位置，防止移位和倾斜，发现偏差时及时纠正。

2. 条形基础浇筑

1）浇筑前，应根据混凝土基础顶面的标高在两侧木模上弹出标高线。如采用原槽土模时，应在基槽两侧的土壁上交错打入长10cm左右的标杆，并露出2~3cm，标杆面与基础顶面标高平，标杆之间的距离约3m左右。

2）根据基础深度宜分段分层连续浇筑混凝土，一般不留施工缝。各段层间应相互衔接，每段间浇筑长度控制在2~3m距离，做到逐段逐层呈阶梯形向前推进。

3. 设备基础浇筑

1）一般应分层浇筑，并保证上下层之间不留施工缝，每层混凝土的厚度为20~30cm。每层浇筑顺序应从低处开始，沿长边方向自一端向另一端浇筑，也可采取中间向两端或两端向中间浇筑的顺序。

2）对一些特殊部位，如地脚螺栓、预留螺栓孔、预埋管道等，浇筑混凝土时要控制好混凝土上升速度，使其均匀上升，同时防止碰撞，以免发生位移或歪斜。对于大直径地脚螺栓，在混凝土浇筑过程中，应用经纬仪随时观测，发现偏差及时纠正。

4. 大体积混凝土的浇筑

详见本手册第2.5节。

2.3.4.2　柱混凝土浇筑

1）柱浇筑前底部应先填以5~10cm厚与混凝土配合比相同减石子砂浆。柱混凝土应分层振捣，使用插入式振捣器时每层厚度不大于50cm，振捣棒不得触动钢筋和预埋件。除上面振捣外，下面要有人随时敲打模板。

2）柱高在3m之内，可在柱顶直接下料浇筑。超过3m时，应采取措施（用串桶）或在模板侧面开门子洞安装斜溜槽分层浇筑。每段高度不得超过2m，每段混凝土浇筑后将门子洞模板封闭严实，并用箍箍牢。

3）柱子混凝土的分层厚度应当经过计算后确定，并且应当计算每层混凝土的浇筑量，用专制料斗容器称量，保证混凝土的分层准确，并用混凝土标尺杆计量每层混凝土的浇筑高度。混凝土振捣人员必须配备充足的照明设备，保证振捣人员能够看清混凝土的振捣情况。

4）柱子混凝土应一次浇筑完毕，如需留施工缝时应留在主梁下面。无梁楼板应留在柱帽下面。在与梁板整体浇筑时，应在柱浇筑完毕后停歇1~1.5h，使其获得初步沉实，再继续浇筑。

5）浇筑完后，应随时将伸出的搭接钢筋（插筋）整理到位。

2.3.4.3　梁、板混凝土浇筑

1）梁、板应同时浇筑，浇筑方法应由一端开始用“赶浆法”，即先浇筑梁，根据梁高分层浇筑成阶梯形，当达到板底位置时再与板的混凝土一起浇筑。随着阶梯形不断延伸，梁板混凝土浇筑连续向前进行。

2）和板连成整体高度大于1m的梁，允许单独浇筑，其施工缝应留在板底以下2~3cm处。浇捣时，浇筑与振捣必须紧密配合，第一层下料慢些，梁底充分振实后再下二层料，用“赶浆法”保持水泥浆沿梁底包裹石子向前推进，每层均应振实后再下料，梁底及梁帮部位要注意振实，振捣时不得触动钢筋及预埋件。

3）梁柱节点钢筋较密时，浇筑此处混凝土时宜用小粒径石子同强度等级的混凝土浇筑，并用小直径振捣棒振捣。

4）浇筑板混凝土的虚铺厚度应略大于板厚，用平板振捣器垂直浇筑方向来回振捣。厚板可用插入式振捣器顺浇筑方向拖拉振捣，并用铁插尺检查混凝土厚度，振捣完毕后用长木抹子抹平。施工缝处或有预埋件及插筋处用木抹子找平。浇筑板混凝土时不允许用振捣棒铺摊混凝土。

5）所有浇筑的混凝土楼板面应当扫毛，扫毛时应当顺一个方向扫，严禁随意扫毛，影响混凝土表面的观感。

6）施工缝位置：宜沿次梁方向浇筑楼板，施工缝应留置在次梁跨度的中间1/3范围内。施工缝的表面应与梁轴线或板面垂直，不得留斜槎。施工缝宜用木板或钢丝网挡牢。

7）施工缝处须待已浇筑混凝土的抗压强度不小于1.2MPa时，才允许继续浇筑。在继续浇筑混凝土前，施工缝混凝土表面应凿毛，易除浮动石子，并用水冲洗干净后，先浇一层水泥浆，然后继续浇筑混凝土。应细致操作振实，使新旧混凝土紧密结合。

2.3.4.4　剪力墙混凝土浇筑

1）如与柱、墙的混凝土强度等级相同时，可以同时浇筑。反之宜先浇筑柱混凝土，预埋剪力墙锚固筋，待拆柱模后，再绑剪力墙钢筋、支模、浇筑混凝土。

2）剪力墙浇筑应采取长条流水作业，分段浇筑，均匀上升。墙体浇筑混凝土前或新浇混凝土与下层混凝土结合处，应在底面上均匀浇筑5cm厚与墙体混凝土成分相同的水泥砂浆或减石子混凝土。砂浆或混凝土应用铁锹入模，不应用料斗直接灌入模内，混凝土应分层浇筑振捣，每层浇筑厚度控制在60cm左右。因此必须预先安排好混凝土下料点位置和振捣器操作人员数量。浇筑墙体混凝土应连续进行，如必须间歇，其间歇时间应尽量缩短，并应在前层混凝土初凝前将次层混凝土浇筑完毕。

3）墙体混凝土的施工缝一般宜设在门窗洞口上，接搓处混凝土应加强振捣，保证接搓严密。应先浇捣窗台下部，后浇捣窗间墙，以防窗台下部出现蜂窝孔洞。

4）振捣棒移动间距应小于50cm，每一振点的延续时间以表面呈现浮浆为度。为使上下层混凝土结合成整体，振捣器应插入下层混凝土5~10cm。振捣时注意钢筋密集及洞口部位。为防止出现漏振，振捣棒应距洞边30cm以上，在洞口两侧同时振捣，下料高度也要大体一致。大洞口的洞底模板应开口，并在此处浇筑振捣。

5）墙体混凝土浇筑高度应高出板底20~30mm。混凝土墙体浇筑完毕之后，将上口甩出的钢筋加以整理，用木抹子按标高线将墙上表面混凝土找平。

6）混凝土浇捣过程中，不可随意挪动钢筋，要经常加强检查钢筋保护层厚度及所有预埋件的牢固程度和位置的准确性。

2.3.4.5　框架结构浇筑

1）多层框架按分层分段施工，水平方向以结构平面的伸缩缝分段，垂直方向按结构层次分层。在每层中先浇筑柱，再浇筑梁、板。

2）浇筑一排柱的顺序应从两端同时开始，向中间推进，以免因浇筑混凝土后由于模板吸水膨胀，断面增大而产生横向推力，最后使柱发生弯曲变形。

3）柱子浇筑宜在梁板模板安装后，钢筋未绑扎前进行，以便利用梁板模板稳定柱模和作为浇筑柱混凝土操作平台之用。

4）混凝土浇筑过程中，要保证混凝土保护层厚度及钢筋位置的正确性。不得踩踏钢筋，不得移动预埋件和预留孔洞的原来位置，如发现偏差和位移，应及时校正。特别要重视竖向结构的保护层和板、雨篷结构负弯矩部分钢筋的位置。

5）在竖向结构中浇筑混凝土时，应遵守下列规定：

(1）柱子应分段浇筑，边长大于40cm且无交叉箍筋时，每段的高度不应大于3.5m。

(2）墙与隔墙应分段浇筑，每段的高度不应大于3m。

(3）采用竖向串筒导送混凝土时，竖向结构的浇筑高度可不加限制。

凡柱断面在 40cm×40cm 以内，并有交叉箍筋时，应在柱模侧面开不小于 30cm 高的门洞，装上斜溜槽分段浇筑，每段高度不得超过 2m。

（4）分层施工开始浇筑上一层柱时，底部应先填以 5~10cm 厚水泥砂浆一层，其成分与浇筑混凝土内砂浆成分相同，以免底部产生蜂窝现象。

在浇筑剪力墙、薄墙、立柱等狭深结构时，为避免混凝土浇筑至一定高度后，由于积聚大量浆水而可能造成混凝土强度不匀的现象，宜在浇筑到适当的高度时，适量减少混凝土的配合比用水量。

6）肋形楼板的梁板应同时浇筑，浇筑方法应先将梁根据高度分层浇捣成阶梯形，当达到板底位置时即与板的混凝土一起浇捣，随着阶梯形的不断延长，则可连续向前推进（图 2-7）。倾倒混凝土的方向应与浇筑方向相反（图 2-8）。

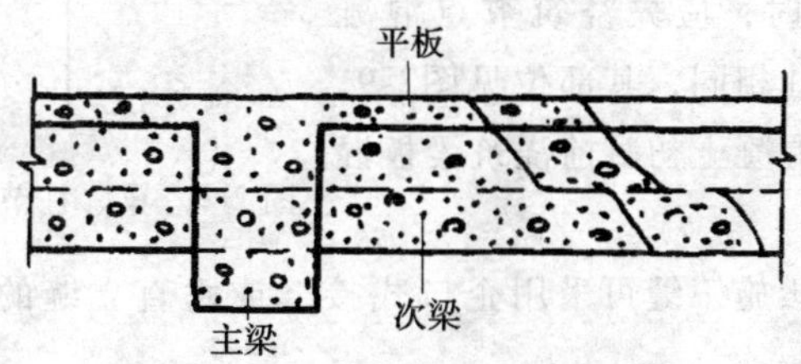

图 2-7 梁、板同时浇筑方法示意图

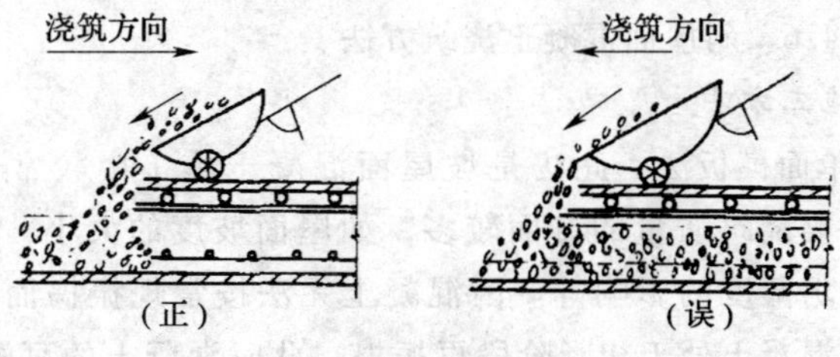

图 2-8 混凝土倾倒方向

当梁的高度大于1m时，允许单独浇筑，施工缝可留在距板底面以下2~3cm处。

7）浇筑无梁楼盖时，在离柱帽下5cm处暂停，然后分层浇筑柱帽，下料必须倒在柱帽中心，待混凝土接近楼板底面时，即可连同楼板一起浇筑。

8）当浇筑柱梁及主次梁交叉处的混凝土时，一般钢筋较密集，特别是上部负钢筋又粗又多，因此，既要防止混凝土下料困难，又要注意砂浆挡住石子不下去。必要时，这一部分可改用细石混凝土进行浇筑，与此同时，振捣棒头可改用片式并辅以人工捣固配合。

9）当柱与梁、板混凝土强度等级差二级以内时，梁柱节点核心区的混凝土可随楼板混凝土同时浇筑，但在施工前应核算梁柱节点核心区的承载力，包括抗剪、抗压应满足设计要求。当柱与梁、板混凝土等级差大于二级时，应先浇筑节点混凝土，强度与柱相同，其部位见图2-9，必须在节点混凝土初凝前浇筑梁板混凝土。

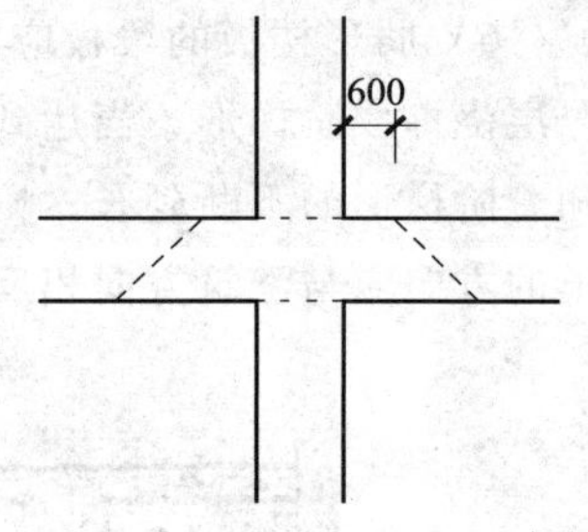

图2-9　梁、柱节点部位示意

10）梁板施工缝可采用企口式接缝或垂直立缝的做法，不宜留坡搓。

在预定留施工缝的地方，在板上按板厚放一木条，在梁上闸以木板，其中间要留切口通过钢筋。

2.3.4.6　斜屋面混凝土浇筑方法

1. *施工方法*

1）单面模板法：此法是坡屋面混凝土施工中较常用的简易法，但影响浇筑质量的方面较多，如屋面坡度的大小，模板的光滑程度和坍落度的影响等。因混凝土无法按常规振捣而导致不密实，须待混凝土处于初凝阶段再振捣。此时混凝土的可塑性降低，再振捣势必造成混凝土的内伤和裂纹。为此，在施工中应采用一些措施，如控制混凝土的坍落度 30~50mm，利用焊接板筋做抗滑移带和确定混凝土流向、分段施工等。为了保证板面的平整度，随捣随用 1:2.5 水泥砂浆抹平。

2）双面夹板法。如果斜层面的坡度达到 75°，必须采用双面夹板法才能保证施工质量。施工需要用短钢筋作支架，并加设止水片，以控制屋面厚度和止水、防渗。在两模板外侧面中部设尺寸为 400mm×400mm 混凝土浇筑孔。

从两种施工方法比较来看，双面夹板法混凝土局部多蜂窝，不易振实，但总体混凝土密实。经淋水试验，渗漏多在穿加固铁丝部位；单面模板法表面无蜂窝、孔洞，但渗漏较普遍，漏点难找，修补困难。

2. 技术分析

1）斜屋面混凝土在单面模板上施工主要靠混凝土自身的凝结力、模板面的摩阻力和钢筋网的张拉阻力的限制，至混凝土硬化成型后不再沿斜面下滑。如果模板超过一定角度后，在混凝土振捣时，模板对混凝土的摩阻力不足以抵消混凝土顺模板面的下滑力。混凝土初凝前，如缓慢位移持续发生，易导致混凝土不密实和内伤而渗漏。故建议当屋面坡度大于 26°时，不宜采用单面模板法施工。

2）双面模板法可以保证混凝土板达到内实外光的要求。但由于板的厚度小（一般仅为 100mm），除去钢筋和保护层，中间间隙小于 50mm，若钢筋绑扎存在误差，则振捣棒更难插入。因此施工中必须注意防止钢筋位移及混凝土浇筑不到位而造成的蜂窝。因无法观察到模板内混凝土的饱满度，可以敲击听音检查，并在板底采用附着式振捣器，使混凝土下淌充实。振捣时，采用 $\phi33$ 小振动棒，按序插振，防止漏插。对于死角部位可以采用板外振与人工插钎相结合。对于此法施工，应严格控制混凝土的坍落度，具体根据施工时的温度确定，一般控制在 50~70mm。为保证层面的结构安全和防水效果，对坡度大的斜屋面，应优先选用双面夹板法。

3）由于模板支撑系统承受斜屋面的横向推力，因此，必须设置斜撑。应两面同时顺向浇筑混凝土，以减少侧压力，使焊接钢筋同时双面受力。防止混凝土单侧浇筑使支架发生位移而一边倒，甚至发生坍塌事故。

4）斜屋面混凝土施工受到高处作业、坡度大小、形状变化和槽沟等多方面影响，支模及浇筑混凝土均比较困难。由于混凝土板表面积大、失水快和人员上下不便洒水困难等原因，故需特别做好养护工作。

5）斜屋面的工程造价大大高于平屋顶造价，所以减少防水层次，提高防水效果，是降低工程造价的重要措施。因此，确保斜屋面板混凝土的密实度十分重要。

6）利用大流动性的高性能混凝土或免振自密实混凝土，是方便斜屋面施工的有效途径。

2.3.4.7　拱壳浇筑

拱壳结构属于大跨度空间结构，其外形尺寸的准确与否对结构受力性能大有关系。因此，在施工中不仅要保持准确的外形，同时，对混凝土的均匀性、密实性、整体性都较普通结构要求高。

浇筑程序要以拱壳结构的外形构造和施工特点为基础，着重注意施工荷载的对称性和连续作业。

1. 长条形拱

1）一般应沿其长度分段浇筑，各分段的接缝应与拱的纵向轴线垂直。

2）浇筑时，为使模板保持设计形状，在每一区段中应自拱脚到拱顶对称地浇筑。如浇筑拱顶两侧部分，拱顶模板有升起情况时，可在拱顶尚未被浇筑的模板上加砂袋等临时荷载。

2. 筒形薄壳

1）筒形薄壳结构，应对称浇筑，在边梁和横隔板的下部浇筑完毕后，再继续浇筑壳板和横隔板的上部（图2-10）。

2）多跨连续筒形薄壳结构，可自中央跨开始或自两边向中央对称地逐跨浇筑，每跨按单跨筒形薄壳施工（图2-11）。

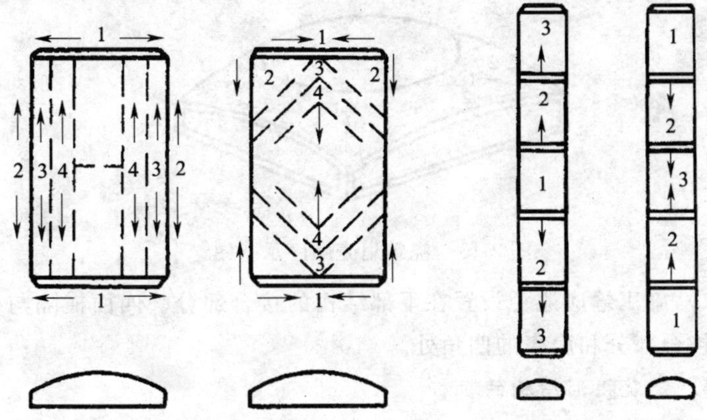

图 2-10 浇筑筒形薄壳顺序示意图

图 2-11 浇筑多跨连续筒形薄壳顺序示意图

3. 球形薄壳

1）球形薄壳结构，可自薄壳的周边向壳顶呈放射线状或螺旋状环绕壳体对称浇筑（图 2-12）。

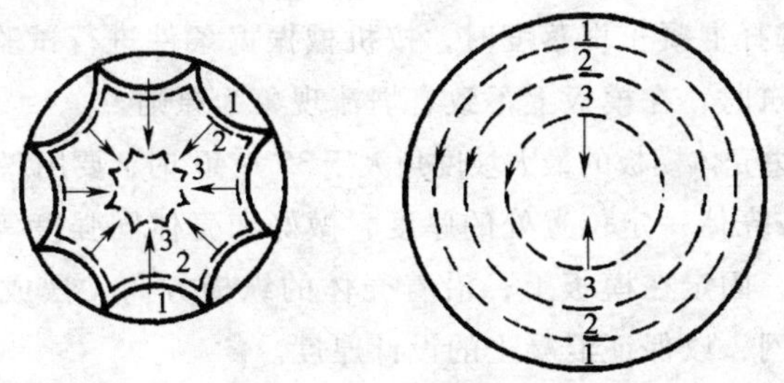

图 2-12 浇筑球形薄壳顺序示意图

2）施工缝应避免设置在下部结构的接合部分和四周的边梁附近，可按周边为等距的圆环形状设置。

4. 扁壳结构

1）扁壳结构，以四面横隔交角处为起点，分别对称地向扁壳的中央和壳顶推进，直到将壳体四周的三角形部分浇筑完毕，使上部壳体成圆球形时，再按球形壳的浇筑方法进行（图 2-13）。

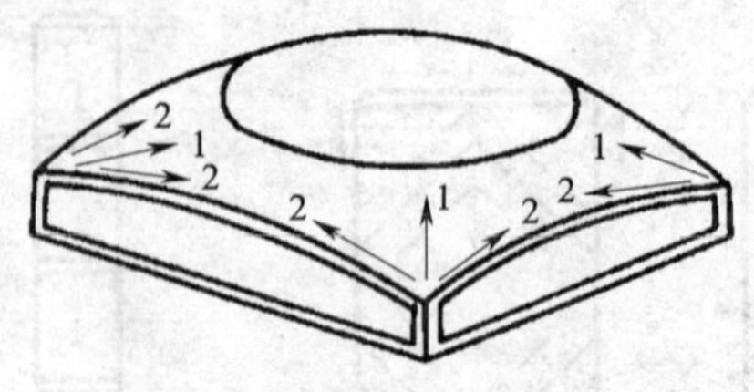

图 2-13　浇筑扁壳顺序示意图

2）施工缝应避免设置在下部结构的接合部分、四面横隔与壳板的接合部分和扁壳的四角处。

5．浇筑拱形结构的拉杆

如拉杆有拉紧装置者，应先拉紧拉杆，并在拱架落下后，再行浇筑。

6．浇筑壳体结构应采取的措施

浇筑壳体结构时，为了不减低周边壳体的抗弯能力和经济效果，其厚度一定要准确，在浇筑混凝土时应严加控制。控制其厚度可采取如下措施：

1）选择混凝土坍落度时，按机械振捣条件进行试验，以保证混凝土浇筑时，在模板上不致有坍流现象为原则。

当周边壳体模板的最大坡度角大于35°～40°时，要用双层模板。

2）按壳体一定位置处的厚度，做好和壳体同强度等级的混凝土立方块，固定在模板上，沿着壳体的纵横方向，摆成1～2m间距的控制网，以保证混凝土的设计厚度。

3）按一半或整个薄壳断面各点厚度，做成几个厚度控制尺（图2-14）。在浇筑时以尺的上缘为准进行找平。浇筑后取出并补平。

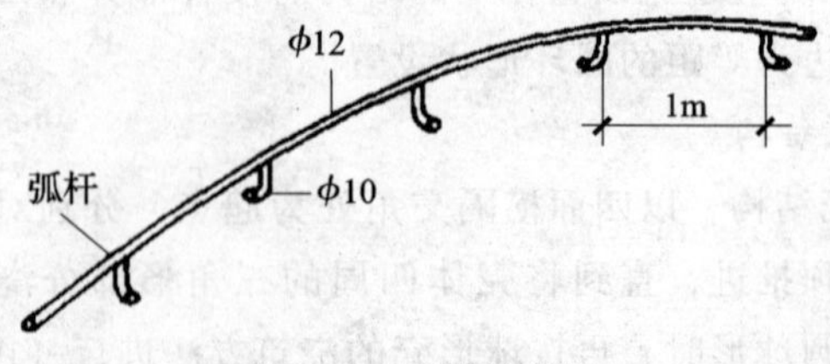

图 2-14　厚度控制尺

4）用扁铁和螺栓制成的平尺来掌握厚度，平尺的各点支架高度可用螺栓杆调节（图 2-15）。

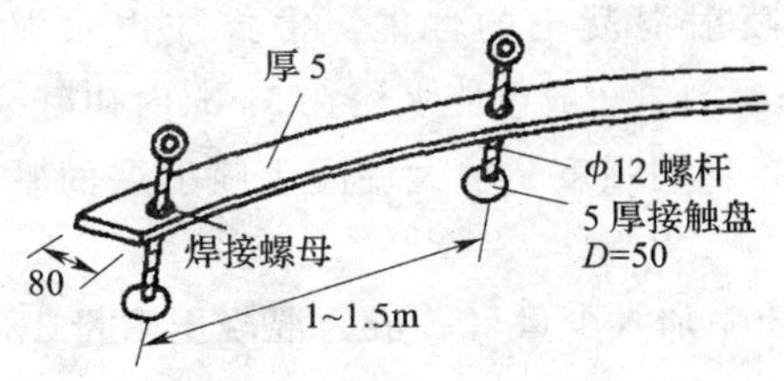

图 2-15　厚度控制平尺

2.3.4.8　喷射混凝土的浇筑

喷射混凝土的特点，是采用压缩空气进行喷射作业，将混凝土的运输和浇筑结合在同一个工序内完成。喷射混凝土有“干法”喷射和“湿法”喷射两种施工方法。一般大量用于大跨度空间结构（如网架、悬索等）屋面、地下工程的衬砌、坡面的护坡、大型构筑物的补强、矿山以及一些特殊工程。

干法喷射就是砂石和水泥经过强制式搅拌机拌合后，用压缩空气将干性混合料送入管道，再送到喷嘴里，在喷嘴里引入高压水，与干料合成混凝土，最终喷射到建筑物或构筑物上。干法施工比较方便，使用较为普遍。但由于干料喷射速度快，在喷嘴中与水拌合的时间短，水泥的水化作用往往不够充分。另外，由于机械和操作上的原因，材料的配合比和水灰比不易严格控制，因此对混凝土的强度及匀质性不如湿法施工好。

湿法喷射就是在搅拌机中按一定配合比搅拌成混凝土混合料后，再由喷射机通过胶管从喷嘴中喷出，在喷嘴处不再加水。湿法施工由于预先加水搅拌，水泥的水化作用比较充分，因此与干法施工相比，混凝土强度的增长速度可提高约 100%，粉尘浓度减少约 50% ~80%，材料回弹减少约 50%，节约压缩空气约 30% ~60%。但湿法施工的设备比较复杂，水泥用量较大，也不宜用于基面渗水量大的地方。

喷射混凝土中由于水泥颗粒与粗骨料互相撞击，连续挤压，因而可采用较小的水灰比，使混凝土具有足够的密实性、较高的强度和较好的耐久性。

为了改善喷射混凝土的性能，常掺加占水泥重量2.5%～4.0%的高效速凝剂，一般可使水泥在3min内初凝，10min达到终凝，有利于提高早期强度，增大混凝土喷射层的厚度，减少回弹损失。

喷射混凝土中加入少量（一般为混凝土重量3%～4%）的钢纤维（直径0.3～0.5mm，长度20～30mm），能够明显提高混凝土的抗拉、抗剪、抗冲击和抗疲劳强度。

2.3.4.9　其他项目的浇筑

1. 楼梯混凝土浇筑

1）楼梯工作面小，操作位置不断变化，运输上料较为困难。施工时，休息平台以下的踏步可由底层进料，平台以上的踏步可由上一层楼面进料。

2）楼梯段混凝土自下而上浇筑，先振实底板混凝土，达到踏步位置时再与踏步混凝土一起浇捣，不断连续向上推进。楼梯浇捣完毕，自上而下用木抹子（或塑料抹子）将踏步上表面抹平。如楼梯有钢筋混凝土栏板时，应与踏步同时浇筑。

3）施工缝位置：楼梯混凝土宜连续浇筑完，多层楼梯的施工缝应留置在楼梯段1/3的部位。

2. 圈梁的混凝土浇筑

由于圈梁工作面窄而长，易漏浆，所以在浇筑混凝土之前，应填塞好模板与墙体之间的空隙，并将砖砌体充分湿润。圈梁混凝土应一次浇筑完成。若不能一次浇筑完毕，其施工缝不允许留在下列部位：砖墙的十字、丁字、转角、墙垛等；门窗洞、大中型管道、预留洞的上部等。浇筑带有悬挑构件的圈梁混凝土时，应同时浇筑成整体。

3. 悬挑构件混凝土的浇筑

悬挑构件是指悬挑在墙、柱、圈梁、梁、楼板以外的构件，如阳台、雨篷、天沟、屋檐、牛腿、吊重臂等。悬挑构件分为悬臂梁或悬臂板。其浇筑要点是：

1）在支承点后部必须有平衡构件，浇筑时应同时进行，使之成为整体。受力主钢筋布置在构件的上部，浇筑时必须保证钢筋位置准确，严禁踩低。

2）平衡构件内钢筋应有足够的锚固长度，浇筑时不准站在钢筋上操作，应先内后外，先梁后板，不允许留置施工缝。

2.3.4.10 养护

混凝土浇筑完毕后，应在12h以内加以覆盖和浇水，浇水次数应能保持混凝土有足够的润湿状态，养护期一般不少于7昼夜。

2.3.4.11 混凝土试块留置

1）按照规范规定的试块取样要求做标养试块的取样。

2）同条件试块的取样要分情况对待，拆模试块（1.2MPa，50%设计强度，75%设计强度，100%设计强度）；外挂架要求的试块（7.5MPa），详见本手册第3.4节。

2.3.4.12 成品保护

1）要保证钢筋和垫块的位置正确，不得踩楼板、楼梯的分布筋、弯起钢筋，不碰动预埋件和插筋。在楼板上搭设浇筑混凝土使用的浇筑人行道，保证楼板钢筋的负弯矩钢筋的位置。

2）不用重物冲击模板，不在梁或楼梯踏步侧模板上踩，应搭设跳板，保护模板的牢固和严密。

3）已浇筑楼板、楼梯踏步的上表面混凝土要加以保护，必须在混凝土强度达到1.2MPa以后，才可在面上进行操作及安装结构用的支架和模板。

4）在浇筑混凝土时，要对已经完成的成品进行保护，则浇筑上层混凝土时流下的水泥浆要专人及时地清理干净，洒落的混凝土也要随时清理干净。

5）对阳角等易碰坏的地方，应当有措施。

6）冬期施工对板类构件进行覆盖养护时，应铺设脚手板，尽量避免直接踩踏。

2.3.5　施工缝及后浇带

2.3.5.1　施工缝

为使混凝土结构具有较好的整体性，混凝土的浇筑应连续进行。但由于设计、施工技术和施工组织上的原因，不能连续将结构整体浇筑完成，并且间歇时间超过混凝土运输和浇筑允许的延续时间，则应在混凝土浇筑前确定在适当位置留设施工缝。施工缝就是指先浇混凝土已凝结硬化，再继续浇筑混凝土的新旧混凝土间的结合面，它是结构的薄弱部位，因而宜留在结构受剪力较小且便于施工的部位。在施工浇筑过程中施工缝几乎可以说是每个混凝土工程都要遇到的问题。施工缝的留设方式、施工缝的质量、位置直接影响整个建筑结构的质量与安全，因此必须严格控制施工缝的施工质量。

1. 施工缝的设置

设置施工缝应该严格按照规范规定，认真对待，避免位置不当或处理不好而引发质量事故。施工缝的位置应设置在结构受剪力较小和便于施工的部位，柱应留水平缝，梁、板、墙应留垂直缝，且应符合下列规定：

1）施工缝应留置在基础的顶面、梁或吊车梁牛腿的下面、吊车梁的上面、无梁楼板柱帽的下面，见图2-16。

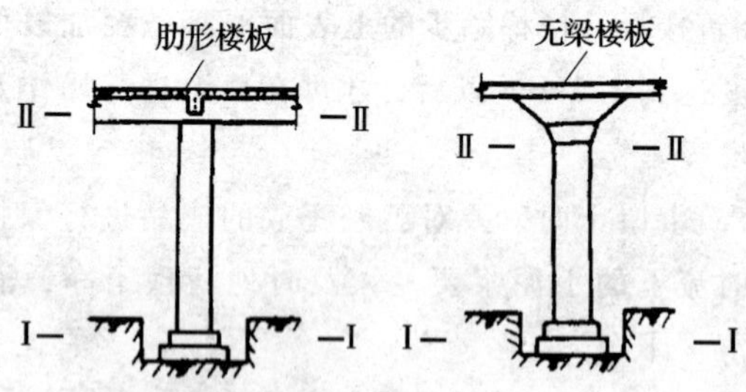

图2-16　浇筑柱的施工缝位置图

Ⅰ—Ⅰ、Ⅱ—Ⅱ表示施工缝位置

2）和楼板连成整体的大断面梁，施工缝应留置在板底面以下20～30mm处。当板下有梁托时，留置在梁托下部。

3）对于单向板，施工缝应留置在平行于板的短边的任何位置。

4）有主次梁的楼板，宜顺着次梁方向浇筑，施工缝应留置在次梁跨度中间1/3的范围内，见图2-17。

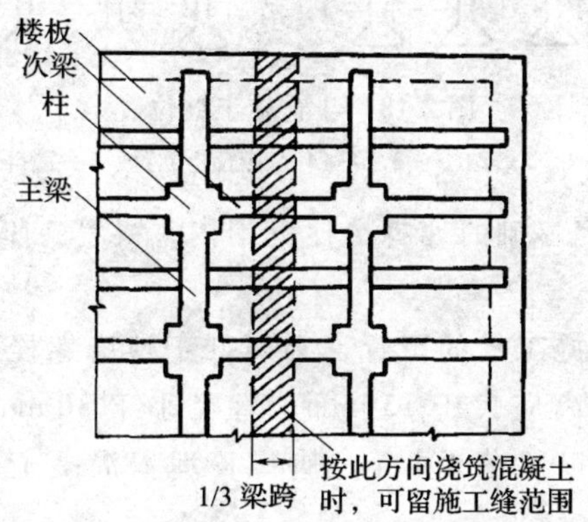

图2-17 浇筑有主次梁楼板的施工缝位置图

5）墙上的施工缝应留置在门洞口过梁跨中1/3范围内，也可留在纵横墙的交接处。

6）楼梯上的施工缝应留在踏步板的1/3处。

7）水池池壁的施工缝宜留在高出底板表面300～500mm的竖壁上。

8）双向受力楼板、大体积混凝土结构、拱、弯拱、薄壳、斗仓、多层刚架及其他结构复杂的工程，施工缝的位置应按设计要求留置。斗仓施工缝见图2-18。

9）承受动力作用的设备基础，不应留施工缝。如必须留施工缝时，应征得设计单位同意。一般可按下列要求留置：

（1）基础上的机组在担负互不相依的工作时，可在其间留置垂直施工缝；

（2）输送辊道支架基础之间，可留垂直施工缝。

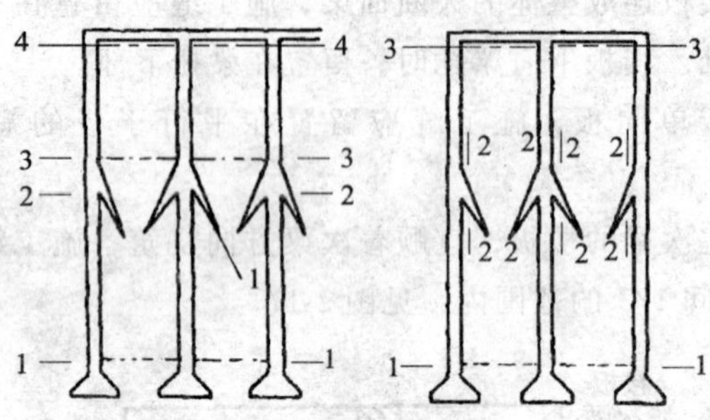

图 2-18　斗仓施工缝位置

1—1、2—2、3—3、4—4—施工缝位置；1—漏斗板

10）在设备基础的地脚螺栓范围内，留置施工缝时，应符合下列要求：

（1）水平施工缝的留置，必须低于地脚螺栓底端，其与地脚螺栓底端距离应大于150mm。直径小于30mm的地脚螺栓，水平施工缝可以留在不小于地脚螺栓埋入混凝土部分总长度的3/4处。

（2）垂直施工缝的留置，其地脚螺栓中心线间的距离不得小于250mm，并不小于5倍螺栓直径。

2. 施工缝的形式

施工缝的接缝形式有凸凹缝、高低缝、平缝、设止水带缝等多种，主要使用特点如下：

1）如采用“凹凸”形施工缝的最大弊端在于施工难度大，而且很难保证质量。施工缝处混凝土凿毛时，极易将“凸”楞碰掉一部分，由此减少和缩短了水的爬行坡度和距离，从而产生渗漏水现象。另外凹槽中的水泥砂浆粉末难以清理干净，使在浇筑新混凝土后，在凹槽处形成一条夹渣层而影响了新老混凝土的粘结质量，留下渗漏水的隐患。

2）采用遇水膨胀橡胶止水条。橡胶止水条为5000mm×30mm×20mm的长条柔软固体，7d的膨胀率应不大于最终膨胀率的60%，浸入水中，最大膨胀倍率为150%～300%。试验证明可堵塞1.5MPa

压力水的渗漏。应用时，须将混凝土粘贴面凿平，清扫干净后，抹一层水泥浆找平压光带，利用材料本身的黏性，直接粘贴于混凝土表面，接头部位钉钢钉固定。采用橡胶止水带防水，因止水带是呈柔性的，安装时难于固定，且容易在浇筑混凝土时受挤压变形移位，从而容易造成局部渗漏水，而且橡胶止水带易老化失效，也不利于结构的长久使用。

3）采用金属止水带。金属止水带一般用 2 ~ 2.5mm 厚的薄钢板制成，接头应满焊，不得有缝隙，宽度符合设计要求。固定于墙体暗柱处的止水带，常在其上割洞扎箍筋，封模前补焊。根据很多的施工实例，发现采用钢板止水带，其防水效果很好。一是施工方便，将钢板止水带按要求加工成一定的长度，在施工现场安装就位后进行搭接焊即可；二是不易变形且便于固定，止水板下部可支承在对拉螺栓上，上部用钢筋点焊夹住固定在池壁两侧模板支撑系统上；三是施工缝上下止水板有足够高度，爬水坡度陡，具有较好的防渗漏效果。钢板止水带示意，见图 2-19。

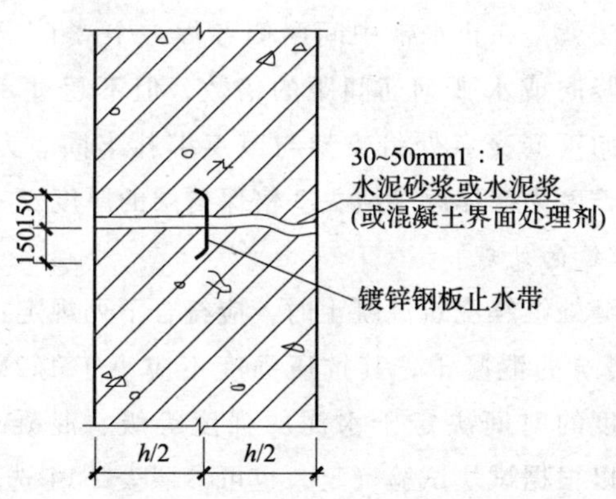

图 2-19　钢板止水带安装示意图

4）固定止水条和钢板止水带的两个小技巧。

(1) 遇水膨胀水条固定方法：通常在施工缝处固定膨胀止水条的难点主要有两个：第一是在固定止水条时，下层混凝土强度已经非常高了，钉钢钉非常困难；第二是在固定止水条时上部墙体钢筋已经绑扎成型，用锤子固定不易操作。

解决方法非常简单，就是在下层混凝土刚刚浇筑完成时，将钢钉插入混凝土，待固定止水条时只要用力一按，就可以固定牢固了。具体操作时应注意以下几点：

① 钢钉间距在 800～1000mm 之间，不宜过大。埋设时钉尖应该向上。

② 钢钉应埋入新浇混凝土面以下 10mm 左右。因为施工处理时须将下层混凝土表面浮浆及松动石子剔凿掉，浮浆层厚度为 30～50mm。剔凿后钢钉刚好露出 30mm 左右。钢钉长度应在 70mm 以上，以保证足够的埋深，在剔凿时不易脱落。

③ 止水条遇到雨水或施工用水会自然膨胀，建议止水条在墙体模板拼装前固定。

（2）钢板止水带固定方法：钢板止水带固定难点在于墙体中部没有钢筋，止水带无处固定。即使做了临时支撑，在浇筑混凝土时也易产生位移。

解决方法就是在止水带中间两侧各焊一个“T”形钢筋支架，间距是墙体竖向或水平钢筋间距的倍数，但不超过 800mm，在墙体水平与竖向钢筋交点处将支架与节点绑扎牢固。为防止出现返锈现象，其长度为墙体厚度减去 2 倍保护层的厚度。

3. 施工缝的处理

在施工缝处继续浇筑混凝土时，应符合下列规定：

1）已浇筑的混凝土，其抗压强度不应小于 1.2MPa。混凝土达到这一强度的时间决定于水泥的强度等级、混凝土强度等级、气温等，可以根据试块试验确定，也可参照表 2-14 选用。

2）在已硬化的混凝土表面上继续浇筑混凝土前，应清除垃圾、水泥薄膜、表面上松动砂石和软弱混凝土层，同时还应加以凿毛，用水冲洗干净并充分湿润，一般不宜少于 24h，残留在混凝土表面的积水应予清除。即要做到：去掉乳皮，微露粗砂，表面粗糙。

混凝土达到 1.2N/mm² 强度所需龄期　　表 2-14

外界温度（℃）	水泥品种及强度等级	混凝土强度等级	期限（d）	外界温度（℃）	水泥品种及强度等级	混凝土强度等级	期限（d）
1～5	普通 42.5	C15	48	10～15	普通 42.5	C15	24
		C20	44			C20	20
	矿渣 32.5	C15	60		矿渣 32.5	C15	32
		C20	50			C20	24
5～10	普通 42.5	C15	32	>15	普通 42.5	C15	20 以上
		C20	28			C20	20 以上
	矿渣 32.5	C15	40		矿渣 32.5	C15	20
		C20	32			C20	20

3）注意施工缝位置附近回弯钢筋时，要做到钢筋周围的混凝土不受松动和损坏。钢筋上的油污、水泥砂浆及浮锈等杂物也应清除。

4）浇筑前，水平施工缝宜先铺上 10～15mm 厚的水泥砂浆一层，其配合比与混凝土内的砂浆成分相同。

5）从施工缝处开始继续浇筑时，要注意避免直接靠近缝边下料。机械振捣前，宜向施工缝处逐渐推进，并距 80～100cm 处停止振捣，但应加强对施工缝接缝的捣实工作，使其紧密结合。

6）混凝土应仔细振捣密实，以保证新旧混凝土的紧密结合。

7）防水混凝土应连续浇筑，宜少留置施工缝。当需留置施工缝时，应遵守下列规定：（1）底板、顶板不宜留施工缝，底拱、顶拱不宜留纵向施工缝。（2）墙体不应留垂直施工缝。水平施工缝不应留在剪力与弯矩最大处或底板与侧墙交接处，应留在高出底板表面不小于 300mm 的墙体上。当墙体有孔洞时，施工缝距孔洞边缘不应小于 300mm。拱墙结合的水平施工缝，宜留在拱（板）墙接缝线以下 150～300mm 处，先拱后墙的施工缝可留在起拱线处，但必须注意加强防水措施。施工缝的迎水面采取外贴防水止水带、外抹防水涂料和砂浆等做法。(3) 承受动力作用的设备基础不应留置施工缝。

8) 高度大于2m的墙体，宜用串筒或振动溜槽下料。

9) 采用钢板止水带的板类施工缝，在其一侧混凝土浇筑前，必须采取有效措施防止浆料外漏。常用的方法有水泥砂浆堵台、泡沫塑料堵拦等。

10) 承受动力作用的设备基础的施工缝处理，应遵守下列规定：

(1) 标高不同的两个水平施工缝，其高低接合处应留成台阶形，台阶的高度比不得大于1；

(2) 在水平施工缝上继续浇筑混凝土前，应对地脚螺栓进行一次观测校正；

(3) 垂直施工缝处应加插钢筋，其直径为12~16mm，长度为50~60cm，间距为50cm。在台阶式施工缝的垂直面上亦应补插钢筋。

4. 施工缝处理新法

1) 大量实验表明接续面进行粗糙处理可以明显提高接续面粘结强度，但粗糙度提高到一定程度后，接续面粘结强度的提高不再明显。用普通凿毛方法存在明显缺陷，而采用高压水喷射处理可以得到较好的粗糙界面，并且不伤及老混凝土，但高压水设备造价昂贵，技术含量高，在现阶段从我国实际施工技术及施工水平来看，普及有一定难度。

2) 在浇筑下层柱子时，待混凝土初凝后用人工方法使柱子上表面呈现锯齿状。根据混凝土粗骨料粒径大小（一般为2~4cm），锯齿深度为粘结面老混凝土最大骨料粒径的1/4~1/2，切槽的平均宽度为粘结面老混凝土最大骨料粒径的1~1.5倍。此法的最大优点是便于控制施工质量，使粘结面上的粗糙度具有良好的均匀性。这样既避开了凿毛，避免伤及老混凝土结构，又实现了接续面的粗糙，且容易控制质量标准，在接续时只用剥离松动的粗骨料。

3）在留置梁施工缝时应留成斜向45°角（梁底施工缝在柱子边），这样处理的结果一方面使节点区梁端剪力不与施工缝重合，有利于抗剪抗拉，延缓混凝土裂缝出现的时间。另一方面根据已有实验研究结果表明，斜上补比斜下补粘结面强度高，同理斜上补应比传统施工方法中的侧补强度高。最后，由于施工缝呈45°角，从而扩大了节点整体浇筑区域，有利于实现强节点的要求。

4）有条件时可以应用修补界面剂（比如减缩剂），由于经济及其他原因，实际工程施工中在小面积施工缝中很少使用界面剂，从大多数现行施工来看，应考虑改进并控制界面砂浆的应用。根据已有实验结论及理论分析，建议应用同柱子水灰比一样的素水泥浆做界面剂。

2.3.5.2 后浇带

1. 后浇带的设置及形式

后浇带的设置距离，应考虑在有效降低温差和收缩应力的条件下，通过计算来获得。在正常的施工条件下，有关规范对此的规定是，如混凝土置于室内和土中，则为30m；如在露天，则为20m。留置位置宜选在结构受力较小的部位，一般在梁、板的变形反弯点附近，此位置弯矩不大，剪力也不大；也可选在梁、板的中部，弯矩虽大，但剪力很小。后浇带的宽度应考虑施工简便，避免应力集中。一般其宽度为80～100cm。

后浇带的断面形式，应考虑浇筑混凝土后连接牢固。对后浇带接缝处的断面形式，应根据结构构件厚度具体情况进行处理。一般对厚度小于300mm的结构构件，可做成直缝；对厚度大于300mm（但不超过600mm）的结构构件，可做成阶梯形或上下对称坡口形；对厚度大于600mm的结构构件，可做成凹形或多边凹形的形式，见图2-20。

后浇带内的钢筋处理。二次浇筑混凝土前后浇带内钢筋断开或贯通与否，在于后浇带的类型。对于沉降后浇带，钢筋应贯通；对伸缩缝后浇带，钢筋宜断开，因为如果钢筋不断开，钢筋附近

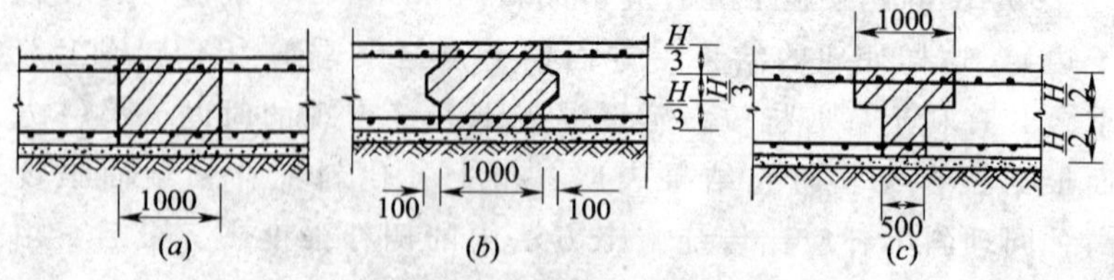

图 2-20　后浇带断面形式

(a) 平接式；(b) 企口式；(c) 台阶式

的混凝土收缩将受到约束，产生拉应力出现开裂，从而降低了结构抵抗温度变化的能力。后浇带的配筋，应能承担由二次浇筑混凝土使结构成为一整体后出现差异沉降而产生的内力，一般可按差异沉降变形反算为内力，而在配筋上予以加强。对于钢筋断开的后浇带，其钢筋应在二次浇筑混凝土前按要求焊接好，以保证结构的整体性。

2. 后浇带处的模板

1）底板的支模方式

为便于清理干净后浇带中的垃圾渣物，可将后浇带垫层的面标高下移200mm，将残留渣物置于后浇带底部，然后用同后浇带混凝土内砂浆相同成分的水泥砂浆覆盖并抹平，再浇筑后浇带混凝土，见图 2-21。

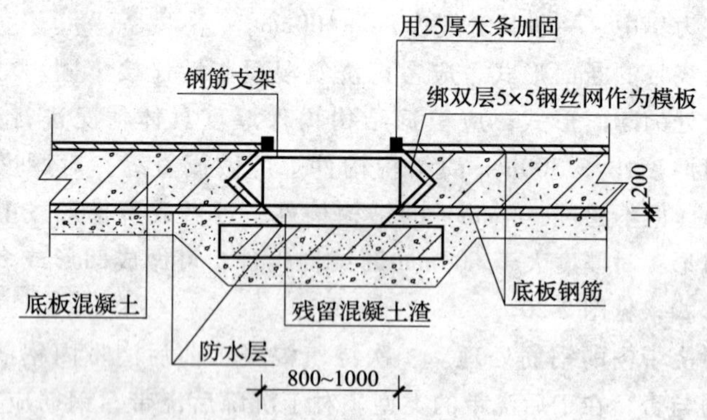

图 2-21　底板处施工后浇带的支模方式

2）墙板的支模方式

墙体后浇带两侧（两道）的钢筋相交点必须全部设置拉钩，以免钢筋骨架偏位。保护层垫块挂到位，保证钢筋有足够的保护层厚度。留设后浇带时，按墙筋间距，用松木板锯成小口，固定于后浇带侧面作侧模，锯口缝隙用胶带纸粘贴，用木方加固。也可用双层钢丝网做侧模，用钢筋支架做支撑，见图2-22。

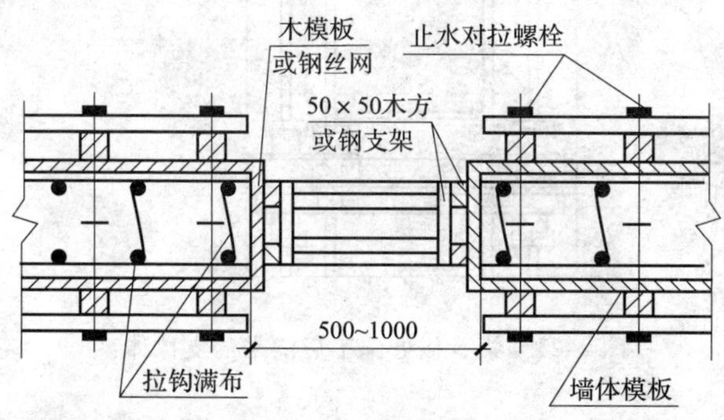

图 2-22 墙板出施工后浇带的支模方式

3）梁、板的支模方式

后浇带梁、板底模的支撑可采用钢管架或门架，支撑架在后浇带二次浇筑混凝土未浇捣或后浇带二次浇筑混凝土强度未达到设计值前不可拆除，见图 2-23。如设计许可，可在后浇带梁下按一定间距设置钢筋混凝土柱，作为后浇带梁板的临时支柱，支柱的尺寸大小及配筋应经过计算后，方可设置。

当板的架立筋≤ϕ8 时，为保证板钢筋骨架的位置，可采用ϕ12 钢筋通长设置于后浇带边线外 100mm 处，顺后浇带方向布设，而后用ϕ12 钢筋支架架立，保证板面钢筋保护层厚度准确。后浇带侧模用 20mm 厚松木支设，松木板锯成小口，固定于后浇带侧面，用 50mm×100mm 木方通长加固，见图 2-24。

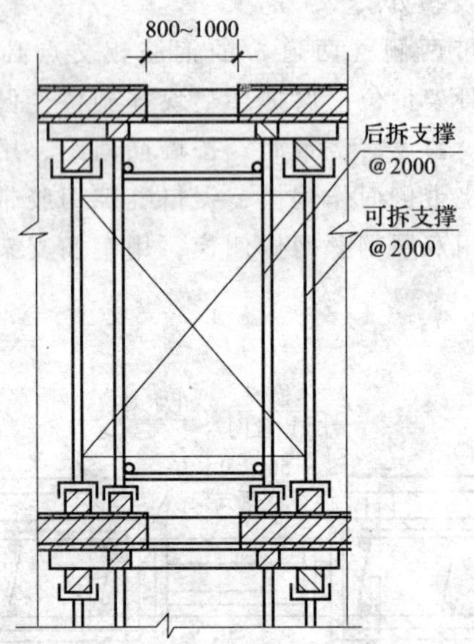

图 2-23　梁、板处施工后浇带的支撑体系

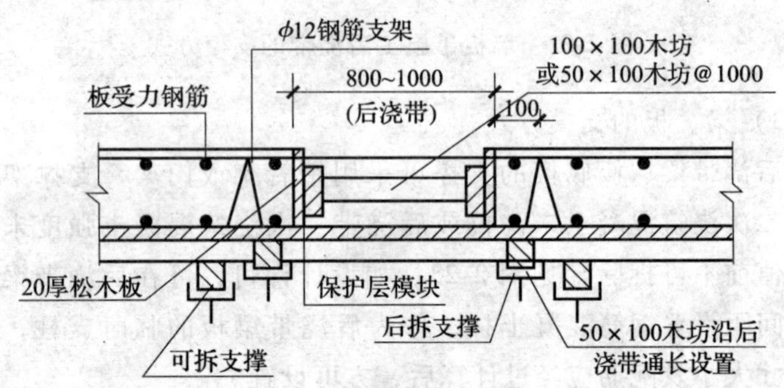

图 2-24　梁、板处施工后浇带的支模方式

4）后浇带处的模板

留置后浇带时，后浇带两侧模板支撑不仅要牢固紧密，还应易拆除或一次性使用不拆除。采用一次性单层钢板网，往往造成混凝土及混凝土浆流入后浇带，不易清理。施工中可采用以下做法：梁板底筋以下用防水水泥砂浆在支模处做成一道宽约 5cm 的

阻拦坝，避免混凝土从底筋下涌入后浇带。对于较深、较厚、不易清理的梁板，则采用双层网作一次性模板。在双层网中，一层为钢板网，另一层则为细网眼铁丝网，两层网片可事先绑扎固定在一起。双层网用定型钢筋支撑，定型钢筋与底筋、面筋焊接固定。

5）后浇带的模板拆除

后浇带跨内的梁板在后浇带二次浇筑混凝土前，两侧结构长期处于悬臂受力状态，在施工期间本跨内的模板和支撑不能拆除，必须待二次浇筑混凝土强度达到其设计值的75%后，按从上往下的顺序进行拆除。因此，在施工中应注意将后浇带的模板及支撑与周围结构的模板及支撑分开，避免误拆除。在后浇带二次浇筑混凝土前后，要在一定时间内进行沉降监测，并记录在案。

3. 后浇带的混凝土浇筑

1）模板的搭设

对于底板和梁板的模板，由于第一次的模板未拆，这时不用重新搭设。但对于墙板，由于之前的模板已拆除，这时应重新搭设模板及支撑，重新搭设的模板应紧贴已浇筑的混凝土面，避免漏浆。模板的搭设方式如图2-25所示。

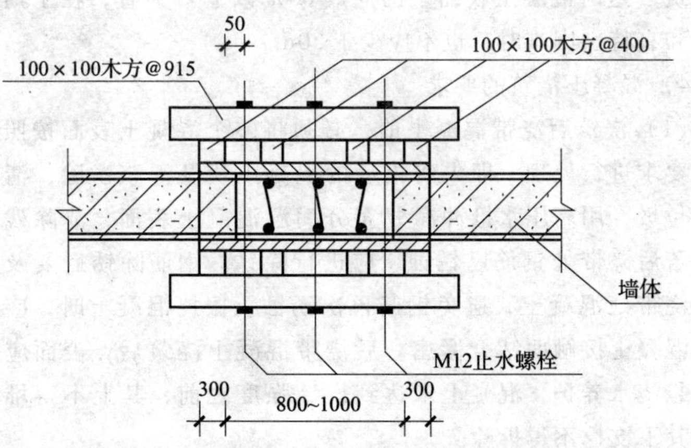

图2-25 墙、板处施工后浇带二次浇筑混凝土的支模方式

2）混凝土的选择

后浇带内的混凝土，应使用无收缩的混凝土或补偿收缩混凝土，可采用微膨胀或无收缩水泥，也可采用普通水泥加入相应的外加剂拌制（有条件的最好掺入一些早强减水剂），但必须保证浇筑混凝土的强度至少与先浇筑混凝土相同或提高一级，并保持至少28d的湿润养护。

3）混凝土浇筑的时间

后浇带内的浇筑混凝土的浇筑时间，应按照设计要求和施工技术方案确定。当无设计要求时，按下述情况选择：

(1) 沉降后浇带的混凝土浇筑时间。待主楼与裙房主体完工后（有条件时再推迟一些时间），再用微膨胀混凝土将后浇沉降带封闭。这样做的目的是为了把高层与低层的差异沉降放过一部分，因为高层主楼完成之后，一般情况下，其沉降量已完成其最终沉降量的60%～80%，剩下的沉降量就小多了，这时再补齐后浇带混凝土，二者差异沉降量就较小了。

(2) 伸缩后浇带浇筑混凝土的浇筑时间。根据先浇筑混凝土的收缩完成时间而定。不同水泥品种、不同水灰比、不同的温度条件养护的混凝土要区别其收缩完成的时间，一般以施工后60d进行浇筑（这时混凝土收缩量已完成60%以上）为宜，在工期要求紧迫和有特别困难时，也不应少于30d。

4）混凝土浇筑的要求

(1) 浇筑后浇带混凝土前，必须将整个混凝土表面按照施工缝的要求进行处理，即先将松动的混凝土块及浮浆凿除，清除后浇带垃圾，用高压水枪冲净并充分润湿混凝土表面，清除残留积水。若后浇带处钢筋已锈蚀，应进行除锈。钢筋除锈后要及时浇筑后浇带处混凝土，避免钢筋再次锈蚀。振捣混凝土时，应确保新旧混凝土接触面结合紧密。后浇带混凝土浇筑后，表面应覆盖湿麻袋浇水养护，混凝土未达到设计强度之前，其上不得堆放重物，其下支撑不得拆除。

(2) 后浇带的先浇混凝土完成后，应进行设法防护，顶部应遮盖，四周用临时栏杆或围护砌体围护，防止后浇带内垃圾堆积难以清理与施工过程中钢筋被污染、踩踏。

2.3.6 混凝土的养护

混凝土浇筑后，如气候炎热、空气干燥，不及时进行养护，混凝土中水分会蒸发过快，出现脱水现象，使已形成凝胶体的水泥颗粒不能充分水化，不能转化为稳定的结晶，缺乏足够的粘结力，影响混凝土的强度。此外，在混凝土尚未具备足够的强度时，其中水分过早地蒸发还会产生较大的收缩变形，影响混凝土的整体性和耐久性，所以混凝土浇筑后初期阶段的养护非常重要。

水化作用的速度在一定湿度条件下主要取决于温度，温度愈高，强度增长也愈快，反之则慢。当温度降至0℃以下时，水化作用基本停止，温度再降至-2~4℃，混凝土内的水开始结冰，水结冰后体积增大8%，在混凝土内部产生冰晶应力，使结构内部产生微裂缝，同时减弱了水泥与砂石和钢筋之间的粘结力，从而使混凝土强度降低。

混凝土养护有两个目的：一是创造使水泥得以充分水化的条件，加速混凝土硬化；二是防止混凝土成型后因日晒、风吹、干燥、寒冷等自然因素的影响而出现超出正常范围的收缩、裂缝及破坏等现象。混凝土的标准养护条件为温度（20±2）℃，相对湿度保持95%以上，时间28d。在实际工程中一般无法保证标准养护条件，而只能采取措施在经济实用条件下取得尽可能好的养护效果。混凝土养护目前有自然养护、蒸汽养护、干热养护、养护剂养护等，要因时因地制宜，选择较好的养护方法。

2.3.6.1 混凝土的自然养护

混凝土的自然养护就是利用平均气温高于5℃的自然条件，用适当的材料对混凝土表面加以覆盖并浇水，使混凝土在一定的时间内保持水泥水化作用所需要的适当温度和湿度条件，正常增长强度。混凝土自然养护的方法及要点如下：

1. 覆盖浇水养护

1）应在浇筑完毕后的12h内对混凝土加以覆盖和浇水，对干硬性混凝土则应在浇筑后1～2h内覆盖并适时浇水。具体而言，初凝后可以覆盖，终凝后开始浇水。混凝土强度未达到1.2MPa以前不得上人踩踏或安装模板及支架。即使达到上人强度，也不得作冲击性或类似劈打木材的操作。

2）覆盖物可用麻袋片、草帘、竹帘、锯末、砂、炉渣等，浇水次数以使混凝土保持湿润为准。在一般气候条件下（气温为15℃以上），在浇筑后最初3d，白天每隔2h浇水1次，夜间至少浇水2次，在以后的养护期内，每昼夜至少浇水4次。养护用水应与拌制用水相同。在干燥的气候条件下，浇水次数应适当增加，浇水养护时间一般以达到标准强度的60%左右为宜。大面积结构如地坪、楼板、屋面等可以蓄水养护。当日平均气温低于5℃时不得浇水。

3）混凝土的浇水养护时间，根据不同的施工部位和施工条件：

（1）对采用硅酸盐水泥、普通硅酸盐水泥或矿渣硅酸盐水泥拌制的混凝土不得少于7d；对掺用缓凝型外加剂，有抗渗、抗冻要求，或用火山灰水泥、粉煤灰水泥拌制的混凝土不得少于14d；对采用矾土水泥拌制的混凝土不少于3d。当采用其他品种水泥时，混凝土的养护应根据所采用水泥的技术性能确定。

（2）塑性混凝土应在浇筑完毕6～18h内开始洒水养护，低塑性混凝土宜在浇筑完毕后立即喷雾养护，并及早开始洒水养护。混凝土养护时间，不宜少于28d，有特殊要求的部位宜适当延长养护时间。

（3）钢纤维补偿收缩混凝土应采用蓄水养护或用蓄水性良好的材料覆盖淋水养护，养护时间不得少于14昼夜。

（4）水泥混凝土路面施工的混凝土养护时间应根据混凝土弯拉强度增长情况而定，不宜小于设计弯拉强度的80%，应特别注重前7d的保湿（温）养护。一般养护天数宜为14～21d，高温天不宜少于14d，低温天不宜少于21d。掺粉煤灰的混凝土路面，最短养护时间不宜少于28d，低温天应适当延长。

(5) 在施工间歇期间，碾压混凝土终凝后即应开始洒水养护。对水平施工缝和冷缝，洒水养护应持续至上一层碾压混凝土开始铺筑为止；对永久暴露面，养护时间不宜少于28d；台阶状表面的棱角应加强养护。

(6) 当混凝土中掺用矿物掺合料时，确定混凝土的养护龄期按规定取值。

4) 混凝土在养护过程中，如发现遮盖不全，浇水不足，以致表面泛白或出现细小干缩裂缝时，应立即仔细遮盖，充分浇水，加强养护，并延长浇水日期加以补救。

2. *覆盖式养护*

1) 在混凝土成型、表面略平后，其上覆盖塑料薄膜进行封闭养护，有两种做法:

(1) 在构件上覆盖一层黑色塑料薄膜（厚0.12~0.14mm），在冬季再盖一层气被薄膜。

(2) 在混凝土构件上先覆盖一层透明的或黑色塑料薄膜，再盖一层气垫薄膜（气泡朝下）。

塑料薄膜应采用耐老化的，接缝应采用热粘合。覆盖时应紧贴四周，用砂袋或其他重物压紧盖严，防止被风吹开，影响养护效果。塑料薄膜采用搭接时，其搭接长度应大于30cm。据试验，气温在20℃以上，只盖一层塑料薄膜，养护最高温度达65℃，混凝土构件在1.5~3d内达到设计强度的70%，缩短养护周期40%以上。

2) 在有条件的情况下，可采用不透水、气的薄膜布（如塑料薄膜布）养护，用薄膜布把混凝土表面敞露的部分全部严密地覆盖起来，保证混凝土在不失水的情况下得到充足的养护。这种养护方法的优点是不必浇水，操作方便，能重复使用，能提高混凝土的早期强度，加速模具的周转。但应该保持薄膜布内有凝结水。

3. 涂刷养生液养护

在缺水地区或混凝土表面不便浇水或覆盖塑料布时，可涂刷薄膜养生液（如过氯乙烯树脂塑料溶液），以防止混凝土内部水分蒸发，以此进行养护。薄膜养生液是一类可成膜的溶液，涂刷在混凝土表面上，溶剂挥发后凝结成一层膜，隔断混凝土内水分的蒸发路径，达到养护目的，但应注意薄膜的保护。

4. 蓄水养护

大面积结构如底板、楼板、屋面等可蓄水养护，贮水池一类工程，可在拆除内模板后，待混凝土达到一定强度后注水养护。

5. 墙、柱混凝土的自然养护

柱，尤其是外墙混凝土易出现收缩裂缝，除在配合比选定上采取积极的预防措施，在施工中采取外侧加密横向钢筋、严格控制坍落度等措施外，后期的养护也至关重要。在实际操作中常采用长期的带模养护，并根据实际情况进行后续的养护。

1）长期的带模养护：由于采用木模，故保持模板的完全湿润可以使得混凝土内部拌合水的水化过程中，保持湿润环境，补充水源。浇水养护基本上采取连续循环的方式，浇水面为外墙的内外侧面。在混凝土获得一定强度后，松开对销螺栓，使得模板与混凝土界面可以蓄水，带模养护，规定2d拆模。

2）继续养护：模板拆除后，继续对外墙混凝土浇水养护15d。

2.3.6.2　蒸汽加热法

蒸汽养护是缩短养护时间的有效方法之一。利用低压（不高于0.07MPa）饱和蒸汽对新浇筑的混凝土构件进行加热养护，使之迅速硬化增长强度。此类方法除有蒸汽养护窑法外，还有汽套法、毛细管法和构件内部通气法等。

1. 蒸汽养护分段

1）静停阶段。构件在浇筑成型后先静停一段时间，再进行蒸汽养护。这主要是为了增强混凝土在升温阶段对结构产生破坏作用的抵抗能力。一般需静停2~6h。

2）升温阶段。就是混凝土从原始温度上升到恒温阶段。温度急速上升，会使混凝土表面因体积膨胀太快而产生裂缝。因而必须控制升温速度，一般为10~25℃/h（干硬性混凝土为35~40℃/h）。

3）恒温阶段。是混凝土强度增长最快的阶段。恒温的温度应随水泥品种不同而异，普通水泥的养护温度不得超过80℃，矿渣水泥、火山灰质水泥可提高到90~95℃。一般恒温时间为5~8h，恒温加热阶段应保持90%~100%的相对湿度。

4）降温阶段。在降温阶段内，混凝土已经硬化，如降温过快，混凝土会产生表面裂缝，因此降温速度应加控制。一般情况下，构件厚度在10cm左右时，降温速度为20~30℃/h。

为了避免蒸汽温度骤然升降而引起混凝土构件产生裂缝变形，必须严格控制升温和降温的速度。出槽的构件温度与室外温度相差不得大于40℃，当室外为负温度时，相差不得大于20℃。

2. 蒸汽养护设备

蒸汽养护通常用于预制混凝土构件生产线或冬期施工，其设备是用蒸汽养护坑。

1）普通蒸汽养护坑。是混凝土构件厂最常见的蒸汽养护设备。构件叠放在坑内，尽可能提高填充系数，以节约蒸汽。蒸汽管每米钻4~6喷汽孔，称为花管。安装在坑壁的下部，使蒸汽上升。排水沟外设有自动流水器以排除冷凝水。坑盖、坑壁除保证结构强度外，中部应填充保温材料，以减少热能损耗。

2）热介质循环蒸汽养护坑。其功能同普通蒸汽养护坑，但普通蒸汽养护坑的缺点是坑内冷空气与蒸汽温度不易调匀。热介质循环蒸汽养护坑是上、下均安装蒸汽管，并将喷汽孔改为蒸汽嘴，使蒸汽按一定的方向循环流动，加强了热交换，并可进行自动调节，现已普遍使用。

施工现场因条件限制，现浇预制构件一般可采用临时性地面或地下的养护坑，上盖养护罩或用简易的帆布、油布覆盖。

2.3.6.3　蓄热法

蓄热法是在冬期利用加热原材料（水泥除外）或混凝土（热拌混凝土）所预加的热量及水泥水化热，再用适当的保温材料覆盖，防止热量过快损失，延缓混凝土的冷却速度，使混凝土在正温条件下增长强度以达到预定值。为保证混凝土在冬期施工中能达到规范规定受冻临界强度，同时在施工时不会因温度过高造成混凝土假凝，对其原材料的加热、搅拌、运输、浇筑和养护方法需进行热工计算。操作要点详见第2.11.1条。

2.3.6.4　综合蓄热法（掺外加剂法）

这是一种只需要在混凝土中掺入外加剂，不需采取加热措施就能使混凝土在负温条件下继续硬化的方法。掺外加剂的作用，就是使之产生抗冻、早强、催化、减水等效用，降低混凝土的冰点，使之在负温下加速硬化以达到要求的强度。操作要点详见第2.11.1条。

2.3.6.5　负温养护法

在混凝土中掺入防冻剂，浇筑后混凝土不加热也不做蓄热保温养护，使混凝土在负温条件下能不断硬化。该方法适用于不易加热保温且对强度增长无特殊要求的结构工程。养护方法及操作要点详见第2.11.1条。

2.3.6.6　其他热养护

1. 热模养护

将蒸汽通在模板内进行养护。此法用汽少，加热均匀，既可用于预制构件，又可用于现浇墙体，用于现浇框架结构柱的养护方法见图2-26。

2. 棚罩式养护（暖棚法）

棚罩式养护是在混凝土构件上加盖养护棚罩。棚罩的材料有玻璃、透明玻璃钢、聚酯薄膜、聚乙烯薄膜等。其中以透明玻璃钢和透明塑料薄膜为佳，棚式的形式有单坡、双坡、拱形等，一般多用单坡或双坡。棚罩内的空腔不宜过大，一般略大于混凝土构件即可。棚罩内的温度，夏季可达60～75℃，春秋季可达35～45℃，冬季约在20℃左右。

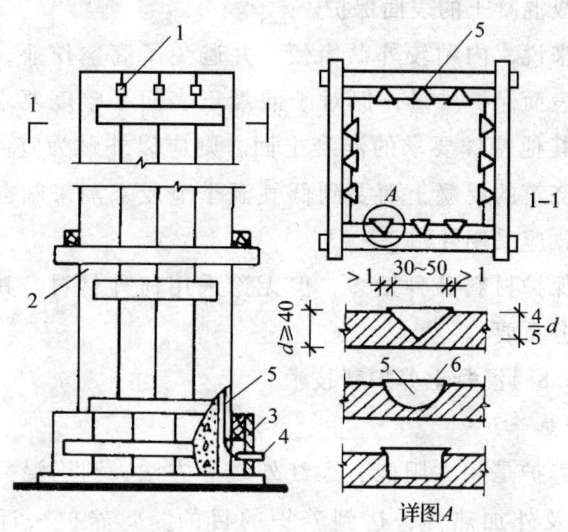

图 2-26 柱子用热模法养护

1—出汽孔；2—模板；3—分汽箱；4—进气管；5—蒸汽管；6—薄铁皮

3. 电热养护

电热法是利用电流通过不良导体或通过电阻丝，所发出的热量来养护混凝土，可分为直接加热法和间接加热法。直接加热法即电极法，一般采用圆钢或铁皮做成电极，将电流输入电极，电流通过混凝土中的游离水，构成电流回路，因混凝土中有一定的电阻值，从而产生热量。一般电极法多应用在混凝土浇筑的早期，以达到提早拆模的目的。间接加热法即电热器法，有工频涡流加热法及电热毯保温法等，多用于冬期施工。它虽然设备简单，施工方便有效，但耗电量大，施工费用高，应慎重选用。

2.3.6.7 混凝土表面保护

施工方法，可分为喷涂、内贴和外贴三种。喷涂就是直接将保温材料用喷板喷在混凝土面上，利用材料发泡形成一定厚度的保温层而形成混凝土的表面保护。所谓内贴，就是将保温材料粘贴或固定在模板的内侧面上，待拆模后，即形成混凝土的表面保护。所谓外贴，就是拆模后，将保温材料钉铆或粘贴在混凝土表面上，形成混凝土的表面保护。

一般来说，内贴较外贴简便，并避免了高空作业，有利于提高混凝土表面保护质量，但对于混凝土表面平整度要求很高，溢流坝面或其他特殊要求的混凝土面，则应以外贴为宜。此外，在高温季节浇筑的混凝土而要到低气温季节或寒潮来临前才需要表面保护时，应采用外贴。

表面保护材料品种繁多，但无论采用何种材料，其施工方法及工艺十分重要。

2.3.6.8　混凝土养护新技术

1. 干热养护

干热养护是用太阳能、远红外线等方法，利用混凝土本身所含的水分及外加热源，达到养护的目的。此养护法近年来发展较快。

1）太阳能养护。太阳能是一种取之不尽、用之不竭、无公害又无污染的巨大自然能源。用塑料薄膜作为覆盖物，四周用砖石等物压紧，使其不漏风即可，也可以用塑料罩罩在构件上，混凝土在薄膜内靠本身的水分和透过薄膜集聚的太阳热量，使混凝土发生水化作用。利用太阳能养护，成本低、操作简单、质量好、强度均匀，比浇水自然养护有一定的优越性。

2）远红外线养护

远红外线加热可以用电、煤气、液化气、蒸汽等为热源。基本原理是在散热器表面涂刷远红外线辐射材料，涂料分子受热后，便向四周发射电磁波，电磁波被混凝土吸收，成为分子运动动能，引起混凝土内部的分子振荡因而使混凝土的温度能内外同步升高，从而达到养护的目的。混凝土在养护过程中，由于内部有游离水存在，水对红外线有较宽的吸收带，混凝土在60～100℃时，对红外线的吸收率为90%左右。因此，用远红外线养护混凝土，可以使混凝土内部温度均匀升高，取得养护时间短、强度高、节约能源等效果。

2. 喷膜养护

喷膜养护是在混凝土表面喷洒1～2层塑料薄膜。它是将塑料溶液喷洒在混凝土表面上，溶剂挥发后，塑料与混凝土表面结合成一层薄膜，使混凝土表面与空气隔绝，封闭混凝土中的水分不再被蒸发，而完成水化作用。这种养护方法一般适用于表面积大的混凝土施工和缺水地区。喷膜养护的操作要点是：

1）喷洒压力以0.2～0.3MPa为宜，喷出来的塑料溶液呈较好的雾状为佳。压力小不易形成雾状，压力大会破坏混凝土表面，喷洒时应离混凝土表面50cm。

2）喷洒时间，应掌握混凝土水分蒸发情况。在不见浮水，混凝土表面以手指轻按无指印时，即可进行喷洒。过早会影响塑料薄膜与混凝土表面结合，过迟则影响混凝土强度。

3）溶液喷洒厚度以溶液的耗用量衡量，通常以每1m^2耗用养护剂2.5kg为宜，喷洒厚度要求均匀一致。

4）通常要喷两遍，待第一遍成膜后再喷第二遍。喷洒时要求有规律，固定一个方向，前后两遍的走向应互相垂直。

5）溶液喷洒后很快形成塑料薄膜。为达到养护目的，必须保护薄膜的完整性，要求不得有损坏破裂，不得在薄膜上行人、拖拉工具，如发现损坏应及时补喷。如气温较低，应设法保温。

3. 内养护法

若干国家正在进行的研究工作，都集中在先进的内养护法，它既可降低混凝土的自生收缩，又可促进混凝土的合理水化。在这一领域中，日益增长的兴趣，部分原因应归于与日俱增的对高强和高性能混凝土迫切需求。这些重点研究工作已证明，在同样场合下，如果采用传统的外养护法，对防止混凝土的收缩和开裂的效果极为有限时，各种内养护方法却能非常有效地防止混凝土的收缩和开裂。

内封闭养护法，其基本途径是，既不需要进行外部养护，也无需向混凝土额外加水。这类自养护化学用品包括：在搅拌过程中，加入水溶性化学用品，以降低混凝土硬化过程中的水分蒸发和底层混凝土的水分损失。这些外加剂由水溶性聚合物组成，含有羟基和醚功能基团，可提高混凝土的保水性，从而增加水化程度。氢结合键出现在这些功能基团之间，可降低水的蒸发压力，减少水分的蒸发。这些外加剂改变了混凝土凝胶的形态，降低了混凝土的吸收性。

2.3.7　混凝土的拆模

混凝土强度的增长，与所用水泥品种、养护方法、龄期等主要因素有关。一般的规律是：水泥强度越高，混凝土强度发展越快；温度越高，强度发展越快；龄期越长，强度越高。混凝土结构浇筑后，达到一定强度方可拆模。模板拆卸日期，应按结构特点和混凝土所达到的强度来确定。

对于整体式现浇结构的拆摸期限，应遵守以下规定：

1. 非承重的侧面模板，应在混凝土强度能保证其表面及棱角不因拆除模板而损坏时，方可拆除。

2. 承重的模板应在混凝土达到下列强度以后，始能拆除（按设计强度等级的百分率计）：

1）板及拱：

跨度为2m及小于2m　　50%

跨度为大于2m至8m　　75%

2）梁（跨度为8m及小于8m）　　75%

3）承重结构（跨度大于8m）　　100%

4）悬臂梁和悬臂板　　100%

3. 钢筋混凝土结构如在混凝土未达到上述所规定的强度时进行拆模及承受部分荷载，应经过计算，复核结构在实际荷载作用下的强度。

4. 已拆除模板及其支架的结构，应在混凝土达到设计强度后，才允许承受全部计算荷载。施工中不得超载使用，严禁堆放过量建筑材料。当承受施工荷载大于计算荷载时，必须经过核算加设临时支撑。

2.4 泵送混凝土

混凝土用泵运输，通常称泵送混凝土。它是将混凝土从混凝土搅拌运输车或贮料斗中卸入混凝土泵的料斗后，利用泵的压力将混凝土沿管道直接送到浇筑地点，它可同时完成水平和垂直运输。混凝土泵具有输送能力大、速度快、效率高、节省人力、能连续作业、拌合料不受外界影响而保持其原有的性能等特点。因此，它已成为施工现场运输混凝土的一种重要方法。当前，混凝土泵的最大水平输送距离可达600m，最大垂直输送高度可达200m。泵送混凝土的设备由三部分组成，即混凝土泵（车）、输送管道、布料装置等。

2.4.1 泵送设备

1. 混凝土泵

混凝土泵依其工作原理可分为活塞式、挤压式、隔膜式和气罐式。国内常用的为活塞式。

国产的液压活塞式混凝土泵已组装为可移动式的整机，使用更加方便。在泵送工作结束后，可以卸开排料管口，装入橡皮球，用空气压缩机吹压，即可将残存在导管中的混凝土吹洗干净。有些泵还具有反泵功能，可以从导管中吸回混凝土，以协助排除管道内的残余混凝土，以防导管堵塞。

2. 输送管道

混凝土输送管是泵送混凝土作业中最重要的配套部件，有直管、弯管、锥形管和浇筑软管等。前三种输送管属于固定管道，一般用合金钢制成，经常用的有100mm、125mm、150mm三种，直管的标准长度有4.0、3.0、2.0、1.0、0.5等数种，其中，3.0管为主管，其他为辅管。弯管的角度有15°、30°、45°、60°、90°五种，以适应管道改变方向的需要。当两种不同管径的输送管需要连接时，则中间用锥形管过渡，其长度一般为1m。在管道的出口处都接有软管（用橡胶、螺旋形弹性金属或塑料制成），以便在不移动输送管的情况下，扩大布料范围。

管道安装的原则是：管线宜直，转弯宜缓，接头严密，避免下斜。管道内径按输送混凝土粗骨料的粒径而定：碎石混凝土，管径宜大于粒径的3倍；卵石混凝土，管径宜大于粒径的2.5倍。为减轻混凝土在竖管中的重量，竖管可采取较小的管径，但亦不得小于150mm。

3. 布料装置

由于泵送混凝土输送量大而且连续，为便于拌合料浇筑到位，应在端部设置布料装置。大范围的布料装置通常有：

1）混凝土泵车布料杆。它是在泵车上附装的既可伸缩也可曲折的混凝土布料装置。输送管就设在布料杆内，末端是一段软管，用于浇筑时的布料工作。

2）塔式起重机移动布料杆。是附装在塔机上的布料装置。

3）独立式混凝土布料器。它是与混凝土泵配套工作的独立布料装置。在操作半径内，能灵活自如地浇筑混凝土。其工作半径一般为10m左右，最大可达40m。

4）混凝土浇筑布料斗。它是一种转运工具，把混凝土装进斗内，由起重机吊送至浇筑地点直接布料。小范围的、输送量不大、要求铺料均匀的可用人工掌握。布料软管口上套一帆布筒或麻袋片，作为出料的缓冲装置。

4. 混凝土泵车

混凝土泵车是将混凝土泵装在汽车上组成，车上还装有可以伸缩或曲折的“布料杆”，混凝土输送管道就设在布料杆内，末端是一段软管，可将混凝土直接送至浇筑地点，使用十分方便。臂杆总长度可达30多米，故特别适用于基础工程和多层建筑物的混凝土浇筑工作。混凝土泵车的输送能力一般为80m^3/h；在水平输送距离为520m和垂直输送高度为110m时，输送能力为30m^3/h。

2.4.2　泵送混凝土施工工艺

2.4.2.1　泵送混凝土运输

泵送混凝土的运送应采用混凝土搅拌运输车。在现场搅拌站搅拌的泵送混凝土可采取适当的方式运送，但必须防止混凝土的离析和分层。混凝土搅拌运输车的数量应根据所选用混凝土泵的输出量决定。

混凝土泵的实际平均输出量可根据混凝土泵的最大输出量、配管情况和作业效率，按下式计算：

$$Q_1 = Q_{max} \cdot \alpha_1 \cdot \eta \tag{2-17}$$

式中 Q_1——每台混凝土泵的实际平均输出量（m^3/h）；

Q_{max}——每台混凝土泵的最大输出量（m^3/h）；

α_1——配管条件系数，可取0.8~0.9；

η——作业效率。根据混凝土搅拌运输车向混凝土泵供料的间断时间、拆装混凝土输送管和布料停歇等情况，可取0.5~0.7。

当混凝土泵连续作业时，每台混凝土泵所需配备的混凝土搅拌运输车台数，可按下式计算：

$$N_1 = \frac{Q_1}{60V_1}\left(\frac{60L_1}{S_0} + T_1\right) \tag{2-18}$$

式中 N_1——混凝土搅拌运输车台数（台）；

Q_1——每台混凝土泵的实际平均输出量（m^3/h），按式（2-17）计算；

V_1——每台混凝土搅拌车容量（m^3）；

S_0——混凝土搅拌运输平均行车速度（km/h）；

L_1——混凝土搅拌运输车往返距离（km）；

T_1——每台混凝土搅拌运输车总计停歇时间（min）。

混凝土搅拌运输车的现场行驶道路，应符合下列规定：

1）混凝土搅拌运输车行车的线路宜设置成环行车道，并应满足重车行驶的要求。

2）车辆出入口处，宜设置交通安全指挥人员。

3）夜间施工时，在交通出入口的运输道路上，应有良好照明。危险区域，应设警戒标志。

混凝土搅拌运输车装料前，必须将拌筒内积水倒净。运输途中，严禁往拌筒内加水。泵送混凝土运送延续时间可按下列要求执行：

1）未掺外加剂的混凝土，可按表2-15执行。

泵送混凝土运输延续时间　表2-15

混凝土出机温度（℃）	运输延续时间（min）
25～30	50～60
5～25	60～90

2）掺木质素磺酸钙时，宜不超过表2-16的规定。

掺木质素磺酸钙时的泵送混凝土运输延续时间（min）

表2-16

混凝土强度等级	气温（℃）	
	≤25	>25
≤C30	120	90
>C30	90	60

3）采用其他外加剂时，可按实际配合比和气温条件测定混凝土的初凝时间，其运输延续时间，不宜超过所测得的混凝土初凝时间的1/2。

混凝土搅拌运输车给混凝土泵喂料时，应符合下列要求：

1）喂料前，应用中、高速旋转拌筒，使混凝土拌合均匀，避免出料的混凝土分层离析；

2）喂料时，反转卸料应配合泵送均匀进行，且应使混凝土保持在集料斗内高度标志线以上；

3）暂时中断泵送作业时，应使拌筒低转速搅拌混凝土；

4）混凝土泵进料斗时，应安置网筛并设专人监视喂料，以防粒径过大的骨料或异物进入混凝土泵造成堵塞。

使用混凝土泵输送混凝土时，严禁将质量不符合泵送要求的混凝土入泵。混凝土搅拌运输车喂料完毕后，应及时清洗拌筒并排尽积水。

2.4.2.2 泵送施工准备

1. 泵送混凝土对原材料和配合比的要求

碎石最大粒径与输送管内径之比宜小于或等于1∶3；卵石宜小于或等于1∶2.5；通过0.315mm筛孔的砂应不少于15%，砂率宜控制在40%～50%；最小水泥用量宜为300kg/m³；混凝土的坍落度宜为80～180mm（高层建筑上部用的可稍大些）；混凝土内宜掺加适量的外加剂。泵送轻骨料混凝土的原材料选用及配合比，应通过试验确定。

2. 泵送混凝土对模板和钢筋的要求

1）对模板的要求

由于泵送混凝土的流动性大和施工的冲击力大，因此在设计模板时，必须根据泵送混凝土对模板侧压力大的特点，确保模板和支撑有足够的强度、刚度和稳定性。

模板的最大侧压力，可根据混凝土的浇筑速度、浇筑高度、密度、坍落度、温度、外加剂等主要影响因素，按下列公式计算。

采用内部振捣器时，新浇筑的混凝土作用于模板的最大侧压力，可按下列公式计算，并取两式中的较小值。

$$F = 0.22\gamma_c t_0 \beta_1 \beta_2 V^{1/2} \tag{2-19}$$

$$F = \gamma_c H \tag{2-20}$$

式中 F——新浇筑混凝土对模板的最大侧压力（kN/m²）；

γ_c——混凝土的重力密度（kN/m³）；

t_0——新浇混凝土的初凝时间（h），可按实测确定。当缺乏试验资料时，可采用 $t_0 = 200/(T+15)$ 计算（T 为混凝土的温度℃）；

V——混凝土的浇筑速度（m/h）；

H——混凝土侧压力计算位置处至新浇混凝土顶面的总高度（m）；

β_1——外加剂影响修正系数，不掺外加剂时取1.0，掺具有缓凝作用的外加剂时取1.2；

β_2——混凝土坍落度修正系数，当坍落度小于100mm时，取1.10；不小于100mm时，取1.15。

布料设备不得碰撞或直接搁置在模板上，手动布料杆下的模板和支架应进行加固。

2）对钢筋的要求

浇筑混凝土时，应注意保护钢筋，一旦钢筋骨架发生变形或位移，应及时纠正。混凝土板和块体结构的水平钢筋，应设置足够的钢筋撑脚或钢支架。钢筋骨架重要节点应采取加固措施。手动布料杆应设钢支架架空，不得直接支承在钢筋骨架上。

2.4.2.3 混凝土的泵送工艺

1）混凝土泵的操作是一项专业技术工作，应安全使用及操作，严格执行使用说明书和其他有关规定。同时应根据使用说明书制订专门操作要点。操作人员必须经过专门培训合格后，方可上岗独立操作。

2）在安置混凝土泵时，应根据要求将其支腿完全伸出，并插好安全销。在场地软弱时应采取措施在支腿下垫枕木等，以防混凝土泵的移动或倾翻。

3）混凝土泵与输送管连通后，应按所用混凝土泵使用说明书的规定进行全面检查，符合要求后方能开机进行空运转。混凝土泵启动后，应先泵送适量的水，以湿润混凝土泵的料斗、活塞及输送管的内壁等直接与混凝土接触的部位。经泵送水检查，确认混凝土泵和输送管中没有异物后，可以采用与将要泵送的混凝土内除粗骨料外的其他成分相同配合比的水泥砂浆，也可以采用纯水泥浆或1:2水泥浆。润滑用的水泥浆或水泥砂浆应分散布料，不得集中浇筑在同一处。

4）开始泵送时，混凝土泵应处于慢速、匀速并随时可能反泵的状态。泵送的速度应先慢后快，逐步加速。同时，应观察混凝土泵的压力和各系统的工作情况，待各系统运转顺利后，再按正常速度进行泵送。

5）泵送混凝土时，混凝土泵的活塞应尽可能保持在最大行程运转。一是提高混凝土泵的输出效率，二是有利于机械的保护。混凝土泵的水箱或活塞清洗室中应经常保持充满水。

6）垂直向上输送混凝土时，严禁将垂直管道直接装接在泵的输出口上，应在垂直管架的前端装接长度不小于10cm的水平管，水平管在泵出料口附近应加一个止流阀。敷设向下倾斜的管道，下端应装接一段水平管，其长度至少为倾斜管高低差的5倍，否则应采用弯管等办法，增大阻力。如倾斜度较大，应在倾斜管上端装置排气活阀，以利排气。

7）在压送混凝土时，应注意不要把料斗内剩余的混凝土降低到20cm以下。如果剩料过少，不但会使输送量减少，而且易吸入空气，造成堵塞。如吸入空气致使转换开关阀间造成混凝土逆流，则需将泵机反转把混凝土退回料斗，除去空气后再正转压送。泵送过程中被废弃的和泵送终止时多余的混凝土，应按预先确定的处理方法和场所及时进行妥善处理。

8）在混凝土泵送过程中，如果需要接长输送管长于3m时，应按照前述要求仍应预先用水和水泥浆或水泥砂浆，进行湿润和润滑管道内壁。混凝土泵送中，不得把拆下的输送管内的混凝土撒落在未浇筑的地方。

9）泵送开始时要注意观察混凝土泵的液压表和各部位工作状态，一般在泵的出口处（即Y型管和锥管内），最易发生堵塞现象。当混凝土泵出现压力升高且不稳定、油温升高、输送管有明显振动等现象而泵送困难时，不得强行泵送，并应立即查明原因，采取措施排除。一般可先用木槌敲击输送管弯管、锥形管等部位，并进行慢速泵送或反泵，防止堵塞。当输送管被堵塞时，应采取下列方法排除：

（1）反复进行反泵和正泵，逐步吸出混凝土至料斗中，重新搅拌后再进行泵送。

（2）可用木槌敲击等方法，查明堵塞部位，若确实查明了堵管部位，可在管外击松混凝土后，重复进行反泵和正泵，排除堵塞。

（3）当上述两种方法无效时，应在混凝土卸压后，拆除堵塞部位的输送管，排出混凝土堵塞物后，再接通管道。重新泵送前，应先排除管内空气，拧紧接头。

10）在混凝土泵送过程中，若需要有计划中断泵送时，应预先考虑确定的中断浇筑部位，停止泵送，并且中断时间不要超过45min。同时应采取下列措施：

（1）混凝土泵车卸料清洗后重新泵送，采取措施或利用臂架将混凝土泵入料斗中，进行慢速间歇循环泵送。有配管输送混凝土时，可进行慢速间歇泵送。

（2）固定式混凝土泵，可利用混凝土搅拌运输车内的料，进行慢速间歇泵送。或利用料斗内的混凝土拌合物，进行间歇反泵和正泵。

（3）慢速间歇泵送时，应每隔4～5min进行四个行程的正、反泵。

11）当向下泵送混凝土时，应先把输送管上气阀打开，待输送管下段混凝土有了一定压力时，方可关闭气阀。

12）风力为6级及以上时，泵车不得使用布料杆。天气炎热时，应用湿麻袋、湿草包等遮盖管路。

13）混凝土泵送即将结束前，应正确计算尚需用的混凝土数量，并应及时告知混凝土搅拌处。

14）泵送完毕，在45min内应用压力水将混凝土泵和输送管清洗干净。在排除堵物、重新泵送或清洗混凝土泵时，布料设备的出口应朝安全方向，以防堵塞物或废浆高速飞出伤人。

15）当多台混凝土泵同时泵送施工或与其他输送方法组合输送混凝土时，应预先规定各自的输送能力、浇筑区域和浇筑顺序，并应分工明确、互相配合、统一指挥。

16）管道的清洗。清洗混凝土输送管道的方法有两种，即水洗和气洗，分别用压力水或压缩空气推送海绵球或塑料球进行。清洗时，先将泵车尾部的大弯管卸下，在锥型管内塞入一些废纸或麻袋，然后放入海绵球，将水洗槽加满水后盖紧盖子。此时，如果考虑采用水洗，则打开进水间进行清洗，将进气阀及放气阀关闭。如果采用气洗，则应将进气阀打开，进水阀关闭。一般在水源缺乏的情况下，可使用气洗。气洗比水洗的操作复杂，危险性也大，因此一般情况下应尽量采用水洗。在清洗过程中，应注意清洗装置压力表上的压力指示，不要超过规定的最高压力，以免引起管道破裂事故。

必须注意的是，水洗与气洗两种形式不允许同时采用。在水洗时，如果水不够，可以转换为气洗，而气洗途中绝对不允许转换为水洗。清洗时所有人员应远离管口，并在管口处加设防护装置，以防混凝土从管中突然冲出伤人。

2.4.2.4 泵送混凝土的浇筑

泵送混凝土的浇筑应根据工程结构特点、平面形状和几何尺寸，混凝土供应和泵送设备能力、劳动力和管理能力，以及周围场地大小等条件，预先划分好混凝土浇筑区域。

1. 泵送混凝土的浇筑顺序

1）当采用混凝土输送管输送混凝土时，应由远而近浇筑；

2）在同一区域的混凝土，应按先竖向结构后水平结构的顺序，分层连续浇筑；

3）当不允许留施工缝时，区域之间、上下层之间的混凝土浇筑间歇时间，不得超过混凝土初凝时间；

4）当下层混凝土初凝后浇筑上层混凝土时，应先按留施工缝的规定处理。

2. 泵送混凝土的布料方法

1）在浇筑竖向结构混凝土时，布料设备的出口离模板内侧面不应小于50mm，并且不向模板内侧面直冲布料，也不得直冲钢筋骨架；

2）浇筑水平结构混凝土时，不得在同一处连续布料，应在2～3m范围内水平移动布料，且宜垂直于模板。

混凝土浇筑分层厚度，一般为300～500mm。当水平结构的混凝土浇筑厚度超过500mm时，可按1∶6～1∶10坡度分层浇筑，且上层混凝土应超前覆盖下层混凝土500mm以上。

振捣泵送混凝土时，振动棒插入的间距一般为400mm左右，振捣时间一般为15～30s，并且在20～30min后对其进行二次复振。

对于有预留洞、预埋件和钢筋密集的部位，应预先制订好相应的技术措施，确保顺利布料和振捣密实。在浇筑混凝土时，应经常观察，当发现混凝土有不密实等现象，应立即采取措施。

水平结构的混凝土表面，应适时用木抹子磨平搓毛两遍以上。必要时，还应先用铁滚筒压两遍以上，以防止产生收缩裂缝。

2.5　大体积混凝土施工

大体积混凝土是指最小断面任何一个方向尺寸大于0.8m以上的混凝土结构。其尺寸已大到必须采取相应的技术措施降低其温度、控制应力与裂缝开展的混凝土。

2.5.1　大体积混凝土的施工准备

1. 材料的选择

1）粗骨料的选择

(1) 应选用结构致密强度高、不含活性二氧化硅的骨料。石子骨料不宜用砂岩，不得含有蛋白石凝灰岩等遇水明显降低强度的石子。其压碎指标应低于16%。

(2) 粗骨料应尽可能选择大粒径，但最大不得超过钢筋净距的3/4。当使用泵送混凝土时应符合表2-17要求。

混凝土泵允许骨料粒径　　**表2-17**

混凝土管直径（mm）	最大粒径（mm）	
	卵石	碎石
125	40	30
150	50	40
180	70	60
200	80	70
280	100	100

（3）石子粒径。C30 以下可选 5 ~ 40mm 的卵石，尽可能选用碎石。C30 ~ C50 可选用 5 ~ 31.5mm 的碎石或碎卵石。

（4）石子应连续级配，以 5 ~ 10mm 含量稍低为佳，针、片状粒含量应≤15%。

（5）泥含量不得大于 1%，泥块含量不得大于 0.25%。

2）细骨料的选择

（1）应优选用中、粗砂，其粉粒含量通过筛孔 315μm 不小于 15%。对泵送混凝土尚应通过 0.16mm 筛孔量不小于 5% 为宜。

（2）宜使用细砂，砂三氧化硫含量≤1%。

（3）砂的含泥量应不大于 3%，泥块的含量不大于 0.5%。

（4）天然砂或岩石破碎筛分的产品均应符合《普通混凝土用砂、石质量及检验方法标准》（JGJ 52—2006）的规定。

3）水泥的选用

（1）优先选用铝酸三钙含量较低，水化游离氧化钙、氧化镁和二氧化硫尽可能低的低收缩水泥。

（2）应优先选用低、中热水泥，尽可能不使用高强度高细度水泥。利用后期强度的混凝土，不得使用高细度的水泥。利用后期强度的混凝土，不得使用低热微膨胀水泥，如低热矿渣硅酸盐水泥、中热硅酸盐水泥、火山灰质硅酸盐水泥等；当采用硅酸盐水泥或普通硅酸盐水泥时，应采取相应措施缓解水化热的释放。

（3）不同品种水泥用量及总的水化热应进行估算。当矿渣水泥或其他低热水泥与普通硅酸盐水泥掺入粉煤灰后的水化热总值差异较大时应选用矿渣水泥；无大差异时，则应选用普通硅酸盐水泥而不采用干缩较大的矿渣水泥。

（4）不准使用早强水泥和含氯化物的水泥。

（5）非盛夏施工应优先选用普通硅酸盐水泥。

（6）补偿收缩混凝土加硫铝酸钙类（明矾石膨胀剂除外）膨胀剂时应选用硅酸盐或普通硅酸盐水泥，其他类水泥应通过试验确定。明矾石膨胀剂可用于普通硅酸盐或矿渣水泥。其他类水泥也需试验。

（7）水泥的含量（氧化钠＋氧化钾）应小于0.6%，尽可能选用含碱量不大于0.4%的水泥。

（8）混凝土受侵蚀性介质作用时应选用适应介质性质的水泥。

（9）用于大体积混凝土的水泥应进行水化热试验，其7d水化热不宜大于250kJ/（kg·K）。当混凝土中掺有活性粉料或膨胀剂时，应按相应比例测定7d、28d的综合水化值。

4）用水的选择

（1）使用混凝土设备洗刷水拌制混凝土时，只可部分利用，并应考虑该水中所含水泥和外加剂对拌合物的影响，其中氯化物含量不得大于1200mg/L，酸盐含量不得大于2700mg/L。

（2）拌合用水应洁净。

5）掺合料的选择

（1）粉煤灰不应低于Ⅱ级，以球状颗粒为佳，其三氧化硫含量不应大于3%。

（2）用其他种掺合料应遵照相应标准规定，掺合料供应厂家应提供掺合料水化热曲线。

6）膨胀剂的选择

（1）地下工程允许使用硫铝酸钙类膨胀剂，不允许使用氧化钙类膨胀剂（氧化钙－硫铝酸钙）。

（2）膨胀剂的含碱量不应大于0.75%，使用明矾膨胀剂尤其应严格限制。

（3）膨胀剂应选用一等品，膨胀剂供应商提供不同龄期膨胀率变化曲线。使用膨胀剂的混凝土试件在水中14d限制膨胀率不应小于0.025%，28d的变形以正值为佳。

7）外加剂的选择

（1）大体积混凝土应选用低收缩率特别是早期收缩低的外加剂，除膨胀剂、减缩剂外，外加剂厂家应提供使用该外加剂的混凝土1d、3d、5d、7d、28d的收缩率试验报告，任何龄期混凝土的收缩率均不得大于基准混凝土的收缩率。

（2）外加剂必须与水泥的性质相适应。

（3）外加剂带入每立方米混凝土的碱量不得超过1kg。

（4）非早强型减水剂应按标准严格控制硫酸钠含量：减水剂含固体量应≥30%；减水率应≥20%；坍落度损失应≤20mm/h。

（5）泵送剂、缓凝剂应具有良好的减水、增塑、缓凝和保水性，引气量宜介于3%～5%之间。对补偿收缩混凝土，使用缓凝剂必须经试验证明可利延缓初凝而无其他不良影响。

（6）外加剂氨的释放量不得大于0.1%。

2. 混凝土配合比的基本要求

1）混凝土配合比按设计抗渗水压加0.2MPa控制，储备不可过高。

2）在保证混凝土强度和抗渗性能的条件下应可能添加掺合料，粉煤灰应不得低于二级，其掺量不宜大于20%，硅粉掺量不应大于3%。当有充分根据时掺合料的掺量可适当调高。

3）送达现场混凝土的坍落度，泵送为80～140mm，其他方式输送宜为60～120mm，坍落度偏差±15mm，到达现场前坍落度损失不应大于30mm/h，总损失不应大于60mm。

4）混凝土最小水泥量不低于300kg/m^3，掺活性粉料或用于补偿收缩混凝土的水泥用量不少于280kg/m^3。

5）根据水泥品种、施工条件和结构使用条件选择化学外加剂。

6）水灰比宜控制在0.45～0.5之间，最高不超过0.55。用水量宜在170kg/m^3左右，用于补偿收缩混凝土用水量在180kg/m^3左右。

7）粗骨料适宜含量≤C30为1150～1200kg/m^3，>C35为1050～1150kg/m^3。

8）砂率宜控制在35%～45%，灰砂比宜为1:2～1:2.5。

9）混凝土中总含碱量使用碱活性骨料时限制在3kg/m^3以下。

10）混凝土中氯离子含量不得大于水泥用量的0.3%，当结构使用年限为100年时为0.06%。

11）混凝土的初凝时间应控制在6～8h之间，混凝土终凝时间应在初凝后2～3h。缓凝剂用量不可过高，尤其是在补偿收缩混凝土中应严格限量，以防减少膨胀率。

2.5.2　大体积混凝土的施工技术

1. 工艺流程

大体积混凝土施工工艺流程，见图2-27。

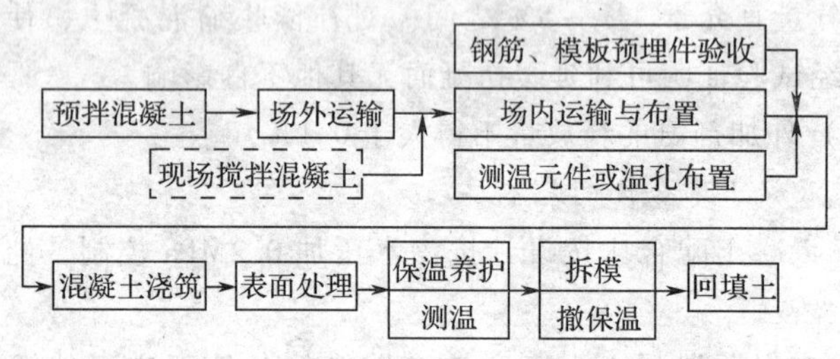

图2-27　大体积混凝土施工工艺流程

2. 施工操作

1）混凝土搅拌

（1）根据施工方案的规定对原材料进行温度调节。

（2）搅拌采用二次投料工艺，加料顺序为：先将水和水泥、掺合料、外加剂搅拌约1min成水泥浆，然后投入粗、细骨料搅拌均匀。

（3）计量精度每班至少检查二次，计量控制在外加剂±0.5%，水泥、掺合料、水±1%，砂石±2%以内。其中加水量应扣除骨料含水量及冰霜重量。

（4）搅拌应符合所用机械说明中所规定的时间，一般不少于90s，加膨胀剂的混凝土搅拌时间延长30s，以搅拌均匀为准，时间不宜过长。

（5）出罐混凝土应随时测定坍落度，与要求不符应及时调整。

2）混凝土的运输和布料

（1）运送混凝土的车辆应满足均匀、连续供应混凝土的需要。必须有完善的调度系统和装备，根据施工情况指挥混凝土的运送，减少停滞时间。在盛夏和冬季罐车应有隔热保温覆盖。

（2）混凝土搅拌运输车，第一次装料时，应多加两袋水泥。

运送过程中筒体应保持慢速转动，卸料前，筒体应加快运转 20～30s 后方可卸料。

（3）受料斗必须配备孔径为 50mm×50mm 的振动筛防止个别大颗粒骨料流入泵管，料斗内混凝土上表面距离口宜 200mm 左右以防止泵入空气。

（4）泵送混凝土前，先将贮料斗内清水从管道泵出，以湿润和清洁管道，然后压入纯水泥浆或 1∶2 水泥浆润滑管道后，再泵送混凝土。泵送混凝土时速度应由慢至快，并转入正常。

（5）泵送混凝土浇筑入模时，端部软管均匀移动，使每层布料均匀，不应成堆浇筑。

（6）泵送中途停歇时间不应多于 60min，如超过 60min 则应清管。

（7）泵送混凝土出口处，管端距模板应大于 500mm。

（8）盛夏施工，泵送应有隔热覆盖。

（9）汽车泵布料时应注意：混凝土自由落距不得大于 2m。混凝土在浇筑地点的坍落度，每工作班至少检查四次，混凝土的实测坍落度与要求坍落度之间的偏差应不大于 ±20mm。

3）混凝土的浇筑

大体积混凝土浇筑根据整体连续浇筑的要求，结合结构物的大小、钢筋疏密、混凝土供应条件（垂直与水平运输能力）等具体情况，选择如下三种方式：

（1）全面分层，见图 2-28（*a*）。在整个结构物内，采取全面分层浇筑混凝土，做到第一层全面浇筑完毕后，开始浇筑第二层时已施工的第一层混凝土还未初凝，如此逐层进行，直至浇筑完成。这种方案适用于结构物的平面尺寸不太大的工程，施工时宜从短边开始，沿长边推进。也可分为两段，从中间向两端进行。

（2）分段分层，见图 2-28（*b*）。适用于厚度不太大而面积或长度较大的工程。施工时混凝土先从底层开始浇筑，进行至一定距离后浇筑第二层，如此依次向前浇筑其他各层。

（3）斜面分层，见图 2-28（*c*）。适用于结构的长度超过厚度三倍的结构物。振捣工作应从浇筑层的下端开始，逐渐上移，此时向前推进的浇筑混凝土滩铺坡度应小于 1:3，以保证分层混凝土之间的施工质量。

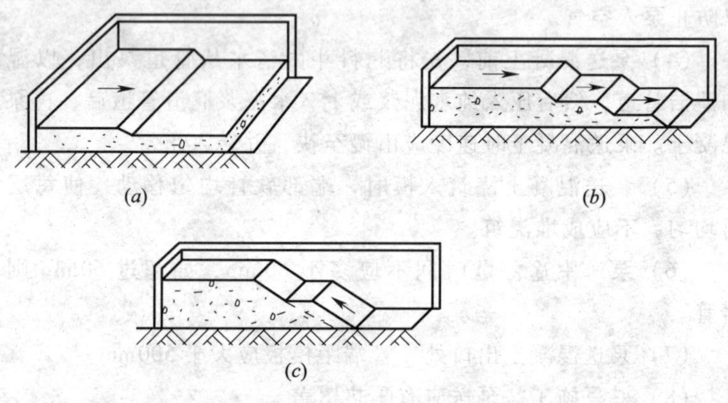

图 2-28　混凝土分层浇筑示意图
（*a*）全面分层；（*b*）分段分层；（*c*）斜面分层

4）混凝土的养护

（1）为了保证新浇筑的混凝土有适宜的硬化条件，防止在早期由于干缩产生裂缝，大体积混凝土应在浇筑完毕后，及早洒水养护（早期为避免太阳直接照射，混凝土表面应用草袋遮盖），以保持混凝土表面经常湿润为原则，模板上亦应经常洒水。

（2）混凝土的养护时间，应根据水泥品种而定，见表 2-18。利用后期强度的，以及在干燥、炎热气候条件下，应延长养护时间，最少养护 28d。对裂缝有严格要求时，应再适当延长。

大体积混凝土养护时间　　表 2-18

水泥品种	养护时间（d）
普通硅酸盐水泥	14
火山灰水泥、矿渣水泥、大坝水泥、矿渣大坝水泥	21
在现场掺用混合材料的水泥	21

(3) 混凝土养护时的温度控制方法一般可归纳为两大类。第一类是降温法，即在混凝土浇筑成型后，通过循环的冷却水进行降温差。第二类是保温法，混凝土浇筑成型后，通过保温材料（如常用的模板、草袋、锯末、塑料布等）、碘钨灯或定时喷浇热水等办法，以提高混凝土表面四周散热面的温度。

(4) 蓄水法养护混凝土。鉴于混凝土是一种水硬性材料，所以采用"蓄水法"控制温度，有利于保证质量（尤其是在强度和密实性方面），还可以防治混凝土表面发生龟裂。这是采用其他施工方法所不及的。即当混凝土终凝后，在结构物表面四周砌砖，并在围墙内蓄以计算深度的水，也可以在构筑物四周支模时，在模板高度中预留"蓄水"深度的尺寸。这样不仅省去砌砖的麻烦，而且还会取得更好的经济效果，见图2-29。为了更好地吸收太阳的辐射热能，以及减少水的对流影响，可在混凝土"蓄水"的同时，再在表面覆盖一层塑料薄膜。

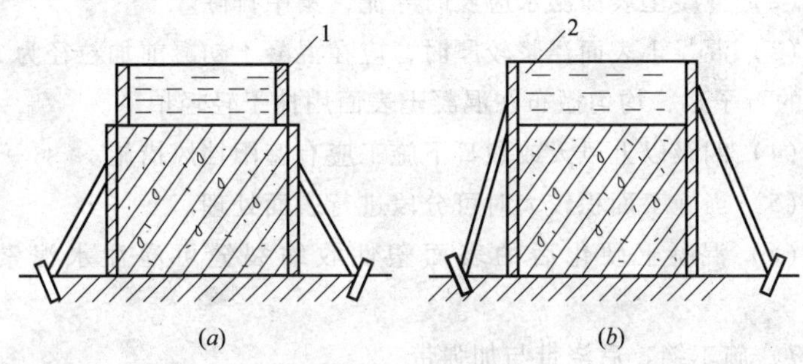

图2-29 蓄水法养护

(a) 砌墙；(b) 支模

1—砌砖；2—模板

(5) 混凝土浇筑的前期养护固然重要，但拆模后的"养护"工作仍然不可忽视。除了正确选择拆模时间外，一般地下拆模后应迅速填土（保温与保湿），不得使混凝土长期裸露，这是保证混凝土中期和后期不出现裂缝的主要措施。

(6) 当外界气温低于5℃时，不得浇水养护。

5）混凝土的温度控制。当设计无特殊要求时，混凝土硬化期的实测温度应符合下列规定：

（1）混凝土内部温差（中心与表面下100mm或50mm处）不大于20℃。

（2）混凝土表面温度（表面下100mm或50mm）与混凝土表面外50mm处的温度差不大于25℃。对补偿收缩混凝土，允许介于30～35℃之间。

（3）混凝土降温速度不大于1.5℃/d。

（4）撤除保温层时，混凝土表面与大气温差不大于20℃。

6）混凝土的表面处理

（1）处理程序

初凝前一次抹压 → 临时覆盖塑料膜 → 混凝土终凝前1～2h掀膜二次抹压 → 覆膜

（2）混凝土表面泌水应及时导流，集中排除。

（3）混凝土表面浮浆较厚时，应在混凝土初凝前加粒径为2～4cm的石子浆，均匀撒布在混凝土表面用抹子轻轻拍平。

（4）四级以上风天或烈日下施工应有遮阳挡风措施。

（5）当施工面积较大时可分段进行表面处理。

（6）混凝土硬化后的表面塑性收缩裂缝可灌注水泥素浆刮平。

7）施工缝、后浇带与加强带

（1）大体积混凝土施工除预留后浇带尽可能不再设施工缝，如有特殊情况必须设施工缝时应按后浇缝处理。

（2）施工缝、后浇带与加强带均应用钢板网或钢丝网支挡。

（3）施工缝、后浇带使用的遇水膨胀止水条必须具有缓涨性能，7d膨胀率不应大于最终膨胀率的60%。

（4）膨胀止水条应安放牢固，自粘型止水条应使用间隔为500mm的水泥钉面定。

(5) 后浇带和施工缝在混凝土浇筑前应清除杂物、润湿，水平缝刷净再铺 10~20mm 厚的 1:1 水泥砂浆或涂刷界面剂并随即浇筑混凝土。

(6) 后浇缝与加强带混凝土的膨胀率应高于底层混凝土的膨胀率 0.02% 以上或按产品说明确定。

2.5.3 大体积混凝土冬期施工

1) 冬期施工的期限。室外平均气温 5d 稳定低于 5℃ 起至高于 5℃ 止。

2) 混凝土的受冻临界强度。使用硅酸盐或普通硅酸盐水泥的混凝土应为混凝土强度标准值的 30%，使用矿渣硅酸盐水泥应为混凝土强度标准值的 40%。掺用防冻剂的混凝土，当气温不低于 -15℃ 时不得小于 4MPa；当气温不低于 -30℃ 时不得小于 5MPa。

3) 冬施的大体积混凝土应优先使用硅酸盐水泥和普通硅酸盐水泥，水泥强度为 42.5 级。

4) 大体积混凝土冬施时，当气温在 -15℃ 以上时，应优先选用蓄热法施工，当蓄热法不能满足要求时应采用综合蓄热法施工。综合蓄热法可在混凝土中加少量抗冻剂或掺入少量早强剂。搅拌混凝土用粉剂抗冻剂可与水泥同时投入。液体防冻剂应先配制成需要的含量，各溶液分别置于有明显标志的容器内备用，并随时用比重计检验其含量。

5) 混凝土浇筑后应尽早覆盖塑料膜和保温层，且应始终保持保温层干燥。侧模及平面边角应加厚保温层。

6) 混凝土冬施所用外加剂应具有适应低温的施工性能，不准使用缓凝剂和缓凝型减水剂，不准使用可挥发氯气的防冻剂，不准使用含氯盐的早强剂和早强减水剂。

7) 混凝土浇筑温度为 10℃ 左右，分层浇筑时已浇筑混凝土被上层混凝土覆盖时不应低于 2℃。原材料的加热，应优先采用水加热。当气温低于 -8℃ 时再考虑加热骨料，依次为砂、石子。当水及骨料加热到上限温度还不能满足要求时，水加热到100℃，但水泥不得与80℃以上的水直接接触。

8）混凝土的搅拌。骨料中不得带有冰雪或冻团。搅拌机应设置于保温棚内，棚内温度不低于5℃。使用热水搅拌应先投入骨料再加水，等水温降到40℃左右时再投入水泥和掺合料等。

9）混凝土运输时应尽量缩短时间，罐车应有保温措施。

10）测温项目。室外气温及环境应每日不少于4次，并测出最高、最低温度。搅拌机棚温度应每班不少于4次，材料温度应每班不少于4次，混凝土出罐、浇筑、入模温度应每班不少于4次。

2.6 轻骨料混凝土

轻骨料混凝土是用轻粗骨料、轻细骨料和水泥配合制成的混凝土，其干表观密度不大于1900kg/m^3。该拌合物多用于建筑工程中有利于抗震并能改善保温和隔声性能。

2.6.1 轻骨料混凝土的施工准备

1. 材料选择

1）水泥。一般采用硅酸盐水泥、普通硅酸盐水泥、矿渣硅酸盐水泥、火山灰质硅酸盐水泥及粉煤灰硅酸盐水泥。必要时也可采用其他品种水泥。

2）轻骨料。粒径在5mm以上，堆积密度小于1000kg/m^3。常用有膨胀珍珠岩、页岩陶粒、黏土陶粒等。

3）轻细骨料。粒径不大于5mm，堆积密度小于1000kg/m^3。常用粉煤灰陶粒、页岩陶粒、黏土陶粒等。

4）砂。适宜浇筑混凝土用的普通砂。

5）水。轻骨混凝土的水与普通混凝土用的水要求相同。

2. 配合比设计参数选择

1）水泥。配制轻骨料混凝土用的水泥品种和强度等级可按表2-19选用。

轻骨料混凝土合理水泥品种和强度等级的选择　表 2-19

<table>
<tr><th>混凝土强度等级</th><th>水泥强度等级</th><th>水泥品种</th></tr>
<tr><td>LC5.0
LC7.5</td><td>32.5</td><td rowspan="3">火山灰质硅酸盐水泥、矿渣硅酸盐水泥、粉煤灰硅酸盐水泥、普通硅酸盐水泥</td></tr>
<tr><td>LC10
LC15
LC20</td><td>32.5</td></tr>
<tr><td>LC20
LC25
LC30</td><td>32.5（或 42.5）</td></tr>
<tr><td>LC30
LC35
LC40
LC45
LC50</td><td>42.5（或 52.5）</td><td>矿渣硅酸盐水泥、普通硅酸盐水泥、硅酸盐水泥</td></tr>
</table>

不同试配强度的轻骨料混凝土的水泥用量可按表 2-20 选用。

轻骨料混凝土的水泥用量　表 2-20

混凝土试配强度（MPa）	轻骨料密度等级						
	400	500	600	700	800	900	1000
<5.0	260~320	250~300	230~280				
5.0~7.5	280~360	260~340	240~320	220~300			
7.5~10		280~370	260~350	240~320			
10~15			280~350	260~340	240~330		
15~20			300~400	280~380	270~370	260~360	250~350
20~25				330~400	320~390	310~380	300~370
25~30				380~450	370~440	360~430	350~420
10~15				420~500	390~490	380~480	370~470
10~15					430~530	420~520	410~510
10~15					450~550	440~540	430~530

注：1. 表中横线以上为采用 32.5 级水泥时的水泥用量值；横线以下为 42.5 级水泥时的水泥用量值；

2. 表中下限值适用于圆球型和普通型轻骨料；上限适用于碎石型轻骨料及全轻混凝土；

3. 最高水泥用量不宜超过 550kg/m^3。

2）水灰比。轻骨料混凝土配合比中的水灰比以净水灰比表示，配制全轻混凝土时，允许以总水灰比表示，但必须加以说明。

轻骨料混凝土最大水灰比和最小水泥用量限制应符合表2-21的规定。

轻骨料混凝土的水灰比和最小水泥用量　　表2-21

混凝土所处的环境条件	最大水灰比	最小水泥用量（kg/m³）	
		配筋混凝土	素混凝土
不受风雪影响混凝土	不作规定	270	250
受风雪影响的露天混凝土；位于水中及水位升降范围内的混凝土和潮湿环境中的混凝土	0.50	325	300
寒冷地区位于水位升降范围内的混凝土和受水压或除冰盐作用的混凝土	0.45	375	350
严寒和寒冷地区位于水位升降范围内和受硫酸盐、除冰盐等腐蚀的混凝土	0.40	400	375

注：1. 严寒地区指最寒冷月份的月平均温度低于 -15℃者，寒冷地区指最寒冷月份的月平均温度处于 -5 ~ -15℃者；

2. 水泥用量不包括掺合料；

3. 寒冷和严寒地区用的轻骨料混凝土应掺入引气剂，其含气量宜为5% ~8%。

3）用水量。轻骨料混凝土的净用水量可根据施工要求和稠度（坍落度或维勃稠度），按表2-22选用。

轻骨料混凝土净用水量　　表2-22

轻骨料混凝土用途	稠度		净用水量（kg/m³）
	维勃稠度（s）	坍落度（mm）	
预制构件及制品：			
（1）振动加压成型	10 ~ 20	—	45 ~ 140
（2）振动台成型	5 ~ 10	0 ~ 10	140 ~ 180
（3）振捣棒或平板振动器振实	—	30 ~ 80	165 ~ 215

续表

轻骨料混凝土用途	稠　度		净用水量（kg/m^3）
	维勃稠度（s）	坍落度（mm）	
现浇混凝土：			
（1）机械振捣	—	50～100	180～225
（2）人工振捣或钢筋密集	—	≥80	200～230

注：1. 表中值适用于圆球型和普通型轻粗骨料，对碎石型轻粗骨料，宜增加10kg左右的用水量；

2. 掺加外加剂时，宜按其减水率适当减少用水量，并按施工稠度要求进行调整；

3. 表中值适用于砂轻混凝土；若采用轻砂时，宜取轻砂1h吸水率为附加水量；若无轻砂吸水率数据时，可适当增加用水量，并按施工稠度要求进行调整。

4）砂率。砂率可按表2-23选用。

轻骨料混凝土的砂率　　表2-23

用　　途	细骨料品种	砂率（%）
预制构件用	轻砂	35～55
	普通砂	30～40
现浇混凝土用	轻砂	—
	普通砂	35～45

注：1. 当细骨料采用普通砂和轻砂混合使用时，宜取中间值，并按普通砂和轻砂的混凝土比例进行插入计算。

2. 采用球形粗骨料时，宜取表中值下限；采用碎石型时，则取上限。

5）掺合料。当采用粉煤灰作掺合料时，应确定粉煤灰取代水泥百分率和超量系数。

6）外加剂。轻骨料混凝土允许采用各种化学外加剂，外加剂质量应符合有关标准的要求，其合理掺量须通过试验确定。

2.6.2 轻骨料混凝土的施工技术

1. 混凝土的搅拌

轻骨料混凝土拌合物必须用强制式搅拌机，投料和拌制工艺见图2-30。

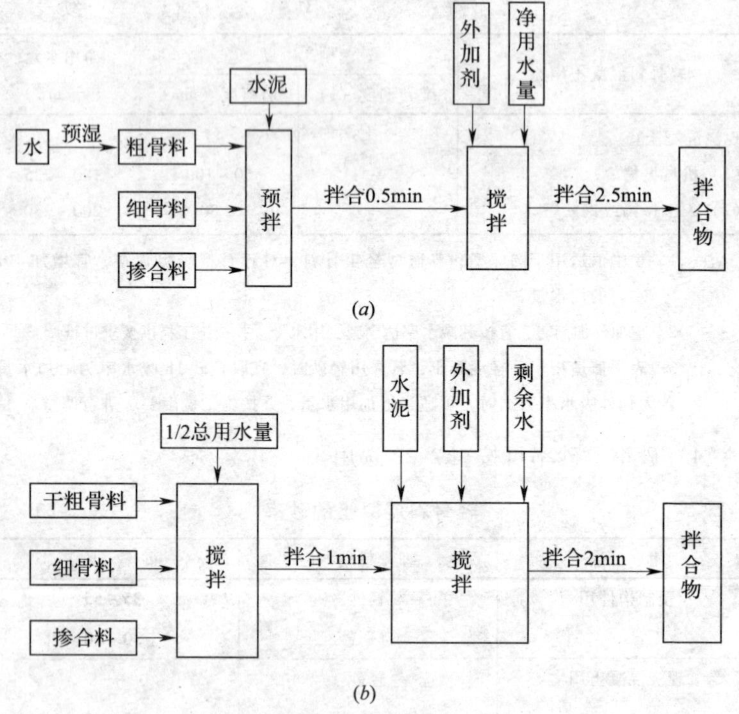

图 2-30　投料和拌制工艺

（*a*）使用预湿处理的轻粗骨料时的投料顺序

（*b*）使用未预湿处理的轻粗骨料时的投料顺序

在轻骨料混凝土搅拌时，使用预湿处理的轻粗骨料，宜采用图 2-30（*a*）的投料顺序；使用未预湿处理的轻粗骨料，宜采用图 2-30（*b*）的投料顺序。

轻骨料混凝土全部加料完毕后的搅拌时间，在不采用搅拌运输车运送混凝土拌合物时，砂轻混凝土不宜少于 3min；全轻或干硬性砂轻混凝土宜为 3～4min。对强度低而易破碎的轻骨料，应严格控制混凝土的搅拌时间。

外加剂应在轻骨料吸水后加入。当用预湿处理的轻粗骨料时，液体外加剂可按图 2-30（*a*）所示加入；当用未预湿处理的轻粗骨料时，液体外加剂可按图 2-30（*b*）所示加入。采用粉状外加剂，可与水泥同时加入。

2. 轻骨料堆放和运输要求

1）轻骨料应按不同品种分批运输和堆放，避免混杂。

2）轻粗骨料运输和堆放应保持颗粒混合均匀，减少离析。采用自然级配时，其堆放高度不宜超过2m，并应防止树叶、泥土和其他有害物质混入。

3）在气温5℃以上的季节施工时，可根据工程需要，对轻骨料进行预湿处理，预湿时间可根据外界气温和来料的自然含水率状态确定，一般应提前半天或一天对骨料进行淋水、预湿，然后滤干水分进行投料。在气温5℃以下时，不宜进行预湿处理。

3. 施工要求

1）为防止轻骨料混凝土拌合物离析，运输距离应尽量缩短。在停放或运输过程中，若产生拌合物稠度损失离析较重者，浇筑前采用人工二次拌合。拌合物从搅拌机卸料起到浇筑入模止的延续时间不宜超过45min。

2）轻骨料混凝土拌合物应采用机械振捣成型。对流动性大、能满足强度要求的塑性拌合物以及结构保温类和保温类轻骨料混凝土拌合物，可采用人工插捣成型。

3）用干硬性拌合物浇筑的配筋预制构件，采用振动台和表面加压（加压重力约0.2N/cm²）成型。

4）现浇筑的竖向结构物（如大模板或滑模施工的墙体），每层浇筑高度宜控制在30～50cm。拌合物浇筑高度大于2cm时，应加串筒、斜槽、溜管等辅助工具，避免拌合物离析。

5）浇筑上表面面积较大的构件，若厚度在20cm以下，可采用表面振动成型；厚度大于20cm，宜先用插入式振捣密实后，再采用表面振捣。

6）振捣延续时间以拌合物捣实为准，振捣时间不宜过长，以防止骨料上浮。振捣时间随拌合物稠度、振捣部位等不同，宜在10～30s内选用。

7）采用自然养护：浇筑成型后防止表面失水太快，避免由于湿度太大而出现表面网状裂纹。脱模后应及时覆盖或喷水养护。

8）采用加热养护时，成型后静停时间不应少于 2h 以避免混凝土表面产生起皮、酥松等现象。

9）采用自然养护时，湿养护时间应遵守下列规定：用普通硅酸盐水泥、硅酸盐水泥、矿渣硅酸盐水泥拌制的混凝土，养护时间不少于7d；用粉煤灰水泥、火山灰水泥拌制的及在施工掺缓凝型外加剂的混凝土，养护时间不少于14d。构件用塑料薄膜覆盖养护时，要保持密封。

2.7　大孔混凝土

大孔混凝土是以单粒级的粗骨料（碎石、卵石或轻粗骨料）、水泥和水配制而成的一种轻混凝土，又称无砂大孔混凝土。无砂大孔混凝土宜用中等粒径（10~20mm）、颗粒均匀的卵石或碎石，也可用各种人造轻骨料。这种混凝土与普通混凝土相比，具有密度大（能保持 1400~1900kg/m^3）、隔声效果好、水的毛细现象不显著、水泥用量小、混凝土侧压力小、可使用各种轻型模板等优点。无砂大孔混凝土主要用于非承重的外墙体。

2.7.1　大孔混凝土的施工准备

1）水泥为42.5级的普通硅酸盐水泥。

2）粗骨料有卵石和碎石，粒径在 10~20mm 之间，针、片状颗粒含量按重量计不大于15%，碎石中含泥量不大于1%。人造轻骨料有粉煤灰陶粒、黏土陶粒，也可以采用浮石、碎砖等。

3）水用无杂质的洁净水。

4）配合比要求见表 2-24 和表 2-25。

卵石无砂大孔混凝土配合比　　表 2-24

水泥：粗骨料（体积比）	水灰比	水泥用量（kg/m^3）	R_{28}（MPa）	堆积密度（kg/m^3）
1:6	0.38	259	14.6	1999
1:8	0.41	193	9.6	1913
1:10	0.45	155	7.2	1862

碎石无砂大孔混凝土配合比　　表 2-25

水泥：粗骨料（体积比）	水灰比	水泥用量（kg/m^3）	龄期	堆积密度（kg/m^3）	抗压强度（MPa）
1:6	0.333	259	3	2080	8.3
			7	2080	11.6
			28	2075	15
1:7	0.338	223	3	2045	7.1
			7	2042	9.6
			28	2040	12.6
1:8	0.348	194	3	2000	5.7
			7	2000	7.8
			28	1995	10.2
1:10	0.36	156	3	1945	4.1
			7	1945	5.6
			28	1942	7.3
1:12	0.372	131	3	1926	3.2
			7	1920	4.1
			28	1917	5.4
1:15	0.392	104	3	1890	2.1
			7	1888	2.8
			28	1887	3.6

2.7.2　大孔混凝土的施工技术

1）无砂大孔混凝土的搅拌，常采用强制式搅拌机。为了防止前几盘搅拌出的强度偏低，可在第一盘及第二盘中多加些水泥，第一盘可多加70%，第二盘可多加50%。采用轻骨料时，搅拌时间适当延长。为了保证无砂大孔混凝土的搅拌均匀，可采用新工艺——预拌水泥浆法。首先搅拌较需要量大3～4倍的水泥浆，然后将粗骨料与拌好的水泥浆一起搅拌，保证每个骨料上都包裹有较多的水泥浆，然后使这些骨料通过一个以一定频率振动的筛子，筛去多余的水泥浆，这样留在骨料表面的水泥浆恰好是所需要的。采用这种方法搅拌，在水泥用量相同的情况下，强度可增强50%～100%。

2）为了节约水泥，还可以采用湿拌强化法。在搅拌时加入为水泥3%～4%的建筑石膏，并适当延长搅拌时间。石膏的掺量随水泥强度等级而定。

3）无砂大孔混凝土的浇筑。在下料高度为1.5m时靠混凝土的重力即可充分密实，无需强烈振捣，只需在墙角和转角处用人工轻轻插捣。在门、窗洞口和其他预留洞口处的混凝土浇筑必须非常小心，注意插捣密实。

4）无砂大孔混凝土的养护，宜用湿润养护，时间为3～7d。养护时必须防止雨水冲刷，以免造成水泥浆流失。混凝土浇筑1d后开始浇水养护。如遇干热天气，可在浇筑后8h开始养护。养护期内每天浇水不少于4次。浇水时，不能将水直接射在无砂大孔混凝土上，应在离混凝土2～3m处用散射水喷洒。

5）无砂大孔混凝土对模板的侧压力较小，约为普通混凝土的1/3，因此可用五合板或钢板作模板。模板设计时，混凝土侧压力可按47～50MPa考虑，计算时应验算模板的强度和挠度。当无砂大孔混凝土达到一定强度拆模后，墙体表面应平整，粗骨料颗粒均匀，棱角整齐及无水泥浆。墙面垂直度和高度等尺寸允许偏差见表2-26。

无砂大孔混凝土的质量对设计尺寸的允许偏差（mm）

表 2-26

项　目	允许偏差	项　目	允许偏差
1. 墙面垂直度 （1）每层 （2）全高	 10 15	5. 每层水平高差（找平后）	6
2. 墙面平面度	8	6. 门窗框垂直偏差	3
3. 墙厚	±5	7. 门窗洞口二对角线	8
4. 层高	±10	8. 预留洞预埋件中心位置偏差	10
		9. 轴线位移	8

2.8　高强混凝土

高强混凝土是指混凝土强度等级为 C60 级及 C60 级以上的混凝土，特点为强度高、变形小、耐久性好，能适应现代工程结构大跨、重载、高耸发展和承受恶劣环境条件的需要。配制高强混凝土必须采用很低的水灰比，因而只有外加高效减水剂才能解决工作性能不足的问题，使高强混凝土作为预拌混凝土和泵送混凝土使用。配制高强混凝土应加入粉煤灰、超细矿渣、沸石粉、硅粉等细粉矿物掺合料。

2.8.1　高强混凝土的施工准备

1. 高强混凝土所用配制原材料的要求

1）应选用质量稳定、强度等级不低于 42.5 级的纯硅酸盐水泥或普通硅酸盐水泥。配制 C60 以上高强混凝土时，水泥的实际活性应大于 57MPa。

2）对强度等级为 C60 级的混凝土，其粗骨料的最大粒径不应大于 31.5mm；对强度等级高于 C60 级的混凝土，其粗骨料的最大粒径不应大于 25mm。针片状颗粒含量不宜大于 5.0%，含泥量不应大于0.5%，泥块含量不宜大于0.2%。其他质量指标应符合现行行业标准《普通混凝土用砂、石质量及检验方法标准》（JGJ 52—2006）规定。粗骨料应选用质地坚硬、级配良好的石灰岩、花岗石、辉绿岩等碎石或碎卵石。

3）细骨料宜选用质地坚硬、级配良好的河砂或人工砂。其细度模数宜大于2.6，含泥量不应大于2.0%，泥块含量不应大于0.5%。其他质量指标应符合现行行业标准《普通混凝土用砂、石质量及检验方法标准》（JGJ 52—2006）的规定。

4）配制高强混凝土时应掺用高效减水剂或缓凝高效减水剂。

5）配制高强混凝土时应掺用活性较好的矿物掺合料，且宜复合使用矿物掺合料。

2. 高强混凝土配合比的计算方法和步骤

高强混凝土配合比的计算方法和步骤除了按本手册第2.1节的计算规定外，尚应符合下列规定：

1）基准配合比中的水灰比，可根据现有试验资料选取。

2）配制高强混凝土所用砂率及所采用的外加剂和矿物掺合料的品种、掺量，应通过试验确定。

3）计算高强混凝土配合比时，其用水量可按第2.1节配合比设计的参数及选择的用水量确定。

4）高强混凝土的水泥量不应大于550kg/m^3；水泥和掺合料的总量不应大于600kg/m^3。

3. 高强混凝土配合比试配与确定的步骤

高强混凝土配合比试配与确定的步骤应按第2.1节的规定进行。当采用三个不同的配合比进行混凝土强度试验时，其中一个应为基准配合比，另外两个配合比的水灰比，宜较基准分别增加和减少0.02～0.03。

通过查阅大量资料对比普通高强混凝土、粉煤灰高强混凝土以及双掺粉煤灰、沸石粉高强混凝土的1d、3d、7d、28d以及56d的抗压强度，发现双掺混合料的高强混凝土具有较好的早期和后期强度。因此，初步给出高强混凝土的配合比的参考表，见表2-27。

高强混凝土配合比参考表　　表 2-27

编号	水泥 (kg/m³)	砂 (kg/m³)	石 (kg/m³)	水 (kg/m³)	减水剂 (kg/m³)	粉煤灰 (kg/m³)	沸石粉 (kg/m³)	水灰比	砂率 (%)	坍落度 (mm)
B0	530	563	1195	148	6.36	—	—	0.28	32	34
B1	466	563	1195	148	5.6	63.6	—	0.28	32	34
B2	466	563	1195	148	7.2	31.8	31.8	0.28	32	34

2.8.2 高强混凝土的施工技术

1．高强混凝土的拌制

高强混凝土宜采用强制式搅拌。高强混凝土与普通混凝土的主要区别是依靠减水剂降低水灰比，而外加剂只有充分拌合才能充分发挥其效用。自落式搅拌机不但生产效率低，且难以将材料拌合均匀，万不得已时用自落式搅拌机必须延长搅拌时间。

混凝土原材料必须准确计量。计量的允许偏差为：水泥和掺合料为 ±1%；粗、细骨料为 ±2%；水和外加剂为 ±1%。

配制高强混凝土必须准确控制用水量。砂石中的含水量应及时测定，并按测定值调整用水量和砂石用量。高强混凝土的配制和拌合应采用自动计量装置。当需要用手工操作时，应严格控制拌合物出机时的均匀性和稳定性。

高效减水剂可采用粉剂或水剂，并宜采用后掺法。当采用水剂时，应在混凝土用水量中扣除溶液用水量；当采用粉剂时，应适当延长搅拌时间（不少于 30s）。拌制高强混凝土可参照图 2-31 所示的投料顺序。

2．高强混凝土的运输、浇筑与养护

1）长距离运输拌合物应使用混凝土搅拌车，短距离运输可利用现场的一般运送设备。装料前，应清除运输车内积水。混凝土自由倾落的高度不应大于 3m。当拌合物水胶比偏低且外加掺合料后有较好黏聚性时，在不出现分层离析的条件下允许增加自由倾落高度，但不应大于 6m。

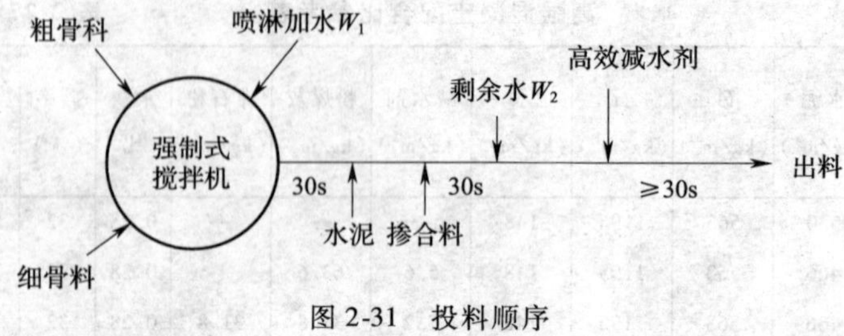

图 2-31　投料顺序

2）浇筑高强混凝土必须采用振捣器捣实。一般情况下宜采用高频振捣器，且垂直点振，不得平拉。当混凝土拌合物的坍落度低于 120mm 时，应加密振点。

不同强度等级混凝土现浇构件连接时，两种混凝土的接缝应设置在低强度等级的构件中，并离开高强度等级构件一段距离，见图 2-32。

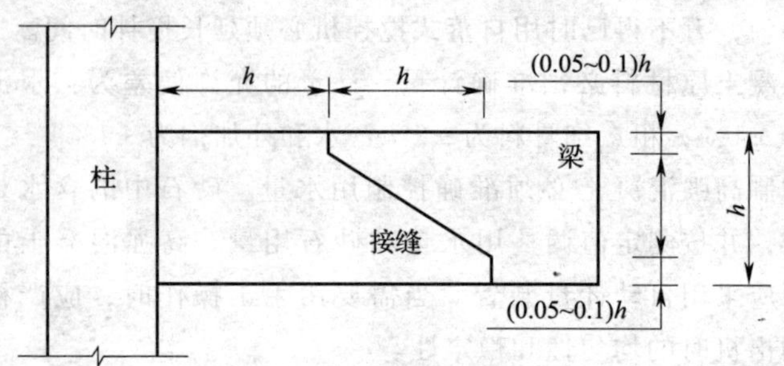

图 2-32　不同强度等级混凝土的梁、柱施工接缝

注：柱的混凝土强度等级高于梁。

当接缝两侧的混凝土强度等级不同且分先后施工时，可沿预定的接缝位置设置孔径 5mm × 5mm 的固定筛网，先浇筑高强度等级混凝土，后浇筑低强度等级混凝土。当接缝两侧的混凝土等级不同且同时浇筑时，可沿预定的接缝位置设置隔板，且随着两侧混凝土的浇筑逐渐提升隔板并同时将混凝土振捣密实。也可沿预定接缝位置设置气囊，充气后在其两侧同时浇筑混凝土，待混凝土浇筑完后排气取出气囊，同时将混凝土振捣密实。

3）高强混凝土浇筑完毕后，必须立即覆盖养护或立即喷洒或涂刷养护剂，以保持混凝土表面湿润，养护日期不少于7d。

为保证混凝土质量，防止混凝土开裂，高强混凝土的入模温度根据环境状况和构件所受内、外约束程度加以限制。养护期间混凝土的内部最高温度不宜高于75℃，并应采取措施使混凝土内部与表面的温度差小于25℃。

3. 高强混凝土泵送施工

泵送的高强混凝土宜采用集中预拌混凝土，也可在现场搅拌站供应，不得采用手工搅拌。高强混凝土泵送施工时，应根据施工进度，加强组织计划和现场联络调度，确保连续均匀供料。混凝土泵或泵车的选型，应根据单位时间内的最大排量和最大泵送距离确定。

泵送高强混凝土时，输送管路的起始水平管段长度不应小于15m。除出口处采用软管外，输送管路的其他部分不宜采用软管，也不宜采用锥形管。

搅拌车到达现场后，应高速旋转20～30s后再将混凝土拌合物喂入受料斗。在泵送过程中，受料斗内的混凝土拌合物不应排空，而应保持淹没叶片。

混凝土开始泵送时应保持慢速运转，以观察泵压（不宜大于20MPa）及各部分情况，待确认工作正常后再以常速泵送。

当向下泵送混凝土时，管路与垂线的夹角不宜小于12°，以防止混凝土因自由下落形成空段而引起阻塞。

现场搅拌的混凝土应在出机后60min内泵送完毕；集中预拌的混凝土应在1/2初凝时间内入泵，并在初凝前浇筑完毕。

混凝土应保持连续泵送，必要时可降低泵送速度以连续性。如停泵超过15min，应隔4～5min开泵一次，同时开动料斗搅拌器，防止斗中混凝土离析。如停泵超过45min，宜将管中混凝土清除，并清洗泵机。

泵送混凝土的坍落度宜为120～200mm。

在冬期拌制泵送混凝土时，应制定相应的施工措施，以保证混凝土拌合物入模温度高于10℃。

2.9　特种混凝土施工

2.9.1　防水混凝土

防水混凝土分为普通防水混凝土、外加剂防水混凝土、膨胀水泥防水混凝土。前两种在施工中较为多用。防水混凝土主要应满足抗渗要求，强度则根据结构计算而定。抗渗性能以抗渗等级为指标，抗渗等级用 P 表示。按照结构的使用环境，抗渗等级有 P6、P8、P10、P12 和大于 P12 等，表示能抵抗 0.6、0.8、1.0、1.2MPa 的静水压力而不渗透。一般工程使用 P6～P8 级的防水混凝土。

2.9.1.1　普通防水混凝土

普通防水混凝土是以调整配合比的方法，来提高自身的密实度，从而达到提高抗渗性能的一种混凝土。在普通防水混凝土中，骨料的骨架作用减弱，水泥砂浆除满足填充及粘结作用外，还要求在石子周围形成质量良好的砂浆包裹层，从而提高混凝土的抗渗性能。

1. 普通防水混凝土的材料要求

1）水泥。水泥强度等级不宜小于42.5级，其品种应按设计要求选用。当有抗冻要求时，应优先选用硅酸盐水泥或普通硅酸盐水泥，严禁采用过期或安定性不合格的水泥。

2）骨料。砂、石应符合有关规范指标要求，颗粒组成可参照普通混凝土对砂、石的要求。

3）水。不含有害物质的洁净水。

2. 配合比设计要求

普通防水混凝土配合比的设计满足抗压强度、抗渗性、适宜的施工和易性和经济性等基本要求。此外，还应根据特定的性质满足抗冻性或其他特殊要求。

防水混凝土的配合比应通过试验选定。选用配合比时，应按设计要求的抗渗等级提高 0.2MPa。普通防水混凝土的配合比设计一般按体积法计算，应遵循下列要求：

1）每立方米混凝土中水泥用量（合掺料）不宜小于320kg。

2）砂率宜为35% ~40%，灰砂比宜为1:2~1:2.5。

3）供试配用的最大水灰比应符合表2-28的规定。

试配用抗渗混凝土最大水灰比参考数值　　表2-28

抗渗等级（MPa）	抗压强度（MPa）	
	C20~C30	>C30
0.6	0.6~0.65	0.55~0.6
0.8~1.2	0.55~0.6	0.5~0.55
1.2以上	0.5~0.55	0.45~0.5

4）用水量。用水量应根据结构条件和施工方法综合考虑决定，一般厚度大于25cm的结构，坍落度可选30mm左右；厚度小于25cm或钢筋密集的结构，为保证浇筑密实，坍落度可加大至30~50cm；结构厚大配筋小的结构坍落度应控制在30mm以内；对于大体积或主墙，应沿墙高度逐步减少用水量。

3. 普通防水混凝土施工要点

混凝土配料称量必须准确，宜采用机械搅拌，且搅拌时间不小于3~3.5min。

混凝土拌合料必须满足施工要求的和易性，浇筑时要均匀分布，分层捣实，每层浇筑厚度不宜超过250mm，并连续浇筑而不留施工缝。因混凝土断面减小，布置埋管、埋设铁件与地脚螺栓的部位、结构设计配筋粗而密，浇筑混凝土时粗骨料不宜通过，浇筑通道被堵塞，为使这些部位的混凝土密实，可采取钢筋移位，模板上开浇筑孔或减少混凝土粗骨料粒径的措施。

普通防水混凝土的养护，应在表面混凝土进入终凝（浇筑6~8h后，夏季2~3h）时在表面覆盖并浇水养护14d以上，应延长拆模时间，拆模后的防水混凝土构筑物应及时回填土。

2.9.1.2 外加剂防水混凝土

外加剂防水混凝土是在混凝土中掺入适当品种和数量的外加

剂，隔断或者堵塞混凝土中的各种孔隙、裂缝及掺水通路，以改善抗渗性能的一种混凝土。

1. 引气剂防水混凝土

引气剂防水混凝土是在混凝土拌合物中掺入微量引气剂配制而成的防水混凝土。

1）引气剂防水混凝土配合比选择范围。含气量以3%～5%（体积比）为宜，也就是松香酸钠与松香热聚物的掺量分别为水泥中的0.03%～0.05%、0.01%～0.05%，此时拌合物堆积密度降低不超过6%，混凝土强度降低不超过25%；每立方米混凝土中的水泥和矿物掺合料总量不宜小于320kg；砂率宜为35%～45%；供试配用的最大水灰比应符合表2-29的规定。

抗渗混凝土最大水灰比　　表2-29

抗渗等级	最大水灰比	
	C20～C30混凝土	C30以上混凝土
P6	0.60	0.55
P8～P12	0.55	0.50
P12以上	0.59	0.45

砂石级配、坍落度控制与普通防水混凝土相同。对掺引气剂的混凝土还应进行含气量试验，其含气量应控制在3%～5%范围内。

2）引气剂的掺量。目前常用的引气剂松香酸钠和松香热聚物，其参考配合比见表2-30。

松香酸钠加气剂防水混凝土配合比参考表　　表2-30

配合比（kg/m³）						坍落度（mm）	抗压强度（MPa）	抗渗等级（MPa）
32.5级水泥	砂	碎石（5～40mm）	松香酸钠（%）	氯化钠（%）	水			
340	640	1210	0.05	0.075	170	30	23.0	0.8

注：松香酸钠和氧化钙掺量以水泥重量的百分数计。

2. 减水剂防水混凝土

以各种减水剂拌制的防水混凝土统称减水剂防水混凝土。减水剂对水泥具有分散作用，可减少混凝土的拌合用水量，从而减少混凝土的孔隙率，增加密实性，提高抗渗性。常用减水剂有普通减水剂和高效减水剂，其掺量见表2-31和表2-32。

国产普通减水剂主要牌号及掺量　　表2-31

序　号	牌　号	主要成分	推荐掺量（水泥重量的%）
1	M	木钙	0.25
2	M-1	纸浆废液	0.35
3	WH-1	苇浆废液	0.25
4	CH	纸浆废液	0.25
5	TR-2	烤胶	0.25
6	MG	木镁	0.25
7	长城牌	磺化腐植酸钠	0.30
8	TRB	烤胶废渣	0.75

国产高效减水剂主要牌号及掺量　　表2-32

序号	牌　号	主要成分	推荐掺量（水泥重量%）
1	FDN	β-萘磺酸甲醛缩合物①	0.5
2	UHF	β-萘磺酸甲醛缩合物①	0.5
3	NF	β-萘磺酸甲醛缩合物①	0.5
4	SN-Ⅱ	β-萘磺酸甲醛缩合物①	0.5~0.7
5	谭建牌	β-萘磺酸甲醛缩合物①	0.5~0.7
6	14	β-萘磺酸甲醛缩合物①	0.5~0.75
7	NNO	亚甲醛二萘磺酸钠	0.7
8	AF	聚次甲基多环芳烃磺酸钠	0.7
9	HD	高分子缩合物	0.5
10	CRS超塑化剂	古玛隆树脂 磺酸钠	普通混凝土：<0.7 高强混凝土：0.8~1.0

① 已制成该牌号系列减水剂，分别具有缓凝、早强、蒸养、引气、泵送、防水等类型。

减水剂的施工特性及要求见表2-33。

减水剂的施工特性及要求　表2-33

序号	项目	特性及要求
1	适用工程	1. 各种现浇的、预制的混凝土，钢筋混凝土，预应力混凝土工程 2. 高效减水剂适宜于大流动性、高强、蒸养混凝土 3. 配套减水剂不宜单独用于蒸养混凝土
2	与水泥配合	用硬石膏或工业废石膏的水泥中，掺用木质素磺酸盐减水剂时，应先做水泥适应性试验，合格后方可使用
3	复合使用	1. 复合制剂的掺量，应经试验后确定 2. 配成混合溶液后如有絮凝或沉淀现象，应分别配成溶液，分别掺入搅拌
4	掺量	1. 普通减水剂的适宜掺量为水泥重量的0.2%～0.3%，可适当增减，但不得大于0.5% 2. 高效减水剂的适宜掺量为水泥重量的0.55%～1.0%
5	掺入方法	1. 宜以溶液掺入；溶液中的水量应从搅拌用水中扣除 2. 现场搅拌的工程，减水剂宜与拌合水同时加入 3. 用搅拌车输送的混凝土，可在卸料前加入，经60～120s搅拌后卸出
6	浇筑方法	1. 与不掺减水剂混凝土相同 2. 对普通减水剂注意振捣除气
7	养护	1. 采用自然养护时，应加强初期湿护 2. 掺高效减水剂的蒸养混凝土，应达到需要的结构强度后，才能升温，蒸汽养护制度应通过试验确定

3. 三乙醇胺防水混凝土

在混凝土拌合物中掺入适量的三乙醇胺以提高其抗水性能为目的而配制的混凝土称三乙醇胺防水混凝土。

三乙醇胺是一种复合剂，其配方按用途不同有以下三种：

1）用于一般混凝土：0.05%三乙醇胺+0.5%食盐；

2）用于预应力混凝土：0.05%三乙醇胺+0.05%食盐+(0.5%~1%）亚硝酸钠；

3）用于严禁使用氯盐混凝土：0.05%三乙醇胺+2%石膏+1%亚硝酸钠。

以上三种用途中三乙醇胺溶液的制备量是按水泥重量的百分比制备。

由于三乙醇胺防水剂对混凝土具有早强、增强和密实作用，所以当抗渗性与其他防水剂混凝土相同时，所用水泥用量较低。当设计抗渗压力为0.8~1.2MPa时，每立方米混凝土水泥用量以300kg为宜，此时砂率以40%左右为宜，当掺入三乙醇胺防水剂后，灰砂比可以小于普通防水混凝土1:2.5的限值。

4. 防水剂（氯化铁）防水混凝土

氯化铁防水混凝土是在混凝土拌合物中加入少量氯化铁防水剂拌制而成的、具有高抗渗、高密实度的混凝土。该混凝土适用于水中结构的无筋或少筋厚度大的防水混凝土工程及一般地下防水工程、砂浆修抹面工程。在接触直流电源或预应力混凝土及重要的薄壁结构上不宜使用。氯化铁防水混凝土施工配合比见表2-34。

氯化铁防水混凝土施工配合比参考表　　表2-34

配合比（质量分数%）					抗压强度（MPa）	抗渗等级（MPa）
水泥	砂	碎石（5~40mm）	水	氯化铁		
Ⅰ	2.5	4.7	0.6	0.015	22.0[①]	2.3
Ⅱ	1.9	2.66	0.46	0.02	50.0	3.2~3.5

① 为7d的强度值。

5. 膨胀剂防水混凝土

用膨胀剂配置的防水混凝土，称为膨胀剂防水混凝土。膨胀剂在水泥水化作用过程中形成大量使体积增大的钙矾石，产生一定的膨胀性能，改善了混凝土的孔隙结构，使总孔隙率减少，毛细孔径减小，提高了混凝土的抗渗性。同时还可以改善混凝土的应力状态。由膨胀能转变为自应力，使混凝土处于受压状态，补偿收缩，因此提高了混凝土的抗裂能力。这两者的统一，使混凝土具有良好的抗渗性。

1）膨胀剂常用掺量，见表2-35。

膨胀剂常用掺量　　**表2-35**

膨胀混凝土种类	水泥用量（kg/m^3）	膨胀剂名称	水泥重量的%
补偿收缩混凝土	≥300	明矾石膨胀剂	3~17
		硫铝酸钙膨胀剂	8~10
		氧化钙膨胀剂	3~5
		氧化钙、硫铝酸钙符合膨胀剂	8~12

2）膨胀剂适用范围，见表2-36。

膨胀剂适用范围　　**表2-36**

混凝土种类	使用目的	适用功能
补偿收缩混凝土	减少混凝土干缩裂缝，提高抗裂性和抗渗性	基础防水、地下室防水、贮罐水池、基础后浇带、混凝土构件补强、堵漏、预填内料混凝土、钢筋混凝土、预应力混凝土
填充用膨胀混凝土	提高机械设备、构件的安装质量，加快安装速度	机械设备的底座灌浆、地脚螺栓的灌浆固定、梁柱接头的浇筑、管道接头的填充，防水堵漏
自应力混凝土	提高抗裂性及抗渗性	仅用于常温下的自应力钢筋混凝土压力水管

注：1. 本表适用的膨胀剂有硫铝酸钙类、氧化钙类、氧化钙·硫铝酸钙类、氧化镁类等四类。

2. 掺硫铝酸钙膨胀剂的混凝土，不得用于长期处于环境湿度为80℃以上的工程中。

3）膨胀剂防水混凝土的施工特性及要求见表2-37。

膨胀剂防水混凝土的施工特性及要求　　表2-37

序号	项目	特性及要求
1	水泥	1. 明矾石膨胀剂宜采用普通硅酸盐水泥或矿渣水泥 2. 硫铝酸钙类、氧化钙类膨胀剂宜采用硅酸盐水泥、普通硅酸盐水泥 3. 如用其他水泥，应通过试验确定
2	不宜复合的外加剂	掺硫铝酸钙类或氧化钙类的膨胀混凝土，不宜同时使用氯盐类外加剂
3	试配	膨胀剂的品种，应按工程性质和施工条件选择，并在施工试配时确定其掺量
4	搅拌	1. 应采用机械搅拌，必须搅拌均匀 2. 搅拌时间不应少于3min，并应比不掺外加剂混凝土的常规搅拌延长30s
5	浇筑	1. 从搅拌机出料至浇筑的允许时间，应根据试验确定 2. 补偿收缩混凝土，宜用机械振捣，必须振捣密实 3. 坍落度在150mm以上的填充用膨胀混凝土，不得使用机械振捣。在浇筑机械设备底座等部位时，可用竹条等柔性工具插捣，每个浇筑单位必须从一个方向浇筑
6	养护	1. 必须在潮湿状态下养护14d以上，或用喷涂养护剂养护 2. 在日最低温度低于5℃时，应采取保温措施 3. 可采用低于80℃的蒸汽养护 4. 上述制度应根据膨胀剂品种、水泥品种、通过试验确定

2.9.1.3 防水混凝土工程施工

1. 施工要点

1）防水混凝土工程质量的优劣，除了取决于设计、材料及配合比成分等因素以外，还取决于施工质量。

2）防水混凝土施工时尽可能一次浇筑完成。对沉箱、水池、水塔等圆筒形结构应优先采用滑模方案。对于运输通廊等长构筑物可按伸缩缝位置划分不同区段间隔施工。对于大体积混凝土工程，应采取分区浇筑，适用发热量低的水泥或掺外加剂等相应措施，以减少温度裂缝。

3）做好基坑防、排水工作，严防地下水及地面水流入基坑造成积水，影响混凝土正常硬化，导致混凝土强度及抗渗性降低。当地面水及地下水不多时可采用盲沟排水。对于埋置深及地下水位较高的构筑物，常采用井点降水。在主体混凝土结构施工前必须做好基础垫层混凝土施工，使其起到辅助防水作用。

4）防水混凝土工程的模板应平整且拼缝严密不漏浆，模板构造应当牢固稳定，通常固定模板的螺栓或铁丝不宜穿过防水混凝土结构，以免水沿缝隙渗入。当墙较高需要对拉螺栓固定模板时，应在预埋套管或螺栓上加焊止水环，阻止渗水通路。

5）绑扎钢筋时，应按设计要求留足保护层，不得有负偏差。留设保护层应以相同配合比的细石混凝土或水泥砂浆制成垫块，严禁用铁钉、绑扎丝将钢筋直接固定在模板上，以防止水沿钢筋侵入。

6）防水混凝土应采用机械搅拌，搅拌时间不应少于2min。对抗渗外加剂的混凝土，应根据外加剂的技术要求确定搅拌时间。

7）混凝土运输过程中，要防止产生离析和坍落度、含气量损失。运输距离或气温较高时，可掺入缓凝型减水剂或采用运输搅拌车。

8）防水混凝土应分层浇筑，每层厚度不宜超过30～40cm，相邻两层浇筑时间间隔不应超过2h，夏季可适当缩短。建筑混凝土的自由下落高度不得超过1.5m，否则应使用串筒、溜槽等工具进行浇筑。防水混凝土应采用机械振捣，严格控制振捣时间（以10～30s为宜）。插入式振捣器插入间距不应超过有效半径1.5倍，并不得漏振、欠振和超振。当掺有加气剂或减水剂时，应采用高频插入式振捣器振捣，以保证混凝土的抗渗性。

9）防水混凝土的养护对抗渗性能影响极大，因此，必须加强养护。一般混凝土进入终凝（浇筑后4～6h）即应覆盖，湿润养护不少于14d。防水混凝土不得采用电热养护和蒸汽养护。冬期施工时可采取保温措施。

10）防水混凝土因对养护要求极严，因此不宜过早拆模。拆模时混凝土表面温度与周围气温温差不得超过15～20℃，以防止混凝土表面出现裂缝。

2. 施工缝

1）施工缝是防水薄弱部位之一，施工中尽量不留或少留。底板的混凝土应连续浇筑，墙体不得留垂直施工缝。墙体水平施工缝不应留在剪力或弯矩最大处，也不宜留在底板与墙体交接处，最低水平施工缝距底板表面200mm以上，距穿墙孔洞边缘不少于300mm。如必须设垂直缝时，应留在结构变形缝处。施工缝的断面形式有平口、企口和竖插钢板止水片等几种形式。常见的企口形式如图2-33。

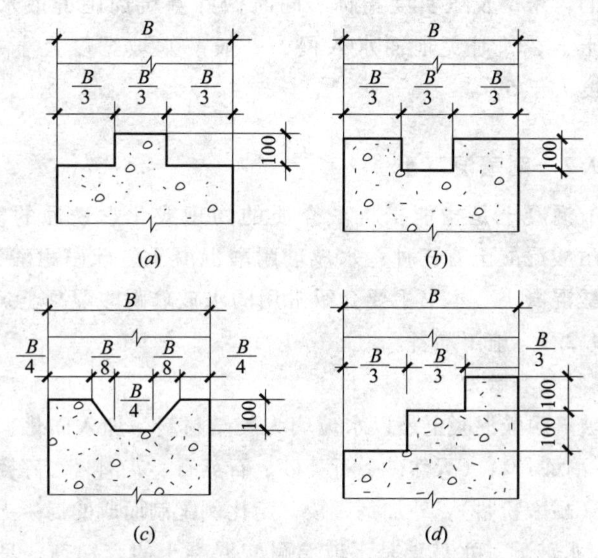

图2-33　施工缝的企口断面形式

2）在施工缝上继续浇筑混凝土时，应将施工缝处的混凝土表面凿毛，清除浮粒并用水冲洗干净，保持湿润，再铺上一层厚

20～25mm的水泥砂浆，其材料和灰砂比应与混凝土相同，捣实后再继续浇筑上部墙体混凝土。

3）在群管和埋件附近以及钢筋稠密处，可采用具有相同抗渗等级的细石混凝土浇筑。

4）在厚度大于1m的少筋防水混凝土结构中，可填充粒径为150～250mm的块石，其掺加量不应超过混凝土体积的20%。块石必须分层直立埋置，间距不小于150mm，与模板的间距不小于200mm，并使结构顶面及底面均有150mm以上的混凝土层。

3. 注意事项

防水混凝土浇筑后严禁打洞，所有预埋件、预留孔都应事先埋设准确。

防水混凝土工程的地下结构部分，拆模后应及时回填土，以利于混凝土后期强度的增长及获得预期的抗渗性能。要严格控制回填土的含水率及压实度指标。同时做好基坑周围的散水坡，以防回填土干裂和避免地面水入侵，一般散水坡宽度大于800mm，横向坡度大于5%。

2.9.2　耐酸混凝土

耐酸混凝土是指能抵抗酸介质的物理或化学锈蚀的混凝土。常用的耐酸混凝土有三种：水玻璃耐酸混凝土、硫磺耐酸混凝土、沥青耐酸混凝土。本书主要介绍常用的水玻璃耐酸混凝土。

2.9.2.1　施工准备

1. 材料和性能

水玻璃耐酸混凝土是以水玻璃为胶结材料，加入固化剂（氟硅酸钠）、耐酸骨料（天然砂、石英砂、石英石、花岗岩、碎瓷片等）、填充料（耐酸粉料）、外加剂，按一定比例配制而成的混凝土。

1）水玻璃。水玻璃是水玻璃耐酸混凝土的胶粘剂，呈青灰色或黄灰色粘稠液体。水玻璃模数（二氧化硅与氧化钠的摩尔比）指标为2.6～2.8，密度指数为1.38～1.40。模数和密度是水玻璃的两项重要技术性能指标，模数愈高，耐酸混凝土的凝速愈快。

若模数过低，凝结时间延长，耐酸性和强度也随之降低。

2）氟硅酸钠。氟硅酸钠是耐酸混凝土中水玻璃的固化剂，为白色、浅灰色或黄色结晶粉末，纯度不小于95%。细度要求全部通过1600孔/m^2筛，过2500孔/m^2筛余量不大于10%，含水率不大于1.0%，游离酸不大于0.3%。

3）耐酸粉料。是由耐酸矿物质如辉绿岩、陶瓷、铸石或石英质高的石料粉末制成，用以填充骨料空隙，使混凝土达到最大密度。耐酸粉料的耐酸率不应小于94%，含水率不应大于0.5%。4900/m^2筛余量为10%～30%。石英粉一般杂质较多，吸水性高，收缩大，不宜单独使用，可与辉绿粉混合，用量各半。

4）耐酸细骨料。常用石英砂，一般工程也用黄砂，要求耐酸度不小于94%，含水率不大与1%，含泥量不大于1%，级配要求见表2-38。

耐酸细骨料颗粒级配　　　　表2-38

筛孔（mm）	5	1.2	0.3	0.15
累计筛余（%）	0～10	22～55	70～95	95～100

5）耐酸粗骨料。常用石英石、花岗岩、碎瓷片、耐酸砖块等，其技术要求耐酸度不小于94%，含泥率不大于0.5%，不允许含泥，浸酸后安全性应为合格（无裂缝、掉角）。级配要求见表2-39

耐酸粗骨料颗粒级配　　　　表2-39

粒径或筛孔（mm）	最大粒径	1/2最大粒径	5
累计筛余（%）	0～5	30～60	90～100

耐酸骨料的最大粒径（指累计筛余不大于5%的筛孔直径）应不超过结构最小尺寸的1/4和钢筋净距的3/4，用于楼地面时不应超过25mm，且不小于面层厚度的2/3。

2. 配合比

1）水玻璃耐酸混凝土抗压强度大于20MPa，浸酸安定性外观检查合格（为裂痕、起鼓、发酥和掉角）。常用水玻璃混凝土配合比见表2-40。

常用水玻璃混凝土配合比（重量比）　　表2-40

序号	水玻璃	氟硅酸钠	粉料			骨料	
			辉绿岩粉	辉绿岩粉:石英岩粉=1:1	69号耐酸粉	细骨粉	粗骨粉
1	1.0	0.15~0.16	2.0~2.2	—	—	2.3	3.2
2	1.0	0.15~0.16	—	1.8~2.0	—	2.4~2.5	3.2~3.3
3	1.0	0.15~0.16	—		2.1~2.2	2.5~2.7	3.2~3.3

注：1. 氟硅酸钠纯度按100%计，不足时应按掺量比例增加。

2. 氟硅酸钠用量计算：

$$G = 1.5 \times N_1 \times 100/N_2$$

式中　G——氟硅酸钠用量占水玻璃用量的百分比（%）；

N_1——水玻璃含氧化钠的百分比（%）；

N_2——氟硅酸钠的纯度（%）。

2）在耐酸混凝土中，比如水玻璃用量过少，混凝土和易性差，用量过多则耐酸性、抗水性差。通常用量为250~300kg/m³。

3）耐酸粉料用量过少则塑性差，用量过多则黏性大，这些都给操作带来困难，影响密实度。耐酸粉料的通常用量为400~500kg/m³。

2.9.2.2　施工技术

1）水玻璃耐酸混凝土宜选用强制式搅拌机配制。材料按下列次序加入搅拌机内：细骨料、粉料、氟硅酸钠、粗骨料，干搅均匀，然后加入水玻璃再搅拌1min。如果水玻璃耐酸水泥，连同粗细骨料一起干搅均匀，再加水玻璃搅拌1min。搅拌时间越长，则硬化时间越短，当搅拌时间为5min时，初凝时间一般为12min。因此，搅拌时间应适度。初凝时间一般为30min。为便于操作，每次搅拌时间和搅拌量均不宜过多。

人工搅拌配制时，先将粉料和氟硅酸钠放在密封的粉料搅拌箱内筛分搅拌均匀，再加入水玻璃，湿拌不少与3次，至颜色均匀为度。配制好的水玻璃混凝土必须在初凝前用完。

2）浇筑耐酸混凝土宜在温度为15～30℃条件下进行。施工时必须做好防雨、防水、防晒及应付温度骤变影响的措施，不得在温度低于10℃的环境下施工。浇筑的基层表面要坚固密实，平整干燥，无污垢。水玻璃材料不耐碱，在基层表面应设置冷底油毡隔离层（金属基层可不做隔离层）。

水玻璃混凝土终凝时间较长，侧压力大，模板必须支撑牢固，拼缝严密，表面平整。模板表面应涂以非碱性隔离剂，如冷底子或机油。

钢筋预埋件应先除锈，并涂刷环氧树脂防锈漆，可撒上耐酸粉和细砂，以加强握裹力。

混凝土坍落度采用机械振捣时不大于10mm，人工捣固时为10～20mm。

混凝土浇筑应分层进行，采用插入式振捣器每层厚度应不大于200mm，采用平板振捣器和采用人工捣实时，每层浇筑厚度不应大于100mm。

混凝土应振捣密实至表面泛浆并排出大量气泡为度。混凝土表面应初凝前一次抹平压光。施工温度越高，则硬化时间越快。气温在30℃时，初凝时间仅14min，应控制操作时间。分层浇筑应连续进行，上一层应在下一层初凝前完成。如超过初凝时间，应留斜槎做施工缝处理。施工缝表面不要太光，但要洁净，继续浇筑前应先涂一层水玻璃稀胶泥，稍后才可以浇筑混凝土。耐酸贮槽、池应一次浇筑完成，不留施工缝。

3）水玻璃混凝土的拆模时间。水玻璃混凝土的特点是初凝快，终凝慢，故拆模时间应按养护温度确定：10～15℃时，不少于5d；16～20℃时，不少于3d；21～30℃不少于2d；31～35℃时，不少于1d。

4）水玻璃耐酸混凝土经养护硬化后（约10d），应进行四次酸化处理，使表面形成硅胶层。处理方法通常用含量（质量分数）为15%～25%的盐酸或含量（质量分数）为40%的硝酸为处理液。每隔8～12h，在混凝土表面均匀涂刷一次。下次涂刷前，应将混凝土表面析出的类白色盐类洁净刷干净。

5）水玻璃耐酸混凝土施工和养护期间应防雨、防潮、防晒和防冻，宜在15～30℃的干燥环境下自养，不得浇水或通蒸汽，不得冲击和振动。养护最少时间：气温在10～20℃时不少于12d；在21～30℃时不少于6d；在31～35℃时不少于3d。

6）注意事项。氟硅酸钠有毒，与粉料混合时应有密封搅拌箱，操作人员应穿戴工作服、口罩、护目镜等。酸化处理时应穿戴防酸防护用品，如防酸手套、防酸靴等。配置稀碱溶液时，只准将浓硫酸徐徐少量地倒入水中，严禁将水倒入浓硫酸内。

2.9.3　耐热混凝土

耐热混凝土是指在200～300℃高温长期作用下，仍能保持其物理力学性能的混凝土（能承受1300～1600℃的称耐火混凝土）。耐热混凝土是由耐热骨料（粗细骨料）与适量的胶结料（有时还掺矿物掺合料或有机掺合料）和水按一定比例配制而成。耐热混凝土常用于热工设备、工业窑炉和受高温作用的结构物，如炉墙、炉坑、烟囱内衬及基础等。具有生产工艺简单、施工效率高、易满足异形部位施工和热工要求，维修费用少、使用寿命长、成本低廉等优点。

2.9.3.1　原材料技术要求

1. 水泥

1）普通硅酸盐水泥不应低于42.5级或矿渣硅酸盐水泥不应低于32.5级。极限使用温度大于等于350℃而小于700℃，水渣含量在50%以上的矿渣水泥可不加耐热掺合料；使用温度为900℃时，水渣含量不应大于50%。极限使用温度大于700℃，都必须加入耐热掺合料，但不得使用石灰石质掺合料。

2）矾土水泥的标号不应低于32.5号；矾土水泥宜加入耐热掺合料。

3）水玻璃及氟硅酸钠的使用要求与耐酸混凝土相同。

2. 掺合料

掺合料有黏土熟料、耐火砖粉末、高炉水淬矿渣、粉煤灰、镁砂等。其细度要求为小于0.088mm的含量应大于70%。掺入量一般为水泥质量的30%～70%。

3. 骨料

骨料可用黏上熟料、矾土熟料、高铝砖碎料、黏土砖碎料、高炉重矿渣、安山岩、玄武岩、辉绿岩、镁砖碎料等。用于振捣成型时，粗骨料粒径一般为5～15mm，砂率为45%～55%；用于捣打成型时，粗骨料粒径不宜大于10mm，砂率为45%～55%；用于喷射成型时，粗骨料粒径不大于10mm，砂率为55%～75%；机压成型时则不宜使用粗骨料，耐热混凝土的细骨料一般为0.5～5mm。

2.9.3.2 配合比

耐热混凝土配合比的选择，应根据耐热混凝土的强度、极限使用温度和使用条件、材料来源及经济效果等考虑，同时应满足施工和易性的要求。耐热混凝土的材料组成、极限使用温度和适用范围，见表2-41。配合比可参考经验配合比表2-42进行试配，以确定基准配合比。

耐热混凝土的材料组成、极限使用温度和适用范围

表 2-41

种类	极限使用温度（℃）	组成材料及用量（kg/m^3）			混凝土最低强度等级	适用范围
		胶结料	掺合料	粒细骨料		
普通水泥或矿渣水泥耐热混凝土	700	普通水泥（矿渣水泥）300～400（350～450）	水渣、粉煤灰黏土熟料150～300（0～200）	高炉矿渣、红砖安山岩、玄武岩1300～1800（1400～1900）	C15	温度变化不剧烈、无酸碱侵蚀的工程
	900	普通水泥（矿渣水泥）300～400（300～400）	耐火度不低于1610℃的黏土熟料（黏土砖）150～300（100～200）	耐火度不低于1610℃的黏土熟料（黏土砖）1400～1600（1400～1600）	C15	无酸碱侵蚀的工程

续表

种类	极限使用温度（℃）	组成材料及用量（kg/m³）			混凝土最低强度等级	适用范围
		胶结料	掺合料	粒细骨料		
普通水泥或矿渣水泥耐热混凝土	1200	普通水泥300～400	耐火度不低于1670℃的黏土熟料、黏土砖、矾土熟料150～300	耐火度不低于1670℃的黏土熟料、黏土砖、矾土熟料1400～1600	C20	无酸碱侵蚀的工程
矾土水泥耐热混凝土	1300	矾土水泥300～400	耐火度不低于1730℃的黏土熟料，矾土熟料150～300	耐火度不低于1730℃的黏土砖、矾土熟料、高铝砖1400～1700	C20	宜用于厚度小于400mm的结构，无酸碱侵蚀的工程
水玻璃耐热混凝土	600	水玻璃300～400再加氟硅酸钠（占水玻璃重量的12%～15%）	黏土熟料、黏土砖300～600	安山岩、辉绿岩、玄武岩1550～1650	C15	可用于受酸（氢氟酸除外）作用的工程，但不得用于经常有水蒸气及水作用的部位

续表

种类	极限使用温度（℃）	组成材料及用量（kg/m³）			混凝土最低强度等级	适用范围
		胶结料	掺合料	粒细骨料		
水玻璃耐热混凝土	900	水玻璃 300 ~400 再加氟硅酸钠（占水玻璃重量的 12% ~15%）	耐火度不低于 1670℃的粘土熟料、粘土砖 300 ~600	耐火度不低于 1610℃的黏土熟料、粘土砖 1200 ~1300	C15	可用于受酸（氢氟酸除外）作用的工程，但不得用于经常有水蒸气及水作用的部位
	1200		一等冶金镁砂或镁砖 500 ~600	一等冶金镁砂或镁砖 1700 ~1800	C15	可用于受 NaCl Na_2SO_4、Na_2CO_3、NaF 熔融液作用的工程，但不得用于受酸作用及有水蒸气和水作用的部位

注：1. 用镁质材料配制的混凝土宜制成预制砌块，并在 40 ~60℃的温度下烘烤后使用。

2. 表中括号内的数字为以矿渣水泥为胶结料的材料用量。

耐热混凝土的配合比实例　　　　表 2-42

工程项目	材料						强度 (MPa)	极限使用温度（℃）
	水	42.5级普通水泥	42.5级矿渣水泥	细骨料 (0.15~5mm)	粗骨料 (5~25mm)	掺合料		
高炉基础	0.95	1	—	1.9	2.7	1	24	1200
贮柜槽	0.48	—	1	1.5	2.25	—	38	900
返柜槽	0.70	—	1	1.8	2.5	—	37	900

2.9.3.3　施工操作要点

1）耐热混凝土宜采用机械搅拌，即先将水泥、掺合料、粗细骨料干拌 2min 然后加水搅拌至颜色均匀，不应使用促凝剂。

2）在满足施工要求条件下，应尽量减少用水量，坍落度机械振捣应不大于 2cm，人工插捣应不大于 4cm。

3）耐热混凝土的浇筑方法与普通混凝土相同，浇筑时每层厚度控制在 20~30cm。

4）耐热混凝土宜在温度为 15~25℃的潮湿环境中养护。养护时间为普通水泥不少于 7d；矿渣水泥不少于 14d；矾土水泥要加强早期养护，不少于 3d。

5）冬期施工应按冬期施工方法处理。加热时，养护温度：普通及矿渣水泥不得超过 60℃；矾土水泥不得超过 35℃。

6）水玻璃耐热混凝土的施工方法，与水玻璃耐酸混凝土相同。

2.9.3.4　质量要求

耐热混凝土的检验项目和技术要求，见表 2-43。

耐热混凝土的检验项目和技术要求　　　　表 2-43

极限使用温度	检验项目	技术要求
≤700℃	混凝土强度等级 加热至极限使用温度并经冷却后的强度	≥设计强度等级 ≥45% 烘干抗压强度
900℃	混凝土强度等级残余抗压强度 （1）水泥胶结料耐热混凝土； （2）水玻璃耐热混凝土	≥设计强度等级 ≥30% 烘干抗压强度，不得出现裂纹 ≥70% 烘干抗压强度，不得出现裂纹

续表

极限使用温度	检验项目	技术要求
1200～1300℃	混凝土强度等级残余抗压强度	≥设计强度等级
1200～1300℃	(1) 水泥胶结料耐热混凝土； (2) 水玻璃耐热混凝土； (3) 加热至极限使用温度后的线收缩； 极限使用温度为1200℃时 极限使用温度为1300℃时 (4) 荷重软化温度（变形4%）	≥30%烘干抗压强度，不得出现裂缝 ≥50%烘干抗压强度，不得出现裂缝 ≤0.07% ≤0.09% ≥极限使用温度

2.10 构筑物混凝土施工

2.10.1 筒仓混凝土浇筑

施工实例：直径15m的现浇钢筋混凝土筒仓结构，地面以上7m为带扶壁柱的筒壁，筒壁厚度25cm，其上为漏斗平台及筒仓。

漏斗平台以下高7m带扶壁柱的筒壁采用支模方案浇筑混凝土施工，漏斗平台以上筒壁采用滑模混凝土施工。

1. 支模浇筑混凝土

1）混凝土浇筑工艺

(1) 铺砂浆。筒壁浇筑混凝土前，应在底板上均匀浇筑5～10cm厚与筒壁相同强度等级的减石子砂浆。砂浆应用铁锹入模，不应用料斗直接入模。

(2) 混凝土搅拌。加料时，按石子、水泥、砂子、水的顺序倒入斗中。各种材料应计量准确，严格控制坍落度，搅拌时间不得少于1min。雨期时，应测定砂石含水量，保证水灰比准确。

(3) 分层浇筑。浇筑混凝土应分层进行，第一层浇筑厚度为50cm，然后均匀振捣。最上一层混凝土应适当降低水灰比，坍落度以3cm为宜。浇筑时应及时清理落地混凝土。

(4) 洞口处浇筑。混凝土应从洞口正中下料，使洞口两侧混凝土高度一致。振捣时，振捣棒应距洞口30cm以上，最好采取两侧同时振捣，以防洞口变形。

(5) 壁柱浇筑。先将振捣棒插放到柱根部并使其振动，再灌入混凝土，边下料边振捣，连续作业，浇筑到顶。

(6) 筒壁混凝土振捣。振捣棒移动间距一般应小于50cm，要振捣密实，以不冒气泡为度。要注意不碰撞各种埋件，并注意保护空腔防水构造，各有关专业工种应相互配合。

(7) 拆模强度及养护。常温下混凝土强度大于1MPa，冬期施工时大于5MPa时即可拆模。若有可靠冬期施工措施保证混凝土达到5MPa以前不受冻时，可于强度达到4MPa时拆模，并及时修整壁柱边角和壁面。常温施工时，浇水养护不少于3d，每天浇水次数以保持混凝土具有足够的湿润状态为度。

2) 质量要求

(1) 严格控制混凝土配合比，混凝土出搅拌机坍落度5~7cm，入模时坍落度3~5cm，每一工作班至少检查两次。外加剂掺量要符合要求。施工中严禁对已搅拌好的混凝土加水。混凝土强度应达到设计要求。

(2) 混凝土派捣均匀密实，筒壁面及接槎处应平整光滑，筒壁面不得出现蜂窝、麻面、露筋、粘连、漏振及烂根现象。

(3) 筒壁混凝土表面应符合质量允许偏差要求。

3) 安全措施

(1) 用料斗吊运混凝土时，防止料斗在护身栏杆处挤人。

(2) 专业电工应保证电源、电路安全可靠，经常检测有关电器绝缘情况。

(3) 操作人员振捣混凝土时，必须穿戴胶鞋和绝缘手套。

(4) 在筒壁外边缘操作时，应预先检查外檐防护栏杆是否安全可靠，必要时应配戴安全带作业。

4) 应注意的质量问题

(1) 筒壁烂根。筒壁混凝土浇筑前模板底部均匀预铺5~

10cm 的水泥，砂浆。混凝土坍落度要严格控制，防止混凝土离析。底层振捣应认真操作。

（2）洞口移位变形。模板穿壁螺栓应紧固可靠，改善混凝土浇筑方法，防止混凝土冲击洞口模板，坚持洞口两侧混凝土对称，均匀进行浇筑、振捣的方法。

（3）筒壁气泡过多。采用高频振捣器，每层混凝土要振捣至气泡排除为止。

2. 滑模混凝土施工

1）施工准备。确定混凝土的垂直、水平运输方式和现场平面布置。

（1）施工的机具、材料、设备的准备，施工前都要做周密的检查和检修。

（2）对钢模板、油管、千斤顶要清洗和修整，并做空滑试验。

（3）对操作人员及有关人员进行技术交底。

2）混凝土施工。混凝土的浇筑顺序为每次分层浇筑高度平均30cm，浇筑到2/3 模板高度后先行试滑。如果露出部分的混凝土达到0.1 ~ 0.25MPa，即可继续滑升，每浇筑 30cm，可连续滑行一次。

钢筋绑扎和混凝土浇筑应交错进行，要特别注意埋件安放位置的准确性，埋件采用焊在钢筋上的方法。

滑模混凝土施工的同步是保证滑升准确的一项重要措施。应采取每提升 30cm 就检查一次标高，一般控制在 ±15cm 以内，相邻两个千斤顶的升差不得超过 5cm，利用开闭针形阀进行调整。中心控制是在内钢圈上固定一个钢横梁，下面吊一个大线锤，每班检查不少于两次，找正方法通过调整钢平台进行，即中心向哪一边移位，就将哪一边的平台适当提高，逐渐找正。

3. 混凝土漏斗施工

1）筒壁与圈梁同时施工方法。当筒壁滑升至漏斗圈梁的梁底标高，待混凝土达到脱模强度后，将模板空滑至漏斗圈梁的上口，然后支圈梁及漏斗的模板再浇筑混凝土，再继续滑升筒壁。但在模板空滑过程中，支承杆容易弯曲，有使操作平台倾斜的危险，因此必须将支承杆加固。

2）漏斗与圈梁分开施工方法。在漏斗圈梁支模浇筑混凝土时预留出漏斗的接槎钢筋。在筒壁滑升施工全部完毕后，再进行漏斗支模、绑扎钢筋及浇筑混凝土。

2.10.2　烟囱混凝土浇筑

2.10.2.1　混凝土浇筑

1. 混凝土从搅拌机卸出后到浇筑完毕的延长时间不宜超过60min。

2. 混凝土的浇筑应连续进行，一般间歇不得超过2h否则应留施工缝。

3. 混凝土浇筑从一点开始分左右两路沿圆周浇筑，两路会合后，再反向浇筑，这样不断分层进行，加以振捣。每层的浇筑高度约250~300mm。

4. 如混凝土浇筑高度超过2m，应加设串筒下料。用插入式振动器时应快插慢拔，插点均匀，逐点进行，振捣密实。

5. 施工缝处混凝土强度必须大于1.2MPa时，方可继续浇筑混凝土。浇筑前应清除浮渣、洗净，铺一层25mm厚与混凝土成分相同的水泥砂浆。

2.10.2.2　混凝土养护

较高的烟囱需要安装一台高压水泵，用ϕ50~60水管将水送到井架顶部，并随井架的增高而接高，自管顶用胶管向下引水到围设在外吊梯周围的ϕ25胶皮喷水管内，喷水管上钻有间距120~150mm、ϕ3~5mm的喷水孔，进行喷水养护。也可喷涂养护剂进行保湿养护。

2.10.2.3　质量标准

1. 基础

基础的实际位置和尺寸对设计位置和尺寸的误差不应超过表2-44的规定。

基础的实际位置和尺寸的允许误差　　　　表 2-44

误差名称	误差数值（mm）
基础中心点对设计坐标的位移	15
基础杯口壁厚的误差	±20
基础杯口内径的误差	杯口内径的 1%，且最大不超过 50
基础杯口内表面的局部凹凸不平（沿半径方向）	杯口内径的 1%，且最大不超过 50
基础底板直径和厚度的局部误差	±20

注：1. 必对承受高度大于 50m 的烟囱的地基土应进行工程地质勘察，勘察单位根据工程性质、地质情况以及设计要求，进行必要的各项试验，挖槽后必须验槽。

2. 对于高度大于 50m 的烟囱应当埋设水准观测点，进行沉降观测。

2. 钢筋混凝土烟囱

筒身的实际尺寸对设计尺寸的误差不应超出表 2-45 的规定。

筒身实际尺寸对设计尺寸的误差　　　　表 2-45

项次	误差名称	误差数值（mm）
1	筒身中心线的垂直误差 （1）高度为 100m 及 100m 以下的烟囱； （2）高度在 100m 以上的烟囱	烟囱高度的 0.15%，不超过 110； 烟囱高度的 0.1%
2	筒壁厚度的误差	±20
3	筒壁任何截面上的直径误差	该截面筒身直径的 1%，且最大不超过 50
4	筒身内外表面的局部凹凸不平（沿半径方向）	该截在筒身直径的 1%，且最大不超过 50
5	烟道尺寸的误差	±20

注：钢筋混凝土烟囱每浇筑 2.5m 高的混凝土，应取试块一组，进行强度复核。

2.10.3 水池混凝土施工

2.10.3.1 池底板混凝土施工

1. 准备工作

1）降低地下水措施。一般可采用基坑排水，这种施工方法简单而经济。在土方开挖过程中，沿基坑边挖成临时性的排水沟，相隔一定距离，在底板范围外侧设置集水井，用人工或机械抽水，使地下水位处于基槽表面标高以下0.6m处。如地下水较高，应采用井点降水以降低地下水位。

2）检查土质是否与设计资料相符或被扰动。如有变化时，须针对不同情况加以处理。如基土为稍湿而松软时，可在其上铺以厚10cm的砾石层并加以夯实，以备浇筑混凝土垫层。

3）混凝土垫层浇筑完毕后，隔1～2d，在垫层面测定底板中心，根据图纸放线，绑扎钢筋，并安装柱基和底板外围模板。检查钢筋的直径、间距、位置、搭接长度、上下层钢筋的间距、保护层及埋件的位置和数量与设计要求是否相符。将上下层钢筋用铁撑（铁马凳）加以固定，使之在浇捣过程中不发生变位。

4）用临时小木方放在垫层上，使柱基模板悬空架设。以后边浇混凝土，边取出小木方。

2．混凝土的浇捣

1）底板应一次连续浇完，不留施工缝。平底板的浇筑顺序见图2-34。施工间歇时间不得超过混凝土的初凝时间。如混凝土在运输过程中产生初凝或离析现象，应在现场进行二次搅拌，方可入模浇捣。

2）底板厚度在20cm以内，可采用平板振动器。当板的厚度较厚，则采用插入式振动器。混凝土振捣要密实。覆盖草垫浇水湿润对混凝土进行养护。

3）如池壁为现浇混凝土时，要注意底板与池壁连接处的施工缝可留在池底表面以上20cm处。如设计要求有止水钢板或橡胶止水带，在浇捣混凝土之前，应将止水钢板或橡胶止水带安放固定。

4）混凝土浇捣后，其强度未达1.2MPa时禁止振动，不得在底板上搭设脚手架、安装模板或搬运工具，并注意对混凝土的养护。

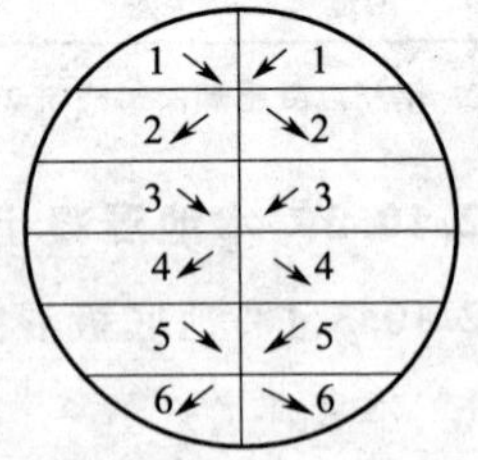

图2-34　平底板的浇筑顺序

5）池底现浇混凝土如必须留施工缝时，一般施工缝要做成垂直的结合面，不得做成斜坡结合面，并注意接槎附近混凝土保证密实。在接搓处铺10mm厚的1:2水泥砂浆，再浇筑混凝土。

2.10.3.2　池壁混凝土施工

1. 钢筋混凝土池壁施工

1）圆形混凝土池壁。圆形混凝土池壁的施工，常用立柱加斜撑支模的浇筑方法。也可以采用无支撑支模的施工方法，即先立内模绑扎好钢筋，再立外模，不设支撑，只在内外模间用拉结止水螺栓紧固，内模里圈用花篮螺栓及拉筋拉紧。

支好模后，沿池壁四周均匀对称分层浇筑，每层一次浇筑高度为20~25cm，浇筑到临时撑木位置时，先将撑木取下，再继续施工。为避免混凝土从高处倒下时产生离析现象，应用串筒将混凝土灌入，再进行振捣。

2）矩形钢筋混凝土池壁。矩形钢筋混凝土池壁分无撑及有撑支模两种方法。无撑支模与圆形混凝土池壁相同，有撑支模为常用的方法。当矩形池壁较厚时，内外模可在钢筋绑扎完毕后一次立好。浇捣混凝土时操作人员可进入模内振捣，或开门子板，将插入式振捣器放入振捣。为了防止混凝土产生离析现象，可以采用串筒将混凝土灌入，分层浇捣。

圆形、矩形池壁拆模后，应将外露的止水螺栓割去。高池壁的水池宜采用滑升模板施工。

2. 预制装配式钢筋混凝土池壁施工

预制装配式钢筋混凝土池壁的施工关键在于使壁板与壁板之间结合严密，壁板与池底壁板槽结合严密。应做好以下工作：

1）池底壁板槽拆模后，在槽壁两侧将混凝土凿毛，测好杯底标高，把槽底凸出部分凿平，并清除干净，浇水润湿，刷纯水泥浆。

2）预制壁板一般采用大于或等于C20混凝土，抗渗等级大于或等于P6。

3）根据设计，预制壁板尺寸的排列，在壁槽上口弹出壁板安放线。

4）将每块壁板两侧凿毛。

5）壁板吊装校正后，将两块壁板之间的钢筋，按设计要求进行连接，用止水螺栓夹住两侧模板，然后浇筑微膨胀细石混凝土，浇水养护到规定强度，拆除模板，割去露出板外的螺栓，然后内外抹灰。

3. 预应力钢筋混凝土池壁施工

1）预应力钢筋混凝土预制壁板外绕高强钢丝施工法。系用长向预应力高强钢丝制作混凝土预制板组合池壁，再在圆形池壁用绕丝机绕 ϕ5mm 高强钢丝作为环向预应力筋，绕丝完成后，外面用1:2.5水泥砂浆喷涂，厚度不小于4cm，表面压实抹光，也可在外涂冷底子油及热沥青两道保护。

2）钢筋混凝土预制壁板预应力钢筋电热张拉施工法。池底采用C20钢筋混凝土，抗渗等级不小于P6连续浇筑振捣。底板池壁环槽，分两次施工。先施工内环槽及底板，外环槽待壁板安装完，预应力钢筋电热张拉后，再进行施工。池壁板用不小于C20钢筋混凝土预制，抗渗等级不小于P6，V形接缝，要求尺寸准确，外表凿毛刷洗干净，接缝浇筑C30微膨胀细石混凝土振捣密实，加强养护。当灌缝混凝土强度达到设计强度的70%以上时，开始进行张拉。

电热张拉法是利用钢筋热胀冷缩的原理张拉预应力筋，并利用伸长值来控制需要建立的预应力值。张拉时两端接通电源，然后在低电压（30～65V）情况下通入强电流（约500～900A），当钢筋伸长到设计要求长度时，切断电源，拧紧锚具待钢筋冷却，对混凝土池壁产生压力，在混凝土中建立起所要求的应力值。

池壁施工顺序为：沿池壁搭钢管脚手架；底板环槽内找平后按壁板位置弹线分号；壁板按号安装、校正；壁板与钢管架用 ϕ10 钢筋临时电焊固定；壁板缝支模；C30抗渗混凝土灌缝；内槽壁空隙嵌沥青麻丝、石棉水泥混合体打紧；上部灌C30细石混凝土；

灌缝混凝土强度达到设计强度70%以上时，进行壁板环向预应力钢筋电热张拉；捣制环槽外壁混凝土。

电热设备一般选用弧焊机两台并联使用。钢筋可以选用 $\phi^{L}14$ 环向钢筋作为冷拉预应力筋。合闸通电进行张拉时，要做好电压、电流、钢筋表面的测量，以便随时进行调整。当张拉长度达到计算伸长值后即可断电，这种施工方法是较为先进的大型水池施工工艺之一。

2.10.3.3 池顶盖混凝土施工

1. 预制蜂窝式无筋混凝土球壳顶盖施工

直径11m，球面壳顶半径11.7m，球冠高1.4m的300t圆形砖砌水池，采用蜂窝式混凝土球壳顶盖，其优点是混凝土折算厚度为4.5m，不配筋，块体轻，易安装。具体做法如下：

1）根据实际球壳尺寸，预制需要用量的六角形、非六角形C20素混凝土块，见图2-35。

2）环形圈梁捣制后，按设计尺寸支好球壳的模板，球面可采用铺竹笆上抹草泥。待草泥干后即开始拼装预制块。预制混凝土块安装次序如图2-36所示。混凝土块开口向上，混凝土块之间用C20细石混凝土灌缝。为了减少预制块种类，在实际施工中，图2-36中斜线部分采用现浇12cm厚C20混凝土。

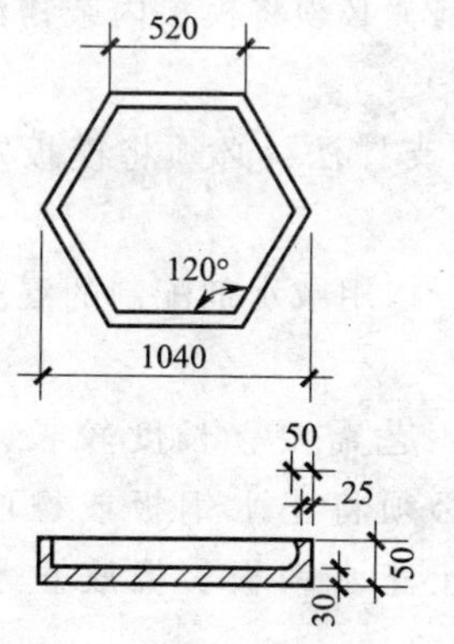

图2-35 素混凝土预制块

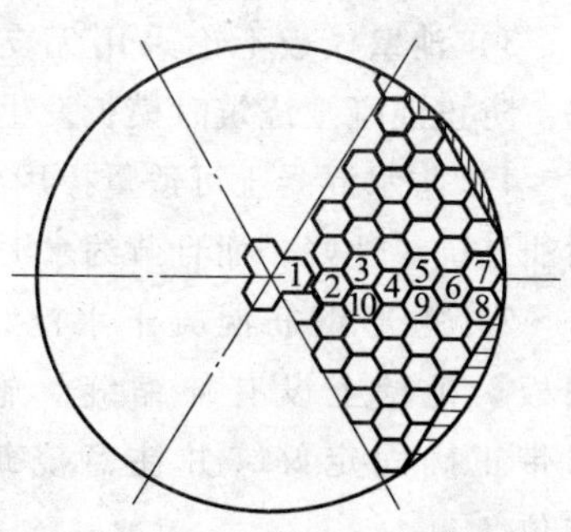

图2-36 现浇混凝土部分示意

3）球壳拼装完毕，待混凝土达到一定强度，即用1:3白灰炉渣将混凝土块填满作为保温层。拍实后，在其表面抹2cm厚的防水砂浆。

4）人孔为一块同样尺寸的无底板的混凝土块，并在肋上配有2ϕ12环向钢筋。

5）模板的拆除。操作人员由人孔进入池内，按球壳拆模程序与要求进行拆模，材料由人孔运出。

2. 现浇钢筋混凝土池顶盖施工

现浇钢筋混凝土池顶盖施工按现浇混凝土结构的施工方法进行。预制扇形板顶盖施工如下：

1）按平面布置将各种构件堆放整齐，并检验构件质量。

2）池内预制柱应首先吊装，校正后立即以细石混凝土灌缝。再进行环梁安装，每根环梁与柱子的埋件要焊牢，然后再支模浇筑细石混凝土接头，使环梁成整体。环梁吊装时，中间应加临时支撑加以稳定。

3）扇形板吊装应按照环梁上的弹线逐块平稳安放，板与板之间以1:3水泥砂浆（或用细石混凝土）灌缝。

2.10.3.4 工程质量要求

1）做好土方、钢筋隐蔽工程记录。

2）钢筋混凝土壁板和壁槽灌缝之前，必须将模板内杂物清除干净，用水将模板湿润。

3）池壁模板不论采用无支撑或有支撑法，必须将模板紧固好，防止混凝土浇筑时模板发生变形。

4）防水混凝土可适量掺用减水剂，掺用减水剂配制的混凝土耐油、抗渗性好，而且节约水泥。

5）矩形钢筋混凝土水池，由于工艺需要，长度较长，在底板、池壁上设有伸缩缝。施工中必须将止水钢板或橡胶止水带正确固定好，并注意浇筑，防止止水钢板、橡胶止水带移位。

6）水池混凝土的强度好坏，养护是重要一环，底板浇筑完后，在施工池壁时，应注意养护，底板、池壁和池壁灌缝的混凝土养护期应不少于14d。

7）及时填写混凝土工程施工日志和按规定做好混凝土试块。

8）其他按施工质量验收规范施工。

2.10.3.5　试水

水池施工全部完成后，必须进行试水，检查施工质量及结构安全度。试水时先封闭管道孔，由池顶放水进池，一般分几次放水，控制每次进水高度，逐次进行观察，并做好记录。如无特殊情况，可继续放水，直至水位达到设计标高。同时还要做好沉降观察，池中水位达到设计标高后，静停1d，进行外观检查，并做好水面高度标记，再连续观察7d，外表无渗漏，水位无明显降低时，水池即可验收。

2.11　混凝土季节性施工

我国幅员辽阔，气候复杂，南北差异较大。混凝土的施工，对气候条件非常敏感。因此，不同地区，不同气候，要针对不同的具体情况，采取不同措施。

2.11.1　混凝土冬期施工

2.11.1.1　基本要求

1）冬期浇筑的混凝土抗压强度，在受冻前硅酸盐水泥或普通硅酸盐水泥配制的混凝土不得低于其设计强度标准值的30%；矿渣硅酸盐水泥配制的混凝土不得低于其设计强度标准值的40%。

2）冬期施工的混凝土，应优先选用硅酸盐水泥或普通硅酸盐水泥，其最小水泥用量每立方米不得低于300kg，水灰比不应大于0.6。在使用矿渣硅酸盐水泥时，宜优先考虑蒸汽养护。

3）为防止钢筋锈蚀，在混凝土中氯盐掺量不得超过水泥重量的1%（按无水状态计）。掺氯盐的混凝土必须振捣密实，且不宜用蒸汽养护。在下列情况下，不得在钢筋混凝土中掺用

氯盐:

(1) 在高温度空气环境中使用的结构;

(2) 处于水位升降部位的结构;

(3) 露天结构或经常受水淋的结构;

(4) 有镀锌钢材或铝铁相接触部位的结构，以及有外露钢筋预埋件而无防护措施的结构;

(5) 与含有酸、碱和硫酸盐等侵蚀性介质相接触的结构;

(6) 使用过程中经常处于环境温度为60℃以上的结构;

(7) 使用冷拉钢筋或冷拔低碳钢丝的结构;

(8) 薄壁结构，中或重级工作制吊车梁、屋架、重锤或锻锤基础结构;

(9) 电解车间和直接靠近直流电源的结构;

(10) 直接靠近高压电源（发电站、变电所）的结构;

(11) 预应力混凝土结构。

4) 为了减少冻害，应将配合比中的用水量降至最低限度。办法是：控制坍落度，加入引气型减水剂，含气量按3%～5%控制。

5) 在无筋混凝土中用热材料拌制时，氯盐掺量不得大于水泥重量的3%；用冷材料拌制时，氯盐掺量不得大于拌合水重量的15%。

6) 在冬期浇筑混凝土，应优先采用蓄热法养护。当水化热不能满足要求时，可将水、砂、石加热以满足热工计算的要求。

2.11.1.2　防止混凝土早期冻害的措施

1. 早期增强措施

主要是从提高混凝土早期强度着手来提高混凝土的抗冻性能。主要措施有:

1) 在混凝土拌制时掺加早强剂或早强型减水剂。

2) 早期短时间加热使混凝土尽快达到临界强度。

3) 采用早强或超早强水泥拌制混凝土。

4) 采用早期保温蓄热法提高混凝土的抗冻性能。

在实际施工中采取这些措施，虽增加施工费用，但对提高混凝土抵抗早期冻害和耐久性等都有极大好处。

2. 改善混凝土内部结构措施

1）增加混凝土密实度，排除多余水分，减少混凝土中可冻结的自由水，改善施工工艺。如采用真空吸水技术使混凝土获得早期强度。

2）可掺用引气剂或引气型减水剂。采用引气剂，使混凝土在搅拌过程中能产生许多封闭型细微气孔，这些气孔能减缓混凝土的冻结速度，提高混凝土的抗早期冻害性能。

2.11.1.3　混凝土强度估算

1）在冬期施工中，需要及时了解混凝土强度的发展情况。例如当采用蓄热养护工艺时，混凝土冷却至0℃前是否已达到抗冻临界强度；当采用人工加热养护时，在停止加热前混凝土是否已达到预定的强度；当采用综合养护时，混凝土的预养时间是否足够等。在施工现场留置同条件养护试件做抗压强度试验，固然可以解决一部分问题，但所做试件很难与结构物保持相同的温度，因此代表性较差。又由于模板未拆，也不能使用任何非破损方法进行测试。因此，对混凝土强度进行估计或预测是很有实用价值的。

2）用普通硅酸盐水泥和矿渣硅酸盐水泥拌制的混凝土，在各种养护温度下的强度增长率分别如图2-37和图2-38。

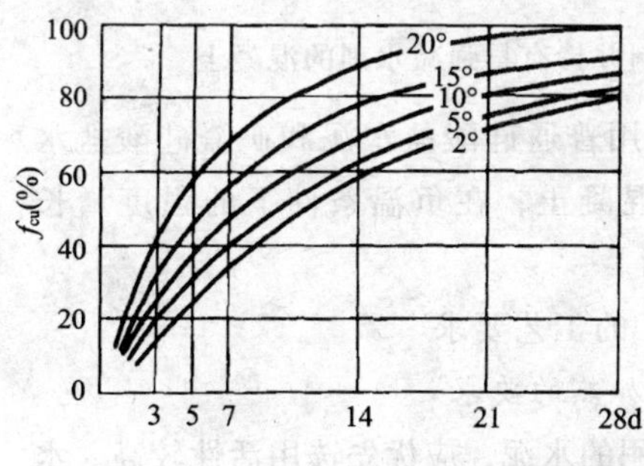

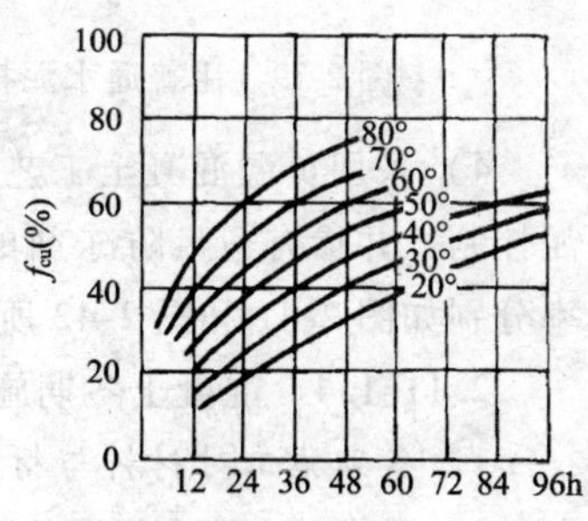

图2-37　用普通硅酸盐水泥拌制的混凝土

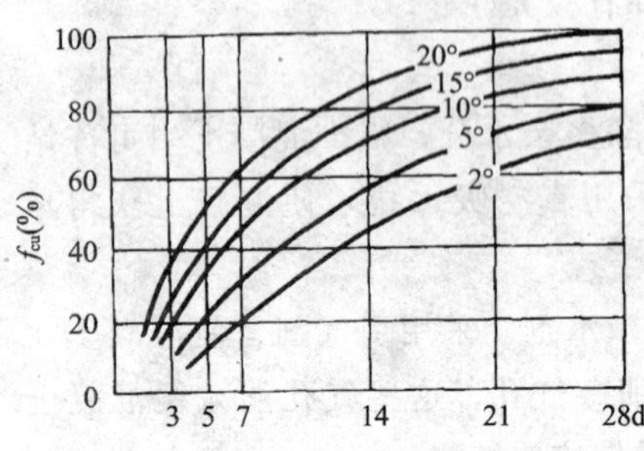

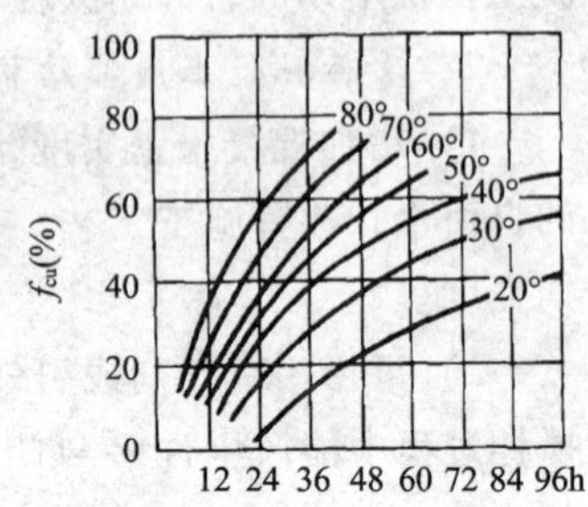

图 2-38 用矿渣硅酸盐水泥拌制的混凝土

3）用普通硅酸盐水泥和矿渣硅酸盐水泥拌制并掺有早强减水剂的混凝土，在各种养护温度下的强度增长率分别如图 2-39 和图 2-40。

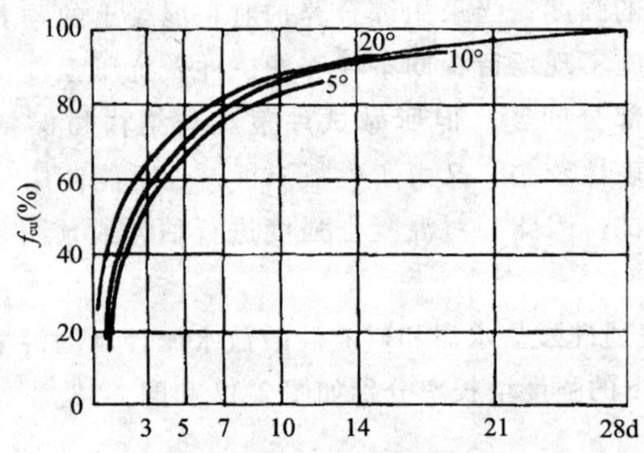

图 2-39 用普通水泥拌制并掺有早强减水剂的混凝土

4）采用负温混凝土工艺，用普通硅酸盐水泥和矿渣硅酸盐水泥拌制，并掺有适量防冻剂的混凝土，在负温条件下的强度增长率分别如图 2-41 和图 2-42 所示。

2.11.1.4 混凝土冬期施工的工艺要求

1．冬期施工对材料与材料加热的要求

1）冬期施工配制混凝土中用的水泥，应优先选用活性较高、水化热大的硅酸盐水泥和普通硅酸盐水泥。不宜选用火山灰质硅酸盐

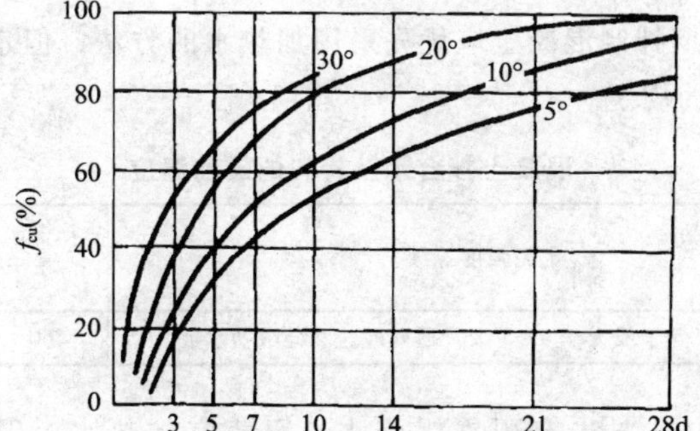

图 2-40 用矿渣水泥拌制并掺有早强减水剂的混凝土

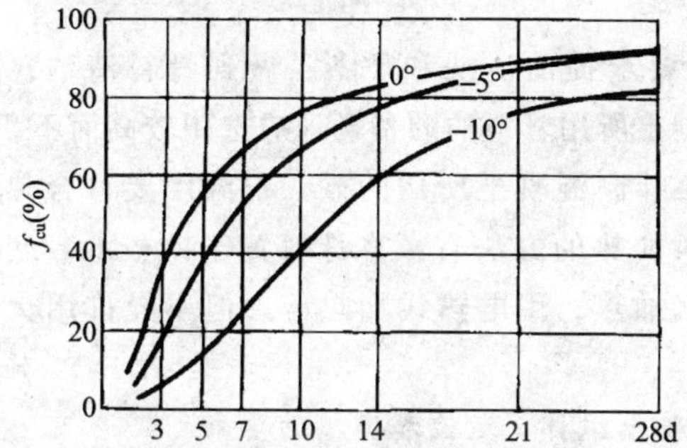

图 2-41 用普通硅酸盐水泥拌制并掺有防冻剂的混凝土

水泥和粉煤灰硅酸盐水泥。蒸汽养护时用的水泥品种须经试验确定。水泥强度不应低于 42.5 级，最小水泥用量不应少 300kg/m³。

水泥不得直接加热，使用前 1～2d 运入暖棚存放，暖棚温度宜在 5℃以上。

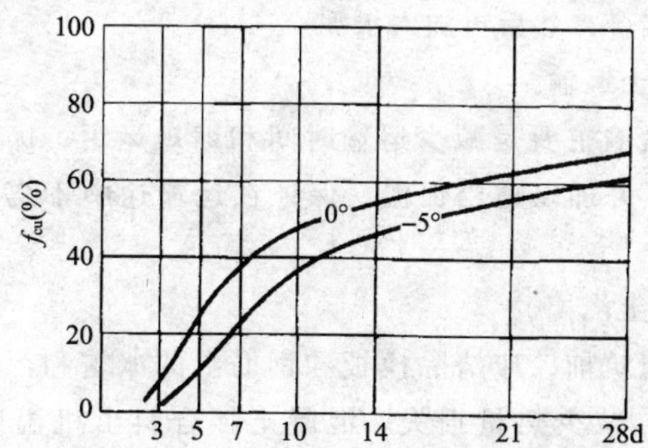

图 2-42 用矿渣硅酸盐水泥拌制并掺有防冻剂的混凝土

2）冬期拌制混凝土应优先采用加热水的方法，但水温不得超过表2-46的规定。

混凝土拌合水及骨料的最高温度　　表2-46

水泥强度等级	拌合水（℃）	骨料（℃）
强度等级等于或大于42.5级普通硅酸盐和硅酸盐水泥	60	40

水的加热方法有用铁锅烧水、用蒸汽加热水、用电极加热水等。

3）骨料要求提前清洗和贮备，做到骨料清洁，无冻块和冰雪。冬期混凝土所用骨料的贮备场地应选用较高而不积水的地方。

冬期施工拌制混凝土所用的砂、石温度要符合热工计算需要的温度。骨料加热的方法有：将骨料置于铁板上，底下烧火直接加热；通蒸汽加热；用电热线加热等。但不允许用火焰直接烧烤骨料。

2. 对混凝土搅拌、运输和浇捣的要求

1）混凝土搅拌

混凝土不宜露天搅拌，应尽量搭棚保暖，优先选用大容量的搅拌机，以减少混凝土的热量损失。搅拌前应先用热水或蒸汽冲洗搅拌机。混凝土的搅拌时间应比常温规定的时间延长50%。由于水泥和热水拌合会发生聚凝现象，材料投放顺序应先将热水和砂、石投入拌合，然后再加入水泥。

2）混凝土运输

混凝土运输主要是减少运输时间和缩短运距，优先选用大容量的运输工具并加以适当保温，保证在运输途中不离析、不丧失塑性。

3）混凝土浇捣

混凝土浇筑前，应清除模板和钢筋上的冰雪和污物，尽量加快浇捣速度，减少热量损失。混凝土拌合料出机温度不宜低于10℃，入模温度不得低于5℃。采用加热养护时，养护前混凝土的温度不得低于2℃。

施工操作时要加强混凝土的振捣，提高其密实性，并适当增加机械振捣的时间。

为保证新浇混凝土与钢筋的粘结，当气温在－15℃以下时，直径大于25mm的钢筋和预埋件，可喷热风加热至5℃，并清除钢筋上的锈渣和污物等。

加热养护整体式结构时，施工缝的位置应设置在温度应力较小处。加热温度超过40℃时，由于温度高，势必在结构内部产生温度应力。因此，在施工前应征得设计部门同意，在跨内适当位置设置施工缝。留缝处在混凝土终凝后立即除去结合面的水泥膜、污水和松动的石子。继续浇筑时，要对旧混凝土表面进行加热，使其温度与新浇混凝土入模温度相同。

冬期不允许在强冻胀性地基上浇筑混凝土。这种土冻胀变形大，如果地基土遭冻，必然引起混凝土的冻害和变形。

2.11.1.5　混凝土冬期施工方法

在冬期施工中，为了保证混凝土在冻结前达到要求的强度，混凝土的冬期施工方法应根据结构特点、施工条件、技术经济指标和热工计算来进行选择。

1. 蓄热法

蓄热法就是利用对混凝土组成材料预加的热量和水泥的水化热，再加以适当的覆盖保温，从而保证混凝土能够在正温下达到规范要求的临界强度。

蓄热法使用的保温材料应该以导热系数小、价格低、易于获得的地方材料为宜，如草帘、草袋、锯末、炉渣、茅草等。保温材料必须干燥，以免降低保温性能。采用蓄热法施工时，最好选用活性高、水化热大的普通硅酸盐水泥和硅酸盐水泥。

当室外温度不低于－15℃时，地面以下工程或表面系数（即结构冷却的表面积与结构体积之比）不大于5的结构，应优先选用蓄热法养护。蓄热法适用于气温不太寒冷的地方或初冬与冬末季节。

在下列情况时，也宜优先选用蓄热法：

1）混凝土拆模时所需强度较小；

2）室外气温高、风力小；

3）水泥强度等级高、水泥发热量大的结构。

2. 蒸汽加热法

蒸汽加热法是利用低压蒸汽对混凝土结构均匀加热，使其得到适当的温度和湿度，以促进水化作用，使混凝土加速凝结硬化。

蒸汽加热法是在平均气温特别低、构件的表面系数较大、养护时间要求很短的混凝土工程，进行冬期施工的有效方法。这种冬期施工方法应用较广，各类构件均可采用，但需要锅炉等设备，费用较高。蒸汽加热法有以下四种：

1）蒸汽室法

利用坑道或砌筑蒸汽室，通入蒸汽加热混凝土。常用于预制厂或加热地槽中的混凝土结构（如柱基、设备基础）等。

2）蒸汽套法

蒸汽套法是在混凝土模板外加密闭不透气的套板，模板与套板之间留出不超过15cm的空隙，通入蒸汽加热混凝土。套板内温度可达30～40℃，分段送汽。蒸汽套法温度易控制，加热均匀，养护期短，但设备复杂，费用较大，一般用于小型结构的梁和板。

3）内部通汽法

内部通汽法是在混凝土内部预留孔道，将蒸汽通入孔道加热混凝土。当混凝土达到要求的强度后，排除冷凝水，用砂浆或细石混凝土灌入孔道，封闭通汽孔。

预埋管直径一般为14～15mm。构件加热可不保温，如室外温度在－10℃以下时，为避免内外温差过大，减少热量损失，表面应适当覆盖。加热时混凝土温度一般控制在30～60℃。内部通汽法由内向外加热混凝土，具有施工简单，热量可以有效利用，蒸汽用量省，节约人工、设备、燃料等优点。缺点是加热温度不易均匀，温度控制不好，易产生局部脱水现象，要注意冷凝水的处理。内部通汽法适用于加热预制柱、梁、板等构件，特别是空心截面的构件及捣制独立基础、柱等结构。

4）毛管法

毛管法是在混凝土构件所用模板中开一适当的通汽槽，蒸汽通过通汽槽加热混凝土。毛管法用汽少，加热均匀，温度容易控制，养护时间短，但设备复杂，费用大，模板损失较重，常用于垂直结构的柱等工程中。

采用蒸汽加热法应注意以下几点：

1）应采用低压饱和蒸汽养护，以保证温度，防止混凝土表面出现裂缝。同时，加热要均匀，及时排除冷凝水，并防止结冰。

2）混凝土最高加热温度不得超过80℃。对于掺有混合料35%～55%的矿渣硅酸盐水泥和火山灰质硅酸盐水泥拌制的混凝土，最高加热温度可提高到85～95℃。

3）整体结构的升温速度：（1）表面系数等于或大于6的结构，每小时升温不超过15℃；（2）表面系数小于6的结构，每小时升温不超过10℃；（3）钢筋密的薄壁结构，每小时升温不超过20℃。

4）混凝土应冷却到+5℃以后方可拆模。如果混凝土与外界空气温度相差超过20℃时，拆模后的混凝土外露表面部分，应暂时用保温材料覆盖，使混凝土表面的冷却过程缓慢进行。

5）混凝结构的降温速度，每小时不超过10℃。

6）未完全冷却的混凝土有较高的脆性，所以用蒸汽加热养护的混凝土在冷却前，不得遭受冲击荷载或动力荷载的作用。

3．电热法

电热法就是将电能转换为热能来养护混凝土的一种冬期施工的方法，即将电极放入混凝土内，或将电热器贴在混凝土表面，接通电源使电能转化为热能。电热法对要求在短时间内尽快达到设计强度的混凝土结构有特殊的功效，但这种方法耗电量较大。常用的电热法有以下三种类型：

1）电热毯加热法

电热毯加热法就是用电热毯作为加热元件进行加热。将电热毯的尺寸制成与钢模板背面区格的尺寸一样，在钢模板的区格内卡入电热毯后，再覆盖岩棉材料，外侧用108胶粘贴封口，每块功率可为75W，电压60V，通电后表面温度可达到110℃。

2）电磁感应加热法

电磁感应加热法是在结构模板的表面缠上连续感应线圈，线圈中通入交流电，则在钢模板和钢筋中都会产生涡流循环。感应加热就是利用在电磁场中铁质材料发热的原理，使钢模板和混凝土中的配筋发热，并将热量传给混凝土而达到养护的目的。用这种工艺加热混凝土，温度均匀，控制方便，热效率高，但需要专用模板。

3）电极加热法

电极加热法是将电极放入混凝土内，或将电热器贴在混凝土的表面，通以低压电流，由于混凝土的电阻作用，使电能变为热能，产生热量对混凝土加热。电极法应采用交流电加热混凝土，不允许使用直流电，因为直流电会引起电解、锈蚀。电极法加热一般采用的工作电压为50～110V，在无筋结构和含筋量不大于50kg/m^{3}的结构中，可以采用120～220V的电压。

电极加热常用的有表面电极、棒形电极、弦形电极三种。表面电极就是将电极固定在模板的同侧；棒形电极是将电极直接插入结构表面或穿过模板放入混凝土内；弦形电极是在混凝土浇筑之前将电极装入，其位置与结构纵向平行。电极布置方案应保证混凝土受热均匀，电极与钢筋之间应留有5～10cm的间距。

用电热法加热混凝土应在混凝土浇捣完毕、覆盖外露表面后立即进行。混凝土升温和降温速度可按前面蒸汽加热法的有关规定进行，养护温度应符合表2-47的规定。

电热养护混凝土的温度　　**表2-47**

项　次	水泥强度等级	结构表面系数		
		<10	10～15	>15
1	32.5	70℃	50℃	45℃
2	42.5	40℃	40℃	35℃

电热法加热混凝土只应加热到设计强度的55%。在养护过程中应注意观察混凝土外露表面的温度。当表面开始干燥时，应先停电，并浇温水湿润混凝土表面。

4. 远红外加热法

远红外加热法就是通过热源产生的红外线，穿过空气冲击一切可吸收它的物质分子，当射线射到物质原子的外围电子时，可以使分子产生激烈的旋转和振荡，运动发热使混凝土温度升高，从而获得早强。由于混凝土直接吸收射线变成热能，因此其热量损失要比其他养护方法小得多。产生红外线的能源有电源、煤气、天然气和蒸汽等。

远红外加热法适用于薄壁钢筋混凝土结构、装配式钢筋混凝土结构的接头混凝土、固定预埋件的混凝土和施工缝处继续浇筑的混凝土等。一般辐射器距混凝土表面应大于30cm，混凝土表面温度宜控制在70~90℃。为防止水分蒸发，混凝土表面宜采用光滑的薄钢板或塑料薄膜密封。

5. 掺外加剂法

掺外加剂法是指在冬期施工的混凝土中加入适量的外加剂，以降低混凝土中的液相冰点，保证水泥在低温环境中能继续水化，从而使混凝土能达到抗冻害的临界强度。掺外加剂法常与蓄热法一起使用，以充分利用混凝土的初始热量及水泥在水化过程中所释放出来的热量，加快混凝土强度的增长。常用的外加剂有氯盐和其他复合早强剂。

1）掺氯盐混凝土

冬期施工的混凝土或钢筋混凝土可以掺氯化钙、氯化钠和盐酸等作为早强剂和防冻剂。掺量由试验确定。由于氯盐对钢筋有锈蚀作用，并增加混凝土的收缩值，所以对掺氯盐的钢筋混凝土有若干限制。

掺氯盐的混凝土，应使用普通硅酸盐水泥。在施工过程中，要适当延长搅拌时间，并注意搅拌均匀，振捣密实，养护不宜采用蒸汽养护。为防止氯盐对钢筋的腐蚀，使用时应加入占水泥重量2%的亚硝酸钠作为阻锈剂，同时钢筋保护层厚度不应小于3cm。

2）掺复合早强剂混凝上

常用的复合早强剂有两类：一类为硫酸钠复合早强剂，另一类为三乙醇胺复合早强剂。

（1）硫酸钠复合早强剂，是由硫酸钠与盐、石膏、亚硝酸钠等复合而成的具有早强作用的外加剂，统称为硫酸钠复合早强剂。

硫酸钠复合早强剂能降低混凝土冰点，掺入混凝土中可以改善其和易性，在负温条件下（不低于－7℃）能防止混凝土冻结，其强度能正常随龄期增长而不断提高。同时对钢筋没有腐蚀作用，可用于钢筋混凝土构件。掺硫酸钠复合早强剂的混凝土应注意早期养护。

（2）三乙醇胺复合早强剂，是由三乙醇胺、氯化钠、亚硝酸钠复合而成的早强剂。这种早强剂在不低于－10℃的负温下，混凝土3d内的强度可达到设计强度的30%，7d内强度可达到设计强度的50%，完全能适应于－10℃的冬期施工要求。

在配制三乙醇胺早强剂时，要注意先用热水将氯化钠溶解，再加入亚硝酸钠，最后加入三乙醇胺，溶解后充分搅拌均匀。拌制混凝土时必须和水混合均匀一次加入，混凝土的搅拌时间要适当延长。在施工过程中，振捣要密实，必须注意早期浇水养护，充分保持混凝土湿润。此外，三乙醇胺的掺量不得超过水重量的0.05%，也不得小于水泥重量的0.02%。

6. 负温养护法

将拌合水预先加热，必要时砂子也加热，使经过搅拌后的混凝土于出机时具有一定的零上温度。在拌合物中加入防冻剂，混凝土浇筑后不再加热，仅做保护性覆盖以防止风雪侵袭。混凝土终凝前，其本身温度即已降至0℃，并迅速与环境气温相平衡，混凝土就在负温中硬化。

1）负温养护法混凝土各龄期的强度，见表2-48。

掺防冻剂混凝土在负温度下各龄期混凝土强度增长规律

表 2-48

防冻剂及组成	混凝土硬化平均温度（°C）	各龄期混凝土强度（$f_{cu,k}$%）			
		7d	14d	28d	90d
$NaNO_2$（100%）	-5	30	50	70	90
	-10	20	35	55	70
	-15	10	25	35	50
NaCl（100%） $NaCl+CaCl_2$ （70%+30%/40%+60%）	-5	35	65	80	100
	-10	25	35	45	70
	-15	15	25	35	50
$NaNO_2+CaCl_2$ （50%+50%）	-5	40	60	80	100
	-10	25	40	50	80
	-15	20	35	45	70
	-20	15	30	40	60
K_2CO_3（100%）	-5	50	65	75	100
	-10	30	50	70	90
	-15	25	40	65	80
	-20	25	40	55	70
	-25	20	30	50	60

2）负温混凝土施工操作要点：

（1）负温混凝土应优先选用42.5级或42.5级以上的普通硅酸盐水泥或硅酸盐水泥，尤其应优先选用早强快硬水泥，严禁使用高铝水泥。

（2）砂石材料必须清洁。不得含有冰雪和冻块，也不得含有活性骨料和能冻裂的物质。

（3）防冻剂应先溶解于水，配制成溶液，然后投入搅拌。配制硫酸钠溶液的水温应保持30~50℃，浓度不宜大于20%。如温度降低而发生结晶沉淀时，应再加热搅拌待完全溶解后方可使用。

（4）防冻剂如以干粉状态直接投入搅拌时，应在事先与较多量的载体（如粉煤灰）混拌均匀，方可使用。如受潮结块，应磨碎并通过0.63mm的筛后方可使用。

（5）负温混凝土的坍落度，应严格控制在1～3cm之间。

（6）混凝土拌合物的出机温度不宜低于10℃，浇筑成型后的温度不宜低于5℃。在有条件时，应尽量提高混凝土的温度，并尽量延长混凝土在成型后保持正温的时间。

（7）混凝土浇筑后，其裸露表面应立即用塑料薄膜覆盖保护以防止脱水。如构件的表面系数大于18，而硬化温度又在－8℃以下时，构件浇筑后还须用保温材料围护1d，以延长其保持正温的时间。

（8）掺有防冻剂的混凝土，当环境温度降至预计温度以下前，混凝土必须达到抗冻临界强度：当最低气温不低于－10℃时，混凝土抗压强度不得小于3.5MPa；当最低气温不低于－15℃时，混凝土抗压强度不得小于4.0MPa；当最低气温不低于－20℃时，混凝土抗压强度不得小于5.0MPa。

（9）防冻剂在使用前，应对照质量标准进行系统检验。防冻剂的配方确定以后，在施工过程中仍要对外加剂进行抽样检查。用于钢筋混凝土中的外加剂，更应经常抽查其氯离子含量，某些化工产品有时含有大量氯化物，应严加防范以免引起钢筋锈蚀。

2.11.1.6　冬期施工的质量检查

1）混凝土在拌制和浇捣过程中应按下列规定进行检查：

（1）检查混凝土组成材料的质量和用量，每一个工作班至少两次；

（2）检查混凝土在拌制地点和浇筑地点的坍落度，每一工作班至少两次；

（3）在每一工作班内，如果混凝土配合比由于受外界影响而有变动时，应及时检查；

（4）混凝土的搅拌时间应随时检查。

2）检查混凝土质量应做抗压强度试验，冬期施工还要做抗冻试验。

3）混凝土的抗压极限强度，应以边长为15cm的立方体试块，在温度为20±3℃和相对湿度为90%以上的潮湿环境或水中的标准条件下，经28d养护后试压确定。其试压结果，作为核算结构或构件的混凝土是否能够达到设计强度的依据。

4）作为评定结构或构件混凝土强度质量的试块，应在浇筑地点制作，且应符合下列规定：

（1）每一个工作班不少于一组（每组三块）；

（2）每拌制100m^3混凝土不少于一组；

（3）现浇楼层，每层不少于一组。

5）为了检查结构或构件的拆模、出池、出厂、吊装、张拉、放张和施工期间临时负荷的需要，应当留置与结构或构件同条件养护的试块。试块的组数可按实际需要确定。

6）混凝土强度验收的评定标准，应符合下列要求：

（1）原材料和配合比基本一致的混凝土才能组成同一验收批。同一验收批的混凝土强度，应以同批内全部标准试块的强度代表值来评定；

（2）重要结构的混凝土，应用数理统计方法按有关规定评定；

（3）一般结构的混凝土，当验收批的试块少于10组时，可用非统计方法按下述条件评定：

① 同批混凝土试块强度的平均值不得低于$1.05R_{标}$；

② 同批混凝土试块强度中最小一组的值不得低于$0.9R_{标}$。

7）每组（三块）试块应在同盘混凝土中取样制作，其强度代表值按下述规定确定：

（1）取三个试块试验结果的平均值，作为该组试块强度代表值，其单位为MPa；

（2）当三个试块中的过大或过小强度值，与中间值相比超过15%时，以中间值代表该组的混凝土试块的强度。

8）当混凝土的试块强度不符合上述第6）项的规定时，可以从结构中钻取混凝土试样或采取非破损检验方法进行检查。如果仍不符合要求，应对已完成的结构，按实际条件验算结构的安全度，或采取必要的补强措施。

9）检查外加剂的掺量，测量水（包括外加剂溶液）和骨料的加热温度及加入搅拌时的温度。

10）测量混凝土从搅拌机中卸出的温度和浇筑时的温度。每一工作班中至少应测量4次。

11）混凝土养护温度的检查，应按下列规定：

（1）用蓄热法养护时，在养护期间每昼夜应检测4次；

（2）用蒸汽或电热法加热时，在升、降温期间每1h应检测1次，在恒温期间每2h检测1次。室外气温及周围环境温度在每昼夜内至少应定时定点检测4次；

（3）掺防冻剂的混凝土在达到受冻临界强度之前应每隔2h测量一次，达到受冻临界强度后每隔6h测量一次。

12）混凝土养护温度的测量方法，应符合下列规定：

（1）全部测温孔均应编号，并绘制测温孔布置图；

（2）测量混凝土温度时，温度表应采取措施与外界气温隔离。测温表留置在测温孔内不应少于3min；

（3）布置测温孔时应注意：采用蓄热法养护时，应布置在易于冷却的部位；采用加热养护时，应离热源不同位置分别设置，厚大结构应在表面及内部分别设置。

13）混凝上试块除应按上述第4）、5）项规定留置外，还应增设两组与结构同条件养护，一组用于检验混凝土受冻前的强度，另一组用于检验转入常温养护28d的强度。

14）所有各项测量和检验结果，均应填写“混凝土工程施工记录”和“冬期混凝土施工日报表”。

2.11.2　夏期施工

混凝土夏期施工高温对于新拌混凝土有着不良的影响。在混凝土的搅拌、运输过程中，水分蒸发快，造成早期脱水，给施工操作造成困难。在养护过程全部采取干热养护也是不宜的。

2.11.2.1　高温对新拌混凝土的影响

1）混凝土骨料及水在夏期受到直接曝晒或干热风的影响，其温度常在50℃以上，温度过高，拌制混凝土时将使水泥出现假凝现象。

2）由于温度过高，新拌混凝土极易失水，其坍落度变小，和易性变差，给操作带来困难，甚至难于振捣，使构件产生蜂窝、麻面和空洞等。对于泵送混凝土，容易发生堵塞现象。

3）新浇筑成型的混凝土在高温环境下，表面水分蒸发较快，内部水分上升量低于蒸发量，面层急剧干燥，表面变硬，内部仍为塑性，面层将因此出现收缩裂缝。

4）材料温度高，再加上内部水泥的水化热，夜间外界气温下降，构件将因此出现内外温差而产生温度裂缝。

5）由于高温促使混凝土干缩，对已成型构件的尺寸，也会产生影响。

2.11.2.2　降低混凝土温度的措施

1. 降低材料温度

如何降低混凝土组成材料的温度，是夏期混凝土施工的一个主要问题。根据试验，水温降低1℃，混凝土的温度将降低0.25℃；砂石骨料温度降低1℃，混凝土的温度将降低0.5℃。夏期混凝土施工对材料温度的控制措施如下：

1）设计配合比时，在工程允许的条件下，选用水化热较低的水泥，并尽可能地少用水泥；选用优良的骨料级配，掺用缓凝型减水剂，以保持混凝土的和易性。

2）搅拌用水的给水管应埋入土中；贮水池应加盖，以减少太阳直射和外界气温对搅拌用水的影响。

3）准备在当天使用的砂石骨料，应靠近搅拌机并设置防晒棚。

4）大体积混凝土工程，或砂石温度较高时，可采取以下措施：

（1）采用深井冷水拌制混凝土；

（2）在水中加入碎冰搅拌，但要把冰溶解成水使用。

2. 设备及操作上的措施

采取上述控制材料温度的措施后，混凝土拌合料出机温度要求不高于3℃。如高于此温度时，应在搅拌、运输、浇捣过程中采取下列措施：

1）搅拌机应搭设工作棚，不得在太阳曝晒下工作。如系移动式搅拌机，可将其外壳涂成白色，以降低其吸热量。

2）将搅拌机操作地点尽量靠近浇捣地点，减少混凝土运输距离；或改用运行速度较快的运输工具，缩短运输时间。

3）浇筑前严格检查、修补、堵塞模板的拼缝，防止因漏浆而走失水分。

4）浇筑前应充分将模板湿润（不允许有积水），趁湿浇筑混凝土，避免因模板吸水而失去水分。

5）在条件许可的情况下，浇筑地点及露天预制场应设置移动式遮荫棚。

6）浇筑时尽量分层浇筑，适当减小层厚，从而减小表面与内部的温差。

7）浇捣后立即覆盖塑料薄膜，不使水分外逸，保温养护。

8）大体积混凝土经设计部门同意，可设置内部循环冷却水管降温。

2.11.3　雨期施工

雨期进行混凝土施工，无论是在浇捣、运输过程中，还是在浇捣成型之后，都不允许遭受雨淋。因为在运输和浇捣过程中，混凝土遭受雨淋，实质上是加大用水量，改变水灰比，最终将致使混凝土强度降低。

刚浇捣的混凝土，尚处于凝结或硬化阶段，强度很低，在雨水冲击下，不仅影响水灰比，还会稀释并冲走水泥浆，产生露石现象。若遇暴雨，在暴雨打击下，还会松动砂粒和石子。造成混凝土表面破损，导致构件截面积削减，或钢筋保护层受破坏，这都将影响构件的受力性能。

在雨期浇捣混凝土，应避免下雨天气，原则上不允许冒雨施工。若下小雨，则必须用塑料薄膜覆盖运输工具和浇捣后的成品，并随时测定砂石骨料的含水率，调整搅拌时的用水量，适当加大水泥用量。对于遭受暴雨冲刷的混凝土构件，必须进行详细检查，必要时应采取结构补强措施后，方可进行下道工序。

2.12　混凝土施工新技术

混凝土是工程建设的主要建筑材料。混凝土结构、组成材料、施工工艺、施工组织及施工机械的研究越来越深入，混凝土工程施工新技术层出不穷。根据我国“建筑业10项新技术（2005）”的发展思路，将重点介绍：高性能混凝土、大体积混凝土、大跨度结构等施工新技术。

2.12.1　建筑业10项新技术

建设部为了促进我国建筑技术的发展应用，自1994年起提出在全国推广“建筑业10项新技术”。内容以房屋建筑工程为主，突出通用技术，兼顾铁路、交通、水利等其他土木工程。所推广的新技术既成熟可靠，又代表了现阶段我国建筑业技术发展的最新成就。在建筑业推广应用10项新技术的10余年间，全国共完成了四批建筑业新技术应用示范工程130多项，以及一大批省部级建筑业新技术应用示范工程，带动了行业的技术进步，产生了巨大的经济效益和社会效益。全国示范工程，多为建设规模大、技术复杂、质量标准要求高、社会影响大的建设项目，如上海金茂大厦、首都国际机场二期航站楼等工程。

建筑业10项新技术（2005）：

1）地基基础和地下空间工程技术。包括桩基新技术、地基处理技术、深基坑支护及边坡防护技术、地下空间施工技术。

2）高性能混凝土技术。包括混凝土裂缝防治技术、自密实混凝土技术、混凝土耐久性技术、清水混凝土技术、超高泵送混凝土技术、改性沥青路面施工技术等。

3）高效钢筋与预应力技术。包括高效钢筋应用技术、钢筋焊接网应用技术、粗直径钢筋直螺纹机械连接技术、预应力施工技术等。

4）新型模板及脚手架应用技术。包括清水混凝土模板技术、早拆模板成套技术、液压自动爬模应用技术等。

5）钢结构技术。包括钢结构 CAD 设计与 CAM 制造技术、钢结构施工安装技术、钢与混凝土组合结构技术、预应力钢结构技术、高强度钢材的应用技术、钢结构的防火防腐技术等。

6）安装工程应用技术。包括管道制作（通风、给水管道）连接与安装技术、管线布置综合平衡技术、电缆安装成套技术、建筑智能化系统调试技术、大型设备整体安装技术（整体提升吊装技术）、建筑智能化系统检测与评估技术等。

7）建筑节能和环保应用技术。包括节能型围护结构应用技术、新型空调和采暖技术、预拌砂浆技术等。

8）建筑防水新技术。包括新型防水卷材、建筑防水涂料、建筑密封材料、刚性防水砂浆、防渗堵漏技术等。

9）施工过程监测和控制技术。包括施工过程测量技术、特殊施工过程监测和控制技术等。

10）建筑企业管理信息化技术。包括工具类技术、管理信息化技术、信息化标准技术等。

随着建筑市场秩序逐步规范，科学技术作为第一生产力的作用日益突出，总体看，我国建筑业仍处于增长方式粗放、效益较低的发展阶段，缺乏主动创新采用新材料、新工艺、新技术的动力，众多工程仍在使用落后的工艺和技术。为了树立和落实科学发展观，促进经济增长方式的转变，要在建筑业继续加大以 10 项新技术为主要内容的新技术推广力度，带动全行业整体技术水平的提高。

2.12.2 高性能混凝土施工技术

高性能混凝土是用现代混凝土技术制备的混凝土。它是相对于普通混凝土而言，因而它不是混凝土的一个品种，而是以广义的动态的可持续发展为基本要求并适合工业化生产与施工的混凝土的组合。高性能混凝土的基本条件是有与使用环境相适应的耐久性、工作性、体积稳定性和经济性。

高性能混凝土水化硬化特点：高性能混凝土配制的特点是低水胶比、掺用高效减水剂和矿物细掺料，因而改变了水泥石的亚微观结构，改变了水泥石与骨料间界面结构性质，提高了混凝土的致密性。高性能混凝土的制备不应该仅是水泥石本身，还应包括骨料的性能，配比的设计，混凝土的搅拌、运输、浇筑、养护以及质量控制，这也是高性能混凝土有别于以强度为主要特征的普通混凝土技术的重要内容。

2.12.2.1 高性能混凝土原材料

1. 水泥

并不是所有水泥都适合配制高性能混凝土，配制高性能混凝土的水泥应该有更高的要求，除水泥的活性外，应考虑其化学成分、细度、粒径分布等的影响。在选择时应考虑下述原则：

1）宜选用优质硅酸盐水泥或普通硅酸盐水泥。无论是在水泥出厂前还是在混凝土制备中掺入的矿物掺合料，都需要比水泥熟料更大的细度和更好的颗粒级配。

2）宜选用42.5级或更高等级的水泥。

3）应选用C_3S含量高、而C_3A含量低（少于8%）的水泥。C_3A含量过高，不仅水泥水化速度加快，往往会引起水泥与高效外加剂相互适应的问题，不仅会影响超塑化剂的减水率，更重要的是会造成混凝土拌合物流动度的经时损失增大。在配制高性能混凝土时，一般不宜选用C_3A含量高、细度细的R型水泥。

4）水泥中的碱含量应与所配制的混凝土的性能要求相匹配。在含碱活性骨料应用较集中的环境下，应限制水泥的总碱含量（$Na_2O + 0.658K_2O$）不超过0.6%。

5）在充分试验的基础上，考虑其他高性能水泥。

2．外加剂

用于高性能混凝土的外加剂主要是高效减水剂，其次还有缓凝剂、引气剂、泵送剂等。

1）高效减水剂

高性能混凝土离不开高效减水剂。任何一种外加剂都有一个与水泥等胶凝材料适应性问题，应通过试验来确定。

高效减水剂的减水率应该在20%以上，有时甚至高达25%以上；普通减水剂不仅减水率低（一般10%以下），而且掺量较低（如木钙不能超过0.3%），超过了反而有害，而高效减水剂则可高比例掺入水泥，除经济因素外，对混凝土并无不利影响。常用的高效减水剂主要是三聚氰胺系、萘系和胺基磺酸盐系。目前国内高效减水剂以萘系为主，产品型号有NF、UNF、FDN、NSZ、DH、SN及NNO等。三聚氰胺系为树脂类高效减水剂，产品型号有SM、JZB－1、SP401等。胺基磺酸盐系有AN3000、DFS－II等。

为了改善高效减水剂的性能，降低成本，常常将高效减水剂与缓凝剂一起使用。通过优化各外加剂的比例和掺量，可以获得改善混凝土强度增长性质，改善拌合物工作性和减少流动性经时损失。目前我国生产的高效减水剂产品多是这样复合配制而成的，有时在复合配制时掺入“载体”以降低成本，如此对配合比设计带来麻烦。建议选购合适的高效减水剂母体，再根据性能要求和所用原材料进行试配。即使同为萘系高效减水剂，不同生产厂家使用的原料和工艺也不尽相同，这更提出了注重复合配制和试配的重要性。

2）其他外加剂

在高性能混凝土中，为了改善拌合物及硬化后混凝土的性能，常常也引入一些其他的外加剂，如缓凝剂、引气剂、防冻剂、泵送剂等。

预拌混凝土的大量使用，常常需要调剂混凝土拌合物的凝结时间，在夏季施工以及大体积混凝土施工中更为突出，往往需要复合使用缓凝剂。

缓凝剂的缓凝效果和水泥组成、水胶比、缓凝剂掺入顺序、外界环境等有关。如 C_3A 和碱含量低的水泥，缓凝效果较好；在混凝土搅拌 2～4min 后掺入，比将缓凝剂加入拌合水中，凝结时间可延长 2～3h。掺有粉煤灰的高性能混凝土，凝结时间随掺量增大而不断延缓，掺矿渣粉或硅粉等对凝结时间影响相对较小。不同缓凝剂亦存在与高效减水剂和水泥的相容性问题，应通过试验确定。

引气剂配制高性能混凝土，虽然混凝土的强度等级不是很高，但提高了混凝土的工作性和均质性，改善了混凝土的抗渗性和抗冻性。用于混凝土的引气剂主要是聚乙二醇型的非离子表面活性剂。引气剂在混凝土中形成大量均匀分布、稳定而封闭的微小气泡，可以进一步提高混凝土的流动性和改善混凝土的耐久性。但是由于气泡的引入提高了混凝土的孔隙率，因而使混凝土的强度及耐磨性有所降低。

加入引气剂的混凝土，必须采用机械搅拌，搅拌时间不小于 3min，也不宜大于 5min。采用插入式振动器时，振动时间不应超过 20s。

3. *矿物细掺合料*

矿物细掺合料是高性能混凝土的主要组成材料，它起着根本改变传统混凝土性能的作用。在高性能混凝土中加入较大量的磨细矿物掺合料，可以起到降低温升，改善工作性，增进后期强度，改善混凝土内部结构，提高耐久性，节约资源等作用。其中某些矿物细掺合料还能起到抑制碱－骨料反应的作用。可以将这种磨细矿物掺合料作为胶凝材料的一部分。高性能混凝土中的水胶比是指水与水泥加矿物细掺合料之比。

矿物细掺合料不同于传统的水泥混合材，虽然两者同为粉煤灰、矿渣等工业废渣及沸石粉、石灰粉等天然矿粉，但两者的细度有所不同。由于组成高性能混凝土的矿物细掺合料细度更细，颗粒级配更合理，具有更高的表面活性能，能充分发挥细掺合料的粉体效应，其掺量也远远高过水泥混合材。如磨细矿渣的掺量可以占胶凝材料总量的70%，甚至到80%。高性能混凝土应首选用需水量小的矿物细掺合料。

不同的矿物细掺合料对改善混凝土的物理、力学性能与耐久性具有不同的效果，应根据混凝土的设计要求与结构的工作环境加以选择。使用矿物细掺合料与使用高效减水剂同样重要，必须认真试验选择。

1）粉煤灰

高性能混凝土所用粉煤灰从原材料上有所要求，要选用含碳量低、需水量小以及细度大的Ⅰ级或Ⅱ级粉煤灰（烧失量低于5%，需水量比小于105%，细度45μm筛余量小于25%）。随着我国电厂煤燃料和工艺的改进，粉煤灰的品质大幅度改善，使得大量利用粉煤灰配制高性能混凝土成为可能。

由于粉煤灰粒子大部分为实心和中空的表面光滑的球状，因此在满足相同工作度的要求下，可以降低用水量，改善和易性，尤其适合泵送混凝土的应用。粉煤灰的活性主要是火山灰活性，所以混凝土中掺入粉煤灰后，胶凝材料的水化反应放缓，水化热降低，新拌混凝土的初凝和终凝时间延长，绝热温升可以降低，特别有利于大体积混凝土的应用。低水胶比的大掺量粉煤灰混凝土可以有很多的性能（粉煤灰占胶凝材料总量可达50%以上），虽然早期强度在常温下尚不够理想，但后期强度得到较大增长，养护温度越高，强度增长越显著。

粉煤灰除了改善和易性、降低水化热等外，还有许多其他方面的优点。粉煤灰的品质及其均匀性是保证混凝土质量的前提。控制水胶比在0.36以下，即使掺入占胶凝材料总量50%的Ⅱ级粉煤灰，混凝土的60d强度也有可能达到60MPa以上。

粉煤灰还会提高硬化混凝土的弹性模量，减小收缩和徐变，同时起到改善混凝土抗蚀性能和抑制碱骨料反应的作用。粉煤灰的负面影响主要有：由于粉煤灰的火山灰反应，消耗了一部分$Ca(OH)_2$，混凝土碱性降低，从而在一定程度上影响到混凝土的碳化。但是高性能混凝土由于抗渗性提高，碳化又受到削弱。另一个是粉煤灰中的碳，能吸附引气剂，使含气量发生变化，因此对高性能混凝土的粉煤灰更应严格控制含碳量。

2）磨细矿渣

磨细矿渣是粒化高炉矿渣磨细到比表面积 4000 ~ 8000cm^2/g 而成的。粒化高炉矿渣，是由炼铁时排出的高温状态下熔融炉渣经急速水淬而成。其中的钙、硅、铝和锰多处于非结晶的玻璃体。通常认为，粒径小于 10μm 的矿渣颗粒参与 28d 前龄期的混凝土强度，10 ~ 45μm 的参与后期强度，而大于 45μm 的颗粒则很难水化。

现代混凝土技术发现把水淬矿渣单独磨细后，作为混凝土的掺合料使用，活性可以得到很好激发，混凝土多项性能得到改善和提高，成为配制高性能混凝土的重要技术途径之一。

在配制高性能混凝土时，磨细矿渣的适宜掺量随矿渣细度的增加而增大，最高可占胶凝材料总量的 70%。矿渣磨得越细，其活性越高，但粉磨费用也越高，与粉煤灰相比，其早期活性明显较高，7d 强度可赶超对比普通混凝土，而后期强度继续增加。

3）超细沸石粉

用于高性能混凝土的细沸石粉，与其他火山灰质掺合料类似，平均粒径 <10μm，具有微填充效应与火山灰活性效应。因而能降低新拌混凝土的泌水与离析，提高混凝土的密实性，使强度提高，耐久性改善。细沸石粉的细度与掺量对混凝土性能具有明显影响。在一定的细度范围内增强效果提高，但过细时强度反而有所降低。掺量以 5% ~ 10% 为宜。超细沸石粉配制的高性能混凝土，还具有优良的抗渗性和抗冻性。对混凝土中的碱骨料反应有很强的抑制作用。但是这种混凝土的收缩与徐变系数均略大于相应的普通混凝土。

4）硅粉

硅粉最主要的品质指标是 SiO_2 含量和细度。SiO_2 含量越高、细度越细其活性率越高。以 10% 的硅灰等量取代水泥，混凝土强度可提高 25% 以上。硅灰掺量越高，需水量越大，自收缩增大。研究发现，在混凝土中掺入 1kg 硅粉后，为保持其流动度不变，一般需增加1kg用水量。因此一般将硅粉的掺量控制在5%～10%之间，并用高效减水剂来调节需水量。

在我国因硅粉产量低，价格高，出于经济考虑，一般混凝土强度高于80MPa时才考虑掺用硅粉。硅粉常常与粉煤灰、矿渣细粉或其他掺合料共掺，以发挥它们的叠加效应，是目前配制高性能混凝土常用的方法。

5）其他掺合料

除了上述常用的掺合料以外，还可根据高性能混凝土的设计要求与资源条件，选用其他掺合料。如：磨细石灰石粉、石英砂粉、稻壳灰、凝灰岩粉、偏高岭土细粉、磷渣粉、锂渣粉，以及其他一些具有一定化学反应性的细掺料。开发应用这些细掺料还需要进行大量的试验研究工作。

4. 骨料

高性能混凝土对骨料的外形、粒径、级配以及物理、化学性能都有一定要求，但砂石又是地方性材料，在满足基本性能的条件下应因地制宜地选择。随着配制混凝土强度等级的提高，骨料性能的影响将更为显著。

1）粗骨料

天然岩石一般强度都在80～150MPa，因此对于C40～C80高性能混凝土，最重要的不是强度，而是粒形特征、品种、级配、粒径以及碱活性等。

(1) 品种：应选择质地坚硬未风化的岩石，如石灰岩、辉绿岩、玄武岩等。岩石的密度越大，吸水率越低，压碎值越小，其力学性能往往越好。

(2) 粒形与级配：配制高性能混凝土应选用针片状含量少的石子，针、片颗粒骨料不但降低混凝土的流动性，而且因其内部缺陷降低强度。石子具有良好的级配，才能使骨料堆积密度增大，用于填充空隙的砂浆量减少，有利于混凝土体积稳定的提高。配制高性能混凝土应采用石子的连续级配，不宜在砂石场将其中粒径小于10mm的石子分离出去。在含泥量（包括含粉量）满足要求的前提下，对于中、低强度的混凝土，使用卵石与碎石没有明显差别，但随着强度等级的不断提高，界面粘结性能成为控制因素，使用碎石或碎卵石优于卵石。

（3）粒径：高性能混凝土应选用粒径较小的石子。小粒径的石子，水泥浆体和单个石子界面周长和厚度都小，形成缺陷的几率小，有利于界面强度的提高。同时，粒径越小，石子本身缺陷几率越小。在水胶比相同的情况下，石子粒径越小，渗透系数也越小。当然石子粒径也不是越小越好，要同时满足强度和施工性能的要求。高性能混凝土石子的合理最大粒径见表2-49。

高性能混凝土石子的合理最大粒径　　表2-49

强度等级	石子最大粒径（mm）
C50以下	按施工要求选择
C60	≤20
C70	≤15
C80	≤10

粗骨料的品种和弹性模量对混凝土的弹性模量有较大影响，在配合比相同的情况下，石灰岩和辉绿岩配制的混凝土弹性模量高于花岗岩、砂岩配制混凝土的弹性模量。

2）细骨料

高性能混凝土的细骨料宜优先选用细度模量为2.6~3.2的天然河砂，同时应控制砂的级配、粒形、含杂质量和石英含量。级配曲线平滑、粒形圆、石英含量高、含泥量和含粉细颗粒少为好，避免含有泥块和云母。当采用人工砂时，更应注意控制砂子的级配和含粉量。如砂子中含有超量石子，不再另行筛分，则应及时调整粗、细骨料比。

2.12.2.2　高性能混凝土配合比设计原则

高性能混凝土配合比设计不同于普通混凝土配合比设计。至今为止，还没有比较规范的高性能混凝土配合比设计方法，绝大多数高性能混凝土配合比是研究人员在粗略计算的基础上通过试验来确定的。由于矿物细掺合料和化学外加剂的应用，混凝土拌合物组分增加了，影响配合比的因素也增加了，这又给配合比设计带来一定难度，这里仅参照部分研究人员的试验结果，提出高性能混凝土配合比设计的一些原则。

高性能混凝土的配合比参数主要有水胶比、水胶比确定下的浆骨比、水胶比和浆骨比确定下的砂率和高效减水剂、矿物掺合料的种类及用量。高性能混凝土配合比设计的任务就是正确地选择原材料和配合比参数，使其矛盾得到统一，获取经济、合理的高性能混凝土。

1. 水胶比

低水胶比是高性混凝土的配制特点之一。高性能混凝土的水胶比一般不大于0.40。高性能混凝土的强度与水胶比的关系是一条曲线，水胶比越小，矿物细掺合料的“微粒效应”曲线越陡，其斜率越大。但是具体的斜率和截距，由于受原材料和试验水平的影响，尤其是受矿物掺合料种类和用量的影响，差异很大，因此水胶比在很大程度上仍主要凭经验经试配确定。

2. 胶－骨料比

胶－骨料比主要影响混凝土的工作性，在一定程度上还影响强度、弹性模量、干缩和徐变，因而也影响耐久性。根据经验，高性能混凝土中胶凝材料总用量以不超550～600kg/m^{3}为宜，并随混凝土强度等级的下降而减少。胶－骨料比35∶65左右为宜。胶凝材料中水泥用量也应尽量减少，用矿物细掺合料部分取代，以减少混凝土的温升和干缩，提高抗化学侵蚀能力，增加密实度，并降低造价。

矿物细掺粉用量应根据混凝土的设计要求与结构的工作环境通过试验加以选择，一般粉煤灰（Ⅰ、Ⅱ级）用量为15%～50%，磨细矿渣为20%～70%，硅粉为5%～10%，超细沸石粉为 5% ~20% 。混凝土强度等级越低，粉煤灰与矿渣等的掺量可以越大。

3. 强度等级与用水量

对普通混凝土配合比，拌合物用水量取决于骨料的最大粒径和混凝土的坍落度。高性能混凝土的骨料最大粒径和坍落度对用水量影响不大，而用水量与混凝土强度通常成反比例关系，通过控制强度等级与用水量的关系，可以方便配合比计算。根据经验估计不同强度等级的高性能混凝土最大用水量见表 2-50。

混凝土平均强度与最大用水量关系　　表 2-50

强度等级	A	B	C	D	E
平均强度（MPa）	65	75	90	105	120
最大用水量（kg/m^3）	160	150	140	130	120

从耐久性的角度看，必须有足够的浆体浓度和数量，得到良好的工作性，才能保证混凝土的耐久性。保证混凝土耐久性的胶凝材料总量最少不能低于 300kg/m^3。

4. 砂率

砂率在混凝土中主要影响工作性。高性能混凝土由于用水量低，坍落度要求大，砂浆量要求由增加砂率来补充，砂率宜较大。平均坍落度要提高 20mm，砂率应增加 1%，而强度无明显变化。因为相同水灰比的水泥净浆强度高于砂浆强度，而砂浆强度又高于混凝土强度。

砂率的大小通常与砂、石级配和形状有关，石子最大粒径小而砂子细度模数大时，要提高砂率。石子级配越差，则越要求提高砂率。砂率通常选择的范围在 34% ~50% 之间（泵送混凝土砂率可以加大），建议第一盘试配时砂率为 40% 左右为宜。测定砂率与混凝土拌合物的坍落度和硬化混凝土的强度以及弹性模量关系如表 2-51 所示。

砂率对混凝土性能的影响　　表 2-51

试验编号	W/C	砂率（%）	坍落度（mm）	28d 抗压强度（MPa）	棱柱体抗压强度（MPa）	弹性模量（GPa）	备注
S3-1	0.3	34	205	60.3	45.2	43.2	稍泌水
S3-2	0.3	38	205	62.1	54.3	42.9	
S3-3	0.3	42	215	67.0	58.1	41.7	
S3-4	0.3	46	240	68.6	61.8	42.4	
S2-5	0.3	50	215	72.0	61.8	40.7	黏性大
S2-1	0.26	34	1.5	73.4			
S2-2	0.26	38	6.0	72.6			
S2-3	0.26	42	4.5	72.4			
S2-4	0.26	46	4.5	75.9			
S2-5	0.26	50	3.0	75.2			
S4-1	0.4	34	155	50.7			离析、泌水
S4-2	0.4	38	180	57.3			稍离析
S4-3	0.4	42	200	58.4			
S4-4	0.4	46	190	55.3			稍黏
S4-5	0.4	50	140	61.9			黏性大

由表 2-51 可见，水灰比很低（W/C 为 0.26）时，砂率对强度的影响不大。砂率过大时，会影响混凝土的弹性模量，故应对石子的最低用量加以限制。

砂率的选择可用砂石混合料的空隙率最小来计算。方法是以不同砂率从 37% ~48% 和石子充分混合后，分三次装入一个 15 ~20L 的不变形的钢筒中，在振动台上振动至试料不再下沉，刮平表面后称量，重量最大的对应的就是最佳砂石混合比。

$$\rho_0 = w_0/V_0 \quad (kg/m^3) \qquad (2\text{-}21)$$

式中　w_0——最大称量（kg）；

V_0——钢筒体积（m^3）；

ρ_0——砂石混合料最佳密度（kg/m^3）。

$$最佳空隙率为\ \alpha = (\rho - \rho_0)/\rho \tag{2-22}$$

式中 ρ——砂石混合料表观密度，一般取$2.65g/cm^3$。

α最优约等于16%，一般为20%～30%，此时相对应的砂率，暂定为最佳砂率。实际最佳砂率应同时考虑密实度和流动性两个因素。

实际砂率的选择可用砂浆富裕系数来计算。计算的原则是用砂浆填充石子空隙并保证一定的富裕量（计算时乘以砂浆富裕系数）即：

$$m_c/\rho_c + m_w/\rho_w + m_s/\rho_s = P_0 \cdot k \cdot m_g/\rho_{g0} \tag{2-23}$$

式中 m_c、m_w、m_s、m_g——每立方米混凝土中水泥、水、砂、石子用量；

ρ_c、ρ_w、ρ_s、ρ_g——水泥、水、砂、石子的表观密度；ρ_c取$3.14g/cm^3$，ρ_w取$1g/cm^3$，ρ_s取$2.65g/cm^3$，ρ_g取$2.7g/cm^3$；

ρ_{g0}——石子的堆积密度；

$P_0 = (\rho_g - \rho_{g0})/\rho_g$——石子空隙率；

k——砂浆富裕系数，高性能混凝土$k = 1.7～2.0$。

结合绝对体积法：

$$m_c/\rho_c + m_w/\rho_w + m_s/\rho_s + m_g/\rho_g + 0.01\alpha = 1 \tag{2-24}$$

式中 α——混凝土含气百分数，不掺入引气剂，α可取1。

$$砂率 = m_s/(m_g + m_s) \times 100\%$$

可计算出砂（m_s）、石（m_g）用量。

2.12.2.3 高性能混凝土配合比设计步骤

1. 强度与拌合水用量估算

根据强度等级的要求，人为地分为5个等级——65MPa、75MPa、90MPa、105MPa及120MPa。强度等级低于65MPa的混凝土拌合物用水量可参照《普通混凝土配合比设计规程》JGJ 55选用。按表2-50估计最大用水量，骨料最大粒径为10～20mm，对外加剂、粗细骨料中的含水量进行修正。

2. 估算水泥浆体体积组成

表2-52是在浆体体积0.35m³时按细掺料掺加的三种情况分别列出，即情况1为不加细掺料；情况2为25%的粉煤灰或磨细矿渣；情况3为10%的硅灰加15%的粉煤灰。粉煤灰或磨细矿渣的密度为2.5g/cm³；硅灰密度为2.1g/cm³。减去拌合水和0.01m³的含气量，按细掺料的三种情况计算浆体体积组成。

0.35m³浆体中各组分体积含量（m³）　　表2-52

强度等级	水	空气	胶凝材料总量	情况1	情况2	情况3
				PC	PC + FA（或BFS）	PC + FA（或BFS）+ CSF
A	0.16	0.02	0.17	0.17	0.1275 + 0.0425	0.1275 + 0.0255 + 0.0170
B	0.15	0.02	0.18	0.18	0.1350 + 0.0450	0.1350 + 0.0270 + 0.0180
C	0.14	0.02	0.19	0.19	0.1425 + 0.0475	0.1425 + 0.0285 + 0.0190
D	0.13	0.02	0.20	—	0.1500 + 0.0500	0.1500 + 0.0300 + 0.0200
E	0.12	0.02	0.19	—	0.1575 + 0.0525	0.1575 + 0.0315 + 0.0210

注：表中符号A~E为强度等级（见表2-50）；PC（Portland cement）为硅酸盐水泥；FA（flyash）为粉煤灰；BFS（blast fumace）为矿渣；CSF（Condensed silica fume）为凝聚硅灰。

3. 估算骨料用量

根据骨料总体积为0.65m³，假设强度等级A的第一盘配料组粗-细骨料体积比为3:2，则得出粗、细骨料体积分别为0.39m³和0.26m³。其他等级的混凝土（B~E），由于随着强度的提高，其用水量减少，高效减水剂用量增加，故粗、细骨料的体积比可大一些。如B级取3.05:1.95，C级取3.10:1.90，D级取3.15:1.85，E级取3.20:1.80。

4. 计算混凝土各组成材料用量

利用表2-51及表2-52的数据可计算出各种材料饱和面干质量，得出第一盘试配料配合比实例，见表2-53。

第一盘试配料配合比实例 表2-53

强度等级	平均强度(MPa)	细掺料情况	胶凝材料(kg/m³)			总用水量①(kg/m³)	粗骨料(kg/m³)	细骨料(kg/m³)	材料总量(kg/m³)	W/C
			PC	FA(BFS)	CSF					
A	65	1	534	—	—	160	1050	690	2434	0.3
		2	400	106	—	160	1050	690	2406	0.32
		3	400	64	36	160	1050	690	2400	0.32
B	75	1	565	—	—	150	1070	670	2455	0.27
		2	423	113	—	150	1070	670	2426	0.28
		3	423	68	38	150	1070	670	2419	0.28
C	90	1	597	—	—	140	1090	650	2477	0.23
		2	477	119	—	140	1090	650	2446	0.25
		3	477	71	40	140	1090	650	2438	0.25
D	105	2	471	125	—	130	1110	630	2466	0.22
		3	471	75	42	130	1110	630	2458	0.22
E	120	2	495	131	—	120	1120	320	2488	0.19
		3	495	79	44	120	1120	320	2478	0.19

① 未扣除塑化剂中的水。

5. 高效减水剂用量

减水剂用量应通过试验，减水剂品种应根据与胶结料的相容量试验选择。掺量按固体计，可以为胶凝材料总量的0.8% ~2.0% 。建议第一盘试配用1% 。

6. 配合比试配和调整

上述步骤是建立在许多假设的基础上，需要应用实际材料在试验室进行多次试验，逐步调整。混凝土拌合物的坍落度，可用增减高效减水剂来调整。增加高效减水剂用量，可能引起拌合物离析、泌水或缓凝，此时可增加砂率和减小砂的细度模数来克服离析、泌水现象。对于缓凝，可采用其他品种的减水剂和水泥进行试验。应当注意，当混凝土拌合物工作度不良是由水泥中 C_3A 量过大引起的，则增加高效减水剂用量将作用不大，应更换水泥品种。如果混凝土 28d 强度低于预计强度，可减少用水量或考虑将粗骨料改为碎石。

高性能混凝土配制强度同普通混凝土一样也必须大于设计要求的强度标准值，以满足强度保证率的要求。混凝土配制强度（$f_{cu,o}$）仍可按式（2-1）计算。

混凝土强度标准差宜根据同类混凝土统计资料计算确定，计算时强度试件不应少于25组。当无统计资料时，其值强度等级≤C50，σ可取5.0MPa，>C50，σ可取6.0MPa。

高性能混凝土试配时，应采用工程中实际使用的原材料并采用强制式搅拌机搅拌。制作混凝土强度试件的同时，应检验混凝土的工作性，非免振捣混凝土可用坍落度和坍落流动度来评定，同时观察拌合物的黏聚性、保水性，并测定拌合物的表观密度。试配时的强度试件最好按1d、7d、28d和90d制作，以便找出该混凝土强度发展规律。

高性能混凝土配合比设计要求高，考虑的因素多，原材料的选择与组合范围宽，因此，其配合比设计及试验工作量大。随着高性能混凝土技术的发展与经验的积累，其配合比设计和质量控制的计算机化是今后配合比设计的发展方向。

7. 高性能混凝土应用配合比参考

现将C60～C100高性能混凝土的典型配合比列表，见表2-54。当强度降低或提高时，参数范围可适当延伸。

高性能混凝土的典型配比　　表2-54

强度等级		C60～C100
胶凝材料浆体体积（%）		28～32
水泥用量（kg/m³）		330～450
胶凝材料	粉煤灰（%）	15～30
	矿渣（%）	20～30
	硅粉（%）	5～15
	F矿粉（%）	5～10
	UEA混凝土（%）	8～12

续表

强度等级		C60～C100
高效减水剂[①]（%）		0.5～2.0
水胶比		0.24～0.40
砂率	碎石（%）	0.34～0.42
	卵石（%）	0.26～0.36
最大用水量	塑性混凝土（kg/m^3）	90～130
	自流性混凝土（kg/m^3）	110～150

① 按总胶凝材料重量计。

2.12.2.4　高性能混凝土制备与施工

高性能混凝土的形成不仅取决于原材料、配合比以及硬化后的物理力学性能，也与混凝土的制备与施工有决定性关系。高性能混凝土的制备与施工应同工程设计紧密结合，制作者必须了解设计的要求、结构构件的使用功能、使用环境以及使用寿命等。

1. 高性能混凝土的拌制

1）高性能混凝土的配料

应严格控制配制高性能混凝土原材料的质量，包括对原材料供应源的调查和预先的抽样检测以及原材料进场后的抽样检测，如水泥不仅应抽样复试，而且应该做快测强度以及凝结时间的试验。还应确立合理的骨料、水泥、外掺粉、外加剂的贮运方式，保证使用过程先进先出，材质均匀，便于修正。

高性能混凝土的配料可以采用各种类型配料设备，但更适宜商品化生产方式。混凝土搅拌站应配有精确的自动称量系统和计算机自动控制系统，并能对原材料品质均匀性、配合比参数的变化等，通过人机对话进行监控、数据采集与分析。但无论哪种配料方式，均必须严格按配合比重量计量。计量允许偏差严于普通混凝土施工规范：水泥和掺合料±1%，粗、细骨料±2%，水和外加剂±1%。配制高性能混凝土必须准确控制用水量，砂、石中的含水量应及时测定，并按测定值调整用水量和砂、石用量。严禁在拌合物出机后加水，必要时可在搅拌车中二次添加高效减水剂。高效减水剂可采用粉剂或水剂，并应采用后掺法。当采用水剂时，应在混凝土用水量中扣除溶液用水量；当采用粉剂时，应适当延长搅拌时间（不少于30s）。

2）高性能混凝土的搅拌

由于高性能混凝土用水量少，水胶比低，胶凝材料总量大，拌合时较黏稠，不易拌合均匀，因此需用拌合性能好的强制式搅拌设备。卧轴式搅拌机能在较短时间里将混凝土搅拌均匀，故推荐使用这种设备，禁止使用自落式搅拌机。国外引进设备中有新型逆流式或行星式搅拌机，效果也很好。

高性能混凝土拌合物的特点之一是坍落度经时损失快。控制坍落度经时损失的方法，除选择与水泥相容性好的高效减水剂外，可在搅拌时延迟加入部分高效减水剂或在浇筑现场搅拌车中调整减水剂掺量。拌制高性能混凝土投料顺序见图2-43。

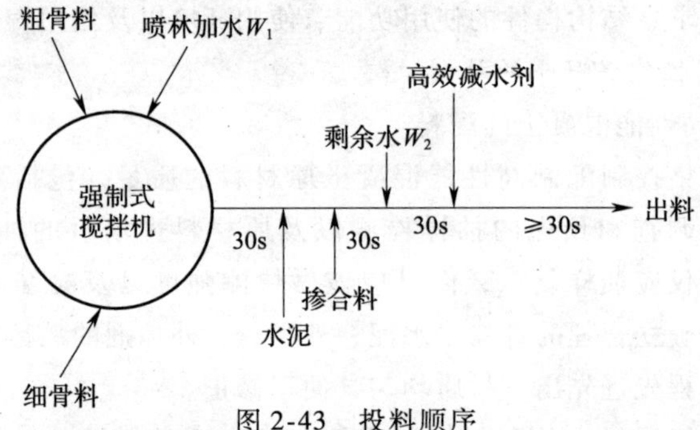

图2-43 投料顺序

高性能混凝土的搅拌时间，应该按照搅拌设备的要求，一般现场搅拌时间不少于160s，预拌混凝土搅拌时间不少于90s。

目前施工现场常用喂料方式见图2-44。

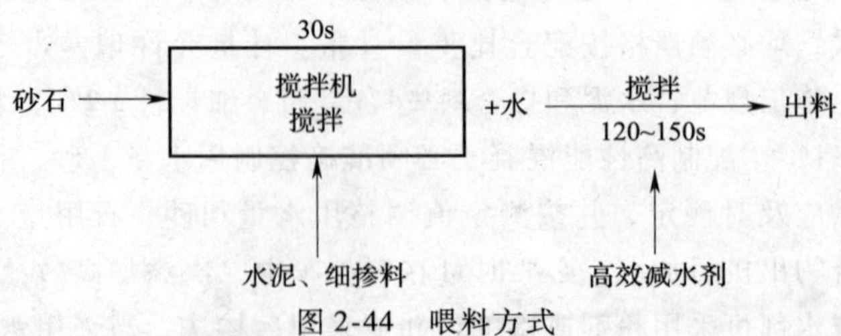

图2-44 喂料方式

2. 高性能混凝土拌合物的运输和浇筑

1）高性能混凝土拌合物的运输

长距离运输拌合物应使用混凝土搅拌车，短距离运输可用翻斗车或吊斗。装料前应考虑坍落度损失，湿润容器内壁和清除积水。

第一盘混凝土拌合物出料后应先进行开盘鉴定。按规定检测拌合物工作度（包括冬施出罐温度），并按计划留置各种试件。混凝土拌合物的输送应根据混凝土供应申请单，按照混凝土计算用量以及混凝土的初凝、终凝时间、运输时间、运距，确定运输间隔。混凝土拌合物进场后，除按规定验收质量外，还应记录预拌混凝土出场时间、进场时间、入模时间和浇筑完毕时间。

2）高性能混凝土拌合物的浇筑

现场搅拌的混凝土出料后，应尽快浇筑完毕。使用吊斗浇筑时，浇筑下料高度超过3m时应采用串筒。浇筑时要均匀下料，控制速度，防止空气进入。除自密实高性能混凝土外，应采用振捣器捣实，一般情况下应用高频振捣器，垂直点振，不得平拉。浇筑方式，应分层浇筑、分层振捣，用振捣棒振捣应控制在振捣棒有效振动半径范围之内。混凝土浇筑应连续进行，施工缝应在混凝土浇筑之前确定，不得随意留置。在浇筑混凝土的同时按照施工试验计划，留置好必要的试件。不同强度等级混凝土现浇相连接时，接缝应设置在低强度等级构件中，并离开高强度等级构件一定距离。当接缝两侧混凝土强度等级不同且分先后施工时，可在接缝位置设置固定的筛网（孔径5mm×5mm），先浇筑高强度等级混凝土，后浇筑低强度等级混凝土。

高性能混凝土最适于泵送，泵送的高性能混凝土宜采用预拌混凝土，也可以现场搅拌。高性能混凝土泵送施工时，应根据施工进度，加强组织管理和现场联络调度，确保连续均匀供料，泵送混凝土应遵守《混凝土泵送施工技术规程》（JGJ/T 10）的规定。

使用泵送进行浇筑，坍落度应为120~200mm（由泵送高度确定）。泵管出口应与浇筑面形成一个50~80cm高差，便于混凝土下落产生压力，推动混凝土流动。输送混凝土的起始水平管段长度不应小于15m。现场搅拌的混凝土应在出机后60min内泵送完毕。预拌混凝土应在其1/2初凝时间内入泵，并在初凝前浇筑完毕。冬期以及雨期浇筑混凝土时，要专门制定冬、雨期施方案。

高性能混凝土的工作性还包括易抹性。高性能混凝土胶凝材料含量大，细粉增加，低水胶比，使高性能混凝土拌合物十分黏稠，难于被抹光，表面会很快形成一层硬壳，容易产生收缩裂纹，所以要求尽早安排多道抹面程序，建议在浇筑后30min之内抹光。对于高性能混凝土的易抹性，目前仍缺少可行的试验方法。

3. 高性能混凝土的养护

混凝土的养护是混凝土施工的关键步骤之一。对于高性能混凝土，由于水胶比小，浇筑以后泌水量很少。当混凝土表面蒸发失去的水分得不到充分补充时，使混凝土塑性收缩加剧，而此时混凝土尚不具有抵抗变形所需的强度，就容易导致塑性收缩裂缝的产生，影响耐久性和强度。另外高性能混凝土胶凝材料用量大，水化温升高，由此导致的自收缩和温度应力也在加大，对于流动性很大的高性能混凝土，由于胶凝材料量大，在大型竖向构件成型时，会造成混凝土表面浆体所占比例较大，而混凝土的耐久性受近表层影响最大，所以加强表层的养护对高性能混凝土显得尤为重要。

为了提高混凝土的强度和耐久性，防止产生收缩裂缝，很重要的措施是混凝土浇筑后立即喷养护剂或用塑料薄膜覆盖。用塑料薄膜覆盖时，应使薄膜紧贴混凝土表面，初凝后掀开塑料薄膜，用木抹子搓平表面，至少搓2遍。搓完后继续覆盖，待终凝后立即浇水养护。养护日期不少于7d（重要构件养护14d）。对于楼板等水平构件，可采用覆盖草帘或麻袋湿养护，也可采用蓄水养护；对墙柱等竖向构件，采用能够保水的木模板对养护有利，也可在混凝土硬化后，用草帘、麻袋等包裹，并在外面再裹以塑料薄膜，保持包裹物潮湿。应该注意：尽量减少用喷洒养护剂来代替水养护，养护剂也绝非不透水，且有效时间短，施工中很容易损坏。

当在高性能混凝土中掺入膨胀剂时，养护的方法是否及时有效，对膨胀量有很大影响，因钙矾石的形成需要大量的结合水，尤其是大面积构件的混凝土中，更要注意覆盖保持湿润。

混凝土养护除保证合适的湿度外，另一方面是保证混凝土有合适的温度。高性能混凝土拌合物比普通混凝土对温度和湿度更加敏感，混凝土的入模温度、养护湿度应根据环境状况和构件所受内、外约束程度加以限制。养护期间混凝土内部最高温度不应高于75℃，并应采取措施使混凝土内部与表面的温度差小于25℃。

2.12.2.5 免振捣自密实混凝土技术

免振捣自密实混凝土是高性能混凝土的一种。其最主要的性能是能够在自重下不用振捣，自行填充模板内的空间，形成密实的混凝土结构。此外，它还具有良好的力学性能与耐久性能。这是一种从混凝土拌合物开始直至硬化后的使用期都被全面考虑的高性能混凝土。其优越性主要表现在：

(1) 提高混凝土的密实性和耐久性，避免漏振、过振等施工中的人为因素，以及配筋密集、结构形式复杂等不利条件对施工质量的影响。

(2) 降低作业强度，节省劳力、振捣机具和电能。

(3) 可消除振捣噪声，改善环境，缓解施工扰民的矛盾。

(4) 简化工序，缩短工期，提高效率。

1. 制备原理

免振捣自密实混凝土具有高工作性能，表现为具备高流动性、高抗分离性、高间隙通过能力和高填充性。制备免振捣自密实混凝土的原理是通过外加剂、胶结材料和粗细骨料的选择搭配和精心的配合比设计，使剪切应力减小到适宜范围，同时又具有足够的塑性黏度，使骨料悬浮于水泥浆中，不出现离析和泌水问题，能自由流淌充分填充模型内的空间，形成密实且均匀的结构。

2. 制备方法

免振捣自密实混凝土的配合比设计应考虑下列因素：

(1) 掺入新型高效减水剂后，拌合物中砂浆的剪切应力显著降低，适宜的掺量和较低的水胶比条件下混凝土流动性好，且无离析现象。

（2）浆固比增大，拌合物流动性、间隙通过能力和填充性提高，强度增大，但随浆固比提高，混凝土收缩值有增大趋势。浆体所占体积比率最佳范围是34%～42%，可使混凝土具有良好的工作性能、力学性能及耐久性能。

（3）砂率值对间隙通过性影响较大，对混凝土硬化后的各方面性能影响不显著。砂率值在50%左右为最佳。

（4）水泥用量相同的条件下，增大掺合料掺量可提高浆固比，调节改善混凝土拌合物的流动性，并可降低水胶比、提高强度和其他性能。在浆固比相同的条件下，粉煤灰掺量超过30%时对强度有降低影响，掺量45%以上影响较为显著。粉煤灰掺量提高，混凝土收缩值减小。

（5）混凝土拌合物的流动性能与拌合物中砂浆的流动性能有关，但不完全取决于砂浆的流动性能，还与粗细骨料的质量、比率和胶结材料浆体所占比例有关。

2.12.3　大体积混凝土温度监测和控制

2.12.3.1　主要技术内容

混凝土温度监测是对水泥水化热、混凝土浇筑过程中的浇筑温度、养护过程中混凝土浇筑块体升降温、里外温差、降温速度及环境温度等进行测试和监测。监测工作将给施工组织者及时提供信息，反映大体积混凝土浇筑块体内温度变化的实际情况及所采取的施工技术措施效果，为施工组织者在施工过程中及时准确采用温控对策提供科学依据。大体积混凝土温度控制是防止混凝土由于内外温差产生温度应力和裂缝，核心措施是减小混凝土结构内的温度梯度，技术措施就是“内降外保”。大体积混凝土施工中加强温度监测，实行信息化控制。随时掌握混凝土内的温度变化对于防止开裂有决定性意义。

2.12.3.2　主要技术要求

1. 主要技术指标

根据国家标准《混凝土结构工程施工质量验收规范》

GB 50204—2002 第 7.4.7 条规定：对大体积混凝土的养护，应根据气候条件采取控温措施，并按需要测定浇筑后的混凝土表面和内部温度，将温差控制在设计要求的范围以内；当设计无具体要求时，应符合下列规定：

1）混凝土内部温差（中心与表面下 100mm 或 50mm 处）不大于 20℃。

2）混凝土表面温度（表面下 100mm 或 50mm）与混凝土表面外 50mm 处的温度差不大于 25℃；对补偿收缩混凝土，允许介于 30～35℃之间。

3）混凝土降温速度不大于 1.5℃/d。

4）撤除保温层时，混凝土表面与大气温差不大于 20℃。

2. 适用范围

大体积混凝土温度监测和控制技术适用于高层建筑筏板基础、箱基底板，桩基承台，大型设备基础，结构物中其他厚度较大的混凝土梁、墙，如沉井壁等。

3. 温度监测要求

1）大体积混凝土的温控施工中，除应进行水泥水化热的测试外，在混凝土浇筑过程中还应进行混凝土浇筑温度的监测，在养护过程中还进行混凝土浇筑块体里外温差、降温速度及环境温度等监测。

图 2-45 为对质点温测曲线。

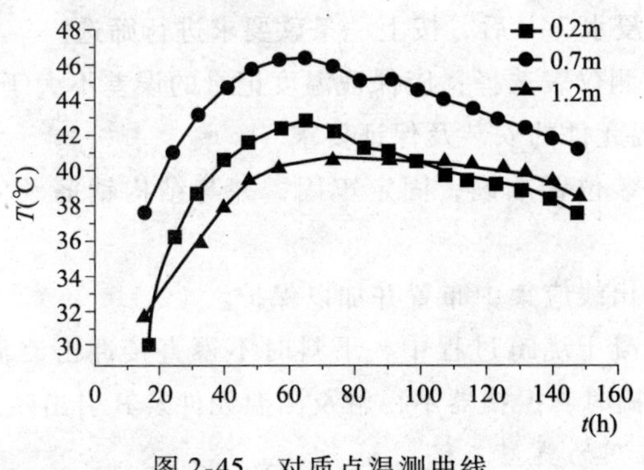

图 2-45 对质点温测曲线

2）混凝土浇筑温度系指混凝土振捣后，位于混凝土上表面以下50～100mm深处的温度。混凝土浇筑温度的测试每工作班（8h）应不少于2次。

3）大体积混凝土浇筑块体里外温差、降温速度及环境温度的测试，每昼夜应不少于2次。

4）大体积混凝土浇筑块体温度监测点的布置，以真实地反映出混凝土块体的里外温差、降温速度及环境温度为原则。如图2-46为施工现场温度检测平面图举例。

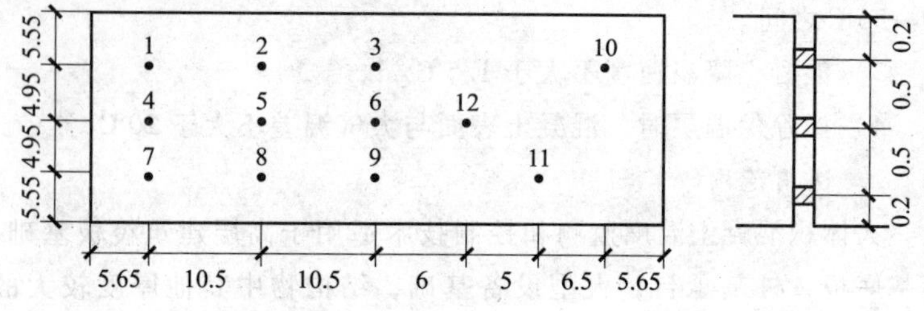

图2-46　施工现场温度检测平面图

4. 对测温元件及检测仪表的要求

1）测温元件及检测仪表选择

（1）主要要求是保证具有足够的精度及可靠性以满足施工过程中温控要求。

（2）测温元件选择：元件的测温误差不大于0.3℃；元件安装前必须经过浸水24h后，按上一条款要求进行筛选。

（3）监测仪表选择：应保证温度记录的误差不大于±1℃。

2）测温元件的安装及保证要求

（1）安装位置准确，固定牢固，并与结构钢筋及固定架金属体绝热。

（2）引出线应集中布置并加以保护。

（3）混凝土浇筑过程中，下料时不得直接冲击测温元件及其引出线；振捣时，振捣器不得触及测温元件及其引出线。

5. 已应用的典型工程

大体积混凝土温度监测和控制技术已应用于许多土建工程中，

比较典型的有上海金茂大厦厚筏基础、江阴长江公路大桥锚碇大体积混凝土等。

2.12.3.3 大体积混凝土温度监测和控制应用实例

【实例】 某工程主楼52层，基础底板设计为整板基础，浇筑面积为2350 ㎡，一般厚度3.2m，总体积为7500m^3，属于大体积混凝土工程。在混凝土浇筑前，对混凝土配合比进行了优化设计，选择低热水泥，掺入高效减水剂，减少水泥用量，提高混凝土的早期抗拉强度。整个底板分两次浇筑，第一次浇筑电梯井底板，浇筑时间从2006年12月2日晚上18：30分开始，到12月3日早晨4：00结束；第二次浇筑大楼基础底板，浇筑时间从2002年12月18日晚上19：00开始，到12月22日下午14：00全部浇筑完毕。在两次浇筑过程中，对混凝土进行了及时的养护，并对混凝土全场温度进行了认真的测量。第一次检测时间从12月2日到12月18日，历时16d；第二次检测从12月18日到1月9日，历时21d。

1. 测温设备及测温点布置

本次测温采用热敏电阻作为测温传感器，传感器装入导热良好的金属套管内，并用环氧树脂密封，可保证传感器对混凝土温度变化作出迅速的反应。测温设备采用LD－C20－64智能巡测温度仪，仪器以集成模拟开关代替常规的继电器触点开关，大大地提高了仪表的可靠性，1点/s的巡测速度可确保即时检测到各时刻的温度值，并可随时打印即时的温度值。

测温点根据底板的浇筑方向、结构特点及预计温度场布置，在电梯井底板选择2个有代表性的测温点，基础底板选择10个有代表性的测温点。对每一个测点，沿深度方向布置上、中、下三个传感器，上传感器距离表面10cm，中传感器居中，距离底板面160cm，下传感器距离基底10～15cm。除埋在混凝土里面的传感器外，第一次温度检测过程中，另外使用了2个传感器分别检测养护层下混凝土的表面温度及大气温度；第二次检测时，另外使用了2个传感器检测混凝土的表面温度。

2. 测温实施与结果

温度检测从2006年12月2日到2007年1月9日结束，期间每天有专人值班观察，如果上、中、下测点温度差超过了25℃，会立即告知有关人员。在浇筑初期，每间隔2h依次打印测温数据，按照原始打印数据，将每一点的上、中、下三点的温度绘于一张图上。极少数时间段，由于仪器受到干扰，没有温度记录，整理数据时，已根据相邻时间测得的值进行了补充。

这次浇筑从12月18日晚上20点开始，到12月22日下午结束，浇筑时采取了养护措施，检测的温度数据没有多大异常。混凝土从一浇筑就开始水化发热，温度上升比较明显，中间传感器的温度基本上都在72h达到峰值，维持峰值的时间约60～72h，之后开始缓慢地下降。混凝土养护过程中，因为没有降雨等异常的天气情况出现，养护期间，各点的上中部位温度差没有超过20℃。12月29日，因施工需要，减少了表面覆盖层，表层温度开始下降，从原来的45℃左右降到35℃以下，此后，同一点中、上2个传感器的温度差一直在30℃以上。由于此时各部分混凝土的强度已达到设计值的100%，基础底板未出现贯穿裂缝。

总结两次测温的过程，可以得出以下结论：1）混凝土在浇筑开始及其后8h内就开始产生水化热，温度迅速上升，在72h内可以达到各自的峰值，峰值维持期为60～72h，此后温度开始缓慢下降。2）混凝土表面层的温度受气温影响比较大，随着气温的波动，混凝土的表层温度也有所波动，但波动幅度稍缓。从检测结果可以看出，混凝土的表层温度一般比气温高20～25℃。3）在地坑部位混凝土厚度达3.2m，其中心部位热量散发慢，温度较高，最高时温度超过了70℃，这时覆盖后的表层温度可达50℃左右，其内表温差仍保持在规定范围内。4）对于底板，由于混凝土浇筑时间和区域不同，升温情况各有差别，但其内表温差基本上保持在25℃以内。5）当天气降雨，混凝土表层积水，或混凝土养护层减薄以至取消时，基础底板的表层温度会大幅下降，造成混凝土内表温差超过25℃。

3. 对高层建筑基础底板大体积混凝土施工的几点建议

1）优化混凝土配合比的设计。尽量选用水化热低和安定性好的水泥，并在满足设计强度要求的前提下，尽可能减少水泥用量，以减少水泥的水化热。控制石子、砂子的含泥量不超过1%和3%，提高混凝土的极限抗拉强度。

2）根据施工季节的不同，可分别采用降温法和保温法施工。夏季采用降温法施工，即在搅拌混凝土时掺入冰水，温度控制在5~10℃。混凝土浇筑后用冷水养护，注意水温和混凝土温度之差不超过20℃。或采用覆盖材料养护。冬季采用保温法施工，利用保温模板和保温材料防止冷空气侵袭，以达到减小混凝土内表温差的目的。

3）大体积混凝土施工时，如遇降雨、降雪，气温骤降，造成混凝土内表温差超限，当混凝土强度远低于设计强度时，过大的温度应力可使混凝土出现裂缝。因此，及时调整混凝土保温层厚度，及时养护混凝土，控制混凝土的内表温差，是防止裂缝的重要一环。

4）加强温度监测。制定详细的温度测试方案，特别是混凝土浇筑一周内的温度监测。

2.12.4 大跨度结构施工过程中受力与变形的监测控制

2.12.4.1 主要技术内容

大跨度结构施工监测是对施工全过程中实际发生的各项影响结构内力与变形的参数进行测量与分析。测量是施工监控中的重要环节，它包括几何指标参量的测量和力学指标参量的测量两部分。受力监测包括结构截面的应力（包括混凝土应力、钢筋应力、钢结构应力等）、预应力水平、温度应力的监测。施工控制包括结构变形控制、结构应力控制、结构稳定性控制等。

大跨度结构施工控制则是结合实测的内力与变形数据，随时分析各施工阶段结构内力、变形与设计预测值的差异并找出原因，提出修正对策，以确保在建成后结构的内力、外形曲线与设计尽量相符。

2.12.4.2　主要技术指标

大跨度结构施工监测监控是一个“施工－测量－计算分析－修正－预告”的循环过程，根本要求是在确保结构安全施工的前提下，要做到结构形状和内力符合设计规定的允许误差范围。具体实施时必须遵照《钢结构工程施工质量验收规范》（GB 50205—2001）和《混凝土结构工程施工质量验收规范》（GB 50204—2002）。

2.12.4.3　适用范围

大跨度结构施工监测与控制适用于包括预应力混凝土结构、钢结构、轻型结构、桥梁等大跨度结构施工中的受力与变形监控。

2.12.4.4　已应用的典型工程

大跨度结构施工监测与控制已应用的典型工程包括国家大剧院主体建筑钢结构、上海大剧院钢屋盖、上海体育场马鞍形屋盖、上海浦东国际机场候机楼钢屋架、上海国际会议中心单层球网壳等重大工程。

2.12.4.5　应用实例

【实例】　杭州市钱江四桥主桥采用新颖的多跨组合式钢管混凝土拱桥，是一座公路和轻轨两用的大桥。跨度组成为 2×85+190+5×85+190+2×85m，其中跨度为 190m 的桥跨是由中承式和下承式桥面组合而成的双层钢管混凝土拱桥，跨度为 85m 的桥跨是由上承式和下承式桥面组合而成的双层钢管混凝土拱桥，结构造型优美，构思独特，是国内首创的满足公路和轻轨交通要求的新的结构总体布置形式。

根据结构的总体布置形式和受力特点，路桥集团第二公路工程局在上部结构施工方案中，综合考虑了现场环境条件，大胆采用最大吊重可达 170t 的三跨连续的大跨度缆索吊，然后将拱肋适当分段，再通过临时连接件将两侧拱肋联成一体进行整体吊装，从而有效地提高了结构施工阶段的稳定性和抗风能力。

正是由于该桥设计方案的新颖性和施工方案的创新性，使得结构施工过程中的控制和监测显得更加重要。为此，路桥集团第二公路工程局邀请西南交通大学作为专业技术承包人，与路桥集团第二公路工程局共同完成上部结构施工监测工作。

为确保大桥的施工安全和施工质量，直接配合现场施工，需要对大桥施工过程中的关键工序进行监测与监控。根据设计文件要求和施工特点，在缆索吊塔架安装与运营过程、拱肋钢管吊装和架设过程、系杆和吊杆的施工过程等关键工序和结构关键部位的应力、变形、温度、拱圈混凝土弹性模量及变化、钢管混凝土收缩量变化以及系杆张拉、桥面施工时拱座的纵向变位进行监测、监控；对关键施工阶段的拱轴线、拱压力线变化、施工各阶段拱肋上下游高差和拱肋合拢时各钢管应力均匀程度进行监测、监控。同时为了今后对该桥运营状态有比较全面的了解和控制，关键截面的内埋元件还可用于全桥竣工后的荷载试验和长期运营观测。

由于施工现场安装测试环境复杂，测试时间长，施工测试元件和仪器必须具有良好的长期稳定性，精度可靠，以获得可信的测试结果，根据近几年桥梁施工检测经验，测试仪器以选择国外公司或合资公司的测试仪器与设备为佳。

根据该桥的结构设计特点和施工方案，特制定与之配套的施工监测方案。

1. 施工监测、监控工作内容

1）建立施工监控系统

拱桥的施工监控与设计和施工有密切联系，为了安全优质地按照设计要求建成桥梁，需要从监测、监控等方面建立起一个控制系统，形成“施工→测试→识别→修正→预测→施工”的循环体系。监控系统的总体内容包括：

(1) 静态监测系统（也称作物理参数的现场测试子系统）

本系统测量内容包括混凝土密度、强度、弹性模量等；钢管材料的弹性模量和温度系数等力学特性测试数据；结构的材料特性（如混凝土的收缩、徐变系数、温度系数等）测试数据；施工荷载、临时荷载及其他偶然荷载等资料的收集与分析。

(2) 动态监测子系统（也称作大桥施工过程的跟踪监测子系统）

本系统监测的内容主要包括环境监测（温度、风速、日照状况等）、线形监测（各个施工阶段的拱段标高、拱轴面外偏差、合拢时的拱轴线形、混凝土浇筑过程的拱轴线形变化、施工塔架垂直度、桥面线形等）、力学监测（拱的应力、应变，系杆内力，扣索、锚固索、索吊主缆、浪风索的索力等）。测量的具体内容和测量时间需要根据大桥施工的阶段性和现场状况制定具体的详细方案，并灵活掌握。

(3) 分析判断和决策子系统。根据现场测量与测试资料，对结构的状态进行分析；进行参数识别后，与设计资料对比，给出结构当前阶段应力、应变、强度稳定状态及结构线形分析报告，进行设计计算系统的再分析。根据实际参数实时调整设计理论线形，并对后续施工状态进行预测，提出施工控制建议，提交施工指挥系统进行决策。

2) 监测、监控的现场测试

在施工监控的计算分析中，要根据实际施工中的现场测试参数进行仿真分析，并根据实际施工中的实时测量数据对这些参数进行分析拟合，以使施工监控能比较准确地控制结构的安全与质量。

需要进行现场测定的参数包括以下一些内容：

(1) 实际施工中材料物理力学性能参数测试与收集

① 拱圈钢管及混凝土的密度、弹性模量、强度参数的测试与收集——虽然钢材的物理力学性能比较均匀，变异性小，但仍应在施工工地对所采用的钢材加工成管材后的这类参数进行采样测试，用实测参数的统计平均值进行施工控制计算。钢管混凝土作为一种复合材料，其密度、弹性模量及强度变异性比钢材要大得多，且后两项会随时间的变化而取不同的值，需要测试其随时间的变化曲线。

② 拱肋分段吊装的扣索、缆风索、索吊主缆及塔架性能参数测试与收集——拱桥的吊装过程中需要较多扣索、缆风索，索吊

施工中其主缆不仅要承受巨大的荷载，同时也对由钢构件和拉索组成的塔架结构施加巨大的压力，甚至对塔架中部施加弯矩。扣索塔架塔底固结，扣索力需要严格控制，受力复杂。因此，上述各类索的安全性和塔架的稳定性都是确保施工安全的必要前提，须根据实际的参数和试张拉的测试数据分析结构的实际状态，以保证结构受力合理均匀。

③ 温度测试——钢结构的受力和线形与结构实际温度及温度的分布有关，要保证施工的正常进行并保证结构施工与设计相符，需要对结构的温度进行测试，并根据测试结果对结构状态进行分析。

（2）实际施工中的荷载参数测量与收集

包括恒载与施工荷载两部分。结构的恒载受材料表观密度、实际截面面积（钢管直径误差及不圆度等影响、设计未能精确计算部分（如焊接重量等）、混凝土灌注程度差等的影响，与设计会存在差异。为保证结构线形与设计比较符合，需要对这些值进行测量与收集。施工机具的重量及结构上的临时荷载等对结构合拢线形及结构安全都可能产生影响，因此监控人员需对这些资料进行收集并进行结构强度、稳定性和结构线形影响分析。

（3）实际施工中的环境参数测量与收集

对在实际施工过程中会对施工产生影响的环境参数如：温度、湿度、风速、日照辐射强度等进行收集与测试。

3）施工监测、监控具体项目

初步拟定主要针对8～9号墩之间的85m拱跨、两个190m拱跨以及桥面的施工过程和索吊塔架的工作过程进行监控，其他拱跨施工过程的监控可以根据实际情况和施工单位的要求灵活掌握，监控内容如下：

（1）钢管拱肋拼装阶段钢管温度变化测试与线形控制。

（2）拱肋吊装阶段：

① 施工塔架塔顶不平衡水平力和塔顶位移监测；

② 缆索吊主索垂度监测与控制；

③ 钢管拱肋关键截面应力监测；

④ 缆风索、各扣索索力监测与控制；

⑤ 拱肋施工过程中的线形和位移监测；

⑥ 钢管应力不均匀程度监测；

⑦ 上下游拱肋高差监测。

(3) 合拢前关键截面钢管温度变化、线形测量和合拢端位移监测。

(4) 合拢时钢管拱肋关键截面应力变化和拱轴线、拱压力线变化；钢管应力不均匀程度和上、下游拱肋高差监测。

(5) 扣索和尾索放张各阶段：

① 钢管关键截面拱肋应力变化，拱轴线、拱压力线变化监测；

② 施工塔架塔顶不平衡水平力和变位监测；

③ 拱肋风撑钢管应力及分布测试；

④ 钢管应力不均匀程度监测；

⑤ 拱脚水平变形量监测与控制。

(6) 吊杆及横梁和系杆安装阶段：

① 钢管关键截面拱肋应力变化，拱轴线、拱压力线变化监测；

② 钢管应力不均匀程度监测；

③ 拱肋风撑钢管应力及分布测试；

④ 钢管内混凝土温度监测；

⑤ 系杆初张力的控制与监测；

⑥ 拱脚水平变形量监测与控制。

(7) 灌注钢管混凝土各阶段：

① 钢管关键截面拱肋应力变化，拱轴线、拱压力线变化；

② 钢管应力不均匀程度监测；

③ 拱肋风撑钢管应力及分布测试；

④ 钢管内混凝土温度监测；

⑤ 系杆张力的控制与监测；

⑥ 拱脚水平变形量监测与控制。

(8) 系杆张拉、桥面的安装阶段：

① 钢管关键截面拱肋应力变化，拱轴线、拱压力线变化；

② 拱肋风撑钢管应力及分布测试；

③ 拱座纵向水平变位测量；

④ 系杆张拉力及系杆伸长量监测；

⑤ 钢管内混凝土温度监测。

(9) 系杆与钢管混凝土拱肋的温差变化监测。

(10) 钢管混凝土弹性模量、混凝土收缩徐变及随时间变化曲线测试。

(11) 配合设计、施工和监理单位进行线形控制，根据实测数据，提出分析结果和建议。

2. 施工监测监控方法

根据以上的监控项目，将分别采用以下监控手段和方法进行本桥的施工监测与监控工作。

1) 拱轴线受力及拱轴线与压力线的偏移监测

对于190m跨度拱桥，在钢管混凝土拱肋上共布置10个关键截面测点，用来监测拱轴线受力与拱轴线与压力线的偏移。测点位置初拟分别距拱座5m、13m、37m、62m和90m，对称布置，每个截面布置8个带温度测试元件的钢弦式应变计，要求测试精度±1με、温度±0.2℃。10个钢管拱肋截面共计80个测点，两跨共160个测点。根据各施工阶段的实测内力，可推出拱轴线与拱压力线的变化，达到监控拱肋安全的目的。

对跨度85m的拱桥，选择施工的第一跨，在钢管混凝土拱肋上共布置8个关键截面测点，用来监测拱轴线受力与拱轴线与压力线的偏移。测点位置初拟分别距拱座2m、6m、20m和40m，对称布置，每个截面布置4个带温度测试元件的钢弦式应变计，要求测试精度±1με、温度±0.2℃。8个钢管拱肋截面共计64个测点，根据实测内力，可推出拱轴线与拱压力线的变化，达到监控拱肋安全的目的。

这些测点如能在施工中完好保存，施工完成后还可以作为静载试验和运营后的长期观测元件。

2) 钢管应力均匀程度及温度监测

利用上述的带温度测试元件的钢弦式表面应变计，监测拱肋钢管应力均匀程度和温度变化过程。

3）拱肋风撑应力测试

初拟在190m跨主拱肋的五条风撑结构的上下弦杆跨中5个截面上的钢管表面分别布置4个带温度测试元件的钢弦式表面应变计，共计20个测点，要求测试精度±1με、温度±0.2℃。通过这些测点监测拱肋风撑的钢管应力程度和温度，以保证结构的横向稳定性。

4）塔架底部立柱截面应力测试

在每个缆索吊的施工塔架靠底部的立柱截面布置8个防水型应变片，8个塔柱一共有64个测点，用于监测塔架所受的竖向力、塔顶不平衡水平力，监控施工塔架安全。

对于190m跨桥的扣索塔，在每个扣索塔架的靠底部的立柱截面布置8个防水型应变片，4座扣索塔8个塔柱共需布置64个测点。由于柱底固结，因此可以测试塔架的塔顶竖向力、塔顶不平衡力和塔顶的位移，用于检测结构在施工阶段的应力状态，以保证结构施工的安全。

5）拱肋吊装施工时钢管骨架端部位移测试

在吊装好的拱肋骨架端部共布置四个竖向变位测点，采用标高与方位的测量方法监测主拱在吊装扣挂后吊装下一梁段施工时端部的变形情况，每段吊装骨架端部布置2测量点。

对于190m跨度拱桥，分7段吊装，每跨需要设置14个测量点；对85m跨度拱桥，每跨需要设置6个测量点。

测量的方法是采用全站仪进行三角高程测量。

6）上、下游拱肋高差监测

对190m跨度拱桥，在主拱顶和1/4跨度处各安放2个沉降仪监测上、下游拱肋高差，每跨共使用两对沉降仪。

7）足尺钢管混凝土试件测弹模及混凝土收缩

采用足尺钢管混凝土试件两个，在试件中埋设钢弦式应变计3个，表面安装钢弦式表面应变计4个，用于测试钢管混凝土弹性模量，以保证应力与应变之间的换算准确性，同时也用于钢管混凝土收缩应变的测定。共计6个钢弦式应变计，8个钢弦式表面应变计。在灌注混凝土后7d、28d、3个月、6个月、9个月时测试钢管混凝土弹性模量。钢管中混凝土收缩连续监测。

8）系杆拉力测试

根据系杆的具体结构形式可采用预埋传感器的测试方法，测试系杆在各阶段张拉过程中和张拉后的施工过程中的张力，以保证设计要求的实现。

对于190m跨度拱桥，每跨采用8个锚固张力传感器监测系杆预应力筋的张拉力变化情况，同时在张拉端用千斤顶和伸长量双控张拉力。

对于85m跨度拱桥，每跨采用4个锚固张力传感器监测系杆预应力筋的张拉力变化情况，同时在张拉端用千斤顶和伸长量双控张拉力。

9）张力体系索索力的监测

缆索吊系统的缆风索对保证塔架稳定起着至关重要的作用，在施工过程中需要通过测试保证缆风索的索力在设计的正常范围。拱肋吊装过程中扣索索力的大小和分配、对拱肋的安全和拱肋线形有较大的影响。因此这些张拉体系索的索力需要进行监控。监控的方法是采用测索振动频率的方法，通过换算计算索的张力大小。全桥结构将采用两台索力测试仪，测试各施工阶段的结构索力。

10）索塔顶变形量的监测

为保证施工的安全，需要对缆索吊的索塔和扣索索塔的塔顶变形量进行观测。测量的方法是采用两台全站仪对吊装过程中的缆索吊索塔和扣索过程中和扣索后的扣索索塔进行测量观测。

对吊装过程中的缆索吊主索（承重索）的垂度进行测量，以控制主索的张力。

11）施工控制分析软件

施工控制软件采用西南交通大学已在多座桥的监控中应用的桥梁结构综合分析软件（包括施工控制计算）；对局部结构的应力分析采用有限元ALGOR程序进行仿真与实测结果分析。

2.12.5　混凝土工程施工工法及实例

2.12.5.1　工法

工法是企业标准的重要组成部分，是企业开发应用新技术工作的一项重要内容，是企业技术水平和施工能力的重要标志。

工法分为国家级（一级）、省级（二级）和企业级（三级）三个等级。企业经过工程实践形成的工法，其关键技术达到国内领先水平或国际先进水平、有显著经济效益或社会效益的为国家级工法；其关键技术达到省先进水平、有较好经济效益或社会效益的为省级工法；其关键技术达到企业先进水平、有一定经济效益或社会效益的为企业工法。

工法的编写要按照企业承建工程的特点，制定工法开发与编写的年度计划，由项目领导层组织实施。经过工程实践形成的工法，应指定专人编写。

工法的内容一般应包括：

（1）前言：概述本工法的形成过程和关键技术的鉴定及获奖情况等。

（2）特点：说明本工法在使用功能或施工方法上的特点。

（3）适用范围：说明最宜采用本工法对象或工程部位。

（4）工艺原理：说明本工法工艺核心部分的原理。

（5）工艺流程及操作要点：说明本工法的工艺流程（可用网络图表示）和操作要点。

（6）材料：说明本工法使用新型材料的规格、主要技术指标、外观要求等。

（7）工具设备：说明本工法所必需的主要施工机械、设备、工具、仪器等的名称、型号、性能及合理的数量。

（8）活动组织及安全：说明本工法所需要的工种构成、人员数量和技术要求，以及应注意的安全事项和采取的具体措施。

（9）质量要求：说明本工法必须遵照执行的国家及有关部门、省颁发的标准、规范名称，并指出本工法在现行标准、规范中未规定的质量要求。

(10) 环境要求：按照国家的有关法律法规，对环境进行保护。

(11) 效益分析：从工程实践效果分析本工法在质量、工期、成本等方面的经济效益和社会效益。

(12) 应用实例：说明本工法应用的工程项目名称、地点、开竣工日期、实物工程量和应用效果。一项工法的形成，一般需要有三个应用实例。

2.12.5.2 混凝土（叠合箱）网梁楼盖施工工法实例

1. 前言

混凝土（叠合箱）网梁楼盖技术是一种新型的楼盖形式。楼盖由小型预制构件（混凝土叠合箱）与现浇混凝土肋梁结合成具有连续箱型截面的整体结构，箱体与肋梁共同受力。它具有预制构件工厂化加工施工质量稳定、减少施工现场劳动强度、降低环境污染等优点，也具有现浇结构整体性好的特点。其中，叠合箱由预制高强度钢筋混凝土底板、轻质材料侧板和预制高强度钢筋混凝土顶板组成。叠合箱根据位置不同，可分为明箱和暗箱。

网梁楼盖技术由济南坚构建筑技术有限公司和山东省城镇规划建筑设计院组织课题组进行研究开发，创造出了具有空间骨架、梁板合一、箱型断面的楼盖形式。该项技术通过一百多个工程的应用，不断总结改进，逐渐形成一套完整的施工工法。

《混凝土叠合箱网梁楼盖技术》于 2005 年 7 月通过了山东省建设厅鉴定委员会的科学技术成果鉴定。2005 年 7 月获山东省建设厅《山东省建设新技术新产品推广证书》。

《新型组合式混凝土叠合箱》2006 年 8 月取得国家知识产权局《实用新型专利证书》，专利号：ZL2005 2 0084212.9。

网梁楼盖的施工，从施工工艺到施工过程各个环节的质量控制标准均可按照现行有关现浇混凝土工程的施工规程。

2. 工艺原理

1) 网梁楼盖的基本构造

(1) 网梁楼盖是箱形截面的密肋楼盖，由预制叠合构件“叠合箱”与后浇肋梁连接成梁板合一的整体。叠合箱由预制高强度钢筋混凝土顶板、轻质材料侧壁和预制高强度钢筋混凝土底板组成。肋梁采用普通混凝土现浇而成，与叠合箱结合成整体楼盖。网梁楼盖示意，见图 2-47。

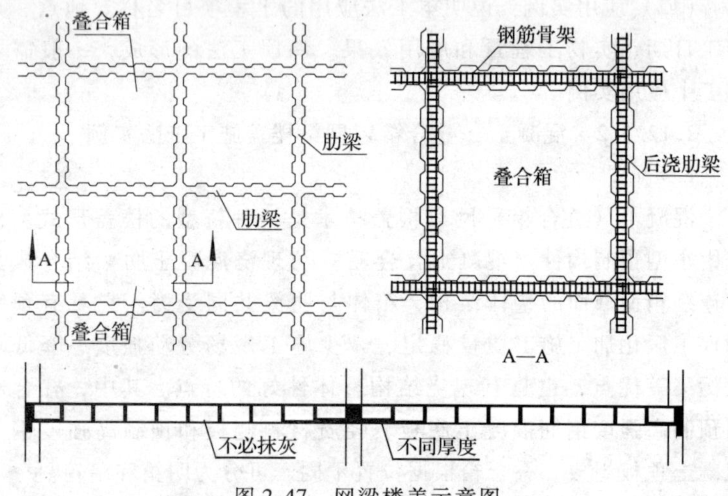

图 2-47　网梁楼盖示意图

（2）网梁楼盖体系具有底部平整、大空腔蜂窝构造、空间受力的特性。网梁楼盖不属于现浇空心板楼盖，它的基本受力单元是大翼缘箱形肋梁。叠合箱是由复合混凝土制作的中空箱体，箱体参与结构整体受力，同时又起到肋梁模板的作用。

2）叠合箱的基本形式（图 2-48）

（1）叠合箱的高度在 250～1400mm 内任意调整，可根据不同情况进行选择。

（2）叠合箱的平面尺寸系列（mm）：1000×1000，1000×700，1000×500，1000×300，700×700，700×500 等。

（3）叠合箱侧壁为薄壁，厚度为 8～12mm。

（4）叠合箱顶板、底板厚度可按结构不同部位进行调整，顶板最小厚度为 40mm，底板不考虑受力时最小厚度为 30mm，考虑受力时不小于 40mm。

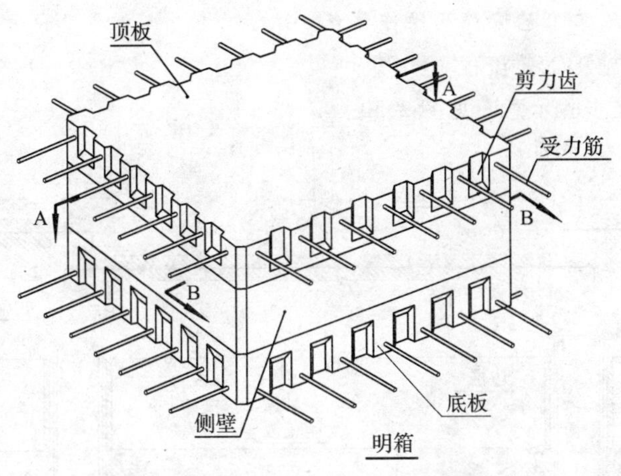

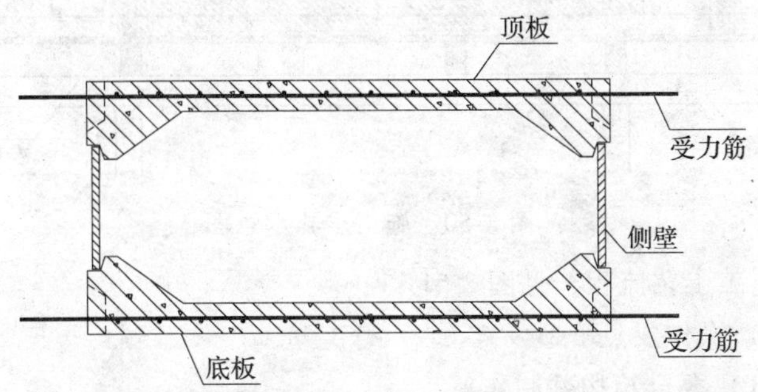

图 2-48 叠合箱示意图

（5）叠合箱钢筋与肋梁筋连接示意，见图 2-49。

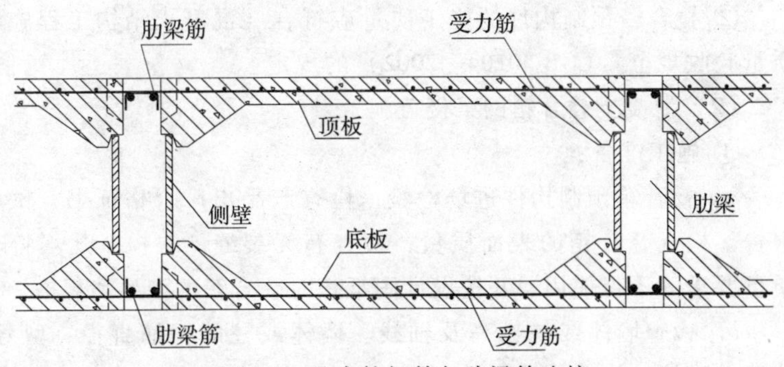

图 2-49 叠合箱钢筋与肋梁筋连接

3. 施工工艺流程及操作要点

1）施工工艺流程

施工步骤示意，见图2-50。

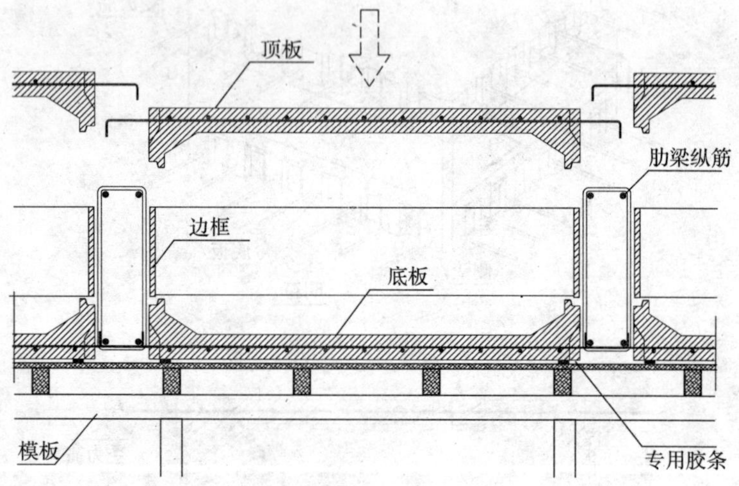

图2-50　施工步骤示意图

施工工艺流程，见图2-51。

2）操作要点

（1）叠合箱构件制作

① 网梁楼盖是专利技术，叠合箱构件应授权委托具有混凝土建筑预制构件施工资质的企业负责加工。

② 叠合箱预制构件的施工质量应符合《混凝土结构工程施工质量验收规范》（GB 50204—2002）的规定。

（2）混凝土叠合箱网梁楼盖施工

① 施工准备：

a. 叠合箱预制构件进场检验：检查产品出厂合格证书、试验报告。检查叠合箱的表面质量，检查有无裂缝、缺损，凡不符合质量要求的不得使用，并按设计图纸核对叠合箱的型号和规格。

b. 检查墙体或柱标高及轴线。墙体或柱的钢筋直径、型号、位置、连接、构造等项目。

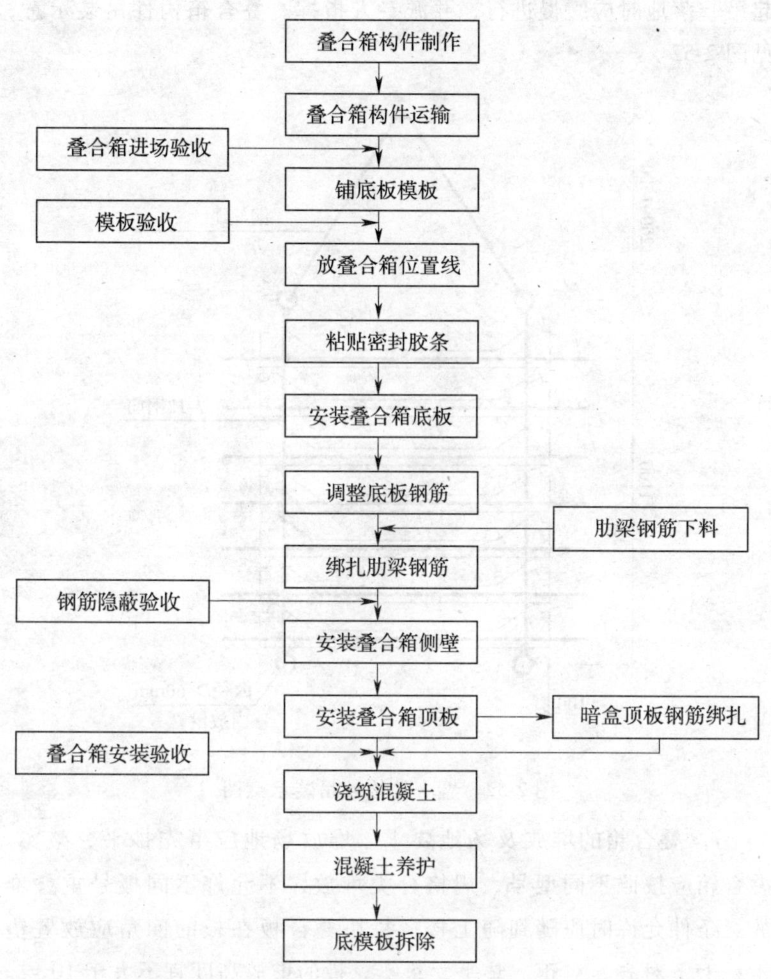

图 2-51 叠合箱施工工艺流程

② 叠合箱构件的吊装：

a. 叠合箱构件到达施工现场后应使用塔吊等起重设备进行吊装。起重设备最大幅度的起重荷载应不小于 10kN。

b. 使用叠合箱构件专用吊装工具进行吊装。将短钢管置于板底，钢管距板外边 100mm，用吊环将钢管套住，垂直起吊。开始

起吊、落地时应缓慢进行，并派专人指挥。叠合箱构件吊装示意，见图 2-52。

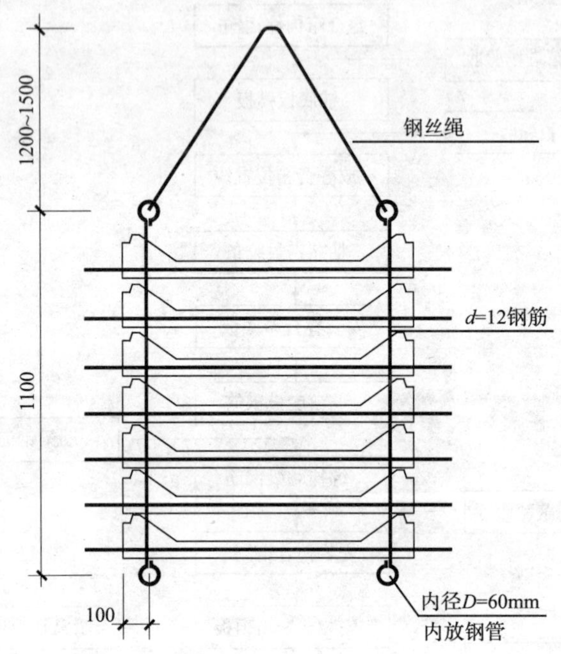

图 2-52　叠合箱构件吊装示意图

c. 叠合箱的堆放及场地要求。堆放场地应事先抄平、整实。叠合箱应按照不同型号、规格分类堆放，不允许不同板号重叠堆放。条件允许时应随到随上楼。每块叠合板在板的四角应放置垫木，上下对齐、对正、垫平、垫实。板的堆放高度宜不大于 10 层。

③ 铺设底板模板：

a. 根据肋梁位置，搭设底模板。底模板可在肋梁范围搭设，底模板宽度比肋梁宽度大 100mm，即保证底模板支撑叠合箱的宽度每边不小于 50mm。底模板也可以满堂铺设。

b. 网梁楼盖的跨度大于 6m 时，模板需要起拱。如图纸无明确规定时，起拱高度按短跨尺寸的 1/400 考虑。

c. 模板支设完成应组织相关人员进行模板分项工程验收。

④ 放叠合箱位置线。在已验收合格的底模板上，根据施工图纸的轴线尺寸，弹出肋梁边线（即叠合箱外边的位置线），以保证叠合箱准确就位。弹线前须复核工程轴线总尺寸，确认无误后方可弹线。叠合箱暗箱位置应用红漆做出特殊标记，防止错放箱体。

⑤ 粘贴密封胶条。在底模板上，按照已弹好的肋梁边线（叠合箱外边线）向内侧偏移30mm粘贴20mm×10mm（宽×厚）规格的海绵单面胶条，要求海棉胶条高压缩性、高弹性和低密度。（海绵胶条由叠合箱厂家提供）也可以粘贴15mm×5mm（宽×厚）规格的双面胶带。

胶条应距离叠合箱外边线尺寸一致，并与模板粘贴牢固。粘贴松动部位需用小铁钉钉牢。胶条可密闭模板与底箱之间的缝隙，防止叠合箱的底板与模板之间产生漏浆。叠合箱粘贴胶条示意，见图2-53。

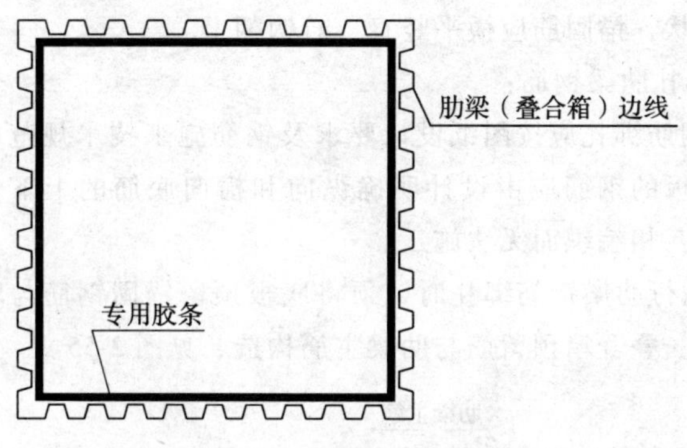

图2-53 叠合箱粘贴胶条示意图

⑥ 安装叠合箱底板：

a. 仔细对照箱型布置图纸，按照叠合箱位置线进行底板布置。底板之间的间距由设计要求的肋梁宽度确定，叠合箱是受力构件，位置不同，箱体的厚度配筋也不同，要严格按照箱型布置图进行摆放，防止错放箱型。

b. 摆放叠合箱底箱时，应按设计要求区分明箱、暗箱。明箱

底板、暗箱顶板板厚为 70～90mm，明箱顶板、暗箱底板厚为 110～130mm。明、暗箱板厚示意，见图 2-54。

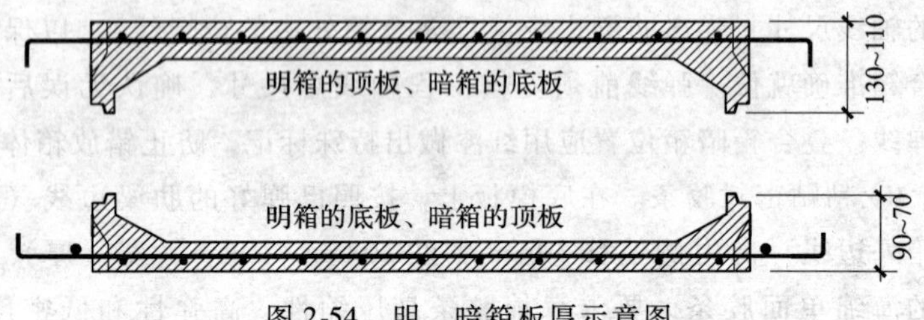

图 2-54　明、暗箱板厚示意图

c. 就位时，应使叠合板对准所划定的叠合板位置线，慢降到位，稳定落实。箱底外边线应与肋梁边线吻合。

d. 摆放叠合箱底板时，应保证模板上的海绵胶条粘贴牢固，且位置正确。作业人员应注意对密封胶条的保护，不得破坏胶条。

e. 叠合箱与底模板之间应结合紧密，严禁漏浆。

⑦ 调整底板钢筋。按照图纸要求，调整底板预留锚固钢筋的位置和形状，锚固筋应横平竖直，弯钩朝上。

⑧ 绑扎肋梁钢筋：

a. 钢筋绑扎应按图纸设计要求及钢筋施工技术规范施工。双向密肋楼板的钢筋应由设计明确纵向和横向底筋的上下位置，以免因底筋互相编织而无法施工。

b. 进行肋梁钢筋绑扎时，须将底板预留锚固钢筋与肋梁主筋钩锚牢固。叠合箱预留筋与肋梁主筋构造，见图 2-55。

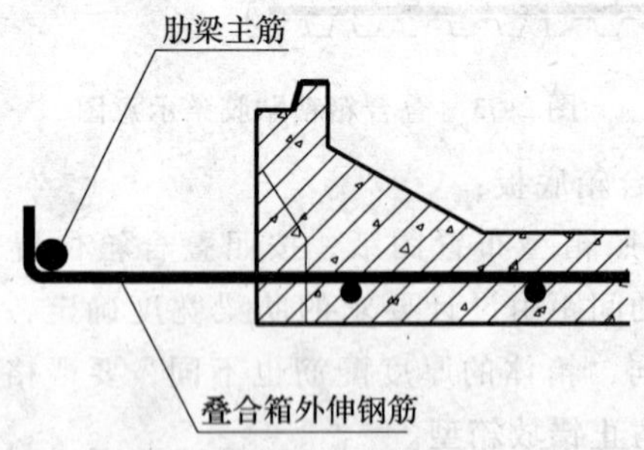

图 2-55　叠合箱预留筋与肋梁主筋构造

c. 肋梁箍筋弯折半径应严格按规范规定执行，箍筋弯弧内径满足规范规定最小半径即可，不应随意加大半径，以防肋梁主筋位移。肋梁箍筋弯折半径示意，见图 2-56。

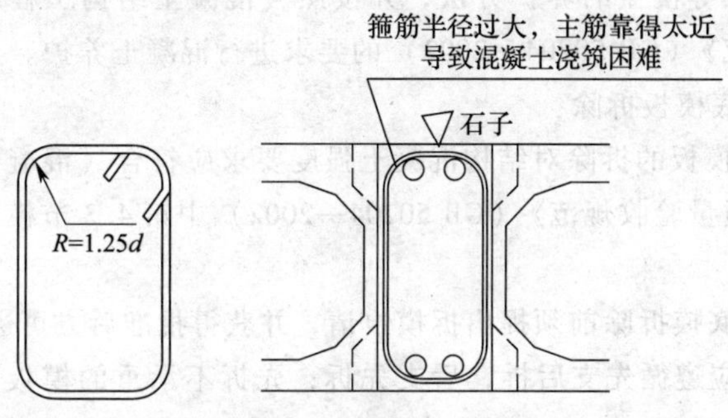

图 2-56 肋梁箍筋弯折半径示意图

d. 肋梁主筋及箍筋下料时须注意图纸对钢筋保护层厚度的要求，一般要求是：侧向保护层 10mm，上下保护层厚 25mm。

e. 钢筋绑扎完成应组织相关人员进行隐蔽工程验收。

⑨ 安装叠合箱侧壁。在叠合箱底板上安装叠合箱侧壁，侧壁应安装在底箱的外槽上。侧壁尺寸应与叠合箱尺寸相符。

⑩ 安装叠合箱顶板：

a. 对照箱型布置图纸，进行顶板安装，不得错放箱型。

b. 叠合箱顶板预留钢筋应横平竖直，弯钩朝下，并与肋梁主筋锚固牢固。

⑪ 混凝土浇筑：

a. 叠合箱安装完成，应组织有关人员对叠合箱安装进行验收。

b. 混凝土浇筑时，应提前对叠合箱壁板、箱顶侧壁、箱底侧壁进行洒水湿润，防止现浇混凝土失水，影响混凝土强度。

c. 混凝土根据设计要求配制，骨料选用粒径为 5～20mm 的石子和中砂，并根据季节温差选用不同类型的减水剂。

d. 混凝土浇捣应垂直于主龙骨方向进行；肋梁部位采用

ϕ30mm 或≯50mm 插入式振捣器振捣，严禁使用振捣器振捣叠合箱的侧壁，防止叠合箱因混凝土振捣产生位移。

e. 混凝土浇筑完成要防止混凝土水分过早蒸发，早期宜采用塑料薄膜等覆盖的养护方法，并按照《混凝土结构工程施工质量验收规范》（GB 50204—2002）的要求进行混凝土养护。

⑫ 底模板拆除：

a. 模板的拆除对结构混凝土强度要求应符合《混凝土结构工程施工质量验收规范》（GB 50204—2002）中第 4.3 节模板拆除的规定。

b. 底摸拆除前须提出拆模申请，并获得批准后方可进行。

c. 应遵循先支后拆，后支先拆；先拆不承重的模板，后拆承重部分的模板；自上而下，先拆侧向支撑，后拆竖向支撑等原则。

d. 模板工程作业组织，应遵循支模与拆模统一由一个作业班组进行作业。其好处是，支模就考虑拆模的方便和安全。拆模时，人员熟知情况，易找拆模关键点位，对拆模进度、安全、模板及配件的保护都有利。

e. 拆除底板模板时，应避免钢架杆等重物对叠合箱的撞击。

⑬ 板底清理：

a. 将叠合箱板底粘贴的海绵单面胶条（双面胶带）清除干净。

b. 清理叠合箱底部与板底肋梁之间渗漏的混凝土砂浆，保证混凝土边角顺直，棱角分明。

3）注意事项

（1）为保证海绵胶条粘贴牢固，底模板应在海绵胶条粘贴完成后，方可涂刷脱模剂。

（2）海绵胶条应与模板粘贴牢固且位置正确，确保模板不漏浆。

（3）叠合箱明箱、暗箱位置正确，不得错放箱型。

（4）叠合箱预留钢筋与肋梁主筋的锚固应符合《混凝土结构工程施工质量验收规范》（GB 50204—2002）的规定。

(5) 不得在板上任意凿洞。板上如需要打洞，应用机械钻孔，并按设计要求做相应的加固处理。

4. 材料与设备

本工法采用的主要材料、设备，见表2-55。

主要材料、设备 **表2-55**

序号	设备名称	设备型号	单位	数量	用途
1	叠合箱底板	设计尺寸	m^2	图纸	叠合箱结构
2	叠合箱顶板	设计尺寸	m^2	图纸	叠合箱结构
3	叠合箱侧壁	8~12mm	m^2	图纸	叠合箱结构
4	海绵单面胶条	20mm×10mm	m		防止漏浆
5	双面胶带	15mm×5mm	m		防止漏浆
6	塔吊	QTZ-315	台	1	叠合箱吊装
7	混凝土输送泵	HB-60	台	1	灌注混凝土
8	钢筋弯曲机	GJ7-40	台	1	钢筋加工
9	钢筋切断机	GT-40	台	1	钢筋加工
10	钢筋调直机	Gj4-14/4	台	1	钢筋加工
11	插入式振动器	Φ30mm	台	3	混凝土振捣
12	经纬仪	J2	台	1	箱底放线
13	墨斗		个	2	箱底放线
14	钢筋撬棍	Φ20mm	根	4	调整箱底位置

5. 质量控制

1) 混凝土、钢筋、模板施工质量标准

混凝土、钢筋、模板施工质量标准执行《混凝土结构工程施工质量验收规范》(GB 50204—2002) 的规定。

2) 叠合箱构件制作施工质量标准

叠合箱构件施工质量标准执行《混凝土结构工程施工质量验收规范》(GB 50204—2002) 的规定。

3) 叠合箱安装质量标准

(1) 主控项目

① 叠合箱强度等级必须符合设计规定。

② 叠合箱钢筋质量必须符合有关标准的规定。

③ 叠合箱应严格按照箱型布置图进行摆放，严禁错放箱型。

（2）一般项目

① 网梁楼盖的跨度大于6m时，模板应按设计要求起拱；当设计无具体要求时，起拱高度需按短跨尺寸的1/400考虑。

② 密封胶条应距离叠合箱外边线尺寸一致，并与模板粘贴牢固，严禁漏浆。

③ 叠合箱安装允许偏差及检验方法，见表2-56。

叠合箱安装允许偏差及检验方法　　表2-56

项次	项　目	允许偏差（mm）	检验方法
1	相邻两箱体表面高低差	5	钢尺检查
2	轴线位置	5	钢尺检查
3	箱体高度	+6，-3	钢尺检查

④ 结构混凝土拆模后叠合箱楼板的尺寸允许偏差及检验方法，见表2-57。

叠合箱楼板允许偏差及检验方法　　表2-57

项次	项　目	允许偏差（mm）	检验方法
1	表面平整度	±5	2m直尺和塞尺量
2	底面平整度	±4	2m直尺和塞尺量
3	上表面标高	±5	水准仪或钢尺
4	下表面标高	±4	水准仪或钢尺

6. 安全控制

1）楼面四周设置安全护栏及安全网，操作人员佩戴好安全帽。

2）叠合箱模板支柱应安装在平整、坚实的底面上，一般支柱下垫通长脚手板，用楔子楔紧。

3）当支柱使用高度超过3.5m时，每隔2m高度用直角扣件和钢管将支柱互相连接牢固（当采用碗扣架时，每隔1.2m设置水平拉杆）。

4）各种叠合箱应按不同型号存放整齐，高度符合安全要求。

5）吊装叠合箱构件时应注意安全，构件的码放方法正确，一次吊装不得超过10层。

6）叠合箱侧壁安装时应轻拿轻放，不得使用重物敲击。

7）箱体安装人员应按规定穿戴劳动防护用品，严禁人员穿拖鞋进行作业。

7. 环保措施

1）施工现场成立以项目经理为组长的环境保护小组，完善各项管理制度，逐级落实责任，将组织、落实、检查、验收一体化、规范化、制度化。

2）叠合箱网梁楼盖施工中，应该做好建筑施工现场的环境管理工作，依照ISO 14000标准，根据《中华人民共和国环境保护法》，采取有效的管理措施做好环保工作。

3）混凝土施工时，应采用低噪声环保型振捣器，以降低城市噪声污染。

4）脱模剂应使用无污染环保型脱模剂。

8. 其他注意事项

1）叠合箱网梁楼盖是专利新技术，施工单位应依法取得专业公司提供的“新技术推广证书”复印件以及“技术鉴定证书”复印件。此两证应作为工程施工必须的资料。

2）浇筑混凝土必须用小直径振动棒振捣，严禁振动棒直接贴在叠合箱侧壁上振捣。

3）拆除模板的顺序应从跨中心开始，逐步往四周柱子方向拆除。

9. 网梁楼盖部分工程统计

网梁楼盖部分工程统计，见表2-58。

网梁楼盖部分工程统计表　　表 2-58

工程名称	建筑面积（m^2）	层数	网梁楼盖跨度（m）	设计单位	施工时间
山东省礼邦服装公司加工车间	8854.6	2	12×12	山东省城镇规划建筑设计院	2003.1
德州宁津电视演播综合楼	5682.9	6	19.8×27	山东省城镇规划建筑设计院	2004.6
东营市交通控制中心	8022.3	4	25.2×32	东营市建筑设计院	2007.8
济南小商品批发市场	36654.8	5	13.2×13.2	山东省城镇规划建筑设计院	2004.7
济钢能源控制中心	5606.7	4	18.6×36	山东省电力设计院	2006.5
济南开发区怡科大厦	15534.7	16	16.3×27	济南市建筑设计院	2006.5
山东省城建学院阶梯教室	5400.3	3	16.5×16.8	济南市建筑设计院	2006.3
临清银座超市	15360	3	10.3×11.5	山东省建工设计院	2006.4
济南军区地下车库	4530	2	8.4×8.4	山东省中大建筑设计院	2006.12
山东大学学者综合楼	4123.1	8	16.3×32.6	济南市建筑设计院	2007.7

2.13　混凝土质量通病及防治

2.13.1　常见的混凝土质量通病及防治

随着建筑施工工艺改革和建筑工业化的发展，框架结构、大模板、滑升模板等建筑体系得到普遍应用，建筑工程中现浇混凝土占的比重越来越大，因此保证混凝土工程质量，防治现浇混凝土质量通病，成为提高建筑工程质量的重要一环。做好施工准备、施工组织调配、方案制定、施工技术、质量控制和处理等方面，综合地运用现代化手段，对施工各方面进行有效的控制和管理是防治混凝土质量通病产生的关键。现将常见的混凝土质量通病及其防治总结分析如下：

1. 蜂窝

蜂窝是指混凝土结构局部出现酥松，砂浆少、石子多，石子之间形成空隙类似蜂窝状的窟窿。

1）产生原因

（1）混凝土配合比不当，石子、水泥材料加水不准造成砂浆少，石子多。

（2）混凝土搅拌时间不够，未拌均匀，和易性差，振捣不密实。

（3）下料不当或下料过高，未设串筒使石子集中，造成石子、砂浆离折。

（4）混凝土未分层下料，振捣不实或漏振或振捣时间不够。

（5）模板缝隙不严密，水泥浆流失。

（6）钢筋较密，使用石子粒径过大或坍落度过小。

（7）基础、柱子、墙根部位未稍加间歇继续浇筑上层混凝土。

2）防治措施

认真设计，严格控制混凝土配合比，经常检查，做到计量准确，混凝土拌合均匀，坍落度适合，混凝土下料高度超过2m应设串筒或溜槽浇筑。应分层下料，分层捣固，防止漏振。模板应堵塞严密，基础、柱子、墙根部应在下部浇完间隔1~1.5h沉实后再浇筑。上部混凝土，避免出现“烂脖子”。

3）处理方法

小蜂窝：先洗刷干净后，用1:2或1:2.5水泥砂浆抹平压实。较大的蜂窝：先凿去蜂窝处薄弱松散颗粒刷洗净后，支模用高一级的细石混凝土仔细填塞捣实，较深的蜂窝如清除困难，可埋压浆管、排气管，表面抹砂浆或浇筑混凝土封闭后进行水泥压浆处理。

2. 麻面

麻面是指混凝土局部表面出现缺浆和许多小凹坑、麻点形成粗糙面，但无钢筋外露现象。

1）产生原因

(1) 模板表面粗糙或粘附水泥浆渣等杂物未清理干净，拆模板时混凝土表面被粘坏。

(2) 模板未浇水湿润或湿润不够，构件表面混凝土的水分被吸去，使混凝土失水过多出现麻面。

(3) 模板拼缝不严密，局部漏浆。

(4) 模板隔离剂涂刷不匀，局部漏刷或失效，混凝土表面与模板粘结造成麻面。

(5) 混凝土振捣不实，气泡未排出停留在模板表面形成麻点。

2）防治措施

模板表面要清理干净，不得粘有干硬水泥砂浆等杂物。浇筑混凝土前，模板缝应浇水充分湿润。模板缝隙应用包装胶带纸或腻子等堵严。模板隔离剂应选用长效的且涂刷均匀，不得漏刷。混凝土分层均匀振捣密实，并用木锤敲打模板外侧使气泡排出为止。

3）处理方法

表面作粉刷的可不处理，表面无粉刷的就在麻面局部浇水充分湿润后，用原混凝土配合比去石子砂浆，将麻面抹平压光。

3. 孔洞

孔洞是指混凝土结构内部有尺寸较大的空隙，局部没有混凝土或蜂窝特别大，钢筋局部或全部裸露。

1）产生的原因

(1) 在钢筋较密的部位或预留洞和埋设件处，混凝土下料被搁挡，未振捣就继续浇筑上层混凝土。

(2) 混凝土离析，砂浆分离、石子成堆、严重跑浆，又未进行振捣。

(3) 混凝土内掉入工具、木块、泥块等杂物，混凝土被卡住。

2) 防治措施

在钢筋密集处及复杂部位如柱的节点处，应采用细石混凝土浇筑，在模板内充满，认真分层振捣密实或人工捣固。预留洞口应两侧同时下料，侧面加开浇筑口，严防漏振。砂石中混有黏土块、模板工具等杂物掉入混凝土内，应及时清除干净。

3) 处理方法

将孔洞周围松散混凝土和软弱浆模凿除，用压力水冲洗，支设带托盒的模板，洒水充分湿润后用高强度等级的细石混凝土仔细浇筑捣实。

4. 露筋

露筋是指混凝土内部主筋、架立筋、箍筋局部裸露在结构构件表面。

1) 其产生原因

(1) 浇筑混凝土时钢筋保护层垫块位移，或垫块太少或漏放，致使钢筋紧贴模板外露。

(2) 结构构件截面小，钢筋过密，石子卡在钢筋上，使水泥砂浆不能充满钢筋周围造成露筋。

(3) 混凝土配合比不当，产生离折，靠模板部位缺浆或模板漏浆。

(4) 混凝土保护层太小或保护处混凝土漏振或振捣不实，或振捣棒撞击钢筋或踩踏钢筋，使钢筋位移造成露筋。

(5) 木模板未浇水湿润，吸水粘结或脱模过早，拆模时缺棱、掉角，导致露筋。

2) 防治措施

浇筑混凝土时，应保证钢筋位置和保护层厚度正确，并加强检查。钢筋密集时，应选用适当粒径的石子，以免石子过大卡在钢筋处，普通混凝土难以浇筑时，可采用细石混凝土。保证混凝土配合比准确和良好的和易性。浇筑高度超过2m，应用串筒或溜槽进行下料，以防止离折。模板应充分湿润并认真堵好缝隙。混凝土振捣严禁撞击钢筋。在钢筋密集处，可采用刀片或振捣棒进行振捣。操作时，避免踩踏钢筋，如有踩弯或脱扣等应及时调直修正。保护层混凝土要振捣密实。正确掌握脱模时间，防止过早拆模，碰坏棱角。

3）处理方法

表面露筋：首先将外露钢筋上的混凝土渣子和铁锈清理干净，然后用水冲洗湿润，在表面抹1:2或1:2.5水泥砂浆，将充满露筋部位抹平。露筋较深：凿去薄弱混凝土和突出颗粒，先刷干净后，用比原来强度等级高一级的细石混凝土填塞、捣实，认真养护。

5. 混凝土强度偏高或偏低

1）产生原因

（1）混凝土原材料不符合要求，如水泥过期受潮结块、砂石含泥量太大、袋装水泥重量不足等，造成混凝土强度偏低。

（2）混凝土配合比不正确，原材料计量不准确，如砂、石不过磅，加水不准，搅拌时间不够。

（3）混凝土试块不按规定制作和养护，或试模变形，或管理不善、养护条件不符合要求等。

2）预防措施

（1）混凝土原材料应试验合格，严格控制配合比，保证计量准确，外加剂要按规定掺加。

（2）混凝土应搅拌均匀，按砂子+水泥+石子+水的顺序上料，外加剂溶液量最好均匀加入水中或从出料口处加入，不能倒在料斗内。搅拌时间应根据混凝土的坍落度和搅拌机容量合理确定。

（3）搅拌第一盘混凝土时可适当少装一些石子或适当增加水泥和水。

（4）健全检查和试验制度，按规定检查坍落度和制作混凝土试块，认真做好试验记录。

6. 混凝土板表面不平整

1）产生原因

（1）有时混凝土梁板同时浇筑，只采用插入式振捣器振捣，然后用平锹一拍了事，板厚控制不准，表面不平。

(2) 混凝土未达到一定强度就上人操作或运料，混凝土板表面出现凸凹不平的卸痕。

(3) 模板没有支承在坚固的地基上，垫板支承面不够，以致在浇筑混凝土或早期养护时发生下沉。

2) 预防措施

(1) 混凝土板应采用平板式振捣器在其表面进行振捣，有效振动深度约20cm，大面积混凝土应分段振捣，相邻两段之间应搭接振捣5cm左右。

(2) 控制混凝土板浇筑厚度。除在模板四周弹墨线外，还可用钢筋或木料做成与板厚相同的标记，放在浇筑地点附近，随浇随移动，振捣方向宜与浇筑方向垂直，使板面平整，厚度一致。

(3) 混凝土浇筑完后12h以内即应浇水养护？（如气温低于+5℃时不得浇水）并设有专人负责。必须在混凝土强度达到1.2MPa以后，方可在已浇筑结构上走动。

(4) 混凝土模板应有足够的稳定性、刚度和强度，支承结构必须安装在坚实的地基上，并有足够的支承面积，以保证浇筑混凝土时不发生下沉。

7. 混凝土夹芯

1) 产生原因

浇筑大面积、大体积钢筋混凝土结构时，往往分层分段施工，在施工停歇期间常有木块、锯末等杂物（在冬季还有积雪、冰块）积存在混凝土表面，这些杂物如不认真检查清理，再次浇筑混凝土时，就夹入混凝土内，在施工缝处造成杂物“夹芯”。

2) 预防措施

浇筑混凝土前要认真检查，将表面杂物清理干净，可在模板与沿施工缝处通条开口，以便清理。冬期施工时如有冻雪等，可用太阳灯等烤化后清理干净。如只有锯末等杂物，可采用鼓风机等吹，全部清理干净后，通条开口再封板，然后浇筑混凝土。

8. 外形尺寸偏差

1）产生原因

（1）模板自身变形，有孔洞，拼装不平整。

（2）模板体系的刚度、强度及稳定性不足，造成模板整体变形和位移。

（3）混凝土下料方式不当，冲击力过大，造成跑模或模板变形。

（4）振捣时振捣棒接触模板过度振捣。

（5）放线误差过大，结构构件支模时因检查核对不细致造成的外形尺寸误差。

2）预防措施

（1）模板使用前要经修整和补洞，拼装严密平整。

（2）模板加固体系要经计算，保证刚度和强度。支撑体系也应经过计算设置，保证足够的整体稳定性。

（3）下料高度不大于2m。随时观察模板情况，发现变形和位移要停止下料进行修整加固。

（4）振捣时振捣棒避免接触模板。

（5）浇筑混凝土前，对结构构件的轴线和几何尺寸进行反复认真的检查核对。

3）处理方法

无抹面的外露混凝土表面不平整，可增加一层同配比的砂浆抹面。整体歪斜、轴线位移偏差不大时，在不影响正常使用的情况下，可不进行处理。整体歪斜、轴线位移偏差较大时，需经有关部门检查认定，并共同研究处理方案。

9. 缺棱掉角

1）原因分析

（1）木模板在浇筑混凝土前未湿润或湿润不够，浇筑后混凝土养护不好，棱角处混凝土的水分被模板大量吸收，致使混凝土水化不好，强度降低。

（2）常温施工时，过早拆除承重模板。

(3) 拆模时受外力作用或重物撞击，或保护不好，棱角被碰掉。

(4) 冬期施工时，混凝土局部受冻。

2) 预防措施

木模板在浇筑混凝土前充分湿润，混凝土浇筑后认真浇水养护。拆除钢筋混凝土结构承重模板时，混凝土应具有足够的强度，表面及棱角才不会受到损坏。拆模时不能用力过猛过急，注意保护棱角。吊运时，严禁模板撞击棱角。加强成品保护，对于处在人多、运料等通道处的混凝土阳角，拆模后要用槽钢等将阳角保护好，以免碰损。冬期混凝土浇筑完毕，做好覆盖保温工作，加强测温，及时采取措施，防止受冻。

3) 处理方法

缺棱掉角较小时，清水冲洗并将该处用钢丝刷刷净充分湿润后，用1:2或1:2.5的水泥砂浆抹补齐正。可将不实的混凝土和突出的骨料颗粒凿除，用水冲刷干净湿润，然后用比原混凝土强度等级高一级的细石混凝土补好，认真养护。

10. 混凝土裂缝

1) 产生原因

混凝土在施工过程中由于温度、湿度变化，混凝土徐变的影响，地基不均匀沉降，拆模过早，早期受振动等因素都有可能引起混凝土裂缝发生。

2) 预防措施

(1) 加强混凝土早期养护，浇筑完的混凝土要及时养护，防止干缩。冬期施工期间要及时覆盖养护，防止冷缩裂缝产生。

(2) 大体积现浇混凝土施工应合理设计浇筑方案，避免出现施工缝。

(3) 加强施工管理。混凝土施工时应结合实际条件，采取有效措施，确保混凝土的配合比、坍落度等符合规定的要求并严格控制外加剂的使用，同时应避免混凝土早期受到冲击。

3) 处理方法

混凝土裂缝的修补措施主要有表面修补法，灌浆、嵌缝封堵法，结构加固法，混凝土置换法等。

（1）表面修补法

表面修补法是一种简单、常见的修补方法，它主要适用于稳定和对结构承载能力没有影响的表面裂缝的处理。通常的处理措施是在裂缝的表面涂抹水泥浆、环氧胶泥或在混凝土表面涂刷油漆、沥青等防腐材料防护，同时为防止混凝土受各种作用的影响继续开裂，通常可采用在裂缝表面粘贴玻璃纤维布等措施。

（2）灌浆、嵌缝封堵法

灌浆法主要适用对结构整体性有影响或有防渗要求的混凝土裂缝的修补，它是利用压力设备将胶结材料压入混凝土的裂缝中，胶结材料硬化后与混凝土形成整体，从而达到封堵加固的目的。常用胶结材料有水泥浆或环氧树脂、甲基丙烯酸酯、聚氨酯等化学材料。嵌缝法是裂缝封堵中最常用的一种方法，它通常是沿裂缝凿槽，在槽中嵌填塑性或刚性止水材料，以达到封闭裂缝的目的。常用的塑性材料有聚氯乙烯胶泥、塑料油膏、丁基橡胶等；常用的刚性止水材料为聚合物水泥砂浆。

（3）结构加固法

当裂缝影响到混凝土结构性能时，就要考虑采取加固法对混凝土结构进行处理。结构加固中常用的方法有：加大混凝土结构的截面面积，在构件的角部外包型钢，采用预应力法加固，粘贴钢板加固，增设支点加固以及喷射混凝土补强加固。

（4）混凝土置换法

混凝土置换法是处理严重损坏混凝土的一种有效方法，此方法是先将损坏的混凝土剔除，然后再置换入新的混凝土或其他材料。常用的置换材料有：普通混凝土或水泥砂浆、聚合物或改性聚合物混凝土或砂浆。

11. 质量通病防治示例

某工程为框架结构，柱高3m、截面为600mm×600mm方形柱。首先明确柱子蜂窝多出现在柱根，在装模之前先把柱根范围之内的杂物清理干净，然后在待装柱模的柱子周围钉上10cm宽的木板，柱模之间的拼缝用双面胶堵塞严密，以免出现漏浆。在柱筋的棱角上每隔30cm绑扎好保护层垫块，保护层垫块应绑在箍筋上，以免在浇筑混凝土之时垫块脱落，出现露筋。在柱模的外侧每隔45cm设柱箍。为了保证柱模的稳定性和变形，柱模和柱模之间应加钉水平撑和剪刀撑，同时在外排柱模外侧设置成对的斜撑，斜撑下端用木桩钉牢。以避免因柱模的变形而出现麻面、蜂窝、露筋等质量通病，选用废机油作隔离剂，在浇筑混凝土之前先浇水湿润模板，安装好溜槽，避免混凝土离折。先在柱底浇筑2~3桶1:1的砂浆，每次浇筑振捣高度为1m，并且在振捣的同时用木锤敲打模板的四周，能很好的排放气泡，这样很好地避免了混凝土蜂窝、麻面等质量通病出现。柱的节点是施工中最薄弱的环节，钢筋比较密集，施工难度较大。支模时在节点处开一个清扫口，便于清扫节点里的木渣。采用细石混凝土、人工和机械相结合原则，这样就可以避免因振捣棒无法捣实而造成混凝土质量的通病。

2.13.2 大体积混凝土裂缝的形成及预防

混凝土结构物的裂缝可分为微观裂缝和宏观裂缝。微观裂缝是指那些肉眼看不见的裂缝，主要有三种：（1）骨料与水泥石粘合面上的裂缝，称为粘着裂缝；（2）水泥石中自身的裂缝，称为水泥石裂缝；（3）骨料本身的裂缝，称为骨料裂缝。微观裂缝在混凝土结构中的分布是不规则、不贯通的。反之，肉眼看得见的裂缝称为宏观裂缝，这类裂缝的范围一般不小于0.05mm。宏观裂缝是微观裂缝扩展而来的。因此在混凝土结构中裂缝是绝对存在的，只是应将其控制在符合规范要求范围内，以不致发展到有害裂缝。

2.13.2.1 混凝土裂缝产生的主要原因

混凝土结构的宏观裂缝产生的原因主要有三种：（1）由外荷载引起的，这是发生最为普遍的一种情况，即按常规计算的主要应力引起的；（2）结构次应力引起的裂缝，这是由于结构的实际工作状态与计算假设模型的差异引起的；（3）变形应力引起的裂缝，这是由温度、收缩、膨胀、不均匀沉降等因素引起结构变形，当变形受到约束时便产生应力，当此应力超过混凝土抗拉强度时就产生裂缝。

当混凝土结构物产生变形时，在结构的内部、结构与结构之间，都会受到相互影响、相互制约，这种现象称为约束。当混凝土结构截面较厚时，其内部温度和湿度分布不均匀，引起内部不同部位的变形相互约束，这样的约束称之为内约束。当一个结构物的变形受到其他结构的阻碍所受到的约束称为外约束。外约束又可分为自由体、全约束和弹性约束。建筑工程中的大体积混凝土结构所承受的变形，主要是因温差和收缩而产生的。

建筑工程中的大体积混凝土结构中，由于结构截面大，水泥用量多，水泥水化所释放的水化热会产生较大的温度变化和收缩作用，由此形成的温度收缩应力是导致钢筋混凝土产生裂缝的主要原因。这种裂缝有表面裂缝和贯通裂缝两种。表面裂缝是由于混凝土表面和内部的散热条件不同，温度外低内高，形成了温度梯度，使混凝土内部产生压应力，表面产生拉应力，表面的拉应力超过混凝土抗拉强度而引起的。贯通裂缝是由于大体积混凝土在强度发展到一定程度，混凝土逐渐降温，这个降温差引起的变形加上混凝土失水引起的体积收缩变形，受到地基和其他结构边界条件的约束时引起的拉应力，超过混凝土抗拉强度时所可能产生的贯通整个截面的裂缝。这两种裂缝不同程度上，都属有害裂缝。

高强度的混凝土早期收缩较大，这是由于高强混凝土中以30%～60%矿物细掺合料替代水泥，高效减水剂掺量为胶凝材料总量的1%～2%，水胶比为0.25～0.40，改善了混凝土的微观结构，给高强混凝土带来许多优良特性，但其负面效应最突出的是混凝土收缩裂缝几率增多。高强混凝土的收缩，主要是干燥收缩、温度收缩、塑性收缩、化学收缩和自收缩。混凝土初现裂纹的时间可以作为判断裂纹原因的参考：塑性收缩裂纹大约在浇筑后几小时到十几小时出现；温度收缩裂纹大约在浇筑后2～10d出现；自收缩主要发生在混凝土凝结硬化后的几天到几十天；干燥收缩裂纹出现在接近1年龄期内。

1. 干燥收缩

当混凝土在不饱和空气中失去内部毛细孔和凝胶孔的吸附水时，就会产生干缩，高性能混凝土的孔隙率比普通混凝土低，故干缩率也低。

2. 塑性收缩

塑性收缩发生在混凝土硬化前的塑性阶段。高强混凝土的水胶比低，自由水分少，矿物细掺合料对水有更高的敏感性，高强混凝土基本不泌水，表面失水更快，所以高强混凝土塑性收缩比普通混凝土更容易产生。

3. 自收缩

密闭的混凝土内部相对湿度随水泥水化的进展而降低，称为自干燥。自干燥造成毛细孔中的水分不饱和而产生负压，因而引起混凝土的自收缩。高强混凝土由于水胶比低，早期强度较快地发展，会使自由水消耗快，致使孔体系中相对湿度低于80%，而高强混凝土结构较密实，外界水很难渗入补充，导致混凝土产生自收缩。高强混凝土的总收缩中，干缩和自收缩几乎相等，水胶比越低，自收缩所占比例越大。与普通混凝土完全不同，普通混凝土以干缩为主，而高强混凝土以自收缩为主。

4. 温度收缩

对于强度要求较高的混凝土，水泥用量相对较多，水化热大，温升速率也较大，一般可达35～40℃，加上初始温度可使最高温度超过70～80℃。一般混凝土的热膨胀系数为10×10^{-6}/℃，当温度下降20～25℃时造成的冷缩量为（2～2.5）$\times10^{-4}$，而混凝土的极限拉伸值只有（1～1.5）$\times10^{-4}$，因而冷缩常引起混凝土开裂。

5. 化学收缩

水泥水化后，固相体积增加，但水泥－水体系的绝对体积则减小，形成许多毛细孔缝，高强混凝土水胶比小，外掺矿物细掺合料，水化程度受到制约，故高强混凝土的化学收缩量小于普通混凝土。

当混凝土发生收缩并受到外部或内部约束时，就会产生拉应力，并有可能引起开裂。对于高强混凝土虽然有较高的抗拉强度，可是弹性模量也高，在相同收缩变形下，会引起较高的拉应力，而由于高强混凝土的徐变能力低，应力松弛量较小，所以抗裂性能差。

2.13.2.2　大体积混凝土裂缝控制的计算

1. 大体积混凝土温度计算公式

1）最大绝热温升（二式取其一）

（1）$T_h = (m_c + K \cdot F)\ Q/c \cdot \rho$

（2）$T_h = m_c \cdot Q/c \cdot \rho\ (1 - e^{-mt})$　　（2-25）

式中　T_h——混凝土最大绝热温升（℃）；

m_c——混凝土中水泥（包括膨胀剂）用量（kg/m^3）；

F——混凝土活性掺合料用量（kg/m^3）；

K——掺合料折减系数，粉煤灰取0.25～0.30；

Q——水泥28d水化热（kJ/kg），查表2-59；

不同品种、强度等级水泥的水化热　　表2-59

水泥品种	水泥强度等级	水化热 Q（kJ/kg）		
		3d	7d	28d
硅酸盐水泥	42.5	314	354	375
矿渣水泥	32.5	180	256	334

c——混凝土比热，取0.97［kJ/（kg·K）］；

ρ——混凝土密度，取2400（kg/m^3）；

e——为常数，取2.718；

t——混凝土的龄期（d）；

m——系数、随浇筑温度改变，查表2-60。

系数 m　　　表 2-60

浇筑温度（℃）	5	10	15	20	25	30
m（1/d）	0.295	0.318	0.340	0.362	0.384	0.406

2）混凝土中心计算温度

$$T_{1(t)} = T_j + T_h \cdot \xi_{(t)} \tag{2-26}$$

式中　$T_{1(t)}$——t 龄期混凝土中心计算温度（℃）；

T_j——混凝土浇筑温度（℃）；

$\xi_{(t)}$——t 龄期降温系数，查表 2-61。

降温系数 ξ　　　表 2-61

浇筑层厚度（m）	龄期 t（d）									
	3	6	9	12	15	18	21	24	27	30
1.0	0.36	0.29	0.17	0.09	0.05	0.03	0.01			
1.25	0.42	0.31	0.19	0.11	0.07	0.04	0.03			
1.50	0.49	0.46	0.38	0.29	0.21	0.15	0.12	0.08	0.05	0.04
2.50	0.65	0.62	0.57	0.48	0.38	0.29	0.23	0.19	0.16	0.15
3.00	0.68	0.67	0.63	0.57	0.45	0.36	0.30	0.25	0.21	0.19
4.00	0.74	0.73	0.72	0.65	0.55	0.46	0.37	0.30	0.25	0.24

3）混凝土表层（表面下 50～100mm 处）温度

（1）保温材料厚度（或蓄水养护深度）

$$\delta = 0.5h \cdot \lambda_x (T_2 - T_q) K_b / \lambda (T_{max} - T_2) \tag{2-27}$$

式中　δ——保温材料厚度（m）；

λ_x——所选保温材料导热系数［W/（m·K）］，查表 2-62；

几种保温材料导热系数　　　表 2-62

材料名称	密度（kg/m³）	导热系数 λ［W/（m·K）］	材料名称	密度（kg/m³）	导热系数 λ［W/（m·K）］
建筑钢材	7800	58	木模板	500～700	0.23
钢筋混凝土	2400	2.33	木屑		0.17
水		0.58	草袋	150	0.14

续表

材料名称	密度 (kg/m³)	导热系数 λ [W/(m·K)]	材料名称	密度 (kg/m³)	导热系数 λ [W/(m·K)]
矿棉、岩棉	110~200	0.031~0.06	膨胀珍珠岩	40~300	0.019~0.065
沥青矿棉毡	100~160	0.033~0.052	油毡		0.05
泡沫塑料	20~50	0.035~0.047	膨胀聚苯板	15~25	0.042
沥青蛭石板	350~400	0.081~0.105	空气		0.03
膨胀蛭石	80~200	0.047~0.07	泡沫混凝土		0.10

T_2——混凝土表面温度（℃）；

T_q——施工期大气平均温度（℃）；

λ——混凝土导热系数，取 2.33W/（m·K）；

T_{max}——计算得混凝土最高温度（℃）；

计算时可取 $T_2 - T_q = 15 \sim 20℃$

$$T_{max} = T_2 = 20 \sim 25℃$$

K_b——传热系数修正值，取 1.3~2.0，查表 2-63。

传热系数修正值 **表 2-63**

	保温层种类	K_1	K_2
1	纯粹由容易透风的材料组成（如：草袋、稻草板、锯末、砂子）	2.6	3.0
2	由易透风材料组成，但在混凝土面层上再铺一层不透风材料	2.0	2.3
3	在易透风保温材料上铺一层不易透风材料	1.6	1.9
4	在易透风保温材料上下各铺一层不易透风材料	1.3	1.5
5	纯粹由不易透风材料组成（如：油布、帆布、棉麻毡、胶合板）	1.3	1.5

注：1. K_1 值为一般刮风情况（风速 <4m/s，结构位置 >25m）；

2. K_2 值为刮大风情况。

（2）如采用蓄水养护，蓄水养护深度

$$h_w = x \cdot M(T_{max} - T_2)K_b \cdot \lambda_w / (700T_j + 0.28m_c \cdot Q) \quad (2\text{-}28)$$

式中 h_w——养护水深度（m）；

x——混凝土维持到指定温度的延续时间，即蓄水养护时间（h）；

M——混凝土结构表面系数（1/m），$M = F/V$；

F——与大气接触的表面积（m^2）；

V——混凝土体积（m^3）；

$T_{max} - T_2$——一般取 20～25（℃）；

K_b——传热系数修正值；

700——折算系数［kJ/（$m^3 \cdot K$）］；

λ_w——水的导热系数，取 0.58［W/（m·K）］。

（3）混凝土表面模板及保温层的传热系数

$$\beta = 1/[\sum \delta_i/\lambda_i + 1/\beta_q] \tag{2-29}$$

式中 β——混凝土表面模板及保温层等的传热系数［W/（$m^2 \cdot K$）］；

δ_i——各保温材料厚度（m）；

λ_i——各保温材料导热系数［W/（m·K）］；

β_q——空气层的传热系数，取 23［W/（$m^2 \cdot K$）］。

（4）混凝土虚厚度

$$h' = k \cdot \lambda/\beta \tag{2-30}$$

式中 h'——混凝土虚厚度（m）；

k——折减系数，取 2/3；

λ——混凝土导热系数，取 2.33［W/（m·K）］。

（5）混凝土计算厚度

$$H = h + 2h' \tag{2-31}$$

式中 H——混凝土计算厚度（m）；

h——混凝土实际厚度（m）。

（6）混凝土表层温度

$$T_{2(t)} = T_q + 4 \cdot h'(H - h')[T_{1(t)} - T_q]/H^2 \tag{2-32}$$

式中 $T_{2(t)}$——混凝土表面温度（℃）；

T_q——施工期大气平均温度（℃）；

h'——混凝土虚厚度（m）；

H——混凝土计算厚度（m）；

$T_{1(t)}$——混凝土中心温度（℃）。

4）混凝土内平均温度

$$T_m(t)=[T_1(t)+T_2(t)]/2 \tag{2-33}$$

2. 应力计算公式

1）地基约束系数

（1）单纯地基阻力系数 C_{x1}（N/mm³），查表2-64。

单纯地基阻力系数 C_{x1}（N/mm³）　　表2-64

土质名称	承载力（kN/m²）	C_{x1} 推荐值
软黏土	80～150	0.01～0.03
砂质黏土	250～400	0.03～0.06
坚硬黏土	500～800	0.06～0.10
风化岩石和低强度素混凝土	5000～10000	0.60～1.00
C10以上配筋混凝土	5000～10000	1.00～1.50

（2）桩的阻力系数

$$C_{x2}=Q/F \tag{2-34}$$

式中　C_{x2}——桩的阻力系数（N/mm³）；

Q——桩产生单位位移所需水平力（N/mm）；

当桩与结构铰接时 $Q=2E\cdot I\,[K_nD/(4E\cdot I)]^{3/4}$

当桩与结构固接时 $Q=4E\cdot I\,[K_nD/(4E\cdot I)]^{3/4}$

E——桩混凝土的弹性模量（N/mm²）；

I——桩的惯性矩（mm⁴）；

K_n——地基水平侧移刚度，取 1×10^{-2}（N/mm³）；

D——桩的直径或边长（mm）；

F——每根桩分担的地基面积（mm²）。

（3）大体积混凝土瞬时弹性模量

$$E_{(t)}=E_0(1-e^{-0.09t}) \tag{2-35}$$

式中　$E_{(t)}$——龄期混凝土弹性模量（N/mm²）；

E_0——28d 混凝土弹性模量（N/mm^2），查表 2-65；

混凝土常用数据　　表 2-65

强度等级	弹性模量 E （$\times 10^4 N/mm^2$）	强度标准值（N/mm^2）		强度设计值（N/mm^2）	
		轴心抗压 f_{ck}	抗拉 f_{tk}	轴心抗压 f_c	抗拉 f_t
C7.5	1.45	5	0.75	3.7	0.55
C10	1.75	6.7	0.90	5	0.65
C15	2.20	10	1.20	7.5	0.90
C20	2.55	13.5	1.50	10	1.10
C25	2.80	17	1.75	12.5	1.30
C30	3.00	20	2.00	15	1.50
C35	3.15	23.5	2.25	17.5	1.65
C40	3.25	27	2.45	19.5	1.80
C45	3.35	29.5	2.60	21.5	1.90
C50	3.45	32	2.75	23.5	2.00
C55	3.55	34	2.85	25	2.10
C60	3.60	36	2.95	26.5	2.20

e——常数，取 2.718；

t——龄期（d）。

（4）地基约束系数

$$\beta_{(t)} = (C_{x1} + C_{x2})/h \cdot E_{(t)} \qquad (2\text{-}36)$$

式中　$\beta_{(t)}$——t 龄期地基约束系数（1/mm）；

h——混凝土实际厚度（mm）；

C_{x1}——单纯地基阻力系数（N/mm^3），查表 2-60；

C_{x2}——桩的阻力系数（N/mm^3）；

$E_{(t)}$——t 龄期混凝土弹性模量（N/mm^2）。

2）混凝土干缩率和收缩当量温差

（1）混凝土干缩率

$$\varepsilon_{Y(t)} = \varepsilon_Y^0(l - e^{-0.01t})M_1 \cdot M_2 \cdots M_{10} \qquad (2\text{-}37)$$

式中　　$\varepsilon_{Y(t)}$——t 龄期混凝土干缩率；

ε_Y^0——标准状态下混凝土极限收缩值，取 3.24×10^{-4}；

$M_1 \cdot M_2 \cdots M_{10}$——各修正系数，查表2-66。

修正系数 $M_1 \sim M_{10}$　　**表 2-66**

水泥品种	M1	水泥细度（cm^2/g）	M2	骨料品种	M3	W/C	M4	水泥浆量（%）	M5
普通水泥	1.00	1500	0.92	花岗岩	1.00	0.2	0.65	15	0.90
矿渣水泥	1.25	2000	0.93	玄武岩	1.00	0.3	0.85	20	1.00
快硬水泥	1.12	3000	1.00	石灰岩	1.00	0.4	1.00	25	1.20
低热水泥	1.10	4000	1.13	砾岩	1.00	0.5	1.21	30	1.45
石灰矿渣水泥	1.00	5000	1.35	无粗骨料	1.00	0.6	1.42	35	1.75
火山灰水泥	1.00	6000	1.68	石英岩	0.80	0.7	1.62	40	2.10
抗硫酸盐水泥	0.78	7000	2.05	白云岩	0.95	0.8	1.80	45	2.55
矾土水泥	0.52	8000	2.42	砂岩	0.90	–	–	50	3.03

初期养护时值（d）	M6	相对湿度 W（%）	M7	L/F	M8	操作方法	M9	配筋率 E_aF_a/E_bF_b	M10
1～2	1.11	25	1.25	0	0.54	机械振捣	1.00	0.00	1.00
3	1.09	30	1.18	0.1	0.76	人工振捣	1.10	0.05	0.86
4	1.07	40	1.10	0.2	1.00	蒸汽养护	0.85	0.10	0.76
5	1.04	50	1.00	0.3	1.03	高压釜处理	0.54	0.15	0.68
7	1.00	60	0.88	0.4	1.20			0.20	0.61
10	0.96	70	0.77	0.5	1.31			0.25	0.55
14～18	0.93	80	0.70	0.6	1.40				
40～90	0.93	90	0.54	0.7	1.43				
≥90	0.93			0.8	1.44				

注：L——底板混凝土截面周长；F——底板混凝土截面面积；

E_a、F_a——钢筋的弹性模量、截面积；E_b、F_b——混凝土弹性模量、截面积。

（2）收缩当量温差

$$T_{Y(t)} = \varepsilon_{Y(t)}/\alpha \qquad (2\text{-}38)$$

式中 $T_{Y(t)}$——t 龄期混凝土收缩当量温差（℃）；

α——混凝土线膨胀系数，1×10^{-5}（1/℃）。

3）结构计算温差（一般 3d 划分一区段）

$$\Delta T_i = T_{m(i)} - T_{m(i+3)} + T_{Y(i+3)} - T_{Y(i)} \qquad (2\text{-}39)$$

式中 ΔT_i——i 区段结构计算温差（℃）；

$T_{m(i)}$——i 区段平均温度起始值（℃）；

$T_{m(i+3)}$——i 区段平均温度终止值（℃）；

$T_{Y(i+3)}$——i 区段收缩当量温差终止值（℃）；

$T_{Y(t)}$——i 区段收缩当量温差始始值（℃）。

4）各区段拉应力

$$\sigma_i = \bar{E}_i \cdot \alpha \cdot \Delta T_i \cdot \bar{S}_i\{1 - 1/\text{ch}(\bar{\beta}_i \cdot L/2)\} \qquad (2\text{-}40)$$

式中 σ_i——i 区段混凝土内拉应力（N/mm^2）；

$\bar{E}_i$——i 区段平均弹性模量（N/mm^2）；

$\bar{S}_i$——i 区段平均应力松弛系数，查表 2-67；

松弛系数 S（t） **表 2-67**

龄期 t（d）	3	6	9	12	15	18	21	24	27	30
$S_{(t)}$	0.57	0.52	0.48	0.44	0.41	0.386	0.368	0.352	0.339	0.327

$\bar{\beta}_i$——i 区段平均地基约束系数；

L——混凝土最大尺寸（mm）；

ch——双曲余弦函数。

5）到指定期混凝土内最大应力

$$\sigma_{max} = [1/(1-\nu)]\sum_{i=1}^{n}\sigma_i \qquad (2\text{-}41)$$

式中 σ_{max}——到指定期混凝土内最大应力（N/mm^2）；

ν——泊桑比，取 0.15。

6）安全系数

$$K = f_t / \sigma_{max} \quad (2\text{-}42)$$

式中　K——大体积混凝土抗裂安全系数，应≥1.15；

f_t——到指定期混凝土抗拉强度设计值（N/mm^2），查表2-61。

3．平均整浇长度（伸缩缝间距）

1）混凝土极限拉伸值

$$\varepsilon_p = 7.5 f_t (0.1 + \mu / d) 10^{-4} (\ln t / \ln 28) \quad (2\text{-}43)$$

式中　ε_p——混凝土极限拉伸值；

f_t——混凝土抗拉强度设计值（N/mm^2）；

μ——配筋率（%），$\mu = F_a / F_c$；

d——钢筋直径（mm）；

ln——以e为底的对数；

t——指定期龄期（d）；

F_a——钢筋截面积（m^2）；

F_c——混凝土截面积（m^2）。

2）平均整浇长度（伸缩缝间距）

$$[L_{cp}] = 1.5\sqrt{h \cdot E_{(t)} / C_x} \cdot \operatorname{arch}[\{\alpha \cdot \Delta T\} / (|\alpha \cdot \Delta T\} - |\varepsilon_p|)] \quad (2\text{-}44)$$

式中　$[L_{cp}]$——平均整浇长度（伸缩缝间距）（mm）；

h——混凝土厚度（mm）；

$E_{(t)}$——指定时刻混凝土弹性模量（N/mm^2）；

C_x——地基阻力系数（N/mm^3），$C_x = C_{x1} + C_{x2}$；

arch——反双曲余弦函数；

ΔT——指定时刻的累计结构计算温差（℃）。

2.13.2.3　大体积混凝土控制温度和收缩裂缝的技术措施

为了有效地控制有害裂缝的出现和发展，必须从控制混凝土的水化升温、延缓降温速率、减小混凝土收缩、提高混凝土的极限拉伸强度、改善约束条件和设计构造等方面全面考虑，结合实际采取措施。

1. 降低水泥水化热和变形

1）选用低水化热或中水化热的水泥品种配制混凝土，如矿渣硅酸盐水泥、火山灰质硅酸盐水泥、粉煤灰水泥、复合水泥等。

2）充分利用混凝土的后期强度，减少每立方米混凝土中水泥用量。根据试验每增减 10kg 水泥，其水化热将使混凝土的温度相应升降 1℃。

3）使用粗骨料。尽量选用粒径较大、级配良好的粗骨料，控制砂石含泥量，掺加粉煤灰等掺合料或掺加相应的减水剂、缓凝剂，改善和易性、降低水灰比，以达到减少水泥用量、降低水化热的目的。

4）在基础内部预埋冷却水管，通入循环冷却水，强制降低混凝土水化热温度。

5）在厚大无筋或少筋的大体积混凝土中，掺加总量不超过 20% 的大石块，减少混凝土的用量，以达到节省水泥和降低水化热的目的。

6）在拌合混凝土时，还可掺入适量的微膨胀剂或膨胀水泥，使混凝土得到补偿收缩，减少混凝土的温度应力。

7）改善配筋。为了保证每个浇筑层上下均有温度筋，可建议设计人员将分布筋作适当调整。温度筋宜分布细密，一般用 ϕ8 钢筋，双向配筋，间距 15cm。这样可以增强抵抗温度应力的能力。上层钢筋的绑扎，应在浇筑完下层混凝土之后进行。

8）设置后浇缝。当大体积混凝土平面尺寸过大时，可以适当设置后浇缝，以减小外应力和温度应力；同时也有利于散热，降低混凝土的内部温度。

2. 降低混凝土温度差

1）选择较适宜的气温浇筑大体积混凝土，尽量避开炎热天气浇筑混凝土。夏季可采用低温水或冰水搅拌混凝土，可对骨料喷冷水雾或冷气进行预冷，或对骨料进行覆盖或设置遮阳装置避免日光直晒，运输工具如具备条件也应搭设避阳设施，以降低混凝土拌合物的入模温度。

2）掺加相应的缓凝型减水剂，如木质素磺酸钙等。

3）在混凝土入模时，采取措施改善和加强模内的通风，加速模内热量的散发。

3．加强施工中的温度控制

1）在混凝土浇筑之后，做好混凝土的保温保湿养护，缓缓降温，充分发挥徐变特性，减低温度应力，夏季应注意避免曝晒，注意保湿，冬期应采取措施保温覆盖，以免发生急剧的温度梯度发生。

2）采取长时间的养护，规定合理的拆模时间，延缓降温时间和速度，充分发挥混凝土的“应力松弛效应”。

3）加强测温和温度监测与管理，实行信息化控制，随时控制混凝土内的温度变化，内外温差控制在25℃以内，基面温差和基底面温差均控制在20℃以内，及时调整保温及养护措施，使混凝土的温度梯度和湿度不至过大，有效控制有害裂缝的出现。

4）合理安排施工程序，控制混凝土在浇筑过程中均匀上升，避免混凝土拌合物堆积过大高差。在结构完成后及时回填土，避免其侧面长期暴露。

4．改善约束条件，削减温度应力

1）采取分层或分块浇筑大体积混凝土，合理设置水平或垂直施工缝，或在适当的位置设置施工后浇带，以放松约束程度，减少每次浇筑长度的蓄热量，防止水化热的积聚，减少温度应力。

2）对大体积混凝土基础与岩石地基，或基础与厚大的混凝土垫层之间设置滑动层，如采用平面浇沥青胶铺砂、刷热沥青或铺卷材。在垂直面、键槽部位设置缓冲层，如铺设30～50mm厚沥青木丝板或聚苯乙烯泡沫塑料，以消除嵌固作用，释放约束应力。

5．提高混凝土的极限拉伸强度

1）选择良好级配的粗骨料，严格控制其含泥量，加强混凝土的振捣，提高混凝土密实度和抗拉强度，减小收缩变形，保证施工质量。

2）采取二次投料法、二次振捣法，浇筑后及时排除表面积水，加强早期养护，提高混凝土早期或相应龄期的抗拉强度和弹性模量。

3）在大体积混凝土基础内设置必要的温度配筋，在截面突变和转折处，底、顶板与墙转折处，孔洞转角及周边，增加斜向构造配筋，以改善应力集中，防止裂缝的出现。

3 混凝土的质量控制与检验

3.1 一般规定

混凝土的质量控制与检查是在混凝土施工过程中和施工完成后所进行的与混凝土质量直接相关的各项工作，它具有全面性（各项指标）、全过程性（各道工序）、时间性（各种龄期）和代表性（各种检查频率）等特性。

3.1.1 质量控制与检查的基本方法

在混凝土施工中，质量控制与检查的方法较多，且随着技术的不断进步，新的方法还在不断涌现。新标准主要提出了运用以下两种方法：

1. 质量动态信息管理

在混凝土施工过程中，应进行质量检验，以便掌握质量动态信息。对大型工程的混凝土施工，应建立质量档案信息系统。

2. 质量管理图表

为实现对混凝土生产全过程、全面的质量控制与检查，数理统计分析是最基本的方法。新标准要求对混凝土施工各工序中取得的质量数据（包括对材料的质量检测结果，生产过程中的生产工艺参数、产品质量参数等），应采用质量管理图表进行数理统计分析。常用的质量管理图表有下面几种：

1）排列图法与分层法

排列图法是为寻找主要质量事故或影响质量主要原因所使用的图示方法，它应用了“关键的少数，次要的多数”原理，分类找出各种问题。分层法也叫分类法或分组法，它是将收集来的数据按照不同的目的，加以分类再进行加工整理的办法。该方法常与其他方法联用，如与排列图联用，即为“分层排列图法”。

2）调查表与因果图法

调查表是用以进行数据搜集、整理和原因调查的图表，并可在此基础上进行粗略的分析。常用的调查表有废品项目调查表、缺陷位置调查表和矩阵调查表等。因果图是表示质量特性与原因关系的图，它是通过质量特征现象从多个方面入手逐步追溯分析绘制而成的，通过该图，对问题出现的前因后果可一目了然。

3）散布图

散布图也叫相关图，它是表示两个变量之间变化关系的图，通过建立两者之间的函数关系，来判断各种因素对产品质量有无影响及影响程度大小。

4）直方图法

直方图是通过对数据的加工整理，从而分析和掌握质量数据的分布情况及估算工序不合格品率的一种方法。

5）控制图法

控制图是一种通过图表来显示生产随时间变化过程中质量波动情况的方法，它有助于分析和判断是系统性原因还是偶然性原因所造成的波动，从而提醒操作人员及时作出正确的判断，采取对策消除系统性因素影响，保持工序处于稳定状态。

3.1.2 建立健全质量管理和保证体系

质量管理和保证体系是进行质量控制与检查的重要保障，其体系的构成主要有以下方面：

1）工程各项目的项目经理是质量的第一责任人，主管生产的副经理是质量主管责任人，总工程师是质量技术负责人。初检、互检和终检的三级质检部门要机构设置完善，人员配备齐全。

2）“三检”制度，重在初检。加强施工队、班组的质检力量，配备专职质检员，充分发挥基层质检员的作用，把好质检第一关。

3）定期进行质检员考评。通过考评，将责任心不强、素质不高、把关不严、不能胜任质检工作的质检人员从质检队伍中予以清退。同时，建立质检人员工作档案，对质检人员的工作情况定期评定并记录在案，增强质检人员的责任心，从而促进质量保证体系整体素质的提高。

4）运用ISO9000系列标准，抓好质量保证体系的运行。一方面，按照ISO9000系列标准体系，加强对质量体系的自查工作，对不符合体系文件要求的现象加以改进。另一方面，组织进行质量体系日常监督审核工作，针对发生质量事故（缺陷）频率的严重程度追加审核，以促进质量体系持续、正常运行。

在建立健全质量管理和保证体系的前提下，新标准要求根据工程规模和质量控制及管理的需要，相应配备技术人员和试验、检测设备，相应制定一整套技术管理与质量控制制度，以保证各项质量工作规范化、制度化，真正有效地落到实处。

3.2　混凝土质量控制措施

3.2.1　原材料的质量控制

构成混凝土的各种原材料的质量情况对混凝土的质量影响很大。因此，新标准着重强调用于生产混凝土的各种原材料（包括水泥、骨料、拌合用水、掺合料、外加剂等）必须是经检测验收合格的产品，禁止使用不合格的原材料生产混凝土，并应确保不合格的原材料不进入施工现场。

1. 水泥

1）水泥品质应符合现行的国家标准及有关部颁标准的规定。

2）大型水工建筑物所用的水泥，可根据具体情况对水泥的矿物成分等提出专门要求。每一工程所用水泥品种以1~2种为宜，并应固定供应厂家。有条件时，应优先采用散装水泥。

3）选择水泥品种的原则如下：

（1）水位变化区的外部混凝土、建筑物的溢流面和经常受水流冲刷部位的混凝土、有抗冻要求的混凝土，应优先选用中热硅酸盐水泥和硅酸盐水泥，也可选用普通硅酸盐水泥。

（2）环境对混凝土有硫酸盐侵蚀性时，应选用抗硫酸盐水泥。

（3）大体积建筑物的内部混凝土、位于水下的混凝土和基础混凝土，宜选用中热硅酸盐水泥或低热矿渣硅酸盐大坝水泥，也可选用矿渣硅酸盐水泥、粉煤灰硅酸盐水泥和火山灰质硅酸盐水泥。

4）选用水泥强度等级的原则如下：

（1）选用的水泥强度等级应与混凝土设计强度等级相适应。

（2）水工混凝土选用的水泥强度等级不应低于32.5级。建筑物外部水位变化区、溢流面和经常受水流冲刷部位的混凝土，以及受冰冻作用其抗冻等级大于F100的混凝土，其水泥强度等级不宜低于42.5级。

5）运至工地的水泥，应有制造厂的品质试验报告，工地试验室必须进行复验，必要时还应进行化学分析。

6）监理工程师或质检部门应经常检查并了解工地水泥运输、保管和使用情况。水泥的运输、保管及使用应符合下列要求：

（1）水泥的品种、强度等级不得混杂。

（2）运输过程中应防止水泥受潮。

（3）大、中型工程应专设水泥仓库或储罐，水泥仓库宜设置在较高或干燥地点并应有排水、通风设施。

（4）堆放袋装水泥时，应设防潮层，并应距地面、边墙至少30cm，堆放高度不得超过15袋。

（5）袋装水泥到货后，应标明品种、强度等级、厂家、出厂日期，做到分别堆放，并留出运输通道。

（6）散装水泥应及时倒罐，宜一个月倒罐一次。

（7）先到的水泥应先用。

（8）袋装水泥储运时间超过3个月，以及散装水泥储运时间超过6个月时，使用前应重新检验。

（9）对大坝中、低热水泥的技术要求如下：

① 水泥熟料中的主要化学成分见表3-1。

水泥熟料中的主要化学成分表　　表 3-1

水泥品种	C_3A 含量	C_3S 含量	MgO 含量	游离氧化钙含量	碱含量（以 Na_2O 当量计）	SO_3 含量
中热水泥	不超过 6%				不超过 0.6%	
低热水泥	不超过 8%				不超过 1%	
中热水泥熟料		不超过 55%		不超过 1%	不超过 0.5%	
低热水泥熟料			不超过 1.2%			
水泥熟料		3.5% ~5.0%				
水泥					不超过 3.5%	

② 细度。0.080mm 方孔筛筛余不超过 12%，水泥颗粒细，早期发热快，不利于温控。若由温控要求，细度宜控制在 3% ~6% 范围内。

③ 凝结时间。初凝不早于 1h，终凝不迟于 12h。

④ 水泥安定性必须合格。

⑤ 对水泥的强度要求。中热 42.5 级水泥抗压强度 3d 为 20.6MPa，7d 为 31.4MPa，28d 为 52.6MPa；抗折强度 3d 为 4.1MPa，7d 为 5.3MPa，28d 为 7.1MPa。低热 32.5 级水泥，抗压强度 7d 为 18.6MP，28d 为 42.5MPa；抗折强度 7d 为 7.1MPa，28d 为 6.3MPa。

⑥ 对水泥水化热的要求。中热 32.5 级、42.5 级水泥 3d 水化热不超过 251kJ/kg，7d 不超过 293kJ/kg；低热 32.5 级水泥 3d 水化热不超过 197kJ/kg，7d 不超过 230kJ/kg。

7）在混凝土生产过程中，如有必要，可直接在搅拌站抽样进行水泥强度、凝结时间等主要品质的检测，以认定水泥在拌合前的主要性能。

2. 骨料

1）骨料应根据品质优良、就地取材的原则进行选择。可选用天然骨料、人工骨料，或两者互相补充。有条件的地方，宜采用石灰岩质的人工骨料。

2）冲洗、筛分骨料时，应控制好筛分进料量、冲洗水压和用水量、筛网的孔径与倾角等，以保证各级骨料的成品质量符合要求，尽量减少细砂流失。人工砂生产中，应保持进料粒径、进料量及料浆浓度的相对稳定性，以便控制人工砂的细度模数及石粉含量。

3）骨料的堆存和运输应符合下列要求：① 堆存骨料的场地，应有良好的排水设施；② 不同粒径的骨料必须设置隔离设施，分别堆存，严禁相互混杂；③ 应尽量减少转运次数，粒径大于40mm的粗骨料的净自由落差不宜大于3m，超过时应设置缓降设备；④ 骨料堆存时，不宜堆成斜坡或锥体，以防产生分离；⑤ 骨料储仓应有足够的数量和容积，并应维持一定的堆料厚度，砂仓的容积、数量还应满足砂料脱水的要求；⑥ 应避免泥土混入骨料，防止骨料出现严重破碎。

4）砂料的质量技术要求如下：① 砂料应质地坚硬、清洁、级配良好，使用山砂、特细砂，应经过试验论证；② 砂的细度模数宜在2.4~2.8范围内，天然砂料宜按料径分成两级，人工砂可不分级；③ 砂料中有活性骨料时，必须进行专门试验论证；④ 其他质量技术要求应符合有关要求。对细骨料（砂）应重点监控其含水量并应根据情况定期或不定期地检测砂的含水率，以便根据砂的含水率，对混凝土配合比在下配料单时进行适当的微调。

5）粗骨料的质量技术要求如下：① 粗骨料含泥量、泥块含量应符合有关规定；② 如使用含有活性骨料、黄锈和钙质结核等粗骨料，必须进行专门试验论证；③ 粗骨料表面应洁净，如有裹粉、裹泥或被污染等，应予清除；④ 碎石和卵石的压碎指标及粗骨料的其他品质要求应符合有关规定。

6）骨料的品质检验。在成品骨料出厂时应全面检验，在成品骨料进入搅拌站后抽样检测。所有的检测结果均应有详细的检测报告。有关标准明确规定了骨料品质检测的检测项目、检测数量、检测频度和注意事项。

3．水

1）凡适于饮用的水，均可用于拌制和养护混凝土。未经处理的工业污水和沼泽水，不得用于拌制和养护混凝土。

2）天然矿化水如果化学成分符合有关规定，可以用来拌制和养护混凝土。

3）对拌制和养护混凝土的水质有怀疑时，应进行砂浆强度试验。如用该水制成的砂浆28d龄期的抗压强度，低于饮用水制成的砂浆28d龄期的抗压强度的90%，则这种水不宜用作拌制和养护混凝土。

4）对拌合和养护用水的检验，除了定期进行之外，在施工过程中，如遇水源改变或对水质有怀疑，则应随时进行检验。

4．掺合料

1）为改善混凝土的性能，合理降低水泥用量，标准中规定应在混凝土中掺入适量的活性掺合料，掺用部位及最优掺量应通过试验决定。

2）掺合料的品质应符合现行国家和有关行业标准。

3）掺合料验收检验的单批量，均比水泥检验的单批量小，说明同样量掺合料的检验次数要比同样量水泥的检验次数多。

4）掺合料除了出厂检验和验收检验之外，在生产过程中，如有必要，还要在搅拌站取样抽检。

5．外加剂

1）为改善混凝土的性能，提高混凝土的质量及合理降低水泥用量，必须在混凝土中掺加适量的外加剂，其掺量通过试验确定。

2）拌制混凝土或水泥砂浆常用的外加剂有减水剂、引气剂、缓凝剂、速凝剂和早强剂等。应根据施工需要、混凝土性能要求及建筑物所处的环境条件，选择适当的外加剂。

3）有抗冻要求的混凝土必须掺用加气剂，并严格限制水灰比。

4）混凝土的含气量宜采用下列数值：

(1) 骨料最大粒径20mm时，6%；

(2) 骨料最大粒径40mm时，5%；

(3) 骨料最大粒径80mm时，4%；

(4) 骨料最大粒径150mm时，3%。

5) 使用外加剂时应注意：

(1) 外加剂必须与水混合配成一定浓度的溶液，各种成分用量应准确，对含有大量团体的外加剂（如含石灰的减水剂），其溶液应通过0.6mm孔眼的筛子过滤；

(2) 外加剂溶液必须搅拌均匀，并定期取有代表性的样品进行鉴定；

(3) 当外加剂贮存时间过长，对其质量有怀疑时，必须进行试验鉴定，严禁使用变质的外加剂。

6) 在外加剂的配制池内，必须设置搅拌器，通过搅拌器搅动使外加剂溶液保持均匀。外加剂的浓度应每天检测1~2次。

3.2.2 混凝土拌制的质量控制

对混凝土拌合与混凝土拌合物的质量进行控制，主要是针对配合比试验、配料单签发、配料称量、搅拌等过程中，对拌合物的均匀性、和易性、水灰比及称量精度等进行控制。

1. 混凝土配合比的控制

混凝土配合比的设计与确定，是根据对混凝土的质量要求，通过优选材料、优化设计、鉴定论证及试配、调整等，为生产符合质量要求的混凝土提供合理的原材料组成和施工配合比的有关参数，它直接关系到所生产混凝土的质量及成本。混凝土施工配合比必须经过试验，通过审批才能使用。具体拌制混凝土施工用的配料单必须校对、审核后才能发出，严禁擅自更改。

根据工程浇筑部位混凝土的设计技术指标，施工单位针对原材料情况做混凝土配合比试验，将试验报告报监理审批后方能使用。

2. 混凝土配料单签发

搅拌站试验室值班人员根据浇筑通知单（开仓证/开盘令）上要求的混凝土种类、强度等级及级配，对照工程技术部门每月下达的混凝土强度等级、级配表按经过审批的配合比和当时的原材料情况、气候条件，对原配合比进行适当调整后，开具混凝土配料单。混凝土配料单必须经过有关工程师审核后方能发出。

3. 混凝土拌合的控制

1）搅拌站称量精度控制

保证混凝土各组分衡量精度的准确性是生产合格混凝土的前提。

混凝土搅拌站的各种称量装置应经计量监督部门逐一校验，每月不少于一次。每班配料前，应对称量装置进行零点校验，以检查灵敏度和精确度，确保称量精度。

混凝土的各种原材料配料称量检查、记录的频次，每 8h 应不少于 3 次。对于具有自动打印记录的拌合称量系统，应及时留下打印记录。各种原材料的配料称量误差按有关要求控制，当称量误差超量时，配料人员应利用增、减装置进行认真处理，如果称量误差频繁发生较大波动，难以保证混凝土质量时，应查明原因，待完成该次配料后及时停拌处理。

2）拌合过程控制

(1) 水泥、砂、石、掺合料均应以重量计，水及外加剂溶液可按重量折算成体积。

(2) 在混凝土拌合过程中，应根据气候条件定时地测定砂、石骨料的含水量（尤其是砂子的含水量）。在降雨的情况下，应相应地增加测定次数，以便随时调整混凝土的加水量。

(3) 在砂石骨料生产、存贮过程中，应采取措施保持砂石骨料的含水率稳定，砂子含水率应控制在 6% 以内。

(4) 掺有掺合料（如粉煤灰等）的混凝土进行拌合时，掺合料优先采用干掺，并应保证拌合均匀。

3）对商品混凝土搅拌站进行不定期（突击）检查

在混凝土浇筑前或浇筑过程中，监理单位可以组织建设单位、施工单位相关人员对商品混凝土搅拌站进行“不通知”检查，检查的重点包括：

（1）生产实际配比与配比通知单是否相符；

（2）原材料使用、存放条件是否达到要求；

（3）标养室的配置是否规范；

（4）配比调整记录的建立及保存是否规范；

（5）混凝土拌合物性能的初步检查。

4．混凝土拌合物的控制

1）均匀性控制

为了便于实际操作，使检测结果更具代表性，在原标准的基础上对混凝土拌合物均匀性的检测方法进行了修改，要求在拌合机卸料过程中，从卸料流中约在1/4和3/4的部位抽取试样进行试验，其检测结果应符合：

（1）混凝土中砂浆密度的两次测值的相对误差不应大于0.8%。

（2）单位体积混凝土中粗骨料含量两次测值的相对误差不应大于5%。

2）含气量控制

混凝土抗冻性能，在一定程度上取决于混凝土的含气量。因而在混凝土搅拌生产中，含气量是现场质量控制的重要内容之一。混凝土含气量的允许偏差范围应为要求值的±1%。例如F100抗冻等级、骨料最大粒径40mm的二级配混凝土含气量要求值为5%，其允许波动范围为4%～6%。

3）水灰比控制

水灰比是决定混凝土强度和耐久性等性能的主要因素，直观地反映在混凝土和易性上，是混凝土施工中质量控制的要点。

水灰比不同，水泥浆的稀稠程度也不同，在一般水泥浆量不变的条件下，增大水灰比，即减少水泥用量或增加用水量时，水泥浆就变稀，使水泥浆的黏聚力降低，流动性增大。如水灰比过大，使水泥浆的黏聚性降低过多，保水性差，就会出现泌水现象，影响混凝土质量。反之，如水灰比过小，水泥浆较稠，采用一般施工方法时，也难以浇筑密实。

在混凝土施工中，对水灰比的测试除按《普通混凝土拌合物性能试验方法》（GB/T 50080—2002）条文中提到的方法测试外，还可在抽测砂石含水量的同时，记录胶凝材料用量和拌合水用量（含加冰和外加剂溶液中的水量），据此计算混凝土的水灰比。如超出允许范围，则应及时分析原因采取措施。现场水灰比控制的允许范围宜在 ±（0.02 ~ 0.03）内，在较小水灰比时按 0.02，较大时按 0.03 进行控制。一般统计资料表明，水灰比变动 0.01 时，混凝土强度波动在 0.4 ~ 0.8MPa 左右。

为保证混凝土拌合生产质量，应在搅拌站出机口对混凝土拌合物进行随机抽样检测。并应采取交叉取样，以保证每种强度等级的混凝土都有试验资料。取样应具有代表性，不能集中在一个地方取。混凝土拌合物取样完后及时按要求进行坍落度、含气量、混凝土温度测量、成型等试验，不能耽误，以保证混凝土性能与出搅拌站时一致。拌合楼机口对混凝土拌合物的质量检测项目与检测频率见表 3-2。

机口检测项目与频率　　表 3-2

项目		检测频率	
		大体积混凝土	非大体积混凝土
配料称量		每班 2 ~ 4 次	每班 2 ~ 4 次
拌合时间		每班至少 2 次	每班至少 2 次
混凝土坍落度、温度、气温		每种混凝土每班 2 次	每种混凝土每班 2 次
含气量		每种混凝土每班 2 次	每种混凝土每班 2 次
抗压强度	7d 龄期	适当取样	适当取样
	28d 龄期	每 500m³ 成型 1 组（3 个试件）	每 100m³ 成型 1 组（3 个试件）
	设计龄期	每 1000m³ 成型 1 组	每 200m³ 成型 1 组

续表

<table>
<tr><th colspan="2" rowspan="2">项　目</th><th colspan="2">检测频率</th></tr>
<tr><th>大体积混凝土</th><th>非大体积混凝土</th></tr>
<tr><td rowspan="2">抗拉强度</td><td>28d 龄期</td><td>每 2000m³ 成型 1 组</td><td>按部位适当取样</td></tr>
<tr><td>设计龄期</td><td>每 3000m³ 成型 1 组</td><td>按部位适当取样</td></tr>
<tr><td>抗渗、抗冻、弹模、不同龄期（7d、28d、90d 等）抗压、抗拉强度</td><td>设计龄期</td><td colspan="2">主要强度等级混凝土每季度 1 次</td></tr>
</table>

3.2.3 混凝土浇筑过程的质量控制

1. 浇筑前准备及验收

浇筑前准备及验收是保证浇筑质量的先决条件。浇筑前准备工作的主要内容有：

1）模板的安装调整，并涂刷脱模剂。

2）钢筋的安装，并进行除锈及清理。

3）预埋件的安装，并设置保护。

4）金属结构、机电设备预埋件安装。

5）基础面或混凝土施工缝面处理等。

准备工作就绪后，应按《混凝土质量控制标准》（GBJ 50164）的要求检验合格，取得浇筑许可证后，方可进行混凝土浇筑。

2. 入模混凝土料的质量控制

为保证混凝土浇筑质量，混凝土拌合物运至浇筑部位后，应观察混凝土拌合物的均匀性与和易性。当发现异常（如拌合不匀，坍落度过大或过小等），应及时进行现场处理，或通知拌合楼（站）进行调整。若发现不合格的混凝土拌合物应禁止入模，已入模的应挖除。为了便于理解标准中对混凝土均匀性、和易性的要求，现作以下具体说明：

1）均匀性

新入模的混凝土应在骨料分布、外观颜色、干稀程度等表观方面保持一致性，这种一致性即所谓均匀性。混凝土的不均匀主要表现为骨料集中，砂浆不能有效包裹；局部颜色发白，拌合水浸润不够；夹带生料，搅拌未全面到位；前干后稀（或前稀后干），拌合水分布不匀等。造成入模混凝土拌合物不均匀的主要原因有：

(1) 拌合机叶片布局不合理，拌合运行中叶片对搅拌物的搅拌力度不均匀，进而导致拌合料的不均匀。

(2) 拌合时间不足，各种组分的拌合料来不及全面掺混，甚至有的组分还没有散开，进而导致拌合料不均匀。

(3) 拌合物出拌合机后中转次数过多或中转方式不当，造成粗骨料离析、集中等，进而导致拌合料不均匀。

2) 和易性

新入模的混凝土应具有一定的弹性、塑性和黏性，这些性质综合起来，通常叫做和易性（工作度）。和易性是混凝土拌合物的综合技术性质，包括流动性、黏聚性和保水性三个方面的涵义。流动性是指混凝土拌合物在自重或施工机械振捣的作用下，产生流动并均匀密实地填满模板各个角落的能力。流动性的大小，反映混凝土拌合物的稀稠程度，故又称稠度，它可以影响施工振捣的难易和浇筑的质量，流动性一般以坍落度的大小反映。黏聚性是指混凝土拌合物所表现的黏聚力，这种黏聚力使混凝土在受作用力时不致出现离析现象。保水性是指混凝土拌合物保持水分不易析出的能力，保持水分的能力一般以稀浆析出的程度来测定。

影响混凝土和易性的主要因素有：

(1) 水泥浆量。水泥浆量越多，混凝土拌合物流动性越大，但如水泥浆量过大，不仅流动性无明显增大，反而泌水率加大，降低黏聚性，影响施工质量。

(2) 水灰比。水灰比不同，水泥浆的稀稠程度也不同，如水灰比过大，使水泥浆的黏聚性降低，保水性差，就会出现泌水现象，影响混凝土质量；如水灰比过小，给混凝土浇筑振捣增加困难。故水灰比不能过大也不能过小，一般认为水灰比在0.45～0.55的范围内可以得到较好的技术经济效果，和易性也较理想。

（3）砂率。砂率是指砂的用量占砂石总用量的百分数。在一定的水泥浆量条件下，如砂率过大，则砂石总表面积及空隙率增大，混凝土就显得干稠，流动性小；如砂率小，砂浆量不足，不能在石子周围形成足够的砂浆层起润滑作用，也会使坍落度降低，并影响黏聚性和保水性，使混凝土显得粗涩，石子离析、水泥浆流失。为保证混凝土拌合物的质量，砂率不可过大，也不可过小，应通过试验确定最佳砂率。

此外，水泥种类和细度、石子种类及其粒形和级配，以及外加剂等，都对拌合物和易性有影响。

3. 浇筑质量检查与控制

（1）为了能及时发现、处理混凝土浇筑施工中的质量事故，应派专人对混凝土浇筑过程进行跟踪检查和监控，发现不按标准要求施工，应立即制止，督促改正。

（2）当遇到下列情况之一者应该立即向有关部门、人员报告，及时处理：

① 混凝土料供应不上或运输设备故障，时间过长，造成混凝土大面积初凝，难以恢复浇筑。

② 现场出现模板走样、钢筋变形、预埋件损坏。

③ 混凝土浇筑仓面出现下错料、浇筑超温等。

④ 现场出现振捣设备故障，振捣能力跟不上等问题。

（3）每一工程部位的浇筑过程，必须有专人详细记录，记录内容包括：

① 每一浇筑部位的高程、桩号和混凝土数量、混凝土所用原材料的品种、质量、混凝土强度等级和混凝土配合比。

② 建筑物各构件及块体的浇筑手段、顺序、方法，浇筑起讫时间，施工期间发生的质量事故及处理结果，养护及表面保护时间、方式，模板和钢筋及各种预埋件情况。

③ 浇筑地点的气温、各种原材料的温度、混凝土浇筑温度、

重要部位混凝土入模温度。

④ 混凝土试件的试验结果及其分析。

⑤ 混凝土裂缝的部位、长度、宽度、深度、发现日期及发展情况、处理方法及材料。

⑥ 施工监测仪器的埋设部位、埋设日期及观测数据。

⑦ 其他有关事宜，如仓面各工种专业的责任单位和责任人等。

3.3 混凝土分项工程质量检验

3.3.1 一般规定

1）结构构件的混凝土强度应按现行国家标准《混凝土强度检验评定标准》GBJ107 的规定分批检验评定。对采用蒸汽法养护的混凝土结构构件，其强度试件应先随同结构构件条件蒸汽养护，再转入标准条件养护共 28d。当混凝土中掺用矿物掺合料时，确定混凝土强度时的龄期可以按现行国家标准《粉煤灰混凝土应用技术规范》GBJ146 等的规定取值。

2）检验评定混凝土强度用的试件尺寸，按标准方法制作边长为 150mm。当采用非标准尺寸试件时，应将其抗压强度折算为标准试件抗压强度。折算系数按下列规定采用：

（1）对边长为 100mm 的立方体试件取 0.95；

（2）对边长为 200mm 的立方体试件取 1.05。

3）结构构件拆模、出池、出厂，吊装张拉、放张，及施工期间临时负荷时的混凝土强度，应根据同条件养护的标准尺寸试件的混凝土强度确定。

4）当混凝土试件强度评定不合格时，可采用非破损或局部破损的检测方法，按国家现行有关标准的规定对结构构件中的混凝土强度进行推定，并作为处理的依据。

5）混凝土的冬期施工应符合国家现行标准《建筑工程冬期施工规程》（JGJ 104）和施工技术方案的规定。

3.3.2 主控项目和一般项目质量标准及检验方法

在混凝土工程质量控制中，主控项目质量标准及检验方法见表3-3，一般项目质量标准及检验方法见表3-4。

混凝土分项工程主控项目质量标准及检验方法　　表3-3

过程	项目	质量标准	检查数量	检验方法
原材料	1. 水泥	应根据工程特点、所处环境以及设计、施工的要求，选用适当品种和强度等级的水泥。普通混凝土宜选用硅酸盐泥、火山灰质硅酸盐水泥及粉煤灰硅酸盐水泥	同一生产厂家、同一等级、同一品种、同一批号且连续进场的水泥袋装不超过200t为一批，散装不超过500t为一批，每批抽样不少于一次	检查产品合格证、出场检验报告和进场复验报告
配合比	1. 水泥	水泥进场时应对其品种、级别、包装或散装仓号、出厂日期等进行检查，并应对其强度、安定性及其他必要的性能指标进行复验，其质量必须符合现行国家标准《通用硅酸盐水泥标准》（GB 175—2007）等的规定。当在使用中对水泥质量有怀疑或水泥出厂超过三个月（快硬硅酸盐水泥超过一个月）时，应进行复验，并按复验结果使用。钢筋混凝土结构、预应力混凝土结构中，严禁使用含氯化物的水泥		
	2. 外加剂	根据混凝土的性能要求、施工工艺及气候条件，结合混凝土的原材料性能、配合比以及对水泥的适应性等因素，通过试验确定其品种和掺量。外加剂的质量及应用技术应符合现行国家标准《混凝土外加剂》（GB 8076）、《混凝土外加剂应用技术规范》（GB 50119）等和有关环境保护的规定	按进场的批次和产品的抽样检验方案确定	检查产品合格证、出厂检验报告和进场复验报告

续表

过程	项目	质量标准	检查数量	检验方法
配合比	3. 配合比	按国家现行标准《普通混凝土配合比设计规范》（JGJ 55）的有关规定，根据混凝土强度等级、耐久性和工作性等要求进行配合比设计。对有特殊要求的混凝土，其配合比尚应符合国家现行有关标准的专门规定		检查配合比设计资料
施工过程	1. 混凝土试件留设	根据《混凝土强度评定标准》(GBJ 107—87)规定，用于评定结构混凝土强度的试件应在混凝土浇筑地点随机抽取制作，试件的留置应符合下列规定：		
		① 每拌制100盘且不超过100m^2的同配合比混凝土	取样不得少于一次	
		② 每工作班拌制的同配合比的混凝土不足100盘时	取样不得少于一次	
		③ 当一次连续浇筑超过1000m^2时，同一配合比的混凝土	取样不得少于一次	
		④ 每一楼层，同一配合比的混凝土	取样不得少于一次	
		⑤ 每次取样应至少留置一组标准养护试件，同条件养护试件的留置组数根据实际需要确定	取样不得少于一次	
	2. 混凝土原材料计量	原材料每盘称量的允许偏差：水泥、掺合料±2%；粗、细骨料±3%；水、外加剂±2%	每工作班抽查不应少于一次	复称
	3. 混凝土运输、浇注	混凝土运输、浇筑及间歇的全部时间不应超过混凝土的初凝时间，同一施工段的混凝土应连续浇筑，并应在底层混凝土初凝之前将上层混凝土浇筑完毕。底层混凝土初凝后浇筑上一层混凝土时。应按施工技术方案中对施工缝的要求进行处理	全数检查	观察、检查施工记录

混凝土分项工程一般项目质量标准及检验方法　　表 3-4

过程	项目	质量标准	检查数量	检验方法
原材料	1. 粗细骨料	粗细骨料应符合国家现行标准《普通混凝土用砂、石质量及检验方法标准》(JGJ 52—2006)	按进场的批次和产品的抽样检验方案确定	检查进场复验报告
	2. 矿物掺合料	应符合现行国家标准《用于水泥和混凝土中的粉煤灰》(GB/T 1956) 等的规定，其掺量应通过实验确定	按进场的批次和产品的抽样检验方案确定	检查产品出厂合格证和进场复验报告
	3. 水	混凝土拌制用水宜采用饮用水；当采用其他水源时，水质应符合国家现行标准《混凝土用水标准》(JGJ 63—2006) 的规定	同水源检查不应少于一次	检查水质试验报告
配合比	1. 施工配合比	混凝土拌制前，应测定砂石含水率并根据测试结果调整材料用量，提出施工配合比	每工作班检查一次	检查含水率测试结果和施工配合比通知单
	2. 首次使用的混凝土配合比	应进行开盘鉴定，其工作性应满足设计配合比的要求	开始生产时应至少留置一组标准养护试件，作为验证配合比的依据	检查开盘鉴定资料和试件强度试验报告
施工过程	1. 施工缝	施工缝的位置应在混凝土浇筑前按设计要求和施工技术方案确定，施工缝的处理应按施工技术方案执行	全数检查	观察检查施工记录
	2. 后浇带	后浇带的留置应按设计要求和施工方案确定，后浇带混凝土浇筑应按施工技术方案进行	全数检查	观察检查施工记录
	3. 混凝土养护	混凝土浇筑完成后，应按施工技术方案及时采取有效的养护措施，并应符合下列规定： ① 应在浇注完毕后的 12h 以内对混凝土加以覆盖并保湿养护	全数检查	观察、检查施工记录

续表

过程	项目	质量标准	检查数量	检验方法
施工过程	3. 混凝土养护	② 混凝土浇水养护的时间；采用硅酸盐水泥或矿渣硅酸盐水泥拌制的混凝土，不得少于7d；对掺用缓凝剂或有抗渗要求的混凝土，不得少于14d ③ 浇水次数应能保持混凝土处于湿润状态；混凝土养护用水应与拌制用水相同 ④ 采用料布覆盖养护的混凝土。其敞露的全部表面应覆盖严密，并应保持料布内有凝结水 ⑤ 混凝土强度达到1.2MPa前不得在其上踩踏或安装模板及支架	全数检查	观察、检查施工记录

3.4　混凝土现浇结构分项工程质量检验

3.4.1　一般规定

现浇结构拆模后，应由监理、建设单位对外观质量和尺寸偏差进行检查，作出记录。根据其对结构性能和使用功能影响的严重程度确定缺陷程度，并应及时按施工技术方案对缺陷进行处理。

3.4.2　主控项目和一般项目质量标准及检验方法

1）混凝土现浇结构分项工程主控项目质量标准及检验方法，见表3-5。

2）混凝土现浇结构分项工程一般项目质量标准及检验方法，见表3-6。

3）现浇结构的外观质量缺陷，见表3-7。

4）现浇结构外观及尺寸偏差检验批质量验收记录，见表3-8。

5）现浇设备基础外观及尺寸偏差检验批质量验收记录，见表3-9。

混凝土现浇结构分项工程主控项目质量标准及检验方法

表 3-5

项目	质量标准	检查数据	检验方法
1. 现浇结构拆模后外观质量要求	现浇结构的外观质量不应有严重缺陷。对已经出现的严重缺陷，应有施工单位提出技术处理方案，并经监理（建设）单位认可后进行处理。对经处理的部位，应重新检查验收	全数检查	观察检查技术处理方案
2. 现浇结构拆模后外观尺寸偏差	现浇结构不应有影响结构性能和使用功能的尺寸偏差对超过尺寸允许偏差且影响结构性能和安装、使用功能的部位，施工单位应提出技术处理方案，并经监理（建设）单位认可后进行处理，对经处理的部位，应重新检查验收	全数检查	见表 3-8

混凝土现浇结构分项工程一般项目质量标准及检验方法

表 3-6

项 目	质 量 标 准	检 查 数 据	检 验 方 法
1. 现浇结构拆模后外观质量要求	现浇结构的外观质量不宜有一般缺陷。对已经出现的一般缺陷，应有施工单位提出技术处理，并重新检查验收	全数检查	观察检查技术处理方案
2. 现浇结构拆模后外观尺寸偏差	现浇结构和混凝土设备基础拆模后的尺寸偏差应符合表 3-13、表 3-14。检查数量按楼层、结构缝或施工段划分检验批： ① 在同一检验批内、对梁、柱和独立基础 ② 墙和板应按有代表性的自然间	 抽查 10%，且不应小于 3 件 抽查 10%，且不应小于 3 间	见表 3-8

续表

项 目	质量标准	检查数据	检验方法
2. 现浇结构拆模后外观尺寸偏差	③ 大空间结构、墙可按相邻轴线高度5m左右划分检查面，板可按纵横轴线划分检查面 ④ 电梯井和设备基础	抽查10%，且不应小于3面 应全数检查	见表3-8

现浇结构的外观质量缺陷 **表3-7**

名 称	现 象	严重缺陷	一般缺陷
露筋	构件内钢筋未被混凝土包裹而外露	纵向受力钢筋有露筋	其他钢筋有少量露筋
蜂窝	混凝土表面缺少水泥砂浆而形成石子外露	构件主要受力部位有蜂窝	其他部位有少量蜂窝
孔洞	混凝土中孔穴深度和长度均超过保护层厚度	构件主要受力部位有孔洞	其他部位有少量孔洞
夹渣	混凝土中夹有杂物且深度超过保护层厚度	构件主要受力部位有夹渣	其他部位有少量夹渣
疏松	混凝土中局部不密实	构件主要受力部位有疏松	其他部位有少量疏松
裂缝	缝隙从混凝土表面延伸至混凝土内部	构件主要受力部位有影响结构性能或使用功能的缺陷	其他部位有少量不影响结构性能或使用功能的裂缝
连接部位缺陷	构件连接处有混凝土缺陷及连接钢筋，连接件松动	连接部位有影响结构传力性能的缺陷	连接部位有基本不影响结构传力性能的缺陷
外形缺陷	缺菱掉角、菱角不直、翘曲不平、飞边凸肋等	清水混凝土构件有影响使用功能或装饰效果的外形缺陷	其他混凝土构件有不影响使用功能的外形缺陷
外表缺陷	构件表面麻面、掉皮、起砂、沾污等	具有重要装饰效果的清水混凝土构件有外表缺陷	其他混凝土构件有不影响使用功能的外表缺陷

现浇结构外观及尺寸偏差检验批质量验收记录表　　　表 3-8

单位（子单位）工程名称							
分部（子分部）工程名称				验收部位			
施工单位				项目经理			
施工执行标准及编号							
《混凝土结构工程施工质量验收规范》GB 50204—2002						施工单位检查评定记录	监理（建设）单位验收记录
主控项目	1	外观质量			第 8.2.1 条		
	2	过大尺寸偏差处理及验收			第 8.3.1 条		
一般项目	1	外观质量一般缺陷			第 8.2.2 条		
	2	轴线位置（mm）	基础		15		
			独立基础		10		
			墙、柱、梁		8		
			剪力墙		5		
	3	垂直度（mm）	层高	≤5m	8		
				＞5m	10		
			全高		$H/1000\leqslant30$		
	4	标高（mm）	层高		±10		
			全高		±30		
	5	截面尺寸			+8，-5		
	6	电梯井	井筒长、宽对定位中心线		+25，0		
			井筒全高（H）垂直度		$H/1000\leqslant30$		
	7	表面平整度（mm）			8		
	8	预埋设施中心线位置（mm）	预埋件		10		
			预埋螺栓		5		
			预埋管		5		
	9	预留洞中心线位置（mm）			15		
施工单位检查评定结果		专业工长（施工员）				施工班组长	
		项目专业质量检查员： 年　月　日					
监理（建设）单位验收结论		专业监理工程师： （建设单位项目专业技术负责人） 年　月　日					

混凝土设备基础外观及尺寸偏差检验批质量验收记录表

表 3-9

单位（子单位）工程名称			
分部（子分部）工程名称		验收部位	
施工单位		项目经理	
施工执行标准及编号			

《混凝土结构工程施工质量验收规范》GB 50204—2002					施工单位检查评定记录	监理（建设）单位验收记录
主控项目	1	外观质量		第 8.2.1 条		
	2	过大尺寸偏差处理及验收		第 8.3.1 条		
一般项目	1	外观质量一般缺陷		第 8.2.2 条		
	2	坐标位置（mm）		20		
	3	不同平面的标高（mm）		0，-20		
	4	平面外形尺寸（mm）		±20		
	5	凸台上平面外形尺寸（mm）		0，-20		
	6	凹穴尺寸（mm）		+20，0		
	7	水平	每米（mm）	5		
			全长（mm）	10		
	8	垂直度	每米（mm）	5		
			全高（mm）	10		
	9	预埋地脚螺栓	标高（顶部）（mm）	+20，0		
			中心距（mm）	±2		
	10	预埋地脚螺栓孔	中心线位置（mm）	10		
			深度（mm）	+20，0		
			孔垂直度（mm）	10		
	11	预埋活动地脚螺栓锚板	标高（mm）	+20，0		
			中心线位置（mm）	5		
			带槽锚板平整度（mm）	5		
			带螺纹孔锚板平整度（mm）	2		

施工单位检查评定结果	专业工长（施工员）		施工班组长	
	项目专业质量检查员： 年　月　日			
监理（建设）单位验收结论	专业监理工程师： （建设单位项目专业技术负责人） 年　月　日			

3.5 材料试验

3.5.1 材料的见证取样

《建设工程质量管理条例》第三十一条指出："施工人员对涉及结构安全的试块、试件以及有关材料，应当在建设单位或者工程监理单位监督下现场取样，并送具有相应资质等级的质量检测单位进行检测。"立法只是基础，如何保障《建设工程质量管理条例》的实施，建设部制定了"房屋建筑工程和市政基础设施工程实行见证取样和送检的规定"。

1. 试验管理程序

试验管理程序，如图 3-1 所示。

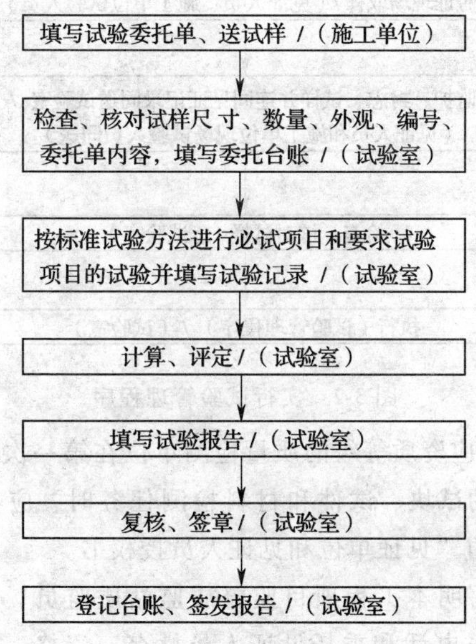

图 3-1 试验管理程序

2. 实行有见证取样和送检的试验管理程序

由于见证取样送检管理工作不严格、不规范，出现试样合格工程实体质量不合格的现象，使检测手段失去了对工程质量的控制作用；或试样不合格，工程实体质量合格，试样缺乏真实性现象；或施工单位隐瞒不合格检验报告现象。如何完善见证取样、送检制度，对工程质量进行全方位控制，如图3-2所示。

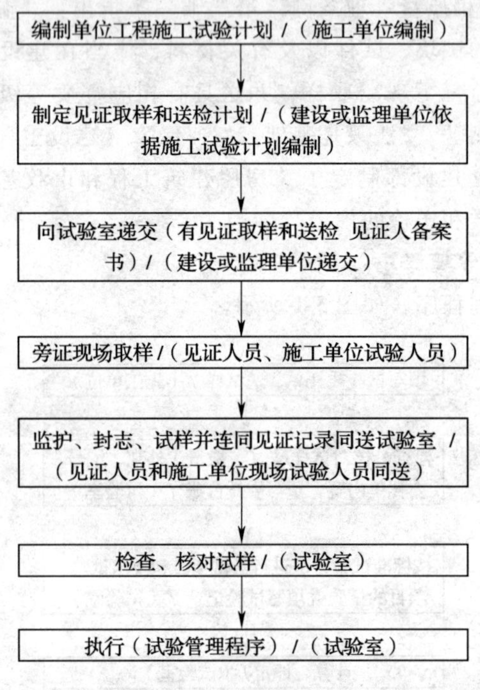

图3-2　实行试验管理程序

1）具有相应资质等级的质量检测单位在第一次接受委托单位涉及结构安全的试块、试件和材料检测任务时，应有建设单位或监理单位递交的“见证单位和见证人员授权书。”

授权书应写明本工程项目监督质监站质监员、见证单位项目总监姓名、联系电话和委托见证人员姓名、资格、照片等。以便检测单位检查核对和发生试样不合格情况时，首先通知工程监督质监站和见证单位。

2）施工企业取样人员在现场进行原材料取样和试样制作时，

见证人员必须在旁见证，见证人员和取样人员应对试样的代表性和真实性负责。

混凝土试块这种特殊试件，现场施工企业必须制作标准条件养护试件和同条件养护试件，见证人员监督。

3）见证人员应对试样进行监护，并和施工企业取样人员一起将试件送至检测单位，并出示见证人员证件，无见证人员送检的试样，检测单位应拒绝接受检测。

检测单位在接受委托检验任务时，须由送检单位填写委托单，见证人员应现场在检验委托单上签名。检测单位应根据“授权书”核对见证人员，无误后进行检测。检测单位应对送检的真实性负责。

无见证人员伴送或核对有误，试件报告不加盖见证取样的专用章，不作为竣工验收资料。

4）见证人员做好见证取样和送检工作记录，详细记录见证取样送检情况，收到试件检测报告发现有问题及时向项目总监理工程师报告。见证人员对资料的真实性负责。

3.5.2 材料检验规则

建筑工程施工中进行的材料试验项目及取样规定列于表3-10中，其中试验项目栏中“必试”为工程管理过程中对材料进行验收时必须试验的项目；“其他”为根据需要进行的试验项目。

3.5.3 混凝土试样（件）的制备

1. 试件的尺寸与数量

试件的尺寸随试验项目与骨料的最大粒径而定，具体要求见表3-11。

2. 试件的成型

试件成型方法应与实际施工采用的方法相同。

材料试验及检验规则 **表 3-10**

序号		材料名称及相关标准、规范代号	试验项目	组批原则及取样规定
1	水泥	(1) 硅酸盐水泥 (2) 普通硅酸盐水泥 (3) 矿渣硅酸盐水泥 (4) 粉煤灰硅酸盐水泥 (5) 火山灰质硅酸盐水泥 (6) 复合硅酸盐水泥 (GB 175—2007)	必试：安定性 凝结时间 强度 其他：细度 烧失量 三氧化硫 碱含量	(1) 散装水泥： ① 对同一水泥厂生产的同期出厂的同品种、同强度等级、同一出厂编号的水泥为一验收批，但一验收批的总量不得超过 500t ② 随机地从不少于 3 个车罐中各取等量水泥，经混拌均匀后，再从中称取不少于 12kg 的水泥作为试样 (2) 袋装水泥： ① 对同一水泥厂生产的同期出厂的同品种、同强度等级、同一出厂编号的水泥为一验收批，但一验收批的总量不得超过 200t ② 随机地从不少于 20 袋中各取等量水泥，经混拌均匀后，再从中称取不少于 12kg 的水泥作为试样
		(7) 砌筑水泥 (GB/T 3183—1997)	必试：安定性 凝结时间 强度 其他：泌水性 细度 流动度	
		(8) 高铝水泥 (GB 201—2000)	必试：强度 凝结时间 细度 其他：化学成分	(1) 同一水泥厂、同一类型、同一编号的水泥，每 120t 为一取样单位. 不足 120t 也按一取样单位计 (2) 取样要有代表性，可从 20 袋中各取等量样品，总量至少 15kg 注：水泥取样后，超过 45d 使用时须重新取样试验

续表

序号		材料名称及相关标准、规范代号	试验项目	组批原则及取样规定
1	水泥	(9) 快硬硅酸盐水泥 (GB 199—90)	必试：强度 凝结时间 安定性 其他：细度 氧化镁 三氧化硫	(1) 同一水泥厂、同一类型、同一编号的水泥，每400t为一取样单位，不足400t也按一取样单位计 (2) 取样要有代表性，可从20袋中各取等量样品，总量至少14kg
2	掺合料	(1) 粉煤灰 (GB 1596—91)	必试：细度 烧失量 需水量比 其他：含水量 三氧化硫	(1) 以连续供应相同等级的不超过200t为一验收批，每批取试样一组（不少于1kg） (2) 散装灰取样，从不同部位取15份试样，每份1~3kg，混合拌匀按四分法缩取出1kg送试（平均样） (3) 袋装灰取样，从每批任抽10袋每袋不少于1吨，按上述方法取平均样1kg送试
		(2) 天然沸石粉 (JGJ/T 112—97)	必试：细度 需水量比 吸铵值 其他：水泥胶砂28d抗压强度	(1) 以相同等级的沸石粉每120t为一验收批，不足120t也按一批计。每一验收批取样一组（不少于1t） (2) 袋装粉取样时，应从每批中任抽10袋，每袋中各取样不得少于1kg，按四分法缩取平均试样 (3) 散装沸石粉取样时，应从不同部位取10份试样，每份不少于1kg。然后缩取平均试样

续表

序号	材料名称及相关标准、规范代号	试验项目	组批原则及取样规定
3	砂 (GB/T 14684—2001) (JGJ 52—2006)	必试：筛分析 含泥量 泥块含量 其他：密度有害物质含量 坚固性 碱活性检验 含水率	(1) 以同一产地、同一规格每 $400m^3$ 或 600t 为一验收批，不足 $400m^3$ 或 600t 也按一批计。每一验收批取样一组 (20kg) (2) 当质量比较稳定、进料量较大时，可定期检验 (3) 取样部位应均匀分部，在料堆上从 8 个不同部位抽取等量试样 (每份 11kg)。然后用四分法缩至 20kg，取样前先将取样部位表面铲除
4	碎石或卵石 (GB/T 14685—2001) (JGJ 52—2006)	必试：筛分析含泥量 泥块含量 针片状颗粒含量 压碎指标 其他：密度 有害物质含量 坚固性 碱活性检验 含水率	(1) 以同一产地、同一规格每 $400m^3$ 或 600t 为一验收批，不足 $400m^3$ 或 600t 也按一批计。每一验收批取样一组 (2) 当质量比较稳定，进料量较大时，可定期检验 (3) 一组试样 40kg（最大粒径 10mm，16mm、20mm）或 80kg（最大粒径 31.5mm、40mm）取样部位应均匀分布，在料堆上从五个不同的部位抽取大致相等的试样 15 份（料堆的顶部、中部、底部）。每份 5 ~ 40kg，然后缩分到 40kg 或 60kg 送试

续表

序号	材料名称及相关标准、规范代号		试验项目	组批原则及取样规定
5	混凝土拌合用水（JGJ 63—2006）		必试：pH 值 氯离子含量 其他：不溶物 硫化物含量	（1）取样数量为 23L （2）取样方法：井水、钻孔水和自来水应放水冲洗管道后采集；江湖水应在中心位或水面下 500mm 处采集
6	轻集料	粗轻集料（GB/T 17431.1.2—1998）	必试：筛分析 堆积密度 吸水率、 筒压强度 粒型系数 其他：软化系数 有害物质含量 烧失量	（1）以同一品种、同一密度等级每 $200m^3$ 为一验收批，不足 $200m^3$ 也按一批计 （2）试样可以从料堆自上到下不同部位、不同方向任选 10 点（袋装料应从 10 袋中抽取）应避免取离析的及面层的材料 （3）初次抽取的试样量应不少于 10 份，其总料应多于试验用料量的 1 倍。拌合均匀后，按四分法缩分到试验所需的用料量；轻粗集料为 50L（以必试项目计），轻细集料为 10L（以必试项目计）
		细轻集料（GB/T 17431.1.2—1998）	必试：筛分析 堆积密度 其他：同上	

续表

序号	材料名称及相关标准、规范代号		试验项目	组批原则及取样规定
7	石灰	建筑生石灰 （JC/T 479—1992）	必试：CaO + MgO 含量 未消化残渣含量 其他：CO_2 含量 产浆量	（1）以同一厂家，同一类别，同一等级不超过 100t 为一验收批 （2）从不同部位选取，取样点不少于 12 个，每个点不少于 2kg，缩分至 9kg
		建筑生石灰粉 （JC/T 481—1992）	必试：CaO + MgO 含量 细度 其他：—	（1）以同一生产厂，同一类别，同一等级不超过 100t 为一验收批 （2）从本批中随机抽取 10 袋，每袋样品重量不少于 500g，混匀缩分至 1kg
		建筑消石灰 （JC/T 480—1992）	必试：CaO + M 四含量 游离水 体积安定性 细度 其他：—	（1）以同一生产厂，同一类别，同一等级不超过 100t 为一验收批 （2）从本批中随机抽取 10 袋，从每袋中抽取 500g，混匀后缩分至 1kg
8	建筑石膏 （GB 9776—88）		必试：细度 凝结时间 其他：抗折强度 标准稠度用水量	（1）以同一生产厂，同等级的石膏 200t 为一验收批，不足 200t 也按一批计 （2）样品经四分法缩分至 0.2kg 送试

续表

序号		材料名称及相关标准、规范代号	试验项目	组批原则及取样规定
9	砌墙砖和砌块	（1）烧结普通砖 （GB/T 5101—1998）	必试：抗压强度 其他：抗风化 泛霜 石灰爆裂 抗冻	（1）每15万块为一验收批，不足15万块也按一批计 （2）每一验收批随机抽取试样一组（10块）
		（2）烧结多孔砖 （GB 13544—2000）	必试：抗压强度 抗折强度 其他：冻融、泛霜 石灰爆裂、吸水率	（1）每3.5~15万块为一验收批，不足3.5万块也按一批计 （2）每一验收批随机抽取试样一组（10块）
		（3）烧结空心砖（非承重）空心砌块 （GB 13545—92）	必试：抗压强度（大条面） 其他：密度、冻融 泛霜、石灰爆裂 吸水率	（1）每3万块为一验收批，不足3万块也按一批计 （2）每一验收批随机抽取试样一组（5块）
		（4）非烧结普通砖 （JC422—1991） （1996）	必试：抗压强度 抗折强度 其他：抗冻性、吸水率 耐水性	（1）每5万块为一验收批，不足1万块也按一批计 （2）每一验收批随机抽取试样一组（10块）

续表

序号	材料名称及相关标准、规范代号		试验项目	组批原则及取样规定
9	砌墙砖和砌块	(5) 粉煤灰砖 (JC239—1991) (1996)	必试：抗压强度 其他：抗折强度、干燥收缩 抗冻	(1) 每10万块为一验收批，不足10万块也按一批计 (2) 每一验收批随机抽取试样一组（20块）
		(6) 粉煤灰砌块 (JC238—1991) (1996)	必试：抗压强度 其他：密度、碳化 抗冻、干缩	(1) 每10万块为一验收批，不足10万块也按一批计 (2) 每一验收批随机抽取试样一组（3块）
		(7) 蒸压灰砂砖 (GB 11945—1999)	必试：抗压强度 其他：密度、抗冻	(1) 10万块为一验收批，不足10万块也按一批计 (2) 每一验收批随机抽取试样一组（10块）
		(8) 蒸压灰砂空心砖 (JC/T 637—1996)	必试：抗压强度 其他：密度、抗冻	(1) 每10万块砖为一验收批，不足10万块也按一批计 (2) 从外观合格的砖样中，用随机抽取法抽取2组10块（NF砖为2组20块）进行抗压强度试验和抗冻性试验 注：NF为规格代号，尺寸为240mm×115mm×53mm

续表

序号	材料名称及相关标准、规范代号		试验项目	组批原则及取样规定
9	砌墙砖和砌块	(9) 普通混凝土空心砌块 (GB 8239—1997)	必试：抗压强度（大条面） 其他：抗折强度 密度和空心率、含水率 吸水率、干燥收缩 软化系数、 抗冻抗压	(1) 每1万块为一验收批，不足1万块也按一批计 (2) 每一验收批随机抽取试样一组（5块）
		(10) 轻集料混凝土小型空心砌块 (GB/T 4111—1997) GB 15229—94	必试：抗压强度 其他：(同上)	
		(11) 蒸压加气混凝土砌块 (GB/T 11968—1997)	必试：立方体抗压强度 干体积密度 其他：干燥收缩、抗冻性 导热性	(1) 同品种、同规格、同等级的砌块，以1000块为一批，不足1000块也为一批。随机抽取50块砌块 (2) 从尺寸偏差与外观检验合格的砌块中，随机抽取砌块，制作3组试件进行立方体抗压强度试验，制作3组试件做干体积密度检验

续表

序号		材料名称及相关标准、规范代号	试验项目	组批原则及取样规定
10	钢材	(1) 碳素结构钢 (GB 700—88)	必试：拉伸试验（屈服点、抗拉强度、伸长率） 弯曲试验 其他：断面收缩率、硬度、冲击、化学成分	同一厂别，同一炉罐号、同一规格、同一交货状态每 60t 为一验收批，不足 60t 也按一批计。每一验收批取一组试件（拉伸、弯曲各 1 个）
		(2) 钢筋混凝土用热轧带肋钢筋 (GB 1499—1998) (GB 2975—1998) (GB 2101—89) (3) 钢筋混凝土用热轧光圆钢筋 (GB 13013—91) (GB 2975—1998) (GB 2101—89) (4) 钢筋混凝土用余热处理钢筋 (GB 13014—91) (GB 2975—1998) (GB 2101—89)	必试：拉伸试验（屈服点、抗拉强度、伸长率） 弯曲试验 其他：反向弯曲化学成分	(1) 同一厂别、同一炉罐号、同一规格、同一交货状态，每 60t 为一验收批，不足 60t 也按一批计 (2) 每一验收批取拉伸试件 2 个、弯曲试件 2 个（在任选的两根钢筋切取）

续表

序号		材料名称及相关标准、规范代号	试验项目	组批原则及取样规定
10	钢材	（5）低碳钢热轧圆盘条 （GB/T 701—1997） （GB 2975—1998） （GB/T 2101—89）	必试：拉伸试验（屈服点、抗拉强度、伸长率） 弯曲试验 其他：化学成分	（1）同一厂别、同一炉罐号、同一规格、同一交货状态每 60t 为一验收批，不足 60t 也按一批计 （2）每一验收批取一组试件，其中拉伸 1 个、弯曲 2 个（取自不同盘）
		（6）冷轧带肋钢筋 （GB 13788—2000） （GB 2975—1998） （GB/T 2101—89）	必试：拉伸试验（屈服点、抗拉强度、伸长率） 弯曲试验 其他：松弛率 化学成分	（1）同一牌号、同一外形、同一生产工艺、同一交货状态每 60t 为一验收批，不足 60t 也按一批计 （2）每一验批取拉伸试件 1 个（逐盘），弯曲试件 2 个（每批），松弛试件 1 个（定期） （3）在每盘中的任意一端截去 500mm 后切取
		（7）冷轧扭钢筋 （JC 3046—1998） （GB 2975—1998） （GB/T 2101—89）	必试：拉伸试验（屈服点、抗拉强度、伸长率） 弯曲试验 重量 节距 厚度 其他：—	（1）同一牌号、同一规格尺寸、同一台轧机、同一台班每 10t 为一验收批，不足 10t 也按一批计 （2）每批取弯曲试件 1 个，拉伸试件 2 个，重量、节距、厚度各3 个

续表

序号		材料名称及相关标准、规范代号	试验项目	组批原则及取样规定
10	钢材	(8) 预应力混凝土用钢丝 (GB/T 2103—88) (GB/T 5223—1995)	必试：抗拉强度 伸长率 弯曲试验 其他：屈服强度 松弛率（每季度抽验）	(1) 同一牌号、同一规格、同一生产工艺制度的钢丝组成，每批重量不大于60t (2) 钢丝的检验应按（GB/T 2103）的规定执行。在每盘钢丝的两端进行抗拉强度、弯曲和伸长率的试验。屈服强度和松弛率试验每季度抽验一次。每次至少3根
		(9) 中强度预应力混凝土用钢丝 (YB/T 156—1999) (GB/T 2103—88) (GB/T 10120—96)	必试：抗拉强度 伸长率 反复弯曲 其他：非比例极限（$\sigma_{0.2}$） 松弛率（每季度）	(1) 钢丝应成批验收，每批由同一牌号、同一规格、同一强度等级、同一生产工艺制度的钢丝组成。每批重量不大于60t (2) 每盘钢丝的两端取样进行抗拉强度、伸长率、反复弯曲检验 (3) 规定非比例伸长应力（$\sigma_{0.2}$）和松弛率试验，每季度抽检一次，每次不少于3根
		(10) 预应力混凝土用钢棒 (GB/T 111—1997)	必试：抗拉强度、伸长率、平直度 其他：规定非比例伸长应力、松弛率	(1) 钢棒应成批验收，每批由同一牌号、同一外形、同一公称截面尺寸、同一热处理制度加工的钢棒组成 (2) 不论交货状态是盘卷或直条，试件均在端部取样，各试验项目取样数量均为1根 (3) 批量划分按交货状态和公称直径而定（盘卷：≤13mm，批量为≤5盘）；（直条：≤13mm，批量为≤1000条；>13mm～<26mm，批量为≤200条；≥26mm，批量为≤100条） 注：以上批量划分仅适用于必试项目

续表

序号	材料名称及相关标准、规范代号		试验项目	组批原则及取样规定
10	钢材	(11) 预应力混凝土用钢绞线 (GB/T 5224—1995)	必试：整根钢绞线的最大负荷、屈服负荷、伸长率、松弛率、尺寸测量 其他：弹性模量	(1) 预应力用钢绞线应成批验收，每批由同一牌号、同一规格、同一生产工艺制度的钢绞线组成，每批重量不大于60t (2) 从每批钢绞线中任取3盘，从每盘所选的钢绞线端部正常部位截取一根进行表面质量、直径偏差、捻距和力学性能试验。如每批少于3盘，则应逐盘进行上述检验。屈服和松弛试验每季度抽检一次，每次不少于一根
		(12) 预应力混凝土用低合金钢丝 (YB/T 038—93)	必试： ① 拔丝用盘条： 抗拉强度 伸长率 冷弯 ② 钢丝： 抗拉强度 伸长率 反复弯曲 应力松弛 其他：—	(1) 拔丝用盘条：见本条10—(5)(低碳钢热轧圆盘条) (2) 钢丝： ① 每批钢丝应由同一牌号、同一形状、同一尺寸、同一交货状态的钢丝组成 ② 从每批中抽查5%，但不少于5盘进行形状、尺寸和表面检查 ③ 从上述检查合格的钢丝中抽取5%，优质钢抽取10%，不少于3盘，拉伸试验每盘一个（任意端）；不少于5盘，反复弯曲试验每盘一个（任意端去掉500mm后取样）
		(13) 一般用途低碳钢丝 (GB/T 343—94) (GB/T 2103—88)	必试：抗拉强度、180°弯曲试验次数、伸长率（标距100mm） 其他：—	(1) 每批钢丝应由同一尺寸、同一锌层级别、同一交货状态的钢丝组成 (2) 从每批中抽查5%，但不少于5盘进行形状、尺寸和表面检查 (3) 从上述检查合格的钢丝中抽取5%，优质钢抽取10%，不少于3盘，拉伸试验、反复弯曲试验每盘各一个（任意端）

续表

序号		材料名称及相关标准、规范代号	试验项目	组批原则及取样规定
11	钢筋连接	焊接： （GB 50204—2002） （JGJ/T 27—2001） （JGJ 18—96）		班前焊（可焊性能试验）在工程开工或每批钢筋正式焊接前，应进行现场条件下的焊接性能试验。试验合格后方可正式生产。试件数量及要求见以下：
		（1）钢筋电阻点焊	必试：抗拉强度 抗剪强度 弯曲试验	1）钢筋焊接骨架： ① 凡钢筋级别、直径及尺寸相同的焊接骨架应视为同一类制品，且每200件为一验收批，一周内不足200件的也按一批计 ② 试件应从成品中切取，当所切取试件的尺寸小于规定的试件尺寸时，或受力钢筋大于8mm时，可在生产过程中焊接试验网片，从中切取试件 试件尺寸见下图： ③ 由几种钢筋直径组合的焊接骨架，应对每种组合做力学性能检验；热轧钢筋焊点，应作抗剪试验，试件数量3件；冷拔低碳钢丝焊点，应作抗剪试验及对较小的钢筋作拉伸试验，试件数量3件 2）钢筋焊接网： ① 凡钢筋级别、直径及尺寸相同的焊接骨架应视为同一类制品，每批不应大于30t，或每200件为一验收批，一周内不足30t或200件的也按一批计 ② 试件应从成品中切取

续表

序号		材料名称及相关标准、规范代号	试验项目	组批原则及取样规定
11	钢筋连接	（1）钢筋电阻点焊	必试：抗拉强度 抗剪强度 弯曲试验	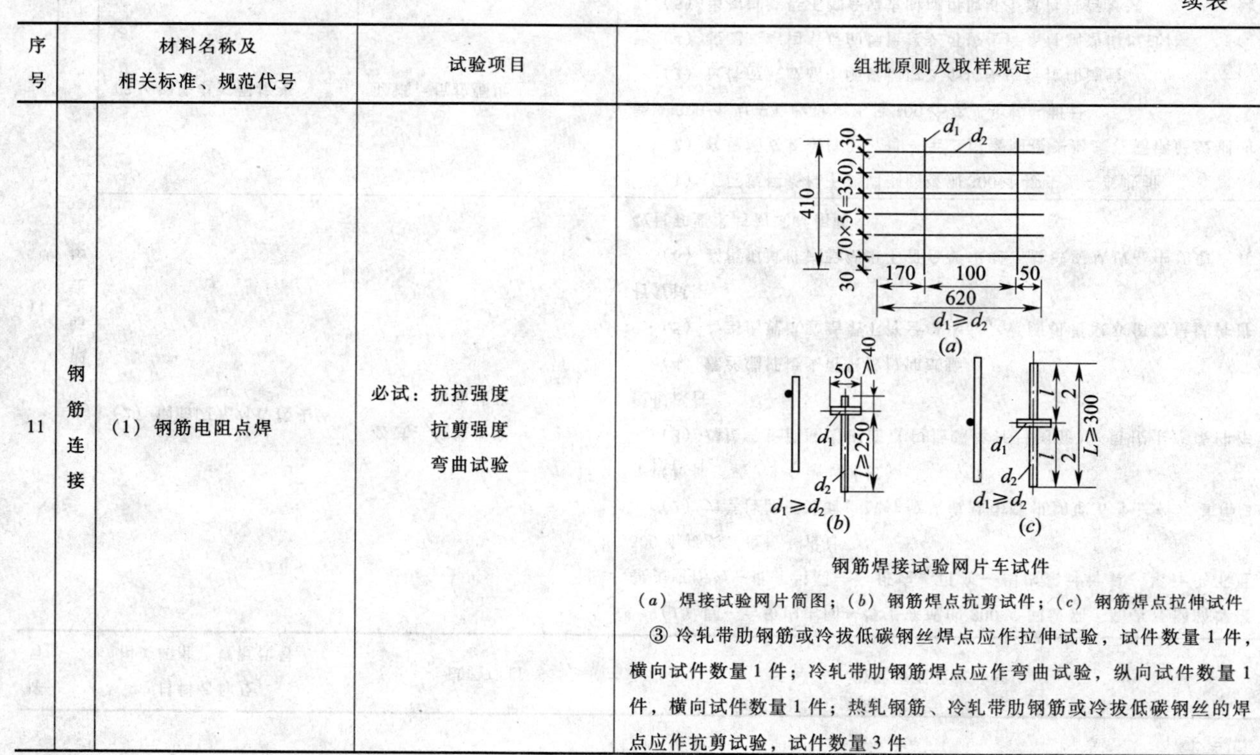 钢筋焊接试验网片车试件 （*a*）焊接试验网片简图；（*b*）钢筋焊点抗剪试件；（*c*）钢筋焊点拉伸试件 ③ 冷轧带肋钢筋或冷拔低碳钢丝焊点应作拉伸试验，试件数量 1 件，横向试件数量 1 件；冷轧带肋钢筋焊点应作弯曲试验，纵向试件数量 1 件，横向试件数量 1 件；热轧钢筋、冷轧带肋钢筋或冷拔低碳钢丝的焊点应作抗剪试验，试件数量 3 件

续表

序号	材料名称及相关标准、规范代号		试验项目	组批原则及取样规定
11	钢筋连接	(2) 钢筋闪光对焊接头	必试：抗拉强度 弯曲试验	(1) 同一台班内由同一焊工完成的300个同级别、同直径钢筋焊接接头应作为一批。当同一台班内，可在一周内累计计算；累计仍不足300个接头，也按一批计 (2) 力学性能试验时，试件应从成品中随机切取6个试件. 其中3个做拉伸试验，3个做弯曲试验 (3) 焊接等长预应力钢筋（包括螺丝杆与钢筋）。可按生产条件作模拟试件 (4) 螺丝端杆接头可只做拉伸试验 (5) 若当出现试验结果不符合要求时，可随机再取双倍数量试件进行复试 (6) 当模拟试件试验结果不符合要求时，复试应从成品中切取，其数量和要求与初试时相同
		(3) 钢筋电弧焊接头	必试：抗拉强度	(1) 工厂焊接条件下：同钢筋级别300个接头为一验收批 (2) 在现场安装条件下：每一至二层楼同接头形式、同钢筋级别的接头300个为一验收批。不足300个接头也按一批计 (3) 试件应从成品中随机切取3个接头进行拉伸试验 (4) 装配式结构节点的焊接接头可按生产条件制造模拟试件 (5) 当初试结果不符合要求时应再取6个试件进行复试

续表

序号	材料名称及相关标准、规范代号		试验项目	组批原则及取样规定
11	钢筋连接	(4) 钢筋电渣压力焊接头	必试：抗拉强度	(1) 一般构筑物中以300个同级别钢筋接头作为一验收批 (2) 在现浇钢筋混凝土多层结构中，应以每一楼层或施工区段中300个同级别钢筋接头作为一验收批，不足300个接头也按一批计 (3) 试件应从成品中随机切取3个接头进行拉伸试验 (4) 当初试结果不符合要求时应再取6个试件进行复试
		(5) 钢筋气压焊接头	必试：抗拉强度 弯曲试验（梁、板的水平筋连接）	(1) 一般构筑物中以300个接头作为一验收批 (2) 在现浇钢筋混凝土房屋结构中，同一楼层中应以300个接头作为一验收批，不足300个接头也按一批计 (3) 试件应从成品中随机切取3个接头进行拉伸试验；在梁、板的水平钢筋连接中，应另切取3个试件做弯曲试验 (4) 当初试结果不符合要求时应再取6个试件进行复试
		(6) 预埋件钢筋T形接头	必试：抗拉强度	(1) 预埋件钢筋埋弧压力焊，同类型预埋件一周内累计每300件时为一验收批，不足300个接头也按一批计。每批随机切取3个试件做拉伸试验 (2) 当初试结果不符合规定时再取6个试件进行复试

续表

序号		材料名称及相关标准、规范代号	试验项目	组批原则及取样规定
11	钢筋连接	（6）预埋件钢筋T形接头	必试：抗拉强度	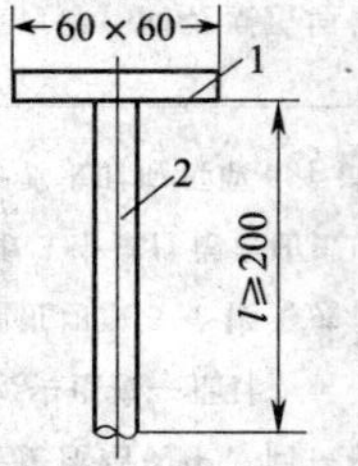 60×60；1；2；$l \geq 200$ 预埋件T形接头拉伸试件 1—钢板；2—钢筋
		机械连接包括 （1）锥螺纹连接 （2）套筒挤压接头 （3）镦粗直螺纹钢筋接头 （GB 50204—2002） （JGJ 107—96） （JGJ 108—96） （JGJ 109—96） （JGJ/T 3057—1999）	必试：抗拉强度	（1）工艺检验：在正式施工前，按同批钢筋、同种机械连接形式的接头试件不少于3根，同时对应截取接头试件的母材，进行抗拉强度试验 （2）现场检验：接头的现场检验按验收批进行。同一施工条件下采用同一批材料的同等级、同形式、同规格的接头每500个为一验收批。不足500个接头也按一批计。每一验收批必须在工程结构中随机截取3个试件做单向拉伸试验。在现场连续检验10个验收批，其全部单向拉伸试件一次抽样均合格时，验收批接头数量可扩大一倍

续表

序号		材料名称及相关标准、规范代号	试验项目	组批原则及取样规定
12	防水材料	(1) 沥青防水卷材 (GB 50207—2002) (GB 50208—2002) ① 石油沥青纸胎油毡、油纸 (GB 326—89) ② 石油沥青玻璃纤维胎油毡 (GB/T 14686—93) ③ 石油沥青玻璃布胎油毡 (JC/T 84—1996) ④ 铝箔面油毡 (JC/T 504—1992) (1996)	必试：拉力 耐热度 柔度 不透水性 其他：	(1) 以同一生产厂的同一品种、同一等级的产品，每500～1000卷抽4卷，100～499卷抽3卷，100卷以下抽2卷，进行规格尺寸和外观质量检验。在外观质量检验合格的卷材中，任取一卷作物理性能检验 (2) 将试样卷材切除距外层卷头2500mm顺纵向截取600mm的2块全幅卷材送试

续表

序号		材料名称及相关标准、规范代号	试验项目	组批原则及取样规定
12	防水材料	(2) 高聚物改性沥青防水卷材： (GB 50207—2002) (GB 50208—2002) ① 改性沥青聚乙烯胎防水卷材 (JC/T 633—1996) ② 沥青复合胎柔性防水卷材 (JC/T 690—1998) ③ 自粘橡胶沥青防水卷材 (JC/T 840—1999) ④ 弹性体改性沥青防水卷材 (GB 18242—2000) ⑤ 塑性体改性沥青防水卷材 (GB 18243—2000)	必试：拉力 断裂延伸率 不透水性 柔度 耐热度	(1) 同上 (2) 将试样卷材切除距外层卷头 2500mm 后，顺纵向切取 1000mm 的全幅卷材试样 2 块。一块作物理性能检验用，另一块备用

续表

序号		材料名称及相关标准、规范代号	试验项目	组批原则及取样规定
12	防水材料	(3) 合成高分子防水卷材(片材) (GB 50207—2002) (GB 50208—2002) (GB 181731—2000) ① 三元乙丙橡胶 ② 聚氯乙烯防水卷材 (GB 12952—91) ③ 氯化聚乙烯防水卷材 (GB 12953—91) ④ 三元丁橡胶防水卷材 (JC/T 645—1996)	必试：断裂拉伸强度 扯断伸长率 不透水性 低温弯折性 其他：粘结性能	(1) 同上 (2) 将试样卷材切除距外层卷头 300mm 后顺纵向切取 1500mm 的全幅卷材 2 块，一块作物理性能检验用，另一块备用
		⑤ 氯化聚乙烯—橡胶共混防水卷材 (JC/T 684—1997)	必试：拉伸强度 断裂伸长率 直角形撕裂强度 不透水性 脆性温度 其他：热老化保持率	

续表

序号		材料名称及相关标准、规范代号	试验项目	组批原则及取样规定
12	防水材料	（4）防水涂料 （GB 50207—2002） （GB 50208—2002） （GB 3186—82） ① 聚氨酯防水涂料 （JC/T 500—1996）	必试：固体含量 拉伸强度 断裂伸长率 不透水性 低温柔度 耐热度（屋面用）	（1）同一生产厂，以甲组分每 5t 为一验收批，不足 5t 也按一批计算。乙组分按产品重量配比相应增加 （2）每一验收批按产品的配比分别取样，甲、乙组分样品总重为 2kg （3）搅拌均匀后的样品，分别装入干燥的样品容器中，样品容器内应留有 5% 的空隙，密封并作好标志
		② 溶剂型橡胶沥青防水涂料 （JC/T 852—1999）	必试：固体含量 低温柔性 耐热性 不透水性 其他：粘结性 抗裂性	（1）同一生产厂每 5t 产品为一验收批，不足 5t 也按一批计 （2）随机抽取，抽样数应不低于$\frac{\sqrt{n}}{2}$（n 是产品的桶数） （3）从已检的桶内不同部位，取相同量的样品，混合均匀后取两份样品，分别装入样品容器中，样品容器应留有约 5% 的空隙，盖严，并将样品容器外部擦干净立即作好标志。一份试验用，一份备用
		③ 聚合物乳液建筑防水涂料 （JC/T 864—2000）	必试：固体含量 断裂延伸率 拉伸强度 低温柔性 不透水性 其他：加热伸缩率 干燥时间	同上

续表

序号		材料名称及相关标准、规范代号	试验项目	组批原则及取样规定
12	防水材料	④ 聚合物水泥防水涂料 （JC/T 894—2001） （GB 12573—1999）	必试：同上 其他：抗渗性（背水面） 干燥时间 潮湿基面粘结强度	（1）同一生产厂、同一类型的产品，每10t为一验收批，不足10t也按一批计 （2）产品的液体组分取样同上（2）、（3）项 （3）配套固体组分的抽样按GB 12973—1999中的袋装水泥的规定进行，两组分共取5kg样品
		（5）密封材料 （GB 50207—2002） （GB 50208—2002） （GB 3186—82） ① 建筑石油沥青 （GB 494—1998） （GB/T 11147—89） （SH0146—92）	必试：软化点 针入度 延度 其他：溶解度 蒸发损失 蒸发后针入度	（1）以同一产地．同一品种，同一标号，每20t为一验收批，不足20t也按一批计。每一验收批取样2kg （2）在料堆上取样时，取样部位应均匀分布，同时应不少于五处，每处取洁净的等量试样共2kg作为检验和留样用
		② 聚氨酯建筑密封膏 （JC482—1992） （1996）	必试：拉伸粘结性 低温柔性 其他：密度 恢复率	（1）同一生产厂、同一等级同一类型的200桶产品为一验收批（包括A组分和配套的B组分）。不足200桶也按一批计。每批抽1组试样，试样量不少于1kg （2）随机抽取试样，抽样数应不低$\frac{\sqrt{n}}{2}$（n是产品的桶数） （3）从已初检的桶内不同部位，取相同量的样品，混合均匀后A、B组分各2份分别装入样品容器中，样品容器应留有5%的空隙，盖严，并将样品容器外部擦干净，立即作好标志。一份试验用，一份备用

续表

序号		材料名称及相关标准、规范代号	试验项目	组批原则及取样规定
12	防水材料	③ 聚硫建筑密封膏 （JC 483—1992） （1996）	必试：拉伸粘结性 低温柔性 其他：密度 恢复率	（1）以同一生产厂、同等级同类型产品每 2t 为一验收批，不足 2t 也按一批计。每批随机抽取试样 1 组，试样量不少于 1kg （2）同上 （3）同上
		④ 丙烯酸酯建筑密封胶 （JC 484—1992） （1996）		（1）以同一生产厂、同等级的产品，每 5t 为一验收批，不足 5t 也按一批计。每批随机抽取试样 1 组，试样量不少于 1kg （2）同上 （3）同上
		⑤ 聚氯乙烯建筑防水接缝材料 （JC798—1997）	必试：拉伸粘结性 低温柔性 其他：密度 恢复率	（1）以同一生产厂、同一类型、同一型号的产品，每 20t 为一验收批，不足 20t 也按一批计。每一验收批取 3 个试样（每个试样 1kg）其中 2 个备用，一个送试 （2）同上 （3）同上
		⑥ 建筑防水沥青嵌缝油膏 （JC207—1996）	必试：耐热性 低温柔性 拉伸粘结性 施工性	（1）以同一生产厂、同一标号的产品每 20t 为一验收批，不足 20t 也按一批计 （2）每批随机抽取 3 件产品，离表皮大约 50mm 处各取样 1kg，装于密封容器内，一份做试验用，另两份留作备用

续表

<table>
<tr><th>序号</th><th colspan="2">材料名称及
相关标准、规范代号</th><th>试验项目</th><th>组批原则及取样规定</th></tr>
<tr><td rowspan="2">12</td><td rowspan="2">防水材料</td><td>⑦ 建筑用硅酮结构密封胶
（GB 16776—1997）</td><td>必试：拉伸粘结性
表干时间
邵氏硬度
其他：下垂度
热老化</td><td>（1）以同一生产厂、同一类型，同一品种的产品，每 5t 为一验收批，不足 5t 也按一批计
（2）随机抽样，抽取量应满足检验需用量（约 0.5kg）。从原包装双组分结构胶中抽样后，应立即另行密封包装</td></tr>
<tr><td>⑧ 硅酮建筑密封胶
（GB/T 14683—93）
（GB 2828—87）
（GB 3186—82）
（GB/T 13477—1992）</td><td>必试：挤出性
适用期
表干时间
流动性
拉伸粘结性
其他：密度
低温柔性
热－水循环后拉伸粘结性
浸水光照后拉伸粘结性
拉伸－压缩循环性能
恢复率</td><td>（1）单组分产品以同一等级、同一类型的 3000 支产品为一批，不足 3000 支产品也作一批
双组分产品以同一等级、同一类型的 200 桶产品为一批，不足 200 桶产品也作一批
（2）抽样数量见下表：<table><tr><th>品种</th><th>批量</th><th>第一次抽样数</th><th>第二次抽样数</th></tr><tr><td rowspan="2">单组分</td><td>≤1200 支</td><td>3 支</td><td>3 支</td></tr><tr><td>1201～3000 支</td><td>5 支</td><td>5 支</td></tr><tr><td>双组分</td><td>≤200 桶</td><td>3 桶</td><td>5 桶</td></tr></table>注：双组分产品抽样方法按照 GB 3186 的规定执行。每组试样数量不少于 1.0kg</td></tr>
</table>

续表

序号		材料名称及相关标准、规范代号	试验项目	组批原则及取样规定
12	防水材料	⑨ 建筑窗用弹性密封胶 (JC 485—1992) (GB/T 13477—1992)	必试：挤出性 适用期 表干时间 下垂度 拉伸粘结性能 其他：密度 低温柔性 热－水循环后粘结性能、 拉伸－压缩循环性能 恢复率等	注：因本标准适用于硅酮、改性硅酮、聚硫、聚氨酯、丙烯酸、丁基、丁苯、氯丁等合成高分子材料为基础的弹性密封剂。所以，组批、抽样规则按各系列产品的相应规定执行
		(6) 高分子防水卷材胶粘剂 (JC 863—2000) (GB/T 12954—91)	必试：剥离强度 其他：黏度 适用期剪切状态下的粘合性	(1) 同一生产厂、同一类型、同一品种的产品、每 5t 为一验收批，不足 5t 也按一批计 (2) 根据不同的批量，从批中随机抽取下表规定的容器个数，用适当的取样器，从每个容器内（预先搅拌均匀）取的等量的试样。试样总量约 1.0L，并经充分混合，用于各项试验批量大小

续表

<table>
<tr><th>序号</th><th colspan="2">材料名称及
相关标准、规范代号</th><th>试验项目</th><th colspan="2">组批原则及取样规定</th></tr>
<tr><td rowspan="2">12</td><td rowspan="2">防水材料</td><td>（6）高分子防水卷材胶粘剂
（JC 863—2000）
（GB/T 12954—91）</td><td>必试：剥离强度
其他：黏度
适用期剪切状态下的粘合性</td><td>（容器个数）
2～8
9～27
28～64
65～125
126～216
217～343
344～512
513～729
730～1000
注：试样和试验材料使用前，在试验条件下放置时间应不少于12h</td><td>抽取个数（最小值）
2
3
4
5
6
7
8
9
10</td></tr>
<tr><td>（7）高分子防水材料止水带
（GB 181732—2002）</td><td>必试：拉伸强度、扯断伸长率
橡胶与金属粘合（用于有钢边的止水带）
其他：防霉性能</td><td colspan="2">（1）以同一生产厂、同月生产、同标记的产品为一验收批
（2）在外观检验合格的样品中随时抽取足够的试样，进行物理检验</td></tr>
</table>

续表

序号		材料名称及相关标准、规范代号	试验项目	组批原则及取样规定
12	防水材料	(8) 水泥基渗透结晶型防水材料 (GB 18445—2001)	必试: (1) 受检涂料的性能: 凝结时间、强度(抗折、抗压) 湿基面粘结强度、抗渗压力 (2) 掺防水剂混凝土的性能: 抗压强度比、凝结时间差 渗透压力比、泌水率比 其他:—	(1) 以同一类型、同一型号的产品每50t为一验收批,不足50t的也按一批计 (2) 从10袋以上或10桶以上随机取样。水泥基结晶型防水涂料共取样10kg,水泥基渗透结晶型防水剂每次取样量不少于0.2t水泥所需的外加剂量。取样后应充分拌合均匀。一分为二,一份按标准进行试验,另一份密封保存一年,以备复验或仲裁用
		(9) 油毡瓦 (JC/T 503—1992) (1996)	必试:耐热度 柔度 拉力 其他:—	(1) 以同一生产厂,同一等级的产品,每500捆为一验收批,不足500捆也按一批计 (2) 从外观,重量和规格尺寸允许偏差合格的油毡瓦中任取2片试件进行物理性能试验
		(10) 烧结瓦 (JC709—1998)	必试:抗弯曲性能、吸水率 其他:抗渗性能、耐急冷急热性变形、裂纹、石灰爆裂等	(1) 同类别、同规格、同色号、同等级的瓦,每10000~35000件为一检验批。不足该数量时,也按一批计 (2) 每检验批随机抽取试样一组(整体瓦三件)

续表

<table>
<tr><th>序号</th><th colspan="2">材料名称及
相关标准、规范代号</th><th>试验项目</th><th>组批原则及取样规定</th></tr>
<tr><td>12</td><td>防水材料</td><td>（11）混凝土平瓦
（JC 746—1999）</td><td>必试：吸水率、抗渗性能、承载力
其他：抗冻性能</td><td>（1）试样应随机抽取。
（2）试样数量见下表：
<table>
<tr><th rowspan="3">检验项目</th><th colspan="4">检验批量，块</th></tr>
<tr><th>2000～50000</th><th>50001～100000</th><th>100001～150000</th><th>>150000</th></tr>
<tr><th colspan="4">试样数量</th></tr>
<tr><td>承载力</td><td>7</td><td>7</td><td>7</td><td>10</td></tr>
<tr><td>吸水率</td><td>3</td><td>5</td><td>8</td><td>10</td></tr>
<tr><td>抗渗性</td><td>3</td><td>5</td><td>8</td><td>10</td></tr>
</table>
</td></tr>
<tr><td rowspan="4">13</td><td rowspan="4">混凝土外加剂</td><td>（GB 8087—1999）</td><td>必试</td><td rowspan="4">（1）掺量大于1%（含1%）的同品种、同一编号的外加剂，每100t为一验收批，不足100t也按一批计。掺量不小于1%的同品种、同一编号的外加剂，每50t为一验收批，不足50t也按一批计</td></tr>
<tr><td>（1）普通减水剂</td><td>钢筋锈蚀，28d抗压强度比，减水率</td></tr>
<tr><td>（2）高效减水剂</td><td>钢筋锈蚀，28d抗压强度比，减水率</td></tr>
<tr><td>（3）早强减水剂</td><td>钢筋锈蚀，1d、28d抗压强度比，减水率</td></tr>
</table>

续表

序号		材料名称及相关标准、规范代号	试验项目	组批原则及取样规定
13	混凝土外加剂	（4）缓凝减水剂	钢筋锈蚀，凝结时间差，28d抗压强度比，减水率	（2）从不少于三个点取等量样品混匀 （3）取样数量，不少于0.5t水泥所需量
		（5）引气减水剂	钢筋锈蚀，28d抗压强度比，减水率，含水量	
		（6）缓凝高效减水剂	钢筋锈蚀，凝结时间差，28d抗压强度比，减水率	
		（7）缓凝剂	钢筋锈蚀，凝结时间差，28d抗压强度比	
		（8）引气剂	钢筋锈蚀，28d抗压强度比，含气量	
		（9）早强剂	钢筋锈蚀，1d、28d抗压强度比	
		（10）泵送剂 （JC 473—92）（1998） （GB 8087—1999）	必试：钢筋锈蚀，28d抗压强度比，坍落度保留值，压力泌水率比	（1）以同一生产厂，同品种、同一编号的泵送剂每50t为一验收批，不足50t也按一批计 （2）从10个容器中取等量样混匀 （3）取样数量，不少于0.5t水泥所需量

续表

序号		材料名称及相关标准、规范代号	试验项目	组批原则及取样规定
13	混凝土外加剂	(11) 防水剂 (JC 474—92)(1998)	钢筋锈蚀，28d 抗压强度比，渗透比	(1) 年产 500t 以上的防水剂每 50t 为一验收批，500t 以下的防水剂每 30t 为一验收批，不足 50t 或 30t 也按一批计 取样数量，不少于 0.2t 水泥所需量
		(12) 防冻剂 (JC 475—92) (1998)	钢筋锈蚀，-7d、+28d 抗压强度比	(1) 以同一生产厂，同品种、同一编号的防冻剂，每 50t 为一验收批，不足 50t 也按一批计 (2) 取样数量不少于 0.15t 水泥所需量
		(13) 膨胀剂 (JC 476—92) (1998)	钢筋锈蚀，28d 抗压抗折强度，限制膨胀率	(1) 以同一生产厂，同品种、同一编号的膨胀剂每 20t 为一验收批，不足 20t 也按一批计 (2) 从 20 个容器中取等量样混匀。取样数量不少于 0.5t 水泥所需量
		(14) 喷射用速凝剂 (JC 477—92) (1998)	钢筋锈蚀，凝结时间，28d 抗压强度比	(1) 同一生产厂，同品种，同一编号，每 60t 为一验收批，不足 60t 也按一批计 (2) 从 16 个不同点取等量试样混匀。取样数量不少于 4kg

续表

序号	材料名称及相关标准、规范代号	试验项目	组批原则及取样规定
14	普通混凝土 （GB 50204—2002） GB 50209—2002 （GB 50010—2002） （GBJ 80—85） （GBJ 81—85） （JGJ 55—96） （GB J107—87）	必试：稠度 抗压强度 其他：轴心抗压 静力受压弹性模量 劈裂抗拉强度 抗折强度 长期性能和耐久性能试验 碱含量 氯化物总量	试块的留置： ① 每拌制 100 盘且不超过 $100m^3$ 的同配合比的混凝土，取样不得少于一次 ② 每工作班拌制的同一配合比的混凝土不足 100 盘时，取样不得少于一次 ③ 当一次连续浇筑超过 $1000m^3$ 时，同一配合比混凝土每 $200m^3$ 混凝土取样不得少于一次 ④ 每一楼层，同一配合比的混凝土，取样不得少于一次 ⑤ 冬期施工还应留置负温转常温试块和临界强度块 ⑥ 对预拌混凝土，当一个分项工程连续供应相同配合比的混凝土量大于 $1000m^3$ 时，其交货检验的试样，每 $200m^3$ 混凝土取样不得少于一次 ⑦ 建筑地面的混凝土，以同一配合比，同一强度等级，每一层或每 $1000m^2$ 为一检验批，不足 $1000m^2$ 也按一批计。每批应至少留置一组试块 （1）取样方法及数量： 用于检查结构构件混凝土质量的试件，应在混凝土浇筑地点随机取样制作，每组试件所用的拌合物应从同一盘搅拌混凝土或同一车运送的混凝土中取出，对于预拌混凝土还应在卸料过程中卸料量的 1/4～3/4 之间取样，每个试样量应满足混凝土质量检验项目所需用量的 1.5 倍，但不少于 $0.2m^3$ （2）每次取样应至少留置一组标准养护试件，同条件养护试件的留置组数应根据实际需要确定

续表

序号	材料名称及相关标准、规范代号	试验项目	组批原则及取样规定
15	抗渗混凝土 (GB 50204—2002) (JGJ 55—96) (GBJ 80—85) (GBJ 82—85) (JGJ 55—96) (GBJ 107—87)	必试：稠度 抗压强度 抗渗等级	(1) 同一混凝土强度等级、抗渗等级、同一配合比，生产工艺基本相同，每单位工程不得少于两组抗渗试块（每组 6 个试块） (2) 试块应在浇筑地点制作，其中至少一组应在标准条件下养护，其余试块应与构件相同条件下养护 (3) 留置抗渗试件的同时需留置抗压强度试件并应取自同一盘混凝土拌合物中。取样方法同普通混凝土中第 (2) 项
16	高强混凝土 (GB 50204—2002) (CECS104：99) (GBJ 107—87) (GBJ 80—85) (GBJ 82—85)	必试：工作性（坍落度、扩展度、拌合物流速） 抗压强度 其他：同普通混凝土	同普通混凝土
17	轻骨料混凝土	必试：干表观密度 抗压强度稠度 其他：长期性能 耐久性能 静力受压弹性模量 导热系数	(1) 同普通混凝土 (2) 混凝土干表观密度试验，连续生产的预制厂及预拌混凝土同配合比的混凝土每月不少于 4 次；单项工程每 $100m^3$ 混凝土至少一次，不足 $100m^3$ 也按 $100m^3$ 计

续表

序号	材料名称及相关标准、规范代号	试验项目	组批原则及取样规定
18	回弹法检测混凝土抗压强度（JGJ/T 23—2001）		（1）结构或构件混凝土强度检测可采用下列两种方式，其适用范围及结构或构件数量应符合下列规定： ① 单个检测：适用于单个结构或构件的检测 ② 批量检测：适用于在相同的生产工艺条件下，混凝土强度等级相同，原材料、配合比、成型工艺、养护条件基本一致且龄期相近的同类结构或构件，按批进行检测的构件，抽检数量不得少于同批构件总数的30%且构件数量不得少于10件。抽检构件时，应随机抽取并使所选构件具有代表性 （2）每一结构或构件的测区应符合下列规定： ① 每一结构或构件测区数不应少于10个，对某一方向尺寸小于4.5m且另一方向尺寸小于0.3m的构件，其测区数量可适当减少，但不应少于5个 ② 相邻两测区的间距应控制在2m以内，测区离构件端部或施工缝边缘的距离不宜大于0.5m，且不宜小于0.2m ③ 测区应选在使回弹仪处于水平方向检测混凝土浇筑侧面。当不能满足这一要求时，可使回弹仪处于非水平方向检测混凝土浇筑侧面、表面或底面 ④ 测区宜选在构件的两个对称可测面上，也可选在一个可测面上，且应均匀分布。在构件的重要部位及薄弱部位必须布置测区，并应避开预埋件

续表

序号	材料名称及相关标准、规范代号	试验项目	组批原则及取样规定
18	回弹法检测混凝土抗压强度 (JGJ/T 23—2001)		⑤ 测区的面积宜大于 $0.04m^2$ ⑥ 检测面应为混凝土表面，并清洁、平整，不应有疏松层、浮浆、油垢、涂层以及蜂窝、麻面，必要时可用砂轮清除疏松层和杂物，且不应有残留的粉末或碎屑 ⑦ 对弹击时产生颤动的薄壁、小型构件应进行固定 (3) 结构或构件的测区应标有清晰的编号，必要时应在记录纸上描述测区布置示意图和外观质量情况
19	砂浆 (JCJ 70—92) (JGJ/T 98—96) (GB 50203—2002) (GB 50209—2002) (JC 860—2000)	必试：稠度 抗压强度 其他：分层度 拌合物密度 抗冻性	砌筑砂浆： (1) 以同一砂浆强度等级，同一配合比，同种原材料每一楼层或 $250m^3$ 砌体（基础砌体可按一个楼层计）为一个取样单位，每取样单位标准养护试块的留置不得少于一组（每组 6 块） (2) 干拌砂浆：同强度等级每 400t 为一验收批，不足 400t 也按一批计。每批从 20 个以上的不同部位取等量样品。总质量不少于 15kg，分成两份，一份送试，一份备用 建筑地面用砂浆：建筑地面用水泥砂浆，以每一层或 $1000m^2$ 为一检验批，不足 $1000m^2$ 也按一批计。每批砂浆至少取样一组。当改变配合比时也应相应地留量试块

续表

序号	材料名称及相关标准、规范代号	试验项目	组批原则及取样规定
20	砌体工程现场检测 (GB/T 50315—2000)		(1) 当检测对象为整栋建筑物或建筑物的一部分时，应将其划分为一个或若干个可以独立进行分析的结构单元。每一结构单元划分为若干个检测单元 (2) 每一检测单元内，应随机选择6个构件（单片墙体柱）作为6个测区，当一个检测单元不足6个构件时，应将每个构件作为一个测区 (3) 每一测区应随机布置若干测点，各种检测方法的测点数，应符合下列要求： ① 原位轴压法、扁顶法、原位单剪法、筒压法：测点数不应少于1个 ② 原位单砖双剪法、推出法、砂浆片剪切法、回弹法、点荷法、射钉法：测点数不应少于5个 注：回弹法的测位，相当于其他检测方法的测点
21	陶瓷砖 (1) 干压陶瓷砖（瓷质砖） (GB/T 4100.1—1999) (GB 50210—2001) (GB/T 3810.1—1999)	必试：吸水率 抛光砖光泽度 其他：(用于铺地) 耐磨性 摩擦系数 抗冻性	(1) 以同一生产厂、同种产品、同一级别、同一规格实际的交货量大于5000m^2为一批，不足5000m^2也按一批计 (2) 各试验项目所需试件数量数及判定规则等按 GB/T 3810.1 规定执行 (3) 吸水率试验试样：每种类型的砖用10块整砖测试

续表

序号	材料名称及相关标准、规范代号		试验项目	组批原则及取样规定
21	陶瓷砖	(2) 干压陶瓷砖（炻瓷砖） (GB/T 4100.2—1999) (GB 50210—2001) (GB/T 3810.1—1999)	必试：吸水率 其他：同上	如每块砖的表面积大于 0.04m² 时，只需用 5 块整砖作测试，如每块砖的表面积大于 0.16m² 时，至少在 3 块整砖的中间部位切割最小边长为 100mm 的 5 块试样 如每块砖的质量小于 50g，则需足够数量的砖使每种测试样品达到 50～100g
		(3) 干压陶瓷砖（细拓砖） (GB/T 4100.3—1999) (GB 50210—2001) (GB/T 3810.1—1999)	必试：吸水率 其他：同上	砖的边长大于 200mm 时，可切割成小块，但切割下的每一块应计入测量值内。多边形和其他非矩形砖，其长和宽均按矩形计算 (4) 抗冻性测定试样： 使用不少于 10 块整砖，其最小面积为 0.25m²。砖应没有裂纹、釉裂、针孔、磕碰等缺陷。如果必须用有缺陷的砖进行检验，在试验前应用永久性的染色剂对缺陷做记号，试验后检查这些缺陷。将试样砖在 110℃ ±5℃的干燥箱内烘干至恒重（即相隔 24h，连续两次称量之差值小于 0.01%）。记录每块砖的干质量
		(4) 彩色釉面陶瓷墙地砖 (GB 11947—89) (GB 50210—2001) (GB/T 3810.1—1999)	必试：吸水率 耐急冷急热性 弯曲强度 其他：抗冻 耐磨 耐化学腐蚀	(1) 以同一生产厂的产品每 500m² 为一验收批，不足 500m² 也按一批计 (2) 按（GB 3810）规定随机抽取。吸水率、耐急冷急热性、抗冻、耐磨性试样，也可从表面质量、尺寸偏差合格的试样中抽取（吸水率 5 个试件，耐急冷急热 10 个试件，抗冻、耐磨 5 个试件、弯曲 10 个试件）

续表

序号	材料名称及相关标准、规范代号	试验项目	组批原则及取样规定
21	陶瓷砖 (5) 陶瓷锦砖 (JC 456—1992) (1996)	必试：吸水率 耐急冷急热性 其他：脱纸时间	(1) 以同一生产厂，同品种，同色号的产品 25 ~ 300 箱为一验收批，小于 25 箱时，由供需双方商定 (2) 从每验收批中抽取 3 箱，然后再从 3 箱中抽取规定的样本量。吸水率，耐急冷急热试件各 5 个
22	玻璃锦砖 (GB/T 7697—1996) (GB 50210—2001) (JGJ 126—2000)	必试：粘结强度 脱纸时间 其他：热稳定性 化学稳定性	(1) 以同一生产厂，同色号的产品 50 ~ 300 箱为一验收批，小于 50 箱由供需双方商定 (2) 从每批中随机抽取 4 箱，然后再从 4 箱中随机抽取 20 联
23	陶瓷墙地砖胶粘剂 (JC/T 547—94) (JCJ 110—97) (JGJ 126—2000) (GB 12954—91) (GB 50201—2001)	必试：拉伸粘结强度达到 0.17MPa 的时间间隔 其他：压剪粘结强度 防霉性	(1) 同一生产时间，同一配料工艺条件下制得的成品。A 类产品每 30t 为一验收批，不足 30t 也按一批计。其他类产品每 3t 为一验收批，不足 3t 也按一批计。每批抽取 4kg 样品，充分混匀 (2) 取样后将样品一分为二，一份送试，一份备用 (3) 取样方法按 GB 12954 进行
24	外墙饰面粘结 (JGJ 126—2000) (JGJ 110—1997) (GB 50210—2001)	必试：粘结强度	(1) 现场镶贴外部饰面砖工程：每 300m² 同类墙体取一组试样，每组 3 个试件，每一楼层不得小于一组，不足 300m² 同类墙体，每两楼层取一组试样，每组 3 个试件 (2) 带饰面砖的预制墙板，每生产 100 块制板墙取一组试样，不足 100 块制板墙也取一组试样。每组在 3 块板中各取 2 个试件

续表

序号		材料名称及相关标准、规范代号	试验项目	组批原则及取样规定
25	石材	(1) 天然花岗石建筑板材 (JC 205—1992) (1996) (GB 50210—2001) (GB 50325—2001) (GB 50327—2001)	必试：镜面光泽度 体积密度 吸水率 冻融循环（石材幕墙工程） 其他：弯曲强度 耐久性 耐磨性 放射性元素含量（室内用板材）	(1) 以同一产地、同一品种、等级、规格的板材每 200m³ 为一验收批，不足 200m³ 的单一工程部位的板材也按一批计 (2) 在外观质量，尺寸偏差检验合格的板材中抽取 2%，数量不足 10 块的抽 10 块。镜面光泽度的检验从以上抽取的板材中取 5 块进行。体积密度、吸水率取 5 块（50mm × 50mm × 板材厚度）
		(2) 天然大理石 (JC 79—1992) (1996)	同上	(1) 以同一产地、同一品种、等级规格的板材每 100m³ 为一验收批。不足 100m³ 的单一工程部位的板材也按一批计 (2) 同上
		(3) 天然花岗石荒料 (JC 204—1992) (1996) (JGJ 133—2001) (GB 9966.1 ~ 3—2001)	必试：体积密度 吸水率 其他：弯曲强度 干燥压缩强度	(1) 以同一产地、同一色调花纹、同一类别、同一等级的荒料，每 20m³ 为一验收批，不足 20m³ 也按一批计。从该批荒料中的不同块体上随机抽样，按 GB 9966.1 ~ 3 的规定进行试件的制备和试验

续表

序号	材料名称及相关标准、规范代号	试验项目	组批原则及取样规定
26	建筑水磨石 （JC 507—93） （GB 50210—2001）	必试：光泽度 其他：出石率 抗折强度 吸水率	（1）同一生产厂、同一品种、同一规格、同一等级的产品构成一个验收批，一个验收批量最多不超过1万块 （2）每验收批取光泽度试件5个。（光泽度，出石率、吸水率的检验可在同一组试件上依次进行）
27	铝塑复合板 （GB/T 17748—1999） （GB 50210—2001）	必试：铝合金板与夹层的剥离强度（用于外墙）	（1）同一生产厂的同一等级、同一品种、同一规格的产品 $3000m^2$ 为一验收批，不足 $3000m^2$ 的也按一批计 （2）从每批产品中随机抽取3张进行检验
28	纸面石膏板 （GB/T 17748—1999） （GB 50210—2001）	必试：断裂荷载 吸水率 护面纸与石青芯粘结性能 其他：功能性检验	（1）同一生产厂、同一型号、同一规格的产品，每2500张为一验收批，不足2500张时也按一批计 （2）从每批产品中随机抽取5张板材为一组试样
29	矿棉装饰吸声板 （JG 670—1997） （GB 50210—2001）	必试：体积 含水率 弯曲破坏荷载 其他：燃烧性能 受潮挠度 降噪系数	（1）同一生产厂、同一成分，同一体积密度、同种粘结剂的产品每 $1500m^2$ 为一验收批，不足 $1500m^2$ 也按一批计 （2）从每批产品中随机抽取一组试件，每组试件为2个样本容量，其中1个样本，含水率试件为2个（试件尺寸为150mm×150mm×产品厚度），1个样本容量中弯曲破坏荷载试件为5个试件（试件尺寸为150mm×200m×产品厚度）

续表

序号	材料名称及相关标准、规范代号	试验项目	组批原则及取样规定
30	建筑用轻钢龙骨 （GB/T 1198—2001） （GB 50210—2001）	必试：抗冲击 静载 其他：双面镀锌量	（1）同一生产厂、同型号、同规格的产品、每 2000m 长为一验收批，不足 2000m 也按一批计 （2）每一验收批，取一组试样（3 根）用于外观质量，形状尺寸的检测，经外观检测的 3 根试件上切取 $900mm^2$ 的样品用于镀锌量的测量 （3）试件尺寸及数量见 3-1-2-6 节
31	铝合金建筑型材 （GB/T 5237.1~5—2000） （GB 5021—2001） （GB/T 16865—1997） （GB/T 17432—1998）	必试：拉伸试验 硬度试验 其他：化学成分	（1）同一生产厂、同一牌号、同一状态、同一规格的型材组成一验收批 （2）用于化学分析的试件数量： 板材、带材、每 2000kg 取 1 个样品； 箔材每 500kg 取 1 个样品； 管材、棒材、型材、线材每 100kg 取 1 个样品； 锻件每 1000kg~3000kg 取一个样品； 铸锭（批量不限）一批取 1 个样品 （3）用于物理性能的试件： 每一验收批，取一组试件（2 根拉伸试样，2 根硬度试验试样）

续表

序号	材料名称及相关标准、规范代号		试验项目	组批原则及取样规定
32	建筑门窗	外门窗 (GB 8485—87) (GB 7106—86) (GB 7107—86) (GB 50210—2001) (GB 13685—92) (GB 13686—92)	必试：抗风压性能 空气渗透性能 雨水渗漏性能	(1) 同一门、窗型至少选取三幢样门、窗，采用随机抽样的方法选取试件，如果是专门制作的送检样品，必须在检测报告中加以说明 (2) 试件为生产厂家检验合格准备出厂的产品，不得加设任何附件或采用其他改善措施
		建筑木门、窗 (JG/T 122—2000)	必试：吸水率 木材顺纹抗剪强度	(1) 同一门、窗型随机抽取一套（件）进行检验 (2) 抽样方案按 GB/T 2828 规定执行
		塑料门窗用密封条 (GB 12002—89) (GB 50210—2001)	截面形状 拉伸断裂强度 断裂伸长率 100% 定伸强度 其他：加热收缩率 热空气老化性能	(1) 以同一配方、同样原料规格的产品为一验收批，每验收批随机取样 2kg (2) 外观、尺寸偏差，每批抽检数量不少于 2%，但不少于 3 箱

续表

序号		材料名称及相关标准、规范代号	试验项目	组批原则及取样规定
33	木材	装饰单面贴面人造板 (GB/T 15104—94) (GB 50210—2001) (GB 50327—2001) (GB 50325—2001)	浸渍剥离强度 表面胶合强度 甲醛释放量	(1) 同一生产厂、同品种、同规格的板材每1000张为一验收批. 不足1000张也按一批计 (2) 抽样时应在具有代表性的板垛中随机抽取，每一验收批抽样1张，用于物理化学性能试验
		胶合板 (GB 9846—88) (GB 50325—2001) (GB 50327—2001) (GB 50210—2001)	必试：含水率 其他：胶合强度 甲醛释放量	同一生产厂、同类别、同树种、同规格、同等级、不足2000张随机抽取1张，2000～不足5000张抽取2张，5000张以上抽取3张
		细木工板 (GB 5849—1999) (GB 50206—2001) (GB 50210—2001)	必试：含水率 胶合强度 其他：横向静曲强度	(1) 同一生产厂，同类别，同树种生产的产品为一验收批 物理力学性能检验试件应在具有代表性的板垛中随机抽取 (2) 批量范围在≤1200块时，抽样数1块；1201～3200抽样数2块；>3200抽样数3块
		层板胶合木 (GB 50210—2001) (GB 50206—2001) (GB/T 50—2001)	必试：含水率 指形接头的弯曲强度 胶缝的抗剪强度 其他：耐久性（脱胶试验）	每$10m^3$的产品中检验1个全截面试样

续表

序号		材料名称及相关标准、规范代号	试验项目	组批原则及取样规定
33	木材	实木地板 (GB/T 15036.1.2—2001)	必试：含水率 其他：漆板表面耐磨 漆膜附着力 漆膜厚度	物理力学性能检验：在样本中根据产品批量大小随机抽取2～8块地板块作为试件。试件制取位置、尺寸、规格及数量按下图和表中的要求进行 1　2　3　4　1

实木地板性能试件规格数量

检验项目	试件尺寸（mm）	产品批量范围（块）			编号
		≤500	>500～≤1000	>1000	
试件含水率	20.0×板宽	6	12	24	1
漆板表面耐磨	100.0×100.0	1	2	4	2
漆膜附着力	250.0×板宽	1	2	4	3
漆膜硬度	100.0×板宽	1	2	4	4

注：

1. 制取漆板表面耐磨试件时，试件宽度达不到100mm时，可通过胶粘把两块试件拼接起来，且拼接线尽量居中，拼缝平整。

2. 漆板含水率试件应去除表面漆膜及榨槽。

3. 试件的边角应平直，无崩边。长、宽允许偏差为±0.5mm，除表面耐磨试件厚度在8±0.5mm之内，其他试件即为地板块实厚

续表

序号		材料名称及相关标准、规范代号	试验项目	组批原则及取样规定
33	木材	实木复合地板（GB/T 18103—2000）	必试：含水率 浸渍剥离 甲醛释放量 其他：静曲强度 弹性模量 表面耐磨 表面耐污染 漆膜附着力	物理化学性能检验：同一规格、同一类产品，根据产品批量大小随机抽取。每2块地板组成一组。试件制取位置、尺寸、规格及数量按下图和表的要求进行 部分试件制取示意图

实木复合地板理化性能试件规格、数量表（每组试件数量）

检验项目	试件尺寸（mm）	试件数量	编号
浸渍剥离	75.0×75.0	6	1
含水率	75.0×75.0	4	2
甲醛释放量	20.0×20.0	约300g	—

理化性能抽样方案表

提交检查批的成品板数量（块）	初检抽样数（块）	复检抽样数（块）
≤1000	2	4
≥1001	4	8

注：（1）在初检和复检抽样数中，任意两块地板组成一组；

（2）制取浸渍剥离试件时，试件表面只允许一条拼接线，且拼接线应尽量居中

续表

序号	材料名称及相关标准、规范代号		试验项目	组批原则及取样规定
33	木材	竹地板 （LY/T 1573—2000）	必试：浸渍剥离 含水率 静曲强度 表面漆膜耐磨性 表面漆膜耐污染性 其他：表面硬度 抗冲击性能 表面漆膜附着力 甲醛释放量	（1）理化性能检验样本应在具有代表性的地板条中随机抽取 （2）样本数量及试件制取位置、尺寸、规格、数量按下图及下表中的要求进行（试件制作图按长度为760mm、宽度为76mm的地板绘制）

部分试件制取示意图

竹地板理化性能试件规格、数量

检验项目	试件尺寸（mm）	试件数量	编号	批量范围	样本数	备注
含水率	50×50	3	4	≤1000	7	
静曲强度	300×30 （$h \leqslant 15$） 350×30 （$h>15$）	6	1			
浸渍剥离	75×75	6	2	>1000	14	
表面漆膜耐磨性	100×100 （涂饰竹地板）	1	5			
表面漆膜耐污染	长度300 （涂饰竹地板）	1	8			

注：静曲强度试件：制取试件时应去除榫槽、榫舌。

续表

<table>
<tr><th>序号</th><th colspan="2">材料名称及
相关标准、规范代号</th><th>试验项目</th><th>组批原则及取样规定</th></tr>
<tr><td>33</td><td>木材</td><td>中密度纤维板
（GB/T 11718—1999）
（GB/T 17657—1999）</td><td>必试：密度
含水率
吸水厚度膨胀率
内结合强度
静曲强度
其他：弹性模量
握螺钉力
甲醛释放量</td><td>物理力学性能及甲醛释放量的测定，应在每批产品中，任意抽取0.1%（但不得少于一张）的样板进行测试</td></tr>
<tr><td>34</td><td>建筑涂料</td><td>（1）合成树脂乳液内墙涂料
（GB/T 9756—2001）
（GB 50210—2001）</td><td>必试：施工性
干燥时间
涂膜外观
对比率
其他：耐水性
耐碱性
耐洗刷
耐沾污性
涂层耐变温性</td><td>（1）按随机取样方法，对同一生产厂、同品种、相同包装的产品进行取样，取样数应不低于$\frac{\sqrt{n}}{2}$（n是产品桶数）。取样数量建议采用下表：
<table><tr><th>产品的桶数</th><th>取样数</th></tr><tr><td>2～10</td><td>2</td></tr><tr><td>11～20</td><td>3</td></tr><tr><td>21～35</td><td>4</td></tr><tr><td>36～50</td><td>5</td></tr><tr><td>51～70</td><td>6</td></tr><tr><td>71～90</td><td>7</td></tr><tr><td>91～125</td><td>8</td></tr><tr><td>126～160</td><td>9</td></tr><tr><td>161～200</td><td>10</td></tr><tr><td colspan="2">以后每增加50桶取样数增加1</td></tr></table></td></tr>
</table>

续表

序号		材料名称及相关标准、规范代号	试验项目	组批原则及取样规定
34	建筑涂料	(2) 合成树脂乳液外墙涂料 (GB/T 9755—2001) (GB 50210—2001) (3) 溶剂型外墙涂料 (GB/T 9757—2001) (GB 50210—2001)	必试：同上 其他：同上，耐人工气候老化性	(2) 从已初检过的桶内不同部位取相同量的样品，混合均匀后，取两份样品，各为0.2～0.4L分别装入样品容器中，样品容器应留有约5%的空隙，盖严，将样品容器外部擦洗干净，立即作好标志，一份用作检验，一份备用
		(4) 复层建筑涂料 (GB 9779—88) (GB 50210—2001)	必试：粘结强度 透水性、初期干裂性 低温稳定性 耐沾污性 其他：耐候性 耐冷热循环性 耐碱性 耐冲击性	
		(5) 饰面型防水涂料 (GB 12441—1998) (GB 50210—2001)	必试：细度 干燥时间、防水性能 附着力、柔韧性 耐燃时间 其他：耐水性 耐冲击性 耐湿热	

续表

序号	材料名称及相关标准、规范代号		试验项目	组批原则及取样规定
35	耐热材料	(1) 膨胀珍珠岩 (JC 209—92)	必试：堆积密度 粒度 含水率 其他：导热系数	(1) 从同一生产厂的产品、每 $100m^3$ 为一检验批，不足 $100m^3$ 也按一批计 (2) 从每检验批量货堆上的不同位置随机抽取 5 包试样，将每包试样按四分法缩分到 $0.008m^3$，放入袋中，分别放在干燥的容器中
		(2) 建筑物隔热用硬质聚氨酯泡沫塑料 (QB/T 3806—99)	必试：堆积密度 压缩性能 燃烧性能 其他：导热系数 吸水率	(1) 以同一生产厂，同一配方，同一工艺生产的产品，每 $500m^3$ 为一验收批，不足 $500m^3$ 也按一批计 (2) 从每批产品中随机抽取 2 块试样进行物理性能检验。抽取 20 块进行外观和尺寸偏差的检验
36	耐酸砖（GB 8488—2001）		必试：— 其他：弯曲强度 耐急冷急热性 耐酸度 吸水率	(1) 以同一生产厂，同一规格的 5000～30000 块为一验收批，不足 5000 块，由供需双方协商验收 (2) 每一验收批，随机抽样：弯曲强度试验取 5 块，每块砖上截取一个 130mm×20mm×20mm，尺寸偏差为 ±1mm；耐急冷急热试验，取 3 块边棱完整的砖进行；耐酸度试验取弯曲强度试验后的碎块或从检验用砖上敲取碎块约 200g（除去釉面）

续表

序号	材料名称及相关标准、规范代号	试验项目	组批原则及取样规定
37	耐火砖（标形） （GB 10325—2001） （GB/T 7321—87）	必试：耐火度 常温抗压强度 加热后残干抗压强度 其他：吸水率 密度	（1）标准砖、普通（异型）砖每150吨为一验收批，每验批的理化项目抽取6块，外形项目抽取20块。 （2）高炉砖、玻璃窑砖、电炉顶砖、平炉顶砖每100吨为一验收批，每验收的理化项目抽取6块，外形项目抽取10块。 （3）铸口砖、塞头砖每1000块为一验收批，每验收批的理化项目抽取3块，外形项目抽取10块。 （4）显气孔率、常温耐热强度、重烧线变化、荷重软化温度及压蠕变试验用试样，均在样品的角部切取或钻取，其他的制取部位不限。
38	不发火集料及混凝土 （GB 50209—2002）	必试：不发火性	（1）粗骨料：从不少于50个试件中选出做不发生火花的试件10个（应是不同表面、不同颜色、不同结晶体、不同硬度）。每个试件重50～250g，准确度应达到1g （2）粉状骨料：应将这些细粒材料用胶结料（水泥或沥青）制成块状材料进行试验。试件数量同上 （3）不发火水泥砂浆、水磨石、水泥混凝土的试验用试件同上

续表

序号		材料名称及相关标准、规范代号	试验项目	组批原则及取样规定
39		聚氯乙烯卷材地板 (GB 11982.1—89) (GB 50209—2002)	必试：耐磨层厚度 PVC 层厚度 其他：加热长度变化率	(1) 同一生产厂，同一配方、工艺、规格、颜色、图案的产品，每 $500m^2$ 为一验收批，不足 $500m^2$ 也按一批计 (2) 每一验收批随机抽取 3 卷，用于外观质量及尺寸偏差的检验，并在合格的样品中抽取 1 卷，用于物理性能检验 (3) 从距卷头一端 300mm 处，截取全幅地板 $800mm^2$ 块。一块送试，一块备用
40		半硬质聚氯乙烯块状塑料地板 (GB 4085—1983) (GB 50209—2002)	必试：热膨胀系数 加热重量损失率 加热长度变化率 吸水长度变化率 其他：磨耗量 残余凹陷度	(1) 以同一生产厂，同一配方、工艺、规格的塑料地板每 $1000m^2$ 为一验收批，不足 $1000m^2$ 也按一批计 (2) 每批中随机抽取 5 箱，每箱抽取 2 块作为试件
41	管材	(1) 建筑排水用硬聚氯乙烯管材 (GB/T 5836.1—92) (GB 2828—87)	必试：纵向回缩率 扁平试验 其他：拉伸屈服强度 断裂伸长率 落锤冲击试验 维卡软化温度	(1) 同一生产厂，同一原料、配方和工艺的情况下生产的同一规格的管材，每 30t 为一验收批，不足 30t 也按一批计 (2) 在计数合格的产品中随机抽取 3 根试件，进行纵向回缩率和扁平试验

续表

序号		材料名称及相关标准、规范代号	试验项目	组批原则及取样规定
41	管材	（2）建筑排水用硬聚氯乙烯管件 （GB/T 5836.2—92）	必试：烘箱试验 坠落试验 其他：维卡软化温度	（1）同一生产厂，同一原料、配方和工艺情况下生产的同一规格的管件，每5000件为一验收批，不足5000件也按一批计 （2）抽样方案按GB 2828的规定进行
		（3）给水用硬聚氯乙烯（PVC—V）管材 （GB/T 10002.1—1996）	必试：纵向回缩率 二氯甲烷浸渍试验 液压试验 其他：生活饮用给水管材的卫生性能	（1）同一生产厂，同一批原料、同一配方和工艺情况下生产的同规格的管材每100t为一验收批，不足100t也按一批计 （2）抽样方案见下表：
		（4）给水用聚乙烯（PE）管材 （GB/T 13663—2000） （GB/T 17219）	必试：静液压强度（80℃） 断裂伸长率 氧化诱导时间 其他：生活饮用给水管材的卫生性能	

批量范围（N）	样本大小（n）
≤150	8
151～280	13
280～500	20
501～1200	32
1201～3200	50
3201～10000	80

续表

序号	材料名称及相关标准、规范代号	试验项目	组批原则及取样规定
42	卫生陶瓷 (GB/T 6952—1999)	必试：冲击功能 其他：吸水率 抗龟裂试验 水封试验 污水排放试验	(1) 同一生厂、同种产品、同一级别 500～3000 件为一验收批，不足 500 件也按一批计 (2) 每批随机抽取 3 件用于冲洗功能试验，3 件用于污水排放试验，其他试验项目各取 1 件
43	幕墙 (GB 50201—2001) (JGJ 133—2001) (JGJ/T 139—2001)	必试：抗风压试验 空气渗透试验 雨水渗漏试验	
44	回填土 (GB 50202—2002) (GB 50007—2002) (JGJ 79—91)	必试：压实系数（干密度、含水率、击实试验；求最大干密度和最佳含水率）	(1) 在压实填土的过程中，应分层取样检验土的干密度和含水率： ① 基坑每 50～100m^2 应不少于 1 个检验点 ② 基槽每 10～20m 应不少于 1 个检验点 ③ 每一独立基础下至少有 1 个检验点 (2) 场地平整： 每 100～400mm^2 取 1 点，但不应少于 10 点 长度、宽度、边坡为每 20m 取 1 点，每边不应少于 1 点 注：当用环刀取样时，取样点应位于每层 2/3 的深度处

试件尺寸与数量 **表 3-11**

序号	试验项目	骨料最大粒径（mm）	试件边长（mm）	换算系数	每组数量（块）	备注
1	立方体抗压强度	31.5、	100×100×100	0.95	3	
		40、	150×150×150	1.00	3	
		60	200×200×200	1.05	3	
2	棱柱体轴心抗压强度	31.5、	100×100×200（300）	0.95	3	
		40、	150×150×300	1.00	3	
		60	200×200×400	1.05	3	
3	棱柱体静力受压弹性模量	31.5、	100×100×200（300）	1.00	6	
		40、	150×150×300	1.00	6	
		60	200×200×400	1.00	6	
4	劈裂抗拉强度	20	100×100×100	0.85	3	
		40	150×150×150	1.00	3	
5	抗折强度	31.5	100×100×100	0.85	3	
		40	150×150×150（550）	1.00	3	

续表

序号	试验项目	骨料最大粒径（mm）	试件边长（mm）	换算系数	每组数量（块）	备注
6	抗冻性能（抗冻性等级测定）	31.5	100×100×100	1.00	3	每次5组
		40	150×150×150	1.00	3	每次5组
		60	200×200×200	1.00	3	每次5组
7	抗冻性能（耐久性系数测定）	31.5	100×100×400		3	
8	抗渗性能		直径175~185，高150		6	
9	收缩		100×100×515		3	
10	碳化	31.5	100×100×300		3	
		40	150×150×450		3	
		60	200×200×600		3	

用振动台成型时，应将拌合物一次装入试模，装料时应用抹刀沿试模内壁略加插捣并使拌合物高出试模上口。振动时应防止试模在振动台上自由跳动，振动应持续到混凝土表面出浆为止，刮除多余的混凝土，并用抹刀抹平。

用人工插捣时，拌合物应分为二层装入试模，每层的装料厚度大致相等。插捣用的钢制捣棒长为600mm，直径为16mm，端部应磨圆。每层插捣次数应根据试件的截面而定，一般每100cm^2截面积不应少于12次，插捣完后，刮除多余的混凝土，并用抹刀抹平。

3．试件的养护

采用标准养护的试件成型后应覆盖表面，以防止水分蒸发，在温度为20±5℃条件下静置1～2昼夜然后拆模，拆模后的试件应立即放入温度为20±3℃、相对湿度为90%以上的标准养护室中养护，当无标准养护室时，可在温度为20±3℃的不流动水中养护，水的pH值不应小于7。为了确定混凝土施工过程中的实际强度，也可将试件与结构物在同条件下养护，至预定龄期时试压。

4．轻骨料混凝土试件

轻骨料混凝土试件的取样、成型、养护与普通混凝土相同，一般试验项目的试件尺寸、数量也与普通混凝土相同。

干表观密度试验采用抗压强度试件，在试压前后测试。

吸水率和软化系数试件采用边长为100mm或150mm的立方体试件，每组12块（或6块）。

导热系数试件以3块为1组，其中尺寸为200mm×200mm×20～30mm的薄试件1块，200mm×200mm×60～100mm的厚试件2块。

抗剪强度试件为边长为150mm的立方体，每组3块。

线膨胀系数试件为100mm×100mm×300mm的棱柱体，每组至少3块。

3.5.4 混凝土材料的现场试验

工地根据施工进展，需要及时提供试验数据时，可采用简易的非标准的方法进行试验，但所提供的数据，不能作为鉴定质量的依据。

1. 砂（石）含水率快速测定法

1）仪器

天平——最大称量 1kg，感量 0.5g；

量筒——容量 1000mL。

2）准备工作

对同一产地、同一规格的砂子，事先测定其密度，操作方法如下：

取砂样约 10kg，混合均匀，用四分法选出其中两份，每份约重 1kg；

将其中一份砂样，按常规方法用烘箱测定其含水率 w；

与此同时，将另一份砂样准确称重 1000g，投入已装有 500mL 水的量筒中，读出其总体积 V（mL）；

按下式计算砂的密度 ρ_0：

$$\rho_0 = \frac{1000}{V - w(1500 - V) - 500}$$

以上试验须重复 2～3 次，取平均值，到具体测定含水率时不必再做。

3）含水率的现场测定

在量筒中先装入 500mL 清水，再准确称取砂样 1000g，投入量筒，读出其总体积 V（mL），按下式计算含水率 w_{WC}：

$$w_{WC} = \frac{\rho_0(V - 500) - 1000}{\rho_0(1500 - V)} \times 100(\%)$$

2. 砂（石）含泥量快速测定法

1）仪器

天平——最大称量1kg，感量0.5g；

锥形烧瓶——容量500mL（或普通玻璃瓶）。

2）测定步骤

（1）将烧瓶装满水至瓶口（或一定刻度处），准确称出其重量为 m_1（此数为常数，可事先称好直接记于瓶上，具体测定时不必再称）。

（2）在烧瓶口先装入约300g的清水，然后取欲测含泥量的砂样约300g（不需称量，不需烘干），投入瓶中，稍加摇动排除水中气泡，再用清水将瓶装满至瓶口（或一定刻度处），准确称出其重量为 m_2。

（3）将称过重量的瓶子倒去一部分水，约剩砂体积的一倍多，一手执瓶，一手捂住瓶口，用力摇动（或用玻璃棒强力搅动）约0.5～1min，然后静置1.5～2min，用玻璃虹吸管小心地将距砂面30mm以上之浊水吸出。

（4）再倒入清水至原有高度，反复上述步骤，直至砂上面的水清为止。

（5）在瓶内加入清水至瓶口（或一定刻度处），准确称出其重量为 m_3。

（6）按下式计算含泥量 w_c：

$$w_c = \frac{m_2 - m_3}{m_2 - m_1} \times 100(\%)$$

以两次平行试验的平均值作为试验结果。

3. 混凝土拌合物维勃稠度简易测定法

没有稠度仪时，可用本法测定低流动性混凝土（坍落度在300mm以内者）或干硬性混凝土的维勃稠度。

1）试验设备

标准振动台（频率为50±3Hz，空载时的振幅为0.5±0.1mm）；铁模（200mm×200mm×200mm立方体）；圆锥筒（大小与坍落度筒相同，但筒的下部切去 0.5cm）；秒表；弹头形捣棒和铁铲等。

2）试验方法

将 200mm×200mm×200mm 立方体铁模固定在标准振动台上，用楔块夹紧使其不能移动，在模内放入圆锥筒。按坍落度试验方法将混凝土拌合物分三层装入圆锥筒，每层插捣 25 次，刮平，将圆锥筒提出，测量坍落度。然后开动振动台，并以秒表计时，振动进行至混凝土拌合物由圆锥体下陷而填满立方体铁模的四角，表面平整呈现水泥浆时为止，记录所需时间，精确至 0.5s。

将振动所需时间乘以系数 1.5 作为该混凝土拌合物的维勃稠度值。

试验应连续进行两次，每次使用 1 份新的拌合物，取两次结果的算术平均值作为试验结果。如果两次试验结果相差 20% 以上时，需进行第三次试验。如第三次试验与前两次试验结果中的每一次仍相差 20% 以上时，则整个试验需要重做。

4. *混凝土拌合物含气量简易测定法*

1）直接法

集料最大颗粒直径为 40mm 或 40mm 以下的拌合物，含气量可用直接法测定。

(1) 试验设备：

① 圆柱形量筒——用铝、钢或其他不受水泥浆侵蚀的金属制成，内径 150mm，高 350mm，内部旋光。底面及上端边缘表面应与量筒轴心相垂直，壁厚应使量筒足够刚度，不易变形；

② 玻璃板——厚约 10mm，尺寸为 200mm×75mm，板中心嵌有一根与板面垂直的金属测针，长 25mm；

③ 磅秤——称量 20kg，精确至 1g；

④ 金属棒——断面为 20mm×5mm，长 500mm；

⑤ 梨形橡皮吸管。

(2) 试验步骤：

① 将量筒放置于水平面上，注水入量筒，至离上部边缘 4cm

处，在量筒上安放带指针的玻璃板，指针向下。用梨形橡皮吸管将水沿量筒边壁徐徐加入，至水面与测针尖端接触为止，然后将带指针的玻璃板撤去，称出储水的量筒重量 m_1（以 g 计）。

② 倒出量筒中的水，将量筒擦干，称出量筒重 m_2（以 g 计）。

③ 取约 2.5L 的混凝土拌合物，放入量筒中，称出量筒和混凝土物拌合物的重 m_3（以 g 计）。

④ 注水入量筒，至水面距上部边缘约 5～6cm 时为止。用金属棒仔细搅拌量筒中的混凝土拌合物，以排出其中的空气。搅拌时动作应缓慢均匀，不得使筒内的水溅出筒外，并使混凝土拌合物全部受到搅动。搅动时如发现起气泡的现象，可用数滴戊醇（$C_5H_{11}OH$）以消除泡沫。

⑤ 搅拌 10min 后，将量筒放于水平面上，缓慢地抽出金属棒，须尽量不使金属棒上粘附混凝土拌合物，然后在量筒上放上带指针的玻璃板，使指针向下，并用梨形橡皮吸管沿量筒壁徐徐加水，至水面与指针接触为止。移去玻璃板，重复用金属棒搅拌 10min。搅拌完毕后，再将带指针的玻璃板盖上，若指针尖端不与水面接触，再以吸管注水至与指针尖端接触。如此反复进行，直至水面与指针接触并达到稳定时为止。然后移去玻璃棒，称出盛有混凝土和水的量筒的总重量 m_4（以 g 计）。

试验时混凝土拌合物与水的温度维持恒定。每次搅拌前，金属棒应以水湿润。

（3）计算方法：按下式计算混凝土的含气量 A：

$$A = \frac{V - V'}{V} \times 100\%$$

式中　V——混凝土拌合物的体积（cm^3）；

V'——排除空气后的混凝土拌合物的体积（cm^3）。

2）间接法

本法适用于骨料最大颗粒直径为 150mm 以下的混凝土拌合物。预先测得混凝土拌合物的质量密度及水泥与砂、石的质量密度后，按下式计算混凝土的含气量 A：

$$A = \frac{\rho - \rho'}{\rho} \times 100\%$$

式中 ρ'——不含空气的混凝土拌合物的理论质量密度（kg/L）；

ρ——含有空气的混凝土拌合物质量密度（kg/L）。

$$\rho' = \frac{m_{co} + m_{so} + m_{go} + m_{Wo}}{\frac{m_{co}}{\rho_c} + \frac{m_{so}}{\rho_s} + \frac{m_{go}}{\rho_g} + m_{Wo}}$$

式中 m_{co}、m_{so}、m_{go}、m_{Wo}——相应为拌合用的水泥、砂、石和水的重量（kg）；

ρ_c、ρ_s、ρ_g——相应为水泥、砂、石的质量密度（kg/L）。

5. 水泥强度快速测定法

水泥胶砂试体按常规方法成型，然后连同试模立即放入常温养护箱内，箱内温度 20±3℃，相对湿度 >90%，预养 3h±15min，将试体带模放入湿热养护箱内，从室温开始加热，在 1.5h±10min 内等速升温到 55℃，恒温 18h±10min，取出试体，在室温下冷却 50±10min，脱模作抗压试验，按下式推定水泥强度：

$$f_{28} = A \cdot R_k + B$$

式中 f_{28}——预测的水泥 28d 抗压强度（MPa）；

R_k——快速测定的水泥抗压强度（MPa）；

A、B——由各单位根据试验确定的常数，试验组数不小于 30。

6. 早期推定混凝土强度试验方法

对新成型的混凝土试件进行加速养护，经过若干小时后作抗压试验，利用事先建立的强度关系式，根据试压结果可以推算出标准养护 28d 的抗压强度。这种方法适用于混凝土生产中的质量控制以及混凝土配合比的设计和调整。

加速养护有三种方法：沸水法、80℃热水法和 55℃温水法。

当采用沸水法时，试件成型后先在室温下静置 24h，然后脱模放入沸水中养护 4h，取出再在室温下静置 1h 后试压。当采用 80℃热水法时，试件成型后带模浸入 80℃热水中养护 5h，取出在室温下脱模并静置 1h 后试压。当采用 55℃温水法时，试件成型后带模浸入 55℃温水中 23h，取出在室温下脱模并静置 1h 后试压。

用加速养护混凝土试件强度推定标准养护 28d 强度时，应先通过专门试验建立两者之间的强度关系式。

配制不同强度等级的混凝土时，可采用线性回归方法建立强度关系式：

$$f = A + Bf_J$$

配制单一强度等级的混凝土时，可采用换算系数方法建立强度关系式：

$$f = Kf_J$$

式中　f——标准养护 28d 混凝土试件强度的推定值（MPa）；

f_J——加速养护的混凝土试件强度的测定值（MPa）；

A、B、K——系数，通过试验确定。

7. 根据混凝土的早期强度预测任意龄期强度的方法

1）在混凝土浇筑时，取有代表性的拌合物制作两组抗压试块。试块在浇筑地点养护。

2）试块成型后立即加盖钢板埋于湿砂中，拆模后仍埋入湿砂。

3）这两组的试压龄期，应根据养护温度确定，见表 3-12。

试压龄期　　**表 3-12**

养护温度℃	第一组试块的试压龄期（d）	第二组试块的试压龄期（d）
60	0.5	1
40	0.5	1
20	1	3
15	1	3
10	2	4

4）对试块试压时的龄期应严格掌握，时间误差不应超过0.5h。

5）强度预测用以下公式计算：

$$\frac{\ln t_n - \ln t_1}{\ln t_2 - \ln t_1} = \frac{f_n - f_1}{f_2 - f_1}$$

式中 f_n——龄期为 t_n（d）时的抗压强度（MPa）；

f_1、f_2——分别为第一、二组试块的抗压强度（MPa）；

t_1、t_2——分别为第一、二组试块的试压龄期（d）。

6）本法可预测混凝土在现场养护条件下，在达到强度标准值70%前任意龄期的强度。但不适用于掺早强剂的混凝土。

8. 高强混凝土工作性检测方法

1）在试验室或现场检测高强混凝土的工作性（可泵性），宜采用下列方法：

（1）用坍落度筒测定拌合物的坍落度 S、扩展度 D；

（2）用倒置的坍落度筒测定筒内拌合物自由下落的排空时间 t_s；

（3）用L形流动仪测定拌合物的流速v。

在一般情况下，宜同时测定 S、D、t_s 或 S、D、v 三个指标，对混凝土拌合物的工作性进行综合评定或对不同拌合物的工作性作相对比较。

2）用坍落度筒测定高强混凝土的坍落度和扩展度，可参照《普通混凝土拌合物性能试验方法》GBJ 80 的规定。拌合物粗骨料的粒径不应大于25mm，坍落度不应小于140mm。具体试验方法如下：

（1）仪器设备：

① 强制式混凝土搅拌机；

② 坍落度筒、捣棒、抹刀（与普通混凝土坍落度试验相同）；

③ 测定坍落度的配套工具及底板。

（2）试验步骤：

① 拌合物的总需用量为30L（不小于25L）；

② 测定高强度混凝土拌合物的坍落度 S，以 mm 计；

③ 测定拌合物的扩展度 D，取两个垂直方向的平均值，以 mm 计，并记录坍落度筒提起到扩展稳定的时间。

3）用倒置的坍落度筒测定筒内拌合物自由下落的排空时间，适用于坍落度不小于 140mm 的拌合物。粗骨料的粒径不应大于 25mm。具体试验方法如下：

（1）仪器设备。同 2）的规定，另需设置专门的支架，将坍落度筒倒置于支架上，小口朝下，距底板 500mm。筒底（小口）处装一可抽出的底板，同时配备秒表。

（2）试验步骤。将拌合物分三次装入筒内，每次插捣 15 下，将上口抹平，快速抽出底板，测定拌合物自筒内流出至排空的时间 t。

（3）结果分析。如 t_s 在 5～25s 范围内且扩展 D 大于 500mm，则可认为工作性（可泵性）良好；如 t_s 小于 5s 或大于 25s，应适当调整配合比或采取其他措施。

4）用 L 形流动仪测定流速，适用于坍落度不小于 140mm 的拌合物，粗骨料的粒径不大于 25mm。具体试验方法如下：

（1）仪器设备：

① 强制式混凝土搅拌机；

② L 形流动仪（图 3-3），为有机玻璃或金属制品；

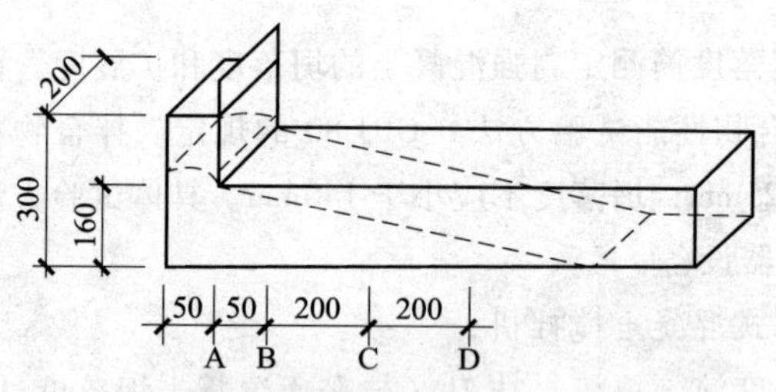

图 3-3　L 形流动仪

③ 捣棒、抹刀（与坍落度试验用相同）；

④ 秒表（最少可计 4 点）。

（2）试验步骤：

① 将L形流动仪底面水平放置，并适当湿润其内侧；

② 将混凝土拌合物沿上缘倒入L形流动仪高端一侧的容器中，装满后用捣棒插捣15次（如拌合物流动性较大而能自行充满时，可免去插捣），然后用抹刀抹平；

③ 上提隔板使拌合物流出，当流至50mm、100mm、300mm和500mm远处（图3-2中A、B、C、D点）时，分别按下秒表（如拌合物流不到所测距离，就免去相应点计时），记录时间。

(3) 结果分析：计算拌合物流速（以mm/s计）：

$$v_1=\frac{100-50}{t_1};v_2=\frac{300-100}{t_2};v_3=\frac{500-300}{t_3}$$

式中 t_1、t_2、t_3——分别为拌合物从图中A~B、B~C、C~D的通过时间（s）。

根据不同需要，可选择任一v值表示试验结果（如拌合物较黏稠，而只能测得v_1，则以v_1表示结果；如拌合物流动性较大，则以v_2或v_3表示结果）。

试验时如发现有明显的离析和泌水现象，应改变混凝土的配合比，重新进行试验。

3.6 混凝土强度检测与结构检验

3.6.1 一般规定

检查混凝土质量应做抗压强度试验。当有特殊要求时，还需做混凝土的抗冻性、抗渗性等试验。试件应用钢模制作。

1）试件强度试验的方法应符合现行国家标准《普通混凝土力学性能试验方法》（GBJ 81—85）的规定。

2）每组3个试件应在同盘混凝土中取样制作，并按下列规定确定该组试件的混凝土强度的代表值。

(1) 取3个试件强度的算术平均值；

(2) 当3个试件强度中的最大值或最小值与中间值之差超过中间值的15%时，取中间值；

(3) 当3个试件强度中的最大值和最小值与中间值之差均超过15%时，该组试件不应作为强度评定的依据。

认真做好工地试件的管理工作，从试模选择、试件取样、成型、编号以至养护等，要指定专人负责，以提高试件的代表性，正确地反映混凝土结构和构件的强度。

3.6.2　结构同条件养护试件强度检测

1) 同条件养护试件的留置方式和取样数量，应符合下列要求：

(1) 同条件养护试件所对应的结构构件或结构部位，应由监理（建设）、施工等各方根据其重要性共同选定；

(2) 对混凝土结构工程中的各混凝土强度等级，均应留置同条件养护试件；

(3) 同一强度等级的同条件养护试件，其留置的数量应根据混凝土工程量和重要性确定，不宜少于10组，且不应少于3组；

(4) 同条件养护试件拆模后，应放置在靠近相应结构构件或结构部位的适当位置，并应采取相同的养护方法。

2) 同条件养护试件应在达到等效养护龄期时进行强度试验。

等效养护龄期应根据同条件养护试件强度与在标准养护条件下28d龄期试件强度相等的原则确定。

3) 同条件自然养护试件的等效养护龄期及相应的试件强度代表值，宜根据当地的气温和养护条件，按下列规定确定：

(1) 等效养护龄期可取按日平均温度逐日累计达到600℃·d时所对应的龄期，0℃及以下的龄期不计入：等效养护龄期不应小于14d，也不宜大于60d；

(2) 同条件养护试件的强度代表值应根据强度试验结果，按现行国家标准《混凝土强度检验评定标准》（GBJ 107）的规定确定后，乘折算系数取用；折算系数宜取为1.10，也可根据当地的试验统计结果做适当调整。

4) 冬期施工、人工加热养护的结构构件，其同条件养护试件的等效养护龄期可按结构构件的实际养护条件，由监理（建设）、施工等各方共同确定。

3.6.3 结构实体钢筋保护层厚度检验

1）钢筋保护层厚度检验的结构部位和构件数量，应符合下列要求：

（1）钢筋保护层厚度检验的结构部位，应由监理（建设）、施工等各方根据结构构件的重要性共同选定。

（2）对梁类、板类构件，应各抽取构件数量的2%且不少于5个构件进行检验；当有悬挑构件时，抽取的构件中悬挑梁类、板类构件所占比例均不宜小于50%。

2）对选定的梁类构件，应对全部纵向受力钢筋的保护层厚度进行检验；对选定的板类构件，应抽取不少于6根纵向受力钢筋的保护层厚度进行检验。对每根钢筋，应在有代表性的部位测量1点。

3）钢筋保护层厚度的检验，可采用非破损或局部破损的方法，也可采用非破损方法并用局部破损方法进行校准。当采用非破损方法检验时，所使用的检测仪器应经过计量检验，检测操作应符合相应规程的规定。

钢筋保护层厚度检验的检测误差不应大于1mm。

4）钢筋保护层厚度检验时，纵向受力钢筋保护层厚度的允许偏差，对梁类构件为+10mm，-7mm；对板类构件为+8mm，-5mm。

5）对梁类、板类构件纵向受力钢筋的保护层厚度应分别进行验收。

结构实体钢筋保护层厚度验收合格应符合下列规定：

（1）当全部钢筋保护层厚度检验的合格点率为90%及以上时，钢筋保护层厚度的检验结果应判为合格。

（2）当全部钢筋保护层厚度检验的合格点率小于90%但不小于80%，可再抽取相同数量的构件进行检验；当按两次抽样总和计算的合格点率为 90% 及以上时，钢筋保护层厚度的检验结果仍应判为合格。

(3) 每次抽样检验结果中不合格点的最大偏差均不应大于第 4 条规定允许偏差的 1.5 倍。

3.6.4　混凝土强度评定

混凝土强度应分批进行验收。同一验收批的混凝土应由强度等级相同、龄期相同以及生产工艺和配合比基本相同且不超过三个月的混凝土组成，并按单位工程的验收项目划分验收批，每个验收项目应按《混凝土强度检验评定标准》（GBJ 107）确定。同一验收批的混凝土强度，应以同批内全部标准试件的强度代表值来评定。

1. 统计方法评定

1）当混凝土的生产条件在较长时间内能保持一致，且同一品种混凝土的强度变异性能保持稳定时，应由连续的 3 组试件组成一个验收批，其强度应同时满足下列要求：

$$m_{f_{cu}} \geqslant f_{cu,k} + 0.7\sigma_0 \tag{3-1}$$

$$f_{cu,min} \geqslant f_{cu,k} - 0.7\sigma_0 \tag{3-2}$$

当混凝土强度等级不高于 C20 时，其强度的最小值尚应满足下式要求：

$$f_{cu,min} \geqslant 0.85 f_{cu,}k \tag{3-3}$$

当混凝土强度等级高于 C20 时，其强度的最小值尚应满足下式要求：

$$f_{cu,min} \geqslant 0.90 f_{cu,k} \tag{3-4}$$

式中　$m_{f_{cu}}$——同一验收批混凝土立方体抗压强度的平均值（N/mm²）；

$f_{cu,k}$——混凝土立方体抗压强度标准值（N/mm²）；

σ_0——验收批混凝土立方体抗压强度的标准差（N/mm²）；

$f_{cu,min}$——同一验收批混凝土立方体抗压强度的最小值

(N/mm^2)。

2）验收批混凝土立方体抗压强度的标准差，应根据前一个检验期间同一品种混凝土试件的强度数据，按下式确定：

$$\sigma_0 = \frac{0.59}{m}\sum_{i=1}^{m}\Delta_{f_{cu,i}} \quad (3\text{-}5)$$

式中 $\Delta_{f_{cu,i}}$——第 i 批试件立方体抗压强度中最大值和最小值之差；

m——用以确定该验收批混凝土立方体抗压强度标准差的数据总批数。

注：上述检验期不应超过三个月，且在该期间内强度数据的总批数不得少于15。

3）当混凝土的生产条件不能满足1）条的规定，或在前一个检验期内的同一品种混凝土没有足够的数据用以确定验收批混凝土立方体抗压强度标准差时，应由不少于10组的试件代表一个验收批，其强度应同时满足下列要求：

$$m_{f_{cu}} - \lambda_1 s_{f_{cu}} \geqslant 0.9 f_{cu,k} \quad (3\text{-}6)$$

$$f_{cu,min} \geqslant \lambda_2 f_{cu,k} \quad (3\text{-}7)$$

式中 $s_{f_{cu}}$——同一验收批混凝土立方体抗压强度的标准差 (N/mm^2)。当 $s_{f_{cu}}$ 的计算值小于 $0.06f_{cu,k}$ 时，取 $s_{f_{cu}} = 0.06f_{cu,k}$；

λ_1、λ_2——合格判定系数，按表3-13取用。

混凝土强度的合格判定系数 **表3-13**

试件组数	10～14	15～24	≥25
λ_1	1.70	1.65	1.60
λ_2	0.90	0.85	

混凝土立方体抗压强度的标准差 $s_{f_{cu}}$ 可按下列公式计算：

$$s_{f_{cu}} = \sqrt{\frac{\sum_{i=1}^{m} f_{cu,i}^2 - nm^2 f_{cu}}{n-1}} \quad (3\text{-}8)$$

式中 $f_{cu,i}$——第 i 组混凝土试件的立方体抗压强度值 (N/mm^2)；

n——一个验收批混凝土试件的组数。

2. 非统计方法评定

对零星生产的构件的混凝土或现场搅拌的批量不大的混凝土，可采用非统计方法评定。此时，验收批混凝土的强度必须同时满足下列要求：

$$m_{f_{cu}} \geqslant 1.15 f_{cu,k} \tag{3-9}$$

$$f_{cu,min} \geqslant 0.95 f_{cu,k} \tag{3-10}$$

3. 混凝土生产质量水平

预拌混凝土厂、预制混凝土构件厂和采用现场集中搅拌混凝土的施工单位，应定期对混凝土强度进行统计分析，控制混凝土质量，确定混凝土生产质量水平。

（1）混凝土生产质量水平，可依据统计周期内混凝土强度标准差和试件强度不低于要求强度等级的百分率按表 3-14 划分。

混凝土生产质量水平　　表 3-14

<table>
<tr><th colspan="2" rowspan="2">评定指标</th><th colspan="2">优良</th><th colspan="2">一般</th><th colspan="2">差</th></tr>
<tr><th>低于 C20</th><th>不低于 C20</th><th>低于 C20</th><th>不低于 C20</th><th>低于 C20</th><th>不低于 C20</th></tr>
<tr><td rowspan="2">混凝土强度标准差 σ (N/mm²)</td><td>预拌混凝土厂和预制混凝土构件厂</td><td>≤3.0</td><td>≤3.5</td><td>≤4.0</td><td>≤5.0</td><td>>4.0</td><td>>5.0</td></tr>
<tr><td>集中搅拌混凝土的施工现场</td><td>≤3.5</td><td>≤4.0</td><td>≤4.5</td><td>≤5.5</td><td>>4.5</td><td>>5.5</td></tr>
<tr><td>强度不低于要求强度等级的百分率 P (%)</td><td>预拌混凝土厂、预制混凝土构件厂及集中搅拌混凝土的施工现场</td><td colspan="2">≥95</td><td colspan="2">>85</td><td colspan="2">≤85</td></tr>
</table>

（2）在统计周期内混凝土强度标准差及不低于规定强度等级的百分率，可按下列两式计算：

$$\sigma = \sqrt{\frac{\sum_{i=1}^{N} f_{cu,i}^{2} - - N\mu_{f_{cu}}^{2}}{N-1}} \tag{3-11}$$

$$p = \frac{N_0}{N} \times 100\% \tag{3-12}$$

式中 $f_{cu,i}$——统计周期内第 i 组混凝土试件的立方体抗压强度值（N/mm^2）；

N——统计周期内相同强度等级的混凝土试件组数，$N \geqslant 25$；

$\mu_{f_{cu}}$——统计周期内 N 组混凝土试件立方体抗压强度的平均值；

N_0——统计周期内试件强度不低于要求强度等级的组数。

（3）盘内混凝土强度的变异系数 δ_b 不宜大于 5%，其值可按下式确定：

$$\delta_b = \frac{\sigma_b}{\mu_{f_{cu}}} \times 100\% \tag{3-13}$$

式中 δ_b——盘内混凝土强度的变异系数；

σ_b——盘内混凝土强度的标准差（N/mm^2）。

（4）盘内混凝土强度的标准差可按下列规定确定：

在混凝土搅拌地点连续从 15 盘混凝土中分别取样，每盘混凝土试样各成型一组试件，根据试件强度按下式计算：

$$\sigma_b = 0.04 \sum_{i=1}^{15} \Delta_{f_{cu,i}} \tag{3-14}$$

式中 $\Delta_{f_{cu,i}}$——第 i 组三个试件强度中最大值与最小值之差（N/mm^2）。

当不能连续从 15 盘混凝土中取样时，盘内混凝土强度标准差可利用正常生产连续积累的强度资料进行统计，但试件组数不应少于 30 组，其值可按下式计算：

$$\sigma_b = \frac{0.59}{n} \sum_{i=1}^{n} \Delta_{f_{cu,i}} \tag{3-15}$$

式中　n——试件组数。

3.6.5　混凝土浇筑内部质量的检验

由于对混凝土浇筑的质量检测与控制，无论是在拌合机口还是在浇筑地点抽样成型的试件，都只能代表混凝土拌合物的质量，但混凝土施工还要经过下料、平仓、振捣、养护等后续工序，甚至包括仓面异常情况如泌水、初凝等处理，而这些工序作业的严谨程度，也会对混凝土的质量有重要影响。因此，要对建成的混凝土建筑物质量作出最后的判定，必须对混凝土内部浇筑质量进行检测。

检测方法主要采取钻孔取芯和压水试验等方法，对于钢筋混凝土结构物，则采取以无损检测（如超声波、回弹仪等）为主的检测方法。检测成果包括钻孔描述、芯样描述、压水试验成果表、声波、回弹仪试验成果表等。以下重点介绍回弹仪检测混凝土强度的原理、方法及影响因素。

1. 原理

利用回弹仪（一种直射锤击式仪器）检测普通混凝土结构构件抗压强度的方法简称回弹法。由于混凝土的抗压强度与其表面硬度之间存在某种相关关系，而回弹仪的弹击锤被一定的弹力打击在混凝土表面上，其回弹高度（通过回弹仪读得回弹值）与混凝土表面硬度成一定的比例关系。因此以回弹值反映混凝土表面硬度，根据表面硬度则可推求混凝土的抗压强度。

2. 特点

1）用回弹法检测混凝土抗压强度，虽然检测精度不高，但是设备简单、操作方便、测试迅速，以及检测费用低廉，且不破坏混凝土的正常使用，故在现场直接测定中使用较多。

2）影响回弹法准确度的因素较多，如操作方法、仪器性能、气候条件等。为此，必须掌握正确的操作方法，注意回弹仪的保养和校正。

3）《回弹法检测混凝土抗压强度技术规程》（JGJ/T 23—

2001）中规定：回弹法检测混凝土的龄期为 7～1000d，不适用于表层及内部质量有明显差异或内部存在缺陷的混凝土构件和特种成型工艺制作的混凝土的检测，这大大限制了回弹法的检测范围。

另外，由于高强混凝土的强度基数较大，即使只有 15% 的相对误差，其绝对误差也会很大而使检测结果失去意义。

3. 检测强度值的影响因素

1）回弹仪

（1）回弹仪机芯主要零件的装配尺寸，包括弹击拉簧的工作长度、弹击锤的冲击长度以及弹击锤的起跳位置等。

（2）主要零件的质量，包括拉簧刚度、弹击杆前端的球面半径、指针长度和摩擦力、影响弹击锤起跳的有关零件。

（3）机芯装配质量，如调零螺钉、固定弹击拉簧和机芯同轴度等。

2）成型方法

总体上，不同强度等级、不同用途的混凝土混合物，应有各自相应的最佳成型工艺。但是只要混凝土密实，其影响一般较小。喷射混凝土和表面通过特殊物理方法、化学方法成型的混凝土，统一测强曲线的应用要慎重。

3）养护方法及湿度

混凝土在潮湿的环境或水中养护时，由于水化作用较好，早期和后期强度均比在干燥条件下养护要高，但表面硬度由于被水软化而降低。不同的养护方法产生不同的湿度对混凝土强度及回弹值都有很大的影响。标准养护与自然养护的混凝土含水率不同，强度发展不同，则表面强度也不同。在早期，这种差异更明显。湿度对混凝土的强度影响较大，但随强度的增加，湿度的影响逐渐减小。

4）碳化及龄期

水泥一经水化游离出大约 35% 的氢氧化钙，它对混凝土的硬化起了重大的作用。已经硬化的混凝土表面受到二氧化碳的作用，使氢氧化钙逐渐变化，生成硬度较高的碳酸钙，即发生混凝土的碳化现象，它对回弹法测强有显著的影响。

碳化使混凝土表面硬度增加，回弹值增大，但对混凝土强度影响不大，从而影响混凝土强度与回弹值的相关关系。不同的碳化深度对其影响不一样。对不同强度等级的混凝土，同一碳化深度的影响也有差异。

国外消除碳化影响的做法是磨去混凝土碳化层或不允许对龄期较长的混凝土进行测试。我国是用碳化深度作为一个测强参数来反映碳化的影响。虽然回弹值随碳化深度的增加而增大，但碳化深度达到6mm，这种影响基本不再增长。

5）混凝土表面缺陷

回弹法是根据混凝土结构表面约6mm厚度范围的弹塑性能，间接推定混凝土的表面强度，并把构件竖向侧面的混凝土表面强度与内部看作一致。因此，混凝土构件的表面状态直接影响推定值的准确性和合理性。

根据检测经验，构件混凝土局部表面偶尔出现异常状态，强度异常低，在分析排除施工或材料异常的情况下，应考虑存在混凝土表面与内部强度差异较大的可能。造成表面强度局部异常的常见原因有施工振捣过甚，表面离析，砂浆层太厚，局部混凝土表面潮湿软化，构件表面粗糙，检测前未按要求认真打磨等操作失误或测区划分错误。混凝土表层强度几乎不影响构件的承载力和刚度，因此若仍按规程以测区强度最小值来推定，必然过于保守，可能导致错误决策，故有必要先进行异常值的判断。当判定属于数据异常时，有条件的可采取钻芯法进一步检测。

6）混凝土结构中表层钢筋对回弹值的影响

采用回弹仪所测得的回弹值只代表混凝土表面层2～3cm的质量。因此，在实际工作中，钢筋对回弹值的影响要视钢筋混凝土保护层厚度、钢筋直径及疏密程度而定。如果在工程施工中，按规定混凝土中钢筋保护层厚度普遍大于20mm，用回弹仪进行对比回弹，混凝土回弹值波动幅度不大，可视为没有影响。在通常的情况下，混凝土保护层厚度基本大于规范规定值，在回弹检测混凝土强度过程中，对钢筋的影响可忽略不计。

4. 检测技术

1）一般规定

用回弹法检测前，应全面、正确了解被测结构的情况，如混凝土设计参数、混凝土实际所用混合物材料、结构名称、结构形式等。

结构或构件混凝土强度检测可采用下列两种方式，其适用范围及结构或构件数量应符合下列规定：

（1）单个检测：适用于单个结构或构件的检测。

（2）批量检测：适用于在相同的生产工艺条件下，混凝土强度等级相同、原材料配合比、成型工艺、养护条件基本一致、且龄期相近的同类结构或构件，按批进行检测的构件抽检数量不得少于同批构件总数的30%且构件数量不得少于10件。抽检构件时应随机抽取并使所选构件具有代表性。

（3）每一结构或构件的测区应符合下列规定：

① 每一结构或构件测区数不应少于10个。对某一方向尺寸小于4.5m且另一方向尺寸小于0.3m的构件，其测区数量可适当减少但不应少于5个；

② 相邻两测区的间距应控制在2m以内，测区离构件端部或施工缝边缘的距离不宜大于0.5m，且不宜小于0.2m；

③ 测区应选在使回弹仪处于水平方向检测混凝土浇筑侧面。当不能满足这一要求时，可使回弹仪处于非水平方向检测混凝土浇筑侧面表面或底面；

④ 测区宜选在构件的两个对称可测面上，也可选在一个可测面上且应均匀分布在构件的重要部位及薄弱部位，必须布置测区并应避开预埋件；

⑤ 测区的面积不宜大于0.04m^2；

⑥ 检测面应为混凝土表面并应清洁平整，不应有疏松层浮

浆油垢涂层以及蜂窝麻面。必要时可用砂轮清除疏松层和杂物，且不应有残留的粉末或碎屑；

⑦ 对弹击时产生颤动的薄壁小型构件应进行固定。

(4) 结构或构件的测区应标有清晰的编号，必要时应在记录纸上描述测区布置示意图和外观质量情况。

(5) 当检测条件与测强曲线的适用条件有较大差异时，可采用同条件试件或钻取混凝土芯样进行修正试件，或钻取芯样数量不应少于6个。钻取芯样时每个部位应钻取一个芯样，计算时测区混凝土强度换算值应乘以修正系数。修正系数应按式(3-16)或式(3-17)计算：

$$\eta = \frac{1}{n}\sum_{i=1}^{n} f_{\mathrm{cor},i}/f_{\mathrm{cu},i}^{c} \tag{3-16}$$

或

$$\eta = \frac{1}{n}\sum_{i=1}^{n} f_{\mathrm{coy},i}/f_{\mathrm{cu},i}^{c} \tag{3-17}$$

式中　η——修正系数，精确到0.01；

$f_{\mathrm{cu},i}$——第i个混凝土立方体试件（边长为150mm）的抗压强度值，精确到0.1MPa；

$f_{\mathrm{cor},i}$——第i个混凝土芯样试件的抗压强度值，精确到0.1MPa；

$f_{\mathrm{cu},i}^{c}$——对应于第i个试件或芯样部位回弹值和碳化深度值的混凝土强度换算值，可按《回弹法检测混凝土抗压强度技术规程》(JCJ/T 23—2001)附录A取用。

n——试件数。

(6) 泵送混凝土制作的结构或构件的混凝土强度的检测应符合下列规定：

① 当碳化深度值不大于2.0mm时，每一测区混凝土强度换算值应按表3-15修正；

② 当碳化深度值大于2.0mm时，可按“一般规定”中第(5)项进行检测。

泵送混凝土测区混凝土

强度换算值的修正值　　表 3-15

碳化深度值（mm）	抗压强度值（MPa）				
0.0；0.5；1.0	f_{cu}^{c}(MPa)	≤40.0	45.0	50.0	55.0~60.0
	K（MPa）	+4.5	+3.0	+1.5	0.0
1.5；2.0	f_{cu}^{c}(MPa)	≤30.0	35.0	40.0~60.0	
	K（MPa）	+3.0	+1.5	0.0	

注：表中未列入的 $f_{cu,i}^{c}$ 值可用内插法求得其修正值，精确至 0.1MPa。

2）回弹值测量

（1）检测时，回弹仪的轴线应始终垂直于结构或构件的混凝土检测面，缓慢施压准确读数并快速复位。

（2）测点宜在测区范围内均匀分布，相邻两测点的净距不宜小于 20mm，测点距外露钢筋预埋件的距离不宜小于 30mm，测点不应在气孔或外露石子上，同一测点只应弹击一次，每一测区应记取 16 个回弹值，每一测点的回弹值读数估读至 1。

3）碳化深度值测量

（1）回弹值测量完毕后，应在有代表性的位置上测量碳化深度值。测点不应少于构件测区数的 30%，取其平均值为该构件每测区的碳化深度值。当碳化深度值极差大于 2.0mm 时，应在每一测区测量碳化深度值。

（2）碳化深度值测量可采用适当的工具。在测区表面形成直径约 15mm 的孔洞，其深度应大于混凝土的碳化深度，孔洞中的粉末和碎屑应除净，并不得用水擦洗。同时应采用浓度为 1% 的酚酞酒精溶液滴在孔洞内壁的边缘处，当已碳化与未碳化界线清楚时，再用深度测量工具测量。已碳化与未碳化混凝土交界面到混凝土表面的垂直距离测量不应少于 3 次，取其平均值每次读数精确至 0.5mm。

4）回弹值计算

（1）计算测区平均回弹值，应从该测区的 16 个回弹值中剔除 3

个最大值和3个最小值，余下的10个回弹值应按式（3-18）计算：

$$R_{\rm m}=\frac{\sum_{i=1}^{10}R_{\rm i}}{10} \tag{3-18}$$

式中　$R_{\rm m}$——测区平均回弹值，精确至0.1；

$R_{\rm i}$——第i个测点的回弹值。

（2）非水平方向检测混凝土浇筑侧面时应按式（3-19）修正：

$$R_m=R_{\rm ma}+R_{\rm aa} \tag{3-19}$$

式中　$R_{\rm ma}$——非水平状态检测时测区的平均回弹值，精确至0.1；

$R_{\rm aa}$——非水平状态检测时回弹值修正值，可按表3-16采用。

非水平状态检测时的回弹值修正值　　表3-16

$R_{\rm aa}$	检测角度							
	向上				向下			
	90°	60°	45°	30°	-30°	-45°	-60°	-90°
20	-6.0	-5.0	-4.0	-3.0	+2.5	+3.0	+3.5	+4.0
21	-5.9	-4.9	-4.0	-3.0	+2.5	+3.0	+3.5	+4.0
22	-5.8	-4.8	-3.9	-2.9	+2.4	+2.9	+3.4	+3.9
23	-5.7	-4.7	-3.9	-2.9	+2.4	+2.9	+3.4	+3.9
24	-5.6	-4.6	-3.8	-2.8	+2.3	+2.8	+3.3	+3.8
25	-5.5	-4.5	-3.8	-2.8	+2.3	+2.8	+3.3	+3.8
26	-5.4	-4.4	-3.7	-2.7	+2.2	+2.7	+3.2	+3.7
27	-5.3	-4.3	-3.7	-2.7	+2.2	+2.7	+3.2	+3.7
28	-5.2	-4.2	-3.6	-2.6	+2.1	+2.6	+3.1	+3.6
29	-5.1	-4.1	-3.6	-2.6	+2.1	+2.6	+3.1	+3.6
30	-5.0	-4.0	-3.5	-2.5	+2.0	+2.5	+3.3	+3.5
31	-4.9	-4.0	-3.5	-2.5	+2.0	+2.5	+3.0	+3.5
32	-4.8	-3.9	-3.4	-2.4	+1.9	+2.4	+2.9	+3.4
33	-4.7	-3.9	-3.4	-2.4	+1.9	+2.4	+2.9	+3.2
34	-4.6	-3.8	-3.3	-2.3	+1.8	+2.3	+2.8	+3.3

续表

R_{aa}	检测角度							
	向上				向下			
	90°	60°	45°	30°	-30°	-45°	-60°	-90°
35	-4.5	-3.8	-3.3	-2.3	+1.8	+2.3	+2.8	+3.3
36	-4.4	-3.7	-3.2	-2.2	+1.7	+2.2	+2.7	+3.2
37	-4.3	-3.7	-3.2	-2.2	+1.7	+2.2	+2.7	+3.2
38	-4.2	-3.6	-3.1	-2.1	+1.6	+2.1	+2.6	+3.1
39	-4.1	-3.6	-3.1	-2.1	+1.6	+2.1	+2.6	+3.1
40	-4.0	-3.5	-3.0	-2.0	+1.5	+2.0	+2.5	+3.0
41	-4.0	-3.5	-3.0	-2.0	+1.5	+2.0	+2.5	+3.0
42	-3.9	-3.4	-2.9	-1.9	+1.4	+1.9	+2.4	+2.9
43	-3.9	-3.4	-2.9	-1.9	+1.4	+1.9	+2.4	+2.9
44	-3.8	-3.3	-2.8	-1.8	+1.3	+1.8	+2.3	+2.8
45	-3.8	-3.3	-2.8	-1.8	+1.3	+1.8	+2.3	+2.8
46	-3.7	-3.2	-2.7	-1.7	+1.2	+1.7	+2.2	+2.7
47	-3.7	-3.2	-2.7	-1.7	+1.2	+1.7	+2.2	+2.7
48	-3.6	-3.1	-2.6	-1.6	+1.1	+1.6	+2.1	+2.6
49	-3.6	-3.1	-2.6	-1.6	+1.1	+1.6	+2.1	+2.6
50	-3.5	-3.0	-2.5	-1.5	+1.0	+1.5	+2.0	+2.5

注：1. R_{ma} 小于 20 或大于 50 时，均分别按 20 或 50 查表；

2. 表中未列入的相应于 R_{ma} 的修正值 R_{ma}，可用内插法求得，精确至 0.1。

（3）水平方向检测混凝土浇筑顶面或底面时，应按式（3-20）和式（3-21）修正：

$$R_m = R_m^t + R_a^t \tag{3-20}$$

$$R_m = R_m^b + R_a^b \tag{3-21}$$

式中 R_m^t、R_m^b——水平方向检测混凝土浇筑表面、底面时，测区的平均回弹值，精确至 0.1；

R_a^t、R_a^b——混凝土浇筑表面、底面回弹值的修正值，应按表 3-17 采用

不同浇筑面的回弹值修正值　　表 3-17

R_m^t 或 R_m^b	表面修正值（R_a^t）	底面修正值（R_a^b）
20	+2.5	−3.0
21	+2.4	−2.9
22	+2.3	−2.8
23	+2.2	−2.7
24	+2.1	−2.6
25	+2.0	−2.5
26	+1.9	−2.4
27	+1.8	−2.3
28	+1.7	−2.2
29	+1.6	−2.1
30	+1.5	−2.0
31	+1.4	−1.9
32	+1.3	−1.8
33	+1.2	−1.7
34	+1.1	−1.6
35	+1.0	−1.5
36	+0.9	−1.4
37	+0.8	−1.3
38	+0.7	−1.2
39	+0.6	−1.1
40	+0.5	−1.0
41	+0.4	−0.9
42	+0.3	−0.8
43	+0.2	−0.7
44	+0.1	−0.6
45	0	−0.5
46	0	−0.4
47	0	−0.3
48	0	−0.2
49	0	−0.1
50	0	0

当检测时回弹仪为非水平方向且测试面为非混凝土的浇筑侧面时应先按表3-21对回弹值进行角度修正再按表3-22对修正后的值进行浇筑面修正。

5）测强曲线

混凝土试块的抗压强度与无损检测的参数（超声声速值、回弹值、拔出力等）之间建立起来的关系曲线称为测强曲线，它是无损检测推定混凝土强度的基础，分为以下三类测强曲线计算：

① 统一测强曲线：由全国有代表性的材料成型养护工艺配制的混凝土试件通过试验所建立的曲线；

② 地区测强曲线：由本地区常用的材料成型养护工艺配制的混凝土试件通过试验所建立的曲线；

③ 专用测强曲线：由与结构或构件混凝土相同的材料成型养护工艺配制的混凝土试件通过试验所建立的曲线。

对有条件的地区和部门应制定本地区的测强曲线或专用测强曲线经上级主管部门组织审定和批准后实施，各检测单位应按专用测强曲线，地区测强曲线、统一测强曲线的次序选用测强曲线。

(1) 统一测强曲线

符合下列条件的混凝土可按《回弹法检测混凝土抗压强度技术规程》（JGJ/T 23—2001）附录A进行测区混凝土强度换算：

① 普通混凝土采用的材料拌合用水符合现行国家有关标准；

② 不掺外加剂或仅掺非引气型外加剂；

③ 采用普通成型工艺；

④ 采用符合现行国家标准《混凝土结构工程施工质量验收规范》(GB 50204—2002) 规定的钢模、木模及其他材料制作的模板；

⑤ 自然养护或蒸汽养护出池后经自然养护7d以上且混凝土表层为干燥状态；

⑥ 龄期为14～1000d；

⑦ 抗压强度为10～60MPa。

当有下列情况之一时测区混凝土强度值须制定专用测强曲线

或通过试验进行修正：

① 粗集料最大粒径大于60mm；

② 特种成型工艺制作的混凝土；

③ 检测部位曲率半径小于250mm；

④ 潮湿或浸水混凝土。

(2) 地区和专用测强曲线

地区和专用测强曲线的强度误差值应符合下列规定：

① 地区测强曲线：平均相对误差（δ）不应大于14.0%，相对标准差（er）不应大于17.0%；

② 专用测强曲线：平均相对误差（δ）不应大于12.0%相对标准差（er）不应大于14.0%；

③ 平均相对误差（δ）和相对标准差（er）的计算应符合《回弹法检测混凝土抗压强度技术规程》（JGJ/T 23—2001）附录A的规定。

6) 混凝土强度的计算

(1) 结构或构件的测区混凝土强度平均值可根据各测区的混凝土强度换算值计算。当测区数为10个及以上时应计算强度标准差平均值及标准差应按式（3-22）、式（3-23）计算：

$$m_{f^c_{cu}} = \frac{\sum_{i=1}^{n} f^c_{cu,i}}{n} \tag{3-22}$$

$$S_{f^c_{cu}} \sqrt{\frac{\sum_{i=1}^{n} (f^c_{cu,i})^2 - n(m_{f^c_{cu}})^2}{n}} \tag{3-23}$$

式中　$m_{f^c_{cu}}$——结构或构件测区混凝土强度换算值的平均值（MPa），精确至0.1MPa；

n——对于单个检测的构件，取一个构件的测区数；对批量检测构件，取被抽检构件测区数之和；

$S_{f^c_{cu}}$——结构或构件测区混凝土强度换算值的标准差（MPa），精确至0.01MPa。

(2) 结构或构件的混凝土强度推定值（$f_{cu,e}$）应按式（3-24）、式（3-25）、式（3-26）确定：

① 当该结构或构件测区数少于 10 个时：

$$f_{cu,e} = f^{c}_{cu,min} \tag{3-24}$$

式中 $f^{c}_{cu,min}$——构件中最小的测区混凝土强度换算值。

② 当该结构或构件的测区强度值中出现小于 10.0MPa 时：

$$f_{cu,e} < 10.0\text{MPa} \tag{3-25}$$

③ 当该结构或构件测区数不少于 10 个或按批量检测时：

$$f_{cu,e} = m_{f^{c}_{cu}} - 1.645S_{f^{c}_{cu}} \tag{3-26}$$

注：结构或构件的混凝土强度推定值是指相应于强度换算值总体分布中保证率不低于 95% 的结构或构件中的混凝土抗压强度值。

(3) 对按批量检测的构件当该批构件混凝土强度标准差出现下列情况之一时，则该批构件应全部按单个构件检测：

① 当该批构件混凝土强度平均值小于 25MPa 时：

$S_{f^{c}_{cu}} > 4.5\text{MPa}$；

② 当该批构件混凝土强度平均值不小于 25MPa 时：

$S_{f^{c}_{cu}} > 5.5\text{MPa}$。

3.7 工程质量事故及处理

3.7.1 质量问题及质量事故

根据建设部颁布的第 3 号令《工程建设重大事故报告和调查程序规定》和建设部建工字地 55 号文件关于第 3 号部令有关问题的说明：凡是工程质量不合格，必须进行返修、加固或报废处理，由此造成的直接经济损失低于 5000 元的称为质量问题事故；直接经济损失在 5000 元（含 5000 元）以上的称为工程质量事故。工程质量事故一般是指在工程建设过程中或交付使用后，对工程结构安全、使用功能和外形观感影响较大，损失较大的质量损伤。如住宅阳台、雨篷倾覆，桥梁结构坍塌，大体积混凝土强度不足，管道、容器爆裂使气体或液体严重泄漏等。它的特点是：

1）经济损失达到较大的金额。

2）有时造成人员伤亡。

3）后果严重，影响结构安全。

4）无法降级使用，难以修复时，必须推倒重建。

工程质量事故的分类。建设工程中的质量事故分类方法很多，可以按其生产的原因分，也可以按其造成损失严重程度划分，也可以按其造成后果或事故责任分。现国家对工程质量通常采用按造成损失严重程度进行分类：

1）一般质量事故。凡具备下列条件之一者为一般质量事故：

（1）直接经济损失在5000元（含5000元）以上，不满50000元的。

（2）影响使用功能和工程结构安全，造成永久质量缺陷的。

2）严重质量事故。凡具备下列条件之一者为严重质量事故：

（1）直接经济损失在50000元（含50000元）以上，不满10万元的。

（2）严重影响使用功能和工程结构安全，存在重大质量隐患的。

（3）事故性质恶劣或造成2人以下重伤的。

3）重大质量事故。凡具备下列条件之一者为重大质量事故，属建设工程重大质量事故范畴。

（1）工程倒塌或报废。

（2）由于质量事故，造成人员死亡或重伤3人以上。

（3）直接经济损失10万元以上。

建设工程重大质量事故分为以下四级：

① 凡造成死亡30人以上或直接经济损失在300万元以上为一级。

② 凡造成死亡10人以上，29人以下或直接经济损失100万元以上，不满300万元为二级。

③ 凡造成死亡3人以上，9人以下或重伤20人以上或直接经

济损失 30 万元以上，不满 100 万元为三级。

④ 凡造成死亡 2 人以下，或重伤 3 人以上，19 人以下或直接经济损失 10 万元以上，不满 30 万元为四级。

4）特别重大事故。凡具备国务院发布的《特别重大事故调查程序暂行规定》所列发生一次死亡 30 人及其以上，或直接经济损失达 500 万元及其以上，或其他性质特别严重，上述影响三个之一均属特别重大事故。

3.7.2 工程质量事故原因分析

工程质量事故的表现形式千差万别，类型多种多样，例如结构倒塌、倾斜、错位、不均匀或超量沉陷、变形、开裂、渗漏、强度不足、尺寸偏差过大等，但究其原因，归纳起来主要有以下几方面：

1. 违背建设程序和法规

1）违反建设程序

建设程序是工程项目建设过程及其客观规律的反映，但有些工程不按建设程序办事。例如不经可行性论证，未做调查分析就拍板定案；没有搞清工程地质情况就仓促开工；无证设计、无图施工；任意修改设计，不按图施工；不经竣工验收就交付使用等，它常是导致重大工程质量事故的重要原因。

2）违反有关法规和工程合同的规定

例如，无证设计；无证施工；越级设计；越级施工；工程招、投标中的不公平竞争；超常的低价中标；擅自转包或分包；多次转包；擅自修改设计等。

2. 工程地质勘察失误或地基处理失误

诸如未认真进行地质勘察或勘探时钻孔深度、间距、范围不符合规定要求，地质勘察报告不详细、不准确、不能全面反映实际的地基情况等，从而使得或地下情况不清，或对基岩起伏、土层分布误判，或未查清地下软土层、墓穴、孔洞等，它们均会导致采用不恰当或错误的基础方案，造成地基不均匀沉降、失稳，使上部结构或墙体开裂、破坏，或引发建筑物倾斜、倒塌等质量事故。

对软弱土、杂填土、冲填土、大孔性土或湿陷性黄土、膨胀土、红黏土、熔岩、土洞、岩层出露等不均匀地基未进行处理或处理不当也是导致重大事故的原因。必须根据不同地基的特点，从地基处理、结构措施、防水措施、施工措施等方面综合考虑，加以治理。

3. 设计计算问题

诸如盲目套用图纸，采用不正确的结构方案，计算简图与实际受力情况不符，荷载取值过小，内力分析有误，沉降缝或变形缝设置不当，悬挑结构未进行抗倾覆验算，以及计算错误等，都是引发质量事故的隐患。

4. 建筑材料及制品不合格

诸如，钢筋物理力学性能不良会导致钢筋混凝土结构产生裂缝或脆性破坏；骨料中活性氧化硅会导致碱骨料反应使混凝土产生裂缝；水泥安定性不良会造成混凝土爆裂；水泥受潮、过期、结块，砂石含泥量及有害物质含量、外加剂掺量等不符合要求时，会影响混凝土强度、和易性、密实性、抗渗性，从而导致混凝土结构强度不足、裂缝、渗漏、蜂窝等质量事故。此外，预制构件断面尺寸不足，支承锚固长度不足，未可靠地建立预应力值，漏放或少放钢筋，板面开裂等均可能出现断裂、坍塌事故。

5. 施工与管理失控

施工与管理失控是造成大量质量事故的常见原因。其主要表现为：

1）图纸未经会审即仓促施工；或不熟悉图纸，盲目施工。

2）未经设计部门同意，擅自修改设计；或不按图施工。例如将铰接做成刚接，将简支梁做成连续梁；用光圆钢筋代替异形钢筋等，导致结构破坏。挡土墙不按图设滤水层、排水导孔，导致压力增大，墙体破坏或倾覆。

3）不按有关的施工质量验收规范和操作规程施工。例如浇筑混凝土时振捣不良，造成薄弱部位；砖砌体包心砌筑，上下通缝，灰浆不均匀饱满等均能导致砖墙或砖柱破坏。

4）缺乏基本结构知识，蛮干施工，例如将钢筋混凝土预制梁倒置吊装；将悬挑结构钢筋放在受压区等均将导致结构破坏，造成严重后果。

5）施工管理紊乱，施工方案考虑不周，施工顺序错误，技术交底不清，违章作业，疏于检查、验收等，均可能导致质量事故。

6）自然条件影响

施工项目周期长，露天作业，受自然条件影响大，空气温度、湿度、暴雨、风、浪、洪水、雷电、日晒等均可能成为质量事故的诱因，施工中应特别注意并采取有效的措施预防。

7）建筑结构或设施的使用不当

对建筑物或设施使用不当也易造成质量事故。例如未经校核验算就任意对建筑物加层；任意拆除承重结构部；任意在结构物上开槽、打洞、削弱承重结构截面等也会引起质量事故。

3.7.3 质量事故分析处理程序

工程质量事故发生后，一般可以按以下程序进行处理，如图3-4所示。

3.7.3.1 质量事故处理依据及程序

1. 质量事故处理依据

1）质量事故的情况资料。施工单位的现场记录，施工日志和质量事故调查报告，监理单位的监理日志，及事故调查的资料等。

2）有关合同及合同文件。委托设计合同，工程承包合同，委托监理合同，材料、设备和器材购销合同等。

3）有关的技术文件。施工组织设计或施工方案，施工计划，有关建筑材料的质量证明资料等。

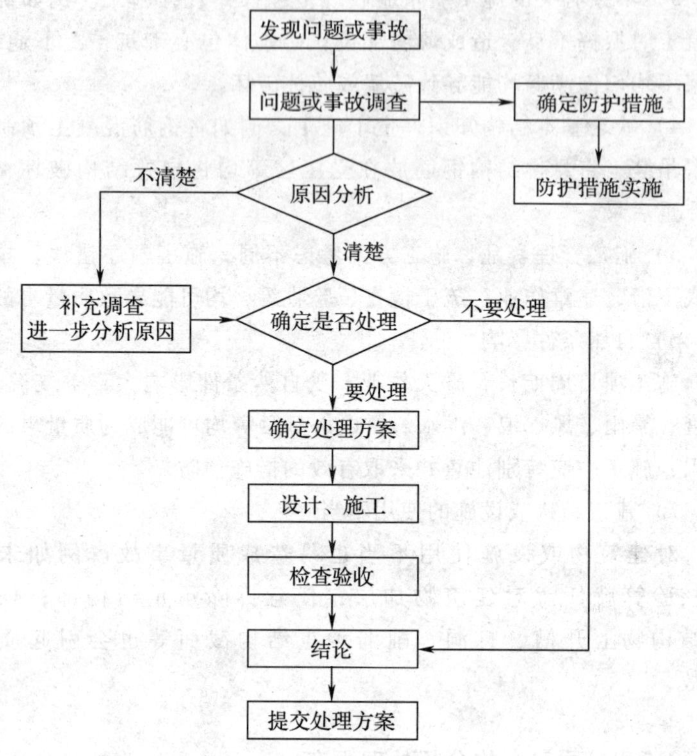

图 3-4　质量事故分析处理程序

4）有关的建筑法规。建筑法，合同法，招投标法，建筑工程质量管理条例，及有关各种工程规范等。

2. 质量事故处理程序

1）工程质量事故发生后，要求质量事故发生单位迅速按类别和等级向相应的主管部门上报，并于24h内写出书面报告。质量事故报告的内容有：

(1）质量事故的情况。包括发生质量事故的时间、地点，事故情况，有关的观测记录，事故的发展变化趋势、是否已趋稳定等。

(2）事故性质。应区分是结构性问题，还是一般性问题；是内在的实质性问题，还是表面性问题；是否需要及时处理，是否需要采取保护性措施。

（3）事故原因。阐明造成质量事故的主要原因，例如对于混凝土结构裂缝是由于地基的不均匀沉降原因导致的，还是由于温度应力所致，或是由于施工拆模前受到冲击、振动的结果，还是由于结构本身承载力不足等。对此，应附有说服力的资料、数据说明。

（4）事故评估。应阐明该质量事故对于建筑物功能、使用要求、结构承受力性能及施工安全有何影响，并应附有实测、验算数据和试验资料。

（5）设计、施工以及使用单位对事故的意见和要求。

（6）事故涉及的人员与主要责任者的情况等。

2）各级主管部门处理权限及组成调查组权限。特别重大质量事故由国务院按有关程序和规定处理，重大质量事故由国家建设行政主管部门归口管理，严重质量事故由省、自治区、直辖市建设行政主管部门归口管理。

3）质量事故调查组的职责：

（1）查明事故发生的原因、过程、事故的严重程度和经济损失情况。

（2）查明事故的性质、责任单位和主要责任人。

（3）组织技术鉴定。

（4）明确事故主要责任单位和次要责任单位，承担经济损失的划分原则。

（5）提出技术处理意见及防止类似事故发生应采取的措施。

（6）提出对事故责任单位和责任人的处理建议。

（7）写出质量事故调查报告。

3.7.3.2 质量事故处理方案的确定

质量事故处理方案，应当在正确地分析和判断事故原因的基础上进行。对于工程质量事故，通常可以根据质量事故的情况，做出以下四类不同性质的处理方案。

1. 修补处理

这是最常采用的一类处理方案。通常当工程的某些部分的质量虽未达到规定的规范、标准或设计要求，存在一定的缺陷，但经过修补后还可达到要求的标准，又不影响使用功能或外观要求，在此情况下，可以做出进行修补处理的决定。

属于修补这类方案的具体方案有很多，诸如封闭保护、复位纠偏、结构补强、表面处理等。例如，某些混凝土结构表面出现蜂窝麻面，经调查、分析，该部位经修补处理后，不会影响其使用及外观。某些结构混凝土发生表面裂缝，根据其受力情况，仅作表面封闭保护即可。

2. 返工处理

当工程质量未达到规定的标准或要求，有明显的严重质量事故，对结构的使用和安全有重大影响，而又无法通过修补的办法纠正所出现的缺陷情况下，可以做出返工处理的决定。例如，某防洪堤坝的填筑压实后，其压实土的干密度未达到规定的要求干密度值，核算将影响土体的稳定和抗渗要求，可以进行返工处理，即挖除不合格土，重新填筑。又如某工程预应力按混凝土规定张力系数为1.3，但实际仅为0.8，属于严重的质量缺陷，也无法修补，即需作出返工处理的决定。十分严重的质量事故甚至要做出整体拆除的决定。

3. 限制使用

当工程质量事故按修补方案处理无法保证达到规定的使用要求和安全，而又无法返工处理的情况下，不得已时可以做出诸如结构卸荷或减荷以及限制使用的决定。

4. 不做处理

某些工程质量事故虽然不符合规定的要求或标准，但如其情况不严重，对工程或结构的使用及安全影响不大，经过分析、论证和慎重考虑后，也可做出不作专门处理的决定。可以不做处理的情况一般有以下几种：

1）不影响结构安全和使用要求者。例如，有的建筑物出现放线定位偏差，若要纠正则会造成重大经济损失，若其偏差不大，不影响使用要求，在外观上也无明显影响，经分析论证后，可不做处理；又如，某些隐蔽部位的混凝土表面裂缝，经检查分析，属于表面养护不够的干缩微裂，不影响使用及外观，也可不做处理。

2）有些不严重的质量事故，经过后续工序可以弥补的。例如，混凝土的轻微蜂窝麻面或墙面，可通过后续的抹灰、喷涂或刷白等工序弥补，可以不对该缺陷进行专门处理。

3）出现的质量事故，经复核验算，仍能满足设计要求者。例如，某一结构断面做小了，但复核后仍能满足设计的承载能力，可考虑不再处理。这种做法实际上是挖掘设计潜力或降低设计的安全系数，因此需要慎重处理。

3.7.3.3 质量事故处理的鉴定验收

质量事故的处理是否达到了预期目的，是否仍留有隐患，应当通过检查鉴定和验收做出确认。

事故处理的质量检查鉴定，应严格按施工质量验收规范及有关标准的规定进行，必要时还应通过实际量测、试验和仪表检测等方法获取必要的数据，才能对事故的处理结果做出确切的结论。检查和鉴定的结论可能有以下几种：

1）事故已排除，可继续施工；

2）隐患已消除，结构安全有保证；

3）经修补、处理后，完全能够满足使用要求；

4）基本上满足使用要求，但使用时应有附加的限制条件，例如限制荷载等；

5）对耐久性的结论；

6）对建筑物外观影响的结论等；

7）对短期难以做出结论者，可提出进一步观测检验的意见。

事故处理后，监理工程师还必须提交事故处理报告，其内容包括：

(1) 工程质量事故情况、调查情况、原因分析。

（2）质量事故处理的依据。

（3）质量事故技术处理方案。

（4）实施技术处理施工中的有关问题和资料。

（5）对处理结果的检查鉴定和验收。

（6）质量事故处理结论。

3.7.4　质量事故实例

某综合商业楼于2002年6月设计，房屋为三层（局部四层）框架结构，基本柱网6m×6m，房屋总长149.2m，进深18m，在11和20轴设二道伸缩缝，框架柱为圆形截面ϕ500mm，框架梁截面250mm×600mm，未设次梁，楼屋面板厚150mm，按双向板设计，板负筋ϕ12@130，负筋伸出长度至框架梁边为1400mm，板正弯矩钢筋双向ϕ12@200。设计荷载：商场楼面13.30kN/m^2（内含隔墙等效均布荷载1.5×1.2=1.8kN/m^2，使用荷载3.5×1.4=4.9kN/m^2），屋面设计荷载略低于楼面，混凝土强度等级二层以下为C30，以上为C25。地基持力层为褐黄色粉质黏土层，地基承载力f=80kPa，基础形式为十字交叉梁基础，基底标高－1.800m。按抗震设防烈度7度设计，场地为Ⅳ类。

本工程于2005年3月通过竣工验收。2005年8月起陆续投入使用，楼地面二次装修均增加花岗石或地砖面层及矿棉板顶棚等。但23～27轴四个开间至今为未二次装修的空置房。

1）本工程楼板施工质量出现严重事故，必须进行补强，造成一定的人力、物力损失。施工单位的质量意识、质量管理，亟待加强；有关部门对施工质量的监理、监督要真正落到实处，要深入细致，不能走过场。

2）从设计角度看，板的跨度越大，就越不经济。本工程的楼板如能在跨中单向（或双向）加设次梁，则板变成3m×6m的单向板（或3m×3m的双向板），板厚100mm即可，节省混凝土5cm/m^2，次梁增加0.25×0.40/5.75=0.0173m/m^2=1.73cm/m^2（0.25×0.35/5.75+0.25×0.35×5.5/5.752=0.0298m/m^2=

2.98cm/m^2），品迭减小板厚 3.27（2.02）cm/m^2，可减轻自重 0.818（0.505）kN/m^2；整幢房屋按 9000m^2 计，可节约混凝土约 294（182）m^3，减轻自重约 7350（4550）kN，并可减小地震作用及梁、柱、基础等；楼板现设计钢筋用量为 16.67kg/m^2，如成为 3m 跨度的板，楼板钢筋可节约 1/2 左右，整幢房屋可节约钢筋约 75t，当然增设次梁也需用一定的钢筋。从 1～23 轴经二次装修的商店看。均加有吊顶，故增设次染对商场使用及美观均无影响。

3）从施工角度看，板的跨度越大，特别是非预应力混凝土楼板，施工质量出问题的机率就越大，质量问题对安全的影响也越大。一般来说，小跨度的板即使施工质量出点问题（特别偷工减料除外），也不致于危及结构安全。

4）本综合商业楼 1～23 轴楼板的施工质量现无法查看，应该说与 23～27 轴楼板是相似的，笔者对已投入使用的大部分商业用房花岗石或地砖楼面进行检查，未发现有开裂现象。23～27 轴的楼屋面板可进行加固补强，1～23 轴楼屋面板现无法加固补强，存在隐患。

4 工程量计算及工程结算

4.1 混凝土工程量计算

4.1.1 混凝土工程量计算办法

计算混凝土工程量，应分别不同情况，一般采用以下几种办法：

1. 按顺时针顺序计算

以图纸左上角为起点，按顺时针方向依次进行计算，绕图一周后又重新回到起点。这种方法一般用于各种带形基础、墙体、现浇及预制构件计算，其特点是能有效防止漏算和重复计算。

2. 按编号顺序计算

结构图中包括不同种类、不同型号的构件，而且分布在不同的部位，为了便于计算和复核，需要按构件编号顺序统计数量，然后进行计算。

3. 按轴线编号计算

对于结构比较复杂的工程量，为了方便计算和复核，有些分项工程可按施工图轴线编号的方法计算。例如在同一平面中，带形基础的长度和宽度不一致时，可按 A 轴①～③轴，B 轴③、⑤、⑦轴这样的顺序计算。

4. 分段计算

在通长构件中，当其中截面有变化时，可采取分段计算。如多跨连续梁，当某跨的截面高度或宽度与其他跨不同时可按柱间尺寸分段计算。再如楼层圈梁在门窗洞口处截面加厚时，其混凝土及钢筋工程量都应按分段计算。

5. 分层计算

该方法在工程量计算中较为常见，例如墙体、构件布置、墙柱面装饰、楼地面做法等各层不同时，都应按分层计算，然后再将各层相同工程做法的项目分别汇总。

6. 分区域计算

大型工程项目平面设计比较复杂时，可在伸缩缝或沉降缝处将平面图划分成几个区域分别计算工程量，然后再将各区域相同特征的项目合并计算。

4.1.2 混凝土工程量计算规则

根据《建设工程工程量清单计价规范》（GB 50500—2008）中关于工程数量的计算规定：工程数量应按“分部分项清单项目”规定的工程量计算规则计算。

其中工程量的有效位数应遵守下列规定：

1. 以“t”为单位，应保留小数点后三位数字，第四位四舍五入。

2. 以“m^3”、“m^2”、“m”为单位，应保留小数点后两位数字，第三位四舍五入。

3. 以“个”、“项”、“次”等为单位，应取整数。

4.1.2.1 现浇混凝土基础

工程量清单项目设置及工程量计算规则，应按表4-1的规定执行。

现浇混凝土基础 表4-1

项目名称	项目特征	计量单位	工程量计算规则	工程内容
带形基础 独立基础 满堂基础 设备基础 桩承台基础	1. 垫层材料种类、厚度 2. 混凝土强度等级 3. 混凝土拌合料要求 4. 砂浆强度等级	m^3	按设计图示尺寸以体积计算，不扣除构件内钢筋、预埋铁件和伸入承台基础的桩头所占体积	1. 铺设垫层 2. 混凝土制作、运输、浇筑、振捣、养护 3. 地脚螺栓二次灌浆

4.1.2.2　现浇混凝土柱

工程量清单项目设置及工程量计算规则，应按表4-2的规定执行。

现浇混凝土柱　　**表4-2**

项目名称	项目特征	计量单位	工程量计算规则	工程内容
矩形柱	1. 柱高度 2. 柱截面尺寸 3. 混凝土强度等级 4. 混凝土拌合料要求	m^3	按设计图示尺寸以体积计算。不扣除构件内钢筋、预埋铁件所占体积 柱高： 1. 有梁板的柱高，应自柱基上表面（或楼板上表面）至上一层楼板上表面之间的高度计算 2. 无梁板的柱高，应自柱基上表面（或楼板上表面）至柱帽下表面之间的高度计算 3. 框架柱的柱高，应自柱基上表面至柱顶高度计算 4. 构造柱按全高计算，嵌接墙体部分并入柱身体积 5. 依附柱上的牛腿和升板的柱帽，并入柱身体积计算	混凝土制作、运输、浇筑、振捣、养护

4.1.2.3　现浇混凝土梁

工程量清单项目设置及工程量计算规则，应按表4-3的规定执行。

现浇混凝土梁　　**表4-3**

项目名称	项目特征	计量单位	工程量计算规则	工程内容
基础梁	1. 梁底标高 2. 梁截面 3. 混凝土强度等级 4. 混凝土拌合料要求	m^3	按设计图示尺寸以体积计算。不扣除构件内钢筋、预埋铁件所占体积，伸入墙内的梁头、梁垫并入梁体积内 梁长： 1. 梁与柱连接时，梁长算至柱侧面 2. 主梁与次梁连接时，次梁长算至主梁侧面	混凝土制作、运输、浇筑、振捣、养护
矩形梁				
异形梁				
圈梁				
过梁				
弧形、拱形梁				

4.1.2.4 现浇混凝土墙

工程量清单项目设置及工程量计算规则，应按表4-4的规定执行。

现浇混凝土墙 **表4-4**

<table>
<tr><th>项目名称</th><th>项目特征</th><th>计量单位</th><th>工程量计算规则</th><th>工程内容</th></tr>
<tr><td>直形墙</td><td rowspan="2">1. 墙类型
2. 墙厚度
3. 混凝土强度等级
4. 混凝土拌合料要求</td><td rowspan="2">m^3</td><td rowspan="2">按设计图示尺寸以体积计算。不扣除构件内钢筋、预埋铁件所占体积，扣除门窗洞口及单个面积0.3m^2以外的孔洞所占体积，墙垛及突出墙面部分并入墙体体积计算</td><td rowspan="2">混凝土制作、运输、浇筑、振捣、养护</td></tr>
<tr><td>弧形墙</td></tr>
</table>

4.1.2.5 现浇混凝土板

工程量清单项目设置及工程量计算规则，应按表4-5的规定执行。

现浇混凝土板 **表4-5**

<table>
<tr><th>项目名称</th><th>项目特征</th><th>计量单位</th><th>工程量计算规则</th><th>工程内容</th></tr>
<tr><td>有梁板</td><td rowspan="5">1. 板底标高
2. 板厚度
3. 混凝土强度等级
4. 混凝土拌合料要求</td><td rowspan="5">m^3</td><td rowspan="5">按设计图示尺寸以体积计算。不扣除构件内钢筋、预埋铁件及单个面积0.3m^2以内的孔洞所占体积。有梁板（包括主、次梁与板）按梁、板体积之和计算，无梁板按板和柱帽体积之和计算，各类板伸入墙内的板头并入板体积内计算，薄壳板的肋、基梁并入薄壳体积内计算</td><td rowspan="5">混凝土制作、运输、浇筑、振捣、养护</td></tr>
<tr><td>无梁板</td></tr>
<tr><td>平板</td></tr>
<tr><td>拱板</td></tr>
<tr><td>薄壳板</td></tr>
</table>

续表

项目名称	项目特征	计量单位	工程量计算规则	工程内容
栏板	1. 混凝土强度等级 2. 混凝土拌合料要求		—	混凝土制作、运输、浇筑、振捣、养护
天沟、挑檐板			按设计图示尺寸以体积计算	
雨篷、阳台板			按设计图示尺寸以墙外部分体积计算。包括伸出墙外的牛腿和雨篷反挑檐的体积	
其他板			按设计图示尺寸以体积计算	

4.1.2.6　现浇混凝土楼梯

工程量清单项目设置及工程量计算规则，应按表4-6的规定执行。

现浇混凝土楼梯　　**表4-6**

项目名称	项目特征	计量单位	工程量计算规则	工程内容
直形楼梯	1. 混凝土强度等级 2. 混凝上拌合料要求	m^3	按设计图示尺寸以水平投影面积计算。不扣除宽度小于500mm的楼梯井，伸入墙内部分不计算	混凝土制作、运输、浇筑、振捣、养护
弧形楼梯				

4.1.2.7　现浇混凝土其他构件

工程量清单项目设置及工程量计算规则，应按表4-7的规定执行。

现浇混凝土其他构件 表 4-7

项目名称	项目特征	计量单位	工程量计算规则	工程内容
其他构件	1. 构件的类型 2. 构件规格 3. 混凝土强度等级 4. 混凝土拌合要求	m^3	按设计图示尺寸以体积计算。不扣除构件内钢筋、预埋铁件所占体积	混凝土制作、运输、浇筑、振捣、养护
散水、坡道	1. 垫层材料种类、厚度 2. 面层厚度 3. 混凝土强度等级 4. 混凝土拌合料要求 5. 填塞材料种类	m^2	按设计图示尺寸以面积计算。不扣除单个 $0.3m^2$ 以内的孔洞所占面积	1. 地基夯实 2. 铺设垫层 3. 混凝土制作、运输、浇筑、振捣、养护 4. 变形缝填塞
电缆沟、地沟	1. 沟截面 2. 垫层材料种类、厚度 3. 混凝土强度等级 4. 混凝土拌合料要求 5. 防护材料种类	m	按设计图示以中心线长度计算	1. 挖运土石 2. 铺设垫层 3. 混凝土制作、运输、浇筑、振捣、养护 4. 刷防护材料

4.1.2.8 混凝土构筑物

工程量清单项目设置及工程量计算规则，应按表 4-8 的规定执行。

混凝土构筑物 **表 4-8**

<table>
<tr><th>项目名称</th><th>项目特征</th><th>计量单位</th><th>工程量计算规则</th><th>工程内容</th></tr>
<tr><td>贮水（油）池</td><td>1. 池类型
2. 池规格
3. 混凝土强度等级
4. 混凝土拌合料要求</td><td rowspan="4">m^3</td><td rowspan="4">按设计图示尺寸以体积计算。不扣除构件内钢筋、预埋铁件及单个面积 $0.3m^2$ 以内的孔洞所占体积</td><td rowspan="2">混凝土制作、运输、浇筑、振捣、养护</td></tr>
<tr><td>贮仓</td><td>1. 类型、高度
2. 混凝土强度等级
3. 混凝土拌合料要求</td></tr>
<tr><td>水塔</td><td>1. 类型
2. 支筒高度、水箱容积
3. 倒圆锥形罐壳厚度、直径
4. 混凝土强度等级
5. 混凝土拌和料要求
6. 砂浆强度等级</td><td>1. 混凝土制作、运输、浇筑、振捣、养护
2. 预制倒圆锥形罐壳、组装、提升、就位
3. 砂浆制作、运输
4. 接头灌缝、养护</td></tr>
<tr><td>烟囱</td><td>1. 高度
2. 混凝土强度等级
3. 混凝土拌和料要求混凝土制作、运输、浇筑、振捣、养护</td><td>混凝土制作、运输、浇筑、振捣、养护</td></tr>
</table>

4.1.2.9 工程量计算用表（表 4-9、表 4-10）

混凝土工程量计算表 **表 4-9**

序号	分部分项名称	简图（小样）	单位	数量	计算式	备注

混凝土工程量汇总表 **表 4-10**

工程名称：

项目名称（施工段、层）	投影面积（m^2）	混凝土工程量（m^3）					备注
		强度等级					

4.1.3 建筑工程主要工程量估算参考（表 4-11～表 4-13）

单层工业厂房每 100m^2 建筑面积主要工程量指标 表 4-11

序号	项目	单位	指标
1	基础（钢筋混凝土）	m^3	14～18
2	外墙（1½砖为主）	m^3	15～36
3	内墙（1 砖为主）	m^3	5～20
4	钢筋混凝土（现、预制） 其中：柱 23%，吊车梁 11%，屋面梁 18%， 过梁及圈梁 10%，屋面板 36%，其他 2%	m^3	17～19
5	门	m^2	3～6
6	窗	m^2	20～30
7	屋面	m^2	110～135
8	楼地面	m^2	91～98
9	内粉刷	m^2	150～350
10	外粉刷	m^2	40～100
11	顶棚	m^2	94～100

一般多层轻工车间（厂房）每100m²建筑面积主要工程量指标　表4-12

序号	项　目	单位	框架结构（3~5层）	砖混结构（2~4层）
1	基础（钢筋混凝土、砖、毛石等）	m^3	14~20	16~25
2	外墙（1~1.5砖）	m^3	10~12	15~25
3	内墙（1砖）	m^3	7~15	12~20
4	钢筋混凝土（现、预制）	m^3	19~31	18~25
5	门（木）	m^2	4~8	6~10
6	窗（钢）	m^2	20~24	17~25
7	屋面（卷材）	m^2	20~30	25~50
8	楼地面	m^2	88~94	88~94
9	内粉刷	m^2	155~210	200~220
10	外粉刷	m^2	60~100	90~110
11	顶棚	m^2	88~94	88~94

一般民用建筑每100m²建筑面积主要工程量指标　表4-13

序号	项　目	单　位	指标
	一、结构部分		
	（一）基础		
1	钢筋混凝土现、预制桩（长10m内）	$m^3/100m^2$ 基础面积	45~60
2	钢筋混凝土单层地下室（箱基）：		
	（1）底板厚0.5m内（其中底板50%，顶板15%，其余墙柱等35%）	$m^3/100m^2$ 基础面积	100~110
	（2）底板厚0.8m内（其中顶板10%，其余同上）	$m^3/100m^2$ 基础面积	150~160
	（3）底板厚1.0m左右（其中顶板8%，其余同上）	$m^3/100m^2$ 基础面积	200~220
3	条基、柱基或综合基础	土建造价%	8%~12%

续表

序号	项目	单位	指标
	(二)上部结构		
1	全现浇钢筋混凝土结构(框剪、框筒等) 其中柱16%,框架梁9%,有梁板23%,内墙21%,电梯井壁7%,其他2%	$m^3/100m^2$ 上部建筑面积	30~45
2	现浇剪力墙结构(高层住宅为主) 其中墙体60%,板30%,电梯井壁4%,楼梯、阳台、挑檐5%,其他1%	$m^3/100m^2$ 上部建筑面积	35~40
3	砖混结构(多层住宅为主,不含砖墙) 其中板40%,梁8%,构造柱18%,圈梁10%,过梁5%,墙体6%,楼梯、阳台、挑檐等13%	$m^3/100m^2$ 上部建筑面积	20~25
	二、建筑装饰部分		
1	楼、地面	$m^3/100m^2$ 建筑面积	80~90
2	顶棚	$m^3/100m^2$ 建筑面积	80~92
3	屋面保温		
	① 厚250加气混凝土块	$m^3/100m^2$ 建筑面积	26.75
	② 厚150水泥蛀石	$m^3/100m^2$ 建筑面积	15.60
	③ 250水泥珍珠岩	$m^3/100m^2$ 建筑面积	26.00
	④ 50聚苯乙烯泡沫塑料板	$m^3/100m^2$ 建筑面积	5.10
4	屋面防水卷材	$m^3/100m^2$ 建筑面积	105~120
5	窗	$m^3/100m^2$ 建筑面积	12~20
6	门	$m^3/100m^2$ 建筑面积	5~10
7	楼梯投影面积	$m^3/100m^2$ 建筑面积	4~7
8	外墙(不同厚度)	$m^3/100m^2$ 建筑面积	40~80
9	内墙(不同厚度)及隔墙	$m^3/100m^2$ 建筑面积	80~150
10	外墙装饰(不同作法)	$m^3/100m^2$ 建筑面积	50~90
11	内墙装饰(不同作法)	$m^3/100m^2$ 建筑面积	160~360

4.2　工料分析

4.2.1　工料分析的方法

1. 工料分析

首先是从所适用的定额本当中，查出各分项工程各工料的单位定额消耗工料的数量，然后分别乘以相应分项工程的工程量，得到分项工程的人工、材料消耗量。最后将各分部分项工程的人工、材料消耗量分别进行计算和汇总，得出单位工程人工、材料的消耗数量。工料分析的编制，采用表格进行。

$$人工 = \sum 分项工程量 \times 工日消耗定额$$

$$材料 = \sum 分项工程量 \times 各种材料消耗定额$$

2. 工料分析的注意事项

1）凡是由预制厂制作现场安装的构件，应按制作和安装分别计算工料；

2）对主要材料应按品种、规格及预算价格不同分别进行用量计算，并分类统计；

3）按系数法补价差的地方材料可以不分析，但经济核算有要求时应全部分析；

4）对换算的定额子目在工料分析时要注意含量的变化，以求分析量准确完整；

5）机械费用需单项调整的，应同时按规格、型号进行机械使用台班用量的分析。

3. 举例

工料分析见表4-14。

工料分析表（部分）　　**表4-14**

定额号	分项工程名称	单位	工程量	人工工日数		材料名称				
						毛石		水泥		
				单量	合量	单量	合量	单量	含量	合量
292	毛石基础	m^3	128	1.101	140.928	1.122	143.616			
411	构造柱	m^3	35	2.592	90.720			0.252	1.015	8.952

续表

定额号	分项工程名称	单位	工程量	人工工日数		材料名称				
						毛石		水泥		
				单量	合量	单量	合量	单量	含量	合量
427H	混凝土平板	m^3	102	1.592	162.384			0.291	1.015	30.127
430H	混凝土楼梯	m^2	150	0.541	81.150			0.396	0.24	14.256
	合计				475.182		143.616			53.335

4.2.2 工料概（估）算参考资料

4.2.2.1 一般民用、工业建筑每100m²平均综合材料消耗量，见表4-15。

一般民用、工业建筑每100m²平均综合材料消耗量

表4-15

序号	材料名称	单位	民用建筑		工业建筑		
			混合	砖木	钢混	混合	砖木
1	型钢	t	0.03	0.01	3.1	0.9	0.01
2	钢筋	t	1.25	0.14	1.24	1.93	0.19
3	水泥	t	9.1	3.1	14.6	11.52	3.3
4	木材	m^3	5.8	8.3	8.5	5.5	7.5
5	砖	千块	21	23	17.6	16	25
6	平瓦	千块	—	2	—	—	2
7	石灰	t	4.5	4.2	0.83	0.7	3
8	砂子	m^3	32	23	33	35	25
9	石子	m^3	29	11	31	24	12
10	毛石	m^3	13	34	10	15	36
11	沥青	t	0.62	—	0.95	0.95	—
12	油毡	m^2	245	144	368	368	144
13	铁皮	m^2	5.4	3.2	5.4	4.7	2.5

续表

序号	材料名称	单位	民用建筑		工业建筑		
			混合	砖木	钢混	混合	砖木
14	钢管	t	0.352	—	0.84	0.46	0.1
15	电焊条	t	—	—	0.095	0.028	—
16	铁钉	t	0.01	0.031	0.003	0.007	0.03
17	玻璃	m^2	20.4	22	23	24.5	20
18	油漆	t	0.006	0.006	0.012	0.005	0.006
19	电线	m	120	75	200	130	86
20	暖气片	片	36	—	40	64	40
21	8号铁丝	t	0.024	0.007	0.021	0.026	0.008

4.2.2.2　各类结构工业厂房每100m^2建筑面积主要材料消耗参考指标，见表4-16。

各类结构工业厂房每100m^2建筑面积主要材料消耗参考指标

表4-16

序号	名称	单位	单层工业厂房	多层厂房		钢结构混凝土
				框架 3~5层	砖混 2~4层	
1	水泥	t	17~22	22~26	15~20	57~62
2	钢筋	t	2~2.5	3~5	2~3.6	11.5~12.5
3	型钢（含铁件）	t	0.4~1	0.1~0.2	0.1~0.15	19.5~20.5
4	板方材	m^3	0.6~1	0.8~1.2	2~2.4	30~32
5	红机砖	千块	20~25	10~20	16~24	2.2~2.4
6	石灰	t	2~2.5	1.5~2	1.6~2.6	—
7	砂子	t	40~70	50~80	60~72	170~175
8	石子	t	60~100	70~80	40~50	260~265
9	玻璃	m^2	28~30	22~26	24~30	—

4.2.2.3 各省、(区)市住宅工程平均材料消耗指标，见表4-17。

"八五"期间各省、(区)市住宅工程平均材料消耗指标

表 4-17

地区	每平方米建筑面积平均材料消耗量						
	钢材(t)	木材(m^3)	水泥(t)	砖(千块)	砂(m^3)	石灰(t)	玻璃(m^2)
北京	0.03	0.03	0.15	0.240	0.436	0.024	0.197
河北	0.05	0.03	0.15	0.245	0.528	0.047	0.218
内蒙古	0.02	0.02	0.18	0.237	0.578	0.188	0.376
辽宁	0.02	0.03	0.17	0.169	0.461	0.031	0.211
沈阳	0.02	0.03	0.17	0.205	0.533	0.025	0.212
大连	0.01	0.04	0.14	0.210	0.927	0.025	0.361
吉林	0.02	0.04	0.16	0.237	0.393	0.019	0.393
长春	0.02	0.04	0.15	0.237	0.617	0.020	0.348
黑龙江	0.20	0.03	0.17	0.265	0.450	0.042	0.385
哈尔滨	0.02	0.02	0.16	0.373	0.682	0.030	0.311
江苏	0.02	0.02	0.18	0.295	0.620	0.032	0.177
南京	0.03	0.02	0.20	0.212	0.550	0.020	0.186
浙江	0.04	0.03	0.28	0.164	0.040	0.098	0.136
安徽	0.02	0.03	0.16	0.408	0.373	0.110	1.033
福建	0.03	0.08	0.20	0.215	0.574	0.020	0.118
厦门	0.04	0.05	0.20	0.137	0.366	0.005	0.068
青岛	0.01	0.06	0.18	0.240	0.477	0.025	0.165
湖北	0.01	0.05	0.17	0.217	0.495	0.009	0.116
武汉	0.02	0.04	0.16	0.200	0.610	0.031	0.134
广东	0.04	0.01	0.24	0.112	1.242	0.011	0.156
广西	0.01	0.04	0.14	0.148	0.462	0.007	0.218
重庆	0.04	0.05	0.32	—	—	—	—
云南	0.03	0.02	0.22	0.173	0.703	0.010	0.207

续表

地区	每平方米建筑面积平均材料消耗量						
	钢材（t）	木材（m^3）	水泥（t）	砖（千块）	砂（m^3）	石灰（t）	玻璃（m^2）
西安	0.03	0.04	0.16	0.109	0.353	0.082	0.249
甘肃	0.04	0.02	0.18	0.048	0.390	0.106	0.330
青海	0.02	0.04	0.14	0.330	0.550	0.030	0.520
宁夏	0.03	0.02	0.16	0.224	0.423	0.048	0.165
新疆	0.04	0.01	0.22	0.193	0.933	0.003	0.420
华北	0.03	0.02	0.16	0.241	0.514	0.086	0.264
东北	0.02	0.04	0.16	0.242	0.580	0.027	0.317
华东	0.03	0.04	0.20	0.239	0.429	0.044	0.269
中南	0.02	0.04	0.18	0.169	0.702	0.015	0.156
西南	0.04	0.04	0.27	0.086	0.351	0.005	0.103
西北	0.03	0.03	0.17	0.181	0.530	0.054	0.337

注：本表以多层砖混结构住宅为主。

4.2.2.4　民用建筑工程造价及三材消耗量参考指标，见表4-18。

民用建筑工程造价及三材消耗量参考指标（2001年度北京地区价格）

表4-18

序号	工程名称	结构类型	单方造价（元/m^2）	每平方米三材消耗量			备注
				钢材（kg）	水泥（kg）	圆木（m^3）	
1	板式多层住宅	砖混结构	1030～1080	20～25	140～160	0.04～0.05	一般标准
2	板式多层住宅	内大模外小砖	1040～1090	25～30	160～180	0.04～0.05	一般标准
3	板式多层住宅	内大模外挂板	1320～1350	27～32	165～185	0.04～0.05	一般标准
4	塔式多层住宅	砖混结构	1040～1090	20～25	140～160	0.04～0.05	一般标准
5	多层小天井住宅	砖混结构	1150～1200	20～25	140～160	0.04～0.05	一般标准
6	多层装配壁板住宅	全装配	1400～1450	33～36	210～230	0.04～0.05	一般标准

续表

序号	工程名称	结构类型	单方造价（元/m²）	每平方米三材消耗量			备注
				钢材（kg）	水泥（kg）	圆木（m³）	
7	塔式高层住宅	内大模外挂板	1840～1900	60～65	230～250	0.04～0.05	一般标准
8	塔式高层住宅	内轻质墙外挂板	2190～2240	55～60	210～230	0.04～0.05	一般标准
9	塔式高层住宅	滑升	2300～2340	50～55	220～240	0.04～0.05	一般标准
10	塔式高层装配壁板住宅	全装配	2050～2090	58～62	220～240	0.04～0.05	一般标准
11	板式高层住宅	框架外挂板	2100～2150	56～60	230～260	0.04～0.05	一般标准
12	板式高层住宅	内大模外挂板	1740～1780	58～63	220～240	0.04～0.05	一般标准
13	塔式高层装配壁板住宅	全装配	2000～2050	56～60	220～240	0.04～0.05	一般标准
14	住宅底层商店	砖混结构	1160～1200	23～28	150～170	0.03～0.04	一般标准
15	住宅底层商店	框架结构	1420～1470	38～42	185～210	0.04～0.05	一般标准
16	多层单身宿舍	砖混结构	990～1020	20～50	130～150	0.04～0.05	一般标准
17	多层单身宿舍	砖混结构	1000～1040	20～25	130～150	0.04～0.05	室内装饰标准较高
18	托儿所、幼儿园	砖混结构	1520～1560	22～25	140～150	0.03～0.04	一般标准
19	托儿所、幼儿园	砖混结构	1730～1780	22～25	140～150	0.03～0.04	室内装饰标准较高
20	中、小学	砖混结构	1230～1280	25～27	160～170	0.03～0.04	一般标准
21	教学楼	砖混结构	1340～1370	25～28	165～175	0.03～0.04	一般标准
22	教学楼	框架结构	2220～2260	48～52	210～240	0.03～0.04	室内装饰标准略高
23	教学楼	框架结构	1990～2030	48～52	210～240	0.03～0.04	一般标准

续表

序号	工程名称	结构类型	单方造价（元/m^2）	每平方米三材消耗量			备注
				钢材（kg）	水泥（kg）	圆木（m^3）	
24	电化教学楼	框架结构	2460~2500	50~55	210~240	0.03~0.04	一般标准
25	物理化学楼	框架结构	2370~2410	52~58	220~250	0.03~0.04	一般标准
26	图书馆	框架结构	2700~2750	55~60	220~250	0.03~0.04	一般标准
27	图书馆	框架结构	3870~3920	55~60	220~240	0.03~0.04	室内装饰标准较高
28	办公楼	砖混结构	1130~1170	25~28	160~170	0.03~0.04	一般标准
29	办公楼	框架结构	1730~1780	55~65	210~270	0.04~0.05	一般标准
30	办公楼	框架结构	1810~1850	55~60	210~270	0.04~0.05	室内装饰标准较高
31	高层办公楼	框架结构	2130~2350	80~100	260~310	0.04~0.05	一般标准
32	实验楼	砖混结构	1350~1400	25~30	150~170	0.03~0.04	一般标准
33	实验楼	框架结构	1730~1780	50~55	190~210	0.03~0.04	一般标准
34	计算机房	砖混结构	2640~2690	23~28	150~170	0.02~0.03	一般标准
35	计算机房	框架结构	2820~2860	48~53	190~220	0.02~0.03	—
36	门诊楼	砖混结构	1380~1420	22~25	160~180	0.02~0.03	一般标准
37	门诊楼	框架结构	1440~1490	45~50	185~220	0.03~0.04	一般标准
38	病房楼	砖混结构	1090~1130	23~26	170~200	0.02~0.03	一般标准
39	病房楼	框架结构	1340~1390	45~50	180~230	0.02~0.03	一般标准
40	病房楼	框架结构	1750~1800	55~60	180~230	0.02~0.03	室内装饰标准较高
41	医技楼	砖混结构	1480~1530	22~26	170~200	0.02~0.03	一般标准
42	手术楼	框架结构	3220~3260	48~56	180~230	0.02~0.03	一般标准
43	动物饲养房	砖混结构	1940~1990	22~26	160~180	0.04~0.05	一般标准
44	输血站血库	砖混结构	3600~3650	30~50	160~180	0.04~0.05	一般标准
45	同位素房	砖混结构	1410~1450	28~32	155~160	0.04~0.05	一般标准
46	医院一级污水处理站	—	35000~4000000	—	—	—	每座

续表

序号	工程名称	结构类型	单方造价（元/m^2）	每平方米三材消耗量			备注
				钢材（kg）	水泥（kg）	圆木（m^3）	
47	医院二级污水处理站	—	880000～900000	—	—	—	每座
48	社会旅馆	砖混结构	1410～1450	24～28	150～160	0.04～0.05	一般标准
49	社会旅馆	框架结构	1800～1850	60～65	230～250	0.04～0.05	一般标准
50	社会旅馆	砖混结构	1810～1850	28～35	160～170	0.04～0.05	室内装饰标准较高
51	社会旅馆	框架结构	2250～2300	65～70	240～260	0.04～0.05	室内装饰标准较高
52	高层招待所	框架结构	1990～2040	85～105	270～320	0.05～0.06	一般标准
53	高层招待所	框架结构	2620～2650	85～110	270～330	0.05～0.06	室内装饰标准较高
54	旅游饭店（高层）	框架结构	4100～4150	85～110	270～330	0.06～0.07	中等标准
55	旅游饭店（高层）	框架结构	5000～5050	90～120	200～340	0.06～0.07	较高标准
56	剧场	网架	2160～2200	70～80	230～250	0.02～0.03	一般标准
57	剧场	网架	2870～2920	80～90	240～260	0.02～0.03	标准较高
58	电影院	网架	1670～1710	75～85	210～230	0.02～0.03	一般标准
59	电影院	网架	2250～2300	80～90	240～260	0.02～0.03	标准较高
60	排演场	网架	1730～1780	70～80	180～200	0.02～0.03	一般标准
61	排演场	网架	2620～2650	75～85	190～210	0.02～0.03	标准较高
62	游艺厅	框架结构	1670～1710	55～60	220～240	0.02～0.03	一般标准
63	摄影棚	网架	2450～2500	70～80	180～200	0.02～0.03	一般标准
64	消音室	框架结构	3100～3150	60～65	220～240	0.02～0.03	一般标准
65	俱乐部	框架结构	1920～1960	65～70	230～250	0.05～0.06	一般标准
66	俱乐部	框架结构	2690～2730	70～75	240～260	0.05～0.06	标准较高
67	商业楼	砖混结构	1540～1590	26～28	160～180	0.03～0.04	一般标准
68	综合商业楼	框架结构	2080～2120	58～65	270～290	0.03～0.04	一般标准

续表

序号	工程名称	结构类型	单方造价（元/m^2）	每平方米三材消耗量			备注
				钢材（kg）	水泥（kg）	圆木（m^3）	
69	商业中心	框架结构	7100~7150	150~170	370~400	0.06~0.07	标准较高
70	市级邮电楼	框架结构	2100~2150	60~70	230~260	0.07~0.08	一般标准
71	小区邮电局	砖混结构	1220~1250	24~28	180~190	0.07~0.08	一般标准
72	小区邮电局	框架结构	1410~1450	56~60	220~240	0.07~0.08	一般标准
73	冷库	框架结构	3980~4030	80~90	260~280	0.04~0.05	一般标准
74	粮店	砖混结构	1220~1250	24~28	180~190	0.03~0.04	一般标准
75	菜市场	框架结构	1470~1520	70~80	250~270	0.03~0.04	一般标准
76	副食商店	砖混结构	1100~1150	24~28	180~200	0.04~0.05	一般标准
77	图书馆	框架结构	1860~1900	140~160	320~360	0.04~0.05	一般标准
78	图书馆	框架结构	3210~3250	150~170	320~360	0.04~0.05	一般标准
79	长途汽车站	框架结构	1700~1750	65~70	240~260	0.02~0.03	一般标准
80	长途汽车站	网架	2750~2800	80~90	180~200	0.02~0.03	标准较高
81	汽车库	混合结构	1000~1040	22~26	160~180	0.02~0.03	一般标准
82	多层车库	框架结构	1410~1450	75~80	230~250	0.02~0.03	一般标准
83	传达室	砖混结构	930~970	18~22	140~160	0.03~0.04	一般标准
84	科研楼	砖混结构	1050~1100	27~30	170~180	0.03~0.04	一般标准
85	科研楼	框架结构	1600~1640	52~37	220~240	0.03~0.04	一般标准
86	科研楼	框架结构	2010~2050	58~65	230~250	0.03~0.04	标准较高
87	外交公寓	砖混结构	1580~1630	25~33	170~180	0.04~0.05	标准较高
88	高层外交公寓	内大模外挂板	2310~2350	45~50	220~230	0.04~0.05	标准较高
89	自行车棚	砖混结构	440~480	15~18	120~140	0.01~0.02	一般标准
90	一般仓库	砖混结构	840~880	18~20	130~150	0.02~0.03	一般标准
91	多层仓库	框架结构	1190~1230	45~50	210~240	0.02~0.03	一般标准

续表

序号	工程名称	结构类型	单方造价（元/m²）	每平方米三材消耗量			备注
				钢材（kg）	水泥（kg）	圆木（m³）	
92	煤气站	砖混结构	990～1030	22～25	140～160	0.02～0.03	一般标准
93	加油站	框架结构	2440～2480	55～60	300～320	0.04～0.05	一般标准
94	锅炉房	框架结构	1990～2040	58～62	170～190	0.02～0.03	土建
95	变电室	砖混结构	1410～1450	22～24	180～190	0.02～0.03	土建
96	冷冻机房	排架结构	1660～1700	56～60	210～230	0.02～0.03	土建
97	加压泵房	砖混结构	1610～1650	24～26	180～200	0.02～0.03	土建
98	深井泵房	砖混结构	1650～1700	24～26	180～200	0.02～0.03	土建
99	体育馆	—	2270～2320	65～70	230～240	0.02～0.03	一般标准
100	体育馆	—	3080～3130	80～95	190～210	0.02～0.03	标准较高

4.2.2.5 各类建筑工程每1m²分工种耗用人工量，见表4-19。

各类建筑工程每1m²分工种耗用人工量　　表4-19

工种	中学教学楼	小学教学楼	民用住宅	锅炉房	厂房	库房
	混合	混合	混合	混合	钢混	混合
	四层	三层	五层	一层	一层	一层
普通工	0.97	0.699	1.06	0.72	0.52	0.483
油毡工	0.03	0.067	0.002	0.001	0.07	—
抹灰工	0.62	0.683	0.55	0.27	0.22	0.065
瓦工	0.4	0.287	0.33	0.5	0.28	0.22
白铁工	0.01	0.012	0.01	0.013	0.002	0.008
木工	0.69	0.693	0.34	0.51	0.66	0.184
油漆工	0.15	0.176	0.23	0.07	0.14	0.041
玻璃工	0.004	0.007	0.004	0.003	0.012	0.0033
架子工	0.19	0.20	0.161	0.25	0.19	0.23
电焊工	0.005	0.004	0.014	0.002	0.16	—
钢筋工	0.09	0.089	0.06	0.089	0.22	0.0004

续表

工种	中学教学楼	小学教学楼	民用住宅	锅炉房	厂房	库房
	混合	混合	混合	混合	钢混	混合
	四层	三层	五层	一层	一层	一层
起重工	0.08	—	0.08	0.07	0.10	—
水暖工	0.20	0.264	0.25	1.02	0.04	—
电工	0.11	0.076	0.09	0.17	—	0.01
灰土工	0.15	0.267	0.15	0.34	0.05	0.0084
混凝土工	0.27	0.17	0.16	0.26	0.31	0.078
石工	0.005	0.0085	—	—	—	—
合计	4.06	3.702	3.49	4.29	2.97	1.33

4.3 工程结算

4.3.1 建设工程项目费用组成

建筑安装工程费由直接费、间接费、利润和税金组成。

4.3.1.1　直接费

由直接工程费和措施费组成。

1. 直接工程费：是指施工过程中耗费的构成工程实体的各项费用，包括人工费、材料费、施工机械使用费。

1）人工费：是指直接从事建筑安装工程施工的生产工人开支的各项费用，内容包括：

（1）基本工资：是指发放给生产工人的基本工资。

（2）工资性补贴：是指按规定标准发放的物价补贴，煤、燃气补贴，交通补贴，住房补贴，流动施工津贴等。

（3）生产工人辅助工资：是指生产工人年有效施工天数以外非作业天数的工资，包括职工学习、培训期间的工资，调动工作、探亲、休假期间的工资，因气候影响的停工工资，女工哺乳时间的工资，病假在六个月以内的工资及产、婚、丧假期的工资。

(4) 职工福利费：是指按规定标准计提的职工福利费。

(5) 生产工人劳动保护费：是指按规定标准发放的劳动保护用品的购置费及修理费，徒工服装补贴，防暑降温费，在有碍身体健康环境中施工的保健费用等。

2) 材料费：是指施工过程中耗费的构成工程实体的原材料、辅助材料、构配件、零件、半成品的费用。内容包括：

(1) 材料原价（或供应价格)。

(2) 材料运杂费：是指材料自来源地运至工地仓库或指定堆放地点所发生的全部费用。

(3) 运输损耗费：是指材料在运输装卸过程中不可避免的损耗。

(4) 采购及保管费：是指为组织采购、供应和保管材料过程中所需要的各项费用。

包括：采购费、仓储费、工地保管费、仓储损耗。

(5) 检验试验费：是指对建筑材料、构件和建筑安装物进行一般鉴定、检查所发生的费用，包括自设试验室进行试验所耗用的材料和化学药品等费用。不包括新结构、新材料的试验费和建设单位对具有出厂合格证明的材料进行检验，对构件做破坏性试验及其他特殊要求检验试验的费用。

3) 施工机械使用费：是指施工机械作业所发生的机械使用费以及机械安拆费和场外运费。

施工机械台班单价应由下列七项费用组成：

(1) 折旧费：指施工机械在规定的使用年限内，陆续收回其原值及购置资金的时间价值。

(2) 大修理费：指施工机械按规定的大修理间隔台班进行必要的大修理，以恢复其正常功能所需的费用。

(3) 经常修理费：指施工机械除大修理以外的各级保养和临时故障排除所需的费用。包括为保障机械正常运转所需替换设备与随机配备工具附具的摊销和维护费用，机械运转中日常保养所需润滑与擦拭的材料费用及机械停滞期间的维护和保养费用等。

(4) 安拆费及场外运费：安拆费指施工机械在现场进行安装与拆卸所需的人工、材料、机械和试运转费用以及机械辅助设施的折旧、搭设、拆除等费用；场外运费指施工机械整体或分体自停放地点运至施工现场或由一施工地点运至另一施工地点的运输、装卸、辅助材料及架线等费用。

(5) 人工费：指机上司机（司炉）和其他操作人员的工作日人工费及上述人员在施工机械规定的年工作台班以外的人工费。

(6) 燃料动力费：指施工机械在运转作业中所消耗的固体燃料（煤、木柴）、液体燃料（汽油、柴油）及水、电等。

(7) 养路费及车船使用税：指施工机械按照国家规定和有关部门规定应缴纳的养路费、车船使用税、保险费及年检费等。

2. 措施费：是指为完成工程项目施工，发生于该工程施工前和施工过程中非工程实体项目的费用。包括以下内容：

1) 环境保护费：是指施工现场为达到环保部门要求所需要的各项费用。

2) 文明施工费：是指施工现场文明施工所需要的各项费用。

3) 安全施工费：是指施工现场安全施工所需要的各项费用。

4) 临时设施费：是指施工企业为进行建筑工程施工所必须搭设的生活和生产用的临时建筑物、构筑物和其他临时设施费用等。

(1) 临时设施包括：临时宿舍、文化福利及公用事业房屋与构筑物，仓库、办公室、加工厂以及规定范围内道路、水、电、管线等临时设施和小型临时设施。

(2) 临时设施费用包括：临时设施的搭设、维修、拆除费或摊销费。

5) 夜间施工费：是指因夜间施工所发生的夜班补助费、夜间施工降效、夜间施工照明设备摊销及照明用电等费用。

6) 二次搬运费：是指因施工场地狭小等特殊情况而发生的二次搬运费用。

7) 大型机械设备进出场及安拆费：是指机械整体或分体自停放场地运至施工现场或由一个施工地点运至另一个施工地点，所发生的机械进出场运输及转移费用及机械在施工现场进行安装、拆卸所需的人工费、材料费、机械费、试运转费和安装所需的辅助设施的费用。

8）混凝土、钢筋混凝土模板及支架费：是指混凝土施工过程中需要的各种钢模板、木模板、支架等的支、拆、运输费用及模板、支架的摊销（或租赁）费用。

9）脚手架费：是指施工需要的各种脚手架搭、拆、运输费用及脚手架的摊销（或租赁）费用。

10）已完工程及设备保护费：是指竣工验收前，对已完工程及设备进行保护所需费用。

11）施工排水、降水费：是指为确保工程在正常条件下施工，采取各种排水、降水措施所发生的各种费用。

4.3.1.2 间接费

由规费、企业管理费组成。

1. 规费：是指政府和有关权力部门规定必须缴纳的费用（简称规费）。包括：

1）工程排污费：是指施工现场按规定缴纳的工程排污费。

2）工程定额测定费：是指按规定支付工程造价（定额）管理部门的定额测定费。

3）社会保障费：

(1) 养老保险费：是指企业按规定标准为职工缴纳的基本养老保险费。

(2) 失业保险费：是指企业按照国家规定标准为职工缴纳的失业保险费。

(3) 医疗保险费：是指企业按照规定标准为职工缴纳的基本医疗保险费。

4）住房公积金：是指企业按规定标准为职工缴纳的住房公积金。

5）危险作业意外伤害保险：是指按照建筑法规定，企业为从事危险作业的建筑安装施工人员支付的意外伤害保险费。

2. 企业管理费：是指建筑安装企业组织施工生产和经营管理所需费用。内容包括：

1）管理人员工资：是指管理人员的基本工资、工资性补贴、职工福利费、劳动保护费等。

2）办公费：是指企业管理办公用的文具、纸张、账表、印刷、邮电、书报、会议、水电、烧水和集体取暖（包括现场临时宿舍取暖）用煤等费用。

3）差旅交通费：是指职工因公出差、调动工作的差旅费、住勤补助费，市内交通费和误餐补助费，职工探亲路费，劳动力招募费，职工离退休、退职一次性路费，工伤人员就医路费，工地转移费以及管理部门使用的交通工具的油料、燃料、养路费及牌照费。

4）固定资产使用费：是指管理和试验部门及附属生产单位使用的属于固定资产的房屋、设备仪器等的折旧、大修、维修或租赁费。

5）工具用具使用费：是指管理使用的不属于固定资产的生产工具、器具、家具、交通工具和检验、试验、测绘、消防用具等的购置、维修和摊销费。

6）劳动保险费：是指由企业支付离退休职工的易地安家补助费、职工退职金、六个月以上的病假人员工资、职工死亡丧葬补助费、抚恤费、按规定支付给离休干部的各项经费。

7）工会经费：是指企业按职工工资总额计提的工会经费。

8）职工教育经费：是指企业为职工学习先进技术和提高文化水平，按职工工资总额计提的费用。

9）财产保险费：是指施工管理用财产、车辆保险。

10）财务费：是指企业为筹集资金而发生的各种费用。

11）税金：是指企业按规定缴纳的房产税、车船使用税、土地使用税、印花税等。

12）其他：包括技术转让费、技术开发费、业务招待费、绿化费、广告费、公证费、法律顾问费、审计费、咨询费等。

4.3.1.3 利润

是指施工企业完成所承包工程获得的盈利。

4.3.1.4 税金

是指国家税法规定的应计入建筑安装工程造价内的营业税、城市维护建设税及教育费附加等。

4.3.2 建设工程工程量清单计价

工程量清单在我国是指在建设工程施工招投标时，招标人依据工程施工图纸、按照招标文件要求，以统一的工程量计算规则，统一的项目划分，在招标文件中将实施招标的工程建设项目实物工程量和技术性措施以统一的计量单位列出的清单。

4.3.2.1 工程量清单的编制

工程量清单编制原则及方法：鉴于目前我国工程造价管理体制现状和我国的企业定额尚未形成的情况下，还需按照预算定额体系向实行实物工程招投标法过渡，逐步通过工程量清单的招投标真正达到由市场形成工程造价的最终目标。那么利用预算定额制定工程量清单的基本方法是：按照招投标和施工设计图纸的要求与规定，依据统一的工程量计算规则、现行预算定额将拟建招投标工程的全部项目和内容按工程部位性质或按构件分部分项内容，计算其实物工程量，形成工程量清单，作为招投标文件的组成部分，供投标单位逐项填写单价。

4.3.2.2 工程量清单的主要内容

1. 工程量清单报价内容

工程量清单报价应包括清单所列项目的全部费用，包括分部分项工程费、措施项目费、其他项目费和规费、税金共5项内容。

2. 清单项目的报价方法

清单报价的全部内容除去规费和税金以外，就是分部分项工程费、措施项目费和其他项目费。在这3项报价中占比例最大，也是最难报价的应属分部分项工程费，其他2项相对比例较小。

1）分部分项工程费

分部分项工程费报价时采用的是综合单价法，即每个编码项目费用中包括完成工程量清单中一个规定计量单位项目所需要的人工费、材料费、机械使用费、管理费和利润，并考虑风险费用。

（1）消耗量。每一个规定计量单位编码项目的人、材、机消耗量，在有企业定额的前提下，采用企业定额的消耗量标准，也可以采用地方定额。

（2）人、材、机市场价格的取向。人、材、机的市场价格可以多渠道获取，最直接、最快捷、最准确的还是本企业各部门所掌握的信息。以建筑材料为例，市场供求关系价格变化快，即使是同一种建筑材料，在同一供货时期，如果是不同的进货渠道、不同的供应方式、不同的付款方式其价格也不会相同。

（3）企业管理费和利润的确定。因为企业管理费和利润这两项也都包括在清单的报价中，企业应当根据自己的实力、竞争的要求，以期达到的目的，并参考地方定额的标准来确定这两项的比率，或高或低，由企业自主决定。

2）措施项目费

措施项目清单中所列的措施项目均以“一项”为1个报价单位，即1项措施报1个总价，所以计价时，首先应详细分析其所含工程内容，然后确定其综合单价，在总价中也要分解成人、材、机的费用和企业管理费和利润这5项内容。

3．其他项目费

《建设工程工程量清单计价规范》（GB 50500）所列其他项目清单共4项，即预留金、材料购置费、总承包服务费、零星工作项目费等。预留金主要考虑可能发生的工程量变更而预留的金额。总承包服务费包括配合协调招标人进行的工程分包和材料采购所需要的费用。零星工作项目费应根据招标文件中的“零星工作项目计划表”确定。其他项目费均按“项”报价，每1项报1个总价。

4. 工程量清单报价表（表4-20～表4-26）

工程项目总价表 **表4-20**

工程名称： 第 页、共 页

序号	单项工程名称	金额（元）
	合 计	

单项工程费汇总表　**表 4-21**

工程名称：　　　　　　　　　　　　　　　　第　页、共　页

序号	单位工程名称	金额（元）
	合　计	

单位工程费汇总表　　**表 4-22**

工程名称：　　　　第　页、共　页

序号	项目名称	金额（元）
1	分部分项工程量清单计价合计	
2	措施项目清单计价合计	
3	其他项目清单计价合计	
4	规费	
5	税金	
	合　　计	

分部分项工程量清单计价表 **表 4-23**

工程名称： 第 页、共 页

序号	项目编码	项目名称	计量单位	工程数量	金额（元）	
					综合单价	合 价
		本页小计				
		合 计				

措施项目清单计价表　　表 4-24

工程名称：　　第　页、共　页

序号	项 目 名 称	金额（元）
	合　计	

其他项目清单计价表　　**表 4-25**

工程名称：　　第　页、共　页

序号	项目名称	金额（元）
1	招标人部分	
	小　计	
2	投标人部分	
	小　计	
	合　计	

零星工作项目计价表表 表 4-26

工程名称： 第 页、共 页

序号	名称	计量单位	数量	金额（元）	
				综合单价	合价
1	人工				
	小计				
2	材料				
	小计				
3	机械				
	小计				
	合计				

分部分项工程量清单综合单价分析表　　**表 4-27**

工程名称：　　　　第　页、共　页

序号	项目编码	项目名称	工程内容	综合单价组成					综合单价
				人工费	材料费	机械使用费	管理费	利润	

措施项目费分析表 **表4-28**

工程名称： 第 页、共 页

序号	措施项目名称	单位	数量	金额（元）					
				人工费	材料费	机械使用费	管理费	利润	小计
	合计								

主要材料价格表　**表 4-29**

工程名称：　第　页、共　页

序号	材料编码	材料名称	规格、型号等特殊要求	单位	单价（元）

4.3.3 建筑工程计价程序

根据建设部第107号部令《建筑工程施工发包与承包计价管理办法》的规定，发包与承包价的计算方法分为工料单价法和综合单价法。

4.3.3.1 工料单价法计价程序

工料单价法是以分部分项工程量乘以单价后的合计为直接工程费。直接工程费以人工、材料、机械的消耗量及其相应价格确定。直接工程费汇总后另加间接费、利润、税金生成工程发承包价，其计算程序分为三种：

1. 以直接费为计算基础的计价程序，见表4-30。

以直接费为计算基础的计价程序　　表4-30

序号	费用项目	计算方法	备注
1	直接工程费	按预算表	
2	措施费	按规定标准计算	
3	小计	(1) + (2)	
4	间接费	(3) ×相应费率	
5	利润	((3) + (4)) ×相应利润率	
6	合计	(3) + (4) + (5)	
7	含税造价	(6) × (1+相应税率)	

2. 以人工费和机械费为计算基础的计价程序，见表4-31。

以人工费和机械费为计算基础的计价程序　　表4-31

序号	费用项目	计算方法	备注
1	直接工程费	按预算表	
2	其中人工费和机械费	按预算表	
3	措施费	按规定标准计算	
4	其中人工费和机械费	按规定标准计算	

续表

序　号	费用项目	计算方法	备　注
5	小计	(1) + (3)	
6	人工费和机械费小计	(2) + (4)	
7	间接费	(6) ×相应费率	
8	利润	(6) ×相应利润率	
9	合计	(5) + (7) + (8)	
10	含税造价	(9) × (1+相应税率)	

3. 以人工费为计算基础的计价程序，见表4-32。

以人工费为计算基础的计价程序　　表4-32

序　号	费用项目	计算方法	备　注
1	直接工程费	按预算表	
2	直接工程费中人工费	按预算表	
3	措施费	按规定标准计算	
4	措施费中人工费	按规定标准计算	
5	小计	(1) + (3)	
6	人工费小计	(2) + (4)	
7	间接费	(6) ×相应费率	
8	利润	(6) ×相应利润率	
9	合计	(5) + (7) + (8)	
10	含税造价	(9) × (1+相应税率)	

4.3.3.2　综合单价法计价程序

综合单价法是分部分项工程单价为全费用单价，全费用单价经综合计算后生成，其内容包括直接工程费、间接费、利润和税金（措施费也可按此方法生成全费用价格）。

各分项工程量乘以综合单价的合价汇总后，生成工程发承包价。

由于各分部分项工程中的人工、材料、机械含量的比例不同，各分项工程可根据其材料费占人工费、材料费、机械费合计的比例（以字母“C”代表该项比值）在以下三种计算程序中选择一种计算其综合单价。

1. 当 $C > C_0$（C_0为本地区原费用定额测算所选典型工程材料费占人工费、材料费、和机械费合计的比例）时，可采用以人工费、材料费、机械费合计为基数计算该分项的间接费和利润，见表 4-33。

以直接费为计算基础 **表 4-33**

序 号	费用项目	计算方法	备 注
1	分项直接工程费	人工费 + 材料费 + 机械费	
2	间接费	（1）×相应费率	
3	利润	（（1）+（2））×相应利润率	
4	合计	（1）+（2）+（3）	
5	含税造价	（4）×（1 + 相应税率）	

2. 当 $C < C_0$值的下限时，可采用以人工费和机械费合计为基数计算该分项的间接费和利润，见表 4-34。

以人工费和机械费为计算基础 **表 4-34**

序 号	费用项目	计算方法	备 注
1	分项直接工程费	人工费 + 材料费 + 机械费	
2	其中人工费和机械费	人工费 + 机械费	
3	间接费	（2）×相应费率	
4	利润	（2）×相应利润率	
5	合计	（1）+（3）+（4）	
6	含税造价	（5）×（1 + 相应税率）	

3. 如该分项的直接费仅为人工费，无材料费和机械费时，可采用以人工费为基数计算该分项的间接费和利润，见表 4-35。

以人工费为计算基础　　表 4-35

序　号	费用项目	计算方法	备　注
1	分项直接工程费	人工费+材料费+机械费	
2	直接工程费中人工费	人工费	
3	间接费	(2)×相应费率	
4	利润	(2)×相应利润率	
5	合计	(1)+(3)+(4)	
6	含税造价	(5)×(1+相应税率)	

4.3.4　工程结算的主要方法

4.3.4.1　工程结算的编制依据

编制工程结算是一项细致的工作，既要做到正确地反映建筑安装工人创造的工程价值，又要正确地贯彻执行国家有关部门的各项规定。因此，编制工程价款结算必须依据以下资料：

1. 施工企业与建设单位签订的合同或协议。

2. 施工进度计划、月旬作业计划和施工工期。

3. 施工过程中现场实际情况记录和有关费用签证，如工程签证单、隐蔽工程验收记录、工程交工验收记录等。

4. 施工图纸及有关资料、会审纪要、设计变更通知书和现场工程更改签证。

5. 清单报价的相关项目。

6. 国家和当地有关政策规定。

4.3.4.2　工程价款的主要结算方式

工程价款结算根据不同情况，可采取多种方式。目前，主要方式如下：

1. 按月结算

实行旬末或月中预支，月终结算，竣工后清算的办法。跨年度的工程，在年终进行工程盘点，办理年度结算。

2. 竣工后一次结算

建设项目或单项工程全部建筑安装工程建设期在12个月以内，或者工程承包合同价值较低，通常在100万元以下的，可以实行工程价款每月月中预支，竣工后一次结算。

3. 分段结算

即当年开工，当年不能竣工的单项工程或单位工程按照工程形象进度，划分不同阶段进行结算。目前，建筑行业多采用此类办法。

4. 目标结算方式

在工程合同中，将承包工程的内容分解成不同的控制界面，以业主验收控制界面作为支付工程借款的前提条件。也就是说，将合同的工程内容分解成不同的验收单元，当承包商完成单元工程内容并经业主（或其委托人）验收后，业主支付构成单元工程内容的工程价款。

4.3.5 混凝土施工结算

以某小高层为例，总包单位与劳务分包（混凝土施工班组）进行混凝土施工结算的常见方式：

1. 结算方式（包清工）

1）按工日结算 60～100元/工日。

2）按工程量结算：

（1）±0.000以下（基础部分）以立方米计，13～18元/m^3。

（2）上部结构以平方米计，9～12元/m^2。

说明："平方米"工程量是指建筑面积；上部结构的梁、墙、柱都进行了综合考虑。

2. 付款方式

1）根据合同约定，按月进度拨付工程款，一般为应付款的70%～80%。

2）根据合同约定，将承包量按照一定方式进行分解（如基础部分的1/2、标准层、施工段等），根据完成情况（工程量、质量等）付款至70% ~80%。

3. 工程量结算单（表4-36）

工程量结算单　　表4-36

<table>
<tr><td colspan="2">工程名称：
发包单位（人）：</td><td colspan="2">承包单位（人）：</td></tr>
<tr><td colspan="4">内容：
由________劳务公司承担的________部位混凝土施工，工程量合计：________单价：________，合价（小写）：________（大写：________）</td></tr>
<tr><td>发包单位（人）
签认</td><td>经办人：
预算员：
项目经理：
年　月　日</td><td>承包单位（人）
签认</td><td>班组长：
负责人：
年　月　日</td></tr>
</table>

4.3.6　工程款支付担保制

4.3.6.1　建设工程担保制度

我国于2005年正式出台了“关于在房地产开发项目中推行工程建设合同担保的若干规定（试行）的通知（以下简称《通知》），即利用经济手段引入担保人作为第三方对工程建设进行管理和负责，通过守信得偿、失信受惩的原则，建立起优胜劣汰的市场机制。也就是说，业主自然希望能够按期完成工程，有了工程保证担保当然可以解除业主的后顾之忧，因为即使现在的承包商不能够近期履约，保证人也会代为履约，而承包商一直担心的是能不能够按时拿到工程款，有了工程担保承包商就不必担心，有了第三方的担保，只要能够按期完成工程就可以拿到工程款，这样各方的利益就得到了统一。一个工程项目从启动到完工，由于涉及业主、承包商、分包商、供应商以及操作劳务等各种经济关系，建立在具有信用保障机制下的契约才会真正确保工程质量和工期。

《通知》中所称担保分为：投标担保、业主工程款支付担保、承包商履约担保和承包商付款担保。

4.3.6.2　工程款支付担保

拖欠工程款是一个长期困扰施工企业正常生产经营活动的"顽疾"。近年来，行业管理和企业自己虽然采取多种办法，但收效并不大。尤其是对一些长期难以收回的债权，更是缺乏有效的清欠办法。造成拖欠施工企业工程款居高不下的原因主要是：资金不落实；建设项目招投标机制不完善，不少项目业主把垫付资金作为参与招投标的必要条件，埋下了拖欠工程款隐患；建设项目开工前缺乏有效监督，一些项目在资金不到位的情况下，批准立项上马，发放开工许可证，造成不能实施有效的监督和约束。

工程款支付担保，实质就是业主的履约担保，是用来规范建筑市场交易行为，防止拖欠工程款和保障农民工合法权益的有效手段。建设部要求，房地产开发企业要有工程款支付担保人，凡不能按照合同约定支付工程款的担保人代其支付，承包商分包工程也要有付款担保，凡建筑企业分包工程不按照合同约定向分包企业付款的，由担保人负责支付。同时还要求，实行总承包企业对分包企业工资支付连带责任制，凡分包企业拖欠农民工工资的，由总承包企业负责对分包企业所属农民工直接支付工资，所需款项在分包工程款中扣除。

除了《通知》以外，建设部2005年4月1日出台了《房屋建筑和市政基础设施工程施工分包管理办法》，该办法对工程款和民工劳务费的支付做出了明确规定，分包工程发包人和承包人之间要依法签订分包合同，合同必须明确约定支付工程款和劳务工资的时间、结算方式以及保证按期支付的相应措施，确保工程款和劳务工资的支付。

另外，正在修改的《建筑法》还将囊括：以保护建设领域进城务工农民的利益为目的，组织建设领域农民工的技能培训和安全教育，对关键工种和特种作业人员实行就业准入和持证上岗制度，引导农民工提高就业能力。健全农民工劳动合同管理，配合有关部门完善建设领域农民工工资支付保障制度，规范工资支付行为。建立农民工劳动安全保障体系，改善农民工作业条件，监督建筑企业依法为农民工办理工伤保险和意外伤害险。制定和落实改善农民工居住条件的政策措施，加强对城乡接合部、“城中村”等农民工聚居地区的规划建设管理，改善农民工居住场所的卫生与安全环境。

4.3.6.3　工程款支付担保（示范）合同

业主支付委托保证合同（试行）

编号：（工　字）第　号

委托保证人（以下称甲方）：
住　　所：
法定代表人：
电　　话：　　　　　　传　　真：
保证人（以下称乙方）：
住　　所：
法定代表人：
电　　话：　　　　　　传　　真：

鉴于甲方与　　（以下简称承包商）就　　项目于　年　月　日签订编号为　　的《建设工程施工合同》（以下简称主合同），乙方接受甲方的委托，同意为甲方以保证方式向承包商提供工程款支付担保。双方经协商一致，订立本合同。

第一条　定义

1.1　本合同所称业主支付担保是指，乙方向承包商保证，当甲方未按照主合同的约定支付工程款时，由乙方代为支付的行为。

1.2　本合同所称主合同约定的工程款是指主合同约定的除工程质量保修金以外的合同价款。

第二条　保证的范围及保证金额

2.1 乙方保证的范围是主合同约定的工程款。

2.2 乙方保证的金额是主合同约定的工程款的 %，金额最高不超过人民币 元（大写： ）。

第三条 保证的方式及保证期间

3.1 乙方保证的方式为：连带责任保证。

3.2 乙方保证的期间为：自本合同生效之日起至主合同约定的工程款支付之日后 日内。

3.3 甲方与承包商协议变更工程款支付日期的，经乙方书面同意后，保证期间按照变更后的支付日期做相应调整。

第四条 承担保证责任的形式

4.1 乙方承担保证责任的形式是代为支付。

4.2 甲方未按主合同约定向承包商支付工程款的，由乙方在保证金额内代为支付。

第五条 担保费及支付方式

5.1 担保费率根据担保额、担保期限、风险等因素确定。

5.2 双方确定的担保费率为： 。

5.3 本合同生效后 日内，甲方一次性支付乙方担保费共计人民币 元（大写： ）。

第六条 反担保

甲方应按照乙方的要求向乙方提供反担保，由双方另行签订反担保合同。

第七条 乙方的追偿权

乙方按照本合同的约定承担了保证责任后，即有权要求甲方立即归还乙方代偿的全部款项及乙方实现债权的费用，甲方另外应支付乙方代偿之日起企业银行同期贷款利息、罚息，并按上述代偿款项的 %一次性支付违约金。

第八条 双方的其他权利义务

8.1 乙方在甲乙双方签订本合同，并收到甲方支付的担保费之日起 日内，向承包商出具《业主支付保函》。

8.2 甲方如需变更名称、经营范围、注册资金、注册地、主要营业机构所在地、法定代表人或发生合并、分立、重组等重大经营举措应提前三十日通知乙方；发生亏损、诉讼等事项应立即通知乙方。

8.3　甲方不得擅自将工程转让给第三人。甲方与承包商有关主合同的修改、变更，应告知乙方；如发生结构、规模、标准等重大设计变更，应经乙方书面同意。

8.4　甲方保证对已经落实的工程款项实行专款专用，及时向乙方通报工程款项的支付和合同履行情况，积极配合乙方进行定期或随时检查和监督。必要时乙方可要求甲方将已落实的工程款项打入乙方指定的账户，实行专款专用监督。

第九条　争议的解决

本合同发生争议或纠纷时，甲乙双方当事人可以通过协商解决，协商不成的，通过第　款约定的方式解决：

9.1　向　　　　　法院起诉；

9.2　向　　　　　提起仲裁。（写明仲裁机构名称）

第十条　甲乙双方约定的其他事项

第十一条　合同的生效、变更和解除

11.1　本合同由甲乙双方法定代表人（或其授权代理人）签字或加盖公章生效。

11.2　本合同生效后，任何有关本合同的补充、修改、变更、解除等均需由甲乙双方协商一致并订立书面协议。

第十二条　附则

本合同一式　　份，甲乙双方各执　　份。

甲方：　　　　　　　　　　　　　乙方：

法定代表人：　　　　　　　　　　法定代表人

（或授权代理人）　　　　　　　　（或授权代理人）

年　月　日　　　　　　　　　　　年　月　日

5 施工成本及索赔

5.1 施工成本

5.1.1 施工成本组成

施工项目成本是指建筑企业以施工项目作为成本核算对象的施工过程中所耗费的生产资料转移价值和劳动者的必要劳动所创造的价值的货币形式。即某施工项目在施工中所发生的全部生产费用总和，包括所消耗的主、辅材料，构配件，周转材料的摊销费或租赁费，施工机械台班费或租赁费，支付给生产工人的工资、奖金以及项目经理部（或分公司、工程处）为组织和管理工程所发生的全部费用支出。

施工项目成本不包括劳动者为社会所创造的价值（如税金和计划利润），也不应包括不构成施工项目价值的一切非生产支出。

概括起来工程项目施工成本由直接成本和间接成本组成。

直接成本是指在施工过程中耗费的构成工程实体或有助于工程实体形成的各项费用的支出，其是可以直接计入工程对象的费用，包括人工费、材料费、施工机械使用费和施工措施费等；间接成本是指为施工准备、组织和管理施工生产的全部费用的支出，是非直接用于也无法直接计入工程对象，但为工程施工所必须发生的费用，包括管理人员的工资、办公费、交通差旅费等。

5.1.2 施工成本核算

5.1.2.1 施工项目成本核算的对象

施工成本一般以每一独立编制施工图预算的单位工程为成本

核算对象，但也可以按照承包工程项目的规模、工期、结构类型、施工组织和施工现场等情况，结合成本控制的要求，灵活划分成本核算对象。一般说来有以下几种划分的方法：

1. 一个建设项目由几个施工单位共同施工时，各施工单位都应以同一单位工程为成本核算对象，各自核算自行完成的部分。

2. 规模大、工期长的单位工程，可以将工程划分为若干部位，以分部位的工程作为成本核算对象。

3. 同一建设项目，由同一施工单位施工，并在同一施工地点，属于同一建设项目的各个单位工程合并作为一个成本核算对象。

5.1.2.2 施工项目成本计算期

施工项目成本计算期，见表5-1。

施工项目成本计算期 **表5-1**

序号	项　目	说　明
1	成本计算方法	分批（定单法）
2	生产类型	单件、小批
3	成本核算对象	工程合同中的某个（或某批）单位工程
4	成本计算期	原则：以季为计算期，有条件以月为计算期 要求： （1）定期计算：采用按月结算工程价款的工程，以月为计算期 （2）不定期计算：采用按期结算工程价款的工程，以办理结算的当月为计算期
5	生产费用在已完工程和未完工程之间的分配	（1）按月结算工程价款方式 1）未完工程价值较小的，一般可不分配 2）未完工程价值较大的，应予分配 （2）按合同规定结算期结算工程价款方式： 1）分段结算工程 一般需在两者之间进行分配 2）竣工后一次结算工程结算前为未完工程费用，结算后为已完工程费用

5.1.2.3 施工项目成本核算的基础工作

1. 施工项目成本会计的账表

项目经理部应根据会计制度的要求，设立核算必需的账户，进行规范的核算。编制项目资产负债表、损益表及项目有关的成本表、费用表。正式“成本会计”账表为“三账四表”：工程施工账（项目成本明细账、单位工程成本明细账），施工间接费账，其他直接费账，项目工程成本表，在建工程成本明细表，竣工工程成本明细表和施工间接费表。有关表格举例见表5-2～表5-4。

××市施工企业2000年月度会计报表　　表5-2

损益表

会施地月03－1表

编报单位：××建筑工程公司　　2006年×月　　金额单位：元

机行次	项　目	行次	本月数	本年累计数
1	一、工程结算收入	1	46701942.58	201421463.90
2	减：工程结算成本	2	45565326.59	183777142.80
3	工程结算税金及附加	3	2222437.49	9569584.51
4	二、工程结算利润	4	－1085821.50	8074736.64
5	加：其他业务利润	5	1711728.57	5758997.96
6	减：管理费用	6	248072.51	12237008.08
7	财务费用	7	256.42	71182.15
8	三、营业利润	8	377578.14	1525544.37
9	加：投资收益	9	156000.00	478200
10	补贴收入	10		
11	营业外收入	11	86350.80	1311950.96
12	用含量工资节余弥补利润	12		
13				
14				
15	减：营业外支出	13	37623.87	66571.87
16	结转的含量工资节余	14		
17	四、利润总额（亏损以“－”号表示）	15	582305.07	3249123.46

会计主管人员：　　制表人：

工程成本表

表 5-3

会施地月 03-1 表

编报单位：××建筑工程公司　　　　2006 年×月　　　　单位：元

项　目	行次	本期数				累计数			
		预算成本	实际成本	降低额	降低率	预算成本	实际成本	降低额	降低率
		1	2	3	4	5	6	7	8
人工费	1	5286532.00	-391828.76	5678360.76	107.41%	16214551.17	1290607.08	14923944.09	92.04%
外清包人工费	2		2893527.65	-2893527.65			12249776.53	-12249776.53	
材料费	3	20339425.00	22224604.84	-1885179.84	-9.27%	83250108.69	80182326.90	3067781.79	3.69%
结构件	4	4333963.00	4198657.15	135305.85	3.12%	33187838.76	29846700.48	3341138.28	10.07%
周转材料费	5	1784628.00	4483476.40	-2698848.40	-151.23%	8067643.06	13064617.15	-4996974.09	-61.94%
机械使用费	6	2710929.00	2011767.33	699161.67	25.79%	15286881.00	12683446.46	2603434.54	17.03%
其他直接费	7	309841.00	773678.60	-463837.60	-149.70%	3075058.00	7451119.78	-4376061.78	-142.31%
间接成本	8	3529284.00	4339813.57	-810529.57	-22.97%	15628257.20	16270420.40	-642163.20	-4.11%
工程成本合计	9	38294602.00	40533696.78	-2239094.78	-5.85%	174710337.88	173039014.78	1671323.10	0.96%
分建成本	10	5219910.58	5031629.81	188280.77	3.61%	11234407.35	10738127.97	496279.38	4.42%
工程结算成本合计	11	43514512.58	45565326.59	-2050814.01	-4.71%	185944745.23	183777142.75	2167602.48	1.17%
工程结算其他收入	12	3187430.00	2222437.49	964992.51	30.27%	15476718.67	9569584.51	5907134.16	38.17%
工程结算成本总计	13	46701942.58	47787764.08	-1085821.50	-2.33%	201421463.90	193346727.26	8074736.64	4.01%

企业负责人　　财会负责人：　　　　制表人：

费用表 表 5-4

编报单位：××建筑工程公司 2006 年×月 单位：元

行次	项 目	管理费用	财务费用	施工间接费	小计	备注
1	工作人员薪金					
2	职工福利费					
3	工会经费					
4	职工教育经费					
5	差旅交通费					
6	办公费					
7	固定资产使用费					
8	低值易耗品摊销					
9	劳动保护费					
10	技术开发费					
11	业务活动经费					
12	各种税金					
13	上级管理费					
14	劳保统筹费					
15	离退休人员医疗费					
16	其他劳保费用					
17	利息支出					
17－1	其中：利息收入					
18	银行手续费					
19	其他财务费用					
20	内部利息					
21	资金占用费					
22	房改支出					
23	坏账损失					
24	保险费					
25						
26						
27	其他					
28	合计					

行政领导人： 财会主管人员： 编表人：

2. 施工项目成本核算的“管理会计”台账，见表5-5。

施工项目成本核算的“管理会计”台账　　表5-5

序号	台账名称	责任人	原始资料来源	设置要求
1	产值构成台账	统计员	“已完工程验工月板”	反映施工产值的费用项目组成
2	预算成本构成台账	统计员 预算员	“已完工程验工月板”及“竣工结算账单”	反映预算成本按成本项目的拆算情况
3	增减账台账	预算员	增减账资料	反映单位工程在施工过程中因工程变更而发生的工程造价的变更情况，以及按实算按实调整的事项和金额
4	人工耗用台账	经济员	劳动合同结算单	反映内包工和外包工的用工情况
5	材料耗用台账	料具员	入库单，限额领料单	反映月度分部分项收、发、存数量金额
6	结构件耗用台账	构件员	结构耗材费用月报	反映单位工程主要结构件的耗用情况
7	周转材料使用台账	料具员	周转材料租用结算单	反映单位工程周转材料的租用和赔偿情况
8	机械使用台账	经济员	机械租赁月报	反映单位工程的机械租赁情况
9	临时设施（专项工程）台账	料具员 （经济员）	搭拆临时设施耗工、耗料等资料	反映临时设施的搭拆情况

续表

序号	台账名称	责任人	原始资料来源	设置要求
10	技术措施执行情况台账	工程师 预算员 成本员	措施项目、工程量和措施内容，节约效果	反映单位工程技术组织措施的执行和节约效果，检查和分析技术组织措施的执行情况
11	质量成本台账	施工员 技术员 经济员	用于技措项目的报耗实物量费用原始单据	反映保证和提高工程项目质量而支出的有关费用
12	甲供料台账	核算员 料具员	建设单位（总承包单位）提供的各种材料构件验收、领用单据（包括三料交料情况）	反映供料实际数据、规格、损坏情况
13	分包合同台账	成本员	有关合同副本应交项目成本员备案，以便登记和结算	反映项目经理部与有分包商签订的主要经济合同的签约、履行、结算等情况

有关台账举例，见表5-6～表5-8。

5.1.2.4 施工项目成本核算工作流程

项目经理部在承建工程项目收到设计图纸以后，一方面要进行现场“三通一平”等施工前期准备工作；另一方面，还要组织力量分头编制施工图预算、施工组织设计，降低成本计划及其他实施和控制措施，最后将实际成本与预算成本、计划成本对比考核。对比的内容，包括项目总成本和各个成本项目的相互对比，用以观察分析成本升降情况，同时作为考核的依据。

施工项目成本核算和管理的工作流程，见图5-1。

预算成本构成台账

表 5-6

单位工程名称：　　结构　　面积　　m^2　　预算造价　　竣工决算造价

	人工费	材料费	周转材料费	结构件	机械使用费	其他直接费	施工间接费	分建成本	合计	备注
原合同数										
增减账										
竣工决算数										
逐月发生数										
年　月										

主要材料耗用台账

表 5-7

单位工程名称：

日期		材料名称	水泥	水泥	水泥	砂子	石子	统一砖	20孔	水灰	纸筋灰	商品混凝土	沥青	玻璃	油毛毡	瓷砖	地砖	陶瓷锦砖
年	月	规格	32.5级	42.5级	52.5级		统											
		单位	t	t	t	t	t	万块	万块	t	t	m^3	t	m^2	卷	块	块	m^2
		合同预算数																
		增加账																
		实际耗用数																

分包合同台账

表 5-8

单位工程名称：

序	合同名称	合同编号	签约日期	签约人	对方单位及联系人	合同标的	履行标的	结算日期	违约情况	索赔记录

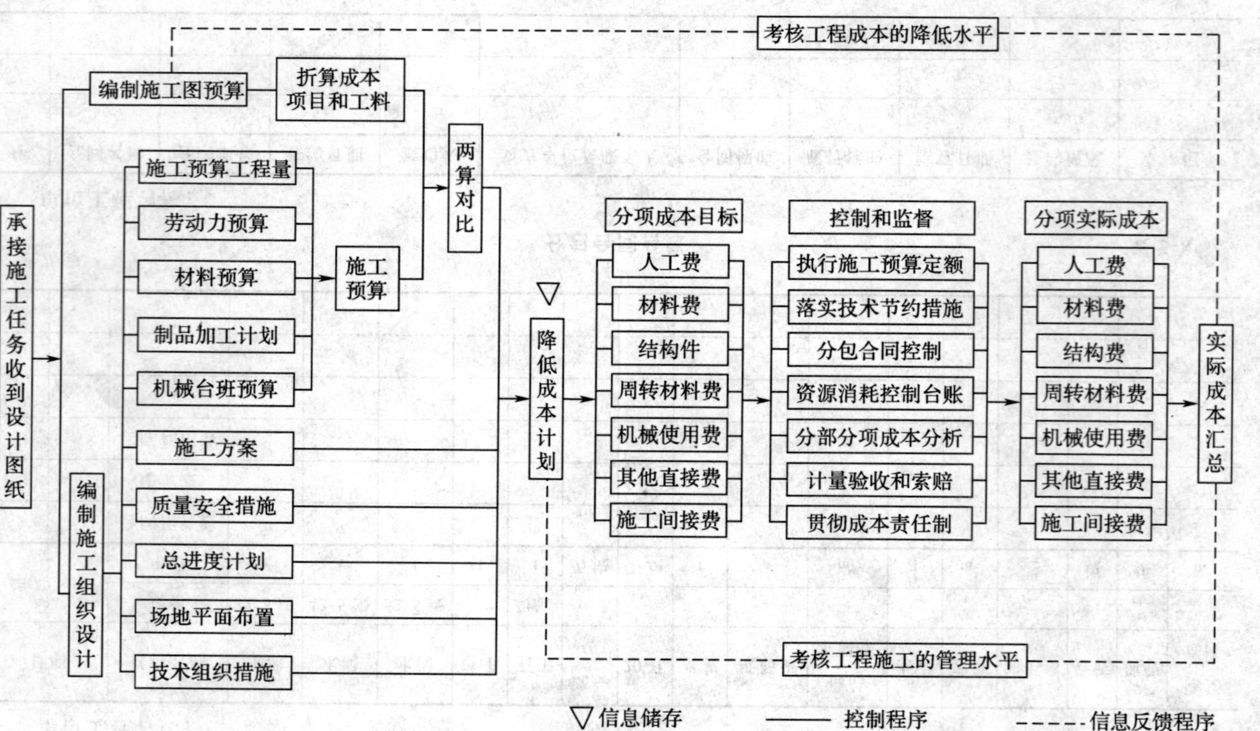

图 5-1　工程项目成本核算和管理的工作流程图

5.1.2.5 施工成本核算方法

成本的核算过程，实际上也是各项成本项目的归集和分配过程。成本的归集是指通过一定的会计制度以有序的方式进行成本数据的收集和汇总，而成本的分配是指将归集的间接成本分配给成本对象的过程，也称间接成本的分摊或分派。

1. 人工费核算

内包人工费，按月估算计入项目单位工程成本。外包人工费，按月凭项目经济员提供的“包清工工程款月度成本汇总表”预提计入项目单位工程成本。

2. 材料费核算

1）工程耗用的材料，根据限额领料单、退料单、报损报耗单、大堆材料耗用计算单等，由项目材料员按单位工程编制“材料耗用汇总表”，据以计入项目成本。

2）钢材、水泥、木材价差核算

(1)“三材”差价列入工程预算账单内作为造价组成部分。由项目预算员按价差发生额，一次或分次提供给项目负责统计的统计员报出产值，以便收回资金。

(2) 由建设单位供材，其发生的“三材”差价，项目经理部只核算实际耗用超过设计预算用量的那部分量差及应负担市场高进高出的差价，并计入相应的单位工程成本。

3. 周转材料费核算

1）周转材料实行内部租赁制，以租费的形式反映消耗情况，按“谁租用谁负担”的原则，核算其项目成本。

2）按周转材料租赁办法和租赁合同，由出租方与项目经理部按月结算租赁费。租赁费按租用的数量、时间和内部租赁单价计入项目成本。

3）周转材料在调入移出时，项目经理部都必须加强计量验收制度，如有短缺、损坏，一律按原价赔偿，计入项目成本（短损数=进场数-退场数）。

4）租用周转材料的进退场运费，按其实际发生数，由调入项目负担。

5）对U形卡、脚手扣件等零件除执行租赁制外，考虑到其比较容易散失的因素，故按规定实行定额预提摊耗，摊耗数计入项目成本，相应减少次月租赁基数及租费。单位工程竣工，必须进行盘点，盘点后的实物数与前期逐月按控制定额摊耗后的数量差，按实调整清算计入成本。

6）实行租赁制的周转材料，一般不再分配负担周转材料差价。

4. 结构件费核算

1）项目结构件的单价，以项目经理部与外加工单位签订的合同为准，计算耗用金额进入成本。

2）根据实际施工形象进度、已完施工产值的统计、各类实际成本报耗三者在月度时点的三同步原则（配比原则的引伸与应用），结构件耗用的品种和数量应与施工产值相对应。结构件数量金额账的结存数，应与项目成本员的账面余额相符。

3）结构件的高进高出价差核算同材料费高进高出价差核算一致。

4）如发生结构件的一般价差，可计入当月项目成本。

5）部位分项分包，如铝合金门窗、卷帘门、轻钢龙骨石膏板、平顶屋面防水等，按照企业通常采用的类似结构件管理和核算方法，项目经济员必须做好月度已完工程部分验收记录，正确计报部位分项分包产值，并书面通知项目成本员及时、正确、足额计入成本。

6）在结构件外加工和部位分包施工过程中，项目经理部通过自身努力获取经营利益或转嫁压价让利风险所产生的利益，均应受益于施工项目。

5. 机械使用费核算

1）机械设备实行内部租赁制，以租赁费形式反映其消耗情况，按“谁租用谁负担”原则，核算其项目成本。

2）按机械设备租赁办法和租赁合同，由企业内部机械设备租赁市场与项目经理部按月结算租赁费。租赁费根据机械使用台班、停置台班和内部租赁单价计算，计入项目成本。

3）机械进出场费，按规定由承租项目负担。

4）项目经理部租赁的各类中小型机械，其租赁费全额计入项目机械费成本。

5）根据内部机械设备租赁运行规则要求，结算原始凭证由项目指定专人签证开班和停班数，据以结算费用。现场机、电、修等操作工奖金由项目考核支付，计入项目机械成本并分配到有关单位工程。

6）向外单位租赁机械，按当月租赁费用全额计入项目机械费成本。

6. 其他直接费核算

1）施工过程中的材料二次搬运费，按项目经理部向劳务分公司汽车队托运包天或包月租费结算，或以汽车公司的汽车运费计算。

2）临时设施摊销费按项目经理部搭建的临时设施总价（包括活动房）除项目合同工期求出每月应摊销额，临时设施使用一个月摊销一个月，摊完为止。项目竣工搭拆差额（盈亏）按实调整实际成本。

3）生产工具用具使用费。大型机动工具、用具等可以套用类似内部机械租赁办法以租费形式计入成本，也可按购置费用一次摊销法计入项目成本，并做好在用工具实物借用记录，以便反复利用。工具用具的修理费按实际发生数计入成本。

4）除上述以外的其他直接费内容，均应按实际发生的有效结算凭证计入项目成本。

7. 分包工程成本核算

1）包清工程，如前所述纳入人工费——外包人工费内核算。

2）部位分项分包工程，如前所述纳入结构件费内核算。

3）双包工程，是指将整幢建筑物以包工包料的形式包给外单位施工的工程。可根据承包合同取费情况和发包（双包）合同支付情况，即上下合同差，测定目标盈利率。月度结算时，以双包工程已完工程价款作收入，应付双包单位工程款作支出，适当负担施工间接费预结降低额。为稳妥起见，拟控制在目标盈利率的50%以内，也可月结成本时作收支持平，竣工结算时，再按实调整实际成本，反映利润。

4）机械作业分包工程，是指利用分包单位专业化的施工优势，将打桩、吊装、大型土方、深基础等施工项目分包给专业单位施工的形式。对机械作业分包产值的统计的范围是，只统计分包费用，而不包括物耗价值。机械作业分包实际成本与此对应包括分包结账单内除工期费之外的全部工程费。总体反映其全貌成本。

5）上述双包工程和机械作业分包工程由于收入和支出比较容易辨认（计算），所以项目经理部也可以对这两项分包工程，采用竣工点交办法，即月度不结盈亏。

6）项目经理部应增设“分建成本”成本项目，核算反映双包工程、机械作业分包工程的成本状况。

7）各类分包形式（特别是双包），对分包单位领用、租用、借用本企业物资、工具、设备、人工等费用，必须根据经管人员开具的、且经分包单位指定专人签字认可的专用结算单据，如“分包单位领用物资结算单”及“分包单位租用工具设备结算单”等结算依据入账，抵作已付分包工程款。同时，要注意对分包资金的控制，分包付款、供料控制，主要应依据合同及材料计划实施制约，单据应及时流转结算，账上支付款（包括抵作额）不得突破合同。要注意阶段控制，防止资金失控，引起成本亏损。

5.1.3　施工成本分析

5.1.3.1　施工企业成本分析的内容和分类

施工企业成本分析的内容就是对施工项目成本变动因素的分析。一是外部市场经济的因素，二是内部企业经营的因素。其中，市场因素主要包括施工企业的规模和技术装备水平、企业员工的技术水平及操作熟练程度等几个方面，这些因素不是在短期内所能改变的。重点是内部因素，包括：材料、能源利用效果，机械设备的利用效果，施工质量水平的高低，人工费用水平的合理性和其他影响施工项目成本变动的因素。

施工项目成本分析的分类，见表5-9。

施工项目成本分析的分类 **表5-9**

类 别	内 容
随项目施工的进展进行的成本分析	● 分部分项工程成本分析 ● 月（季）度成本分析 ● 年度成本分析 ● 竣工成本分析
按成本项目构成进行的成本分析	● 人工费分析 ● 材料费分析 ● 机械使用费分析 ● 其他直接费分析 ● 间接成本分析
专题分析及影响因素分析	● 成本盈亏异常分析 ● 工期成本分析 ● 资金成本分析 ● 技术组织措施节约效果分析 ● 其他因素对成本影响分析

5.1.3.2 施工项目成本分析的常用方法

1. 比较法（又称指标对比分析法）

1）将实际指标与目标指标对比。

2）本期实际指标和上期实际指标对比。

3）与本行业平均水平、先进水平对比。

[例] 某项目本年度“三材”节约的目标为100000元，实际节约120000元，上年节约95000元，本企业先进水平节约

130000 元。根据上述资料编制分析表，见表 5-10。

实际指标与目标指标、上期指标、先进水平对比　　表 5-10

单位：元

指　　标	本年目标数	上年实际数	企业先进水平	本年实际数	差异数		
					与目标比	与上年比	与先进比
“三材节约额”	100000	95000	130000	120000	+20000	+25000	-10000

2. 因素分析法（又称连锁置换法或连环替代法）

这种方法可以用来分析各种因素对成本形成的影响程度。在进行分析时，首先要假定众多因素中的一个因素发生了变化，而其他因素不变，然后逐个替换，并分别比较其计算结果，以确定各个因素的变化对成本的影响程度。

［例］　某工程浇筑一层结构商品混凝土，目标成本 364000 元，实际成本为 383760 元，比目标成本增加 19790 元。根据表5-11的资料，用“因素分析法”分析其成本增加原因。

商品混凝土目标成本与实际成本对比　　表 5-11

项目	单位	计划	实际	差额
产量	m^3	500	520	+20
单价	元	700	720	+20
损耗率	%	4	2.5	-1.5
成本	元	364000	383760	+19760

［解］　1）分析对象是浇筑一层结构商品混凝土的成本，实际成本与目标成本的差额为 19760 元。

2）以目标数 364000 元（$=500\times700\times1.04$）为分析替代的基础。

3）用因素分析表来求出各因素的变动对实际成本的影响程度，见表 5-12。

商品混凝土成本变动因素分析 **表 5-12**

顺序	连环替代计算	差异（元）	因素分析
目标数	500×700×1.04		
第一次替代	520×700×1.04	14560	由于产量增加 120m³，成本增加 14560 元
第二次替代	520×720×1.04	10816	由于单价提高 20 元，成本增加 10816 元
第三次替代	520×720×1.025	-5616	由于损耗率下降 15%，成本减少 5616 元
合计	14560+10216-5616 =19760	19760	

3. 综合成本的分析方法

1）分部分项工程成本分析，是施工项目成本分析的基础。分析对象是已完分部分项工程。分析方法：进行预算成本、目标成本和实际成本的“三算”对比，分别计算实际偏差和目标偏差，分析偏差产生的原因，为今后的分部分项工程成本寻找节约途径，见表5-13。

2）月（季）度成本分析，是施工项目定期的、经常性的中间成本分析。月（季）度的成本分析的依据是月（季）度的成本报表（表 5-14）。分析的方法通常有以下几个方面：

(1) 通过实际成本与预算成本的对比，分析当月（季）的成本降低水平；通过累计实际成本与累计预算成本的对比，分析累计的成本降低水平，预测出实际项目成本的前景。

(2) 通过实际成本与目标成本的对比，分析目标成本的落实情况，以及目标管理中的问题和不足，进而采取措施，加强成本控制，保证成本目标的落实。

(3) 通过对各成本项目的成本分析，可以了解成本总量的构成比例和成本控制的薄弱环节。

(4) 通过主要技术经济指标的实际与目标对比，分析产量、工期、质量、“三材”节约率、机械利用率等对成本的影响。

(5) 通过对技术组织措施执行效果的分析，寻求更加有效的节约途径。

分部分项工程成本分析 表 5-13

单位工程：____

分部分项工程名称：____工程量：____施工班组：____施工日期：____

工料名称	规格	单位	单价	预算成本		计划成本		实际成本		实际与预算比较		实际与计划比较	
				数量	金额	数量	金额	数量	金额	数量	金额	数量	金额
合　计													
实际与预算比较%（预算=100）													
实际与计划比较%（计划=100）													
节超原因说明													

编制单位：________ 成本员：________ 填表日期：________

月度成本盈亏异常情况分析 表 5-14

工程名称

结构层数　　　　200　年　月份　　预算造价　　　　万元

到本月末的形象进度							
累计完成产值	万元	累计点交预算成本					万元
累计发生实际成本	万元	累计降低或亏损	金额		率		%
本月完成产值	万元	本月点交预算成本					万元
本月发生实际成本	万元	月降低或亏损	金额		率		%

已完工程及费用名称	单位	数量	产值	资源消耗												
				实耗人工		实耗材料									机械租费	工料机金额合计
						金额小计	其中									
							水泥		钢材		木材		结构件	设备		
				工日	金额		数量	金额	数量	金额	数量	金额	金额	租费		

（6）分析其他有利条件和不利条件对成本的影响。

3）年度成本分析。分析的依据是年度成本报表。分析的内容，除了月（季）度成本分析的六个方面以外，重点是针对下一年度的施工进展情况规划切实可行的成本控制措施，以保证施工项目成本目标的实现。

4）竣工成本的综合分析。凡是有几个单位工程而且是单独进行成本核算的施工项目，其竣工成本分析应以各单位工程竣工成本分析资料为基础，再加上项目经理部的经济效益（如资金调度、对外分包等所产生的效益）进行综合分析。单位工程竣工成本分析的内容应包括：竣工成本分析；主要资源节超对比分析；主要技术节约措施及经济效果分析。

4. 目标成本差异分析方法

1）人工费分析。主要依据是工程预算工日和实际人工的对比，分析出人工费的节约和超用的原因。主要因素有两个：人工费量差和人工费价差。其计算公式如下：

人工费量差＝(实际耗用工日数－预算定额工日数)×预算人工单价

人工费价差＝实际耗用工日数×(实际人工单价－预算人工单价)

2）材料费分析

（1）主要材料和结构件费用的分析，可按下列计算公式计算：

因材料价格差异对材料费的影响＝(实际单价－目标单价)×实际用量

因材料用量差异对材料费的影响＝(实际用量－目标用量)×目标单价

主要材料和结构件差异分析表的格式，见表5-15。

主要材料和结构件差异分析　　　　表5-15

材料名称	价格差异				数量差异				成本差异
	实际单价	目标单价	节超	价差金额	实际用量	目标用量	节超	量差金额	

（2）周转材料费分析，周转利用率的计算公式如下：

$$周转利用率=\frac{实际使用数\times租用期内的周转次数}{进场数\times租用期}\times100\%$$

3）机械使用费分析。主要通过实际成本和目标成本之间的差异分析。目标成本分析主要列出超高费和机械费补差收入，机械使用费的分析要从租用机械和自有机械这两方面入手。使用大型机械要着重分析预算台班数、台班单价和金额，同实际台班数、台班单价及金额相比较，通过量差、价差进行分析。机械使用费差异分析表的格式，见表5-16。

机械使用费差异分析　　表5-16

机械名称	台数	价格差异				数量差异				成本差异
		实际台班单价	预算台班单价	节超	价差金额	实际台班单价	预算台班单价	节超	价差金额	
翻斗车										
搅拌机										
砂浆机										
塔吊										

4）其他直接费分析。主要应通过目标与实际数的比较来进行。其他直接费目标与实际比较的格式，见表5-17。

其他直接费目标与实际比较（单位：万元）　　表5-17

序号	项　目	目标	实际	差异
1	材料二次搬运费			
2	工程用水电费			
3	临时设施摊销费			
4	生产工具用具使用费			
5	检验试验费			
6	工程定位复测费			
7	工程点交费			
8	场地清理费			
	合　计			

5）间接成本分析，间接成本目标与实际比较表的格式，见表5-18。

间接成本目标与实际比较（单位：万元）　　**表 5-18**

序号	项　目	目标	实际	差异	备　注
1	现场管理人员工资				包括职工福利费和劳动保护费
2	办公费				包括生活用水电费、取暖费
3	差旅交通费				
4	固定资产使用费				包括折旧及修理费
5	物资消耗费				
6	低值易耗品摊销费				指生活行政用的低值易耗品
7	财产保险费				
8	检验试验费				
9	工程保修费				
10	排污费				
11	其他费用				
	合　计				

分析完各成本项目后，再将所有成本差异汇总进行分析，目标成本差异汇总表的格式，见表5-19。

目标成本差异汇总表的格式（单位：万元）　**表 5-19**

部位：

成本项目	实际成本	目标成本	差异金额	差异率（%）
人工费				
材料费				
结构件				
周转材料费				
机械使用费				
其他直接费				
施工间接成本				
合　计				

5.1.4 施工成本控制

5.1.4.1 施工项目成本控制的程序

施工项目成本控制的一般程序，见图5-2。

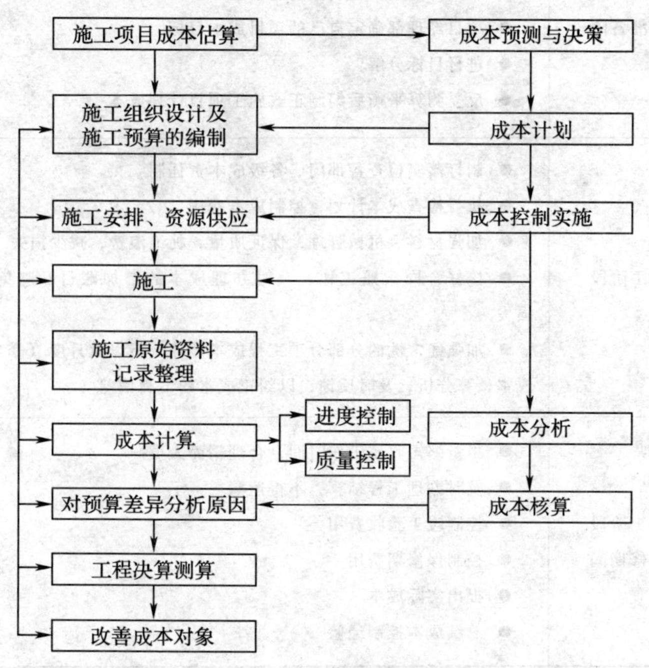

图5-2 施工项目成本控制一般程序

5.1.4.2 施工项目成本控制工作内容

施工项目成本控制工作内容，见表5-20。

施工项目成本控制工作内容　　表5-20

项目施工阶段	内　　容
投标承包阶段	● 对项目工程成本进行预测、决策 ● 中标后组建与项目规模相适应的项目经理部，以减少管理费用 ● 公司以承包合同价格为依据，向项目经理部下达成本目标

续表

项目施工阶段	内　容
施工准备阶段	● 审核图纸，选择经济合理、切实可行的施工方案 ● 制定降低成本的技术组织措施 ● 项目经理部确定自己的项目成本目标 ● 进行目标分解 ● 反复测算平衡后编制正式施工项目计划成本
施工阶段	● 制订落实检查各部门、各级成本责任制 ● 执行检查成本计划，控制成本费用 ● 加强材料、机械管理，保证质量，杜绝浪费，减少损失 ● 搞好合同索赔工作，及时办理成本的增加账目，避免经济损失 ● 加强经常性的分部分项工程成本核算分析以及月度（季年度）成本核算分析，及时反馈，以纠正成本的不利偏差
竣工阶段 保修期间	● 尽量缩短收尾工作时间，合理精简人员 ● 及时办理工程结算，不得遗漏 ● 控制竣工验收费用 ● 控制保修期费用 ● 提出实际成本 ● 总结成本控制经验

5.1.4.3　施工成本控制的方法

1）以施工图预算控制成本支出。在施工项目成本控制中，可按施工图预算，实行“以收定支”，或者叫“量入为出”，是有效的方法之一。这样对人工费、材料费、钢管脚手、钢模板等周转设备使用费、施工机械使用费、构件加工费和分包工程费实行有效的控制。

2）以施工预算控制人力资源和物质资源的消耗。项目开工以前，应根据设计图纸计算工程量，并按有关定额编制整个工程项目的施工预算，作为指导和管理施工的依据。对生产班组的任务安排，必须签收施工任务单和限额领料单。要求生产班组根据实际完成的工程量和实耗人工、实耗材料做好原始记录，作为施工任务单和限额领料单结算的依据。任务完成后，根据回收的施工任务单和限额领料进行结算，并按照结算内容支付报酬（包括奖金）。

3）应用成本与进度同步跟踪的方法控制分部分项工程成本。为了便于在分部分项工程的施工中同时进行进度与费用的控制，可以按照横道图和网络图的特点分别进行处理。即横道图计划的进度与成本的同步控制、网络图计划的进度和成本的同步控制。

4）建立项目成本审核签证制度，控制成本费用支出。在发生经济业务的时候，首先要由有关项目管理人员审核，最后经项目经理签证后支付。审核成本费用的支出，必须以有关规定和合同为依据。

5）坚持现场管理标准化，堵塞浪费漏洞。现场管理标准化的范围很广，比较突出而需要特别关注的是现场平面布置管理和现场安全生产管理。

6）定期开展"三同步"检查，防止项目成本盈亏异常。"三同步"就是统计核算、业务核算、会计核算同步。这种规律性的同步关系具体表现为：完成多少产值、消耗多少资源，发生多少成本，三者应该同步，否则，项目成本就会出现盈亏异常的偏差。"三同步"的检查方法可从以下三方面入手：时间上的同步、分部分项工程直接费的同步和其他费用同步。

7）应用成本控制的财务方法——成本分析表法来控制项目成本。

8）加强质量管理，控制质量成本。

（1）质量成本分析

根据质量成本核算的资料进行归纳、比较和分析，找出影响成本的关键因素，从而提出改进质量和降低成本的途径，进一步寻求最佳质量成本。

［例］　某工程项目2004年上半年完成预算成本4147500元，发生实际成本3896765元，其中质量成本146842元。质量成本分析，见表5-21。

从表5-21可以看出，质量成本总额占预算成本3.53%，比一般工程的降低成本水平还要高，特别是内部故障成本的比例（占预算成本2.61%，占质量成本总额73.78%）更为突出。但是，预防成本只占预算成本的0.32%，占质量成本总额也只有9.09%，说明在质量管理上没有采取有效的预防措施，以致返工损失、返修损失以及由此而发生的停工损失明显增加。

质量成本分析　　表5-21

<table>
<tr><th colspan="2" rowspan="2">质量成本项目</th><th rowspan="2">金额（元）</th><th colspan="2">质量成本率（%）</th><th rowspan="2">对比分析（%）</th></tr>
<tr><th>占本项</th><th>占总额</th></tr>
<tr><td rowspan="6">预防成本</td><td>质量管理工作费</td><td>1380</td><td>10.43</td><td>0.95</td><td rowspan="20">预算成本　4147500元
实际成本　3896765元
降低成本　250735元
成本降低率　6.50%
① $\frac{\text{质量成本}}{\text{实际成本}}=\frac{146482}{3896765}\times100\%=3.76$
② $\frac{\text{质量成本}}{\text{预算成本}}=\frac{146482}{4147500}\times100\%=3.53$
③ $\frac{\text{预防成本}}{\text{预算成本}}=\frac{13316}{4147500}\times100\%=0.32$
④ $\frac{\text{鉴定成本}}{\text{预算成本}}=\frac{9005}{4147500}\times100\%=0.22$
⑤ $\frac{\text{内部故障成本}}{\text{预算成本}}=\frac{108079}{4147500}\times100\%=2.61$
⑥ $\frac{\text{外部故障成本}}{\text{预算成本}}=\frac{16082}{4147500}\times100\%=0.39$</td></tr>
<tr><td>质量情报费</td><td>854</td><td>6.41</td><td>0.58</td></tr>
<tr><td>质量培训费</td><td>1875</td><td>14.08</td><td>1.28</td></tr>
<tr><td>质量技术宣传费</td><td>—</td><td>—</td><td>—</td></tr>
<tr><td>质量管理活动费</td><td>9198</td><td>69.08</td><td>6.28</td></tr>
<tr><td>小　计</td><td>13316</td><td>100.00</td><td>9.08</td></tr>
<tr><td rowspan="3">鉴定成本</td><td>材料检验费</td><td>1154</td><td>12.81</td><td>0.79</td></tr>
<tr><td>工序质量检查费</td><td>7851</td><td>87.19</td><td>5.36</td></tr>
<tr><td>小计</td><td>9005</td><td>100.00</td><td>6.15</td></tr>
<tr><td rowspan="7">内部故障成本</td><td>返工损失</td><td>53823</td><td>49.80</td><td>36.74</td></tr>
<tr><td>返修损失</td><td>27999</td><td>25.91</td><td>19.11</td></tr>
<tr><td>事故分析处理费</td><td>1956</td><td>1.81</td><td>1.34</td></tr>
<tr><td>停工损失</td><td>2488</td><td>2.30</td><td>1.70</td></tr>
<tr><td>质量过剩支出</td><td>21813</td><td>20.18</td><td>14.89</td></tr>
<tr><td>技术超前支出费</td><td>—</td><td>—</td><td>—</td></tr>
<tr><td>小　计</td><td>108079</td><td>10.00</td><td>73.76</td></tr>
<tr><td rowspan="3">外部故障成本</td><td>回访修理费</td><td>4434</td><td>27.57</td><td>3.03</td></tr>
<tr><td>劣质材料额外支出</td><td>11648</td><td>72.43</td><td>7.95</td></tr>
<tr><td>小　计</td><td>16082</td><td>100.00</td><td>10.98</td></tr>
<tr><td colspan="2">质量成本支出额</td><td>146482</td><td>100.00</td><td>100.00</td></tr>
</table>

(2) 质量成本控制

根据上述分析资料，对影响质量成本较大的关键因素，采取有效措施，进行质量成本控制，见表5-22。

质量成本控制表　　表5-22

关键因素	措施	执行人、检查人
降低返工、停工损失，将其控制在占预算成本的1%以内	(1) 对每道工序事先进行技术质量交底 (2) 加强班组技术培训 (3) 设置班组质量员，把好第一道关 (4) 设置施工队技监点，负责对每道工序进行质量复检和验收 (5) 建立严格的质量奖罚制度，调动班组积极性	
减少质量过剩支出	(1) 施工员要严格掌握定额标准，力求在保证质量的前提下，使人工和材料消耗不超过定额水平 (2) 施工员和材料员要根据设计要求和质量标准，合理使用人工和材料	
健全材料验收制度，控制劣质材料额外损失	(1) 材料员在对现场材料和构配件进行验收时，发现劣质材料时要拒收，退货，并向供应单位索赔 (2) 根据材料质量的不同，合理加以利用以减少损失	
增加预防成本，强化质量意识	(1) 建立从班组到施工队的质量QC攻关小组 (2) 定期进行质量培训 (3) 合理地增加质量奖励，调动职工积极性	

5.2　签证及索赔

5.2.1　工程变更价款（签证）的确认

5.2.1.1　工程签证的涵义及内容

施工过程中的工程签证，主要是指施工企业就施工图纸、设计变更所确定的工程内容以外，施工图预算或预算定额取费中未含有而施工中又实际发生费用的施工内容所办理的签证，如由于施工条件的变化或无法遇见的情况所引起工程量的变化等。

1）由于设计变更造成的施工方法的改变、清单项目的增加及价格的调整。一般包括由原设计单位出具的设计变更通知单和由施工单位征得由原设计单位同意的设计变更联络单两种。

2）由于建设单位原因，未按合同规定的时间和要求提供材料、场地、设备资料等造成施工企业的停工、窝工损失。

3）由于建设单位原因决定工程中途停建、缓建或由于设计变更以及设计错误等造成施工企业的停工、窝工、返工而发生的倒运、人员和机具的调迁等损失。

4）在施工过程中发生的由建设单位造成的停水停电，造成工程不能顺利进行，且时间较长，施工企业又无法安排停工而造成的经济损失。

5）在技措技改工程中，常遇到在施工过程中由于工作面过于狭小、作业超过一定高度，造成需要使用大型机具方可保证工程的顺利进行。施工企业在发生时应及时将现场实际条件和施工方案通告建设单位，并在征得建设单位同意后实施，此时施工企业应办理工程签证。

6）对于大检修工程、零星维修项目大都没有正规的施工图纸，往往在检修前由施工企业提出一套检修方案，检修完毕后办理工程签证，然后依据工程签证办理工程结算。此时工程签证工作尤其重要，直接关系到检修结算工作的顺利进行。

5.2.1.2 工程签证办理一般要求

1）主要应签明事件发生的原始情况。即签事实，不直接签解决结果；签状况（原始实际情况）不签量；签工作量不签消耗；签量不签价；签单价不单签总价。上述要求，以前者优先即同时均可时必须以前为有效，后者方式视作无效，无效视作未签证。

2）表达清晰具体，如材料签证，注明规格、品种、质量、数量、产地/生产厂家，单价类型、供料方式、时间、地点等。工作量签证，须注明事由，明确责任，表述完整。

3）现场工程签证的办理一般分为事前签认和事后签认两种，其主要区别在于：签证对象在一段时间内现场是否留有清晰、有效“实体证据”，像有些签证，由于施工要求，处理完毕后很快就被隐蔽或在外形尺寸方面无法保证清晰准确，因此，必须在处理之前就要进行现场签认。

5.2.1.3 签证办理的程序

1.《工程量签证单》的填写及报送

在施工过程中，出现超出合同约定范围的工程内容时，施工单位应提前向监理单位和建设单位提出口头或书面申请，征得同意后方可组织施工。所涉及的工程签证内容完成后，施工单位应及时向监理单位提报完整的《工程量签证单》（一式八份）（表5-23）。超出合同约定的签证办理时间后，视为施工单位放弃增加该部分工程量的权力。

2. 监理单位审核

监理工程师对签证发生的具体时间、地点、部位和签证工程量进行审核，并签署审核意见。

3. 建设单位审核

经监理单位审核并履行签字盖章手续后的《工程量签证单》，由监理单位递交建设单位施工管理部门审核。建设单位施工管理部门组织监理单位、施工单位、跟踪审计单位等对签证发生的具体时间、地点、部位和工程量进行复核，并在《工程量签证单》上签署复核意见后转交造价管理部门。

表 5-23

工程量签证单

工程名称：　　　　　　　　　　编号：

签证内容	单位	数量	备注

<table>
<tr>
<td>施工单位</td>
<td>简图或说明：

经办人：
（盖章）</td>
<td>监理单位</td>
<td>签证意见：

经办人：
（盖章）</td>
<td>跟踪审计单位</td>
<td>审计单位签证意见：

经办人：
（盖章）</td>
<td>建设单位</td>
<td>

经办人：
（盖章）</td>
</tr>
</table>

4. 造价管理部门签认

造价管理部门依据施工合同、协议、工程招投标系列文件等，确定结算方式并在《工程量签证单》上签署审核意见，加盖公章后该签证单生效。

5.《工程量签证单》的返还

签字盖章手续齐全的《工程量签证单》，由建设单位施工管理部门、造价管理部门、跟踪审计和档案管理部门各存档一份，返还监理单位一式四份（其中三份返还施工单位）。

5.2.1.4 施工现场签证存在的主要问题

1. 现场工程量计价签证人员对造价管理控制意识淡薄

现场业主代表不重视现场签证，缺乏造价管理控制意识，有的对签证工作既不负责任也不认真，未经核实就随意签证，往往因签证内容与实际不符而造成不必要的经济损失。例如，某工程毛面花岗岩路面面层，设计图纸要求厚度为50mm，而实际厚度为30mm。

2. 现场计价签证人员对定额费用组成缺乏了解

现场签证人员不了解定额费用组成，对定额中的各项费用项目的概念混淆不清，有些签证把材料按市场价签证并列入直接费，这是不允许的。

3. 对设计缺乏有效约束

有的图纸节点设计不够详细，做法说明不够全面，设计过于粗糙，局部用料计算不合理，设计环节经济控制深度不够，难以进行多方案论证。

4. 同一工程内容签证重复

此类签证尤其在修改或挖运土方的工程中较为多见。

5. 监理单位对建材验收时不够认真

部分材料验收质保书、合格证、规格、型号不一致，监理单位验收时不够认真。例如：某工程采用的是德国科隆高能德思强化复合地板为1380mm×195mm×8mm，而实际施工的是1210mm×195mm×8mm。

6. 现场签证日期与实际不符

当遇到问题时，双方是口头商定而不及时签证，事后才突击补办签证手续，这就违背了“任何预算定额材料指导价都是有时间限制”的规定。有些承包商故意把完成工程量的时间往后推，在签证日期上做文章，以获得不合理的利润。

可见，导致现场签证出现漏洞，既有人为因素也有可变因素的影响。在施工阶段对现场签证应采取一些必要的控制措施：

1）现场签证必须有三方主体（业主、监理、施工）代表签字，对于签证价格较大或大宗材料单价，必须加盖公章。

2）凡定额及有关文件中已有规定的项目，不须再另行签证。

3）现场签证的内容、数量、项目、原因、部位、日期、结算方式、结算单价等要明确。

4）现场签证一定要及时，不应拖延到结算时才补签。对于一些重大的现场变化，还应及时拍照或录像，以保存第一手的原始资料。

5）签证要一式多份，各方至少保存1份原件，避免自行修改，为结算时提供真实可靠的凭据。

6）材料采购环节。材料设备采购要“货比三家”，以质量价格比选定供应方。

7）工程延误环节。在工程实施过程中主要分部分项工程的实际施工进度，工程主要材料、设备进退场时间及业主原因造成的延期开工、暂停开工造成工期延误的签证，在建设工程结算中，同一工程在不同时期完成的工作量，其材料价格也不同，工程量的增加是否对工期产生顺延要明确，以免在结算时发生扯皮现象。

8）隐蔽工程环节。投资控制在实施组织设计和施工方案过程中，尤其要把好隐蔽工程量的签认关。隐蔽工程签证是指施工完以后将被覆盖的工程签证。此类签证资料一旦缺少将难以完成结算，因此，应特别注意搞好以下几方面记录：(1）基础换土、土方回填，材质、深度、宽度记录；(2）桩入土深度及有关出槽量记录；(3）基坑开挖验槽记录。只有这样，才能使隐蔽工程签证及时和真实。

9）延误赔偿和索赔处理相关签证。按程序索赔原则审核索赔的成立条件，分清责任，认可合理索赔，监理签证、业主审定。

10）材料单价的签证是影响工程造价的重要因素之一，在办理材料单价的签证时，应注意弄清哪些材料需要办理签证以及如何办好，对于所签证的材料单价是否包括材保费、运输费应注明，避免结算时重复计算。对于需要办签证的材料单价，最好双方一起作市场调查，如实签明材料名称、规格、厂家、单价、时间等。

11）停工损失。其包括由非承包商责任造成的停工或停水、停电超过规定的时间范围；对造成的窝工、材料租赁、机械租赁等停工的损失；由于业主资金不到位，致使长时间的停工造成的损失。双方按合同规定的时间内以书面形式签认停工的起始日期，现场实际停工工日数与工日单价，现场停工机械的型号、数量、规格、单价等，租赁内容、数量、单价等，并列明细表。对于间接费定额已明确规定的，不要再另行签证。对于定额没有规定，如何界定和补偿，应根据不同的工程实际情况或参考相同类定额和有关规定来作补偿。

12）应在合同中约定的，不能以签证形式出现。例如：人工浮动工资、议价项目、材料价格，合同中没约定的，应由有关管理人员以补充协议的形式约定。现场施工代表不能以工程签证的形式取代。

13）应在施工组织方案中审批的，不能做签证处理。例如：临设的布局、塔吊台数、挖土方式、钢筋搭接方式等，应在施工组织方案中严格审查，不能随便做工程签证处理。

5.2.1.5 措施费项目办理签证

1）首先是审批措施项目在投标报价前还是在报价后？审批措施量在投标报价前，就应该在报价中包括，就不要办理签证。反之，就须要办理签证。如因工程设计变更及甲方要求，所发生的施工措施方案，就必须经过甲方及监理审批后计算措施费，按合同约定办理结算。合同无约定，就应该按现行国家相关文件办理。

2）关键是看合同是怎么签的，现在有些施工合同明确约定：措施费用包干使用，不随工程量增减而增减。但如果包干合同当时说明了具体包干项目及总价，那么还是可以增加的。

3）措施费项目一般都是不能单独办理签证的。措施费是根据签证项目或者合同外增加项目来相应地取费的，至于取费的比率可以参考合同中措施费与直接费的比率或者按照当地文件规定的比例计取，也可以自已按照实际发生的与业主洽商。

5.2.2　索赔费用的组成和计算方法

5.2.2.1　产生施工索赔的原因分析

1. 业主违约

1）业主没有按合同的规定交付设计图纸和相关设计资料，使工期延误。

2）业主没有按合同的规定交付施工现场。

3）业主交付的施工现场不具备施工条件。

4）业主未保证施工所用水电及通信的需要。

5）业主未保证施工期间运输的通畅。

6）业主发布指令改变原合同规定的施工顺序，打乱施工部署。

7）业主未及时办理施工所需各种证件。

8）业主没有按时提供供应的材料、设备。

9）业主拖延完成合同规定的责任。

10）业主没有按合同规定支付工程款。

11）业主要求赶工，引起施工企业支出加大。

12）业主提前占用部分永久工程，使正常的施工受到阻碍。

2. 合同文件的缺陷

在起草合同时，由于工程条件和环境比较复杂，合同很难对所有问题做出预见和规定，因此合同中不可避免地存在着考虑不周的条款、缺陷和不足之处。这些因素使合同在履行中会导致纠纷而影响工程进度，延长工期。

3. 不可抗力事件

不可抗力事件主要指自然灾害、社会动乱、物价上涨、通货膨胀等造成材料价格、人工费的大幅度上涨等，从而影响施工企业生产成本而导致意外损失。关于不可抗力事件的风险由谁承担，一般应在合同中协商约定，承担方可以向保险公司投保，转移风险。在很多情况下，不可抗力事件引起的损失应由业主承担。

4. 合同变更

合同变更将会给承包商带来额外的工作，因此它也是引起施工索赔的一个主要因素。合同变更的表现形式较多，主要包括以下几个方面：

1）发包方由于种种原因，对工程项目有了新的要求，如提高或降低装饰标准，用途发生变化，削减预算。

2）在施工过程中发现设计有误，因对设计图的修改而引起的变更。

3）发生不可抗力事件时，也应对合同进行修改。

4）施工现场的施工条件与原来的勘察有较大的出入，引起的变更。

5）由于采用了新的施工技术，有必要改变原设计和施工方案，从而提高社会生产率及工程质量。

6）政府部门对工程有了新的要求。

合同变更有可能给工程带来困难，引起施工企业额外的损失。但应注意的是，合同变更并非一定引起索赔的发生。

5.2.2.2 施工索赔的证据

索赔证据是索赔文件的主要部分，关系到索赔的成败。证据不充分或不真实，索赔是不可能成立的。索赔的证据产生于合同的签订及合同的履行过程中，包括合同资料、工程资料及合同当事人双方信息的沟通资料等。在施工中，如果管理完善，发生索赔事件时，证据很容易收集。如果项目管理混乱，信息流通不畅，文档散杂零乱、不成系统或对合同事件的发生未记录，待索赔发生时再收集证据，则会因浪费许多时间而丧失索赔机会，甚至为对方索赔或反索赔提供机会。索赔的资料一般包括：

1）招标文件、施工合同文本及附件，其他各种签约，经认可的工程实施计划、各种工程图纸、技术规范等。这些索赔的依据可在索赔报告中直接引用。

2）施工进度计划及其执行情况。

3）施工人员计划表和日报表。

4）施工备忘录和有关会议记录以及定期与发包方代表的谈话资料。

5）施工材料和设备进场、使用状况。

6）工程检查、试验报告。

7）工程照片、来往有关信件。

8）各项付款单据和工资薪金单据。

9）气象资料。

10）工程中送停电、送停水、道路开通或封闭的记录和证明。

11）国家有关法律、法令、政策文件等。

5.2.2.3　施工索赔的程序

1．意向通知

当承包商发现索赔或意识到潜在的索赔机会后，应立即将自己的索赔意向书面通知业主或其代表。它标志着索赔的开始。

2．准备索赔证据

3．编写索赔报告

索赔报告是承包商向业主或其代表提交的要求进行费用或工期补偿的正式报告，是索赔内部处理的结果。

4．提交索赔报告

在索赔报告及时提交业主后，应在一定间隔时间内主动向对方了解索赔处理的情况，根据提出的问题，进一步补充资料，为索赔的顺利进行提供必要的帮助和支持。

5．谈判解决

经过发包方对索赔报告的评审，与承包商进行充分的讨论后，通过谈判做出索赔的最后解决。

计算施工索赔和如何计算施工索赔是挽回因发生索赔事件经济损失的重要步骤。由于工程项目建设施工的复杂性和长期性，使索赔内容复杂多样，如人为障碍、不利的自然条件、不可预见因素、设计遗漏、工程价款支付、人工、材料、机械、银行利息等方面的索赔，计算较为复杂。其主要费用有：

1）人工费：因施工索赔事件发生而增加的完成合同以外工作所花费的人工费。也就是额外劳务人员的雇用和加班工作以及索赔事件发生引起的工时工效降低所消耗的费用。

2）材料费：因索赔事件发生，使材料实际用量超过合同内的计划用量而增加的材料费和材料因市场价格浮动（合同中规定）需调整的材料费以及索赔事件发生导致材料价格浮动（超过合同规定）、超期储备、二次运输等增加的费用。

3）机械费：因索赔事件发生，额外工作增加的机械使用费，工效降低以及机械停工、窝工的费用（包括设备租赁费和折旧费）。

4）管理费：因索赔事件发生，额外增加的现场管理和公司（总部）管理费。

5）利息：因索赔事件而发生的延期付款利息、增加投资利息、索赔款利息。

索赔费用计算：

（1）索赔费用 = 工程结算造价 - 工程预算造价（或合同价）

（2）索赔费用 = 每个或每类索赔事件的索赔费用之和 = Σ索赔费用 a、b、c…

把握索赔机会，找准索赔事实和充分的索赔依据，是施工索赔成功的关键。如在基础工程施工开挖土方时，出现了地下水，需采取增加抽水台班和人工的措施进行处理。但在工程招标时，业主或设计未向承包商说明基础开挖可能出现地下水，要求承包商在投标报价时考虑因开挖土方可能出现地下水需采取施工措施的费用。在中标后的图纸会审或签订施工合同时又忽视了此项措施费。但在实际施工时确实因开挖土方时出现了地下水，而且发包人（业主）或业主委托的工地代理人已签字确认。承包商有权向发包人（业主）提出索赔，因此而增加的抽水台班和人工费应给予补偿，引起的工期延误应予顺延。此索赔事件的依据是双方签订的施工合同和招标文件以及图纸会审和业主或代理人的签证单。只要站在公平公正立场有理有据索赔是可以成功的。

5.2.2.4　索赔案例

【案例1】

甲方：某旅游局

乙方：某区建筑工程公司

乙方承担了旅游局职工住宅施工。受近几年工程装修热的影响，局领导询问乙方“能否只施工结构和粗装修，室内的墙面、地面、厨厕间等由住户自行装修。如果能通过验收等手续，该工程就这么做。”乙方经过咨询后，给了甲方一个肯定的口头答复。双方都没有提及办理变更手续。装饰工程施工期间，甲方工地代表提出施工不符合设计要求时，乙方说明是按局领导的意见进行的。甲方代表表示，没有工程变更依据，就应按原设计施工。由于乙方只凭借听了××领导的一句话就照办，没有做该工程室内装饰材料的准备。此时，乙方向甲方递交了索赔报告称：“由于甲方对室内装饰的修改，推迟了乙方按原设计的备料时间，需延长工期15d。”此项索赔引起了双方合同条款的深入讨论。

甲方代表：工程施工应以施工图或工程洽商为依据，否则是一种违约行为。

乙方代表：是贵方领导提出要这么做的，我方也口头通知贵方可以这样做，是双方一致的意见。若只是没有办理工程变更，双方也是可以补办的。补办之后，该项索赔我收回。

甲方代表：工程变更已不用补办，但这份索赔却要您照样收回。

乙方代表：这样做是否太过分了。局领导说的话也不认账。

甲方代表：请您阅读合同条件第2条。合同中写得很清楚，只有甲方代表才有权发出口头或书面的指令。局领导不是甲方代表，他的意见只有经过甲方代表的表达才有效。到目前为止，局领导没有指示让我做工程变更，所以这份索赔没有证据，是不能成立的。

乙方代表：从实际效果来说，像现在这样进行粗装修，既能节省资金，又能早些竣工，还为用户提供了方便。不少单位已经这么做了，为什么这儿（指甲方单位）行不通呢？

甲方代表：工程变更不能补签，装饰仍按原计划进行。延长工期 15d 的要求无正当理由。

【评析】：

建筑工程施工过程中的索赔和反索赔，是建筑施工合同条件赋予承包商和业主的合同权利，二者互相制约，成为施工索赔的两个组成部分。但是，由于建筑工程承包竞争受“买方市场”原则制约的客观事实，承包风险主要落在承包商一方。因此，施工索赔业务主要表现为承包商向业主的索赔，而业主对承包商的反索赔则为数较少。建筑工程合同条件赋予承包商进行索赔的权利，可使承包商获得合理的经济损失补偿，从而有效地保护承包商的合同利益。实践证明，如果善于利用合同条件进行施工索赔，其索赔款收入金额往往要大于投标报价书中的利润款额。因而，施工索赔已成为承包商维护自己合同利益的关键性途径。

在建筑工程承包事业的激烈竞争中，工程承包公司为了中标，往往要降低报价以战胜竞争对手。在这种情况下，承包商如果不善于索赔，以减少自己的损失，就可能无法生存下去。因此，人们常说“中标靠低价，盈利靠索赔”。但是，为了成功地进行施工索赔，承包商必须具备先进的合同管理，尤其是索赔管理水平。实践证明：索赔成功率最大的承包公司，就是合同管理水平最高的公司。为了成功地进行施工索赔，迫使承包公司和工程项目的所有管理人员严格地进行施工管理，科学地控制工程开支，系统地积累各种资料，正确地编写索赔报告，策略地进行索赔谈判等。通过这些细致的工作，可以培养出一批建筑工程施工管理人员，也提高了工程承包公司的经营管理水平。

在我国的许多地区，新的合同条件虽全面执行了，但过去那种工作方法和思想意识仍没有全部转变。对合同的重要作用没有真正地认识。本例中，该局领导确实说过改原设计为粗装修的话，后来在局内会议上讨论此事时，因意见不一致而放弃原来的想法。

当然也就不会通知本方代表（甲方）去签办工程变更。乙方在没有得到工程变更手续情况下，改变了施工内容是一种违约行为。还有什么理由向对方提出索赔要求呢?

【案例2】

甲方：××局技工学校

乙方：××市第三建筑公司

乙方以议标形式承接了甲方教学楼的施工，并于2003年8月5日签订了施工合同。工程概况：教学楼建筑面积1800m^2，四层混合结构，条形钢筋混凝土基础，工期为210d，于2003年9月20日开工。

在甲、乙双方协议条款第1条承包范围写道："设计地基标高以上的土建、给排水、采暖及电气照明工程。广播、电视、通信管线的预埋工程"。在甲、乙双方签订的补充条款中写道："设计地基标高以上工程内容所发生的正常变更均不再调整合同价款。以下的工程按双方签证的洽商实际发生工程调整"。

基槽开挖后，发现了地质资料中没有反映出来的废弃地窖。该地窖是由0.7m厚的旧式灰土构成。处理比较费工，且影响进度。乙方代表弄清了这不可预见情况后，向甲方代表递交的洽商稿中写道："在基础开挖中发现的地质资料中没有反映出来的地窖（3m宽×5m长×2.2m深）处理费用应由甲方承担。"双方发生了争执。

甲方代表：按合同补充条款中规定，设计地基标高以上的工程变更不再调整工程价款，"设计地基标高以上"是指"设计基础垫层标高上皮"。

乙方代表："地基"是指基础，平常人都是这样理解的，而基础在建筑中的分界是以地面标高为准的，"地基标高以上"应理解为"地面标高以上"的意思。

甲方代表：补充条款起草的意思（是甲方起草）就是指基础垫层上皮。如果是指地面以上，就不用"设计地基标高以上"这句话了。

乙方代表：补充条款中讲的是正常工程变更的情况不得调整工程价款，而现在不是工程变更，而是不可预见的地下障碍。

甲方代表：合同中工程变更并没有专指是设计图纸的变更，而且也没有规定地质资料的原因可以调整工程价款。

乙方代表：如果工程变更也包括地质资料的差异，都应为正常工程变更。而现在发现的地下障碍是地质资料中所没有的，不属于正常工程变更。“正常”与“不正常”的界限应如何划分？

甲方代表：不是以某人为意愿提出的变更均属于正常变更，“地窖”障碍不是我愿意它 存在或不存在的。应是正常。

经过这个问题的交涉，乙方代表悔恨当时发现“地基”两个字要求修改的态度不够坚决。并进一步感觉到，整个工程施工中所发生的变更都可能被划归正常变更而得不到价款的调整。

基础验槽时，勘探方工程师发现现场暴露土层不是勘探报告中所建议的持力层。经进一步核查发现，是设计人员误把基础深度的数据当成自然地坪（室外设计地坪）至持力层的深度数据造成的。经甲、乙双方及设计、勘探人员现场议定，需加深现设计基础深度，下挖0.6m方到持力层。并办理了洽商记录。

洽商中写道：“因设计原因须将原基础标高下降（加深）0.6m。下降部位的工程及由于下降所引起的上部土方增加工程费用由甲方另行承担。”

乙方按照合同条件的规定就基础加深的设计变更提出索赔报告如下：

××局技工学校基建办公室：根据×月×日基础验槽时所确定的××号洽商，我方需要在现已挖好基槽的基础土层继续下挖0.6m。不仅槽底作业难度加大而且因土质较差，下挖后必然对原来基槽放坡进行修改。相应外运及回填量也随之增加，甲方应承担如下项目的费用及延长工期。

1）加深0.6m坑底土方挖运费A万元；

2）加深0.6m对上部槽边坡加大土方挖运费B万元；

3）第2项需回运回填，增加费用C万元；

4）混凝土基础垫层增加 D 万元；

5）钢筋混凝土条形基础增加 E 万元；

6）砖放脚基础 F 万元；

7）延长工期 15d。

××市第三建筑公司

2003 年 9 月 28 日

甲方代表就该项索赔约见乙方代表，交涉如下：

甲方代表：同意索赔报告中的费用为“A + B + C”万元，并考虑工程量增加的是所有基础为 0.6m 的砖基墙，计 Q 万元，合计（A + B + C + Q）万元。

工期延长，按照实际记录，12d 已完成到未加深前的部位，同意延期 12d。

乙方代表：基础加深索赔是按照协议条款“设计地基标高”以下的内容，也是按实际发生进行调整的，不是违约要求。

工期延长问题。正如甲方所说，12d 已完成到未加深前的部位，但由于加深造成上部放坡增加的回填及回运也是需要时间的，按回填的比例计算应增加 3d 时间。

甲方代表：合同价中已包含一个基础，现在又增加一个（指基础墙以下部位）基础，甲方不能建一个工程付两个基础的款。

乙方代表：甲方支付“地基标高”以下增加的这部分基础的款，而“地基标高”以上的基础的款是不能调整的，谁也拿不走（表示甲方不能从原合同价中扣除基础工程的费用，又必须增加地基标高以下的基础工程费用）。

甲方代表：关于因加深基础回填增加 3d 延长工期问题，是可以通过工作安排进行调整的。

乙方代表：可以只延长工期 12d。

经过双方交涉，乙方得到了全部索赔费用（A + B + C + E + F）万元及 12d 的工期延长补偿。根据甲方测算，如将合同中改动一个字（将“地基”中的“基”字改成“面”字），可减少索赔 6.4 万元。

【评析】

该合同是单位临时确定的合同起草人写的初稿，也并非想达到什么确定的目的。乙方审查合同稿时虽向甲方提出“地基标高”一词不够确切，由于未点到关键之处，又没有坚持一定修改。在合同实施中，甲方代表面对增加工程费用情况时，出于维护自方利益作出了合乎自己一方的解释是可以理解的，但后来工程情况的变化是甲方代表的解释与自方不利时，已无再更改的余地。双方都尝到了不利合同条件的滋味。如果双方能够按照签订合同时等价有偿的原则进行解释，此例双方的合作关系不会一开始就那么紧张。乙方在对己不利条件下，抓住有利的机会挽回了不利的损失，并得到了较多的收益。从合同管理的角度看问题，是一个成功的范例。

【案例3】

某大型商业中心大楼的建设工程，按照FIDIC合同模式进行招标和施工管理。中标合同价为18329500元人民币，工期18个月。工程内容包括场地平整，大楼土建施工，停车场，餐饮厅等。

在业主下达开工令以后，承包商按期开始施工。但在施工过程中，由于地基条件较预计的要差，施工条件受交通的干扰甚大，以及设计多次洽商修改，导致工期延误，施工费用增多。为此，承包商先后提出6次工期索赔，累计要求延期395d。此外，还提出了经济索赔，申明将报送详细索赔款额计算书。

对于承包商的索赔要求，业主和监理工程师的答复是：(1) 根据合同条件和实际调查结果，同意对工期进行适当的延长，批准累计延期128d；(2) 业主不承担合同价以外的任何附加开支，承包商对业主的上述答复极不满意，并提出了书面申辩：

1) 累计工期延长128d是不合理的，不符合实际的施工条件和合同条款。承包商的6次工期索赔报告，包括了实际存在的诸多理由，如：不利的自然条件；设计中的错误；设计施工图纸拖期交付；监理工程师下达的工程变更；以及交通干扰等。因此，要求监理工程师和业主对工期延长天数再次予以核查批准。

2）根据业主的反复要求，从施工的第二年开始，承包商已采取了加速施工措施，以便商业中心大楼早日建成。这些加速施工的措施，监理工程师是熟知的，如：由一班作业改为两班作业；节假日加班施工；并增加了一些施工设备，等等。这些措施所发生的一切费用，都是原合同价款额所未包括的，是承包商的附加开支。这样的开支理所当然地应该得到补偿。

监理工程师和业主对承包商的反驳函件进行了多次研究以后，最后答复是：（1）最终批准工期延长为176d；（2）如果发生真正的计划外附加开支，则同意支付直接费和管理费，待索赔报告正式送出后核定。

应该指出，监理工程师和业主的上述答复是相当干练的，因为：（1）他们最终批准的工期延长的天数是工程拖期建成时实际发生的拖期天数。工期原订为18个月（547个日历天数），建成后实际工期为723d，即实际延期176d。业主在这里承认了工程拖期的合理性，免除了承包商承担误期损害赔偿费的责任，虽然不再多给承包商更多的延期天数，承包商也会感到满意。（2）作为一个通情达理的业主，对确属合同工作范围以外的工程附加开支，不得不给予合理的经济补偿。但业主在这里只允诺支付附加工作的直接费和管理费，不给予其他方面（如税金、利润等）的补偿。

在工程即将竣工时，承包商送来了索赔报告书，其索赔费用的组成如下：

（1）加速施工期间的生产效率降低费659191元；

（2）加速并延长施工期的管理费121350元；

（3）人工费调价增支23485元；

（4）材料费调价增支59850元；

（5）机械租赁费65780元；

（6）分包装修增支187550元；

（7）增加投资贷款利息152380元；

（8）履约保函延期增支52830元。

以上共计1322416元。

(9) 利润（8.5%）112405 元。

索赔款总计 1434821 元。

对于上述索赔款总额，承包商在索赔报告书中进行了逐项分析计算，主要内容如下：

1. 劳动生产率降低引起的附加开支

承包商根据自己的施工记录，证明在业主正式通知采取加速措施以前，工人们的劳动生产率可以达到投标文件所列的生产效率。但当采取加速措施以后，由于进行两班作业，工作效率下降；由于改变了某些部位的施工顺序，工效亦降低。在开始加速施工以后，直到建成工程项目，承包商的施工记录总用技工 20237 个工日，普工 38623 个工日。但根据投标书中的工日定额，完成同样的工作所需技工为 10820 个工日，普工 21760 个工日。这样，多用的工日系由于加速施工形成的生产率降低，增加了承包商的开支，即：

技工、普工

实际用工 20237、38623

按合同文件用工 10820、21760

多用工日 9417、16863

每工日平均工资（元/工）31.5、21.5

增支工资款（元）296636、362555

共计增支工资（元）659191

2. 延期施工管理费增支

根据投标书及中标协议书，在中标合同价 18329500 元中，包含施工现场管理费及总部管理费 1270134 元。按原定工期 18 个月（547 个日历天数）计，每日平均管理费为 2322 元。

在原定工期 547d 的前提下，业主批准承包商采取加速措施，并准予延长工期 176d，以完成全部工程。在延长施工的 176d 内，承包商应得管理费款额为：

2322 元 × 176 = 408672 元

但是，在工期延长期间，承包商实施业主的工程变更指令，所完成的工程费中已包含了管理费287322元。为了避免管理费的重复计算，承包商应得的管理费为：

408672 − 287322 = 121350元

3. 人工费调价增支

根据工人工资增长的统计，在后半年施工期间工人工资增长3.2%，按规定进行人工费调整，故应调增人工费。

本工程实际施工期为2年，其中包括原定工期18个月(547d)，以及批准工期延长176d。在2年的施工过程中，第一年系按合同正常施工，第二年系加速施工期。在加速施工的1年里，按规定在其后半年进行工人工资调整（增加3.2%），故应对加速施工期（1年）的工人工费的50%进行调增，即：

技工（20237 × 31.5）+ 2 × 3.2% = 10199元

普工（38623 × 21.5）+ 2 × 3.2% = 13286元

共调增23485元

4. 材料费调价增支

根据材料价格上调的幅度，对施工期第二年内采购的三材（钢材，木材，水泥）及其他建筑材料进行调价，上调5.5%。由逐项计算结果，第二年度内使用的材料总价为1088182元，故应调增材料费：

1088182 × 5.5% = 59850元

5. 机械租赁费增支

机械租赁费65780元，系按租赁单据上款额列入。

6. 分包商装修工作增支

根据装修分包商的索赔报告，其人工费、材料费、管理费以及合同规定的利润率，总计为187550元。

分包商的索赔费如数列入总承包商的索赔款总额以内，在业主核准并付款后悉数转给分包商。

7. 增加投资贷款利息

由于采取加速施工措施，并延期施工，承包商不得不增加其资金投入。这批增加的投资，无论是承包商从银行贷款，或是由其总部拨款，都应从业主方面取得利息的补偿，其利率按当时的银行贷款利率计算，计息期为一年，即：

总贷款额 1792700 元 ×8.5% =152380 元

8. 履约保函延期开支

系根据银行担保协议书规定的利率及延期天数计算，为 52830 元

9. 利润

系加速施工期及延期施工期内，承包商的直接费、间接费等项附加开支的总值，乘以合同中原定的利润率（8.5%）计算，即 1322416 元 ×8.5 =112405 元

以上 9 项，总计索赔款额为 1434821 元，相当于原合同价的 7.8%，这就是由于加速施工及工期延长所增加的建设费用。

【评析】

此索赔报告所列各项新增费用，由于在索赔过程中几经与监理工程师讨论，所以顺利地通过了监理工程师的核准。又由于监理工程师事先与业主充分协商，因而使承包商比较顺利地从业主方面取得了拨款。

6 施 工 管 理

6.1 工长的基本素质

6.1.1 工长的资格和等级

1. 工长的资格

1）工长指能够直接负责组织实施施工现场分部分项工程的工程技术人员。

2）工长由通过考核的见习工长、助理工长担任。

2. 助理工长

助理工长由实习工长升任。助理工长主要协助工长的工作，听从工长的安排。

3. 实习工长

实习工长由新毕业的学生担任。实习工长应参加班组劳动，也可安排做内业工作。实习工长的期限可以根据本人表现确定为1～3年。

6.1.2 混凝土施工工长的基本素质

1. 专业素质

具有中专以上学历、技术员以上专业技术职称、两年以上现场工作经验或具有一年以上实习工长的经历，熟练地掌握本专业的理论与基础操作技能。

2. 道德素质

主要表现在要有奉献精神，要有毕生奋斗、百折不挠的毅力，注重培养人才，以苦为乐、以苦为荣的优良品质。优良的道德素质还表现在诚实可信、忠厚正直、有爱祖国爱人民、敬业进取的品德。自力、自尊、自强不息、开拓创新的精神。

3. 高水平的管理素质

要求懂技术同时又要懂经济，必须用严肃的科学态度去学习管理，掌握高水平的管理技能，才能具备高水平的建筑施工管理素质。

4. 科学科技素质

要达到建筑施工“三高一低”（即高速度、高质量、高效益、低消耗）的要求，更需要建筑施工人员必须具备多方面综合性的科技素质，要求不仅对本专业熟练精通，而且要具备多方面的专业知识、技术、技能。应全面洞察国内外建筑施工方面高科技成果并将其成熟的经验及时应用于施工实践中，逐步增加建筑施工中的科技含量。

5. 法律素质

由于建筑施工涉及面较广，与之相关的法律文件也较多，全面熟悉掌握尚有一定难度，但必须懂得以下几方面的基础法律法规，才能从事正常的建筑施工业务：

1）基础经济建设法律知识，包括：经济合同法、工业企业法、基本建设法、环境保护法、行政诉讼法、劳动法等。

2）基础技术质量法律知识，主要有：城市规划法、技术合同法、施工企业资质等级标准及管理规定、工程建设重大事故和调查程序的规定、国家优质工程奖评选与管理办法、建筑工程质量监督管理规定、建筑安装工程安全技术规程、施工及验收规范等。

3）其他法律知识，除掌握国家制定的全国性法律法规外，尚应掌握本地区政府及建设主管部门所颁布的各类地方性法规。

6. 身体素质

繁重艰巨的施工任务、流动恶劣的和施工条件与复杂多变的施工环境，与其他行业相比更需要建筑施工人员要有健康的身体和强壮的体魄，充满活力和乐观向上的精神面貌是非常重要的。要坚持锻炼，处理好工作和生活的关系，合理安排好休息，养成良好的生活习惯。

6.1.3　施工工长的基本能力

1）具有较强的计划能力；

2）具有较强的施工组织能力；

3）具有较强的预算和施工工艺优化能力；

4）具有较强的人际协调能力；

5）具有较强的动手操作能力。

6.2　混凝土工长的主要职责

工长是施工企业完成各项施工任务的最基层的技术和组织管理人员。其主要职责是：结合多变的现场施工条件，将参与施工的劳力、机具、材料、构配件和采用的施工方法等，科学地、有序地协调组织起来，在时间和空间上取得最佳组合，取得最好的经济效果，保质保量保工期地完成任务。为了出色地履行工长的职责，要求工长在施工全过程中做好施工组织管理工作。

6.2.1　施工准备工作

1. 技术准备

1）悉熟审查施工图纸、有关技术规范和操作规程，了解设计要求及细部、节点做法，放必要的大样，做配料单，弄清有关技术资料对工程质量的要求；

2）调查搜集必要的原始资料；

3）熟悉或制定施工组织设计及有关技术经济文件对施工顺序、施工方法、技术措施、施工进度及现场施工总平面布置的要求，并清楚完成施工任务中薄弱环节和关键工序；

4）熟悉有关合同、投标资料及有关现行消耗定额等，计算工程量，弄清人、财、物在施工中的需求消耗情况，了解和制定现场工资分配和奖励制度，签发工程任务单、限额领料单等。

2. 现场准备

1）现场“四通一平”（即水、电供应，道路、通信通畅，场地平整）的检验和试用；

2）进行现场抄平、测量放线工作并进行检验；

3）根据进度要求组织现场临时设施的搭建施工，安排好职工的住、食、行等后勤保障工作；

4）根据计划和施工平面图，合理组织材料、构件、半成品、机具陆续进场，进行检验和试运转；

5）安排做好施工现场的安全、防汛、防火措施。

3. 组织准备

1）根据施工进度计划和劳动力需要量计划安排，分期分批组织劳动力进场，考虑各工种技术人员的配备，安排好工人进场的各项教育培训；

2）确定各工种工序在各施工段的搭接，流水、交叉作业的开工、完工时间；

3）全面安排好施工现场的一、二线，前、后台，施工生产和辅助作业，现场施工和场外协作之间的协调配合。

6.2.2 向工人交底

1. 施工任务交底

向工人班组重点交待清楚任务大小、工期要求、关键工序、交叉配合关系等。

2. 施工技术措施等和操作要领交底

交清工程有关的技术规范、操作规程和重点施工的部位、细部、节点的做法以及质量和技术措施。

3. 施工消耗定额和经济分配方式的交底

交清各施工项目劳动工日、材料消耗、机械台班数量、经济分配和奖罚制度等。

4. 安全和文明施工交底

提出有关的防护措施和要求，明确责任。

6.2.3　组织协调控制职能

依照施工组织设计和有关技术、经济文件以及当时的实际情况，围绕质量、工期、成本等既定施工目标，在每一阶段、每一工序实施综合平衡、协调控制，使施工中的各项资源和各种关系能够最佳配合，以确保工程的顺利进行。为此，要抓好以下几个环节：

1）检查班组作业前的各项准备工作；

2）检查外部供应、专业施工等协作条件是否满足需要，检查进场材料和构件质量；

3）检查工人班组施工方法、施工操作、施工质量、施工进度以及节约、安全情况，发现问题，应立即纠正或采取补救措施解决；

4）做好现场施工调度，解决现场劳力、原材料、半成品，周转料、工具、机械设备、运输车辆、安全设施、施工水电、季节施工、施工工艺、技术及其现场生活设施等出现的供需矛盾；

5）监督施工中的自检、互检、交接检制度和工程隐检、预检的执行情况，督促做好分部分项工程的质量评定工作。

6）操作中的具体指导和检查

(1) 检查抄平、放线、准备工作是否符合要求。

(2) 工人能否按交底要求进行施工（必要时进行示范）。

(3) 一些关键部位是否符合要求，预留槎、留洞、加筋、预埋件等，并及时提醒工人。

(4) 随时提醒安全、质量和现场场容管理中的倾向性问题。

(5) 按工程进度及时进行隐、预检和交接检，配合质量检查人员搞好分部分项工程质量评定。

6.2.4　施工任务的下达与验收

向班组下达施工任务书；任务完成后，按照计划要求、质量标准进行验收。

当完成分部分项工程以后，工长一方面须查阅有关资料，如混凝土强度等级，钢筋强度，砖的强度等级是否符合设计要求等，另一方面须通知技术人员、质量检查员、施工班组长，对所施工的部位或项目，不合格产品要立即组织原施工班组进行维修或返工。

6.2.5 做好各项技术资料的记录和积累

认真做好施工日志，隐蔽工程记录，填报工程完成量，办理预算外工料签定，做好质量事故处理记录，做好设计修改变更。混凝土砂浆试块试验结果，质量“三检”情况记录的积累工作，以便工程交工验收、决算和质量评定的进行。施工日志记载的主要内容：(1) 当日气候实况。(2) 当日工程进展。(3) 工人调动情况。(4) 资源供应情况。(5) 施工中的质量安全问题。(6) 设计变更和其他重大决定。(7) 经验和教训。

6.2.6 工长的安全职责

1) 对本分项的安全工作全面负责，是本分项安全第一负责人。

2) 模范执行安全各项规定和制度。

3) 根据生产任务、生产环境和职工的思想情绪做好班前安全讲话，具体布置安全工作，合理分配生产任务。不得分配技术不熟练和经验不足的工人单独从事危险作业。在生产与安全发生矛盾时，必须在保证安全的前提下组织生产。不违章指挥，抵制和纠正任何人的违章指挥、违章作业。

4) 组织本工段人员搞好生产设备、工具及防护设施的检查维护，使之保持完好状态。发现损坏时，应及时修理或报告。

5) 经常检查本工段作业人员在现场的安全情况，发现问题，及时解决。如遇险情威胁作业人员安全时，有权先停止作业，并撤出，但要立即向值班领导或生产调度部门报告。

6) 搞好本工段的安全教育工作。

7) 指导、支持专（兼）职安全员搞好工段的各项安全工作。

8) 发生事故时，组织好自救工作，采取可靠的防范措施，避免事故扩大，并及时报告本单位安全管理部门和安全分管领导，协助有关部门和人员做好事故的调查、分析、处理工作。本工段以外其他区域发生事故时，积极协助有关单位、部门做好伤亡事故的抢救、处理工作。

6.2.7　做好后勤保障工作

在施工中做好施工人员的思想政治、业务提高、奖罚工作，关心他们的生活，协调好施工中的人际关系，以激励人们的积极性、创造性，圆满完成施工任务。

6.2.8　施工工长的其他日常工作

1）按照项目确定的月度施工计划，编制责任范围内的日进度计划，提出相应的劳动力、材料、机械等方面的资源需求计划；

2）参加项目组织的例会，报告负责区域的工作；

3）接受质检、安全及其他方面的监督，对发现的问题及时整改；

4）认真准备第二天及今后几天的工作安排和预测，真正做到计划准确，防患于未然；

5）善于钻研，能够深化施工图纸，具有预算能力，在负责的区域内不断优化施工工艺，降低成本，增加效益。

6.3　施工组织设计

施工组织设计是用来指导拟建工程施工全过程中各项活动的技术、经济和组织的综合性文件。它是从拟建工程施工全过程中的人力、物力和空间三个要素着手，科学、合理地进行部署，最终使建筑产品的生产在时间上达到速度快和工期短；在质量上达到精度高和功能好；在经济上达到消耗少和利润高。

6.3.1　施工组织设计的主要内容和编制程序

6.3.1.1　施工组织设计的类型

施工组织设计是以施工项目为对象编制的，用以指导其施工全过程各项施工活动的技术、经济、组织、协调和控制的综合性文件。根据施工项目类型不同，它可分为：施工组织设计大纲、施工组织总设计、单项（位）施工组织设计和分部（项）工程施工设计。

1. 施工组织设计大纲

施工组织设计大纲是以一个投标工程项目为对象进行编制，用以指导其投标全过程各项实施活动的技术、经济、组织、协调和控制的综合性文件。它是编制工程项目投标书的依据，其目的是为了中标。主要内容包括：项目概况、施工目标、施工组织和施工方案，以及施工进度、施工质量、施工成本、施工安全、施工环保和施工平面等计划，及其施工风险防范。它是编制施工组织总设计的依据。

2. 施工组织总设计

施工组织总设计是以一个建设项目为对象进行编制，用以指导工程项目建设全过程各项全局性施工活动的技术、经济、组织、协调和控制的综合性文件。它是经过招投标确定了总承包单位之后，在总承包单位的总工程师主持下，会同建设单位、设计单位和分包单位的相应工程师共同编制。主要内容包括：建设项目概况、施工总目标、施工组织、施工部署和施工方案，以及施工准备工作、施工总进度、施工总质量、施工总成本、施工总安全、施工总资源、施工总环保和施工总设施等计划，以及施工总风险防范、施工总平面和主要技术经济指标。它是编制单项（位）工程施工组织设计的依据。

3. 单项（位）工程施工组织设计

单项（位）工程施工组织设计是以一个单项或其一个单位工程为对象进行编制，用以指导其施工全过程各项施工活动的技术、经济、组织、协调和控制的综合性文件。它是在签订相应工程施工合同之后，在项目经理组织下，由项目工程师负责编制。主要内容包括：工程概况、施工组织和施工方案，以及施工准备工作、施工进度、施工质量、施工成本、施工安全、施工资源、施工环保和施工设施等计划，以及施工风险防范、施工平面布置和主要技术经济指标。它是编制分部（项）工程施工设计的依据。

4. 分部（项）工程施工设计

分部（项）工程施工设计是以一个分部工程或其一个分项工程为对象进行编制，用以指导其各项作业活动的技术、经济、组织、协调和控制的综合文件。它是在编制单项（位）工程施工组织设计的同时，由项目主管技术人员负责编制，作为该项目专业工程具体实施的依据。

6.3.1.2 施工组织设计编制原则

1）认真贯彻国家工程建设的法律、法规、规程、方针和政策。

2）严格执行工程建设程序，坚持合理的施工程序、施工顺序和施工工艺。

3）采用现代建筑管理原理、流水施工方法和网络计划技术，组织有节奏、均衡和连续地施工。

4）优先选用先进施工技术，科学确定施工方案；认真编制各项实施计划，严格控制工程质量、工程进度、工程成本和安全施工。

5）充分利用施工机械和设备，提高施工机械化、自动化程度，改善劳动条件，提高生产率。

6）扩大预制装配范围，提高建筑工业化程度；科学安排冬期和雨期施工，保证全年施工均衡性和连续性。

7）坚持“安全第一，预防为主”原则，确保安全和文明施工。认真做好生态环境和历史文物保护，严防建筑振动、噪声、粉尘和垃圾污染。

8）尽可能利用永久性设施和组装式施工设施，努力减少施工设施建造量，科学地规划施工平面，减少施工用地。

9）优化现场物资储存量，合理确定物资储存方式，尽量减少库存量和物资损耗。

6.3.1.3 单位工程施工组织设计的编制

1. 主要内容

1）工程概况及施工特点；

2）施工方案和施工机械的选择；

3）施工准备工作计划；

4）施工总进度计划；

5）劳动力、材料和机具等各项资源需要量计划；

6）各阶段施工平面布置图；

7）质量、安全、节约及冬雨期施工的技术组织保证措施；

8）文明、环保措施；

9）主要技术经济指标。

2. 施工组织设计的编制

当拟建工程中标后，总承包单位必须编制施工组织设计。对结构复杂、施工难度大的工程项目，要进行专业性的研究。在编制过程中，要充分发挥各职能部门的作用，统筹安排，扬长避短。当比较完整的组织设计方案提出后，要进行讨论修改，最终形成较为可行的正式文件。单位工程施工组织设计的编制程序，如图6-1所示。

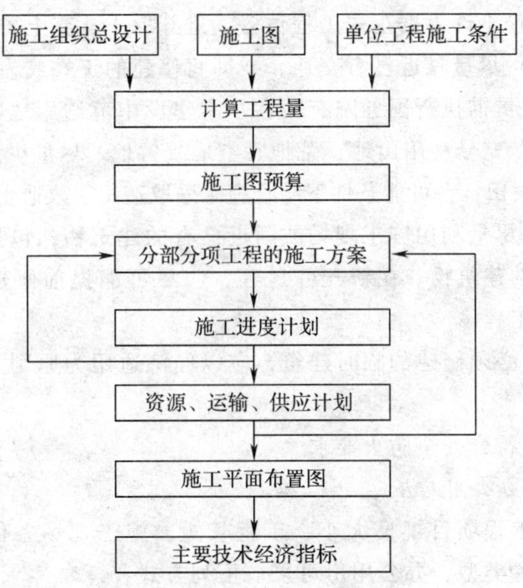

图6-1 单位工程施工组织设计的编制程序

3．施工组织设计的检查和调整

一般采用比较法，把各项指标的完成情况同计划规定的指标相对比。内容包括：进度、质量、材料机械消耗、劳动工效、成本费用等。发现问题，并分析产生的原因，拟定改进措施或方案，对施工组织设计中的有关部分或指标逐项进行调整。该项工作要贯穿施工的全过程。目前工程施工组织设计的编制与调整大都采用计算机及相关软件进行，具有迅速、便捷、准确、标准的特点，这也是现代化管理在施工组织中的重要体现。

6.3.2　施工临时设施

6.3.2.1　施工用房屋

1．一般要求

1）结合施工现场具体情况，统筹安排，合理布置。

（1）布点要适应生产需要，方便职工上下班。

（2）不许占据正式工程位置，避开取土、弃土场地。

（3）尽量靠近已有交通，或即将修建的正式或临时交通线路。

2）贯彻执行国务院有关在基本建设中节约用地的指示，布置要紧凑，充分利用山地、荒地、空地或劣地，尽量少占或不占农田并保护农田，在可能条件下结合施工采取造田、改造土壤的措施。

3）尽量利用施工现场或附近已有的建筑物，包括拟拆除可暂时利用的建筑物。在新开辟地区，应尽可能提前修建能够利用的永久性工程。

4）必须修建的临时建筑，应以经济适用为原则，合理地选择形式。

5）符合安全防火要求。

2．办公用房屋

视工程项目规模大小、工程长短、施工现场条件、项目管理机构设置类型，办公用房可采取下列方式：

1）利用拟拆除建筑；

2）租用工程邻近建筑；

3）新建暂用办公室，结构、装饰简易；

4）采用装配式活动房屋；

5）先建永久性办公室施工时用，待交工时重新装饰；

6）初期搭建简易办公用房，然后搬进新建房屋。

3. 生产用房屋

施工现场生产类用房主要有混凝土搅拌站、砂浆搅拌站、钢筋混凝土构件预制厂、钢筋加工厂、木材加工厂、金属结构加工厂、施工机械的管理维修厂等用房。

施工现场生产用房主要是根据工程所在地区的实际情况与工程施工的需要，首先确定需要设置的生产类型，然后再分别就不同需要逐一确定其生产规模、产品的品种、生产工艺、厂房的建筑面积、结构形式和厂址的布置。生产用房面积的大小，取决于设备的尺寸、工艺过程、建筑设计及保安与防火等的要求。

现场加工厂用房面积参考指标，见表6-1。现场作业棚所需面积参考指标，见表6-2。现场机运、机修和机械停放所需面积参考指标，见表6-3。

现场加工厂所需面积参考指标　　表6-1

序号	加工厂名称	年产量		单位产量所需建筑面积	占地总面积（m^2）	备注
		单位	数量			
1	混凝土搅拌站	m^3	3200	0.022（m^2/m^3）	按砂石堆场考虑	400L搅拌机2台
		m^3	4800	0.021（m^2/m^3）		400L搅拌机3台
		m^3	6400	0.020（m^2/m^3）		400L搅拌机4台
2	临时性混凝土预制厂	m^3	1000	0.25（m^2/m^3）	2000	生产屋面板和中小型梁柱板等，配有蒸养设施
		m^3	2000	0.20（m^2/m^3）	3000	
		m^3	3000	0.15（m^2/m^3）	4000	
		m^3	5000	0.125（m^2/m^3）	小于6000	
3	半永久性混凝土预制厂	m^3	3000	0.6（m^2/m^3）	9000~12000	
		m^3	5000	0.4（m^2/m^3）	12000~15000	
		m^3	10000	0.3（m^2/m^3）	15000~20000	

续表

序号	加工厂名称	年产量		单位产量所需建筑面积	占地总面积（m^2）	备注
		单位	数量			
4	木材加工厂	m^3	15000	0.0244（m^2/m^3）	1800~3600	进行原木、方木加工
		m^3	24000	0.0199（m^2/m^3）	2200~4800	
		m^3	30000	0.0181（m^2/m^3）	3000~5500	
	综合木工加工厂	m^3	200	0.30（m^2/m^3）	100	加工门窗、模板、地板、屋架等
		m^3	500	0.25（m^2/m^3）	200	
		m^3	1000	0.20（m^2/m^3）	300	
		m^3	2000	0.15（m^2/m^3）	420	
	粗木加工厂	m^3	5000	0.12（m^2/m^3）	1350	加工屋架、模板
		m^3	10000	0.10（m^2/m^3）	2500	
		m^3	15000	0.09（m^2/m^3）	3750	
		m^3	20000	0.08（m^2/m^3）	4800	
	细木加工厂	万 m^2	5	0.0140（m^2/m^2）	7000	加工门窗、地板
		万 m^2	10	0.0114（m^2/m^2）	10000	
		万 m^2	15	0.0106（m^2/m^2）	14300	
5	钢筋加工厂	t	200	0.35（m^2/t）	280~560	加工、成型、焊接
		t	500	0.25（m^2/t）	380~750	
		t	1000	0.20（m^2/t）	400~800	
		t	2000	0.15（m^2/t）	450~900	
	现场钢筋调直或冷拉	所需场地（长×宽）（m）				
	拉直场	70~80×3~4（m）				包括材料及成品堆放
	卷扬机棚	15~20（m^2）				3~5t 电动卷扬机一台
	冷拉场	40~60×3~4（m）				包括材料及成品堆放
	时效场	30~40×6~8（m）				包括材料及成品堆放
	钢筋对焊	所需场地（长×宽）（m）				
	对焊场地	30~40×4~5（m）				包括材料及成品堆放
	对焊棚	15~24（m^2）				寒冷地区应适当增加

续表

序号	加工厂名称	年产量		单位产量所需建筑面积	占地总面积（m²）	备注
		单位	数量			
6	钢筋冷加工 冷拔、冷轧机 剪断机 弯曲机 ϕ12 以下 弯曲机 ϕ40 以下	所需场地（m²/台） 40～50 30～50 50～60 60～70				
7	金属结构加工（包括一般铁件）	所需场地（m²/t） 年产 500t 为 10 年产 1000t 为 8 年产 2000t 为 6 年产 3000t 为 5				按一批加工数量计算
8	石灰消化 { 贮灰池 棆灰抄 棆灰幝	5×3=15（m²） 4×3=12（m²） 3×2=6（m²）				每两个贮灰池配一套淋灰池和淋灰槽，每 600kg 石灰可消化 1m³ 石灰膏
9	沥青锅场地	20～24（m²）				台班产量 1～1.5t/台

注：资料来源为：中国建筑科学研究院调查报告、原华东工业建筑设计院资料及其他调查资料。

现场作业棚所需面积参考指标　　表 6-2

序号	名称	单位	面积（m²）	备注
1	木工作业棚	m²/人	2	占地为建筑面积的 2～3 倍
2	电锯房	m²	80	34～36in 圆锯 1 台
	电锯房	m²	40	小圆锯 1 台
3	钢筋作业棚	m²/人	3	占地为建筑面积的 3－4 倍
4	搅拌棚	m²/台	10～18	
5	卷扬机棚	m²/台	6～12	

续表

序号	名称	单位	面积（m^2）	备注
6	烘炉房	m^2	30～40	
7	焊工房	m^2	20～40	
8	电工房	m^2	15	
9	白铁工房	m^2	20	
10	油漆工房	m^2	20	
11	机、钳工修理房	m^2	20	
12	立式锅炉房	m^2/台	5～10	
13	发电机房	m^2/kW	0.2～0.3	
14	水泵房	m^2/台	3～8	
15	空压机房（移动式）	m^2/台	18～30	
	空压机房（固定式）	m^2/台	9～15	

注：资料来源为：铁道部编临时工程手册、原华东工业建筑设计院资料及其他调查资料。

现场机运站、机修间、停放场所需面积参考指标　表 6-3

序号	施工机械名称	所需场地（m^2/台）	存放方式	检修间所需建筑面积	
				内容	数量（m^2）
	一、起重、土方机械类：			10～20台设1个检修台位（每增加20台增设1个检修台位）	200（增150）
1	塔式起重机	200～300	露天		
2	履带式起重机	100～125	露天		
3	履带式正铲或反铲，拖式铲运机，轮胎式起重机	75～100	露天		
4	推土机，拖拉机，压路机	25～35	露天		
5	汽车式起重机	20～30	露天或室内		
	二、运输机械类：			每20台设1个检修台位（每增加1个检修台位）	170（增160）
6	汽车（室内）	20～30	一般情况下室内不小于10%		
	（室外）	40～60			
7	平板拖车	100～150			

续表

序号	施工机械名称	所需场地（m^2/台）	存放方式	检修间所需建筑面积	
				内容	数量（m^2）
	三、其他机械类：				
8	搅拌机，卷扬机，电焊机，电动机，水泵，空压机，油泵，少先吊等	4~6	一般情况下室内占30%露天占70%	每50台设1个检修台位（每增加1个检修台位）	50（增50）

注：1. 露天或室内视气候条件而定，寒冷地区应适当增加室内存放。
2. 所需场地包括道路、通道和回转场地。

4. 仓储用房屋

1）仓库的类型

(1) 转运仓库是设置在货物转载地点（如火车站、码头和专用线卸货场）的仓库。

(2) 中心仓库（或称总仓库）是专供贮存整个建筑工地（或区域型建筑企业）所需材料、贵重材料以及需要整理配套材料的仓库。中心仓库通常设在现场附近或区域中心。

(3) 现场仓库为某一在建工程服务的仓库，一般均就近设置。

(4) 加工厂仓库专供本加工厂贮存原材料和加工半成品、构件的仓库。

各类仓库按其贮存材料的性质和贵重程度可采用露天堆场、半封闭式（棚）和封闭式（库房）3种存放方式。大宗建筑材料一般应直接运往使用地点堆放，以减少施工现场的二次搬运。

2）仓库材料储备量

确定仓库内的材料储备量，要做到一方面能保证施工的正常需要，另一方面又不宜贮存过多，以免加大仓库面积，积压资金。通常的储备量应根据现场条件、供应条件和运输条件来确定。如场地狭小的可少些；生产受季节性影响的材料，必须考虑中断因素，水运材料则须考虑枯水期及严寒影响航运问题，储备量可大些；加工生产周期较长的材料，亦应考虑大些等。另外还须考虑供料制度中有的材料要求一次储备的情况。

(1) 建筑群（全现场）的材料储备，一般按年、季组织储备，按下式计算：

$$q_1 = K_1 Q_1 \tag{6-1}$$

式中 q_1——总储备量；

K_1——储备系数。一般情况下对型钢、木材、砂石和用量小、不经常使用的材料取0.3～0.4，对水泥、砖、瓦、块石、石灰、管材、暖气片、玻璃、油漆、卷材、沥青取0.2～0.3，特殊条件下宜根据具体情况确定；

Q_1——该项材料最高年、季需用量。

总储备量（q_1）包括能为本工程使用已经落实的材料，如已进入转运仓库和中心仓库的材料，以及有了货源又订了货的地方材料（砖、石、砂、灰）。

(2) 单位工程的材料储备量应保证工程连续施工的需要，同时应与全现场的材料储备综合考虑，做到减少仓库面积，节省资金。其储备量按下式计算：

$$q_2 = n \cdot Q_2 / T \tag{6-2}$$

式中 q_2——单位工程材料储备量；

n——储备天数，见表6-4；

Q_2——计划期间内需用的材料数量；

T——需用该项材料的施工天数，并大于n。

3) 仓库面积的计算

(1) 按材料储备期计算

$$F = Q/P \tag{6-3}$$

式中 F——仓库面积（m^2），包括通道面积；

P——每平方米仓库面积上存放材料数量，见表6-4；

Q——材料储备量。用于建筑群时为q_1，用于单位工程时为q_2。

(2) 按系数计算，适用于规划估算

$$F = \phi \cdot m \tag{6-4}$$

式中 F——所需仓库面积（m^2）；

ϕ——系数，见表6-5；

m——计算基数，见表6-5。

仓库面积计算所需数据参考指标　　　　表6-4

序号	材料名称	单位	储备天数（n）	每1m^2储存量（P）	堆置高度（m）	仓库类型
1	钢材	t	40～50	1.5	1.0	
	工槽钢	t	40～50	0.8～0.9	0.5	露天
	角钢	t	40～50	1.2～1.8	1.2	露天
	钢筋（直筋）	t	40～50	1.8～2.4	1.2	露天
	钢筋（盘筋）	t	40～50	0.8～1.2	1.0	棚或库约占20%
	钢板	t	40～50	2.4～2.7	1.0	露天
	钢管ϕ200以上	t	40～50	0.5～0.6	1.2	露天
	钢管ϕ200以下	t	40～50	0.7～1.0	2.0	露天
	钢轨	t	20～30	2.3	1.0	露天
	铁皮	t	40～50	2.4	1.0	库或棚
2	生铁	t	40～50	5	1.4	露天
3	铸铁管	t	20～30	0.6～0.8	1.2	露天
4	暖气片	t	40～50	0.5	1.5	露天或棚
5	水暖零件	t	20～30	0.7	1.4	库或棚
6	五金	t	20～30	1.0	2.2	库
7	钢丝绳	t	40～50	0.7	1.0	库
8	电线电缆	t	40～50	0.3	2.0	库或棚
9	木材	m^3	40～50	0.8	2.0	露天
	原木	m^3	40～50	0.9	2.0	露天
	成材	m^3	30～40	0.7	3.0	露天
	枕木	m^3	20～30	1.0	2.0	露天
	灰板条	千根	20～30	5	3.0	棚

续表

序号	材料名称	单位	储备天数（n）	每 $1m^2$ 储存量（P）	堆置高度（m）	仓库类型
10	水泥	t	30~40	1.4	1.5	库
11	生石灰（块）	t	20~30	1~1.5	1.5	棚
	生石灰（袋装）	t	10~20	1~1.3	1.5	棚
	石膏	t	10~20	1.2~1.7	2.0	棚
12	砂、石子（人工堆置）	m^3	10~30	1.2	1.5	露天
	砂、石子（机械堆置）	m^3	10~30	2.4	3.0	露天
13	块石	m^3	10~20	1.0	1.2	露天
14	红砖	千块	10~30	0.5	1.5	露天
15	耐火砖	t	20~30	2.5	1.8	棚
16	黏土瓦、水泥瓦	千块	10~30	0.25	1.5	露天
17	石棉瓦	张	10~30	25	1.0	露天
18	水泥管、陶土管	t	20~30	0.5	1.5	露天
19	玻璃	箱	20~30	6~10	0.8	棚或库
20	卷材	卷	20~30	15~24	2.0	库
21	沥青	t	20~30	0.8	1.2	露天
22	液体燃料润滑油	t	20~30	0.3	0.9	库
23	电石	t	20~30	0.3	1.2	库
24	炸药	t	10~30	0.7	1.0	库
25	雷管	t	10~30	0.7	1.0	库
26	煤	t	10~30	1.4	1.5	露天
27	炉渣	m^3	10~30	1.2	1.5	露天
28	钢筋混凝土构件	m^3				
	板	m^3	3~7	0.14~0.24	2.0	露天
	梁、柱	m	3~7	0.12~0.18	1.2	露天
29	钢筋骨架	t	3~7	0.12~0.18	—	露天
30	金属结构	t	3~7	0.16~0.24	—	露天
31	钢件	t	10~20	0.9~1.5	1.5	露天或棚
32	钢门窗	t	10~20	0.65	2	棚

续表

序号	材料名称	单位	储备天数（n）	每 $1m^2$ 储存量（P）	堆置高度（m）	仓库类型
33	木门窗	m^2	3~7	30	2	棚
34	木屋架	m^3	3~7	0.3	—	露天
35	模板	m^3	3~7	0.7	—	露天
36	大型砌块	m^3	3~7	0.9	1.5	露天
37	轻质混凝土制品	m^3	3~7	1.1	2	露天
38	水、电及卫生设备	t	20~30	0.35	1	棚、库各约占1/4
39	工艺设备	t	30~40	0.6~0.8	—	露天约占1/2
40	多种劳保用品	件		250	2	库

注：1. 当采用散装水泥时设水泥罐，其容积按水泥周转量计算，不再设集中水泥库；

2. 块石、砖、水泥管等以在建筑物附近堆放为原则，一般不设集中堆场。

按系数计算仓库面积参考资料　　表6-5

序号	名称	计算基数（m）	单位	系数（ϕ）
1	仓库（综合）	按年平均全员人数（工地）	m^2/人	0.7~0.8
2	水泥库	按当年水泥用量的40%~50%	m^2/t	0.7
3	其他仓库	按当年工作量	m^2/万元	1~1.5
4	五金杂品库	按年建安工作量计算时	m^2/万元	0.1~0.2
5	五金杂品库	按年平均在建建筑面积计算时	$m^2/100m^2$	0.5~1
	土建工具库	按高峰年（季）平均全员人数	m^2/人	0.1~0.2
6	水暖器材库	按年平均在建建筑面积	$m^2/100m^2$	0.2~0.4
7	电器器材库	按年平均在建建筑面积	$m^2/100m^2$	0.3~0.5
8	化工油漆危险品仓库	按年建安工作量	m^2/万元	0.05~0.1
9	三大工具堆场	按年平均在建建筑面积	$m^2/100m^2$	1~2
	（脚手、跳板、模板）	按年建安工作量	m^2/万元	0.3~0.5

5. 生活用房

1）计算内容

在工程建设期间，必须为施工人员修建一定数量供生活用的建筑房屋。

生活用房屋包括：职工宿舍、招待所、浴室、理发室、食堂等。

生活用房的种类，大小视工程所在位置、工期长短、规模大小等确定。

生活用房的组织，一般有以下内容：

（1）计算施工期间使用生活用房的人数；

（2）确定生活用房项目及其建筑面积；

（3）选择生活用房的结构形式；

（4）布置生活用房位置。

2）确定使用人数

（1）生产人员。生产人员中有：直接生产人员和其他生产人员。

（2）非生产人员。

3）所需面积

参见表6-6。

生活用房屋设施参考指标　　**表6-6**

临时房屋名称	指标使用方法	参考指标（m^2/人）	备注
一、办公室	按干部人数	3～4	1. 本表根据全国收集到的有代表性的企业、地区的资料综合 2. 工区以上设置的会议室已包括在办公室指标内
二、宿舍	按高峰年（季）平均职工人数	2.5～3.5	
单层通铺	（扣除不在工地住宿人数）	2.5～3	
双层床		2.0～2.5	
单层床		3.5～4	
三、食堂	按高峰年平均职工人数	0.5～0.8	
四、食堂兼礼堂	按高峰年平均职工人数	0.6～0.9	
五、其他合计	按高峰年平均职工人数	0.5～0.6	
医务室	按高峰年平均职工人数	0.05～0.07	

续表

临时房屋名称	指标使用方法	参考指标（m^2/人）	备注
浴室	按高峰年平均职工人数	0.07～0.1	3. 家属宿舍应以施工期长短和离基情况而定，一般按高峰年职工平均人数的10%～30%考虑 4. 食堂包括厨房、库房，应考虑在工地就餐人数和几次进餐
理发	按高峰年平均职工人数	0.01～0.03	
浴室兼理发	按高峰年平均职工人数	0.08～0.1	
其他公用	按高峰年平均职工人数	0.05～0.10	
六、现场小型设施			
开水房		10～40	
厕所	按高峰年平均职工人数	0.02～0.07	
工人休息室	按高峰年平均职工人数	0.15	

6.3.2.2 施工运输设施

1. 运输组织

施工运输可分为场外运输和场内运输两种。场外运输亦分两种：一是将货物由外地利用公路、水路或铁路运到工地；另一种是在本地区范围内的运输。

施工运输组织主要包括：货运量的确定；运输方式的选择；运输工具需要量的计算；运输线路的规划等。

1）确定货运量

货运总量应按工程实际需要测算。

施工工地所需运输的主要货物有建筑材料、半成品、构件和建筑企业的机械设备，还有工艺设备、燃料、废料以及职工生活福利用的物资。每日货运量计算如式（6-5）。

$$q_i = \frac{\sum Q_i \cdot L_i}{T} \cdot K \qquad (6\text{-}5)$$

式中 q_i——日货运量（t·km/日）；

Q_i——整个单位工程的各类材料用量（t）；

L_i——各类材料由发货地点到用货地点的距离（km）；

T——货物所需的运输天数（日）；

K——运输工作不均衡系数，铁路运输采用1.5；汽车运输采用1.2；水路运输采用1.3。

2）运输方式的选择及运输工具需要量的计算

在施工中，运输方式主要有水路运输、铁路运输、公路汽车运输等。

水路运输是最经济的一种运输方式，在可能条件下，应尽量用水路运输。采用水路运输时应注意与工地内部运输配合，码头上是否有转运仓库和卸货设备，同时还需考虑到洪水、枯水和每年正常通航期。

铁路运输的优点是运输量大，运距长、不受气候条件的限制，但投资大，筑路技术要求严格，当拟建工程需要铺设永久性专用线时或工地必须从国家铁路线上运来大量物料时适用。

汽车运输机动性大，行驶速度快，可直达使用地点，但运输量小，运输成本高。

（1）汽车台班产量计算公式

$$q = \frac{T_1}{t + \frac{2L}{v}} \cdot P \cdot K_1 \cdot K_2 \tag{6-6}$$

式中　q——汽车台班产量（t/台班）；

T_1——台班工作时间（h）；

t——货物装卸时间（h）；

L——运输距离（km）；

v——汽车的计算运行速度（km/h）

P——汽车载重量（t），见表6-7；

K_1——时间利用系数，一般采用0.9；

K_2——汽车吨位利用系数。

（2）汽车台数计算公式

$$m = \frac{Q \cdot K_3}{q \cdot T \cdot n \cdot K_4} \tag{6-7}$$

式中 m——汽车台数；

Q——全年（或全季）度最大运输量（t）；

K_3——货物运输不均衡系数，场外运输一般采用1.2，场内运输1.1；

q——汽车台班产量（t/台班）；

T——全年（或全季）的工作天数（d）；

n——日工作班数（班）；

K_4——汽车供应系数，一般采用0.9。

各种货物装载量参考表 **表 6-7**

货物名称	单位重		计算单位	载重汽车			翻斗汽车				
				汽车吨位（t）							
	单位	数量		3.0	4.0	7.5	3.5	5.0	6.5	8.0	10.0
砂	kg/m³	1650	m³	1.8	2.4	4.5	2.1	3.6	3.9	4.4	5.9
河流石	kg/m³	1650	m³	1.8	2.4	4.5	2.1	3.6	3.9	4.4	5.9
黏土砖	kg/块	2.6	块	1150	1500	2800	1300	1900	2500	3050	3800
泥土	kg/m³	1650	m³	1.8	2.4	4.5	2.1	3.6	3.9	4.4	5.9
水泥	kg/袋	50	袋	60	80	150	70	100	130	160	200
块状生石灰	kg/m³	1000	m³	3.0	4.0	5.9	2.5	3.6	4.6	4.4	5.9
粉煤	kg/m³	1350	m³	2.2	2.9	5.5	2.5	3.6	4.6	4.4	5.9
块煤	kg/m³	1650	m³	1.8	2.4	4.5	2.1	3.6	3.9	4.4	5.9
煤渣	kg/m³	800	m³	3.7	4.7	5.9	2.5	3.6	4.6	4.4	5.9
耐火砖	kg/m 块	3.7	块	800	1050	2000	900	1300	1750	2150	2700

注：水泥密度为1000～1600kg/m³，常采用1300kg/m³左右。

2. 施工运输道路组织

可为施工服务的场外铁路专用线、场外公路或码头等永久性工程应先期建成投入使用，以解决场外运输问题，一般不再设场外临时施工铁路、公路。

1）铁路运输组织

当材料主要由铁路运输时，场内铁路运输线路的布置可根据建筑总平面中永久性铁路专用线布置主要运输干线，再按施工需要布置铁路支线。

施工铁路直线段的中心线与建筑物的距离在无路堤路堑时应满足下列要求：

（1）距办公室及加工厂等房屋的凸出部分，在面向铁路侧有出入口时应不小于6m，无出入口时不小于3m；

（2）距卸货站台、仓库、设备材料堆置场的距离可尽量接近铁路建筑限界；

（3）卸货站台边缘距铁路中心线的最小尺寸在高于轨面1.1～4.8m部分为1.85m；

（4）距公路最近边缘距离不小于3.75m；

（5）与地下平行管线边缘之间的距离不小于3.5m。

厂内的货物装卸线一般应设在平直道上，在困难条件下也可设在不大于2.50%的坡道上及半径不小于500m的曲线上。条件特殊困难时非主要卸货线可设在半径不小于200m的曲线上。

场内道路与铁路尽量减少交叉，必须交叉时应采用正交。

2）公路运输组织

当材料主要用汽车运输时，应首先布置仓库和加工厂的位置，并将场内道路与场外公路接通。场内施工公路的位置宜尽量与正式工程永久性道路布置一致。主要施工区及货运量密集区场应放置环形道路。各加工区、堆场与施工区之间应有直通道路连接，消防车应能直达主要施工场所及易燃物堆场。

3）水路运输组织

现场采用水路运输时，应了解江、河、湖、海的季节性水位变化情况与通航期限，采取相应的水路运输措施。

3. 对施工道路要求

1）简易公路技术要求，见表6-8。

简易公路技术要求 **表 6-8**

指标名称	单位	技术标准
设计车速	km/h	≤20
路基宽度	m	双车道 6~6.5；单车道 4.4~5；困难地段 3.5
路面宽度	m	双车道 5~5.5；单车道 3~3.5
平面曲线最小半径	m	平原、丘陵地区 20；山区 15；回头弯道 12
最大纵坡	%	平原地区 6；丘陵地区 8；山区 9
纵坡最短长度	m	平原地区 100；山区 50
桥面宽度	m	木桥 4~4.5
桥涵载重等级	t	木桥涵 7.8~10.4（汽-6~汽-8）

2）各类车辆要求路面最小允许曲线半径，见表 6-9。

各类车辆要求路面最小允许曲线半径 **表 6-9**

车辆类型	路面内侧最小曲线半径（m）		
	无拖车	有 1 辆拖车	有 2 辆拖车
小客车、三轮汽车	6	—	—
一般二轴载重汽车：单车道	9	12	15
双车道	7	—	—
三轴载重汽车、重型载重汽车、公共汽车	12	15	18
超重型载重汽车	15	18	21

3）施工道路路面种类和厚度，见表 6-10。

施工道路路面种类和厚度 **表 6-10**

路面种类	特点及其使用条件	路基土	路面厚度（cm）	材料配合比
级配砾石路面	雨天照常通车，可通行较多车辆，但材料级配要求严格	砂质土	10~15	体积比： 粘土：砂：石子 =1:0.7:3.5 重量比： 1. 面层：黏土 13%~15%，砂石料 85%~87% 2. 底层：黏土 10%，砂石混合料 90%
		粘质土或黄土	14~18	

续表

路面种类	特点及其使用条件	路基土	路面厚度（cm）	材料配合比
碎（砾）石路面	雨天照常通车，碎（砾）石本身含土较多，不加砂	砂质土	10～18	碎（砾）石>65%，当地土壤含量≤35%
		砂质土或黄土	15～20	
碎砖路面	可维持雨天通车，通行车辆较少	砂质土	13～15	垫层：砂或炉渣4～5cm 底层：7～10cm碎砖 面层：2～5cm碎砖
		粘质土或黄土	15～18	
炉渣或矿渣路面	可维持雨天通车，通行车辆较少，当附近有此项材料可利用时	一般土	10～15	炉渣或矿渣75%，当地土25%
		较松软时	15～30	
砂土路面	雨天停车，通行车辆较少，附近不产石料而只有砂时	砂质土	15～20	粗砂50%，细砂、粉砂和黏质土50%
		粘质土	15～30	
风化石屑路面	雨天不通车，通行车辆较少，附近有石屑可利用	一般土壤	10～15	石屑90%，黏土10%
石灰土路面	雨天停车，通行车辆少，附近产石灰时	一般土壤	10～13	石灰10%，当地土壤90%

6.3.2.3　施工供水设施

1. 确定供水量

1）现场施工用水量可按下式计算：

$$q_1 = K_1 \sum \frac{Q_1 \cdot N_1}{T_1 \cdot t} \cdot \frac{K_2}{8 \times 3600} \tag{6-8}$$

式中　q_1——施工用水量（L/s）；

K_1——未预计的施工用水系数（1.05～1.15）；

Q_1——年（季）度工程量（以实物计量单位表示）；

N_1——施工用水定额，见表6-11；

T_1——年（季）度有效作业日（d）；

t——每天工作班数（班）；

K_2——施工用水不均衡系数，见表6-12。

施工用水参考定额 **表 6-11**

序号	用水对象	单位	耗水量（N_1）	备注
1	浇注混凝土全部用水	L/m^3	1700～2400	
2	搅拌普通混凝土	L/m^3	250	
3	搅拌轻质混凝土	L/m^3	300～350	
4	搅拌泡沫混凝土	L/m^3	300～400	
5	搅拌热混凝土	L/m^3	300～350	
6	混凝土养护（自然养护）	L/m^3	200～400	
7	混凝土养护（蒸汽养护）	L/m^3	500～700	
8	冲洗模板	L/m^2	5	
9	搅拌机清洗	L/台班	600	
10	人工冲洗石子	L/m^3	1000	当含泥量大于2%小于3%时
11	机械冲洗石子	L/m^3	600	
12	洗砂	L/m^3	1000	
13	砌砖工程全部用水	L/m^3	150～250	
14	砌石工程全部用水	L/m^3	50～80	
15	抹灰工程全部用水	L/m^2	30	
16	耐火砖砌体工程	L/m^3	100～150	包括砂浆搅拌
17	浇砖	L/千块	200～250	
18	浇硅酸盐砌块	L/m^3	300～350	
19	抹面	L/m^2	4～6	不包括调制用水
20	楼地面	L/m^2	190	主要是找平层
21	搅拌砂浆	L/m^3	300	
22	石灰消化	L/t	3000	
23	上水管道工程	L/m	98	
24	下水管道工程	L/m	1130	
25	工业管道工程	L/m	35	

2）施工机械用水量可按下式计算：

$$q_2 = K_1 \sum Q_2 N_2 \frac{K_3}{8 \times 3600} \tag{6-9}$$

式中　q_2——机械用水量（L/s）；

K_1——未预计施工用水系数（1.05～1.15）；

Q_2——同一种机械台数（台）；

N_2——施工机械台班用水定额，参考表6-13中的数据换算求得；

K_3——施工机械用水不均衡系数，见表6-12。

施工用水不均衡系数　**表6-12**

编　号	用水名称	系　数
K_2	现场施工用水	1.5
	附属生产企业用水	1.25
K_3	施工机械、运输机械	2.00
	动力设备	1.05～1.10
K_4	施工现场生活用水	1.30～1.50
K_5	生活区生活用水	2.00～2.50

3）施工现场生活用水量可按下式计算：

$$q_3 = \frac{P_1 \cdot N_3 \cdot K_4}{t \times 8 \times 3600} \tag{6-10}$$

式中　q_3——施工现场生活用水量（L/s）；

P_1——施工现场高峰昼夜人数（人）；

N_3——施工现场生活用水定额（一般为20～60L/人·班，主要需视当地气候而定）；

K_4——施工现场用水不均衡系数，见表6-12；

t——每天工作班数（班）。

4）生活区生活用水量可按下式计算：

$$q_4 = \frac{P_2 \cdot N_4 \cdot K_5}{24 \times 3600} \tag{6-11}$$

机械用水工参考定额 **表 6-13**

序号	用水机械名称	单位	耗水量（L）	备注
1	内燃挖土机	m^3 · 台班	200~300	以斗容量 m^3 计
2	内燃起重机	t · 台班	15~18	以起重机吨数计
3	蒸汽起重机	t · 台班	300~400	以起重机吨数计
4	蒸汽打桩机	t · 台班	1000~1200	以锤重吨数计
5	内燃压路机	t · 台班	15~18	以压路机吨数计
6	蒸汽压路机	t · 台班	100~150	以压路机吨数计
7	拖拉机	台 · 昼夜	200~300	
8	汽车	台 · 昼夜	400~700	
9	标准轨蒸汽机车	台 · 昼夜	10000~20000	
10	空压机	(m^3/min) · 台班	40~80	以空压机单位容量计
11	内燃机动力装置（直流水）	马力 · 台班	120~300	
12	内燃机动力装置（循环水）	马力 · 台班	25~40	
13	锅炉	t · h	1050	以小时蒸发量计
14	点焊机 25 型	台 · h	100	
	50 型	台 · h	150~200	
	75 型	台 · h	250~300	
15	对焊机	台 · h	300	
16	冷拔机	台 · h	300	
17	凿岩机型 01-30 01-38	台 · min	3~8	
	YQ-100 型	台 · min	8~12	
18	木工场	台班	20~25	
19	锻工房	炉 · 台班	40~50	以烘炉数计

式中 q_4——生活区生活用水（L/s）；

P_2——生活区居民人数（人）；

N_4——生活区昼夜全部生活用水定额，每一居民每昼夜为 100~120L，随地区和有无室内卫生设备而变化；各分项用水参考定额见表6-14；

K_5——生活区用水不均衡系数，见表6-12。

5）消防用水量（q_5），见表6-15。

6）总用水量（Q）计算：

(1) 当$(q_1+q_2+q_3+q_4)\leqslant q_5$时，则$Q=q_5+(q_1+q_2+q_3+q_4)/2$

(2) 当$(q_1+q_2+q_3+q_4)>q_5$时，则$Q=q_1+q_2+q_3+q_4$

(3) 当工地面积小于5ha而且$(q_1+q_2+q_3+q_4)<q_5$时，则$Q=q_5$，最后计算出的总用量，还应增加10%，以补偿不可避免的水管漏水损失。

分项生活用水量参考定额　　表6-14

序号	用水对象	单位	耗水量
1	生活用水（盥洗、饮用）	L/人·日	20~40
2	食堂	L/人·次	10~20
3	浴室（淋浴）	L/人·次	40~60
4	淋浴带大池	L/人·次	50~60
5	洗衣房	L/kg干衣	40~60
6	理发室	L/人·次	10~25
7	学校	L/学生·日	10~30
8	幼儿园托儿所	L/儿童·日	75~100
9	病院	L/病床·日	100~150

消防用水量　　表6-15

序号	用水名称	火灾同时发生次数	单位	用水量
1	居民区消防用水			
	5000人以内	一次	L/s	10
	10000人以内	二次	L/s	10~15
	25000人以内	二次	L/s	15~20
2	施工现场消防用水			
	施工现场在25ha内	一次	L/s	10~15
	每增加25ha	一次	L/s	5

2. 水源的选择

建筑工地供水水源，最好利用附近居民区或企业职工居住区的现有供水管道，只有在建筑工地附近没有现成的给水管道，或现有管道无法利用时，才宜另选天然水源。

1）天然水源的种类有：地面水，如江水、湖水、水库蓄水等；地下水，如泉水、井水等。

2）选择水源必须考虑下列因素：

(1) 水量充沛可靠。

(2) 生活饮用水、生产用水的水质要求，应符合表6-16、表6-17、表6-18的规定。

生活饮用水水质标准　　表6-16

项目		标准
感观性状和一般化学指标	色	色度不超过15度，并不得呈现其他异色
	浑污度	不超过3度，特殊情况不超过5度
	臭和味	不得有异臭、异味
	肉眼可见物	不得含有
	pH	6.5~8.5
	总硬度（以碳酸钙计）	450（mg/L）
	铁	0.3（mg/L）
	锰	0.1（mg/L）
	铜	1.01（mg/L）
	锌	1.0（mg/L）
	挥发酚类（以苯酚计）	0.002（mg/L）
	阴离子合成洗涤剂	0.3（mg/L）
	硫酸盐	250（mg/L）
	氯化物	250（mg/L）
	溶解性总固体	1000（mg/L）
毒理学指标	氟化物	1.0（mg/L）
	氰化物	0.05（mg/L）
	砷	0.05（mg/L）
	硒	0.01（mg/L）

续表

项　　目		标　　准
毒理学指标	汞	0.001（mg/L）
	镉	0.01（mg/L）
	铬（六价）	0.05（mg/L）
	铅	0.05（mg/L）
	银	0.05（mg/L）
	硝酸盐（以氮计）	20（mg/L）
	氯仿*	60（μg/L）
	四氯化碳*	3（μg/L）
	苯并（a）芘*	0.01（μg/L）
	滴滴涕*	1（μg/L）
	六六六*	5（μg/L）
细菌学指标	细菌总数	100（个/mL）
	总大肠菌群	3（个/L）
	游离余氯	在与水接触30min后应不低于0.3mg/L。集中式给水除出厂水应符合上述要求外，管网末梢水不应低于0.05mg/L
放射性指标	总α放射性	0.1（Bq/L）
	总β放射性	1（Bq/L）

注：1. 摘自《生活饮用水标准》GB 5749。

2. 表中带“*”者为允许根据地方水域背景特征适当调整的项目。

拌制混凝土的用水标准　　表6-17

序号	项　　目	标　　准
1	硫酸盐含量（按 SO_4 计）	不超过1%
2	pH值	大于4

注：1. 不允许使用污水、含油脂或糖类等杂质的水。

2. 在钢筋混凝土和预应力混凝土结构中，不得用海水拌制混凝土。

3. 一般能饮用的自来水或清洁的天然水，均能满足上述标准。

空气压缩机冷却水的一般要求　　表 6-18

序号	项　　目	标　　准
1	pH 值	6.5～9.5
2	混浊度	<100mg/L
3	暂时硬度	<12 度（德国度）
4	含油量	<5mg/L
5	有机物含量	<25mg/L

注：当进水温度较低时，硬度可适当提高。

（3）与农业、水利综合利用。

（4）取水、输水、净水设施要安全经济。

（5）施工、运转、管理、维护方便。

3. 确定供水系统

给水系统可由取水设施、净水设施、贮水构筑物（水塔及蓄水池）、输水管和配水管综合而成。

1）地面水源取水设施

一般由取水口、进水管及水泵组成。取水口距河底（或井底）不得小于 0.25～0.9m，在冰层下部边缘的距离也不得小于 0.25m。给水工程所用的水泵有离心泵和活塞泵两种，所用的水泵要有足够的抽水能力和扬程。

水泵应具有的扬程按下列公式计算：

（1）将水送至水塔时的扬程为：

$$H_{泵} = (Z_{塔} - Z_{泵}) + H_{塔} + a + \sum h + h_{吸} \tag{6-12}$$

式中　$H_{泵}$——水泵所需的扬程（m）；

$Z_{塔}$——水塔处的地面标高（m）；

$Z_{泵}$——水泵轴中线的标高（m）；

a——水塔的水箱高度（m）；

$\sum h$——从泵站到水塔间的水头损失（m）；

$h_{吸}$——水泵的吸水高度（m）；

$H_{塔}$——水塔高度（m）。

（2）将水直接送到用户时其扬程为：

$$H_{泵} = (Z_{户} - Z_{泵}) + H_{户} + \sum h + h_{吸} \tag{6-13}$$

式中 $Z_{户}$——供水对象（即用户）最不利处的标高；

$H_{户}$——供水对象最不利处必须的自由水头，一般为8~10m；

$\sum h$——供水网路中的水头损失（m）。

2）贮水构筑物

有水池、水塔和水箱。在临时给水中，只有在水泵非昼夜工作时才设置水塔。水箱的容量，以每小时消防用水量决定，但也不得小于10~20m^3。

水塔高度与供水范围、供水对象的位置及水塔本身的位置有关，可用下式确定：

$$H_{塔} = (Z_{户} - Z_{塔}) + H_{户} + \sum h \tag{6-14}$$

3）配水管网的布置

配水管网布置的原则是在保证不间断供水的情况下，管道铺设越短越好，同时还应考虑在施工期间各段管网具有移动的可能性。一般可分环形管网、树枝状管网和混合式管网。

临时水管铺设，可用明管或暗管。在严寒地区，暗管应埋设在冰冻线以下，明管应加保温。通过道路部分，应考虑地面上重型机械荷载对埋设管的影响。

4）管径的选择

（1）计算法

$$d = \sqrt{\frac{4Q}{\pi \cdot v \cdot 1000}} \tag{6-15}$$

式中 d——配水管直径（m）；

Q——耗水量（L/s）；

v——管网中水流速度（m/s）。

临时水管经济流速参见表6-19。

（2）查表法

为了减少计算工作，只要确定管段流量q和流速范围，可直接查表6-20、表6-21，选择管径 d。

临时水管经济流速参考表 **表6-19**

管径	流速（m/s）	
	正常时间	消防时间
1. $D<0.1$m	0.5～1.2	—
2. $D=0.1\sim0.3$m	1.0～1.6	2.5～3.0
3. $D>0.3$m	1.5～2.5	2.5～3.0

给水铸铁管计算表 **表6-20**

流量（L/s）	管径（mm）									
	75		100		150		200		250	
	i	v	i	v	i	v	i	v	i	v
2	7.98	0.46	1.94	0.26						
4	28.4	0.93	6.69	0.52						
6	61.5	1.39	14	0.78	1.87	0.34				
8	109	1.86	23.9	1.04	3.14	0.46	0.765	0.26		
10	171	2.33	36.5	1.30	4.69	0.57	1.13	0.32		
12	246	2.76	52.6	1.56	6.55	0.69	1.58	0.39	0.529	0.25
14			71.6	1.82	8.71	0.80	2.08	0.45	0.695	0.29
16			93.5	2.08	11.1	0.92	2.64	0.51	0.886	0.33
18			118	2.34	13.9	1.03	3.28	0.58	1.09	0.37
20			146	2.60	16.9	1.15	3.97	0.64	1.32	0.41
22			177	2.86	20.2	1.26	4.73	0.71	1.57	0.45
24					24.1	1.38	5.56	0.77	1.83	0.49
26					28.3	1.49	6.64	0.84	2.12	0.53
28					32.8	1.61	7.38	0.90	2.42	0.57
30					37.7	1.72	8.4	0.96	2.75	0.62
32					42.8	1.84	9.46	1.03	3.09	0.66
34					84.4	1.95	10.6	1.09	3.45	0.70
36					54.2	2.06	11.8	1.16	3.83	0.74
38					60.4	2.18	13.0	1.22	4.23	0.78

注：v——流速（m/s）；i——压力损失（m/km或mm/m）。

给水钢管计算表 **表 6-21**

流量 (L/s)	管径 (mm) 25		40		50		70		80	
	i	*v*	*i*	*v*	*i*	*v*	*i*	*v*	*i*	*v*
0.1										
0.2	21.3	0.38								
0.4	74.8	0.75	8.98	0.32						
0.6	159	1.13	18.4	0.48						
0.8	279	1.51	31.4	0.64						
1.0	437	1.88	47.3	0.8	12.9	0.47	3.76	0.28	1.61	0.2
1.2	629	2.26	66.3	0.95	18	0.56	5.18	0.34	2.27	0.24
1.4	856	2.64	88.4	1.11	23.7	0.66	6.83	0.4	2.97	0.28
1.6	1118	3.01	114	1.27	30.4	0.75	8.7	0.45	3.76	0.32
1.8			144	1.43	37.8	0.85	10.7	0.51	4.66	0.36
2.0			178	1.59	46	0.94	13	0.57	5.62	0.40
2.6			301	2.07	74.9	1.22	21	0.74	9.03	0.52
3.0			400	2.39	99.8	1.41	27.4	0.85	11.7	0.60
3.6			577	2.86	144	1.69	38.4	1.02	16.3	0.72
4.0					177	1.88	46.8	1.13	19.8	0.81
4.6					235	2.17	61.2	1.3	25.7	0.93
5.0					277	2.35	72.3	1.42	30	1.01
5.6					348	2.64	90.7	1.59	37	1.13
6.0					399	2.82	104	1.7	42.1	1.21

[**例**] 按图 6-2 选择厂区内给水铸铁管局部管段的计算流量 q 和管径 d。

(1) 求从水源至工地及加工厂主干管的流量 (q_1) 和管径 (d_1)。

$$q_1 = (40 + 30 + 20)/3600 = 0.025\text{m}^3/\text{s} = 25\text{L/s}$$

查表 6-20，得管径 $d_1 = 150\text{mm}$ (流速 $v = 1.43\text{m/s}$，满足流速范围所规定的要求)。

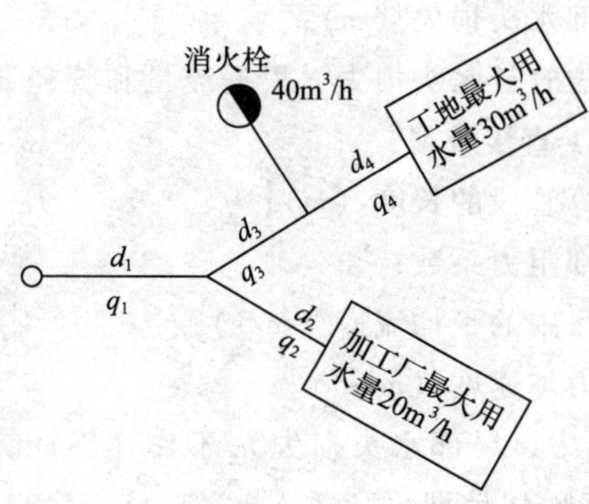

图 6-2 供水管线示意图

（2）求 q_2 和 d_2

$$q_2 = 20/3600 = 0.0055\text{m}^3/\text{s} = 5.5\text{L/s}$$

查表 6-20，得管径 $d_2 = 100\text{mm}$（流速 $v = 0.72\text{m/s}$，满足流速范围规定的要求）。

（3）求 q_3 和 d_3

$$q_3 = (40 + 30)/3600 = 0.0195\text{m}^3/\text{s} = 19.5\text{L/s}$$

查表 6-20，得管径 $d_3 = 150\text{mm}$（流速 $v = 1.12\text{m/s}$，满足流速范围规定的要求）。

（4）求 q_4 和 d_4

$$q_4 = 30/3600 = 0.00833\text{m}^3/\text{s} = 8.33\text{L/s}$$

查表 6-20，得管径 $d_4 = 100\text{mm}$（流速 $v = 1.08\text{m/s}$，满足流速范围所规定的要求）。

（5）水头损失计算

计算水头损失的目的在于确定水泵所需的扬程，并根据流量选择水泵和校核高位水池标高能否满足厂区内用水点最大用水时所需要的压力。水头损失计算见公式（6-16）。

$$h = h_1 + h_2 = iL + \xi \frac{v^2}{2g} \tag{6-16}$$

式中 h——水头损失（m）；

h_1——沿程水头损失（m）；

h_2——局部水头损失（m）；

i——单位管长水头损失，根据流量和管径 d 从表 6-20、表 6-21 直接查得；

L——计算管段的长度（m）；

ξ——局部阻力系数；

v——管段中的平均流速（m/s）；

g——重力加速度（m/s^2）。

在实际工程中，局部水头损失 h_2 不作详细计算，按沿程水头损失的 15% ~20% 估计即可，故 $h=(1.15\sim1.2)h_1=(1.15\sim1.2)iL$。

［例］　某边远工程给水方案已定，管道平面见图 6-3，距厂区 2000m 处打一口深井作水源，厂区内设一个 200t 高位水池来调节生产、生活和消防用水。根据地形条件初步确定水池池底标高为 140m 左右，各用水点最大用水时的流量、地面标高和所需要的自由水头见表 6-22，管径 d 根据计算方法确定（图 6-3），管材为给水铸铁管。校核高位水池的池底标高能否满足各用水点在最大用水时的压力要求。

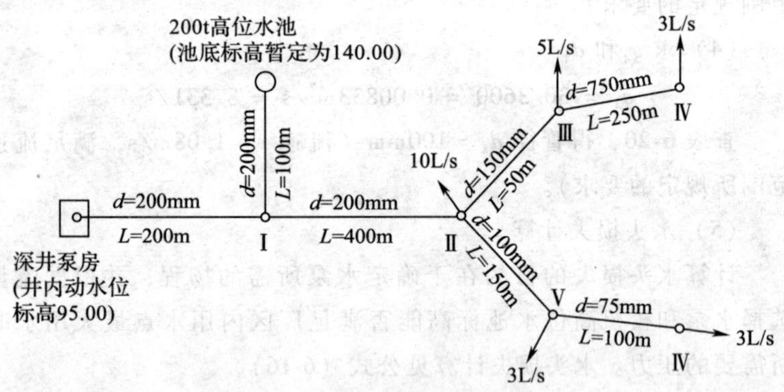

图 6-3　某工程管道平面图

（1）先求出各管段在最大用水时的流量 q，从图 6-3 中可知：

水池－Ⅰ－Ⅱ管段 $q=10+6+3+3+3=25\mathrm{L/s}$

Ⅱ－Ⅲ管段 $q=6+3=9\text{L/s}$

Ⅲ－Ⅳ管段 $q=3\text{L/s}$

Ⅴ－Ⅵ管段 $q=3\text{L/s}$

Ⅱ－Ⅴ管段 $q=3+3=6\text{L/s}$

各用水点最大用水时的流量、地面标高和所需要的自由水头

表 6-22

节点号	流量（L/s）	地面标高（m）	所需要的自由水头 $H_{自}$（m）
Ⅰ	—	110.00	—
Ⅱ	10	110.00	20
Ⅲ	6	115.00	20
Ⅳ	3	120.00	10
Ⅴ	3	115.00	10
Ⅵ	3	120.00	10

（2）根据各管段的 q 值与管径 d（图 6-3），查表 6-20 可得单位管长的水头损失 i，然后计算水头损失：

水池－Ⅰ－Ⅱ（$L=0.5\text{km}$，$s=6.1\text{m/km}$）

$$h=1.2\times iL=1.2\times 6.1\times 0.5=3.7\text{m}$$

Ⅱ－Ⅲ（$L=0.5\text{km}$，$i=3.9\text{m/km}$）

$$h=1.2\times iL=1.2\times 3.9\times 0.5=2.34\text{m}$$

Ⅲ－Ⅳ（$L=0.25\text{km}$，$i=18.2\text{m/km}$）

$$h=1.2\times iL=1.2\times 18.2\times 0.25=5.46\text{m}$$

Ⅱ－Ⅴ（$L=0.15\text{km}$，$i=14\text{m/km}$）

$$h=1.2\times iL=1.2\times 14\times 0.15=2.5\text{m}$$

Ⅴ－Ⅵ（$L=0.1\text{km}$，$i=18.2\text{m/km}$）

$$h=1.2\times iL=1.2\times 18.2\times 0.1=2.2\text{m}$$

（3）根据用水点所需要水头 H 自和各管段的水头损失 h，就可校核高位水池的标高。

已知节点Ⅳ，$H_{自}=10\text{m}$，从水池至节点 W 管段的水头损失 $\sum h=3.7+2.34+5.46=11.5\text{m}$，节点Ⅳ的地面标高为 120m，所以

高位水池的池底标高应为：

$$120+11.5+10=141.5\text{m}$$

已知节点Ⅲ，$H_{自}=20\text{m}$，地面标高为115m，从水池至节点Ⅲ管段的水头损失$\sum h=3.7+2.34=6.04\text{m}$，所以高位水池的池底标高应为：

$$115+6.04+20=141\text{m}$$

已知节点Ⅵ，$H_{自}=10\text{m}$，从水池至节点Ⅵ管段的水头损失$\sum h=3.7+2.5+2.2=8.4\text{m}$，节点Ⅵ地面高为120m，所以高位水池的池底标高应为：

$$120+8.4+10=138.4\text{m}$$

与Ⅳ、Ⅲ、Ⅵ各点相比，节点Ⅱ、Ⅴ条件较有利，可以不进行计算。只要池底标高满足节点Ⅳ的要求，即可同时满足其他节点要求，故高位水池池底标高应定为141.5m。

6.3.2.4　施工供电设施

1. 确定供电数量

建筑工地临时供电，包括动力用电与照明用电两种，在计算用电量时，从下列各点考虑：

1）全工地所使用的机械动力设备，其他电气工具及照明用电的数量；

2）施工总进度计划中施工高峰阶段同时用电的机械设备最高数量；

3）各种机械设备在工作中需用的情况。

总用电量可按以下公式计算：

$$P=1.05\sim1.10\left(K_1\frac{\sum P_1}{\cos\phi}+K_2\sum P_2+K_3\sum P_3+K_4\sum P_4\right) \tag{6-17}$$

式中　P——供电设备总需要容量（kVA）；

P_1——电动机额定功率（kW）；

P_2——电焊机额定容量（kVA）；

P_3——室内照明容量（kW）；

P_4——室外照明容量（kW）；

$\cos\phi$——电动机的平均功率因数（在施工现场最高为0.75～0.78，一般为0.65～0.75）；

K_1、K_2、K_3、K_4——需要系数，参见表6-23。

需要系数（K值） **表6-23**

用电名称	数量	需要系数		备注
		K	数值	
电动机	3～10台	K_1	0.7	如施工中需要电热时，应将其用电量计算进去。为使计算结果接近实际，式中各项动力和照明用电，应根据不同工作性质分类计算
	11～30台		0.6	
	30台以上		0.5	
加工厂动力设备			0.5	
电焊机	3～10台	K_2	0.6	
	10台以上		0.5	
室内照明		K_3	0.8	
室外照明		K_4	1.0	

单班施工时，用电量计算可不考虑照明用电。

各种机械设备以及室内外照明用电定额见表6-24～表6-26。

由于照明用电量所占的比重较动力用电量要少得多，所以在估算总用电量时可以简化，只要在动力用电量（即公式（6-17）括号中的第一、二两项）之外再加10%作为照明用电量即可。

2. 选择电源

1）选择建筑工地临时供电电源时须考虑的因素

施工机械用电定额参考资料 **表6-24**

机械名称	型号	功率（kW）
蛙式夯土机	HW－32	1.5
	HW－60	3
振动夯土机	HZD250	4
振动打拔桩机	DZ45	45
	DZ45Y	45

续表

机械名称	型　号	功率（kW）
振动打拔桩机	DZ30Y	30
	DZ55Y	55
	DZ90A	90
	D290B	90
螺旋钻孔机	ZKL400	40
	ZKL600	55
	ZKL800	90
螺旋式钻扩孔机	BQZ－400	22
冲击式钻机	YKC－20C	20
	YKC－22M	20
	YKC－30M	40
塔式起重机	红旗Ⅱ－16（整体托运）	19.5
	QT40（TQ2－6）	48
	TQ60/80	55.5
	TQ90（自升式）	58
	QT100（自升式）	63
	法国 POTAIN 厂产 H5－56B5P（225t·m）	150
	法国 POTAIN 厂产 HS－56B（235t·m）	137
	法国 POTAIN 厂产 TOPKIT－FO/25（132t·m）	160
	法国 B.P.R 厂产 GTA91－83（450t·m）	160
	德国 PEINE 厂产 SK280－055（307.314t·m）	150
	德国 PEINE 厂产 SK560－05（675t·m）	170
	德国 PEINER－crane 厂产 TN112（155t·m）	90
卷扬机	JJK0.5	3
	JJK－0.5B	2.8
	JJK－1A	7
	JJK－5	40
	JJZ－1	7.5
	JJ1K－1	7

续表

机械名称	型　号	功率（kW）
卷扬机	JJ1K－3	28
	JJ1K－5	40
	JJM－0.5	3
	JJM－3	7.5
	JJM－5	11
	JJM－10	22
自落式混凝土搅拌机	JD150	5.5
	JD200	7.5
	JD250	11
	JD350	15
	JD500	18.5
强制式混凝土搅拌机	JW250	11
	JW500	30
混凝土搅拌楼（站）	HL80	41
混凝土输送泵	HB－15	32.2
混凝土喷射机（回转式）	HPH6	7.5
混凝土喷射机（罐式）	HPG4	3
插入式振动器	ZX25	0.8
	ZX35	0.8
	ZX50	1.1
	ZX50C	1.1
	ZX70	1.5

续表

机械名称	型　号	功率（kW）
平板式振动器	ZB5	0.5
	ZB11	1.1
附着式振动器	ZW4	0.8
	ZW5	1.1
	ZW7	1.5
	ZW10	1.1
	ZW30－5	0.5
混凝土振动台	ZT－1×2	7.5
	ZT－1.5×6	30
	ZT－2.4×6.2	55
真空吸水机	HZX－40	4
	HZX－60A	4
	改型泵Ⅰ号	5.5
	改型泵Ⅱ号	5.5
预应力拉伸机油泵	ZB1/630	1.1
	ZB2×2/500	3
	ZB4/49	3
	ZB10/49	11
钢筋调直切断机	GT4/14	4
	GT6/14	11
	GT6/8	5.5
	GT3/9	7.5
钢筋切断机	QT40	7
	QJ40－1	5.5
	QJ32－1	3
钢筋弯曲机	GW40	3
	WJ40	3
	GW32	2.2

续表

机械名称	型　号	功率（kW）
交流电焊机	BX3－120－1	9①
	BX3－300－2	23.4①
	BX3－500－2	38.6①
	BX2－100－（BC－1000）	76①
直流电焊机	AX1－165（AB－165）	6
	AX4－300－1（AG－300）	10
	AX－320（AT－320）	14
	AX5－500	26
	AX3－500（AG－500）	26
纸筋麻刀搅拌机	ZMB－10	3
灰浆泵	UB3	4
挤压式灰浆泵	UBJ2	2.2
灰气联合泵	UB－76－1	5.5
粉碎淋灰机	FL－16	4
单盘水磨石机	SF－D	2.2
双盘水磨石机	SF－S	4
侧式磨光机	CM2－1	1
立面水磨石机	MQ－1	1.65
墙围水磨石机	YM200－1	0.55
地面磨光机	DM－60	0.4
套丝切管机	TQ－3	1
电动液压弯管机	WYQ	1.1
电动弹涂机	DT120A	8
液压升降台	YSF25－50	3
泥浆泵	红星 30	30

续表

机械名称	型　号	功率（kW）
泥浆泵	红星75	60
液压控制台	YKT－36	7.5
自动控制自动调平液压控制台	YZKT－56	11
静电触探车	ZJYY－20A	10
混凝土沥青地割机	BC－D1	5.5
小型砌块成型机	GC－1	6.7
载货电梯	JT1	7.5
建筑施工外用电梯	SCD100/100A	11
木工电刨	MIB2－80/1	0.7
木压刨板机	MB1043	3
木工圆锯	MJ104	3
木工圆锯	MJ106	5.5
木工圆锯	MJ114	3
脚踏截锯机	MJ217	7
单面木工压刨床	MB103	3
单面木工压刨床	MB103A	4
单面木工压刨床	MB106	7.5
单面木工压刨床	MB104A	4
双面木工刨床	MB106A	4
木工平刨床	MB503A	3
木工平刨床	MB504A	3
普通木工车床	MCD616B	3
单头直榫开榫机	MX2112	9.8
灰浆搅拌机	UJ325	3
灰浆搅拌机	UJ100	2.2

① 为各持续率时功率其额定持续率（kVA）。

室内照明用电定额参考资料 表6-25

序号	用电定额	容量（W/m²）	序号	用电定额	容量（W/m²）
1	混凝土及灰浆搅拌站	5	13	锅炉房	3
2	钢筋室外加工	10	14	仓库及棚仓库	2
3	钢筋室内加工	8	15	办公楼、试验室	6
4	木材加工锯木及细木作	5~7	16	浴室、盥洗室、厕所	3
5	木材加工模板	8	17	理发室	10
6	混凝土预制构件厂	6	18	宿舍	3
7	金属结构及机电修配	12	19	食堂或俱乐部	5
8	空气压缩机及泵房	7	20	诊疗所	6
9	卫生技术管道加工厂	8	21	托儿所	9
10	设备安装加工厂	8	22	招待所	5
11	发电站及变电所	10	23	学校	6
12	汽车库或机车库	5	24	其他文化福利	3

室外照明用电参考资料 表6-26

序号	用电名称	容量（W/m²）
1	人工挖土工程	0.8
2	机械挖土工程	1.0
3	混凝土浇筑工程	1.0
4	砖石工程	1.2
5	打桩工程	0.6
6	安装及铆焊工程	2.0
7	卸车场	1.0
8	设备堆放、砂石、木材、钢筋、半成品堆放	0.8
9	车辆行人主要干道	2000W/km
10	车辆行人非主要干道	1000W/km
11	夜间运料（夜间不运料）	0.8（0.5）
12	警卫照明	1000W/km

(1) 建筑工程及设备安装工程的工程量和施工进度；

(2) 各个施工阶段的电力需要量；

(3) 施工现场的大小；

(4) 用电设备在建筑工地上的分布情况和距离电源的远近情况；

(5) 现有电气设备的容量情况。

2) 临时供电电源的几种方案

(1) 完全由工地附近的电力系统供电，包括在全面开工前把永久性供电外线工程做好，设置变电站；

(2) 工地附近的电力系统只能供给一部分，尚需自行扩大原有电源或增设临时供电系统以补充其不足；

(3) 利用附近高压电力网，申请临时配电变压器；

(4) 工地位于边远地区，没有电力系统时，电力完全由临时电站供给。

3. 临时电站

一般有内燃机发电站，火力发电站，列车发电站，水力发电站。

4. 确定供电系统

当工地由附近高压电力网输电时，则在工地上设降压变电所把电能从110kV或35kV降到10kV或6kV，再由工地若干分变电所把电能从10kV或6kV降到380/220V。变电所的有效供电半径为400～500m。

1) 常用变压器

工地变电所的网路电压应尽量与永久企业的电压相同，主要为380/220V。对于3kV、6kV、10000kV的高压线路，可用架空裸线，其电杆距离为40～60m，或用地下电缆。户外380/220V的低压线路亦采用裸线，只有与建筑物或脚手架等不能保持必要安全距离的地方才宜采用绝缘导线，其电杆间距为25～40m。分支线及引入线均应由电杆处接出，不得由两杆之间接出。

配电线路应尽量设在道路一侧，不得妨碍交通和施工机械的装、拆及运转，并要避开堆料、挖槽、修建临时工棚用地。

室内低压动力线路及照明线路，皆用绝缘导线。

2）配电导线的选择

导线截面的选择要满足以下基本要求：

（1）按机械强度选择：导线必须保证不致因一般机械损伤折断。在各种不同敷设方式下，导线按机械强度所允许的最小截面见表6-27。

导线按机械强度所允许的最小截面　　表6-27

导线用途	导线最小截面（mm^2）	
	铜线	铝线
照明装置用导线：户内用	0.5	2.5
户外用	1.0	2.5
双芯软电线：用于吊灯	0.35	—
用于移动式生产用电设备	0.5	—
多芯软电线及软电缆：用于移动式生产用电设备	1.0	—
绝缘导线：固定架设在户内绝缘支持件上，其间距为		
2m及以下	1.0	2.5
6m及以下	2.5	4
25m及以下	4	10
裸导线：户内用	2.5	4
户外用	6	16
绝缘导线：穿在管内	1.0	2.5
设在木槽板内	1.0	2.5
绝缘导线：户外沿墙敷设	2.5	4
户外其他方式敷设	4	10

注：目前已能生产小于2.5mm^2的BBLX，BLV型铝芯绝缘电线，因此可以根据具体情况，采用小于2.5mm^2的铝芯截面。

（2）按允许电流选择：导线必须能承受负载电流长时间通过所引起的温升。

三相四线制线路上的电流可按下式计算：

$$I_{线} = \frac{K \cdot P}{\sqrt{3} \cdot U_{线} \cdot \cos\Phi} \quad (6\text{-}18)$$

二相制线路上的电流可按下式计算：

$$I_{线} = \frac{P}{U_{线} \cdot \cos\Phi} \quad (6\text{-}19)$$

式中　$I_{线}$——电流值（A）；

K、P——同公式（6-17）；

$U_{线}$——电压（V）；

$\cos\Phi$——功率因数，临时网路取0.7～0.75。

制造厂根据导线的容许温升，制定了各类导线在不同敷设条件下的持续容许电流表（表6-28、表6-29），在选择导线时，导线中通过的电流不允许超过此表规定。

橡皮或塑料绝缘电线明设在绝缘支柱上时的持续容许电流表

（空气温度为+25℃，单芯500V）　　**表6-28**

导线标称截面（mm^2）	导线的持续容许电流（A）			
	BX型 铜芯橡皮线	BLX型 铝芯橡皮线	BV、BVR型 铜芯塑料线	BLV型 铝芯塑料线
0.5	—	—	—	—
0.75	18	—	16	—
1	21	—	19	—
1.5	27	19	24	18
2.5	35	27	32	25
4	45	35	42	32
6	58	45	55	42
10	85	65	75	59
16	110	85	105	80
25	145	110	138	105
35	180	138	170	130
50	230	175	215	165
70	285	220	265	205

续表

导线标称截面（mm^2）	导线的持续容许电流（A）			
	BX 型 铜芯橡皮线	BLX 型 铝芯橡皮线	BV、BVR 型 铜芯塑料线	BLV 型 铝芯塑料线
95	345	265	325	250
120	400	310	375	285
150	470	360	430	325
185	540	420	490	380
240	660	510		

空气中的持续容许电流表　　表 6-29

标称截面（mm^2）	导线的持续容许电流（A）		
	铜线	钢芯铝绞线	铝线
16	130	105	105
25	180	135	135
35	220	170	170
50	270	220	215
70	340	275	265
95	415	335	325
120	485	380	375
150	570	445	440
185	645	515	500
240	770	610	610

（3）按允许电压降选择：导线上引起的电压降必须在一定限度之内。配电导线的截面可用下式计算：

$$S = \frac{\sum P \cdot L}{C \cdot \varepsilon}\% = \frac{\sum M}{C \cdot \varepsilon}\% \quad (6\text{-}20)$$

式中　S——导线截面（mm^2）；

M——负荷矩（kW · m）；

P——负载的电功率或线路输送的电功率（kW）；

L——送电线路的距离（m）；

ε——允许的相对电压降（即线路电压损失）（%）；照明允许电压降为 2.5% ~5%，电动机电压不超过 ±5%；

C——系数，视导线材料、线路电压及配电方式而定。

所选用的导线截面应同时满足以上三项要求，即以求得的三个截面中的最大者为准，从电线产品目录中选用线芯截面。亦可根据具体情况抓住主要矛盾。一般在道路工地和给排水工地作业线比较长，导线截面由电压降选定；在建筑工地配电线路比较短，导线截面可由容许电流选定；在小负荷的架空线路中往往以机械强度选定。

5. 计算例题

［例］　为某中学建筑工程的施工做出供电设计。

该工程施工的已知条件如下：

(1) 施工平面布置，如图 6-4 所示；

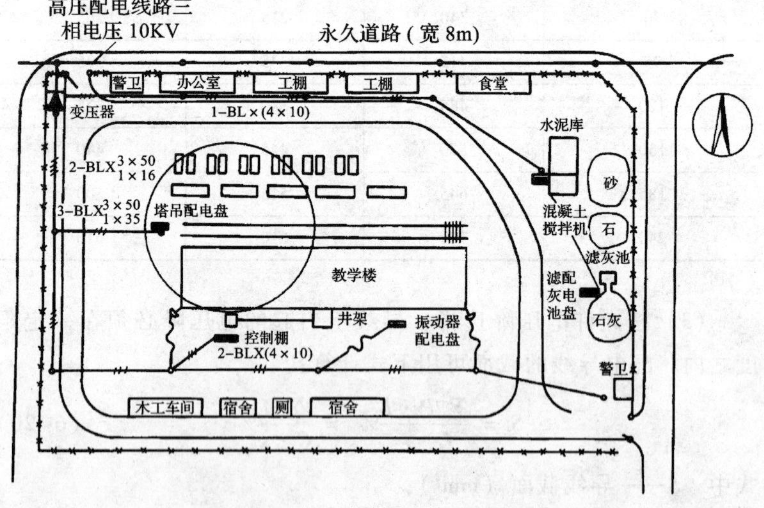

图 6-4　某中学施工平面图

(2) 施工动力用电情况：

1) QT_1-6 型塔式起重机一台，其行走电动机为 7.5×2kW，起重电动机为 22kW，回转电动机为 3.5kW；

2) 单筒式卷扬机 1 台，电动机功率为 14kW；

3) 400L 混凝土搅拌机 1 台，电动机为 10kW；

4) 滤灰机 1 台，电动机为 4.5kW；

5) 电动打夯机 3 台，每台电动机为 1kW；

6) 振动器 5 台，每台电动机为 2.8kW。

设计步骤：

(1) 估算施工用电总容量，选择配电变压器

施工现场所用全部动力设备的总功率为：

$$\sum P = 7.5\times2+22+3.5+14+10+4.5+1\times3+2.8\times5 = 86.0\text{kW}$$

此工地所用电动机虽然已在 10 台以上，但其主要负荷是塔式起重机，而塔式起重机的各台电机往往要同时工作，甚至满载运行。所以需要系数 K 应该选得大一些。这里，选用 $K=0.7$，$\cos\phi=0.75$。这样，动力用电容量即为：

$$P_{动} = K\sum P/\cos\phi = 0.7\times86.0/0.75 = 80.3\text{kVA}$$

再加 10% 的照明用电，算出施工用电总容量为：

$$P = 1.10\times P_{动} = 1.10\times80.3 = 88.3\text{kVA}$$

当地高压电为三相 10000V，施工动力用电需三相 380V 电源，照明需单相 220V 电源，按上述要求可选得 SL7－100/10 型三相降压变压器，其主要技术数据为：额定容量 100kVA，高压额定线电压 10kV，低压额定线电压为 0.4kV，作 Y 接使用。

(2) 确定变压器的位置和配电线路的布局

根据现场高压电源线路情况，以及变压器装置地点应注意的一些原则，变压器的位置以西北角为宜（图 6-4）。

塔式起重机配电盘设在轨道西端。卷扬机配电盘的位置（即井架控制棚的位置）与井架间的距离，应等于或稍大于井架的总高度，并以能看清被吊物为准。混凝土搅拌机设置在水泥库附近，

且在塔式起重机一侧。

根据现场临时设施和路灯照明等的需要，配电线路分两路，在总配电盘上（位置在变压器旁）分别由总刀闸进行控制。

（3）配电导线截面的选择

为了安全和节约起见，选用BLX型橡皮绝缘铝导线，按两路分别进行计算。

1路（北路）导线截面的选择：

1）按导线的允许电流选择　该路的工作电流为：

$$I_{线}=\frac{K\cdot\sum P_{(1)}}{\sqrt{3}\cdot U_{线}\cdot\cos\phi}=\frac{1\times(10+4.5)\times1000}{\sqrt{3}\times380\times0.75}=\frac{14500}{495}=30\text{A}$$

由表6-28，选用4mm^2的橡皮绝缘铝线。

2）按允许电压降选择　为了简化计算，把全部负荷集中在1路的末端来考虑。已知由变压器总配电盘到滤灰池的线路长度约为$L=140\text{m}$；允许相对电压损失$\varepsilon=8\%$。当采用铝线作380/220V三相四线供电时，$C=46.3$，导线的截面为：

$$S=\frac{\sum P_{(1)}\cdot L}{C\cdot\varepsilon}\%=\frac{(10+4.5)\times140}{46.3\times8\%}\%=\frac{2030}{370}=5.5\text{mm}^2$$

3）按机械强度选择　由表34-43中得知，橡皮绝缘铝线架空敷设时，其截面不得小于10mm^2。

最后，为了同时满足上述三者要求，1路导线的截面应选用10mm^2。

2路（西段与南段）导线截面的选择：

这一路由于主要负荷是塔式起重机，而塔式起重机距变压器较近，南段线路上负荷量并不大，需要系数也较低，故2路导线可按两段来考虑，即自变压器总配电盘至塔式起重机分支的电杆为一段（简称西段），此段需考虑到2路的全部负荷量；自塔式起重机分支的电杆至最后一根电杆为另一段（简称南段），此段只要考虑卷扬机、振捣器以及打夯机等的用电量即可。

1）西段导线截面的选择由于这段线路较短，而负荷量较大，显然其主要矛盾将表现在导线的容许电流方面。因此只要计算出线路上的工作电流，按表34-44中导线的持续容许电流来选即可。

2路所带用电设备的总功率为：

$$\sum P_{(2)} = 7.5 \times 2 + 22 + 3.5 + 14 + 1 \times 3 + 2.8 \times 5 = 71.5\text{kW}$$

若K_0按0.9考虑，且仍取$\cos\phi = 0.75$，那么其总工作电流为：

$$I_{线} = \frac{K\sum P_{(2)}}{\sqrt{3} \cdot U_{线} \cdot \cos\phi} = \frac{0.9 \times 71.5 \times 1000}{\sqrt{3} \times 380 \times 0.75} = \frac{64350}{495} = 130\text{A}$$

由表6-29中查得，选截面为50mm^2的橡皮绝缘铝线即可满足要求，中线则选用小1号35mm^2的即可。

2）南段导线截面的选择　由于这段线路所带负荷的设备功率仅为$\sum P_{(3)} = 14 + 1 \times 3 + 2.8 \times 5 = 31\text{kW}$，再加上这些机具的需要系数并不很高，线路电流就不会很大，且线路并不太长，线路的电压降也不是主要矛盾，因此按照导线的机械强度选择10mm^2的橡皮绝缘铝线。

自2路分支杆到塔式起重机配电盘这段支线的导线是专门供给塔式起重机用电的，所以它的截面即可按塔式起重机的需要进行选择。由产品说明书中得知，国产QT1－6型塔式起重机所采用的电源馈电电缆的型号为YHC（移动式铜芯软电缆）$3 \times 16 + 1 \times 6$（即三芯16mm^2，第四芯供接地接零保护用，截面为6mm^2），与此电缆相对应，橡皮绝缘铝线架空敷设时，选用BLX$\begin{pmatrix} 3 \times 35 \\ 1 \times 16 \end{pmatrix}$。

（4）绘制施工现场电力供应平面图

在施工平面布置图上，画出变压器的安装位置，低压配电线路的走向以及电杆位置，并标出所用导线的型号与规格（图6-4）。其标注方法如下：a－b（c×d），其中a表示支路编号，b为导线型号，c为导线根数，d为导线截面积。如图6-4中的1－BLX（4×10）即表示第一路采用BLX型导线，$10\text{m}^2$4根。

6.3.2.5 施工安全设施

1. 一般要求

要求建筑施工做到安全、文明施工。施工现场和临时占地范围内秩序井然，文明卫生，环境得到保护，绿地树木不被破坏，交通畅通，防火设施完备，居民不受干扰，场容和环境卫生均符合要求。

2. 防火设施

1）工地设置满足消防要求的水源；

2）工地设置足够的灭火器材；

3）大型、工期长的施工项目设置专业消防队和消防车；

4）临时建筑之间留置防火间距；

5）工地内要设置消防栓，消防栓距离建筑物不应小于5m，也不应大于25m，距离路边不大于2m。条件允许时，可利用城市或建设单位的永久消防设施。为了防止水的意外中断，可在建筑物附近设置临时蓄水池，储有一定数量的生产和消防用水。高层建筑施工，每层应设消防主管。

易燃设施，如木工棚、易燃品仓库应布置在下风，离生活区远一些。

6）临时房屋的防火间距及其他规定，见表6-30。

6.3.3 混凝土施工准备

混凝土的凝结硬化是有严格的时间要求的。一般混凝土自加水搅拌后1.5～3h就初凝6～8h就终凝。混凝土在初凝前具有流动性，如果没有做好施工准备工作，在有限的初凝时间内，不能很好地完成运输、浇筑、振捣等工作，将直接影响混凝土的质量。如果混凝土结构浇捣完毕后，才发现工作疏漏，要更改是困难的，严重的将要全部返工或报废。因此，在混凝土浇筑前一定要充分做好施工准备工作。准备工作的主要内容是对以下方面进行检查、落实，以确保符合施工要求：

6.3.3.1　作业条件

1. 钢筋工程的隐检、模板工程的预检、预埋件工程的预检、安装工程等相关验收项目已完成（经监理方签认，由质检员负责）。

各种临时设施防火最小间距（m） **表 6-30**

序号	项目	临时宿舍及生活用房			临时生产设施		正式建筑物			铁路（中心线）		公路（路边）			电力线
		单栋砖木	单栋钢木	成组内的单栋	砖木	钢木	一、二级	三级	四级	厂外	厂内	厂外	厂内主要	厂内次要	
1	临时宿舍及生活用房：														
	单栋：砖木	8	10	10	14	16	12	14	16						
	全钢木	10	12	12	16	18	14	16	18						
	成组内的单栋	10	12	3.5											
2	临时生产设施：														
	砖木	14	16	16	14	16	12	14	16						
	全钢木	16	18	18	16	18	14	16	18						
3	易燃品：														
	仓库	30	30		20	25	15	20	25	40	30	20	10	5	电杆高度的1.5倍
	贮罐	20	25		20	25	15	20	25	35	25	20	15	10	
	材料堆场	25	25		20	25	15	20	25	30	20	15	10	5	
4	锅炉房、变电所、发电机房、铁工房、厨房、家属区	10~15													

注：1. 本表摘自《建筑设计防火规范》和国务院《关于工棚临时宿舍防火和卫生设施的暂行规定》。

2. 易燃品储存量均按 200m³ 以内，木材堆场为 1000m³ 以内。

3. 贮罐间的防火距离，地上为 D，半地下为 0.75D，地下为 0.5D（D 为贮罐直径）。

4. 当地形限制达不到防火距离时，可设防火墙直到屋顶。

2．每次浇筑混凝土前1.5h左右，由混凝土工长或专业质检员填写“混凝土浇筑申请书”（表6-31），一式3份（内容包括：浇

混凝土浇筑申请书　　表6-31

工程名称		申请浇灌日期	年　月　日　时
申请浇灌部位		申请方量（m^3）	
技术要求		强度等级	
搅拌方式（搅拌站名称）		申请人	

依据：施工图纸（施工图纸号＿＿＿＿＿）、设计变更/洽商（编号＿＿＿＿＿）和有关规范、规程

施工准备检查	专业工长（质检员）签字	备注
1．隐检情况：□已　□未完成隐检		
2．预检情况：□已　□未完成预检		
3．水电预埋情况：□已　□未完成并未检查。		
4．施工组织情况：□已　□未完备		
5．机械设备准备情况：□已　□未完备		
6．保温及有关准备：□已　□未完备		

施工单位意见：

□同意浇筑　□整改后自行浇筑　□不同意，整改后重新申请

项目（专业）技术负责人：　　核准日期：

施工单位名称：

监理单位（建设单位）审批意见：

审批结论：□同意浇筑　□整改后自行浇筑　□不同意，整改后重新申请

项目监理工程师（建设单位技术负责人）：

监理单位名称（建设单位名称）：　　审批日期：

注：1．本表由施工单位填写并负责审核，由项目监理工程师审批。

2．“技术要求”栏应依据混凝土合同的具体要求填写。

筑部位、混凝土标号、混凝土浇筑量、施工准备情况等)，技术负责人签字后上报监理（建设）单位审批，现场必须收到项目监理签发的“混凝土浇筑申请书”后方可开盘。如果现场搅拌混凝土，还需要填写“混凝土开盘鉴定”后方可开盘（表6-32）。

混凝土开盘鉴定 **表6-32**

<table>
<tr><td colspan="2">工程名称及部位</td><td colspan="2"></td><td>鉴定编号</td><td colspan="5"></td></tr>
<tr><td colspan="2">施工单位</td><td colspan="2"></td><td>搅拌方式</td><td colspan="5"></td></tr>
<tr><td colspan="2">强度等级</td><td colspan="2"></td><td>要求坍落度</td><td colspan="5"></td></tr>
<tr><td colspan="2">配合比编号</td><td colspan="2"></td><td>试配单位</td><td colspan="5"></td></tr>
<tr><td colspan="2">水灰比</td><td colspan="2"></td><td>砂率（%）</td><td colspan="5"></td></tr>
<tr><td colspan="2">材料名称</td><td>水泥</td><td>砂</td><td>石</td><td>水</td><td colspan="2">外加剂
（ ）</td><td colspan="2">掺合料
（ ）</td></tr>
<tr><td colspan="2">设计每1m³用料（kg）</td><td></td><td></td><td></td><td></td><td></td><td></td><td></td><td></td></tr>
<tr><td colspan="2" rowspan="2">调整后每盘用料（kg）</td><td colspan="8">砂含水率 % 石含水率 %</td></tr>
<tr><td></td><td></td><td></td><td></td><td></td><td></td><td></td><td></td></tr>
<tr><td rowspan="4">鉴定结果</td><td rowspan="2">鉴定项目</td><td colspan="3">混凝土拌合物性能</td><td colspan="3" rowspan="2">混凝土试块抗压强度（MPa）</td><td colspan="2" rowspan="2">原材料与申请单是否相符</td></tr>
<tr><td>坍落度</td><td>保水性</td><td>黏聚性</td></tr>
<tr><td>设计</td><td></td><td></td><td></td><td colspan="3" rowspan="2"></td><td colspan="2" rowspan="2"></td></tr>
<tr><td>实测</td><td></td><td></td><td></td></tr>
</table>

鉴定结论：

监理工程师（建设单位项目技术负责人）	混凝土试配单位负责人	施工单位项目（专业）技术负责人	搅拌机组负责人
鉴定日期			

3. 施工缝处混凝土表面必须满足下列条件：已经清除浮浆，剔凿露出石子，用水冲洗干净，润湿后清除明水。松动砂石和松软混凝土层已经清除，已浇筑混凝土强度≥1.2MPa（通过同条件试块确定）。

4. 混凝土浇筑前，浇筑部位的积雪或冰屑已清扫干净。模板内的垃圾、木（锯）屑、刨花、泥土及粘在模板上的杂物（包括混凝土屑）已清除干净，钢筋上的油污、混凝土等杂物必须清理干净，木模板的湿润工作已完成（但不得有明水）。

5. 浇筑混凝土用的架子及马道已支搭完毕，并经检查合格。

6. 对道路、照明、施工用电、消防、安全措施进行检查。

6.3.3.2　原材料及主要机具

1. 对原材料（如砂、石、水泥、外加剂等）的规格、品种、质量检查。

2. 商品混凝土要求：

1）商品混凝土坍落度控制在160~180mm以内；混凝土初凝时间不小于4h，终凝时间不大于10h。

2）商品混凝土应保证均衡连续供应，混凝土车的到场最长时间间隔不超过2h，场内每台泵车附近积压的罐车不得超过2辆。不得出现分层离析现象，不符合上述要求的混凝土到场后坚决退回。

3）商品混凝土的配合比通知单，商品混凝土搅拌站必须在每段混凝土浇筑前报施工单位（由资料员、试验员负责）。

3. 主要机具：混凝土输送机械、设备（混凝土输送机械泵、混凝土输送泵车、混凝土振动棒、平板振捣器等）准备到位并且状态良好。垂直与水平运输等方面满足现场要求，并且对秤量、搅拌、运输、振捣等机具进行试运转。另外，控制混凝土浇筑厚度及质量的标尺杆、手电筒、木抹子、铁抹子、尖锹、平锹、混凝土吊斗、串桶等准备齐全。

混凝土泵管的布置在能满足使用要求的情况下，应尽量减少弯头和运输长度。固定要稳固，在其出地泵的拐弯处和水平段超过3m时，设置埋地钢桩将泵管锁住。泵管进入楼内，向上垂直运送时，要利用平台预留洞将泵管固定，并每隔二层做一次卸荷，泵管与夹具间要采用柔性材料，以免将泵管磨破。

6.3.3.3 技术（资料）准备

1. 调整施工配合比

在每次混凝土开盘前，技术部门必须实测砂、石的含水率，且每个工作台班不少于一次（当雨天施工时，应适当增加次数）。然后根据实际测得的砂、石含水率进行混凝土的施工配合比调整，再填写到配合比牌中。同时通知搅拌站操作人员将电子计量设备调至所需的计量要求。

2. 混凝土的计量

外加剂称量用袋装，提前将每盘所用的外加剂用量存放在塑料袋中，并按品种、适用部位堆放好，做好标识。袋装水泥按进场批抽取10袋秤其平均重量。电子计量设备要检测合格后方可使用，在使用中要定期用磅秤抽查复核。

混凝土原材料每盘秤量允许偏差：① 水泥、掺合料为 ±2%；② 粗、细骨料为 ±3%；③ 水、外加剂为 ±2%。

3. 编写浇筑方案

工程技术人员在准备工作开始之前，应根据规范要求，结合现场的实际情况编写混凝土分项浇筑方案。要求方案必须有针对性，切实可行，能够有效地指导施工并保证混凝土施工质量。

4. 技术交底

要求技术人员根据浇筑方案，按照不同部位编写好各分项工程的施工技术交底。在交底中应交代：① 施工前材料、机械和人员的准备情况；② 施工作业条件；③ 施工工艺流程；④ 浇筑方法（施工缝的处理、混凝土的浇筑顺序、分层厚度、振捣时间、浇筑的间隙时间、浇筑高度、养护方法等）；⑤ 施工注意事项；⑥ 质量要求与允许偏差；⑦ 成品保护措施；⑧ 安全注意事项等。

6.3.3.4 人员组织

根据施工方案要求：浇筑混凝土的人员（包括浇筑工、振捣工、收提工等），机具人员（包括泵操作工、喂料工、塔吊司机、维修工、电工等），信号工，看筋、看模、看埋件人员落实到位。

6.3.3.5 冬期施工准备

在工程即将进入冬期施工之前，要提前准备和防范，把不利的因素尽量化解，要提前收集当地冬期的气象资料，包括了解当地的气温变化、持续时间、最低温度以及最大风、雪等资料，还要了解施工过程中每一个关键环节未来一周的天气变化，只有这样才能做到防患于未然。

1. 做好冬期施工技术文件的编制工作

在工程进入冬期施工前，要提前编制好冬期施工技术文件。冬期施工技术文件必须包括施工方案和施工组织设计或技术措施。其主要内容包括：

1）冬期施工的生产任务安排和部署；

2）施工材料进场计划；

3）劳动力计划；

4）热源、设备计划和部署；

5）有关防火措施和人员安排；

6）工程质量的控制要点；

7）有关突发情况的应急预案；

8）施工工序及进度安排；

9）各分项工程的施工方法和施工技术措施。

2. 做好人员培训和技术交底工作

冬期施工由于是在负温下作业，不了解或不熟悉冬期施工规律，极易造成工程质量事故。为保证工程质量，冬期施工前必须进行人员培训。培训内容为：1）要学习掌握国家和地方有关冬期施工的规范、标准和规定，如《建筑工程冬期施工规程》(JGJ 104—97)等；2）学习掌握有关冬期施工的基本知识及施工方法。

进行技术交底的目的是防止施工操作人员违反冬期施工规律，造成操作不当，人为造成质量事故。施工前技术交底的重点是：

1）原材料的使用方法；2）原材料的加热或保护；3）原材料的测温或成品的测温；4）成品的保护或养护工作。

此外，还要做好原材料的检验复试及材料的配合比。在冬期施工中各种原材料需要进行复试的必须进行复试，以防不合格的材料混入其中。另外，在冬期混凝土施工中经常要使用一些外加剂，它会随着气温的不断变化用量不一，再加上目前市场假冒伪劣产品较多，如果不复试，直接用于工程，将有可能带来严重后果。

6.3.3.6 混凝土冬期施工方案实例

[**例**] 本方案用于二区北段基础混凝土施工，该部位长约62m，宽约32m，混凝土浇筑总量约460m³。

1. 施工准备

1）材料及主要机具

80地泵2台（备用1台）、52m汽车泵2台（备用一台）、插入式振动棒10个（4个备用）、刮杠（2m）、抹子、水泵、胶皮水管、活口扳手、锤子、毛毡、塑料薄膜、手电筒、探灯、混凝土料斗2个、钢丝绳、麻绳等。

2）作业条件

（1）钢筋、模板上道工序完成，办理隐检、预检手续。后浇带止水钢板下部用1:2防水砂浆做台，木模板提前涂刷脱模剂，并将落在模板内的杂物清理干净。

（2）根据施工方案，做好技术交底。

（3）该部位混凝土强度等级为C30，抗渗等级为P8。考虑冬期施工需要，需加防冻剂。材料需经检验，由相应资质试验室试配提出混凝土配合比。

（4）施工前将塔吊、泵管、振动棒等有关机械设备检修一遍，确保机械能正常运作。

（5）备用地泵应将泵管接好待用。

3）人员安排

混凝土施工人员两个班组，东西各一组，每个班组20人（大队长跟班)，木工跟班3人，钢筋工2人，值班调度人员1人，电工1人，质检员1人，试验员1人，塔吊司机及塔吊维修工各2人，项目部安排1名管理人员值班。项目经理在混凝土浇筑期间24h保护联系。

2. 施工工艺

1）工艺流程

作业准备→运输→混凝土浇筑→养护

2）混凝土坍落度控制在16~18cm。

3）运输：混凝土运输供应保持连续均衡，间隔不应超过2h。运输后如出现离析，浇筑前进行二次拌合。

4）混凝土浇筑：应连续浇筑，不留施工缝。

5）混凝土浇筑顺序：

将浇筑现场分为东西两段，⑧-⑩轴为西段，混凝土浇筑量约为160m^3，地泵支设于西侧道路，用于该段混凝土的浇筑，计划浇筑时间为9h。⑩-⑳轴为东段，混凝土浇筑量约为300 m^3，汽车泵支设于东侧施工道路，用于该段混凝土的浇筑，计划浇筑时间为8h。西段混凝土浇筑方向为自南向北呈Z字形，东段混凝土浇筑方向从南到北、自西向东呈Z字形，泵管的布置应尽量减少弯头的数量，一次浇筑宽度不大于5m。先浇筑基础混凝土至最大高度并振实，再浇筑底板混凝土，初步找平，基础混凝土初凝前用F-7和F-6塔吊补足基础混凝土并振实，二次找平，收光，覆盖薄膜毛毡。

浇筑示意如图6-5所示。

6）与一区先前浇筑部位交接处存在施工缝。在施工缝处，浇筑混凝土前应将混凝土表面凿毛，清除杂物和尘土细砂，用水冲洗干净，再铺一层3~5cm厚1：1水泥砂浆。

7）采用振动棒振捣，以保证混凝土密实。振动棒要求快插慢拔，振捣时间一般15s为宜，不应漏振或过振，应使混凝土表面无浮浆，无气泡，不下沉。铺灰和振捣应选择对称位置开始，必须

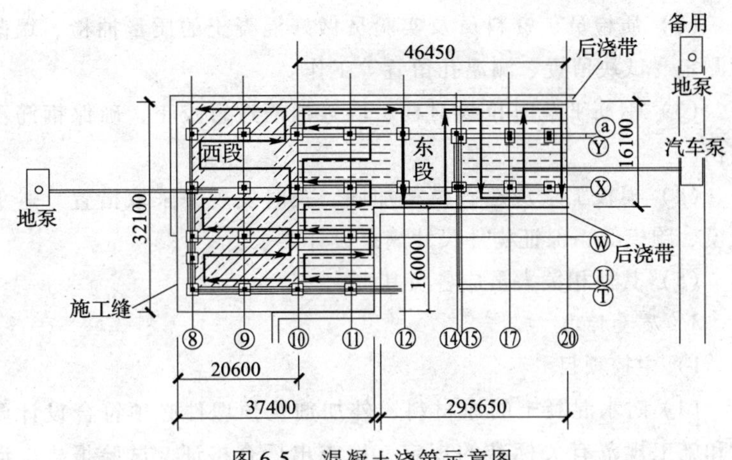

图 6-5 混凝土浇筑示意图

用木抹找平，使表面密实平整。

8）养护：为防止混凝土在硬化期产生大量的水化热，造成温度应力大于同期混凝土抗拉强度而出现裂缝，养护工作尤为重要。为此，采取保温、保湿养护法。混凝土表面抹平、压光工作完毕后，马上覆盖一层塑料薄膜，防止水分散发，然后在塑料薄膜上覆盖一层毛毡以保温，边、棱角部位的保温覆盖应适当加厚。柱插筋处尤其要注意严密保温，以保证整体形成良好的保温层，从而使混凝土表面保持较高的温度，减少表面热量的散失，延长散热时间，确保混凝土硬化期间内外温差不致过大。混凝土水化热峰值过去后，混凝土内部温度将逐渐下降，待混凝土内外温差不大后，再撤去保温材料。

9）冬期施工：应保证混凝土入模温度不低于5℃，采用综合蓄热法保温养护。冬期施工掺入的防冻剂应选用经认证的产品。拆模时混凝土表面温度与环境温度差不大于15℃。现场按照冬期施工要求在有代表性位置留置测温孔，并做好测温纪录。

10）辅助工作：

(1) 调度员根据工程进度及机械性能等因素及时调整混凝土坍落度、进料速度。

（2）质检员、资料员及实验员做好混凝土的质量抽检、塌落度测定、试块留置、测温孔留置等工作。

（3）钢筋工及时拉线对柱、墙等插筋进行校正，确保钢筋不移位。

（4）模板工跟班巡查模板加固，及时发现并采取措置。避免胀模、跑模等，保证构件尺寸满足设计要求。

（5）其他相关人员应各负其责。

3．质量标准

1）主控项目

（1）防水混凝土的原材料、外加剂及预埋件必须符合设计要求和施工规范有关标准的规定，检查出厂合格证、试验报告，混凝土执行一车一检制，抽测坍落度等指标，并做好流水记录。

（2）防水混凝土的抗渗等级和强度必须符合设计要求，检查配合比及试块试验报告。按要求留置抗渗试块、标养试块、临界强度试块、解冻试块、交货检验试块。

（3）施工缝构造须符合设计要求和施工规范的规定，严禁有渗漏。

2）一般项目

混凝土表面平整，无露筋、蜂窝等缺陷。

4．成品保护

1）为保护钢筋、模板尺寸位置正确，不得踩踏钢筋，并不得碰撞、改动模板、钢筋。

2）在拆模或吊运其他物件时，不得损坏施工缝处止水钢板。

6.4　班组管理

6.4.1　混凝土班组管理的基本任务

1．施工管理

施工管理，是指以针对施工为目的，依据有关法规、规范等制度要求，对施工项目进行的计划、组织、指挥、监督、协调等工作的统称。

2. 混凝土班组管理

顾名思义，混凝土班组管理即指具体针对混凝土工程施工而言，为达到工期最优、成本合理、质量优良、安全、文明施工等目的所进行的一系列管理活动的总称。

3. 混凝土班组管理的基本任务

混凝土班组管理的任务就是根据建设方（甲方）和工程承包商对混凝土工程的工期、成本、质量、安全等若干要求，选择确定科学、经济、合理的施工管理方案和采取符合实际的管理措施，即：

1）确定合理的施工进度。

2）确定合理的施工顺序。

3）控制好人力、材料、施工机械、水、电等项目的成本。

4）采取有效的劳动组织，保证工程持续施工。

5）选择技术先进、经济合理的施工工艺和技术措施，保证混凝土工程的施工质量。

6）确定安全、文明施工的管理体系和管理措施。

4. 混凝土班组管理的作用

1）按照施工前设计好的科学程序和计划来组织混凝土工程施工，建立正常的生产管理秩序。

2）使混凝土班组长和工人对生产活动心中有数，利于及时调整施工中的薄弱环节，优化资源配置，及时处理问题。

3）协调在施工班组中各成员、分工之间的合理关系。

4）保证按照计划有步骤地进行施工准备工作。

5）为人力、物资、资金等资源的组织和准备提供依据。

总之，从混凝土工程施工全局出发、按照有关制度、规定，统筹安排施工过程中的各个方面，按预定计划施工，在保证安全、质量的条件下，按照工期要求完工并取得最佳的经济效益。

5. 混凝土班组管理的工作内容

主要分为混凝土班组生产、技术管理和混凝土班组质量管理两个方面。

1）混凝土班组生产、技术管理

（1）混凝土班组施工进度管理；

（2）混凝土班组劳动组织管理；

（3）混凝土班组经济核算管理；

（4）混凝土班组施工技术管理；

（5）混凝土班组设备、材料管理；

（6）混凝土班组施工安全管理；

（7）混凝土班组现场文明管理措施。

2）混凝土班组质量管理

（1）TQC 基础知识；

（2）ISO9000 族标准基础理论；

（3）质量保证措施；

（4）消除质量通病的措施；

（5）混凝土工程验收与评定；

（6）成品保护管理。

6.4.2　混凝土班组生产、质量管理

6.4.2.1　混凝土班组施工进度管理

混凝土工要想顺利完成混凝土工程的工作，就必须有一个切实可行的施工进度计划作为指导。

1. 编制混凝土班组施工进度计划的原则与程序

1）编制原则

（1）依据工程实际和要求，在施工进度安排上考虑：先整体后部分，先地下后地上、先准备后施工。

（2）依据工程的总进度安排和混凝土工程的特点，确定合理的施工顺序和工艺方法。

（3）采用施工流水作业的方法组织施工。

（4）以网络图的方式确定各工序间的关系。

（5）适当考虑季节施工等因素对进度造成的影响。

2）编制程序

（1）按照该单位工程或分部工程的总进度计划来安排混凝土分项工程的开始、结束时间和施工顺序。

（2）计算确定混凝土工程的工程量，考虑施工段的划分，并确定人工、材料、机械、水电等的需用量。

（3）根据该混凝土分项工程的总计划，定制季、月、旬、日计划。

（4）综合考虑对施工进度有影响的因素，诸如季节特点、农忙时间、阶段验收时间等，编制施工网络计划。

2. 施工进度计划的表示方法

一般用双代号网络图来表示施工进度计划。

1）概念

（1）网络图：是一种表示整个计划中，各道工作的先后次序和所需时间的网状图。

（2）工作：工作用“———>”表示该工作的过程，它必定占用时间；我们把不占用时间的工作称为虚工作，用“---->”表示。

（3）节点：即前后工作的交点，用圆圈“○”表示。

（4）编号：按工作开始时间由早至晚按阿拉伯数字编号，如“①”。

（5）线路：是指网络图中从起点到终点连接起来的每条路线，其中耗时最长的线路叫作关键线路。

2）作法示例

如某混凝土班组要完成某工程基础筏板的混凝土浇筑工作。该基础分作 2 个施工段，每个施工段的模板及钢筋耗时 5d、混凝土浇筑 1d、表面收提 0.5d，试画出网络图？

由图 6-6 可看出该施工过程共 6 项工作，其中包括一项虚工作①---->④；该图共有 6 个节点，①为开始结点，⑥为结束结点；该混凝土工程从开始到完成共耗时 10d。

从上图还可以看出无论哪个专业工序都能保持连续施工，施工过程中没有空闲时间，从而提高了劳动生产率，达到了流水施工的要求。

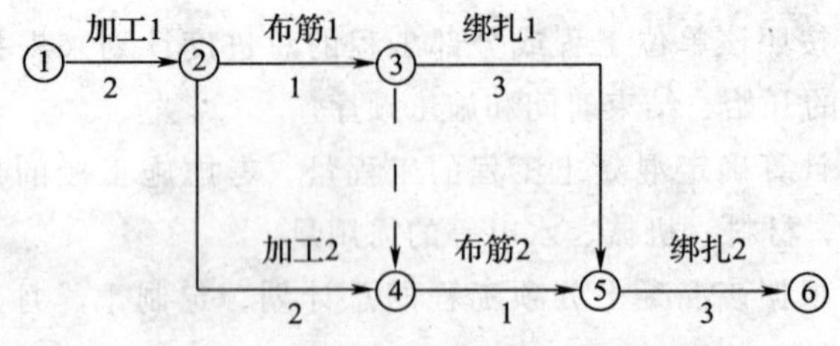

图 6-6　某基础筏板施工过程

3. 保证进度计划完成的措施

1）配齐各工序管理人员，投入足够的精干施工人员；采取措施，充分调动人员的工作积极性。

2）充分做好开工前准备工作。首先搞好图纸会审工作，及时编制可行的分顶施工作业计划，其次要及早做出材料、设备、工具需用量计划。

3）保证生产施工与材料供应、混凝土工程施工与其他专业工种施工交叉配合同步。

4）建立健全例会制度，加强与其他工种的协调，解决施工生产中的问题。

5）利用网络计划及时调整施工计划，加强工期控制措施，尽量缩短施工时间。

6.4.2.2　混凝土班组劳动组织管理

1. 劳动力计划的编制

1）计算混凝土用量

(1) 概算

我们可以根据《建筑施工手册》等资料，将基本构筑物的大概混凝土用量计算出来。

[例]　某 5 层轻工车间，5000m^2，要求概算出混凝土用量。

解： 查《建筑施工手册》相近条目（表 6-33）：

每百平方米建筑用料指标　　表 6-33

名　称	单　位	数　量
混凝土	m^3	31

由上表可查出相关混凝土消耗率：$31m^3/100m^2$

所以，该例题中混凝土概算用量：

$$(5000 \div 100) \times 31 = 1550m^3$$

（2）精算

可以先计算各部位混凝土的工程量，然后用工程量套国家现行定额计算出混凝土用量，或者从施工图中精确算出各部位混凝土用量，最后把各部位的混凝土用量汇总起来即可。

2）计算用工量

（1）所谓劳动生产率（m^3/工日），即是一个工人一个工日所完成的工作量。由于混凝土工人的地域差异、熟练程度不同等原因，所以混凝土工的劳动生产率具有不确定性，可以参考有关资料或用经验系数来确定。

（2）计算用工量

可以用以下公式来计算用工量：

用工量（工日）=混凝土用量（t）÷劳动生产率（m^3/工日）

详见第4章工料计算部分。

3）确定劳动力进场计划和

根据总的用工量计划，综合考虑工程特点工作面的大小，确定劳动力计场计划。例如某工程的劳动力计划，如表6-34。

阶段投入劳动力计划　单位（人/日）　表6-34

工　种	阶段投入劳动力计划		
	基础	一层主体	二～六层主体
混凝土工	40	30	30

2. 劳动力组织管理实施措施

1）原则

（1）施工前要做好准备，做好劳动力的组织落实。

（2）制定劳动力组织计划时，要结合工程施工特点、工作面大小、工人素质高低等特点综合考虑确定。

（3）根据工程实际情况，及时调整计划，合理安排劳力，减少停工、怠工现象。

（4）安排好农忙、夜间、冬雨期劳动力组织工作。

2）农忙季节施工管理

（1）农忙季节可以适当提高工人工资，确保工人安心工作。

（2）施工前与班组长签订保证工期合同，制定提前完成计划奖励、拖后工期罚款的奖罚制度。

（3）对家中确有困难、技术过硬的人员，班组长负责协调，给予适当照顾解决家庭实际问题。

（4）工人在农忙期间，要严格遵守劳动纪律，对旷工的工人处罚2～3倍的工资。

3）夜间施工管理

（1）夜间尽量不安排施工，如须夜间施工，应作出妥善安排。

（2）夜间施工要做好照明、安全、质检等工作。

（3）夜间施工尽量减少噪声。

（4）施工技术人员负责值班，处理各种问题。

4）冬、雨期施工

（1）及时准备劳保用品，如厚手套、雨具等。

（2）合理安排作息时间，尽量避开雨、雪、大风等恶劣天气。

（3）完善保暖或避雨设施。

（4）质量措施见相关内容。

6.4.2.3　混凝土班组经济核算管理

混凝土班组作为施工企业最基本的生产单位之一，其经济核算是企业核算的基础和重要组成部分。

1. 混凝土班组核算的内容

1）混凝土工程成本构成

混凝土工程成本一般由直接费和施工管理费用构成。

（1）直接费

① 人工费；

② 材料费；

③ 机械使用费;

④ 其他支出。

(2) 施工管理费用

为组织和管理建筑安装施工所发生的各项经营管理费用，如工作人员工资、生产工人辅助工资、办公费、劳动保护费等。

2) 班组核算的主要内容

(1) 人工成本：为完成一定量的产值或产量所发生的人工费支出的总额，主要考核人工利用和定额执行情况。

(2) 材料成本：为完成一定量的产值或产量所耗用的各种材料费用的总和，主要考核材料使用和消耗情况。

(3) 机械成本：为完成一定量工程的产量或产值所发生的机械使用费的总额，主要考核机械利用和使用状况。

2. 班组核算的基础工作

1) 积累好原始记录:

在工程施工生产过程中，各种原始记录是技术经济活动的首次直接记载，是考核的主要依据。与班组核算有关的原始记录，主要有:

(1) 材料方面的原始记录：一般有工程材料限额领料单，材料领用单，半成品委托加工单，材料退库单等。

(2) 工程施工生产过程中的原始记录：一般有隐蔽工程记录，质量（安全）事故处理报告，设计、变更通知单等。

(3) 劳动管理方面：施工任务书，工资资金分配表，考勤记录，停窝工记录等。

(4) 机械设备方面：机械租赁合同，机械使用情况表等。

2) 建立各种定额资料:

定额是对班组评价施工生产活动好坏的尺度之一，因此班组必须建立下列各种定额资料:

(1) 工程用料的消耗定额：完成一定量的工程所耗用的各种材料的标准数量;

(2) 劳动定额：完成一定量的工程所需投入的人工数量;

(3) 机械设备使用定额：完成一定工程量所需各种类型机械设备的台班数。

3）认真搞好计量工作：

计量工作是班组进行核算的必要条件，班组在从事施工生产活动中，离不开计量工作。

班组要有必要的计量工具和设有兼职计量员。计量员要有高度的工作责任性，使各项原始资料真实可靠、准确无误，保证经济核算工作的顺利进行。

3. 班组经济核算的方法

1）劳动效率：根据表 6-35 工程任务单，按计划栏内下达任务，表 6-35 验收结果，其核算结果就是实际的劳动效率。

工程任务单　　**表 6-35**

任务单编号：

工程名称＿＿＿＿＿＿　工程项目＿＿＿＿＿＿

施工单位＿＿＿＿＿＿　施工班组＿＿＿＿＿＿　签发日期　年　月

施工期限	开工	竣工	工期
计划			
实际			

验收表　　**表 6-36**

定额编号	分项工程名称及工作内容	单位	时间定额	定额系数	计划		验收					备注
					工程量	定额工日	工程量	定额工日	实用工日	节约工日	完成%	

签发及验收　审核及结算　接受任务　质量评定

（工长）＿＿（定额员）＿＿（班组长）＿＿（质检员）＿＿

2）材料消耗：班组按具体的工程对象签发材料定额（限额领料单），以实际耗用量为结果进行核算和比较。

3）机械费：班组核算，只做好台班即可，将实用台班数与预算台班数比较就是核算的结果。

班组核算得出的结果要进行对比分析、总结经验、不断改进，使班组管理水平真正提高一步。

6.4.2.4 混凝土班组施工技术管理

1）实行技术交底制度：

(1) 技术交底内容一般分为：图纸交底、施工工艺交底、设计变更交底。

(2) 混凝土班组长在接受上级技术人员交底后，将技术交底内容采取口头、文字、示范操作等方式向工人交待。

2）选择合适的施工工艺、工法。在施工中经常遇到一个问题，可以通过多种方法完成一项工作。如粗直径钢筋的连接就有多种选择：电渣压力焊、套筒挤压连接等方式。必须综合考虑工程的施工特点，现有设备、资金、人员素质等因素，确定适合生产需要的施工工艺、方法。

3）积极采用"新技术、新材料、新工艺、新设备"等四新技术，来确保工程质量，降低工程成本。

4）建立图纸会审制度

在施工前，应由混凝土班组长召集有关技术骨干共同进行图纸会审，找出图纸中的错误，并对施工提出建议。

5）搞好隐蔽验收工作。在混凝土工程进行隐蔽前（即浇筑混凝土前），应及时进行验收工作。认真填写资料，有关责任人须签章认可。

6.4.2.5 混凝土班组设备、材料管理

1. 设备管理

1）制定机械设备进、出场计划并根据实际情况及时调整。

2）建立机械设备台账、维修记录等技术档案。

3）定期对设备进行维护保养，确保设备不"带病工作"。

4）严格按照机械设备安全使用的规章制度操作，避免发生事故。

2. 材料管理

这里所言的材料主要是指各种类型的混凝土拌合料。

1）制定出混凝土等材料的购置、运输、贮存、进场计划并落实执行。

2）材料进场时，按品种、规格、炉号分批进行外观检查。

3）材料进场后，应立即按规定取样送实验室检验。

4）经检查、检验不合格的混凝土，坚决不得投入使用。

5）混凝土应垫高堆放，上部搭设棚子遮雨、蔽光。

6.4.2.6　施工安全管理

1. 做好安全防护教育工作，进入施工地现场的工人，必须戴好安全帽。

2. 特殊工种（泵车操作工）要持上岗证，按照安全规程操作。

3. 各种机电设备、工具要按规定安装漏电保护器，并采取接地、接零措施，否则工人不得使用。

4. 现场临时用电，应采用三级配电，二级保护。

5. 各种机电设备应设防雨罩，保证绝缘良好。

6. 宿舍内保持通风顺畅，严禁乱拉乱接电线。

7. 施工人员不得“疲劳上岗”、“带病工作”。

6.4.2.7　混凝土班组现场文明管理

1）现场混凝土堆放地点、加工场所、工人宿舍等位置要按照现场平面图布置。

2）现场材料按规格、分类、使用部位分别堆放，并设立标示牌。

3）施工操作地点要保持整洁，工人做到工完料净。

4）上道工序要为下道工序施工创造条件，及时做好预留、预埋工作。

5）各种责任制、规章制度悬挂于醒目的位置上，施工人员佩戴胸卡。

6）宿舍内要保持卫生清洁、通风，物品摆放整齐。

6.4.2.8 混凝土班组质量管理

1. 全面质量管理（TQC）

1）全面质量管理的任务

全面质量管理的任务的基本核心是以人为本，提高人的素质、调动人的积极性，通过抓好工作质量来促进工程质量和服务质量。它的基本任务是：

（1）对全体员工进行质量意识教育，开展技术练兵，岗位培训等活动。

（2）组织对影响工程质量的各种因素、环节进行事前分析，建立完善的质量体系。

（3）贯彻执行国家颁发的有关规定、规范、质量评定标准等。

（4）组织回访与维修，调整体系、制度，改进质量管理方法。

2）全面质量管理的程序（简称 PDCA 循环）

全面质量管理的程序一般分为四个阶段：计划、实施、检查、处理，简称 PDCA 循环。

（1）第一阶段（P）：计划阶段。主要是按照甲方（总承包方）的要求并结合自身的技术水平，进行施工计划安排和编制有关措施。

（2）第二阶段（D）：实施阶段。主要是按照计划来组织施工生产，并保证施工质量符合有关国家规范标准。

（3）第三阶段（C）：检查阶段。主要任务是对已施工的工程按计划执行情况进行检查和评定。

（4）第四阶段（A）：处理阶段。主要是按照甲方（总承包方）的意见和检查阶段的评定意见进行总结，将合理部分编制成标准，以备将来再次执行。

2. ISO9000 族标准

1）质量管理原则

（1）以顾客为关注焦点

组织依存于其顾客，因此，组织应当理解顾客当前的和未来的需求，满足顾客要求并争取超越顾客期望。对于混凝土班组来说，就要一切以顾客（建设方或总承包方）为中心，采取各种技术、组织措施，来达到甚至超过顾客的要求和期望。

（2）领导作用

领导者将本组织的宗旨、方向和内部环境统一起来，并创造使员工能够充分参与实现组织目标的环境。对于混凝土工长来说，就要努力创造一个利于混凝土工程"多快好省"地完成既定目标的环境。

（3）全员参与

各级人员是组织之本，只有他们的充分参与，才能使他们的才干为组织带来最大的收益。对于混凝土工长来说，就要号召和组织混凝土班组内所有人员，积极投入到诸如质量提高、工艺选择、成本控制等各项工作中去。

（4）过程方法

将相关的资源和活动作为过程进行管理，可以更高效地得到期望的结果。任何使用资源将输入转化为输出的活动或一组活动均可视为过程。对于混凝土班组来说，就要把班组内的全部工作的实施均当作过程来看待，通过采取合理的措施来控制过程管理质量，并按照预定的计划来完成。

（5）管理的系统方法

针对设定的目标，认别、理解并管理一个由相互关联的过程所组成的体系，有助于提高组织的有效性和效率。对于混凝土班组来说，就要建立与本班组预定目标相适应的质量保证、技术保证、安全保证、成本控制等体系，并在工作中不断改进。

（6）持续改进

持续改进是组织的一个永恒的目标。对于混凝土班组来说，要以发展变化的观点来看待所干的每一项工作，要持续不断地对工作进行改进。

（7）基于事实的决策方法

对数据和信息的逻辑分析或直觉判断是有效决策的基础。对于混凝土班组来说，就要依据已掌握的信息和资料，及时对下一步工作进行决策、安排。

（8）与供方互利的关系

通过互利的供方关系，增强组织和供方创造价值的能力。对于混凝土班组来说，就要与材料供货方、各相关工种等方面建立良好的合作、互利、发展关系。

2）质量管理八项原则之间的关系，见图6-7。

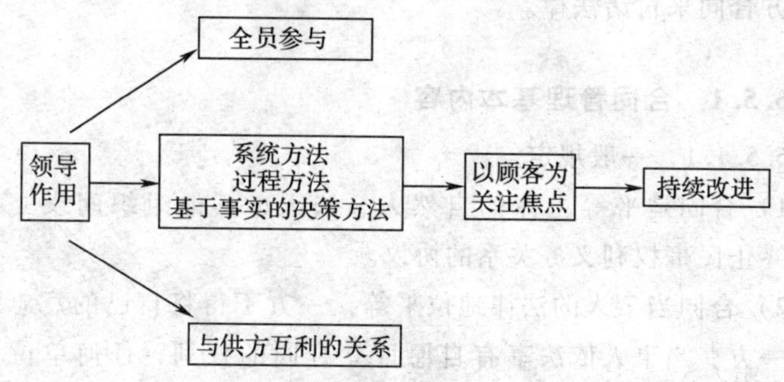

图6-7 质量管理八项原则之间的关系

3. 质量控制、验收、通病防治

详见第2章和第3章相关内容。

4. 成品保护管理

1）现场成立成品保护小组，制定合理有效的成品保护制度。

2）遇到混凝土施工与其它工种施工交叉打架现象时，不得擅自拆改，须应经有关部门协调后再行解决。

3）混凝土浇筑完，个人不得任意踩踏，派专人看护施工工人员不得破坏成品。

4）对成活的混凝土要做好养护措施。

5）注意拆模时对混凝土构件边角的保护。

6.5 合同管理

随着建筑市场的逐步规范，依法组织建筑施工，依法保障施工企业及人员的合法权益，是施工人员必须了解的基本内容。其中依据合同进行施工建设、从事建筑施工、严格履行合同，完成并达到合同中的规定要求更是施工人员必须遵守的准则。同时施工中产生的问题、竣工结算的主要依据由此引起的纠纷也必须依据双方合同来付诸法律。

6.5.1 合同管理基本内容

6.5.1.1 一般规定

1）合同是平等主体的自然人、法人、其他组织间设立、变更、终止民事权利义务关系的协议。

2）合同当事人的法律地位平等，一方不得将自己的意志强加给另一方。当事人依法享有自愿订立合同的权利，任何单位和个人不得非法干预。当事人应当遵循公平原则确定各方的权利和义务。当事人行使权力、履行义务应当遵循诚实信用原则。订立、履行合同，应当遵守法律、行政法规，尊重社会公德，不得扰乱社会经济秩序，损害社会公共利益。依法订立的合同，对当事人具有法律约束力。当事人应当按照约定履行自己的义务，不得擅自变更或者解除合同。

3）依法订立的合同，受法律保护。

6.5.1.2 合同的订立

1）当事人订立合同，应当具有相应的民事权利能力和民事行为能力。依法可以委托代理人订立合同。

2）当事人订立合同，有书面形式、口头形式和其他形式。法律、行政法规规定采用书面形式的，应当采用书面形式。当事人约定采用书面形式的，应当采用书面形式。书面形式是指合同书、文件和数据电文（包括电报、电话传真、电子数据交换和电子邮件）等可以有开发表现所载内容的形式。

3）合同内容由当事人约定，一般包括以下条款：

（1）当事人的名称或者姓名和住所；

（2）标的；

（3）数量；

（4）质量；

（5）价款或报酬；

（6）履行期限、地点和形式；

（7）违约责任；

（8）解决争议的方法。

当事人可以参照各类合同的示范文本订立合同。

4）当事人采用合同书形式订立合同的，自双方当事人签字或盖章时合同成立。其地点为合同成立地点。

5）当事人在订立合同过程中有下列情形之一，给对方造成损失的，应当承担损害赔偿责任。

（1）假借订立合同，恶意进行磋商。

（2）故意隐瞒与订立合同有关的重要事实或者提供虚假情况。

（3）有其他违背诚实信用原则的行为。

6）当事人在订立合同进程中知悉的商业秘密，无论合同是否成立，不得泄露或者不正当地使用。泄漏或者不正当地使用该商业秘密给对方造成损失的，应当承担损害赔偿责任。

6.5.1.3 合同的履行

1）当事人应当按照约定全面履行自己的义务。

当事人应当遵循诚实信用原则，根据合同的性质、目的和交易习惯履行通知、协助、保密等义务。合同生效后，当事人就质量、价款或者报酬、履行地点等没有约定或者约定不明确的，可以协议补充；不能达成补充协议的，按照合同有关条款或者交易习惯确定。

2）当事人就有关合同内容约定不明确，依照合同法第六十一条的规定仍不能确定的，适用下列规定：

(1) 质量要求不明确的，按照国家标准、行业标准履行，没有国家标准、行业标准的，按照通常标准或者符合合同目的的特定标准履行。

(2) 价款或者报酬不明确的，按照订立合同时履行地的市场价格履行；依法应当执行政府定价或者政府指导价的，按规定履行。

(3) 履行地点不明确，给付货币的，在接受货币一方所在地履行；交付不动产的，在不动产所在地履行；其他标的，在履行义务一方所在地履行。

(4) 履行期限不明确的，债务人可以随时履行，债权人也可以随时要求履行，但应当给对方必要的准备时间。

(5) 履行方式不明确的，按照有利于实现合同目的的方式履行。

(6) 履行费用的负担不明确的，由履行义务一方负担。

3) 执行政府定价或者政府指导价的，在合同约定的交付期限内政府价格调整时，按照交付时的价格计价。逾期交付标的物的，遇价格上涨时，按照原价格执行；价格下降时，按照新价格执行；逾期提取标的物或者逾期付款的，遇价格上涨时，按照新价格执行；价格下降时，按照原价格执行。

4) 当事人约定由债务人向第三人履行债务的，债务人未向第三人履行债务或者履行债务不符合约定，应当向债权人承担违约责任。

5) 当事人约定由第三人向债权人履行债务的，第三人不履行债务或者履行债务不符合约定，债务人应当向债权人承担违约责任。

6) 当事人互负债务，没有先后履行顺序的，应当同时履行。一方在对方履行之前有权拒绝其履行要求，一方在对方履行债务不符合约定时，有权拒绝其相应的履行要求。

7) 当事人互负债务，有先后履行顺序，先履行一方未履行的，后履行一方有权拒绝其履行要求。先履行一方履行债务不符合约定的，后履行一方有权拒绝其相应的履行要求。

8）应当先履行债务的当事人，有确切证据证明对方有下列情形之一的，可以中止履行：

（1）经营状况严重恶化；

（2）转移财产、抽逃资金，以逃避债务；

（3）丧失商业信誉；

（4）有丧失或者可能丧失履行债务能力的其他情形。

当事人没有确切证据中止履行的，应当承担违约责任。

9）当事人依照合同法第六十八条的规定中止履行的，应当及时通知对方。对方提供适当担保时，应当恢复履行。中止履行后，对方在合理期限内未恢复履行能力并且未提供适当担保的，中止履行的一方可以解除合同。

10）债权人分立、合并或者变更住所没有通知债务人，致使履行债务发生困难的，债务人可以中止履行或者将标的物提存。

6.5.1.4 违约责任

1）当事人一方不履行合同义务或者履行合同义务不符合约定的，应当承担继续履行、采取补救措施或者赔偿损失等违约责任。

当事人一方明确表示或者以自己的行为表明不履行合同义务的，对方可以在履行期限届满之前要求其承担违约责任。

当事人一方未支付价款或者报酬的，对方可以要求支付价款或者报酬。

2）当事人一方不履行非金钱债务或者履行非金钱债务不符合约定的，对方可以要求履行，但有下列情形之一的除外：

（1）法律上或者事实上不能履行；

（2）债务的标的不适于强制履行或者履行费用过高；

（3）债权人的合理期限内未要求履行。

3）质量不符合约定的，应当按照当事人的约定承担违约责任。对违约责任没有约定或者约定不明确，依照合同法第六十一条的规定仍不能确定的，受损害方根据标的的性质以及损失的大小，可以合理选择要求对方承担修理、更换、重作、退货、减少价款或者报酬等违约责任。

4）当事人一方不履行合同义务或者履行合同义务不符合约定，给对方造成损失的，损失赔偿额应当相当于因违约所造成的损失，包括合同履行后可以获得的利益，但不得超过违反合同一方订立合同时预见到或者应当预见到的因违反合同可能造成的损失。

经营者对消费者提供商品或者服务有欺诈行为的，依照《中华人民共和国消费者权益保护法》的规定承担损害赔偿责任。

5）当事人可以约定一方违约是应当根据违约情况向对方支付一定数额的违约金，也可以约定因违约产生的损失赔偿额的计算方法。

约定的违约金低于造成的损失的，当事人可以请求人民法院或者仲裁机构予以增加；约定的违约金过分高于造成的损失的，当事人可以请求人民法院或者仲裁机构予以适当减少。

当事人就延迟履行约定违约金的，违约方支付违约金后，还应当履行债务。

6）当事人可以依照《中华人民共和国担保法》约定一方向对方给付定金作为债权的担保。债务人履行债务后，定金应当抵作价款或者收回。给付定金的一方不履行约定债务的，无权要求返还定金；收受定金的一方不履行约定债务的，应当双倍返还定金。

7）当事人既约定违约金，又约定定金的，一方违约时，对方可是选择适用违约金或者定金条款。

因不可抗力不能履行合同的，根据不可抗力的影响，部分或者全部免除责任，但法律另有规定的除外。当事人延迟履行后发生不可抗力的，不能免除责任。

当事人一方因不可抗力不能履行合同的，应当及时通知对方以减轻可能给对方造成的损失，并应当在合理期限内提供证明。当事人一方违约后，对方应当采取适当措施防止损失的扩大；没有采取适当措施致使损失扩大的，不得就扩大的损失要求赔偿。

当事人因防止损失扩大而支出的合理费用，由违约方承担。

8）当事人双方都违反合同的，应当各自承担相应的责任。

9）当事人一方因第三人的原因造成违约的，应当向对方承担违约责任。当事人一方和第三人之间的纠纷，依照法律规定或者按照约定解决。

10）因当事人一方的违约行为，侵害对方人身、财产权益的，受损害方有权选择依照合同法要求其承担违约责任或者依照其他法律要求其承担侵权责任。

6.5.2 分包合同管理

在建筑市场活动中通过招投标，建设单位和总承包单位之间签订的合同称为建筑施工合同，也叫主合同。承包在建筑市场活动中，单位与其选定的分包商签订的合同称为分包合同，也叫从合同。建设工程总承包单位按照总承包合同的约定，对建设单位负责。总承包单位和分包单位就分包工程对建设单位承担连带责任。分包合同的特点是既要保持与主合同条件中的分包工程部分规定的权利义务一致，又要区分负责实施分包工作当事人的改变后，两个合同之间的差异。

1．房屋建筑分包合同订立管理

1）分包合同是承包商将主合同内对业主承担义务的部分工作给分包商实施，双方约定相互之间的权利义务的合同。分包工程既是主合同的一部分，又是承包商与分包商订立合同的标的物，但分包商完成这部分工作的过程中，仅对承包商承担责任。由于分包工程同存在于主从两个合同内的特点，承包商又居于两个合同当事人的特殊地位，因此承包商主合同中对承担的风险合理地转移给分包商。

2）分包合同订立。承包商可以采用邀请招标或议标的方式选择分包商，并与其签订分包合同。分包商在投标报价时，承包商应提供分包工程范围内合同条件的图纸、技术规范和工程量，主合同的投标书附录，专用条件的副本，及通用条件中任何不同于标准化范本条款规定细节。分包商应对上述资料进行认真分析和研究，以便充分了解完成分包工程应承担的义务，估计可能承担的风险，作出合理的报价。分包合同的价格应为承包商发出“中标通知书”中接受价格。因承包商在合同的履行过程中，负有对分包商的施工进行监督、管理、协调的责任，承包商应收取相应的分包管理费，所以分包合同的价格一般不一定就是主合同中所约定的该部分工程的价格。

3）承包人和分包人的责任。在分包合同中，应明确承包人和分包人的责任，确保合同的顺利履行。

（1）分包人的责任：分包合同发包人和分包合同的承包人应当依法签订分包合同，并按照合同履行约定义务。分包合同必须明确约定支付工程款和劳务工资时间，结算方式以及保证按期支付的相应措施，确保工程款和劳务工资的支付。分包商应履行与分包工程有关的主合同规定承包商的所有义务和责任，保障承包商免于由于分包商的违约行为，业主根据主合同要求承包商负责的损害赔偿或任何第三方的索赔。

（2）承包人的责任：分包工程发包人应当设立项目管理机构，组织管理所承包工程的活动。项目管理机构应当具有与承包工程的规模、技术复杂程度相适应的技术经济管理人员。其中项目负责人、技术负责人、项目核算负责人、质量管理人员、安全管理人员必须是本单位的人员。

分包工程发包人可以就分包合同的履行，要求分包人提供分包工程履约担保，分包人在提供履约担保后，要求分包工程发包人同时提供分包工程担保的，分包工程发包人应当提供。

分包工程发包人对施工现场安全负责，并对承包工程承包人的安全进行管理。分包工程应当将其分包工程的施工组织设计和施工安全方案报承包人审查批准后实施。

4）政府主管部门对分包合同的监督。分包活动必须经政府建设管理部门的监督，分包活动必须依法进行。分包工程承包人，必须具有相应资质，并在其资质等级许可的范围内承揽业务。严禁个人承揽分包业务。建设单位不得直接指定分包工程承包人，任何单位和个人不得对依法实施的分包活动进行干预。

分包工程发包人应当在订立分包合同7个工作日内将分包合同送工程所在地县级以上人民政府建设主管部门备案。分包合同发生重大变更的，分包工程发包人应当在变更后7个工作日内，将变更协议送原机关备案。

2. *房屋建筑工程分包合同履行管理*

1）分包合同中的管理关系。分包工程的施工既涉及业主与承包商签订的施工合同，又涉及承包商与分包商签订的分包合同，因此分包合同的管理比较复杂。业主在分包合同中，虽然不是分包合同的当事人，且与分包商没有任何合同关系，但是业主作为工程投资人和施工合同的当事人，他对分包工程的管理主要表现在对分包工程的批准。在施工管理过程中，业主现场代表或工程师依据主合同对分包工作内容和分包商的资质进行审查，行使确认权和否认权。对分包商使用的材料、施工质量进行监督和管理。承包商作为两个合同的当事人，他不仅对业主承担施工合同中整个工程完成分担义务，而且对分包工程的实施负有全面管理的责任。具体在对分包商的施工进行监督、管理和协调，如接业主代表或工程师对分包工程的指示后，及时以书面确认的形式转发给分包商令其遵照执行，也可根据现场的实际情况发布有关协调管理指令。

2）分包合同支付管理。分包合同履行过程中，施工进度和质量管理的内容与施工合同管理基本一致，但支付管理由于涉及两个合同管理，与施工合同不尽相同。无论是施工期内的阶段支付，还是竣工后的结算支付，承包商都要进行两个合同的支付管理。

(1) 分包合同的支付程序：分包商在合同约定的日期向承包

上报送该阶段施工的支付报表。承包商代表经过审核后，将其列入主合同的支付报表一并提交业主或工程师批准。承包商应在约定的时间内支付分包工程款，逾期支付要计算延期利息。

（2）承包商代表对支付报表的审查：接到分包商支付的报表后，承包商代表首先对照分包合同工程量清单中的工作项目、单价或价格复核取费的合理性和计算的正确性，并依据分包合同约定扣除预付款、保留金、对分包施工支援的实际应收款项，分包管理费等后，核准该阶段应付给分包商的余额。然后，再将分包工程完成的项目内容及工程量按主合同工程量清单中的取费标准计算，填入到向工程师报送的支付报表内。

（3）分包工程变更管理：承包商接到业主或工程师依据主合同发布的涉及分包工程变更指令后，应以书面形式再通知分包商。承包商自己也可以根据工程实际进展情况，发布有关分包工程的变更指令。分包商以后可根据以上这些变更向承包商进行索赔。

分包商执行了承包上的变更后，在确定分包工程变更的工程量及估价时，若是承包商转发业主或工程师的变更，当承包商与业主进行变更工程量及估价时，分包商可以参加，以便合理确定分包商应获得补偿额和工期延长时间。若是承包商依据分包合同单独发布的指令，内容如果涉及增加或减少分包合同规定部分工程量，或是为了保证整个合同工程的顺利实施而必须改变分包商原定的施工方案、作业次序或时间等。这种指令的起因不属于分包商的责任，承包商应给分包商相应的费用补偿和分包合同工期顺延。如果工期不能顺延则应考虑给分包商补偿赶工费用。

（4）分包合同索赔管理：分包合同履行过程中，当分包商认为自己的合法权益受到损害，不论事件起因于业主或工程师，还是承包商的责任，他都只能向承包商提出索赔要求，并保持影响事件发生后的现场同期记录。

① 由业主承担责任的索赔事件：分包商向承包商提出索赔要

求后，承包商应首先分析事件的起因和影响，并依据两个合同判明责任。如果认为分包商的索赔要求合理，且属于主合同约定由业主承担风险责任或行为责任的事件，要及时按照合同规定的索赔程序，以承包商的名义就该事件向工程师递交索赔报告，承包商应定期将该阶段为此项索赔所进行的步骤和进展情况通报给分包商。这类事件可能有：应由业主承担风险的事件，如施工中遇到了不利的外界障碍、图样有错误等；业主的违约行为，如拖延支付工程款；工程师的失职行为，如发布错误指令、协调管理不力导致对分包工程施工的干扰等。执行工程师指令后对经济补偿不满意，如对变更工程的估价认为过少等。当事件的影响仅使分包商受到损害时，承包商的行为属于代为索赔。若承包商就同一事件也受到损害，分包商的索赔就成为了承包商索赔的一部分。索赔获批准顺延的工期加到分包合同工期上去。得到支付的索赔按照公平合理的原则转交给分包商。

② 由承包商承担的责任事件：此类索赔产生于承包商和分包商之间，工程师不参与赔偿的处理，双方通过协商来解决。原因往往由于承包商的违约行为或分包商执行承包商指令导致的。分包商按照规定程序提出索赔后，承包商代表要客观地分析事件的起因和产生的实际损害，然后依据分包合同分清责任。

6.5.3 （劳务）合同示例

【示例1】项目部施工劳务承包合同

《项目部施工劳务承包合同》

为加强项目管理，充分调动职工的生产积极性，加快工程进度，确保工程低耗、优质、按期竣工，________项目经理部（组）特与______签订人工费承包合同，以便双方共同遵照执行。

1　承包工程内容

1.1　主体工程：包括除基础挖土、填土、凿桩以外的所有混凝土工程，例如模板制作、安拆，钢筋制安，混凝土生产和浇捣养护，模板脚手架的搭拆，所有施工缝的打毛清洗，施工料具在现场范围内按指定地点堆放，施工现场附近材料垂直和水平运输，成品保护±0.000下的抽排水，钢筋垫块的制安，脱模剂的涂刷，模板木方起钉保养，钢筋除泥除锈，施工垃圾的清理等工作。详细项目和数量见预算书。

1.2　装饰工程：包括除上述主体工程（混凝土工程）以外的所有土建工程，以及施工现场附近材料垂直和水平运输，楼地面的基层清理，预留洞的修补，施工垃圾的清理，成品、半成品的保护等，详细项目和数量见预算书。

2　承包工程工期

工程总工期____个日历天，____年____月____日平±0.000，____年____月____日平顶，____年____月____日装饰插入，____年____月____日装饰完成，____年____月____日工程竣工。详细计划见施工进度计划表（图）。

3　承包工程质量

主体和装饰均应达到地方质监站认可的优良等级。

4　承包工程金额

4.1　承包工程金额以分公司报甲方审定的预算为基础，不论工程量计算的多少，套用定额的高低，预算项目的多计或漏项，均按预算书中人工日数为准，每工日____元的综合单价计算。施工中若发生了计时工，在不突破总费用的原则下，计时工的综合单价为____元/工日。人工费、包干费视工程难易、工期的长短，施工人员的多少商定，承包工程金额按投标或议标图纸，一次性大包干，在施工中除业主有变更外，不得增减承包金额。

4.1.1　主体总承包金额______万元，其中施工人工费______万元，包干费______万元。施工人工费包括人工费、管理费、医疗费、劳动保险金等。

4.1.2 装饰总承包金额______万元，其中施工人工费______万元，包干费______万元。施工人工费包括人工费、管理费、医疗费、劳动保险金等。

4.2 在不突破人工费承包总包费用______元和14元/工日的基础上，也可以采取如下形式结算人工费。

4.2.1 木工：模板制、安、拆____元/m^2

其中，模板制作、安装____元/m^2

模板拆除____元/m^2

4.2.2 钢筋工：钢筋制作、绑扎____元/t

其中：钢筋制作____元/t

钢筋绑扎____元/t

4.2.3 混凝土工：混凝土浇捣____元/m^3

4.2.4 瓦工：十层以下砌砖____元/块

十层以上砌砖____元/块

4.2.5 抹灰工：梁柱面抹灰____元/m^2

天棚面抹灰____元/m^2

墙面抹灰____元/m^2

4.2.6 镶贴面层：外墙贴彩面砖____元/m^2

内墙贴磁盘____元/m^2。

4.3 每月由项目经理部（组）按其所完成的工程量，以队组为单位签发施工任务单，预结90%，留10%在财务科作为工程保修抵押金，待工程竣工后结算。当无质量问题、无违纪现象、无其他违规情况时，抵押金原则退回。

5 双方责任

5.1 项目经理部（组）责任

5.1.1 对进行技术指导，解决施工中遇到的技术难题，并负责搭设井架，配备好机械工、电工，满足施工需要。

5.1.2 为班组正常施工提供必要的机具，如有故障，应及时派人修理。

5.1.3　为队组及时供应材料，并运至现场。

5.1.4　有权辞退不听指挥的人员。

5.1.5　每月20日前开出当月施工任务暂结书。

5.2　班组责任

5.2.1　服从项目经理部（组）统一指挥，虚心接受项目经理部（组）的指挥，不得拖延或顶着不办。

5.2.2　爱护施工机具，如有遗失或有意损坏，应负责赔偿，手用工具由班组自购。

5.2.3　必须与____队、____队一起施工。

6　奖罚办法

6.1　工期：以每控制段为计算单位，按期完成奖____元；每提前一天奖____元，每拖延一天罚____元。

6.2　安全：杜绝重大工伤事故，尽量减少一般的工伤事故。一旦发生，按公司和局有关文件处理。一切费用由承包队负责。

6.3　质量：每月预结算时，对前段施工所完成的分项工程，由项目质检员进行评定，达不到优良的（90%）扣20%工资。主体和装饰工程施工后，经质监站评定，达到优良，各奖____元，否则各罚____元。若单项工程未达到优良，但最后竣工总体达到优良，扣罚的20%可退还班组。在施工中如发生爆模、蜂窝、钢筋移位、粉刷贴面超偏等质量问题，班组必须及时处理，所有人工费、材料费均由班组派人处理或者由班组出钱请他人代其处理。

6.4　材料

6.4.1　材料发放

项目给队组发放材料，钢筋按翻样单加3%损耗：模板、木方按预算数或模板接触面除以六；混凝土所用水泥、砂、石按配比单，铁钉、扎丝按预算数；装饰材料按预算数。

6.4.2　材料退库

1）对主体用材料，如节约的是原材料，则有一算一，如是半成品或使用过的，则按如下办法折算节约数量：

（1）模板：整张按60%～70%计；半张以上（大半张）以50%～35%计；1/4张以上（小半张）按25%～30%计；1/4张以下的不计数量，具体还应结合成色、周转次数折合。

（2）木方：1.5m以上的按65%计，1.5m以下的不计数量。

（3）钢筋：7m以上的按原材料计，4～7m按70%计，2～4m按30%，2m以下按料头计。

2）装饰材料除未使用过的水泥可按有一算一退库外，其余各种材料运进现场后，一般不以计价退回，未购进的则有一算一退库。

3）节约材料单价及奖赔：如材料有节约则项目经理部（组）与队组实行“四六”分成；材料超耗则全部由队组承担。材料结算单价按预算定额单价。

4）发生主体施工偏差过大，造成装饰施工材料超耗的材料费由主体施工队组负责。

5）队组应做好文明施工，若其施工班组未按要求做好文明施工，则项目经理部（组）另派人员代其清理，所发生的费用无论多少，均在结算时扣除，严重时还应进行处罚。

7　其他事项

7.1　队组应遵守分公司其他规章制度，如有违反，则另行处理。

7.2　若承包队组未能按计划和要求完成任务，项目经理部（组）可马上另行派员进行施工，所发生的费用全部由项目经理部（组）在其承包队组中扣除。若在施工中部分人员或全部人员擅自停工，给工程造成影响或损失，全部由承包队组负责，并可罚款1000～5000元扣其风险抵押金。

7.3　在施工中发生设计变更增加或减少工程，其计工办法为：以预算定额计工日数，每工日14元计结，队组必须按项目经理部（组）的要求完成，不能以工价低、不好做为由不做，不然项目可另行派员施工，所发生的费用无论多少，均在其承包费用中支付。

7.4 工程中若使用输送泵浇捣混凝土，由按　元/m^3计，在承包费中扣除；若使用了搅拌站，后台又不要人工上料，则按　元/m^3计，在承包费中扣除。

7.5 施工过程中承包队组不能达到工期、质量、安全、文明施工等要求，又不迅速采取措施，项目经理部（组）可令其退场，所余工程均由项目经理部（组）另找班组施工，施工费用无论多少一律从原承包队组的承包费用中支付，并可对其罚1000～5000元和扣除风险抵押金。

7.6 本合同兑现后自动失效。

7.7 本合同执行中发生争执，局（公司）或区域公司（分公司）领导仲裁。

7.8 预结算书。

项目经理部（组）负责人：　　　　队组负责人：

年　月　日　　　　　　年　月　日

【示例2】项目部混凝土工程施工班组承包合同

《项目部混凝土工程施工班组承包合同》

为保证工程进度，抓紧前期工程的施工，项目经理部与______班签订混凝土工程施工承包责任状。具体条款如下：

1 承包范围及工作内容

1.1 承包范围____工程____轴范围的混凝土浇筑施工。

1.2 承包工作内容：按施工图纸和施工管理专职人员____的施工布置进行作业，包括：施工准备、原材料运输、秤量、搅拌、水平及垂直运输、浇筑、振捣、表面收提、养护、成品保护等相关工作。

2 工程计算期

混凝土施工费用由____元/m^3包干费用，承包工资总额____元整，结算时由施工质量检验员检查合格签认后，以实际的混凝土

呈报项目负责人签字后方可到局（公司）或区域公司（分公司）劳资部门进行工资结算。

3 施工要求

班组应按照项目经理部的计划时间要求进行施工，组织必须的加班工作。严格按照安全技术要求进行施工。

4 其他

4.1 班组应自备施工所需的小型用具，施工中所需的中、大型施工机械由项目经理部协调交付班组。班组应合理使用，妥善保管。

4.2 工作完成后，班组应退回所提供的机械设备，并经项目部有关部门验收。对造成损坏的要追究原因，如属于班组使用、保管不当所致，视情节在结算额中抵扣赔偿。

4.3 班组委托材料部门购买的工具用具由班组验收核实其费用，在结算中扣除。

4.4 班组按保质保量完成工作，项目经理部视实际工作和工程进度情况给予______奖励，对不按期或不听工地计划安排的，项目组视实际情况给予______元的罚款，质量不合格不验收。

4.5 施工中因违章作业造成的人身意外情况由班组自行负担解决，给予班组一定的违章经济处罚。

项目经理部： 承包班组：

年 月 日 年 月 日

6.5.4 项目部工长目标责任书示例

《项目部工长目标责任书》

为增强项目工长的责任感，项目经理________聘________为工长，承担范围内的工作任务，完成规定的工作目标，特签订全额承包责任状。

1　承包范围和承包内容

具体的承包范围和内容由项目不定期地以“施工任务指示书”的形式下达。

2　承包方式

2.1　工长实行单项工程人工用工及材料用量的风险抵押全额承包。超支自负，节约提成。

2.2　工长按规定交纳风险抵押金。

3　承包指标

3.1　单项工程用工数：按照内部施工图预算或钢筋翻样单或模板量计算，若施工中因设计变更等引起工程用工变化时，按实调整。

3.2　单项工程材料用量：按照内部施工图预算或钢筋翻样单或模板量计算。若施工中因设计变更等引起工程材料用量变化时，按实调整。

3.3　单项工程质量：每道工序检查必须合格，分项工程达到优良，每月质量检查评分必须在85分以上。

3.4　单项工程安全：杜绝死亡事故及重大伤亡事故，每月安全检查评分必须在90分以上。

3.5　文明施工：每月检查评分必须在80分以上。

3.6　单项工程进度：以项目总进度计划为依据，执行项目下达的施工计划。因甲方及项目原因引起工期延长时，按实调整。

3.7　资料管理：各类资料及时、准确、保存完好，各项评分须达到90分以上。

4　双方的权利与义务

4.1　项目经理

4.1.1　及时协助工长做好单项工程开工前的准备工作。

4.1.2　施工过程中，积极为工长提供各种设备、材料等，协调工长与工长之间的关系及工长与分包队伍之间的关系，为工长组织施工创造良好的条件和环境。

4.1.3 加强对单项工程的质量及安全的监督与检查，发现问题及时提出并协助整改。

4.1.4 及时解决工长在施工中提出的技术问题。

4.1.5 及时为工长办理内部签证。

4.2 工长

4.2.1 严格执行分公司及项目有关质量、安全等管理制度，不得以包抗管，自觉接受项目的监督与检查。

4.2.2 按照承包指标及承包范围，在施工中合理安排和组织，确保承包指标的完成。

4.2.3 主动自觉处理好与其他工长以及与分包队伍之间的关系。

4.2.4 作风正派，实事求是。

5 考核与奖罚

5.1 月度考核与奖罚

5.1.1 项目经理以直接上级机关审批的项目当月奖金为基数，按责任状对工长进行考核与奖罚。

5.1.2 每月质量检查以85分为基数，每增1分，增工长当月奖的1%，低于85分不得奖。

5.1.3 每发生一起轻伤，扣减当月奖金50%；每发生一起重伤事故，扣减当月奖金；发生死亡事故扣除当月奖金，并按有关规定赴理。

5.1.4 每月文明施工检查以85分为基数，每增1分，增工长当月提成奖金的1%。低于85分不得奖。

5.1.5 当月的施工任务，工期以项目的计划为基数，每提前一天，奖1%，工期拖延不得奖。

5.1.6 每月人工用工考核以实际完成工作量为依据，超过由工长自负，节约按节余额的5%～10%当月预嘉奖。

5.1.7 每月材料用量考核以实际完成工作量为依据，按节超量的3%～6%对等预奖罚。若当月核算有困难时，暂不奖罚，最后兑现时再奖罚。

5.1.8　如发生有令不行，有禁不止现象，每发生一次扣罚工长当月提成奖的%。

5.1.9　在局（公司）或区域公司（分公司）内部质量体系审核中，发现不符合项时，按有关规定，在工长当月提成奖中扣罚（一般不符合项罚100元，严重不符合项罚500元）。

5.1.10　如当月罚金额较大，在工长风险抵押金中扣除。

5.2　承包兑现与奖罚

5.2.1　全面完成承包责任状规定的各项承包指标，按人工用工及材料用量降低总额的8%～16%提奖。人工综合单价为______元/工日，材料价格以采购价为准。

5.2.2　每发生一起轻伤事故，减兑现奖的30%，每发生一起重伤事故，减兑现奖的80%，如发生死亡事故，按局（公司）或区域公司（分公司）有关规定处罚。

5.2.3　未达到规定的质量标准，减兑现奖的30%，并按局（公司）或区域公司（分公司）有关规定处罚。

5.2.4　工程进度未达到要求时，每拖延一天减兑现奖的10%。

5.2.5　未按要求交齐技术资料或技术资料不符合要求，扣减兑现奖的10%。

5.2.6　文明施工综合评分未达到85分，扣减兑现奖10%。

5.2.7　若承包的人工用工及材料用量超支时，超出部分在工长风险抵押金中扣除。

5.2.8　如施工中发生贪污、受贿，按局（公司）或区域公司（分公司）及国家有关规定处理。

5.2.9　工长的兑现奖由工长本人申请，项目经理、项目书记、项目劳资、内业预审，报请分公司财务部门、人事部门审核其真实性、合理性，同意后，根据以下情况决定发放的方式：

1）当项目资金严重拖欠时，待项目资金回收达到90%以上再发；

2）工长的兑现可与整个项目完工后的兑现一起进行。

6 其他

6.1 项目经理部可以根据工程的情况，向工长下达“施工指示书”增减该工长的承包范围和内容，工长必须接受。

6.2 本责任状若发生争执，由分公司仲裁。

6.3 本责任状自双方签字之日起生效，单项工程完工、兑现后失效。

项目经理：　　　　工长：

年　月　日　　　　年　月　日

6.6 技术管理

技术管理的主要工作，见图6-8。

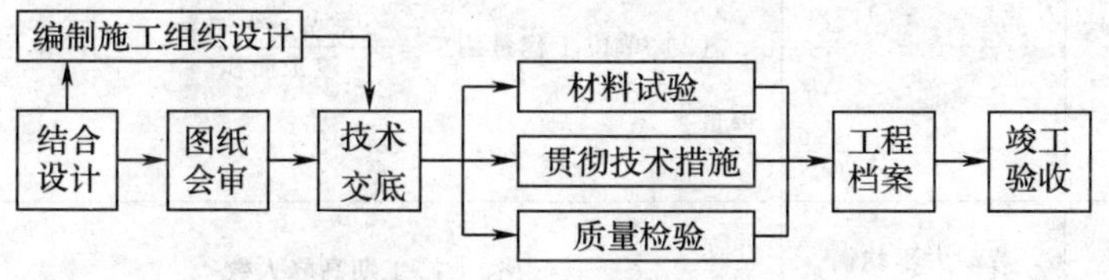

图6-8 技术管理的主要工作

混凝土工长在混凝土项目施工中，应积极参加图纸会审和编制混凝土工程施工方案工作，认真做好向各工种班组长的质量和安全技术交底工作，按混凝土有关规范标准和规程，对混凝土施工的原材料、施工工艺、施工操作质量进行控制和检验。落实三检工作，即操作者的自检，施工班组内的互检，并组织由质量员、混凝土班组长、木工班组长、钢筋班组长参加的上下工序的交接检查，并且协同质量员做好：水泥质量保证书及实验报告，粗细骨料实验报告，混凝土构件合格证，混凝土试块试压记录及强度评定表，混凝土抗渗试验记录，混凝土坍落度测定记录，检验批检查验收记录，混凝土分项预检记录等技术档案工作，为以后竣工验收做好技术资料准备。

6.6.1　主要技术经济指标（表 6-37）

主要技术经济指标　　表 6-37

编号	指标名称	定义或表达式
1	施工工期	从工程正式开工到竣工所需要的时间
2	劳动生产率	1. 产值指标 建安工人劳动生产率 $=\dfrac{\text{自行完成施工产值}}{\text{建安工人（包括徒工、民工）平均人数}}$（元/人） 2. 实物量指标 （1）工人劳动生产率 $=\dfrac{\text{完成某种工程量}}{\text{某工种平均人数}}$（工程量单位/人） （2）单位工程量用工 $=\dfrac{\text{全部劳动工日数}}{\text{竣工面积}}$（工日/单位工程量）
3	劳动力不均衡系数 K	$K=\dfrac{\text{施工期高峰人数}}{\text{施工期平均人数}}$
4	降低成本额和降低成本率	降低成本额 = 预算成本 − 计划成本 降低成本率 $=\dfrac{\text{降低成本额}}{\text{预算成本}}\times 100\%$
5	其他指标	1. 机械利用率 $=\dfrac{\text{某种机械平均每台班实际产量}}{\text{某种机械台班定额产量}}\times 100\%$ 2. 临时工程投资比 $=\dfrac{\text{全部临时工程投资}}{\text{建安工程总值}}\times 100\%$ 3. 机械化施工程度 $=\dfrac{\text{机械化施工完成工程量（实物量）}}{\text{总工作量（实物量）}}\times 100\%$

6.6.2 图纸会审

6.6.2.1 图纸会审的重要性

用于工程的图纸，往往因为设计人员的疏漏或对工程要求的理解不深刻，或对施工规范和标准不熟悉，现场情况不掌握等原因，以及施工人员对图纸有疑问对设计意图的误解等因素而导致工程图纸存在一些问题。近年来发生的一些质量事故乃至工程造价方面的纠纷大多起因于工程图纸，因此在施工前必须对工程图纸进行审核，解决并消除图纸上的问题和疑问，使之符合规范及工程实际，并且使施工人员能够充分理解设计意图，避免施工中发生问题。图纸会审已列为预控工程质量的关键过程，对此国家早就有严格规定，1965 年原国家建筑工程部就明确指出：未经过审核的图纸或在会审中提出的问题未得到解决的工程，不得开工。同时还将其作为重要技术制度列入技术管理范围。

然而在实际施工中不少施工企业及施工人员忽视了对图纸审核的重视，不看图纸或敷衍了事走马观花地看图纸；或把图纸会审走过场提不出危及工程质量的问题；或承包方与分包方相互推诿也不知道图纸中的内容及设计意图；或不熟悉国家在节能、节地及新技术等方面的强制性规定等现象，在一些工程中屡见不鲜，以致给工程施工造成很大损失，不仅影响了工程评优评奖，甚至还严重地影响到工程质量，不能不引起重视。

6.6.2.2 图纸会审的作用

1）图纸会审就是在工程开工前对工程设计图纸进行全面熟悉和审核，使设计图纸符合工程实际，满足有关要求的必要程序。

2）通过图纸审核使施工人员充分学习图纸，增强对设计意图的充分理解，形成对工程施工明确的感性认识。

3）通过图纸会审促使施工人员掌握规范和标准，了解施工内容、项目和关键环节。

4）通过审图消除对工程设计中的疑问和误解，预防施工错误，防患于未然。

5）通过审图初步明确质量、安全、经济、成本等方面的预控，“关口”前移，避免施工过程中的失误。

6）通过审图充分落实新技术、新材料、新工艺、新设备的具体实施。

7）有利于增强与各责任方，如：建设、设计、勘察、监理、材料、设备等单位与部门的联系与沟通。

8）有利于明确各责任方的职能、义务和责任。

9）为施工部署、策划、计算工程量、编制标书、编写施工组织设计等做准备。

10）消除设计中的错误及不合理做法。

6.6.2.3　图纸会审的程序、步骤和方法

1. 程序流程图

熟悉工程图纸→企业组织内审→形成记录→组织图纸会审→各责任方提出问题→达成共识→形成正式记录→签字盖章→作为正式技术文件

2. 方法

1）熟悉工程图纸：按照识图要求，逐项逐专业对图纸充分熟悉，并找出问题或疑问，这是非常关键的一步。一般规定：一般工程图纸识图不少于7d；较大工程图纸识图不少于15d；特别重要复杂的工程图纸识图不少于20d。

2）企业组织内审：由施工企业技术部门组织，施工员、预算员、项目经理、项目技术负责人及其他有关人员如：质检员、安全员、材料员、设备员、资料员等进行内部预审，将各自看出的问题及疑问进行分析、确定，形成统一的意见写入图纸会审记录。

3）组织图纸会审：由工程建设方组织设计、施工、监理、材料、设备等有关责任方，必要时请消防、人防、智能、环保等相关方面人员进行图纸会审，将各方对设计图纸中的问题或疑问以及对工程的建议要求，共同形成一致的意见，统一写入专用表格《图纸会审记录》（表6-38）并由参加人员签字后由参加责任方单位盖章。

3. 图纸会审内容

1）图纸种类、图号、说明、数量是否与目录页相同。

2）设计计算的假定与采用的处理方式是否符合规范和工程实际情况，施工时是否安全，有无违反国家法律法规及明令淘汰的设计内容及材料。

3）设计是否符合现场实际。如需要采取特殊施工方法和特定的技术措施时，技术和装备上有无困难。

4）结合生产工艺和使用上的特点，熟悉对施工有哪些技术要求及对施工应满足哪些设计规定与质量标准。

5）建筑、结构、设备、安装之间有无矛盾，图纸上有无相互打架及标注说明不明确的地方。

6）工程设计及内容与承包项目合同是否矛盾、缺漏、不齐全、不明确，与规定是否相符。

7）图面尺寸、标高、轴线、坐标等有无错误。

8）采用新工艺、新材料、新技术、新结构的做法与依据及相应资料是否齐全明确。

9）特殊与复杂结构及其部位的设计，能否采用技术措施予以解决。

10）有无需要更改充实设计的合理化建议。

图纸会审记录 **表 6-38**

建设单位： 单位工程名称：

会审日期： 年 月 日

序号	图号	会审记录	
		问题	答复意见

建设单位：签字盖章 设计单位：签字盖章

施工单位：签字盖章 监理单位：签字盖章

其他单位：签字盖章

4. 图纸会审记录实例

以《山东省建筑工程技术资料》技术表格（表6-39）为例。

图纸会审记录　　表6-39

建设单位：×××　　单位工程名称：×××公寓

会审日期：×年×月×日

序号	图号	会审记录	
		问题	答复意见
1	建施1	门窗表中备注与洞口尺寸标不一致，以何为准？	以洞口尺寸为准
2	建施2、3	卫生间通风口选用图集尺寸与平面图标注尺寸不一致，以何为准？	以图集为准2轴为300×300 13.25轴为300×600
3	建施2-8	门垛小于250，如何处理？	改为素混凝土，同楼层强度等级
4	建施3	南北阳台尺寸与结构及大样尺寸不符以何为准？	以建施为准 北阳台：1500×4700 南阳台：1600×2500
5	建施17	楼梯平面图中，消防栓预留洞尺寸与图集不符？	以图集为准：800×1300
6	结施1	结构说明中，第5条与第16条，为方便施工能否作一下调整？地下室、外墙后浇带顶板后浇带可否取消？	基础筏板为C30、P8防水混凝土地下室外墙，顶板全部采用抗渗混凝土后浇带不再留设
7	结施4	KZ-4尺寸标注与建施工不符，以何为准？	以建施为准，375改275，配筋不变。
8	结施6	KAZ加密区范围不明确。	地下室KZA箍筋全部加密@100至±0.000以上，板上、下800范围内加密
9	结施8	AZ-5尺寸标注与平面图不符以何为准？	以平面图为准，300改150
10	结施10	KJ-12中Z15（轴线）尺寸与平面图314（外包）尺寸不符？	Z15轴线尺寸改为256

续表

序号	图号	会审记录	
		问题	答复意见
11	结施16	JL7、JL8 中上层筋锚固500是否应到基底？TB－4，60厚可否改100厚？	可以

施工单位：（盖章）设计单位：（盖章）建设单位：（盖章）
技术负责人： 设计负责人： 主 管：
参 加 人： 参 加 人： 参 加 人：

6.6.3 技术交底

6.6.3.1 一般要求

在条件许可的情况下，施工单位最好能在设计阶段就参与制定工程的设计方案，实行建设单位、设计单位、施工单位“三结合”。

这样，施工单位可提前了解设计意图，反馈施工信息，使设计能适应施工单位的技术条件、设备和物资供应条件，确保设计和工程质量，避免设计返工或不必要的修正。

在“三结合”基础上，施工单位可根据设计图纸做施工准备，制定施工方案，进行技术交底。技术交底分工和内容见表6-40。

主要技术经济指标技术交底分工和内容　　表6-40

交底部门	交底负责人	参加单位和人员	技术交底的主要内容
公司	总工程师	有关施工单位的行政、技术负责人、公司职能部门负责人	1. 由公司负责编制的施工组织设计 2. 由公司决定的重点工程，大型工程或技术复杂工程的施工技术关键性问题 3. 设计文件要点及设计变更洽商情况 4. 总分包配合协作的要求、土建和安装交叉作业的要求

续表

交底部门	交底负责人	参加单位和人员	技术交底的主要内容
公司	总工程师	有关施工单位的行政、技术负责人、公司职能部门负责人	5. 国家、建设单位及公司对该工程的工期、质量、成本、安全等要求 6. 公司拟采取的技术组织措施
工区或项目经理部	主任工程师（总工程师）	单位工程负责人、技术员、质量检查员、安全员、职能部门的有关人员、内部协作（或分包）人员	1. 由工区（或工程队）编制的施工组织设计或施工方案 2. 设计文件要点及设计变更、洽商情况 3. 关键性的技术问题，新操作方法和有关技术规定 4. 主要施工方法和施工程序安排 5. 保证进度、质量、安全、节约的技术组织措施 6. 材料结构的实验项目
基层施工单位	项目技术负责人或技术员	参与施工的各班组负责人及有关技术骨干工人	1. 落实有关工程的各项技术要求 2. 提出施工图纸上必须注意的尺寸，如轴线、标高、预留孔洞、预埋件镶人构件的位置、规格、大小、数量等 3. 所用各种材料的品种、规格、等级及质量要求 4. 混凝土、砂浆、防水、保温、耐火、耐酸、防腐蚀材料等的配合比和技术要求 5. 有关工程的详细施工方法、程序、工种之间、土建与各专业单位之间的交叉配合部位，工序搭接及安全操作要求 6. 各项技术指标的要求，具体实施的各项技术措施 7. 设计修改、变更的具体内容或应注意的关键部位 8. 有关规范、规程和工程质量要求

续表

交底部门	交底负责人	参加单位和人员	技术交底的主要内容
基层施工单位	项目技术负责人或技术员	参与施工的各班组负责人及有关技术骨干工人	9. 结构吊装机械、设备的性能，构件重量，吊点位置，索具规格尺寸，吊装顺序，节点焊接及支撑系统，以及注意事项 10. 在特殊情况下，应知应会应注意的问题

6.6.3.2 交底实例

技术交底的方式一般分为口头交底、书面交底和和样板交底，一般以书面交底为主，口头交底为辅，交底应由交、接双方签字归档。表6-41为某工程混凝土浇筑技术交底。

技术交底记录 **表6-41**

工程名称	××市疾病预防控制中心	施工单位	××建工集团二公司
交底部位	主体1~2层	工序名称	混凝土浇筑
交底提要： 混凝土浇筑施工工艺、质量标准等，如《混凝土结构工程施工质量验收规范》(GB 50204—2002)			
交底内容： 一、材料要求 商品混凝土：商品混凝土必须符合设计配合比的要求，坍落度符合要求。裙楼1~2层梁、板、柱、梯混凝土强度等级均为C30；主楼1~2层KZ、剪力墙混凝土为C40，梁、板、梯均为C30。 二、主要机具设备 胶皮管、手推车、大小平锹、铝合金刮杆、木抹子、振动棒、精抹机、混凝土泵、泵管和接头。 三、作业条件 1. 各种机械设备经安装、就位、维修保养和试运转，处于完好状态，电源可满足需要。			

续表

工程名称	××市疾病预防控制中心	施工单位	××建工集团二公司
交底部位	主体1~2层	工序名称	混凝土浇筑

2. 模板内的垃圾、木屑、泥土和钢筋上的油污等已清理完毕；木模在浇筑混凝土前，浇水湿润，但不许留积水。

3. 模板支设、钢筋绑扎、预埋铁件及管道埋设等已全部完成，经检查符合设计要求和验收规范要求，并办完预检和隐蔽手续。

4. 混凝土输送管已铺设完毕，经检查符合施工和安全要求。

四、施工工艺

1. 梁、板混凝土浇筑

1）梁、板应同时浇筑，浇筑方法应由一端开始用“赶浆法”，即先浇筑梁，根据梁高分层浇筑成阶梯形，当达到板底位置时再与板的混凝土一起浇筑，随着阶梯形不断延伸，梁板混凝土浇筑连续向前进行。梁、柱节点混凝土强度等级不一致时，按照设计要求留置坡槎。

2）和板连成整体高度大于1m的梁，允许单独浇筑，其施工缝应留在板底以下2~3cm处。浇捣时，浇筑与振捣必须紧密配合，第一层下料慢些，梁底充分振实后再下二层料，用“赶浆法”保持水泥浆沿梁底包裹石子向前推进，每层均应振实后再下料，梁底及梁帮部位要注意振实，振捣时不得触动钢筋及预埋件。

3）梁柱节点钢筋较密时，浇筑此处混凝土时宜用小粒径石子同强度等级的混凝土浇筑，并用小直径振捣棒振捣。

4）浇筑板混凝土的虚铺厚度应略大于板厚，用平板振捣器垂直浇筑方向来回振捣，厚板可用插入式振捣器顺浇筑方向托拉振捣，并用铁插尺检查混凝土厚度，振捣完毕后用长木抹子抹平。施工缝处或有预埋件及插筋处用木抹子找平。浇筑板混凝土时不允许用振捣棒铺摊混凝土。

5）施工缝位置：宜沿次梁方向浇筑楼板，施工缝应留置在次梁跨度的中间1/3范围内。施工缝的表面应与梁轴线或板面垂直，不得留斜槎。施工缝宜用木板或钢丝网挡牢。

6）施工缝处须待已浇筑混凝土的抗压强度不小于1.2MPa时，才允许继续浇筑。在继续浇筑混凝土前，施工缝混凝土表面应凿毛，易除浮动石子，并用水冲洗干净后，先浇一层水泥浆，然后继续浇筑混凝土，应细致操作振实，使新旧混凝土紧密结合。

2. 剪力墙混凝土浇筑

1）如柱、墙的混凝土强度等级相同时，可以同时浇筑，反之宜先浇筑柱混凝土、预埋剪力墙锚固筋，待拆柱模后，再绑剪力墙钢筋、支模、浇筑混凝土。

续表

工程名称	××市疾病预防控制中心	施工单位	××建工集团二公司
交底部位	主体1~2层	工序名称	混凝土浇筑

2）剪力墙浇筑混凝土前，先在底部均匀浇筑5cm厚与墙体混凝土成分相同的水泥砂浆，并用铁锹入模，不应用料斗直接灌入模内。

3）浇筑墙体混凝土应连续进行，间隔时间不应超过2h，每层浇筑厚度控制在60cm左右，因此必须预先安排好混凝土下料点位置和振捣器操作人员数量。

4）振捣棒移动间距应小于50cm，每一振点的延续时间以表面呈现浮浆为准。为使上下层混凝土结合成整体，振捣器应插入下层混凝土5cm。振捣时注意钢筋密集及洞口部位，为防止出现漏振，须在洞口两侧同时振捣，下灰高度也要大体一致。大洞口的洞底模板应开口，并在此处浇筑振捣。

5）混凝土墙体浇筑完毕之后，将上口甩出的钢筋加以整理，用木抹子按标高线将墙上表面混凝土找平。

3. 柱混凝土浇筑

1）柱浇筑前底部应先填以5~10cm厚与混凝土配合比相同减石子砂浆，柱混凝土应分层振捣，使用插入式振捣器时每层厚度不大于50cm，振捣棒不得触动钢筋和预埋件。除上面振捣外，下面要有人随时敲打模板。

2）柱高在3m之内，可在柱顶直接下灰浇筑；超过3m时，应采取措施（用串桶）或在模板侧面开门子洞安装斜溜槽分段浇筑。每段高度不得超过2m，每段混凝土浇筑后将门子洞模板封闭严实，并用箍箍牢。

3）柱子混凝土应一次浇筑完毕，如需留施工缝时应留在主梁下面。

4）浇筑完后，应随时将伸出的搭接钢筋整理到位。

4. 楼梯混凝土浇筑

楼梯段混凝土自下而上浇筑，先振实底板混凝土，达到踏步位置时再与踏步混凝土一起浇捣，不断继续向上推进，并随时用木抹子将踏步上表面抹平。

5. 养护

混凝土浇筑完毕后12h内覆盖浇水养护，立面需喷刷养护剂养护。养护期不小于7d。

五、质量要求

1. 对于到场的混凝土应进行抽检，坍落度过大过小拒收，一般到场混凝土坍落度控制在18±3cm。

2. 底板混凝土浇筑面的标高，严格按放线人员测定的标高来控制。混凝土不应有过振、漏振现象。

3. 混凝土现浇结构尺寸允许偏差见下表

续表

<table>
<tr><td>工程名称</td><td>××市疾病预防控制中心</td><td>施工单位</td><td>××建工集团二公司</td></tr>
<tr><td>交底部位</td><td>主体1~2层</td><td>工序名称</td><td>混凝土浇筑</td></tr>
</table>

混凝土现浇结构尺寸允许偏差和检验方法

<table>
<tr><th colspan="3">项　目</th><th>允许偏差（mm）</th></tr>
<tr><td rowspan="3">轴线位置</td><td colspan="2">基础</td><td>15</td></tr>
<tr><td colspan="2">剪力墙</td><td>5</td></tr>
<tr><td colspan="2">柱、墙、梁</td><td>8</td></tr>
<tr><td rowspan="2">垂直度</td><td rowspan="2">层高</td><td>≤5m</td><td>8</td></tr>
<tr><td>>5m</td><td>10</td></tr>
<tr><td rowspan="2">标高</td><td colspan="2">层高</td><td>±10</td></tr>
<tr><td colspan="2">全高</td><td>±30</td></tr>
<tr><td colspan="3">截面尺寸</td><td>+8，-5</td></tr>
<tr><td rowspan="2">电梯井坑、集水井坑</td><td colspan="2">井筒长、宽对定位中心线</td><td>+25，0</td></tr>
<tr><td colspan="2">井筒（H）垂直度</td><td>H/1000≤30</td></tr>
<tr><td colspan="3">表面平整度</td><td>8</td></tr>
<tr><td rowspan="3">预埋设施中心线位置</td><td colspan="2">预埋件</td><td>10</td></tr>
<tr><td colspan="2">预埋螺栓</td><td>5</td></tr>
<tr><td colspan="2">预埋管</td><td>5</td></tr>
<tr><td colspan="3">预留洞中心线位置</td><td>15</td></tr>
</table>

4. 主控项目：

1）结构混凝土的强度等级必须符合设计要求。

2）对于由抗渗要求的混凝土结构，其混凝土试件应在浇筑地点随机取样。

3）混凝土运输、浇筑及间歇时间不应超过混凝土的初凝时间，同一施工段的混凝土应连续浇筑，并应在底层混凝土初凝之前将上一层混凝土浇筑完毕。

4）施工缝的位置应在混凝土浇筑前按照设计要求和施工技术方案确定。

5）后浇带的位置应按照设计要求和施工技术方案确定。

6）混凝土浇筑完毕后，应按照施工技术方案及时采取有效的养护措施，并应符合下列规定：

（1）应在浇筑完毕后12h以内对混凝土加以覆盖并保湿养护；

（2）混凝土浇水养护的时间不得少于7d；

续表

工程名称	××市疾病预防控制中心	施工单位	××建工集团二公司
交底部位	主体1~2层	工序名称	混凝土浇筑
(3) 浇水次数应能保持混凝土处于湿润状态; (4) 采用塑料布覆盖养护的混凝土，其敞漏的全部表面应覆盖严密，并应保持塑料布内有凝结水; (5) 混凝土强度达到1.2N/mm^{2}前，不得在其上踩踏或者安装模板及支架。 六、安全注意事项 1. 作业前，首先检查振动器的绝缘是否良好，闸具是否灵活，机具连接是否紧密，旋转方向是否正确。电动机的导线必须保持足够的长度和松度。达到一机一闸一漏保，开关箱必须接保护零线。 2. 输道路必须平整畅通，模板支撑可靠，夜间施工应有足够的照明，线路必须防水。振动器操作人员必须穿绝缘长筒胶鞋，戴绝缘手套。振动器应保持清洁，不得有混凝土粘接在外壳上妨碍散热，使用时发生故障，应立即切断电源检查修理。 3. 现场施工的作业人员，必须服从管理人员的安排，佩戴好安全帽，并系好帽带，不得违章作业。 4. 电线必须按规定架空，严禁在钢筋上强拉硬拽电源线。 5. 在机械设备的使用上还应遵守《建筑机械使用安全技术规程》。 七、其他未尽事宜 均按设计要求和国家有关规范、标准、图集执行。			

6.6.4 材料检验制度

1. 用于施工的原材料、成品、半成品、设备等，必须由供应部门提出合格证明文件。对没有证明文件或虽有证明文件但技术领导或质量管理、试验部门认为有必要复验的材料，在使用前必须进行抽查、复验、证明合格后才能使用。

2. 水泥、砂、石子、外加剂、商品混凝土等结构用的材料除应有出厂证明或检验单外，还要根据规范和设计要求进行检验。

3. 高低压电缆和高压绝缘材料，要进行耐压试验。

4. 混凝土、砂浆、防水材料的配合比，应先提出试配要求，经试验合格后才能使用。

混凝土试块要按《混凝土结构工程施工质量验收规范》（GB 80204—2002）的有关要求留置和检验。

5. 钢筋混凝土构件及预应力钢筋混凝土构件也应按上述规范进行抽样试验。

6. 必须对预制厂等工厂生产的成品、半成品进行严格检查，签发出厂合格证。不合格的不能出厂。

7. 新材料、新产品、新构件，要在对其做出技术鉴定，制定出质量标准及操作规程后，才能在工程上使用。

8. 在现场配制的建筑材料，如防水材料、防腐蚀材料、耐火材料、绝缘材料、保温材料、润滑材料等，均应按试验室确定的配合比和操作方法进行施工。

9. 加强对工业设备和施工机械的检查、试验和试运转工作。设备运到现场后，安装前必须按有关技术规范、规程进行检查验收，做好记录。

6.6.5　工程资料的归档管理

工程资料项目及内容，见表6-42。

工程资料项目及内容　　表6-42

类　别	资料项目及内容
第一部分： 有关建筑物合理使用、维护、改建扩建的参考文件资料，工程竣工时提交建设单位保存	1. 施工执照，地质勘探资料 2. 永久水准点的坐标位置，建筑物、构筑物及其基础深度等的测量记录 3. 竣工部分一览表（竣工工程名称、位置、结构层次、面积或规格，附有的设备装置和工具等） 4. 图纸会审记录，设计变更通知单和技术核定单 5. 隐蔽工程验收记录（包括打桩、试桩、吊装记录） 6. 材料、构件和设备质量合格证明（包括出厂证明、质量保证书） 7. 成品及半成品出厂证明及检验记录 8. 工程质量事故调查和处理记录

续表

类　　别	资料项目及内容
第一部分： 有关建筑物合理使用、维护、改建扩建的参考文件资料，工程竣工时提交建设单位保存	9. 土建施工必要的试验、检验记录： （1）结构混凝土及砂浆试块强度记录，按施工顺序排列编号，注明结构部位，将试验室的试验单原件及汇总表装订成册 （2）混凝土抗渗试验资料 （3）土质干密度试验资料，在基础施工时应分步取样并绘制 （4）沥青玛琋脂试验记录 （5）耐酸耐碱试验记录 10. 设备安装及暖气、卫生、电气、通风工程施工试验记录 11. 施工记录。一般应包括以下内容： （1）地基处理记录。主要是指基础验槽时设计单位和勘探单位的处理意见，必要时绘制地基处理图；特殊地层处理如打桩、暗浜处理加固、重锤夯实等，按操作要求记录，有分包配合施工者，由总包和分包单位一起做验收记录 （2）工程质量事故、安全事故处理记录。事故部位、发生原因、处理办法、处理后的情况应用文字或图表记录，必要时用照片和录像做好记录 （3）预制构件吊装记录。主要指厂房、大型预制构件的吊装过程记录，焊接记录和测试、验收记录 （4）新技术、新工艺及特殊施工项目的有关记录，如滑模、升板工程的偏差记录等 （5）预应力构件现场施工及张拉记录 （6）构件荷载试验记录 12. 建筑物、构筑物的沉降和变形观测记录 13. 未完工程的中间交工验收记录 14. 由施工单位和设计单位提出的建筑物、构筑物使用注意事项文件 15. 其他有关该项工程的技术决定 16. 竣工验收证明 17. 竣工图

续表

类　别	资料项目及内容
第二部分： 为系统积累经验由施工单位保存的技术资料	1. 施工组织设计、施工设计和施工经验总结 2. 本单位初次采用或施工经验不足的新结构、新技术、新材料的试验研究资料，施工操作专题经验总结 3. 技术革新建议的试验、采用、改进的记录 4. 有关的重要技术决定和技术管理的经验总结 5. 施工日志等
第三部分： 大型临时设施档案	包括工棚、食堂、仓库、围墙、钢丝网、变压器、水电管线的总平面布置图、施工图、临时设施有关的结构构件计算书，必要的施工记录

6.7 安全管理

施工项目安全管理，就是施工项目在施工过程中，组织安全的全部管理活动。通过对生产要素过程控制，使生产要素的不安全行为和状态减少或消除，达到减少一般事故，杜绝伤亡事故，从而保证安全管理目标的实现。

6.7.1 安全管理目标

1）安全管理目标主要包括：

（1）伤亡事故控制目标；杜绝死亡，避免重伤，一般事故应有控制指标。

（2）安全达标目标：根据工程特点，按部位制定安全达标的具体目标。

（3）文明施工实现目标：根据作业条件的要求，制定文明施工的具体方案和实现文明工地的目标。

2）根据安全责任目标的要求，按专业管理将目标分解到人。

3）对分解的责任目标及责任人的执法情况与经济挂勾，每月有考核结果并记录。

6.7.2 施工项目安全管理原则

1. 管生产必须管安全的原则

“管生产必须管安全”原则是施工项目必须坚持的基本原则。国家和企业就是要保护劳动者的安全与健康，保证国家财产和人民生命财产的安全，尽一切努力在生产和其他活动中避免一切可以避免的事故。其次，项目的最优化目标是高产、低耗、优质、安全。忽视安全，片面追求产量、产值，是无法达到最优化目标的。伤亡事故的发生，不仅会给企业，还可能给环境、社会，乃至在国际上造成恶劣影响，造成无法弥补的损失。

2. “三同时”原则

“三同时”，指凡是我国境内新建、改建、扩建的基本建设工程项目、技术改造项目和引进的建设项目，其劳动安全卫生设施必须符合国家规定的标准，必须与主体工程同时设计、同时施工、同时投入生产和使用。

3. “四不放过”原则

“四不放过”是指在调查处理工伤事故时，必须坚持事故原因分析不清不放过，员工及事故责任人受不到教育不放过，事故隐患不整改不放过，事故责任人不处理不放过。

4. 安全十大纪律

1）项目经理是施工现场安全的第一责任者，应当严格遵守“安全第一，预防为主”的方针，不违章指挥。

2）进入现场应戴好安全帽，系好帽带，并正确使用个人劳动防护用品。

3）高空作业严禁穿皮鞋和带钉易滑鞋，必须系好安全带、扣好保险钩。

4）不准带小孩进入施工现场，不准饮酒、赌博、打闹、穿拖鞋、穿高跟鞋。

5）高处作业时，不准往下或向上乱抛材料和工具等物件。

6）特种作业人员须持证上岗，非特种作业人员严禁无证操作机械、设备，严禁使用和摆弄机电设备、严禁乱接、乱设电气线路和使用电炉子取暖、热饭。

7）未经施工负责人批准，不准任意拆除支架设施。

8）吊装区域非操作人员严禁入内，吊装机械性能应完好，吊杆垂直下方不准站人。

9）严禁在有易燃品、木工棚、仓库等防火禁区吸烟、生火。

10）发生伤亡事故后，现场人员应保护好现场，积极协助调查，严禁隐瞒事故真相。

6.7.3　安全保障体系

确保建筑施工安全的工作目标，就是杜绝重大安全意外事故和伤亡事故，避免或减少一般安全意外事故和轻伤事故，最大限度地确保建筑施工中人员和财产的安全，这就需要加强建筑施工安全管理工作。

由于引起安全意外事件或事故的“意外”情况很多，无论是传统的、成熟的技术，或是高新的、发展中的技术，都无可避免地、不同程度地存在着可能引发事故的不安全状态、不安全行为、起因物和致害物，因而需要由管理工作来保证，需要做到“三分技术、七分管理”，建立起严格而有效的安全管理体制。这并不是说安全技术不重要，而是说再好的安全技术，如果管理工作跟不上，也是难保不出问题的。而严格细致的管理工作，却可以弥补技术上可能存在的缺陷和疏漏，并能很好地应对意外情况的出现。

安全管理体制包括组织、制度、措施（技术）、投入和信息等5个方面，即由组织保证体制（系）、制度保证体制（系）、技术保证体制（系）、投入保证体制（系）和信息保证体制（系）所组成，现在统称为“安全保证体系”，它是对施工生产安全所涉及的各个方面的全面保证，缺了哪一方面的保证，都会影响安全工作的质量和效力。目前国内不少施工企业所推行的安全保证体系，只是建立了组织保证体系和制度保证体系，且远非健全、有效，而对措施（技术）保证体系、投入保证体系和信息保证体系则多未予考虑或较为忽视，这是不全面的。之所以出现这一较为普遍的情况，是因为对措施（技术)、投入和信息这三方面安全保证的研究、归纳和总结不够，一直没有形成一套较为完整的内容和要求，这也是今后需要不断努力完善的工作方面。

6.7.4 安全文明检查

根据《建筑施工安全检查标准》(JGJ 59—99) 并参照《建筑施工安全检查标准实施指南》，针对在钢筋工程施工中有关问题作一介绍。在建筑工地上，混凝土工要接触到电、脚手架、起重机械，即使是短时间的接触和使用，都要注意安全防护。为了加强自我保护意识，必须了解上述机械和设施的安全要求知识。文明施工不仅是保证职工身心健康的措施，而且是达到安全施工的一项保证条件，三宝、四口的使用管理更是保障安全施工的重要措施之一。

6.7.4.1 安全检查

上述各项在《建筑施工安全检查标准》(JGJ 59—99) 标准中均有各自的分数规定，检查不合格时按不合格项次进行扣分，见表 6-43。

安全管理检查评分表 **表 6-43**

序号	检查项目		扣分标准	应得分数	扣减分数	实得分数
1	保证项目	安全责任制	未建立安全责任制的扣 10 分 各级各部门未执行责任制的扣 4～6 分 经济承包中无安全指标的扣 10 分 未制定各工种安全技术操作规程的扣，10 分 未按规定配备专（兼）职安全员的，扣 10 分 管理人员责任制考核不合格的，扣 5 分	10		
2		目标管理	未制定安全管理目标（伤亡控制指标和安全达标、文明施工目标）的扣 10 分 未进行安全责任目标分解的扣 10 分 无责任目标考核规定的扣 8 分 考核办法未落实或落实不好的扣 5 分	10		

续表

序号	检查项目		扣分标准	应得分数	扣减分数	实得分数
3	保证项目	施工组织设计	施工组织设计中无安全措施，扣10分 施工组织设计未经审批，扣10分 专业性较强的项目，未单独编制专业安全施工组织设计，扣8分 安全措施不全面，扣2~4分 安全措施无针对性，扣6~8分 安全措施未落实，扣8分	10		
4		分部（分项）工程安全技术交底	无书面安全技术交底，扣10分 交底针对性不强，扣4~6分 交底不全面，扣4分 交底未履行签字手续，扣2~4分	10		
5		安全检查	无定期安全检查制度，扣5分 安全检查无记录，扣5分 检查出事故隐患整改做不到定人、定时、定措施，扣2~6分 对重大事故隐患整改通知书所列项目未如期完成，扣5分	10		
6		安全教育	无安全教育制度，扣10分 新入场工人未进行三级安全教育，扣10分 无具体安全教育内容，扣6~8分 变换工种时未进行安全教育，扣10分 每有一人不懂本工种安全技术操作规程，扣2分 施工管理人员未按规定进行年度培训的，扣5分 专职安全员未按规定进行年度培训考核或考核不合格的，扣5分			
		小计		60		

续表

序号	检查项目		扣分标准	应得分数	扣减分数	实得分数
7	一般项目	班前安全活动	未建立班前安全活动制度，扣10分 班前安全活动无记录，扣2分	10		
8		特种作业持证上岗	一人未经培训从事特种作业，扣4分 一人未持操作证上岗，扣2分	10		
9		工伤事故处理	工伤事故未按规定报告，扣3～5分 工伤事故未按事故调查分析规定处理，扣10分 未建立工伤事故档案，扣4分	10		
10		安全标志	无现场安全标志布置总平面图，扣5分 现场未按安全标志总平面图设置安全标志的，扣5分	10		
		小计		40		
检查项目合计				100		

混凝土浇筑过程中参照表6-44“混凝土浇筑安全检查记录”进行认真检查，做好记录。

凝土浇筑安全检查记录　　表6-44

浇筑部位			仓位	桩号	
				高程	
浇筑时间			检查记录人		
记录项目		安全要求			检查情况
环境	1	仓内排架、支撑、拉条、模板及平台、漏斗、溜槽（筒、管）、吊罐、振捣器等是否安全可靠			
	2	仓内人员上下是否设有梯道			
	3	平台除出入口外，四周均应设置护栏和挡脚板			

续表

<table>
<tr><td colspan="2" rowspan="2">浇筑部位</td><td rowspan="2"></td><td rowspan="2">仓位</td><td>桩号</td><td colspan="2"></td></tr>
<tr><td>高程</td><td colspan="2"></td></tr>
<tr><td colspan="2">浇筑时间</td><td></td><td>检查记录人</td><td colspan="3"></td></tr>
<tr><td colspan="2">记录项目</td><td colspan="4">安全要求</td><td>检查情况</td></tr>
<tr><td rowspan="3">安全技术</td><td>1</td><td colspan="4">振捣器是否有漏电保护器或接地装置</td><td></td></tr>
<tr><td>2</td><td colspan="4">作业人员是否劳保着装，有无酒后作业人员</td><td></td></tr>
<tr><td></td><td colspan="4"></td><td></td></tr>
<tr><td rowspan="8">安全操作</td><td>1</td><td colspan="4">仓内脚手架、支撑、钢筋、拉条、预埋件等是否随意拆除、撬动</td><td></td></tr>
<tr><td>2</td><td colspan="4">吊罐、溜槽（筒、管）卸料时，仓内人员是否及时避让</td><td></td></tr>
<tr><td>3</td><td colspan="4">大型施工机械是否与模板边缘保持规定距离，有无碰撞模板、拉条、预埋件等情况</td><td></td></tr>
<tr><td>4</td><td colspan="4">仓面是否按要求设置专人指挥</td><td></td></tr>
<tr><td>5</td><td colspan="4">特种作业人员是否持证上岗</td><td></td></tr>
<tr><td>6</td><td colspan="4">临边作业人员是否佩戴安全带（绳）</td><td></td></tr>
<tr><td>7</td><td colspan="4">是否进行了班前安全讲话</td><td></td></tr>
<tr><td>8</td><td colspan="4">有无其他“三违”行为</td><td></td></tr>
</table>

6.7.4.2 文明施工措施

“标准”中规定了文明施工检查项目及其规定共11项，是对建设文明工地和文明班组的要求，各项规定在主管部门检查中均有其扣分标准，见表6-45。

6.7.5 安全教育及培训

1. 安全生产教育的目的和要求

1）提高全员的安全素质

提高企业各级生产管理人员和广大职工搞好安全工作的责任感和自觉性，增强安全意识，掌握安全的科学知识，不断提高安全管理水平和安全操作技术水平，增强自我防护的能力。

文明施工检查评分表 **表 6-45**

序号	检查项目		扣分标准	应得分数	扣减分数	实得分数
1	保证项目	现场围挡	在市区主要路段的工地周围未设置高于2.5m的围挡扣10分 一般路段的工地周围未设置高于1.8m的围挡扣10分	10		
2		封闭管理	施工现场进出口无大门的扣3分 无门卫和无门卫制度的扣3分 进入施工现场不佩戴工作卡的扣3分	10		
3		施工场地	工地地面未做硬化处理的扣5分 道路不畅通的扣5分 无排水设施、排水不通畅的扣4分 无防止泥浆、污不、废水外流或堵塞下水道和排水河道措施的扣2分	10		
4		材料堆放	建筑材料、构件、料具不按总平面布局堆放的扣4分 料堆未挂名称、品种、规格等标牌的扣2分 堆放不整齐的扣3分	10		
5		现场住宿	在建工程兼作住宿的扣8分 施工作业区与办公、生活区不能明显划分的扣6分 宿舍无保暖和防煤气中毒措施的扣5分	10		
6		现场防火	无消防措施、制度或无灭火器材的扣10分 灭火器材配置不合理的扣5分 无消防水源（高层建筑）或不能满足消防要求的扣8分	10		
		小计		60		

续表

序号	检查项目		扣分标准	应得分数	扣减分数	实得分数
7	一般项目	治安综合治理	生活区未给工人设置学习和娱乐场所的扣4分未建立治安保卫制度的、责任未分解到人的扣3~5分	8		
8		施工现场标牌	大门口处挂的五牌一图、内容不全，缺一项扣2分 标牌不规范、不整齐的，扣3分	8		
9		生活设施	厕所不符合卫生要求，扣4分 无厕所，随地大小便，扣8分 食堂不符合卫生要求，扣8分 无卫生责任制，扣5分 不能保证供应卫生饮水的，扣10分 无淋浴室或淋浴室不符合要求，扣5分	8		
10		保健急救	无保健医药箱的扣5分 无急救措旋和急救器材的扣8分 无经培训的急救人员，扣4分	8		
11		社区服务	无防粉尘、防噪声措施扣5分 夜间未经许可旋工的扣8分 现场焚烧有毒、有害物质的扣5分	8		
检查项目合计				100		

2）提高安全管理和技术措施的编制质量和实施效果

加强与提高施工生产各个环节中的安全保证性，发展安全技术，加强安全技术和建筑施工安全技能的教育，推动安全技术与科学管理的发展，以适应施工生产发展对安全工作提出的更高要求。

3）培养和造就大批安全管理人才和懂得安全技术的科技人才，是加强安全管理、确保安全、发展安全技术的前提性和基础性工作之一。

开展安全生产教育工作的基本要求体现在以下“六性”：

1）全员性：安全教育应覆盖包括领导干部在内的全体管理人员和职工，不能有安全教育的“空白点”。

2）全面性（普及性）：对各级人员的安全教育应达到包括思想教育、知识教育、技术（能）教育、事故教育和法制教育等全面性的要求。

3）针对性：针对不同人员的安全教育要求和企业（或工程项目）当时的安全工作重点进行有针对性的安全教育。

4）成效性：避免走形式，确保教材内容和教育方式等方面都能达到安全教育所要求的成效。

5）经常性（连续性）：即应把集中性的教育和经常性的教育相结合，巩固和发展安全教育的成效。

6）发展性：不能只满足于总结过去，还应面对未来的需要，学习、研究和发展安全生产的新技术和科学管理。

2. 安全教育的对象

1）新工人包括新入场的合同工、外协队伍施工人员和实习代培人员，其中外协队伍施工人员的季节性和日常性变化较大，几乎每次回家返回后都有变化，平时人员的变化也较频繁，极易出现三级教育的“空白点”。因此，必须把好“进场关”，凡新进场的工人，一个也不能漏掉。为此，企业和工程项目应作出相应的安排和规定，包括未接受入场教育者不准上岗，各级教育都有书面材料。当人员较少时，可由下一级代为进行以及适当提高零散人员教育的收费标准等。

2）特种作业的定义为：“对操作者本人、对他人和对周围设施有重大危害因素的作业”，包括电工作业、锅炉司炉作业、压力容器操作作业、起重机械操作作业、爆破作业、电焊和气焊作业、坑道、井下瓦斯检验作业、机动车辆、船舶驾驶和轮机操作作业、建筑登高架设作业以及其他符合特种作业定义的作业。从事特种作业的工人称为“特种作业工人”。

3）施工生产管理负责人员为经理（或全面工作负责人）以外的其他施工生产管理的负责人员，包括主管生产的副经理、工长、栋号长、专业工长（队长）等。其他一般的生产管理人员的安全教育内容由生产管理部门负责人按岗位要求确定。

4）技术管理负责人员包括总工程师、主任工程师、技术负责人和安全技术措施编制人员。其他技术管理人员的安全教育内容由技术管理部门负责人按岗位要求确定。

5）安全管理负责人员为安全管理部门的负责人员。

6）其他人员包括：仓库保管人员、机械管理人员、临电管理（值班）人员、保卫和警卫人员、炊事人员以及非作业工人的其他现场人员。

3．经常性安全教育的基内容（表6-46）

安全教育基本内容 表6-46

序次	类别	基本内容
1	学习（重温）和贯彻文件、规定教育	1）及时组织学习和贯彻上级下达的有关安全生产的指示，通知和文件； 2）定期组织学习、检查遵章守纪和安全责任制执行情况
2	新任务、新要求和新岗位教育	1）采用新材料、新工艺、新技术、新结构、新设备以及有其他新的工作情况和要求时的教育； 2）转换工作岗位时的教育
3	班组日常安全教育	1）周一安全活动日教育（利用班前、班后的时间进行）； 2）每日上班（岗）教育
4	适时教育	1）“五抓紧”教育：在工程突击赶任务时、工程接近收尾时、施工条件好时、季节和气候变化时以及节假日前后要抓紧进行教育； 2）纠正违章教育，发现有违章行为时，及时进行

4.．为确保各级岗位经常性安全教育的要求，应对进行教育的时数加以规定，见表6-47。

岗位教育的参考时数 表 6-47

序次	岗位教育类别		参考时数
1	新工人入场的三级教育	公司（厂、院）级	不少于 16h
2		工程项目（施工队）级	不少于 16h
3		班组级	不少于 8h
4	转场教育		不少于 8h
5	变换工种教育		不少于 4h
6	特种作业人员教育		每月进行 1 次，每次不少于 4h
7	经理和全面工作负责人员		培训时间不少于 40h，每年接受教育时间不少于 24h
8	施工生产管理负责人员		培训时间不少于 40h，每年接受教育时间不少于 24h
9	施工技术管理人员		每年接受教育时间不少于 24h
10	施工安全管理人员		培训时间不少于 40h，每年接受教育不少于 24h
11	安全员		每月进行 1 次，每次不少于 4h
12	外协队伍管理人员		每年的培训和教育时间不少于 64h，其中公司级不少于 40h，项目级不少于 24h
13	其他人员		每季进行 1 次，每次不少于 2h

6.7.6 安全技术交底

1. 混凝土浇捣作业安全技术交底（自拌混凝土），见表 6-48。

混凝土浇捣作业安全技术交底（自拌混凝土） 表 6-48

工程名称		施工单位	
分项工程名称		施工部位	
交底内容： 1. 进入现场，必须戴好安全帽，扣好帽带，并正确使用个人劳动防护用具，操作人员必须身体健康。 2. 脚手架、工作平台和斜道应绑扎牢固。若有探头板应及时绑扎搭好，脚手架上的钉子等障碍物应清除干净。高处作业或较深的地下作业，必须设有供操作人员上下的走道。			

续表

工程名称		施工单位	
分项工程名称		施工部位	

3. 浇筑地下工程的混凝土前，应检查土边坡有无裂缝、坍塌现象。

4. 夜间施工应有足够照明，临时电线必须架空在2.5m高以上，在深坑和潮湿地点施工必须使用低电压安全照明。

5. 所有电气设备的修理拆换工作应由电工进行，严禁混凝土操作工自行拆动。

6. 材料及混凝土的运输机具应坚实牢固，轴承应经常加油。

7. 混凝土搅拌站后台的装置及龙门吊等，应安设牢固，搅拌前应经试运转证明机械各部位工作正常，方可正式搅拌。

8. 临时跳板和走道应搭设牢固。运输道的宽度，单行道应比手推车及机动翻斗车的宽度大400mm以上，双行道应比两辆车的宽度大700mm以上。

9. 用手推车运料应依次行走，不得拥挤、抢先。向搅拌机或料斗内倒料时，不得有力过猛和将车辆脱把。

10. 用手推车运输混凝土，在下坡道、天桥上或跨越坑槽的走道上必须缓慢，防止碰撞伤人和翻车。空车返回时，不得将车拖在身后奔跑，以防滑倒和翻车。用翻斗车运输时，应由专业驾驶员驾驶。

11. 自卸车卸混凝土或砂、石时，应在现场有关人员指定的地点卸料，开倒车时应有专人指挥。起落自卸车斗时，应有专人指挥。

12. 在上料平台上的卸料人员不得将头、手、脚伸入井架内，严禁在拔杆下站人。运行中途若发生故障，必须停车修理。

13. 浇筑离地2m以上的框架、过梁、雨篷和小平台时，应设操作平台，不得直接站在模板或支撑件上操作。

14. 浇筑拱形结构，应自两边拱脚对称地相向进行。浇筑储仓，下口应先封闭，并搭设脚手架以防人员坠落。

15. 特殊情况下如无可靠的安全设施，必须系好安全带并扣好保险钩，或搭设安全网。

16. 地下工程深度超过3m时，应设混凝土溜槽。滑放混凝土时，应上下配合。

17. 浇筑无板框架梁、柱混凝土时，应搭设脚手架，并应附设防护栏杆，不得站在模板上操作。

18. 浇捣圈梁、挑檐、阳台、雨篷混凝土时，外脚手架上应加设护身栏杆。

19. 使用振动器前应检查：电源电压、输电必须安装漏电开关。保护电源线路良好，电源线不得有接头。机器运转是否正常。振动器移动时，不得硬拉电线，更不能在钢筋和其他锐利物上拉拖，防止割破、拉断电线而造成触电伤亡事故。

续表

工程名称		施工单位	
分项工程名称		施工部位	
20. 用草帘或草袋覆盖混凝土时，构件表面的孔洞位置应有封堵措施并设明显标志，以防操作人员跌落或受伤。草帘或草袋用完后应随时清理，堆放到指定地点并应在堆置地点放置消防设施。 21. 在大风雪、暴风、雷雨的情况下（六级风以上），不得在露天进行高空作业。气温较低（-15℃左右），又在高空或迎风方向连续作业时，应加强保暖，必要时休息取暖。 22. 应经常检查脚手架的接头是否牢固，检查安全防护设施是否齐全，是否因冰、雪、风、雨的影响而松动下沉。走道及跳板通道，应经常清扫或做防滑处理。 23. 酒后及患有高血压、心脏病癫痫症的人员，严禁参加高空作业。			

2. 混凝土浇捣作业安全技术交底（商品混凝土），见表6-49。

混凝土浇捣作业安全技术交底（商品混凝土） 表6-49

工程名称		施工单位	
分项工程名称		施工部位	
交底内容 1. 进入现场，必须戴好安全帽，扣好帽带，并正确使用个人劳动防护用具，操作人员必须身体健康。 2. 脚手架、工作平台和斜道应绑扎牢固。若有探头板应及时绑扎搭好，脚手架上的钉子等障碍物应清除干净。高处作业或较深的地下作业，必须设有供操作人员上下的走道。 3. 浇筑地下工程的混凝土前，应检查土边坡有无裂缝、坍塌现象。 4. 夜间施工应有足够照明，临时电线必须架空在2.5m高以上，在深坑和潮湿地点施工必须使用低电压安全照明。 5. 所有电气设备的修理拆换工作应由电工进行，严禁混凝土操作工自行拆动。 6. 泵送设备放置应离坑边一定距离。在布料杆动作范围内无障碍物、无高压线。 7. 水平泵送的管道敷设线路应接近直线，少弯曲，管道与管道支撑必须紧固可靠，管道接头处应密封可靠。“Y”形管道应装结锥形管。 8. 严禁将垂直管道直接装接在泵的输出口上，应在垂直管架的前端装接长度不小于10m的水平管，水平管近泵处应装逆止阀。敷设向下倾斜的管道时，下端应装接一段水平管，其长度至少为倾斜管高低差的5倍，否则应采用弯管等办法，增大阻力。如倾斜度较大，必要时，应在坡度上端设置排气活阀，以利排气。 9. 支腿应全部伸出并支固，未支固前不得启动布料杆。布料杆升离支架后方可回转。布料杆伸出时应按顺序进行。严禁用布料杆起吊或拖拉物件。			

续表

工程名称		施工单位	
分项工程名称		施工部位	

10. 当布料杆处于全伸状态时，严禁移动车身。作业中需要移动时，应将上端布料杆折叠固定，移动速度不超过10km/h。布料杆不得使用超过规定直径的配管，装接的软管应系防脱安全绳带。

11. 应随时监视各种仪表和指示灯，发现不正常应及时调整或处理。如出现输送管道阻塞时，应进行逆向运转使混凝土返回料斗，必要时应拆管排除堵塞。

12. 泵送工作应连续作业，必须暂停时应每隔5～10min（冬季3～5min）泵送一次。若停止较长时间后泵送时，应逆向运输1～2个行程，然后顺向泵送。泵送时料斗内应保持一定量的混凝土，不得吸空。

13. 应保持水箱内储满清水，发现水质混浊并有较多砂粒时应及时检查处理。

14. 泵送系统受压时，不得开启任何输送管道和液压管道。液压系统的安全阀不得任意调整，蓄能器只能充入氮气。

15. 浇筑离地2m以上的框架、过梁、雨篷和小平台时，应设操作平台，不得直接站在模板或支撑件上操作。

16. 浇筑拱形结构，应自两边拱脚对称地相向进行。浇筑储仓，下口应先封闭，并搭设脚手架以防人员坠落。

17. 特殊情况下如无可靠的安全设施，必须系好安全带并扣好保险钩，或搭设安全网。

18. 地下工程深度超过3m时，应设混凝土溜槽。滑放混凝土时，应上下配合。

19. 浇筑无板框架梁、柱混凝土时，应搭设脚手架，并应附设防护栏杆，不得站在模板上操作。

20. 浇捣圈梁、挑檐、阳台、雨篷混凝土时，外脚手架上应加设护身栏杆。

21. 使用振动器前应检查：电源电压、输电必须安装漏电开关。保护电源线路良好，电源线不得有接头。机器运转是否正常。振动器移动时，不得硬拉电线，更不能在钢筋和其他锐利物上拉拖，防止割破、拉断电线而造成触电伤亡事故。

22. 用草帘或草袋覆盖混凝土时，构件表面的孔洞位置应有封堵措施并设明显标志，以防操作人员跌落或受伤。草帘或草袋用完后应随时清理，堆放到指定地点并应在堆置地点放置消防设施。

23. 在大风雪、暴风、雷雨的情况下（六级风以上），不得在露天进行高空作业。气温较低（-15℃左右），又在高空或迎风方向连续作业时，应加强保暖，必要时休息取暖。

24. 应经常检查脚手架的接头是否牢固，检查安全防护设施是否齐全，是否因冰、雪、风、雨的影响而松动下沉。走道及跳板通道，应经常清扫或做防滑处理。

25. 酒后及患有高血压、心脏病癫痫症的人员，严禁参加高空作业。

6.7.7 混凝土施工安全措施

1. 制定安全技术措施

安全生产、文明施工，领导必须重视。由公司主管生产和安全负责人及总工程师牵头，由项目经理负责，将国家的《建筑施工安全检查标准》（JGJ59－99）等要求，结合企业的安全规程和近年来在安全生产方面的经验和教训，对即将开工的新项目的管理人员和各班组长进行安全教育动员，制定出切实可行的各班组的安全操作措施，明确安全生产目标和安全管理具体措施，确保安全和文明施工。

2. 安全教育

1）进场前的教育。对即将进入施工现场的所有作业层人员和管理人员，都必须进行一次针对施工项目特点的安全教育。认真贯彻“安全第一”和“预防为主”的方针，安全标准、操作规程和安全技术措施。提高施工管理和作业人员的安全生产意识和安全防护能力。

2）施工过程中的安全教育。在施工过程中要形成经常性的安全教育制度，这项工作应常抓不懈，绝不能“开工时抓得紧，施工中放得松，快交工已无动于衷”。大量的安全事故说明，安全教育没有跟上，制定的安全教育措施没有认真执行，是发生安全事故的主要原因。

3）岗位的安全管理。建筑工程施工作业对专业性强、操作技能高的岗位，严格执行培训合格后持证上岗，分级作业，按工种明确施工作业的对象和技能等级。工程实践证明，机电操作作业、高处作业，深坑作业的工种造成的安全事故占工程施工安全事故的90%以上。因此对以上“三大作业”涉及的诸多工种的作业人员，要定期培训，定期考核，不断提高安全操作作业的技能。

4）工长安全生产职责。严格施工现场操作规程和安全生产规章制度，组织落实安全技术措施，认真执行安全技术交底，做好班前、工作中和班后的安全检查及教育工作，发现问题及时采取措施，把事故消灭在萌芽状态。工长在安全检查时应严格按照现场的、直观的看、听、问、量、查等安全检查方法对施工现场进行检查。

3. 混凝土施工安全技术

1）作业前

(1) 操作人员进入现场，必须遵照安全生产纪律。操作振捣棒人员应穿胶鞋。

(2) 搭车道板时，两头应搁置平稳，并用钉子固定，车道板下每隔1.5m需加横楞、顶撑，2m以上高出应设防护栏。

(3) 车道板单车行走宽度不小于1.4m，双车行走宽度不应小于2.8m。

(4) 用输送泵送混凝土时，作业前应检查管道接头、安全阀等。

(5) 检查振动设备的电源、漏电保护开关，电源线不得有破皮、漏电。

(6) 检查浇筑混凝土的溜槽、串筒节间的牢固程度，操作部位应设护身栏杆。

(7) 浇筑梁柱混凝土时，应设操作平台。

(8) 室内外的井、洞、坑、池、楼梯应设有安全护栏或防护盖、罩等设施。

2）作业时

(1) 小车运料时前后应保持一定距离，不准抢道、超车。卸料时，不得双手脱把，防止翻车伤人。

(2) 用井架运输时，小车不得伸出笼外，车轮前后应挡牢，稳起稳落。

(3) 用塔架、料斗浇筑混凝土时，指挥人员与塔机司机应注意配合。操作人员应随时站稳，注意料斗碰人。

(4) 用输送泵输送混凝土时，输送前必须试送。试送无误，方可正式作业。检修输送泵时，必须先泄压。

(5) 泵车布料时布料杆采取侧向伸出布料，并进行稳定性验算，使倾覆力矩小于稳定力矩，严禁利用布料杆作起重使用。

（6）泵送混凝土作业过程中，软管末端出口浇筑面应保持0.5～1m，防止埋入混凝土造成管内瞬时压力增高爆管伤人。

（7）泵车应避免经常处于高压下工作。泵车停歇后再启动时，要注意表压是否正常，预防堵管和爆管。

（8）预应力灌浆，应严格按规定压力进行。输浆管道应畅通，阀门接头应严密牢固。

（9）在2m以上高处浇筑过梁、雨篷、小平台等，不得站在接头上操作，如无可靠安全设施时，必须系好安全带，扣好安全钩。

（10）浇筑粮仓，下口应先封闭，并铺设临时脚手架，防止人员坠落。

（11）浇筑框架、梁、柱混凝土，应在操作台上作业，不得站在模板支撑上进行操作。

（12）用溜槽浇筑混凝土时，不得直接站在溜槽帮上操作。

（13）使用振动器时，不得用湿手接触开关。振动器移动时，不得硬拉电线，不得在钢筋或其他锐利上拖拉电线。

（14）少量混凝土采用人工搅拌时，要采取两人对面翻拌作业，防止铁楸等手工工具碰伤。由高处向下推拨混凝土时，要注意不要用力过猛，以免惯性作用发生人员摔伤事故。

（15）雨天作业时，必须将振捣器加以遮盖，避免雨水进入电动机导电伤人。

（16）振动器不得在初凝混凝土、板、脚手架、道路和干硬的地方试振，搬动时应切断电源后进行。

（17）夜间施工应有足够的照明，照明灯应有防护罩，并不得用超过36V的电压。金属容器内用灯照明不得超过12V。夜间施工期间不得随意移动临时照明线，不得将衣物等挂在电线上。

（18）冬期施工，如用炉火增温，必须经主管防火的负责人批准，并有可靠的防火措施。

3）作业后

（1）每班后，应清扫车道上的混凝土余浆、垃圾。

(2) 清理出的垃圾，不得随意向下抛掷。

(3) 及时做好混凝土养护作业。

6.7.8　安全事故处理

6.7.8.1　安全事故处理程序

施工生产场所，发生伤亡事故后，负伤人员或最先发现事故的人应立即报告项目领导。项目安全技术人员根据事故的严重程度及现场情况立即上报上级业务系统，并及时填写伤亡事故表上报企业。企业发生重伤和重大伤亡事故，必须立即将事故概况(含伤亡人数，发生事故时间、地点、原因等)，用最快的办法分别报告企业主管部门、行业安全管理部门和当地劳动部门、公安部门、检察院及工会。发生重大伤亡事故，各有关部门接到报告后应立即转告各自的上级管理部门。其处理程序如下：

1. 迅速抢救伤员，保护事故现场

事故发生后，现场人员切不可惊慌失措，要有组织，统一指挥。首先抢救伤亡和排除险情，尽量制止事故蔓延扩大。同时注意，为了事故调查分析的需要，应保护好事故现场。如因抢救伤亡和排除险情而必须移动现场构件时，还应准确做出标记，最好拍出不同角度的照片，为事故调查提供可靠的原始事故现场。

2. 组织调查组

企业在接到事故报告后，经理、主管经理、业务部门领导和有关人员应立即赶赴现场组织抢救，并迅速组织调查组开展调查。发生人员轻伤、重伤事故，由企业负责人或指定的人员组织施工生产、技术、安全、劳资、工会等有关人员组成事故调查组，进行调查。死亡事故由企业主管部门会同现场所在地区的市或区劳动部门、公安部门、人民检察院、工会组成事故调查组进行调查。重大死亡事故应按企业的隶属关系，由省、自治区、直辖市企业主管部门或国务院有关主管部门，公安、监察、检察部门，工会组成事故调查组进行调查。也可邀请有关专家和技术人员参加。调查组成员中与发生事故有直接利害关系的人员不得参加调查工作。

3. 现场勘察

调查组成立后，应立即对事故现场进行勘察。因现场勘察是项技术性很强的工作，它涉及广泛的科学技术知识和实践经验。因此勘察时必须及时、全面、细致、准确、客观地反映原始面貌，其勘察的主要内容有：

1）作出笔录

（1）发生事故的时间、地点、气象等，现场勘察人员的姓名、单位、职务；

（2）现场勘察起止时间、勘察过程；

（3）能量逸散所造成的破坏情况、状态、程度；

（4）设施设备损坏或异常情况及事故发生前后的位置；

（5）事故发生前的劳动组合，现场人员的具体位置和行动；

（6）重要物证的特征、位置及检验情况等。

2）实物拍照

（1）方位拍照：反映事故现场周围环境中的位置；

（2）全面拍照：反映事故现场各部位之间的联系；

（3）中心拍照：反映事故现场的中心情况；

（4）细目拍照：揭示事故直接原因的痕迹物、致害物等；

（5）人体拍照：反映伤亡者主要受伤和造成伤害的部位。

3）现场绘图

根据事故的类别和规模以及调查工作的需要应绘制出下列示意图：

（1）建筑物平面图、剖面图；

（2）事故发生时人员位置及疏散（活动）图；

（3）破坏物立体图或展开图；

（4）涉及范围图；

（5）设备或工、器具构造图等。

4. 分析事故原因，确定事故性质

事故调查分析的目的，是为了通过认真调查研究，搞清事故原因，以便从中吸取教训，采取相应措施，防止类似事故重复发生，分析的步骤和要求是：

1）通过详细的调查，查明事故发生的经过。要弄清事故的各种产生因素，如人、物、生产和技术管理、生产和社会环境、机械设备的状态等方面的问题，经过认真、客观、全面、细致、准确地分析，确定事故的性质和责任。

2）事故分析时，首先整理和仔细阅读调查材料，按《企业职工伤亡事故分类标准》（GB 6411—86）附录A，对受伤部位、受伤性质、起因物、致害物、伤害方法、不安全行为和不安全状态等七项内容进行分析。

3）在分析事故原因时，应根据调查所确认的事实，从直接原因入手，逐步深入到间接原因。通过对原因的分析，确定出事故的直接责任者和领导责任者，根据在事故发生中的作用，找出主要责任者。

4）确定事故的性质。工地发生伤亡事故的性质通常可分为责任事故、非责任事故和破坏性事故。事故的性质确定后，就可以采取不同的处理方法和手段。

5）根据事故发生的原因，找出防止发生类似事故的具体措施，并应定人、定时间、定标准，完成措施的全部内容。

5. 写出事故调查报告

事故调查组在完成上述几项工作后，应立即把事故发生的经过、原因、责任分析和处理意见及本次事故的教训、估算和实际发生的损失，对本事故单位提出的改进安全生产工作的意见和建议写成文字报告，经全调查组同志会签后报有关部门审批。如组内意见不统一，应进一步弄清事实，对照政策法规反复研究，统一认识。不可强求一致，但报告上应言明情况，以便上级在必要时进行重点复查。

6. 事故的审理和结案

事故的审理和处理结案，同企业的隶属关系及干部管理权限一致。一般情况下县办企业和县以下企业，由县审批；地、市办的企业由地、市审批；省、直辖市企业发生的重大事故，由直属主管部门提出处理意见，征得劳动部门意见，报主管委、办、厅批复。

建设部对事故的审理和结案的要求有以下几点：

1）事故调查处理结论报出后，须经当地有关有审批权限的机关审批后方能结案，并要求伤亡事故处理工作在90d内结案，特殊情况也不得超过180d。

2）对事故责任者的处理，应根据事故情节轻重、各种损失大小、责任轻重加以区分，予以严肃处理。

3）清理资料进行专案存档。事故调查和处理资料是用鲜血和教训换来的，是对职工进行教育的宝贵资料，也是伤亡人员和受到处罚人员的历史资料，因此应完整保存。

存档的主要内容有：

1）职工伤亡事故登记表；

2）职工重伤、死亡事故调查报告书、现场勘察资料记录、图纸、照片等；

3）技术鉴定和试验报告；

4）物证、人证调查材料；

5）医疗部门对伤亡者的诊断及影印件；

6）事故调查组的调查报告；

7）企业或主管部门对其事故所作的结案申请报告；

8）受理人员的检查材料；

9）有关部门对事故的结案批复等。

6.7.8.2 安全事故的处理

1. 确定事故性质与责任

在项目上出现伤亡事故以后，项目领导以及上级赶赴现场的有关人员，应慎重地对现场进行初步调查，以便确定事件是因工伤亡事故，还是其他事件。初步认定事件的性质十分重要，一旦认定确系因工伤亡事故，事故单位就应根据国家和本地区的有关规定进行调查处理。一般方法是，在已查清因工伤亡事故原因的基础上，分析每条原因应由谁负责。按常规可分为：直接责任、主要责任、重要责任、领导责任，并根据具体内容将责任落实到人头上。

直接责任者，指在事故发生中有必须因果关系的人。

主要责任者，是在事故发生中属于主要地位和起主要作用的人。

重要责任者，是在事故责任者中，负一定责任，起一定作用，但不起主要作用的人。

领导责任者，是指忽视安全生产，管理混乱，规章制度不健全，违章指挥，冒险蛮干，对工人不认真进行安全教育，不认真消除事故隐患，或者出现事故以后仍不采取有力措施，致使同类事故重复发生的单位领导。

2. 严肃处理事故责任者

对造成事故的责任者，要进行教育，使其认识凡违反规章制度、不服管理或强令工人违章冒险作业，因而发生重大伤亡事故者，就是犯法行为，就构成了触犯“劳动法”、“刑法”，要受到法律制裁，情节较轻的也要受到党纪和行政处罚。有下列情况者，应给予必要的处分：

1）已发现明显的事故征兆，不及时采取有力措施消除隐患，以致发生事故，造成人员伤害和财产损失者。

2）不执行规章制度，对各级检查人员发出的整改意见、指令拒不服从，带头或指使违章作业，造成事故者。

3）已发生过事故，仍不接受教训，不采取和不执行预防措施致使事故重复发生者。

4）经常违反劳动纪律和操作规程，屡教不改，以致引起事故造成自己或他人受到伤害或财产损失者。

5）任意拆除安全设备和安全装置者。

6）对工作不负责任或失职，造成事故者。

对事故责任者的严肃处罚，是企业和国家运用法律手段搞好安全生产的具体体现，也是对全体职工的一种教育，因此在事故处理过程中必须认真执行。

3. 妥善处理善后工作

工地一旦发生伤亡事故，就会打乱正常的生产、工作和生活秩序。会使干部精神紧张，职工思想波动，队伍情绪低落，使企业的经济、社会效益受到不良影响，如果处理不好会影响企业内部乃至局部社会的安定团结局面。因此稳定队伍，妥善处理事故显得十分重要。一般情况应采取以下方法：

1）事故发生以后，工地负责人应立即组织抢救伤员，并发出停工令，让大部分职（民）工撤离事故现场，防止事故扩大而增加损失。

2）项目经理或主管领导应立即召开领导班子会议，研究应急措施，成立事故处理小组和行政生产管理小组，以便有秩序地开展工作。

3）待事故调查组基本搞清事故发生的经过、原因和责任后，事故单位应在调查组参与下，组织事故分析会议，从事故事实中找出责任者和血的教训，提出改进安全工作的措施，用以教训和提高干部职工的安全意识和自保能力。

4）事故发生后，应尽快通知伤、亡者的家属，搞好接待和安抚工作，如实地向其亲属介绍事故情况，取得谅解和协助。

5）根据国家和地区有关处理伤、亡事故的规定做好医疗和抚恤工作。

6）在征得有关部门同意复工的批准时，首先组织有干部、专业人员和职工参加的检查组，对工地进行全面检查，并及时处理问题和隐患，另一方面组织全体参加施工的人员认真学习安全技术知识、规章制度、标准和操作规程，特别是应宣布本工地为避免同类事故发生的措施，鼓励干部职工认真吸取经验教训，把安全生产工作提高到一个新的水平。

4. 认真落实防范措施

为了确保安全生产，防止事故再次发生，要求编制防范措施。防范措施要有针对性、适用性、可操作性，要指定每项措施的执行者和完成措施的具体时限。项目经理、主管安全的领导和安全检查人员要及时组织检查验收，并向上级有关部门反馈工地整改情况。

6.7.9 现场急救

现场急救是在施工现场发生伤害事故时，伤员送往医院救治前，在现场实施必要和及时的抢救措施。现场急救的目的是最大限度地降低死亡率和伤残率，提高伤者愈后的生存质量。其原则是：快抢、快救、快送，即"三快"。施工现场必须备有保健药箱（箱内配备一些工地常用的药品）和急救器材；施工现场配备的急救人员必须经卫生部门培训，应掌握常用的"人工呼吸"、"固定绑扎"、"止血"等急救措施，并会使用简单的急救器材。

1. 紧急救护的程序

1）拨打120。

2）迅速将伤者就近移至安全的地方。

3）有组织地抢救伤员。

4）保护事故现场不被破坏。

5）及时向上级和有关部门报告。

2. 各种事故急救措施

1）触电急救

发现有人触电时，应首先迅速拉闸断电，或用木方、木板等不导电材料，将触电人与接触电器部位分离，尽量缩短触电者的带电时间。然后抬到平整的场地上，运用正确的人工呼吸法和胸外心脏挤压法对触电者进行抢救。一旦开始使用这两种方法，就不得轻易中止抢救，即使在将触电者送往医院的途中，也不能终止抢救。对于触电者所受的外伤，应根据不同情况酌情处理。对不危及生命的轻度外伤，可以在触电急救后处理。对严重的外伤，其处理工作则应与触电急救同时进行。

2）摔伤急救

当有人自高处坠落摔伤时，应注意摔伤及骨折部位的保护，避免因不正确的抬运，使骨折错位造成二次伤害。如果当时缺乏固定材料，可行自体固定（将伤肢固定于健肢上）。

3）创伤救护

采用指压法、压迫包扎法、加垫屈肢法等有效止血，采用绷带卷包扎法和三角巾包扎法进行包扎伤口。

4）食物中毒急救

发现饭后多人有呕吐、腹泻等不正常症状时，要及时向工地负责人报告，并拨打急救电话120。亚硝酸钠是搅拌混凝土的添加剂，其形状很像食用的大粒盐，有人叫它“工业用盐”，它是一种有毒物质，千万不要当作食用盐使用。

5）煤气中毒急救

冬季采暖必须按照有关规定，统一安装炉具并设专人负责管理。不得随意安装炉具，防止发生煤气中毒。发现有人煤气中毒时，要迅速打开门窗，使空气流通或将中毒者穿暖抬到室外，施行现场急救并及时送往医院。

6）毒气中毒急救

在施工中有人发生中毒时，其他人员绝对不要盲目救助。救助人员必须采取个人保护措施，并派人报告工地负责人。将中毒人员迅速抬离有毒环境，呼吸新鲜空气。现场不具备抢救条件时，应及时拨打110或者120。

7）发现火险的处理方法

当现场有火险发生时，不要惊慌，应立即取出灭火器或接通水源扑救。当火势较大，立即拨打119报警并讲清火险发生的地点、情况、报告人及单位等。

6.7.10 施工安全应急救援预案

6.7.10.1 施工安全应急救援预案的编制

1. 编制应急预案的依据

《中华人民共和国安全生产法》明确规定：施工生产经营单位要制定并实施本单位的生产事故应急救援预案，建筑施工单位应建立应急救援组织。当发生事故后，为及时组织抢救，防止事故扩大，减少人员伤亡和财产损失，建筑施工企业应按照《安全生产法》的要求编制应急救援预案。

依据《中华人民共和国安全生产法》和《国务院关于特大安全事故行政职责追究的规定》等法律、法规的要求，结合施工生产实际，制定这份重大安全事故应急救援预案。

2. 应急预案的目的和原则

更好地适应法律和经济活动的要求，给企业员工的工作和施工场区周围居民提供更好更安全的环境，保证各种应急反应资源处于良好的备战状态，指导应急反应行动按计划有序地进行，防止因应急反应行动组织不力或现场救援工作的无序和混乱而延误事故的应急救援，有效地避免或降低人员伤亡和财产损失，帮助实现应急反应行动的快速、有序、高效，充分体现应急救援的“应急精神”。

各类事故应急救援工作都应当坚持“预防为主、常备不懈、救人第一”的方针，统一指挥，分级负责，冷静有序，团结协作，遵循快速有效处置、防止事故扩大的原则，启动安全事故应急预案。

3. 编制内容

应急预案的编制一般应包括以下九方面的内容：

1）基本原则与方针

制定安全第一，安全责任重于泰山，预防为主、自救为主、统一指挥、分工负责，优先保护人和优先保护大多数人，优先保护贵重财产等原则和方针。

2）工程项目（或企业）的基本情况

（1）企业及工程项目基本情况简介：介绍项目的工程概况和施工特点和内容，项目所在的地理位置、地形特点，工地外围的环境、居民、交通和安全注意事项等，气象状况等。

（2）施工现场的临时医务室或保健医药设施及场外医疗机构。要说明医务人员名单，联系电话，有哪些常用医药和抢救设施，附近医疗机构的情况介绍，位置、距离、联系电话。

(3) 工地现场内外的消防、救助设施及人员状况。介绍工地消防组成机构和成员，成立义务消防队，有哪些消防、救助设施及其分布，消防通道等情况等。

(4) 附施工消防平面布置图（如各楼层不一样，还应分层绘制），画出消防栓、灭火器的设置位置，易燃易爆的位置，消防紧急通道，疏散路线等。

3）可能发生事故的确定和影响

根据施工特点和任务，分析本工程可能发生较大的事故和发生位置、影响范围等。如列出工程中常见的事故：建筑质量安全事故、施工毗邻建筑坍塌事故、土方坍塌事故、气体中毒事故、架体倒塌事故、高空坠落事故、掉物伤人事故、触电事故等。对于土方坍塌、气体中毒事故等应分析和预知其可能对周围的不利影响和严重程度。

4）应急机构的组成、责任和分工，见表6-50。

应急机构的组成、责任和分工　　表6-50

项目概况	工程名称		工程地点	
	项目经理		安全知识合格证证号	
	安全负责人		安全员上岗证证号	
	建筑面积		结构层次	
	开工日期		竣工日期	
事故求援组		姓名	职务	联系电话
	组长			
	副组长			
	成员			

续表

<table>
<tr><td rowspan="6">事故救护组</td><td></td><td>姓名</td><td colspan="2">职务</td><td colspan="2">联系电话</td></tr>
<tr><td>组长</td><td></td><td colspan="2"></td><td colspan="2"></td></tr>
<tr><td>副组长</td><td></td><td colspan="2"></td><td colspan="2"></td></tr>
<tr><td>成员</td><td></td><td colspan="2"></td><td colspan="2"></td></tr>
<tr><td></td><td></td><td colspan="2"></td><td colspan="2"></td></tr>
<tr><td></td><td></td><td colspan="2"></td><td colspan="2"></td></tr>
<tr><td colspan="2">医院</td><td></td><td>电话</td><td></td><td>地址</td><td></td></tr>
<tr><td rowspan="4">事故调查组</td><td></td><td>姓名</td><td colspan="2">职务</td><td colspan="2">联系电话</td></tr>
<tr><td>组长</td><td></td><td colspan="2"></td><td colspan="2"></td></tr>
<tr><td>副组长</td><td></td><td colspan="2"></td><td colspan="2"></td></tr>
<tr><td>成员</td><td></td><td colspan="2"></td><td colspan="2"></td></tr>
</table>

（1）包括指挥机构和救援队伍的组成，具体指挥机构组成可列附表说明。企业或工程项目部应成立重大事故应急救援“指挥领导小组”，由企业经理或项目经理、有关副经理及生产、安全、设备、保卫等负责人组成。下设应急救援办公室或小组（可设在施工质量安全部），日常工作由质量安全部兼管负责。发生重大事故时，领导小组成员迅速到达指定岗位，因特殊情况不能到岗的，由所在单位按职务排序递补。以指挥领导小组为基础，成立重大事故应急救援指挥部，由经理任总指挥，有关副经理任副总指挥，负责事故的应急救援工作的组织和指挥。提醒注意的是：救援队伍必须是经培训合格的人员组成。

（2）职责。如明确指挥领导小组（部）的职责：负责本单位或项目“预案”的指定和修订；组建应急救援队伍，组织实施和演练；检查督促做好重大事故的预防措施和应急救援的各项准备工作；组织和实施救援行动；组织事故调查和总结应急救援工作的经验教训。

（3）分工：明确各机构组成的分工情况。如总指挥，组织指挥整个应急救援工作；安全负责人，负责事故的具体处置工作；后勤负责人，负责应急人员、受伤人员的生活必须品的供应工作。

5）报警信号与通讯

写出各救援电话及有关部门、人员的联络电话或方式。如写出：消防报警：119，公安：110，医疗：120，交通 122，市县建设局、安监局电话：×××××××，市县应急机构电话：××××，工地应急机构办公室：××××，各成员联系电话：××××，可提供救援协助临近单位电话：××××，附近医疗机构电话：××××。

工地报警联系地址及注意事项：报警者有时由于紧张而无法把地址和事故状况说清楚，因此最好把工地的联系办法事先写明。如：××区××路××街××号（××）大厦对面，如果工地确实是不易找到的，还应派人到主要路口接应，并应把以上的报警信号与通讯方式贴出办公室，方便紧急报警与联系。

6）事故应急与救援

（1）写明应急程序：报告联络有关人员（紧急时立刻报警、打求助电话）→成立指挥部（组）→必要时间社会发出救援请求→实施应急救援、保护事故现场、上报有关部门等→善后处理。

（2）事故的应急救援措施。可根据本工程项目可能发生的事故列表写出事故类别、事故原因、现场救援措施等，具体举例见表 6-51。

现场应急救援措施　　表 6-51

序号	事故类别	事故原因	现场救援措施	备注
1	人工挖孔桩事故	1. 在毒气体中毒 2. 孔壁塌方 3. 未使用安全电压，井下触电 4. 坠物或坠落伤人等	1. 最早发现者立即大声呼救，向有关人员报告或报警，原因明确可立即采取正确方法施救，但决不可盲目下去救助。 2. 指挥部门迅速成立，按照应急程序处置。 3. 迅速查明事故原因和判断事故发展状态，采取正确方法施救，如中毒，必须先向井下通风或带好防毒面具才可下井救人；未使用安全电压触电，必须先切断电源。	演练时间5月12日

续表

序号	事故类别	事故原因	现场求援措施	备注
1	人工挖孔桩事故	1. 在毒气体中毒 2. 孔壁塌方 3. 未使用安全电压，井下触电 4. 坠物或坠落伤人等	4. 急救人员按照有关救护知识，立即救护伤员，在等待医生救治或送往医院抢救过程中，不要停止和放弃施救，如采用人呀呀吸，清洗包扎或输氧急救等。 5. 现场不具备抢救条件时，立即向社会求救。工地应配备气体检测仪，通风设备，防毒面具，担架，医用氧气瓶等急救用具。	演练时间5月12日
2	火灾	（略）	（略）	

7）有关规定和要求

要写明有关的纪律，救援训练、学习各种制度和要求。

8）附有关常见事故自救和急救常识及其他

如人工呼吸的方法，火灾逃生常识和常见消防器材的使用方法等。

4. 应急救援的培训与演练

1）培训应急预案和应急计划确立后，按计划组织公司总部、施工项目部全体人员进行有效的培训，从而具备完成其应急任务所需的知识和技能。

（1）一级应急组织每年进行一次培训；

（2）二级应急组织每一项目开工前或半年进行一次培训；

（3）新加入的人员及时培训。

主要培训以下内容：

（1）灭火器的使用以及灭火步骤的训练；

（2）施工安全防护、作业区内安全警示设置、个人的防护措施 、施工用电常识、在建工程的交通安全、大型机械的安全使用；

（3）对危险源的突显特性辩识；

（4）事故报警；

（5）紧急情况下人员的安全疏散；

(6) 现场抢救的基本知识。

2) 演练

应急预案和应急计划确立后，经过有效的培训，总公司人员每年演练一次。施工项目部在项目开工后演练一次，根据工程工期长短不定期举行演练，施工作业人员变动较大时增加演练次数。每次演练结束，及时作出总结，填写应急预案演习记录（表6-52）和应急预案演习监督检查记录（表6-53）。对存有一定差距的，在日后的工作中加以提高。

应急预案演习记录 **表6-52**

演习单位		演习时间	
演习种类		演习地点	
演习指挥		参加人数	
演习内容及情况：			

记录人：

应急预案演习监督检查记录　表 6-53

演习单位		演习时间	
演习类型		演习地点	
监督检查主要内容		检查结果及问题	
通信设备及系统能否正常运行			
无关人员能否及时参与事件抢救			
应急服务机构能否及时参与事故抢救			
急救设备			
安全控制设备、设施（安全开关、阀门）是否灵敏、可靠			
消防设备能否正常运行			
应急动力设备设施能否正常运行			
应急处理预案能否控制事件进一步扩大			
其他：			
问题解决措施：			
效果评估：			
检查人： 年　月　日		负责人： 年　月　日	

6.8　环境保护

6.8.1　绿色环保施工

传统施工往往以消耗大量的自然资源以及造成沉重的环境负面影响为代价，据统计，建筑活动使用了人类所使用的自然资源总量的40%、能源总量的40%，而造成的建筑垃圾也占人类活动产生的垃圾总量的40%。固守传统的施工模式已不能适应科学发展观的要求和可持续发展原则。

与传统施工相对应，绿色环保施工是指通过切实有效的管理制度和工作制度，最大程度地减少施工活动对环境的不利影响，减少资源与能源的消耗，实现可持续发展的施工技术。它是以资源的高效利用为核心，以环保优先为原则，追求高效、低耗、环保，统筹兼顾，实现经济、社会、环保（生态）综合效益最大化的先进施工理念。它改变了传统施工中大量建设、大量消耗、大量废弃的施工模式，降低了资源的浪费和环境的污染，成为施工技术发展的必然趋势，成为施工企业可持续发展的必然选择。

绿色环保施工具有如下特点：首先，绿色环保施工追求科学发展观提出的“高效、低耗、环保”的综合效益，要求做到经济效益、社会效益、环境保护三者有机统一，当发生矛盾时，以环保优先为原则。其次，绿色施工要求广泛的节约资源，要求在施工过程中做到节约材料、节约用水、节约施工临时用地、节约能源的同时对建筑副产物的再利用。最后，绿色环保施工在对环境保护力争预防为主的同时要求全面、全过程的环境保护，既要减少施工全过程的噪声超标、扬尘、运输的遗撒、大量建筑垃圾的废弃、油漆和涂料以及化学品的泄漏、有毒有害气体的泄漏，又要减少森林、植被破坏，减少和预防地质灾害（塌方、地陷、山体滑坡等）及竣工后的生态环境复原等。

绿色施工管理是一个系统工程，在施工的全过程、全方位进行管理。例如，在施工组织设计中应按绿色施工的要求，结合工程实际，优选可实现绿色施工的施工方法。选用低噪声型施工机械、低振动施工机械等环保型施工机械，对施工机械的发动机，有废气排放的限制标准，对发动机的油耗有节油型标准。除了注重节能材料外，还注重建筑废弃物的再生利用。重视裸露坡面、地面的生态环境的恢复（种草、栽树），使之成为绿色环保施工的一道重要工序。提高工程质量，确保建筑物在投入使用后各项功能的正常发挥。对于全体建设人员来讲，还包括如何营造现场环境，使建设员工在“绿色”环境中建造“绿色建筑”。“绿色建筑”的形成也必须通过绿色施工才能实现。我国正准备实施的《绿色建筑评价标准》所确定的“节地与室外环境、节能与能源利用、节材与材料资源利用、室内环境质量及运营管理等六大指标的实现，都需要绿色施工来完成。

6.8.2　粉尘和噪声控制

随着时间的推移，已经进入了21世纪，一项项的科学技术以及成果纷纷亮相，科技正高速发展，然而21世纪的发展早已远不止科技发展，一个日益严重、趋向突出的问题正悄悄的崛起：环境的恶化。

环境的恶化不单单再是传统的泥土流失，土地沙漠化，而粉尘和噪声污染就是城市中最严重的问题之一。众所周知，工地上由于建材、施工机械、建筑垃圾等的影响，粉尘污染和噪声污染是比较大的，这也是整个建筑工程中存在的主要污染。

6.8.2.1　粉尘、噪声污染的危害和来源

1. 粉尘

粉尘污染决不是一件小事，它直接威胁着人们的生命，尤其身处粉尘污染的环境会引起多种心血管、呼吸道疾病等。哮喘病、支气管炎发病率在不断地快速提高就是粉尘污染加剧的一个典型表现，粉尘污染对于老人、小孩的影响最大。而且过多的粉尘容易滋生病菌病毒对身体健康极为不利。对于皮肤健康也会有极大的危害。

有关于粉尘污染的来源：施工中粉尘主要来源于水泥颗粒、砂石、土方、场区地质、混凝土施工、抹灰施工、粉刷施工等。

2. 噪声

从生理学观点来看，凡是干扰人们休息、学习和工作的声音，即不需要的声音，统称为噪声。当噪声对人及周围环境造成不良影响时，就形成噪声污染。

噪声按声音的频率可分为：<400Hz的低频噪声、400～1000Hz的中频噪声及>1000Hz的高频噪声。噪声按时间变化的属性可分为：稳态噪声、非稳态噪声、起伏噪声、间歇噪声以及脉冲噪声等。噪声的危害主要是：对听力的损伤，能诱发多种疾病，对正常生活和工作的干扰，特别是对睡眠的影响。

建筑噪声主要来源于建筑机械发出的噪声，打桩机、电锯、

振动棒、挖掘机等。建筑噪声的特点是强度较大，且多发生在人口密集地区，因此严重影响居民的休息与生活。

6.8.2.2 粉尘的防治措施

1. *在场容场貌的维护方面*

1）制定有关场容场貌管理制度，并安排专人负责实施。

2）施工工地必须实行封闭，禁止敞开式作业，减少噪声排放。施工的建筑物全部采用密目式安全网，减少扬尘外泄。

3）施工现场的道路采用水管喷淋浇湿，防止车辆来往产生灰尘影响周围居民的正常生活。运输车辆必须密闭、整洁，不得撒漏，减少扬尘。

4）施工现场严格按文明工地的要求进行硬化。在施工现场的角落不便硬化的地方，合理地栽种了一些花草树木，既避免了因地面裸露而带来的扬尘、扬沙，同时又美化了施工环境。

5）施工现场的堆土采取洒水的措施来控制扬尘，当风速达到四级以上时采取密目安全网覆盖的措施。

6）现场的土石方及挖孔桩爆破采取密目安全网加地毯覆盖的措施来控制爆破产生的粉尘。

7）施工的土石采用斗车运到地面，不得高空抛下，产生粉尘乱飞。

8）禁止从建筑物上向外抛洒废弃物。

9）产生的建筑垃圾、渣土，必须在不扰民的情况下及时清运。

2. *在施工过程中*

1）在混凝土浇捣期间，车辆在出场前必须进行外表面的清洗。工地内产生的建筑垃圾，如模板清理及楼层清理造成的建筑垃圾组织作业人员在夜晚装包外运，同时规定在施工现场不许焚烧垃圾。

2）未经环保部门核准审批，夜晚十点至次日六点严禁一切施工行为。

3）运送土石的车辆必须对车中土石覆盖严密后，并且将车轮清洗干净后方可驶出施工现场大门。

4）将未使用完的并且可能产生粉尘的材料（如水泥）及时覆盖好或搬运回库房存放。

5）拆除建筑物时必须采取喷水、洒水湿法作业。

6）风力达到4级以上时，禁止一切有可能产生扬尘的工作。

3. 新技术、新工艺、新材料

1）尽量不采用现场搅拌混凝土，减少有害粉尘颗粒的产生，建议多采用预制（商品）混凝土。

2）模板为竹胶板，控制粉尘污染方面有一定的作用。普通模板做成的混凝土表面粗糙不平整，在混凝土成型以后，必须借助于粉刷及饰面等工艺和材料方能达到成品的质量要求，如此种种的操作过程必将导致粉尘对环境的污染。采用竹胶板模板，简化了工艺，减少了材料用量，从而也减少了材料的存放及运输，粉尘所造成的污染也就少多了。

6.8.2.3　噪声的防治措施

1）按规定到市环保部门办理噪声审批手续，并按审批的噪声指标进行施工。

2）合理安排施工时间，将噪声较大的机械安排在非休息时间，从而减轻噪声扰民。

3）混凝土振捣尽量采用小功率机械，楼层混凝土浇筑尽量减少在夜间施工。

4）对施工现场的施工机械加强维修保养，加强润滑与保养或安装消声装置等减少机械噪声。

5）加强职工思想教育，不得喧哗和大喊大叫。

6.8.3　现场文明施工

1. 文明施工的意义

随着科技水平的不断发展，现在的建筑施工采用了更为先进的技术、工艺、材料和设备，这就需要更为严密的组织和标准化管理。如果现场混乱，不坚持文明施工，先进的设备和新的工艺就不能充分发挥其作用，科技成果也不能很快转化为生产力。例如：如果材料进场无计划，乱码乱放，施工平面布置不合理，指挥信号不科学，再好的塔吊也不能发挥其作用，也就不会有好的经济效益。同时，文明施工也是企业管理的对外窗口，是现代化施工本身的客观要求。

过去一提到“工地”，大家首先想到的就是乱、脏、臭、跑、冒、滴，甚至说是个大“垃圾站”。随着社会的不断进步，市场的不断放开，人们越来越注重对施工环境的改善。特别是施工企业，已经把文明施工作为降低工程成本、提高企业社会形象和市场竞争力的重要工作来抓，将文明施工贯穿于人、财、物的各个方面，创造良好的施工环境和施工秩序。

2. 文明施工的措施

1）组织管理措施：健全管理组织，健全管理制度，健全管理资料，加强教育培训，积极推广应用新技术、新工艺、新设备和现代化管理方法。

2）现场管理措施：合理定置（包括各种材料、生产生活用临时设施、安全防火设施等）；目视管理（即用眼睛看的管理，亦可称为“看得见的管理”，它是利用形象直观，色彩适宜的各种视觉感知信息来组织现场施工生产活动，达到提高劳动生产率，保证工程质量，降低工程成本目的。包括：安全色、安全标志、防火和交通标志）；开展5S活动（5S活动是指对施工现场各种生产要素所处状态不断地进行整理、整顿、清扫、清洁和素养）；防止大气污染；防止水源污染；防止噪声污染。

文明施工是一项科学的管理工作，也是现场管理中一项综合性基础管理工作。文明施工的实践，不仅改善了生产环境和生产秩序，而且提高了职工队伍文化、技术、思想素质和团结协作的大生产意识，从而促进了精神文明建设。

6.9 信息化管理

随着现代工程建设项目规模的不断扩大，施工技术难度与质量的要求不断提高，建设领域施工管理的复杂程度和难度也越来越高。为此，各部门和单位需要交互的信息量不断扩大，信息的交流与传递频度也在增加，相应地对信息管理的要求越来越高。目前许多传统的施工管理模式在速度、可靠性以及经济可行性等方面明显地限制了施工企业在市场经济激烈的竞争环境中的可持续生存和发展的能力。因此，充分利用飞速发展中的信息技术来改善这种状况，已经成为建筑施工中刻不容缓的工作。

在项目决策阶段、实施阶段、使用阶段中开发和应用信息技术。自20世纪70年代以来，信息技术经历了一个迅速发展的过程：20世纪70年代，单项程序的应用，如：网络计划、施工预算等；20世纪80年代，程序系统的应用，如：项目管理信息系统；20世纪90年代，程序系统的集成；当今，基于网络平台的信息技术。

6.9.1　建筑业主要信息化技术

1. 工具类技术

能与设计数据相衔接的三维图形算量和钢筋优化下料及统计技术、模板及脚手架CAD设计技术、混凝土搅拌站的自动控制、具有三维计算深基坑支护与支撑结构设计技术、工程量清单计价技术、工程量自动计算技术、标书及施工组织设计自动编制、竣工图纸绘制、设计图纸现场CAD放样、装饰工程三维CAD设计技术、IP视频监控技术等。

2. 管理信息化技术

主要技术内容包括项目级和企业级。(1) 项目级：工程报价、项目成本管理、进度计划控制、项目物资管理、项目设备管理、项目质量管理、项目安全管理、协同项目管理、三维CAD技术在施工过程中的应用技术，多项目综合管理；工程设计方面的模型设计技术、可视化设计技术，智能化设计技术，智能化二维工程设计和三维协同设计集成技术，协同设计技术。(2) 企业级：财务管理、资金管理、合同管理、人力资源管理、物资材料采购管理、办公（OA）管理、图纸档案管理、基础数据库建设（施工工法库、材料库、新技术库等）、设计数据转入施工阶段使用技术；知识管理、客户资源管理；推荐企业资源计划管理（ERP）。

3. 信息化标准技术

主要技术内容有基础信息编码标准、信息交换标准、WBS分类编码标准、工作流程标准。（1）基础信息编码标准：施工企业应根据企业管理需要建立自身的基础信息编码标准，能够依据标准实现各类数据库的建立和使用。（2）信息交换标准：利用信息交换编码能够实现各业务信息系统之间的信息交流，各厂家之间数据的交流。（3）WBS分类编码标准：能为企业建立具有自身特点又适应行业和国际的WBS分类编码标准，主要为项目管理过程提供标准的分解依据和执行依据。（4）工作流程标准：应符合国际工作交流协会的规范，同时又有企业自身的需要。

6.9.2 信息工程在施工中产生的效益

1. 技术经济效益

信息工程对建筑施工来讲其效果更为明显，使传统繁杂的管理趋于规范化、现代化，不仅降低了现场管理费用，更重要的是产生的经济效益是极为可观的，其社会效益是非常显著的。

2. 综合效益

1）有利于施工管理的科学化、规范化

信息工程本身要求信息的输入、汇总与传递必须按照严格的程序通过严格优化分析进行，因此促使建筑施工必须依照严格的规范要求进行管理，这就促使施工管理必须符合科学化、规范化的标准。

2）有利于工程质量的全面提高

质量管理的各项信息都是来源于国家规范与强制性标准以及设计和施工质量管理所提供的内容，使质量方针、计划、目标事前就进入各项软件程序，从而使施工质量得到可靠的前期保证。又由于各项信息传递快速便捷，因此可以及时做好质量通病的防治与消除，有利于工程质量的全面提高。

3）有利于提高施工人员的整体素质

建筑信息是高水平的科学逻辑思维的产物，是各方面先进现代化管理的结晶，只有具有相应水平的施工人员才能应用运行。这就迫切需要广大建筑施工人员必须认真学习并掌握信息工程，从根本上制约了那些不懂专业知识，不懂规范标准的人员，特别是无专业技能的“包工头”掺杂进工程建设队伍，从而改变建筑施工行业中长期混乱无序的状态，对提高工程建设人员的整体素质大有裨益。

4）有利于促进建筑施工行业的科技进步

由于建筑信息工程的全面实施，大量先进、科学的应用技术和管理技术进入了建筑施工领域，使建筑施工实现了现代化、施工工艺标准化、施工管理规范化的局面，大幅度提高了建筑工程中的科技含量，促进了建筑施工行业的科技进步。

5）有利于提高施工企业的整体效益

信息工程覆盖了建筑设计、建筑施工、工程造价、工程监理监督，以及智能化建筑和物业管理等建设领域的所有方面和工作内容，使建筑施工各项管理达到全面、准确、迅速、明了的标准要求，不仅在降低工程成本，缩短工期方面发挥了重要的作用，而且能够促进施工企业整体水平的全面提高，使施工企业不仅取得可观的经济效益，而且能获得显著的社会效益和环境效益。

主要参考文献

1 《建筑施工手册》（第四版）编写组. 建筑施工手册（第四版）. 北京：中国建筑工业出版社，2003

2 纪午生，陈伟，王瑞霞. 建筑施工工长手册（第二版）. 北京：中国建筑工业出版社，2004

3 牛建军，邱玮. 混凝土工长便携手册. 北京：机械工业出版社，2005

4 彭志源. 混凝土工技术操作标准规范. 长春：吉林音像出版社，2004

5 本书编委会. 建筑业 10 项新技术（2005）应用指南. 北京：中国建筑工业出版社，2005

6 《自然科学向导》编委会，自然科学向导——凝固的艺术（建筑卷）. 济南：山东科学技术出版社，2007

尊敬的读者：

感谢您选购我社图书！建工版图书按图书销售分类在卖场上架，共设22个一级分类及43个二级分类，根据图书销售分类选购建筑类图书会节省您的大量时间。现将建工版图书销售分类及与我社联系方式介绍给您，欢迎随时与我们联系。

★建工版图书销售分类表（见下表）。

★欢迎登陆中国建筑工业出版社网站www.cabp.com.cn，本网站为您提供建工版图书信息查询，网上留言、购书服务，并邀请您加入网上读者俱乐部。

★中国建筑工业出版社总编室　电　话：010—58934845　传　真：010—68321361

★中国建筑工业出版社发行部　电　话：010—58933865　传　真：010—68325420
E-mail：hbw@cabp.com.cn

建工版图书销售分类表

一级分类名称（代码）	二级分类名称（代码）	一级分类名称（代码）	二级分类名称（代码）
建筑学（A）	建筑历史与理论（A10）	园林景观（G）	园林史与园林景观理论（G10）
	建筑设计（A20）		园林景观规划与设计（G20）
	建筑技术（A30）		环境艺术设计（G30）
	建筑表现·建筑制图（A40）		园林景观施工（G40）
	建筑艺术（A50）		园林植物与应用（G50）
建筑设备·建筑材料（F）	暖通空调（F10）	城乡建设·市政工程·环境工程（B）	城镇与乡（村）建设（B10）
	建筑给水排水（F20）		道路桥梁工程（B20）
	建筑电气与建筑智能化技术（F30）		市政给水排水工程（B30）
	建筑节能·建筑防火（F40）		市政供热、供燃气工程（B40）
	建筑材料（F50）		环境工程（B50）
城市规划·城市设计（P）	城市史与城市规划理论（P10）	建筑结构与岩土工程（S）	建筑结构（S10）
	城市规划与城市设计（P20）		岩土工程（S20）
室内设计·装饰装修（D）	室内设计与表现（D10）	建筑施工·设备安装技术（C）	施工技术（C10）
	家具与装饰（D20）		设备安装技术（C20）
	装修材料与施工（D30）		工程质量与安全（C30）
建筑工程经济与管理（M）	施工管理（M10）	房地产开发管理（E）	房地产开发与经营（E10）
	工程管理（M20）		物业管理（E20）
	工程监理（M30）	辞典·连续出版物（Z）	辞典（Z10）
	工程经济与造价（M40）		连续出版物（Z20）
艺术·设计（K）	艺术（K10）	旅游·其他（Q）	旅游（Q10）
	工业设计（K20）		其他（Q20）
	平面设计（K30）	土木建筑计算机应用系列（J）	
执业资格考试用书（R）		法律法规与标准规范单行本（T）	
高校教材（V）		法律法规与标准规范汇编/大全（U）	
高职高专教材（X）		培训教材（Y）	
中职中专教材（W）		电子出版物（H）	

注：建工版图书销售分类已标注于图书封底。